Reihe
Germanistische
Linguistik 111

Herausgegeben von Helmut Henne, Horst Sitta
und Herbert Ernst Wiegand

Jörg Barke

Die Sprache der Chymie

Am Beispiel von vier Drucken aus der Zeit zwischen 1574–1761

Max Niemeyer Verlag
Tübingen 1991

CIP-Titelaufnahme der Deutschen Bibliothek

Barke, Jörg:
Die Sprache der Chymie : am Beispiel von 4 Drucken aus der Zeit zwischen 1574 – 1761 / Jörg Barke. – Tübingen : Niemeyer, 1991
(Reihe Germanistische Linguistik ; 111)
NE: GT

ISBN 3-484-31111-8 ISSN 0344-6778

Printed in Germany.
Druck: Weihert-Druck GmbH, Darmstadt.

INHALT

Vorwort

Die vorliegende Arbeit versucht, vier Drucke alchemistisch-chemischen Inhalts als Fachtexte zu beschreiben. Die ausgewählten Texte entstammen einem Zeitraum, in dem sich das Fach Chemie zu etablieren beginnt. Während die "Dicta Alani" und die "Zwölff Schlüssel Fratris Basilii" ganz in der alchemistischen Tradition stehen, weisen die Abhandlung von Kunckel und besonders die von Marggraf in die Richtung einer wissenschaftlichen Chemie. Die besonderen Bedingungen dieses 'Faches im Werden', fordern eine genauere Explikation des Begriffs Fach und die Festlegung von Kriterien, nach denen ein Text als Fachtext gelten kann. Dabei müssen auch scheinbar nicht-fachliche und arkansprachliche Elemente auf ihre Bedeutung für den Kommunikationsprozeß untersucht werden.

Mein Dank gilt Herrn Professor Hartmann, der die Arbeit durch viele Anregungen förderte. Zudem möchte ich an dieser Stelle den Herausgebern der RGL danken, die diese Arbeit als Beitrag in der RGL drucken lassen.

Dank gebührt überdies meiner Frau, die mit ihrer Kritik und Aufmunterung zum Entstehen der Arbeit beitrug.

1. ZUR ALCHEMIE

Hauptdomänen der Alchemie-Forschung sind die Chemie-, Medizin- und Pharmaziegeschichtsschreibung. Im Bereich der germanistischen Sprachwissenschaft widmet sich die mit den literarhistorischen Arbeiten von G.Eis begründete Fachprosaforschung ebenfalls der Alchemie.
Die Fachprosaforschung "versteht sich als Zweig der Literaturwissenschaft" (Assion 1973,18) und behandelt die

> *Eigenart fachliterarischer Textüberlieferung in phraseologischer, syntaktischer und terminologischer Hinsicht, und sie stellt vergleichend fest, was davon in die Literatursprache insgesamt eingegangen ist.* (Assion 1973,19f)

Als Fachliteratur wird dabei "alles nichtdichterische Schrifttum geistlichen und weltlichen Inhalts" (Eis 1967,1) verstanden. Zur Gliederung des fachlichen Schrifttums weltlichen Inhalts werden die drei Artesreihen zugrunde gelegt. Man unterscheidet die 'artes liberales', die 'artes mechanicae' und die 'artes magicae'. Dabei wird die Alchemie als ein Handwerk den Eigenkünsten (artes mechanicae) zugeordnet.

Bezieht man neben der Fachprosaforschung weitere Arbeitsgebiete mit in die Betrachtung ein, so zeigen sich bei der Behandlung der Alchemie folgende Themenschwerpunkte:

1) Wissenschaftsgeschichtliche Behandlung der Alchemie
2) Bearbeitung bzw. Edition von Einzeltexten unter Berücksichtigung von Quellenanalyse und Wirkungsgeschichte
3) Behandlung einzelner Persönlichkeiten, ihres Lebens, Werkes und ihrer Arbeitsbedingungen
4) Alchemie als kulturgeschichtliches Phänomen
5) Bibliographische Arbeiten

Dabei sind es vor allem die Texteditionen und Kataloge vornehmlich alchemistischer Drucke, die dem Alchemie-Unkundigen einen ersten Zugang zu einer nahezu unüberschaubaren Textfülle ermöglichen[1]. Einen Überblick über das 'Phänomen' Alchemie liefern Ploss / Roogen-Runge / Schipperges/Buntz (1970), Schmauderer (1973) und Telle (1978). Den neuesten Stand der Alchemieforschung und das breite Spektrum der Fragestellungen dokumentiet Meinel (1986)[2]

------

[1] Zu den wichtigen Bibliographien zählen Ferguson (1905), Duveen (1965). Einen Katalog deutschsprachiger alchemistischer Handschriften begann Ganzenmül-

Einige der zentralen Themenbereiche der älteren und neuen Alchemieforschung seien im folgenden unter den Aspekten Entwicklung und Wesensbestimmung der Alchemie herausgegriffen.

1.1. Zur Entstehung und Entwicklung der Alchemie

Eine wesentliche Frage ist die nach Ursprung und Entwicklung des alchemistischen Gedankenguts, das im 12. Jahrhundert das westliche Europa erreicht. Als ein Ausgangspunkt kann das hellenistische Ägypten angesehen werden. Dort entwickelte es sich aus der sogenannten Tempelindustrie[3], die ihrerseits bis ins Alte Reich (von 3200 v.Chr.) zurückreicht. Über die zu hellenistischer Zeit bestehenden Kenntnisse zur Metallbearbeitung geben die Alchemistenpapyri von Stockholm und Leiden Auskunft. Kompiliert etwa um 250-350 n.Chr., beziehen sie sich auf weitaus ältere Quellen und beschreiben Verfahren der Nachahmung von Gold und Silber durch Legierungen oder Färbungen[4]. In der Epoche des Hellinismus werden diese Kenntnisse zur Metallbearbeitung mit den vorherrschenden, spätgriechischen, philosophischen Vorstellungen verbunden und es

> *(...) entwickelten sich, als Errungenschaften dieser ebenso merkwürdigen wie unerwarteten Durchdringung, die alchemistischen Lehren, unter denen die von den Färbungen, besonders der Metalle, eine Hauptrolle spielten.*[5]

Zeugnis dieser Entwicklung ist das Manuskript Physika kai Mystika, ein dem Demokrit untergeschobener Text aus dem ersten oder zweiten Jahrhundert[6]. In der Physika werden die Farbveränderungen als Zeichen einer Veränderung der Substanz selbst behandelt.

------

ler (vergl. ders. 1941 d). Diese Sammlung wurde erweitert und befindet sich nun im Gmelin-Institut Frankfurt. (vergl. Rex 1961) Weiterhin ist der Katalog von Witten / Pachella (1977) zu nennen, zu dem Telle (1981 a) weitere Informationen beisteuerte. Zur Katalogisierung der alchemistischen Handschriften der Landesbibliothek Kassel vergl. Broszinski (1986).

2 Bemerkenswert ist, daß dort eine sprachwissenschaftliche Fragestellung nicht vertreten ist.

3 vergl. Lippmann (1954) S.15
Erman (1934) S. 311

4 vergl. Sheppard (1970) S. 76
Ploss (1970) S. 29 ff; dort Zitat eines Rezeptes nach: O.Lagercrantz, Papyrus Graecus Holmiensis. Recepte für Silber, Steine und Purpur, Uppsala u. Leipzig 1913

5 Lippmann (1954) S. 16
vergl. Ploss (1970) S. 83; Sheppard (1970) S. 76

6 Vergl. Buntz (1970) S. 121 u. Anm. 2
Die Schrift wird heute eher dem Ostanes zugeschrie-

> *(...) by a reduction process the starting material underwent a blakening (melanosis), followed by a whitening (leucosis), then a yellowing (xanthosis), and , finally, in some cases, it attainted a purple colour (iosis) which represented the fulfilment of the task.*[7]

In der Folgezeit verbinden sich Elemente des hellenistischen Hermetismus mit der altägyptischen Mythologie. Es entstehen jene Texte, die mit dem Namen Hermes Trismegistos verbunden sind. Diese Figur wird heute als eine griechische Umdeutung des ägyptischen Gottes Thot verstanden[8]. Mit der im 13. Jahrhundert einsetzenden Rezeption der Tabula Smaragdina gilt er den Alchemisten des Mittelalters als Erfinder der Alchemie[9].

> *Über die Literaturgattung der Apokryphen, eines Zosimos im 3. und 4. Jahrhundert und der Kommentatoren des 4. bis 7. Jahrhunderts, ist jenes "opus alchymicum" entstanden, bei dem immer praktische und spirituelle Techniken zugleich maßgebend waren.*[10]

Die alchemistischen Praktiken erhielten eine symbolhafte Ausdeutung.

> *(...) alchemy now appeared as a religio-philosophical quest of soteriological nature. The ritual of metallic transformation became a symbolic expression of death and revivification from which redemption followed the receipt of knowledge by revelation (gnosis).*[11]

------

ben und scheint ihrerseits auf eine verlorengegangene Schrift des Bolos von Mendes (2.Jhd. v.Chr.) zurückzugehen. Vergl. Sheppard (1970) S. 76.

7 Sheppard (1970) S. 77; vergl auch ders.: Colour Symbolism in the Alchemical Opus, Scientia, Nov. 1964. Vergl. auch Lippmann (1954) S. 16.

8 Vergl. Scott,W. (Hrsg.) Hermetica. The ancient greek and latin writings which contain religious or philosophic teachings ascribed to Hermes Trismegistus, Bd. I-III, 1924-26. Allerdings trennt Scott schon zu Beginn seiner Untersuchung das Corpus Hermeticum in zwei Gruppen und trennt von den Schriften religiösen oder philosophischen Inhalts - als seinem Untersuchungsgegenstand - "... writings concerning astrology, magic, alchemy, and kindred forms of pseudoscience."(S.1) um weiterhin diese "masses of rubbish" zu ignorieren.

9 Der Text endet mit den Worten:"12 (14). Itaque vocatus sum Hermes Trismegistus, habens tres pates Philosophiae totius mundi. 13 (15). Completumn est quod dixi de operatione Solis."
"12. Und mir hat man deßwegen den Namen Hermes Trismegistus gegeben/ weil ich alle drey Theil der Weißheit dieser gantzen Welt besitze. 13. Diß sey gesagt von dem Meisterstück der chemischen Kunst." Zitiert nach Ruska, J.(1926) S. 2 f, der dort die Form des Textes wiedergibt, in der er im 17. Jhd. vorlag.

Während die ägyptische Alchemie immer mehr den spirituellen Aspekt betont, dringt das alchemistische Gedankengut in die islamische Welt ein. Es scheint, als seinen es vor allem die Nestorianer gewesen, die über Syrien (5.Jhd.) bis nach Gundeshapur[12] (6.Jhd.) gelangten und von denen viele griechische Texte ins Aramäische und Arabische übersetzt wurden. Den Beginn einer eigenständigen arabischen Alchemie festzulegen, bereitet dagegen einige Schwierigkeiten. Muslimische Quellen des 10. und 13. Jahrhundert wollen, daß Chalid ibn Jazid (ca. 665-704) Alchemie betrieben habe oder in Verbindung mit alexandrinischen Gelehrten stand[13]. Diese Angaben, die nicht auf Zeugnissen aus der Zeit Chalids basieren, sondern ihrerseits auf Quellen aus dem 9. Jahrhundert beruhen, konnte Ruska "weder beweisen noch sicher widerlegen"[14]. Als "handgreifliche Erfindung" aber muß nach Ruska die Stephanus-Legende beurteilt werden, nach der der verkleidete Chalid dem Mönch Stephanus Handlangerdienste erwiesen habe, um zur Kenntnis der alchimistischen Lehren zu gelangen[15]. Einige andere Quellen weisen dagegen auf das 8. Jahrhundert als Beginn der muslimischen Alchemie:

(1) a ninth-century reference by al-Jahiz to an eighth-century alchemist by name of Abu Hakim (a contemporary of Harun al-Rashid);

(2) a work by al-Askari (died A.D.1004) containing a poem by al-Ahtal (died A.D.710) which mentions an elixir;

(3) the Cairo edition of Jabir's "Book of Poisons", carrying a final sentence which declares it to be a copy of a badly written MS. dated A.D. 759;

(4) a Latin MS of the 'Book of Compositions' (originally Arabic) in the Capitular Library, Lucca, and of the ninth century, lending support to an to an eighth-century provenance.[16]

Umstritten war vor allem die Echtheit der Person des Jabir (Gabir b. Hayyan at-Tusi). Ihn hatte man in Verbindung gebracht mit den Schriften des Geber, einem in Italien wirkenden Geistlichen des 12. Jahrhunderts, der die Schrift "Sirr al-asrâr "(Secretum secretorum; Geheimnis der Geheimnisse) des Al Râzî (866-925) bearbeitete und vermutlich der Verfasser der "Summa perfectionis magisterii" ist[17].

------

10 Schipperges, H. (1970) S. 83
11 Sheppard (1970) S. 77
12 Im heutigen Iran, nordöstlich von Abadan.
13 Vergl. Ruska (1924) S. 50 ff
Diese Quellen sind das Geschichtswerk des um 956 verstorbenen alMas'udi, das um 987 niedergeschriebene Fihrist des Ibn alNadim und die biographischen Angaben des Ibn Challikan (12-11-1282).
14 Ebenda
15 Vergl. Ruska (1924) S. 10 f, S. 51
16 Sheppard (1970) S. 78; vergl. auch: M.H. Yaschmi,

Heute geht man eher davon aus, daß Gabir in der zweiten Hälfte des 8. Jahrhunderts gewirkt hat und eine hermetische Schule leitete.

> *To the Aristotelian theory of the origion of metals within the earth Jabir added an intermediary formation of Sulphur and Mercury which, by combining in certain proportions and different degrees of purity, gave rise to the metals and minerals.*[18]

Im Gegensatz zu den Alexandrinern verwandten die arabischen Alchemisten vornehmlich tierische und pflanzliche Edukte, aus denen sie ihre Elixiere gewannen. Die Vorstellung von einem lebensverlängernden oder Unsterblichkeit verleihenden Elixir eröffnet den Blick auf einen ganz anderen Entwicklungsstrang der Alchemie. In Indien und China scheint die Suche nach Gold und dessen Nutzen zur Erlangung der Unsterblichkeit unabhängig voneinander entstanden zu sein[19]. Im China des 3.-4. Jahrhunders erreichte die Suche nach einem Wunder-Elixir ihren Höhepunkt.

> *... the concept of an elixir of life probably stems from the east, whence it was probably brought by Arab traders either by the overland route (first century B.C. onwards) or by the sea route (early eighth century).*[20]

Mit den arabischen Eroberungen in Nordafrika, Spanien und Sizilien gelangte die Alchemie schließlich nach Westeuropa.

Dieser Prozess setzt im 12. Jahrhundert ein[21]. Maßgeblich daran beteiligt war die Übersetzerschule von Toledo, wo unter Gerardus Cremonensis (ca. 1114-87) die frühen Übersetzungen des arabisierten Aristoteles entstanden[22]. Schriften hermetischen Inhalts sind jedoch spärlich:

The Beginning of Arab Alchemy; Ambix 9 (1961) .

17 Vergl. Lippmann (1954) S. 69 f; Buntz (1970) S. 147.

18 Sheppard (1970) S. 78f

19 vergl. Sheppard (1970) S. 83

20 Sheppard (1970), S. 83
vergl auch Dubs (1961) S. 34; an gleicher Stelle erwähnt Dubs auch eine Schrift der Han Periode (2.-1.Jhd.v.Chr.), die er als die früheste Erwähnung des Quecksilbers wertet:
"It describes how each of "the five metals (gold, lead, copper, silver, iron)" metamorphose naturally, in periods of five hundred years or a millennium, from a mineral into a quicksilver, into a metal, into a dragon, into a subterranean spring, into clouds, and finally into a sea. Quicksilver is here what later alchemists call a "spirit", exhibiting its properties when associated with other chemicals." (S.29f)
Dubs verweist auch auf eine Erzählung des Huan T'an (ca.40 v.Chr. bis 29 n.Chr.), die er für die erste Erwähnung des Steins der Weisen hält. (S. 31)

Die Quellen des 12. Jahrhunderts zeigen eindeutig, daß von einer stürmischen Aufnahme des hermetischen Denkens oder gar alchimistischer Praktiken unter der Flagge des "neuen Aristoteles" keine Rede sein kann.[23]

Im Fächerkanon des 12. Jahrhunderts spielte die Alchemie noch keine Rolle. Ein Ausnahme bildete nur Daniel von Morley (ca. 1140-1210) der die "Alckimia" zusammen mit der Nikromantie und der Agrikultur der Astronomie unterordnete[24]. Erst mit dem 13. Jahrhundert nehmen die alchemistischen Schriften zu. Das beginnende 13. Jahrhundert ist geprägt von einer "universitären Diskussion", die bemüht ist, die Theorie der Metallverwandlung auf der Grundlage der aristotelischen Naturphilosophie zu begründen[25]. Während zu dieser Zeit Theorie und Praxis eng miteinander verknüpft sind, beginnt sich die Praxis mit dem Ende des 13. Jahrhunderts mehr und mehr abzutrennen und sich in den Dienst weltlicher Herren zu stellen. Das ausgehende 13. Jahrhundert wird zu einem Wendepunkt der Alchemie. Indem die Alchemie die "universitäre Öffentlichkeit" verläßt, wandelt sich die Theorie der Transmutation zu "einem spezifisch alchemistischen Modell"[26].

Während im naturwissenschaftlichen Unterricht an der Universität nur natürliche Ursachen behandelt werden, wird im alchemistischen Modell die letzte Ursache und Wahrheit als im Bereich des Übernatürlichen liegend erklärt; die Sphäre des Natürlichen ist dabei nur eine unvollendete Stufe der Realität.[27]

Eine Beurteilung des alchemistischen Schriftums dieses und des folgenden Jahrhunderts fällt jedoch schwer, da den vermeintlichen Autoritäten dieser Zeit eine Vielzahl von Texten zweifelhaften Ursprungs untergeschoben wurden. Dies gilt gleichermaßen für Roger Bacon (1214-1292?), Thomas von Aquin (1225-1274), Raimundus Lullus (1232-1316) und Arnald von Villanova (1240-1313).

Aus den weniger zweifelhaften Äußerungen Bacons zur Alchemie geht hervor, daß er sie eher als eine pharmazeutische Chemie im Dienste der Ärzte und oft unerfahrenen Apotheker verstand. Bei vielen der unter seinem Namen verbreiteten Schriften

------

21 Zu den wenigen frühmittelalterlichen Zeugnissen technischer Kenntnisse gehören die beiden Textsammlungen "Compositiones ad tingenda musiva" u. "Mappae clavicula de efficiendo auro", die beide aus dem 9. Jahrhundert stammen.
Verg. dazu: Ganzenmüller (1941)

22 vergl. Schipperges (1970) S. 91

23 Schipperges (1970) S. 94

24 vergl. Weyer (1973) S. 13 f; ebenfalls Schipperges (1970) S. 93 f

25 Vergl. Obrist, B.(1986) S. 40 ff

26 ebenda S. 54

27 ebenda

> *... handelt es sich aber fraglos um Unterschiebungen, so bei jener über "Alchemie", die sichtlich nur aus oder nach arabischen Vorlagen zusammengestellt ist.*[28]

Aus den wenigen Äußerungen des Thomas von Aquin zur Alchemie geht hervor, daß er die Schwefel-Quecksilber-Theorie zur Entstehung der Metalle vertrat und der nicht-betrügerischen Alchemie den Status einer "wahren Kunst" (ars vera) zubilligte. Gemäß der allgemeinen Vorstellungen seiner Zeit hielt er auch die Metallverwandlung für grundsätzlich möglich. Dies reichte, um ihn in den Augen der Späteren zu einem Meister der Kunst werden zu lassen und ihm zahlreiche alchemistische Abhandlungen zuzuschreiben[29]. Zu dieser Legendenbildung beigetragen hat auch der Traktat "Von der Multiplikation", dessen Überlieferung, Quellen und Inhalt von Goltz/Telle/Vermeer (1977) untersucht wurden. Etwa zur Mitte bzw. zweiten Hälfte des 14. Jahrhunderts abgefaßt[30], bilden lateinische Abschriften des 15. bis 17. Jahrhunderts den Hauptbestand der Textüberlieferung. Daneben konnten vier deutsche, eine tschechische und eine italienische Übersetzung nachgewiesen werden[31] Gedruckt erschien der Traktat in mehreren alchemistischen Sammelwerken.

Zur Glaubwürdigkeit der Autorschaft und der darauf basierenden späteren Legendenbildung hat, neben der skizzierten Position des Aquinaten zur Alchemie, die Tatsache beigetragen, daß

> *(...) Pseudothomas in der Einleitung und den Kap. 1 und 8 Albertus Magnus als seinen Lehrer nennt, unter dessen Leitung Thomas 1248/52 in Köln studiert hatte und der nach Zeugnis seiner Schrift "De mineralibus" mit der alchemistischen Theorie und den praktisch-experimentellen Aspekten alchemistischer Tätigkeit bekanntlich näher vertraut gewesen ist.*[32]

------

28 Lippmann (1954) S. 41; Buntz (1970) S. 141 spricht von 18 dem Bacon untergeschobenen Schriften.

29 Eines dieser Werke ist die "Aurora consurgens", die wegen der in einigen Handschriften vorhandenen alchemistischen Illustrationen besondere Bedeutung erlangte. Vergl. Franz, M.-L.v.; Aurora consurgens. Ein dem Thomas von Aquin zugeschriebenes Dokument der alchemistischen Gegensatzproblematik, Stuttgart, Zürich 1957. Vergl. auch Buntz (1970) S. 141. Lippmann (1954) S. 133 stellt knapp fest, daß alle dem Thomas von Aquin zugeschriebenen Texte untergeschoben sind.

30 Goltz/Telle/Vermeer (1977) S. 14, 22

31 ebenda; der Textanhang liefert als lateinischen Text: Rom, Biblioteca Apostolica Vaticana, Cod. Pal.Lat.Vat. 1332, Bl. 13r; als deutsche Übersetzung: Schriesheim, Sammlung G.Eis, Cod.145, Bl.77r; als italienische Fassung: London Wellcome Historical Medical Library, Cod. 515, Bl. 1r)

Auf der Grundlage der literarhistorischen Thomasforschung mußte jedoch die Autorschaft des Thomas verneint werden. Als weitere Gründe werden der Sprachstil des Traktats und die häufige Berufung Pseudothomas auf den angeblichen Lehrer Albertus gewertet. Der zwischen "nüchterner claritas" und "absichtsvoller obscuritas" gehaltene Sprachstil unterscheide sich deutlich von der klaren Diktion der authentischen Thomas-Schriften und auch die Berufung auf Albertus stehe im Gegensatz zu seiner sonstigen Gewohnheit[33]. Der Traktatinhalt bezieht sich auf die Herstellung eines Gold- bzw. Silberamalgams und der dafür notwendigen Schritte: Reinigung des Quecksilbers, das 'regimen ignis' (zur Goldamalgamisierung soll das Quecksilber erhitzt werden), Amalgambildung und Weiterverarbeitung. Im Gegensatz zu anderen zeitgenössischen Texten hält Pseudothomas an der theoretischen Forderung des "una res, unum vas, una via" auch in der Praxis fest: außer Quecksilber, Gold und Silber werden keine Substanzen gefordert. Eine zweite Eigenart, die die "Eigenständigkeit des Textes" dokumentiert, ist, daß der Autor das Quecksilber als einzig notwendig zur Lapis-Gewinnung ansieht. Er steht damit im Gegensatz zur herrschenden Quecksilber- Schwefel-Theorie[34]. Von einem Autor verfaßt, der

> *(...) einerseits mit der Praxis, die er empfahl, sehr gut vertraut war, und der sich andererseits ebenso gut im theoretischen Bereich der Alchemie auskannte*[35]

enthält der Traktat eine Reihe "alchemistischer Grundsätze und Topoi" zur Alchemie und zum Werk, deren Erläuterung durch die Autoren über den Traktat hinaus zum tieferen Verständnis der mittelalterlichen Alchemie beiträgt[36].

Während Kopp noch etwa 20 Schriften des Raymundus Lullus, der "für lange Zeit der Götze aller Alchemisten war"[37], für authentisch hält, muß heute angenommen wer-

------

32 ebenda S. 16
33 vergl. ebenda S. 21f
34 vergl. ebenda S. 39 f
35 ebenda S. 39
36 vergl. ebenda Kap. V, S. 58-86
Zu diesen "Topoi" gehört das Diktum von der "(...) Einheit des Werkes, des Weges und der 'Operation' (...)"(S.64), der Gedanke der "Selbsttätigkeit des Steins" (S.71), die Annahme von der prima materia, die durch den Vorgang der Putrefaktion erreicht wird und die in der Farbsymbolik der Alchemisten durch die "Schwärze" repräsentiert wird (S. 76, 80f). In dieser Vorstellung folgt der "nigredo" die "albedo" als "(...) Symbol der Wiedervereinigung der Seele mit dem toten schwarzen Körper"(S.81). Das Ziel des Werkes ist das "opus ad rubeum", die rote Tinktur, das Elixier.
37 Kopp (1843) S.71

den, daß keines der zahlreichen alchemistischen Werke von ihm selbst verfaßt wurde. Einerseits geht aus den authentischen Handschriften hervor, daß Lullus der Alchemie und der Metalltransformation ablehnend gegenüberstand[38]. Andererseits ist keiner der ihm zugeschriebenen alchemistischen Texte in einer Liste seiner Schriften enthalten, die bis August 1311 reicht[39]. Die ersten alchemistischen Schriften scheinen erst nach seinem Tod (1315) in der zweiten Hälfte des 14. Jahrhunderts entstanden zu sein[40]. Obwohl Fälschungen, sollten die Schriften des Lullus-Corpus nicht unterschätzt werden.

> *The chief contribution of Raymund Lull to modern science, or at least his chief step in the direction of scientific method, was his use of letters of the alphabet as brief handy designations for various substances and concepts.*[41]

Mit Raymundus Lullus wurde Arnald von Villanova als dessen angeblicher Lehrer in Verbindung gebracht[42]. Arnalds Schriften behandeln, neben der Alchemie im engeren Sinne, auch medizinisch-pharmazeutische Themen[43]. Zu den alchemistischen Traktaten zählen "Rosarius philosophorum", "Lumen novum", "Flos florum", "Epistula ad regem Neapolitanum" und "Speculum alchimiae"[44].

> *Sie sind gekennzeichnet durch eine knappe und klare Diktion und durch konservative Gedanken. Arnald kennt die aristotelische Elementenlehre (...). Daneben ist er aber auch stark von der arabischen Alchemie beeinflußt, vor allem von der "Turba philosopho-*

------

38 So etwa in der Schrift "Quarta pars magna"; vergl. dazu Thorndike (1934) Bd.IV, Kap.XXXVIII; hier S.5f. Eine Aufstellung von Handschriften europäischer Bibliotheken, die dem Lullus zugeschrieben werden, liefert Thorndike im Appendix 39, Bd. IV, S.619-652

39 vergl. ebenda

40 Da weder Johannes von Rupescissa noch John Bumbeles (Dombelay) Lullus erwähnen, sondern dieser erst von William Sedacerius (wirkt etwa 1370-1378) zitiert wird, kommt Thorndike (S.22) zu dem Schluß:"Perhaps it is safest to date the first formation of a Lullian alchemical corpus rather late in the fourteenth century."

41 ebenda S. 27

42 Vergl. Codicillus, cap. 63; in: Manget Bd. I, S.908

43 vergl. Buntz (1970) S. 142; die Echtheit der eher religiös-alchemistischen Arnald-Texte hält Buntz für fraglich. vergl. auch Buntz (1968), Kap. IV. Arnald von Villanova, Quaestiones tam essentiales quam accidentales ad Bonifacium VIII.
Zu den alchemistischen Studien des Arnald vergl.
Diepgen,P. Studien zu Arnald von Villanova, Teil 3 Arnald und die Alchemie
in: Archiv f.d. Gesch. d. Medizin 3 (1910) 369-396

44 Vergl. Buntz (1968) S. 68, Anm. 2

rum" (...). Von ihr übernimmt er die Grundvorstellung, der alchimistische Prozeß sei eine Trennung des Stoffes in Körper, Seele und Geist, d.h. in flüchtige und feste Bestandteile, in deren Reinigung und anschließende Zusammenfügung.[45]

Im Gegensatz jedoch zur arabischen Alchemie, die in Quecksilber und Schwefel den Urstoff erblickte, stellt nach Arnald das Quecksilber allein die "prima materia" dar.

Die Edition einer aus dem 15. Jahrhundert stammenden Übersetzung der "Quaestiones tam essentiales quam accidentales ad Bonifacium VIII." liegt in Buntz (1968) vor. Die Quaestiones wurden vermutlich zwischen 1300 und 1302 niedergeschrieben. Buntz vermutet, daß der Text der Versuch ist, den durch Arnalds prophetische und astrologische Schriften ausgelösten Konflikt mit der Kirche beizulegen[46]. Er teilt den Text in fünf Abschnitte, in denen die Ausgangsstoffe, die Vorbereitung der Edukte, der Ablauf des Prozesses, die Geräte zum Prozeß und die Farberscheinungen behandelt werden[47].

Das 14. unds 15. Jahrhundert ist durch eine erhebliche Ausweitung der Alchemie gekennzeichnet. Inhaltlich zeigt sich das Bemühen, zu einem Ausgleich mit der Theologie zu gelangen. Ausdruck davon ist auch die 'Christus-Lapis-Parallele'. Wie Christus die Menschen erlöst, so erlöst der Stein der Weisen die Materie zu ihrer höchsten Existenzform im Metall Gold[48].

------

[45] Buntz (1970) S. 143

[46] vergl. Buntz (1968) S. 72

[47] vergl. Buntz (1968) S. 72; Der Prozeß umfaßt:"Solution (...); Destillierung (...); Putrefaktion und Reinigung (...); Sublimierung (...); Behandlung der unedlen Metalle (...); Eintränkung der Tinktur zum Silber (...); Eintränkung der Tinktur zum Gold (...); Multiplikation der Tinktur und Transmutation" (S.72). In seiner Untersuchung zu alchemistischen Traktaten des 15. und 16. Jahrhunderts stellt Buntz dem Arnald-Text eine zweite Schrift gegenüber. Es ist dies der direkt in deutscher Sprache verfaßte "Tractatus de lapide philosophorum" des Lamspring. (S. 89 ff)

[48] Vergl. Ploss (1970) S. 38 f. Zum Verhältnis von Alchemie und Religion vergl. Ganzenmüller (1942): "Es gibt kaum eine Stelle im Lehrgebäude der Kirche, die nicht von den Alchemisten in Parallele zu chemischen Vorgängen gesetzt worden wäre. Die Schöpfung bedeutet die Herstellung des Steins der Weisen; Luzifers Sturz oder der Sündenfall treten in Beziehung zur Korruption der Stoffe, die Erlösung zu ihrer Reinigung." (ebenda S. 331). Zum "Große(n) Werk als Erlösungsgeschehen" und zur "Alchemie als gnostischer Heilsweg" vergl. Hoheisel (1986). Der Autor stellt dort die Nähe der mittelalterlichen, spekulativen Alchemie zur Gnosis des zweiten und dritten Jahrhun-

Aus dieser Zeit stammt die älteste, deutschsprachige alchemistische Handschrift, das "Buch der heiligen Dreifaltigkeit", in der sich

(...) Alchimie, christliche und gnostische Erlösungsvorstellungen, politische und religiöse Tendenzen mischen.[49]

Eine erste Würdigung erfuhr die Schrift von Ganzenmüller (1939), neuere Untersuchungen finden sich in Buntz (1968; 1971) und Putscher (1986)[50]. Einige Ergebnisse ihrer Arbeiten seien zur Charakterisierung dieser Schrift herausgegriffen.

Mehrere Datierungen zeigen an, daß das Werk zur Zeit des Konstanzer Konzils (1414-18) seine endgültige Fassung erhielt. Am 28. Juni 1419 wurde die Schrift dem Burggrafen Friedrich von Brandenburg übergeben[51]. Als Verfasser gilt ein Franziskanermönch namens Ulmannus[52]. Angaben zu allen bisher nachgewiesenen Handschriften - die über die acht von Ganzenmüller genannten hinausgehen - macht Buntz[53].

Eine Untersuchung der überlieferten Handschriften unter ikonographischem Aspekt (Putscher 1986), führte zu einer Revidierung der noch von Ganzenmüller vertretenen Annahme, hinsichtlich des ältesten Textes. Während er die prachtvolle Nürnberger Pergamenthandschrift[54] als ältesten Text ansah, führt Putscher Indizien an (vor allem das Bild der Marienkrönung), die daraufhinweisen, daß das Berliner Exemplar[55] das Original ist, welches dem Markgrafen überreicht wurde[56]. In dem Bestreben

(...) die ganze sichtbare und unsichtbare Welt, den

------

derts dar, "... und das alchemistische Bestreben, den festen Rückständen in der Retorte vorher ausgetriebene verflüchtigte Komponenten wieder zurückzugeben, um die höchste Vollendung des Stoffes in Gestalt des "Steins der Weisen" zu erreichen, bietet sich als sprechendes Bild gnostischer Heilsvision an."(S.84)

49 Buntz (1968) S. 24

50 vergl. auch Hartlaub (1937)

51 vergl. Buntz (1968) S. 24; vergl Putscher (1986) S. 125 ff

52 Noch Ganzenmüller (1939;S. 241) galt Almannus als Name des Autors. Neueres zum Verfasser bei Buntz (1968) S.27ff und (1971).

53 vergl. Buntz (1968) S.25, Anm. 1 und Putscher (1986) S.152, Anm.2

54 Germ. Nationalmuseum Nürnberg Nr. 80061

55 Kupferstichkabinett Ms 78 A 11

56 Vergl. Putscher (1986) S. 164 f: Während sich im Nürnberger Exemplar auf der Darstellung der Marienkrönung der Hinweis auf Kaiser Friedrich findet, fehlt dieser Name hier. Zudem findet sich im Gegensatz zu allen anderen Handschriften im Berliner Manuskript kein Datum nach 1419.

Makrokosmos und den Mikrokosmos zu einem Sinnzusammenhang zu verbinden (...)[57]

bedient sich der Autor des Nebeneinanders von Bild und Text. Dabei werden theologische und astronomische Themenbereiche auf die Alchemie projeziert. So dient die Passion Christi der Symbolisierung alchemistischer Prozesse. Die vier Evangelisten Johannes, Markus, Matheus und Lukas werden den vier Elementen Erde, Luft, Wasser, Feuer zugeordnet. Zusammen mit den drei göttlichen Figuren Gottvater, Christus und Maria wird eine Siebenzahl erreicht, die in weiteren Zuordnungen herausgestellt wird. Neben der bekannten Zuordnung zu den Planeten werden die Metalle zu den sieben Tugenden, den sieben Lastern und den sieben Wunden des gekreuzigten Christus in Beziehung gesetzt[58]. Zu den Bildern der Handschrift gehört auch die Darstellung eines Hermaphroditen[59]. Der Hermaphrodit war den Alchemisten Sinnbild der Überwindung der Gegensätze, der Vereinigung des männlichen und weiblichen Prinzips, die der Stein der Weisen darstellte[60].

Zu den herausragenden Alchemisten dieser Zeit gehören Johannes von Rupescissa (De consideratione quintae essentiae), Petrus Bonus und Bernhardus Trevisanus (auch: Berndard, Graf von der Mark und Tervis).

Obwohl Bernhards Schriften eine Anzahl von Angaben zu seinen Lebensumständen enthalten, sind viele Fragen zur Person des Trevisanus noch ungeklärt. Nach Ferguson ist das Geburtsland nicht eindeutig zu bestimmen. In Anlehnung an Schmieder gibt er als Lebensdaten 1406-90

------

57 Ganzenmüller (1939) S. 243

58 Diese letzte Siebenzahl wird erreicht durch die Einbeziehung der Wunde der Dornenkrone und des ganzen Leibes als Wunde der Geißelung (Ganzenmüller 1939, S.244ff; Putscher 1986, S. 159 ff). Zur Bedeutung der Siebenzahl vergl. Lippmann (1954) S. 122ff.

59 Nach Buntz (1968) S.32 ist dies "innerhalb der alchimistischen Illustrationen das älteste Bild dieser Art."

60 Zur Figur des Hermaphroditen in der Alchemie vergl. Telle (1980).
Aurhammer (1986) verweist auf zwei außeralchemistische Traditionsstränge des Hermaphroditenbildes, die er in der antiken und mittelalterlichen Astrologie und in einer mittelalterlichen Zeugungs- und Geschlechtstheorie erkennt, und die ihrerseits auf den Hermaphroditus der Ovid'schen Metamorphosen zurückgehen. Das Konzept der menschlichen Fortpflanzung wird auf die Vorstellung vom natürlichen Wachstum der Metalle übertragen. "Durch die Personifikation von Gold und Silber in 'Sol' und 'Luna' wird ein entscheidender Geschlechtsdimorphismus geschaffen, zwischen dem 'Mercurius' vermittelt."(Aurhammer (1986) S. 183) Diese Vermittlung führt der Hermaphrodit vor Augen.

an[61]. Er führt weiter Indizien dafür an, daß es zwei Alchemisten mit ähnlichen Namen gegeben habe. Nicht klar ist, ob er seine Werke ursprünglich in Latein, Italienisch oder Französisch abgefaßt hat[62]. Auskunft über sein alchemistisches Streben gibt die Schrift "Von der hermetischen Philosophia"[63]. Der Traktat besteht aus 4 Teilen.

Im ersten Teil werden die Gründer der Kunst dargestellt: Hermes Trismengistos, die Tabula Smaragdina u.a..

Es folgt die Beschreibung der eigenen Irrungen und Fehlschläge. Bernhardus verschweigt nicht, wie er den verschiedenen Betrügern aufgesessen ist. Es wird ausführlich die rege Reisetätigkeit beschrieben, die zur 'Ausbildung' in der Kunst notwendig war. Es werden die Labortätigkeit und die nachgearbeiteten Prozesse beschrieben. Dies alles zu dem Zweck, dem Leser diese Irrungen zu ersparen. Aus dem gleichen Grund wird auch die Sprache der betrügerischen Alchemisten beschrieben. Es folgt eine 'Theoria', in der zur Frage der 'prima materia metallorum' verschiedene Autoritäten paraphrasiert werden.

Der dritte Teil behandelt "Anfang und Wurtzel der Metalle"[64]. Zum Ende dieses Teils wird in Form einer 'Summa' eine Zusammenfassung der Theorie geliefert.

Im vierten Teil wird nun - nach der Theorie - die Bereitung des Steins beschrieben. Ganz bewußt bedient

------

61 vergl. Ferguson (1954) Bd. I, S. 103 f
Schmieder (1832) S. 230 ff; die gleichen Angaben macht Kopp (1843) Bd.I, S. 73, Kopp verweist auf die Verwechselungsmöglichkeit mit einem Alchemisten Bernhardus Trevirensis aus der zweiten Hälfte des 14. Jhds. und eines venetianischen Alchemisten-Betrügers Antonius Tarvisinus (1568).

62 Schneider glaubte letzteres, dagegen verweist Ferguson auf die nur in Latein vorhandene Schrift "De chemia, opus historicum et dogmaticum".

63 (1) Traktat vom Stein der Weisen
in: Hermetischer Rosenkranz 1659
Soest: V H. 12.4

(2) Des Hn Bernhardi, Grafen von der Marck und Tervis chymische Schriften von dem gebenedeiten Stein der Weisen,
A.d. Lat. übers. mit Joachim Tanckens u.a. Gelehrten Anmerkungen an Liecht gest. durch Caspar Horn Nüernberg 1717
(a) Soest: 2 an V H. 13.10
(b) Soest: 1 an V J. 13.3

(3) Von der hermetischen Philosophia
Strassburg 1574
HAB: 85 Med.(2) & NC 528
116.6 Med.(3) & 144.5 Med.(3)

(1) ist wortgleich in (2)a. S. 123-134 enthalten, (2)a. und (3) sind inhaltsgleich.

sich Bernhardus einer verdeckten, allegorischen Darstellung des Prozesses[65]. Bei der Beschreibung der Reaktion und Farberscheinung verwendet Bernhardus die sog. 'Fontinlein'-Allegorie: Beschrieben wird ein Brunnen, zu dem der König kommt, sich zu baden und zu erquicken[66].

Im 16. Jahrhundert beginnt ein Umwandlungsprozeß in der Alchemie, der sich aus dem Zusammenwirken ganz unterschiedlicher Strömungen ergibt. Einen Beitrag zu diesem Wandlungsprozeß lieferte der in den ersten Jahrzehnten des 16. Jahrhunderts einsetzende Druck alchemistischer Werke, der vor allem im 17. Jahrhundert einen Höhepunkt erreicht. Dabei entfällt ein hoher Anteil auf die Neuauflagen älterer Schriften[67]. In diese Zeit fällt das Erscheinen wichtiger Textsammlungen: THEATRUM CHEMICUM, Phillip Morgensterns TURBA PHILOSOPHORUM; Mangets BIBLIOTHECA CHEMICA CURIOSA, das DEUTSCHE THEATRUM CHEMICUM von Friedrich Roth-Scholtz und dessen BIBLIOTHECA CHEMICA[68].

Zu den neuen Texten gehören auch die Schriften des Basilius Valentinus, die 1599 zum ersten Mal gedruckt wurden und später zahlreiche Neuauflagen erlebten[69]. Neben diesen auf Erhalt und Tradierung gerichteten Tendenzen zeigen sich zwei weitere Entwicklungsstränge der Alchemie. Zum einen erfolgte eine größere Betonung des spirituellen Bereichs. Ausdruck dieser stärkeren Bin-

------

64 S. 77-100 in: (2)a

65 S. 101-111 in: (2)a.

66 Der Ausgabe Nüernberg 1717 beigefügt ist eine Auslegung des 'Fontinleins', das von späteren Alchemisten häufig zitiert wurde, von Alberto C{B}ayer, fratre Ordinis carmelitorum. S. 269-281 in:(2)a

67 vergl. Buntz (1970) S. 122
Erwähnung verdient auch der Frankfurter Verleger Lucas Jennis, der zwischen 1616 und 1630 eine große Zahl alchemistischer Traktate herausgab, die sich besonders durch ihre reichhaltigen Illustrationen auszeichneten. Vergl. dazu Trenczak (1965).

68 Theatrum Chymicum
Vol. I-V 1613-1622; Vol. VI 1661 (Soest: IV J. 13.8)
Phillip Morgenstern, Turba Philosophorum
Basel 1613 (Landesbiblio. Hannover: N-A 1518; Soest: V J. 14.11). Morgensterns 'Turba' ist eine Übersetzung der 'Ars Aurifera' von Gugliemo Gratorolo (Basel 1572 u. öfter)
J. J. Manget, Bibliotheca chemica curiosa
2 Bde. Genf 1702 (Soest: II G. 4.10)
Friedrich Roth-Scholtz, Deutsches Theatrum Chemicum I-III; Nürnberg 1727-32 (Soest: 5 J. 14.4; HAB: 29.1923 (Nachdr.1976)
ders., Bibliotheca Chemica; Nürnberg 1727
(Soest: 2 an: V J. 13.3)

69 Weiteres zu Basilius und der angenommenen Identität mit Johann Thoelde in 3.2.1.

dung an die Mystik ist Johann Valentin Andreaes Schrift (1586-1654) "Chymische Hochzeit Christiani Rosencreutz Anno 1459". Während heute keine Einigkeit darüber herrscht, ob es sich bei dieser Schrift um eine Allegorisierung alchemistischer Prozesse oder um eine Parodie handelt, ging Kopp davon aus, daß das Werk eine Satire ist, auf

> ... *das tolle Streben der Alchemisten und den theosophischen Unsinn, welchen sie mit dem Glauben an die Allwirksamkeit des Steins der Weisen verbanden.*[70]

Die Schrift handelt von der Geheimgesellschaft der Rosenkreuzer, die von dem (fiktiven) Christian Rosencreutz gegründet worden sei, nachdem dieser um 1378 den Orient bereist habe, wo er in die Kunst der Alchemie eingewiesen worden sei. Die Idee einer solchen Gesellschaft hatte eine starke Wirkung und bald zählten Alchemisten, Ärzte und Geistliche in ganz Europa zu ihr. Der zweite Entwicklungsstrang verläuft nahezu entgegengesetzt und wird durch Theophrastus von Hohenheim (1493-1541), genannt Paracelsus, repräsentiert. In Anlehnung an die arabischen Wurzeln der Alchemie und in der Tradition der Forderung des Roger Bacon begründete Paracelsus einen neuen Abschnitt in der Alchemie: die Chemieatrie. Für Paracelsus steht der Mensch im Mittelpunkt der Natur und die Beschäftigung mit der Natur muß immer im Hinblick auf den Menschen erfolgen. Für ihn ist die "alchimia von got gesezt als ein rechte kunst der natur" und die Arzneien sollen "gekocht werden ... wie die scientia alchimiae medicinae lernet"[71]. Paracelsus entwickelt die Drei-Prinzipien-Lehre[72], nach der die stoffliche Welt aus den Prinzipien Sulphur, Mercurius und Sal aufgebaut ist. Dabei repräsentieren diese Prinzipien weniger konkrete Substanzen als vielmehr stoffliche Eigenschaften: der Sulphur die Brennbarkeit, der Mercurius die Sublimierbarkeit und das Sal die Festigkeit[73]. Durch die Bedeutung, die Paracelsus den drei Prinzipien auch bei der Generation der Metalle und Mineralien zuweist, besaß seine Lehre für spätere Alchemisten, für die er einer der ihren wurde, große Anziehungskraft[74].

------

70 Kopp Bd.(1843) Bd. II, S. 188 f

71 Paracelsus, Labyrinthus medicorum errantium (1537/38); Sudhoff XI S. 189

72 Dargelegt im "Opus Paramirum" (ca. 1530) , Sudhoff IX, S.37-248; vergl. auch: "De rerum naturum neun bücher" (1537), dort vor allem: "Liber primus de generationibus rerum naturalium"; Sudhoff XI, 309-403

73 Vergl. Walden (1941) S. 422 ff

74 vergl. dazu 'De natura rerum neun bücher', Liber primus; Sudhoff XI, S. 318 f. Dort setzt Paracelsus seine Prinzipien in Beziehung zur Lehre des "Hermes" und dessen Substanzen Geist, Seele und Leib.

Parallel zu diesen unterschiedlichen Strömungen der Chemieatrie, des Rosenkreuzertums und der Ausläufer der mittelalterlichen Alchemie beginnt sich auch die Chemie im engeren Sinne von der Alchemie abzusetzen. Neben der Alchemie liegen ihre Wurzeln vor allem in den mittelalterlichen Mal- und Färbebüchern und in den Anweisungen der Berg- und Probierbüchlein, von denen Agricolas Werk "De re metallica libri XII" das bekannteste ist. So entwickelt sich im 16. und 17.Jahrhundert die "neuzeitliche Chemie"[75], die den Übergang bildet, von der "alten Experimentierkunst zur chemischen Experimentalwissenschaft"[76]. Seit dem Ende des 16. Jahrhunderts werden Chemie-Vorlesungen an den medizinischen Fakultäten gehalten. Während des 17. Jahrhunderts gelangen Mineralogie und Metallurgie an die Universitäten und im 18. Jahrhundert schließlich werden die ersten Lehrstühle für Chemie errichtet. Schon im 17. Jahrhundert gibt es chemische Universitätslaboratorien. Ein früher Vorläufer ist das "Laboratorium Chymico-medico" der Universität Marburg, das von Johannes Hartmann (1568-1631) um 1610 eingerichtet wurde[77]. Hartmann war vom Landgra-

------

"(...) das sie nichts anders als die drei principia bedeuten, das ist mercurium, sulphur und sal, daraus den alle 7 metallen generirt werden. der mercurius aber ist der spiritus der sulphur ist die anima, das sal das corpus (...)". Wenn er auch an dieser Stelle die Möglichkeit der Metall-Generation verneint, so schließt er doch: "(...) dem alchimisten ist vil müglicher und leichter die metal zu transmutiren dan zu generiren oder zu machen." Zu den späteren Vertretern der Drei-Prinzipien-Lehre zählte auch Basilius Valentinus. Zu den Veränderungen, die das alchemistiche Gedankengut im Denken des Paracelsus erfuhr, vergl. Ganzenmüller (1941 c). Zu diesen Veränderungen zählt Ganzenmüller die Übertragung der Trichotomie Körper-Seele-Geist auf alle Naturvorgänge, den Wandel von einer statischen Auffassung der Metalle zu einer dynamischen, in der der Mercurius als das wirkende Prinzip erscheint und schließlich die Umkehr einer Sichtweise, die die Transmutation der Metalle verständlich machen wollte, durch Vergleiche mit körperlichen Vorgängen im Menschen. Paracelsus dagegen versucht seine chemischen Erfahrungen auf den menschlichen Körper zu übertragen. (vergl. Ganzenüller 1941 c, S. 309 f). Zur Wirkungsgeschichte des Paracelsus vergl.: Eis, G. Vor und nach Paracelsus. Untersuchungen über Hohenheims Traditionsverbundenheit und Nachrichten über seine Anhänger. Stuttgart 1965; vergl. auch Telle (1982)

75 Vergl. Weyer (1978), der zwischen neuzeitlicher und moderner Chemie (ab 18. Jhd.) unterscheidet.

76 Ströker (1982) S. 35

77 vergl. Ganzenmüller (1941 b) und Hermelingk,H./ Kaehler,S. Die Philippsuniversität zu Marburg 1527-

fen Moritz von Hessen-Kassel zum ersten Professor der Chymiatrie ernannt worden und eine seiner ersten Laborarbeiten war die Darstellung des Opiums und des Laudanum Opiatum[78]. Während gleichzeitig Systematisierungsversuche zu ersten Lehrbüchern führten[79], lag im 17. Jahrhundert ein deutliches Gewicht auf der angewandten Chemie, die häufig in den Dienst gewerblicher Zwecke gestellt war und die zum Teil immer noch motiviert war von dem Streben nach dem lapis philosophorum. J.R.Glauber (1603/04-1670) verbesserte Öfen und Destilierapparaturen[80]. Er beschrieb Herstellung und Eigenschaften der Salzsäure (spiritus salis; HCl), der Salpetersäure (aqua fortis; HNO_3) und der Schwefelsäure (spiritus vitrioli; H_2SO_4). Er untersuchte ferner verschiedene Salze, dabei widmete er sich vor allem dem Natriumsulfat (Na_2SO_4; Glauber-Salz), das er sal mirabile nannte. Er konnte nachweisen, daß es im Gegensatz zur allgemeinen Meinung kein Nitrat enthielt[81]. Etwa um 1669 entdeckte der Hamburger Alchemist Henning Brand den Phosphor[82].

Bei seinen glas-chemischen Forschungen entdeckte J.Kunckel um 1677 das Goldrubinglas. Zu dieser Zeit

------

1927; Marburg 1927

78 Über Arbeitsweise und Vorschriften in Hartmanns Labor gibt sein Tagebuch Auskunft, das in einer Abschrift in der Erlanger UB, MS 1207 vorhanden ist. Vergl. Ganzenmüller (1941 b) S. 316, Anm.8.

79 Libavius, Alchimia (1597 & 1606); N. Lemery, Cours de chymie (1675); G.E. Stahl, Chymia rationalis et experimentalis (1720); H. Boerhaave, Elementa Chemiae (1731); Macquer, Elements de Chemiae Theoretique (1749); Lavoisier, Traite elementaire de chimi (1789)

80 Furni novi philosophici
oder Beschreibung einer neu-erfundenen Destillir-Kunst ; Franckfurt 1652 (Soest: V H. 12.17)
De Auri Tinctura
sive Auro potabili vero
Franckfurt 1652 (Soest: V H. 12.17)
Miraculum mundi oder
Ausführliche Beschreibung der wunderbaren Natur, Art und Eigenschafft des Grossmächtigen Subiecti
Amsterdam 1653 (Soest: V H. 12.17)
Dess Teutschlands-Wohlfahrt
1653 (Soest: V H. 12.12)

81 vergl. Partington (1969) Bd.II, S. 341-361

82 Im dritten Teil seines 'Laboratorium Chymicum' (Hamburg und Leipzig 1716) S. 656 ff beschreibt Kunckel seinen eigenen Anteil an der 'Entdeckung' des Phosphors. Er kaufte von Brand das Rezept zur Herstellung des Phosphors durch Trockendestillation von Harnrückständen, wurde jedoch von Brand betrogen, der wesentliche Teile des Verfahrens verschwieg. So mußte Kunckel den Phosphor neu entdecken.

stand er in den Diensten des Kurfürsten Friedrich Wilhem von Brandenburg und war Direktor des alchemistischen Laboratoriums[83].

Der Fülle der Einzelentdeckungen fehlte jedoch ein integrierendes, theoretisches Fundament. Diese Situation ändert sich erst mit der Weiterführung einzelner Vorstellungen des J.J.Becher (1635-1682) durch G.E. Stahl (1660-1734). Becher hatte angenommen, daß für den Aufbau der Mineralien drei verschiedene Erden verantwortlich waren[84].

> *Die prima terra, fixiert auch im Feuer, gab ... den Körpern Festigkeit und weitgehende Unveränderlichkeit wie auch Verglasbarkeit und Verkalkbarkeit; die secunda terra, terra pinguis oder terra sicca, sorgte für die Feuchtigkeit, Öligkeit und Verbrennlichkeit sowie für Duft und Farbe; die tertia terra schließlich bürgte für Gewicht, Flüchtigkeit, Helligkeit und Geruch.*[85]

Über die Beschäftigung mit jener terra pinguis gelangte Stahl schließlich zu einer einheitlichen Erklärung der bis dahin als verschieden erachteten Vorgänge der Verbrennung und Verkalkung. Beide Prozesse, so seine Annahme, beruhten auf der Existenz eines "brennlichen Wesens", des Phlogistons, das bei der Verbrennung entweiche[86]. Stahls Annahmen zur Verbrennung herrschten lange Zeit unangefochten und gerieten erst ins Wanken durch Scheeles (1772) und Priestley's (1774) Untersuchungen zur "dephlogistierten Luft" (Sauerstoff), die sie durch Erhitzen von Quecksilberoxid erhielten. Wiederlegt wurde sie schließlich durch Lavoisiers Theorie der Verbrennung als chemische Vereinigung mit Sauerstoff. Damit war endgültig das Zeitalter der modernen Chemie angebrochen.

Eine eigentümliche Ambivalenz erhält diese Zeit der "neuzeitlichen Chemie" dadurch, daß viele ihrer Protagonisten gleichzeitig im alchemistischen Gedankengut verwurzelt blieben und die Suche nach dem lapis philosophorum und den Glauben an die Möglichkeit der Metalltransmutation nicht aufgaben. "Alchemie wurde bei ihnen zum Probierstein neuer chemischer Lehren"[87]. Noch 1789

------

[83] vergl. Ganzenmüller (1937); dort wird auch die Nähe des Rubinglases zum "köstliche(n) Carbunckel" (Basilius Valentinus), zum Stein der Weisen und zur roten Tinktur deutlich. Auch darin wird die alchemistische Motivation Kunckels sichtbar.

[84] vergl. Chymisches Laboratorium
oder Unter=erdische Naturkündigung
von Joh. Joachim Becher
Franckfurt MDCLXXX
(UB Münster O [1]92)

[85] Ströker (1982) S. 81

[86] Zum Phlogiston und zu Stahls 'Phlogiston-Theorie' vergl.: Ströker (1982) Kap. 2; Partington (1969) Chap. XVII & XVIII; Partington / McKie (1937, 1938)

verfaßte der Bochumer Arzt K.A. Kortum eine Verteidigungsschrift der Alchemie, die er gegen J.C.Wiegleb richtete[88]. Einer Korrespondenz mit Pastor Bährens aus Schwerte folgte im Oktober 1796 die Ankündigung einer "Hermetischen Gesellschaft" im Reichs-Anzeiger. 1801 erschien das "Hermetische Journal".

1.2. Abgrenzungsversuche

Die unterschiedlichen Ursprünge der Alchemie, ihre vielfältigen Erscheinungsformen - vom Rezept bis zur visionär-spekulativen Allegorie - und die verschiedenen Bereiche, in denen sie seit der beginnenden Etablierung der modernen Chemie weiterlebte, machen den Versuch einer Wesensbestimmung notwendig[89]. Wenn heute Alchemie verstanden wird als eine

> *(...) gnostisch unterbaute Naturphilosophie, die mit der Erforschung der Materie und der Verwandlung der Metalle den inneren Zusammenhang des Universums zu klären suchte*[90],

dann wird damit einer Eigenart der Alchemie Rechnung getragen, die schon ihre Einordnung in den mittelalterlichen Fächerkanon erschwerte. So wird im 13. und 14. Jahrhundert ihr spekulativ-theoretischer Teil eher der scientia und ihr praktisch-handwerklicher Teil den artes mechanicae (ars fabrilis) zugeordnet[91]. Deutlich wird dies auch an Roger Bacons Einteilung der Alchemie in alchemia speculativa und alchemia practica[92].

Die sich von der Alchemie getrennt weiterentwickeln-

------

87 Telle (1978) S. 205
vergl. auch Ströker (1982) S. 33 zu Robert Boyles "alchemistischen Gedankenguts, das auch in seiner Arbeit noch unübersehbar wirksam ist (...)".
vergl. Figala (1978) zu "Newtons rationale(m) System der Alchemie".; vergl. auch Dobbs (1986)

88 Karl Arnold Kortum der Arzneiwiss. Doktor und Arzt in Bochum Verteidigt die Alchimie gegen die Einwürfe einiger neuen Schriftsteller besonders des Herrn Wieglebs. Duisburg 1789 (Stadtarch. Mülheim.:882/50) Wiegleb hatte sich als Autor, Übersetzer und Herausgeber chemischer Werke hervorgetan. 1791 folgten "Noch ein paar Worte über Alchimie und Wiegleb".

89 Dabei hat oftmals die eigene historische Position des Urteilenden einer angemessenen Bewertung im Wege gestanden.Über die "Wandlungen in der geschichtlichen Betrachtung der Alchemie" gibt Ganzenmüller (1950) einen Überblick.

90 Schipperges (1979) S. 110

91 vergl. J. Weyer (1973), S. 13 f

92 vergl. Schipperges (1970) S. 71
Bacons Betonung des Experiments und dessen Bedeutung für die Erkenntnis sollte jedoch nicht überbewertet werden. Auf die lange Tradition des Topos ratio et experimentum hat Schipperges (1982) hingewiesen.

de Chemie übernahm dieses Erbe. In ihrem Ringen um den Status einer unabhängigen Wissenschaft erwies sich diese Dichotomie als eher hinderlich. Als ars stand die Chemie dem Handwerk zu nahe, um zu vollen akademischen Würden zu gelangen. Als scientia unterstand sie der physica. Zudem wurde ihr Verhältnis zu Theorie und Praxis mit den Augen einer kritischen Gesellschaft betrachtet, die ihre Erfahrung gemacht hatte mit dem Mißverhältnis beider Bereiche in der übel beleumdeten Alchemie. In der Mitte des 18. Jahrhunderts setzte eine Entwicklung ein, die dieses Spannnungsverhältnis durch eine Einteilung aufhob, die nun zwischen theoretischer und angewandter Chemie unterschied.

> *In pure chemistry this points at principles and laws of material phenomena and transformations; in applied chemistry it points at their utilization for mans's need. The most intimate connection of chemical theory and experimental practice was, however, imposed on both areas as a self-evident condition.*[93]

Den Ursprung dieser neuen Einteilung sieht Meinel in einem Brief des schwedischen Chemikers Johann Gottschalk Wallerius vom 10. August 1751, in dem zum ersten Mal von chemica pura als "Wissenschaft von der Vermischung und dem Grundstoffe der Körper" und von chemica applicata als "Kunst, welche zeiget, wie man durch Vermischung oder Teilung der Körper verschiedene, bei vielerlei Zufällen im gemeinen Leben nützliche Stoffe zubereiten können"[94], die Rede ist. Durch diese Grenzziehung wurden alle Bereiche einer Naturphilosophie ausgegrenzt,

> *(...) die darin bestand, daß sie (...) nicht bloß die Transmutation der Metalle lehren, sondern den ganzen Zusammenhang der Welt erklären wollte.*[95]

------

93 Meinel (1983) S. 126

94 Zitiert nach Meinel (1983) S. 126, & Anm. 34., 35.: Johann Gottschalk Wallerius, Bref om Chemiens rätte Beskaffenhet, Nytta och Wärde, ... Stockholm, Uppsala 1751. Meinel zitiert nach einer "apparently unauthorised and not very reliable translation": "Von der Chemie", Monatliche Beiträge zur Naturkunde, Hrsg. Joan Daniel Denso, Berlin 1 (1752) 61-95; 2 (1752) 161-76. Auf die sozialgeschichtlichen Verflechtungen verweist Meinel, wenn er die Entwicklung einer eigenständigen Chemie in Zusammenhang mit gesellschaftlichen Veränderungen bringt: "(...) the emancipation of the subject was also part of the great historical process in which the new bourgeoisie replaced the old contemplative ideal of life by a new one, which contained the ideas of progress and active formation of the world"(S.125). Einen Überblick über den sich vom Barock zur Aufklärung vollziehenden Wandel geben die von Schmauderer (1973) S. 122-139 aufgeführten Definitionen zur Chemie.

95 Ganzenmüller (1950) S. 356

Für die Alchemisten galt die umfassende Forderung

> *(...) recipit vim superiorum et inferiorum. Sic habebis gloriam totius mundi.*[96]

und der alchemistische Prozeß war ihnen immer auch Mittel zu einem höheren Zweck. Diesen Aspekt betont D. Goltz[97]. Von den drei Charakteristika der Alchemie - die Sprache, der Glaube an die Möglichkeit der Transmutation, die Verknüpfung mit einer Naturphilosophie - ist es die Naturphilosophie, die die 'coditio sine qua non' bildet. In ihrer deutlichsten Ausprägung gilt die Sprache der Alchemisten zwar als "wichtigste(s) Kriterium" und

> *Überall, wo es um Leben, Tod, Seele, Geburt und Vermählung geht, ist nur Alchemie im Spiel.*[98]

Jedoch bewege sich die Diktion und Terminologie der Alchemisten in einem Spannungsverhältnis zwischen der Grundlage zu einer Fachsprache - etwa bei der Bezeichnung einzelner chemischer Operationen - und einer "spezifischen Symbolsprache" - etwa bei der Bezeichnung der Stufen der Lapis-Herstellung oder der sprachlichen Umsetzung der Christus-Lapis-Parallele. So gelte letztlich:

> *Die richtige Zuordnung der Texte und die Bestimmung einer genauen Grenzlinie wird nur der Kenner mittelalterlicher Alchemie vornehmen können.*[99]

Ein ebenso unscharfes Kriterium bildet nach Goltz der Glaube an die Möglichkeit der Metall-Transmutation.

> *Die Idee von der Transmutation der Metalle war eine wissenschaftliche Hypothese, deren Entstehung sich auf platonische und aristotelische Anschauungen über die Zusammensetzung der Materie zurückführen läßt. (...) Die "Alchemisten" haben nichts anderes versucht, als diese Hypothese zu einer Theorie auszubauen und sie empirisch in Einzelschritten zu verifizieren.*[100]

Der unterschwellig vorhandene Glaube an die Metallverwandlung berechtige jedoch nicht, einen Naturforscher als Alchemisten zu charakterisieren, dem es wesentlich um diese empirische Verifikation und der Strukturierung der dabei gewonnenen Erkenntnisse geht[101]. Erst wenn

------

96 Lateinische Version der Tabula Smaragdina zitiert nach Ruska (1926), in der deutschen Übersetzung (W.Chr. Kriegsmann, 1657):
"bringe die Krafft der öbern und untern Geschöpff zusammen / so wirst du aller Welt Herrlichkeit erlangen" (ebenda).

97 vergl. D. Goltz (1968)

98 ebenda S. 36 f

99 ebenda S. 37

100 ebenda S. 38, 39

101 Als Beispiele für solche 'Chemiker', die gemäß der theoretischen Konzeption ihrer Zeit die Transmutation für möglich hielten, nennt Goltz Libavius und Glauber. Vergl. S. 40 f u. Anm. 31

die Transmutation der Metalle, das Geschehen in der Retorte zum Gleichnis wird, wenn der Mensch sich selbst als Teil jenes Veredelungsprozesses begreift, erst dann entstehe Alchemie.

> *Alchemie beginnt vielmehr da, wo die Theorie der Transmutation der reinen Materie auf andere Gebiete übertragen, wo diese These auf die Sphären Mensch, Kosmos und Religion ausgedehnt wird.*[102]

Der Stein der Weisen wandelt nicht nur unvollkommene Metalle, er setzt auch den Menschen selbst in den Stand der Vollkommenheit.

Ohne den Aspekt der Naturphilosophie zu verkennen, anderenfalls erschiene "Alchemie als 'Goldmacherkunst' unangemessen einseitig", betont Telle (1978) in seiner Begriffsbestimmung den praktischen Teil der Alchemie:

> *Die Welt der natürlichen Stoffe bildete den zentralen Gegenstand der Alchemisten. Ihre Hauptaufgabe sahen sie darin, Materie zu verändern und in diesem Zusammenhang die von Gott in der Natur verborgenen Geheimnisse zu lüften.*[103]

Auch hier steht, basierend auf der Vorstellung vom natürlichen Wachstum der Metalle, der Gedanke der Transmutation im Vordergrund.

> *Ziel der Alchemisten war es, diesen Verwandlungsprozeß derart zu beschleunigen, daß die Umwandlung unedler Metalle in edles Gold in kurzer Frist stattfindet.*[104]

Die alchemistische Praxis wird auch betont, wenn an gleicher Stelle auf die verschiedenen Prozeßbezeichnungen verwiesen wird, deren Durchführung die verschiedenen "variantenreiche(n) Theorien" zur Herstellung des Lapis forderten.

Es ist also ein Dualismus zu konstatieren. Eine auf die Praxis gerichtete Sicht zeigt den Alchemisten als Naturforscher. Sei es, daß ihm die aristotelische Lehre von den vier Elementen Feuer, Wasser, Erde, Luft die Grundlage bot, oder die sogenannte Schwefel-Quecksilber-Theorie, nach der die Metalle aus diesen beiden 'Elementen' bestehen oder die Drei-Prinzipien-Lehre eines Paracelsus. Ziel war

> *(...) daß die Kunst auß allgemeinen und allenthalben befindlichen Materien / überall / in wenig Stunden / ein wahres Metall kann zeugen*[105]

Mit der Suche nach der prima materia und der Vorstellung vom Lapis philosophorum, als aus eben jener hervorgegangenen und über verschiedene Prozeßstadien (nigredo, albedo, citrinitas, rubedo) erhaltenen Substanz unterschiedlich gedachter Konsistenz (Pulver, Elixir, Tinktur), verband sich eine Naturphilosophie,

------

[102]ebenda S. 43

[103]Telle (1978) S. 200

[104]ebenda

[105]J.J.Becher (1680), Zugabe in Physicam subterraneam S. 21 (UB Münster, O 192)

die die Vorgänge in der Retorte nur als Gleichnis ansah und den Menschen in den Veredelungsprozeß miteinbezog.

Der 'alchemicus' von Rang verband in sich den 'philosophus' und 'artifex'.[106]

Sheppard versucht der praktischen und der spekulativ-philosophischen Dimension gleichermaßen gerecht zu werden, wenn er das Ziel der stofflichen und seelischen Veredelung hervorhebt:

Alchemy is the art of conversion of that which is base, both in the material and spiritual worlds. Here, the art of "conversion" must be taken to imply the raising from a lower to a higher plane of perfection (...).[107]

In seiner jüngsten Definition erscheint der Zeitfaktor als zentraler Parameter allen alchemistischen Strebens. Die künstliche 'Zeugung' der Metalle, verstanden als eine Beschleunigung des natürlichen Reifungsprozesses entspricht einer Verkürzung einer zeitlichen Dauer[108]. Langlebigkeit und Gesundheit, die Auswirkungen des Steins der Weisen auf den Menschen, entsprechen der Verlängerung eines natürlichen Zeitabschnittes. Unsterblichkeit schließlich ist das vollständige Aussetzen von Zeit:

Alchemy is the art of liberating parts of the Cosmos from temporal existance and achieving perfection which, for metals is gold, and for man, longevity, then immortality and, finally, redemption. Material perfection was sought through the action of a preparation (Philosopher's Stone for metals; Elixir of Life for humans), while spiritual ennoblement resulted from some form of inner revelation or other enlightenment(Gnosis, for example, in Hellenistic and western practices).[109]

Eine Wesensbestimmung der Alchemie fällt umso schwerer, als sie mit einer Anzahl anderer Bereiche der theoretischen und praktischen Beschäftigung mit der Stoffwelt überlappte.

Auf die Verbindung zur Medizin und zum Apothekertum wurde schon hingewiesen. Gerade in der Nachfolge des Paracelsus bot die Auseinandersetzung mit den häufig unkundigen Apothekern den Alchemisten die Möglichkeit, auf die gesellschaftliche Bedeutung ihres Tuns hinzuweisen.

So heißt es in dem um 1577 niedergeschriebenen 'Viatorum Spygyricum' über die präparativen Fähigkeiten der Ärzte und Apotheker:

Auch so ihr ettwas distilliren /
last ihr den lufft den geist hin fuhren /
Jhr sublimirt auch offt zur stund /

------

[106]Telle (1978) S. 199

[107]Sheppard (1970) S. 79 f

[108]vergl. das Becher-Zitat S. 18; der Zeit-Aspekt klingt auch bei Telle an.

[109]Sheppard (1986) S. 16f

vnndt es bleibt das best an dem grundt /
Das Jm sublimatoria /
kehrtt ihr zu sammen vndt seitt fro /
Meindt Jhr habt das best erwischt /
so es doch eyttel trußen ist /
Das best am grundt schutt ihr hin weg[110]

Dem stellt der Autor die Erfahrung des Alchemisten im Umgang mit den Substanzen entgegen:

Wir aber scheiden distilliren /
vnd thun das gutt von boßen fihren /
Dorffen solches alle stundt nehmen ein /
sey freydig friß du auch das dein /[111]

Am Beispiel J. Kunckels zeigt sich die Nähe der Alchemie zum Glashüttenwesen. Seine 'Ars Vitraria' (1679) bot eine Übersetzung der lateinischen Ausgabe der 'Ars Vetraria' (Amsterdam 1668) des Florentiner Antonio Neri, die ihrerseits in der lateinischen Version mit Zusätzen des Engländers Christopher Merret versehen war. Zusätzlich zur Übersetzung beider Teile lieferte Kunckel 100 eigene Experimente und weitere Rezepte, die zusammen die 'Ars Vitraria' für lange Zeit zu einem Standardwerk der Glasmacherei werden ließen[112].

Als letzter Bereich sei noch das Montanwesen und damit die Scheide- und Probierkunst erwähnt. Suhling (1986) zeigt am Beispiel des 'Bergbüchleins' des Rülein von Calw (etwa 1500), wie die Vorstellungen des natürlichen Wachstums und des Reifens der Metalle in der Erde und die Schwefel-Quecksilber-Theorie im Wissen der Montankundigen integriert sind[113]. Er weist auch darauf hin, daß es Georg Agricola war, der die Bergbaukunde

(...) von der spekulativen Ausdeutung physikalischer und chemischer Prozesse befreite, indem er diese auf die sinnlich erfahrbaren "nächsten Ursachen" - die 'causae proximae' -, wie Hitze und Kälte, zurückzuführen suchte.[114]

Suhling (1986) verweist zu recht darauf, daß Agricola auch die Alchemie - "namentlich die 'Kunst' der Metallumwandlung und -veredelung - aufs schärfste bekämpfte"[115]. Es darf dennoch nicht übersehen werden, daß er auf die praktischen Erfahrungen der Alchemisten sehr wohl zurückgriff. So etwa, wenn er ausführlich die "Scheidung durch die Quart" als Verfahren der Alchemisten beschreibt[116]. Deutliche Gemeinsamkeiten mit alchemistischen Praktiken zeigen sich auch bei der Beschreibung der fünf Verfahren zur Quecksilbergewinnung im 9. Buch und bei den Verfahren zur Schwefelgewinnung im 12. Buch[117].

------

110 Herbrandt Jamsthaler, Viatorium Spagyricum; S. 143^{v} (Oxford Bodleian Ms Add A 287). Zu den Quellen des 'Viatorium' vergl. Telle (1977) und Kap. 2.2.1.

111 ebenda 142^{r}

112 vergl. Ganzenmüller (1941 e), Beiträge S.198 ff; ders. (1935) u. (1937)

113 vergl. Suhling (1986) S. 297 f

1.3. Zur Sprache der Alchemie - Zielsetzung der Arbeit

Wie bereits erwähnt, gilt die sprachliche Eigenart alchemistischer Texte als eines ihrer Hauptmerkmale. In der Begriffsbestimmung von Goltz ist sie das wichtigste Charakteristikum. Ein Charakteristikum jedoch, das sich in seiner Gesamtheit einer exakten Bestimmung zu entziehen scheint. Danach ist die Alchemie "an ihrer Sprache, ihrer Diktion und an ihrer Terminologie"[118] zu erkennen. In Ausdrücken wie sublimatio, fixatio, coagulatio (u.a.) sieht sie zwar "alchemistische Begriffe", die die "Grundlage zu einer chemischen Fachsprache" bilden, die aber schon bald "Allgemeingut jeder chemischen Terminologie" werden. So daß "die Verwendung einer solchen Sprache" kein eindeutiges Kriterium für die Bestimmung eines Textes als alchemistisch bildet. Indikatoren für einen alchemistischen Text seien dagegen "Begriffe" wie nigredo oder albedo, die Zwischenstadien bei der Bereitung des Steins bezeichnen[119]. Zu diesem Nebeneinander von "Begriff", "Terminologie", "Fachsprache" und "Sprache" kommt noch eine "spezifische Symbolsprache"[120], die die Projektion christlichen Gedankenguts auf alchemistische Prozesse bezeichnet und ihrerseits in der Christus-Lapis-Parallele wurzelt. In dieser Beschreibung spiegelt sich die Vielschichtigkeit der alchemistischen Sprache, die schon früh in "sachliche Beschreibungen allgemein bekannter technologischer Arbeiten" einerseits und "leidenschaftliche, inbrünstige, oft religiös gefärbte Ausbrüche, Bekenntnisse und Beschwörungen"[121] andererseits aufgeteilt wurde.

Mit dem ersten Bereich gelangt der Wortschatz der Alchemisten und der Nachbardisziplinen Pharmazie und Medizin in den Blick. Die drei Disziplinen verbinden sich in dem Werk des Paracelsus, dem Weimann eine "ungewöhnlich reich(e)" Nachwirkung auf die deutsche Sprache beimißt[122]. Nicht nur habe Paracelsus neue Wörter geprägt, die sich im Deutschen und darüber hinaus international eingebürgert hätten, er habe auch eine Anzahl von Fremdwörtern erstmals ins Deutsche eingeführt. Vor allem aber sei es Paracelsus gewesen, der dem gemeinen "Landteutsch" zum Status einer Sprache der

------

114 ebenda S. 303

115 ebenda

116 vergl. Georg Agricola, Berckwerck Buch 1580, S. 202f Bergbauforschung Essen; Sign: K h 25

117 Zum Verhältnis von Agricola zur "Chymia" in Abgrenzung zur Alchemie vergl. auch Rocke (1985).

118 Goltz (1968) S. 33

119 vergl. ebenda S. 34, 35

120 ebenda, S. 35

121 Eis (1951) S. 417

122 Weimann (1963) S. 374

Wissenschaft verholfen habe. Eine solche Einschätzung muß aber möglicherweise modifiziert werden. So konnte Buntz (1973) zeigen, daß ein Teil des von Weimann angeführten paraceslischen Wortschatzes schon im beginnenden 15. Jahrhundert zur Sprache der Alchemisten gehört. Telle (1981) weist daraufhin, daß auch die Deutschsprachigkeit des Paraceslus weniger Wirkung gehabt habe, als bisher angenommen. Er zeigt, daß

> *(...) in entsprechenden Zeugnissen deutschschreibender Fachschriftsteller des 16. und 17. Jahrhunderts (...) Paracelsus als sprachliches Vorbild ungenannt bleibt und die frühneuzeitlichen Urteile über seine Schreibart fast ausnahmslos ungünstig ausfielen.*[123]

Ebenfalls dem Bereich der Pharmazie, Medizin und Chemie verpflichtet ist die Studie von D.Goltz (1972), die sich auf die Mineralnamen konzentriert, die sich von der babylonischen Epoche bis ins 16. Jahrhundert tradiert haben. Drei Aspekte stehen dabei im Vordergrund. Zusammen mit dem Nachvollzug der Etymologie der einzelnen Mineralnamen, bezogen auf den babylonischen, griechischen, lateinischen und arabischen Sprachkreis, wurden einzelne Grundzüge der Benennung der Minerale herausgearbeitet.

> *Dabei ergab sich, daß sämtliche Prinzipien der Benennung auf Gegebenheiten beruhen, die den zu bezeichnenden Gegenständen sachimmanent sind und die bei verschiedenen Völkern oft gleiche Assoziationen in der Metaphorik auslösen und zu lautlich verschiedenen, aber bedeutungsgleichen Namen führen.*[124]

Zudem widmet sich Goltz dem Problem der "Mehrsprachigkeit der chemischen Nomenklatur"[125], das dadurch entsteht, daß ältere Bezeichnungen von späteren Kulturen übernommen werden und damit in Konkurrenz treten mit den in der jeweiligen Sprache schon vorhandenen Bezeichnungen für denselben Gegenstand.

Dem Entstehen einer Fachsprache im Sinne einer Nomenklatur zur Bezeichnung von Substanzen widmet sich Crosland (1962). Zentrale Bedeutung dafür hat die 1787 von Guyton de Morveau, Lavoisier, Berthollet und Fourcroy herausgegebene "Méthode de nomenclature chimique". Entwicklung und Auswirkung dieser Nomenklatur-Reform stellt Crosland dar, vor dem Hintergrund der Sprache der Alchemie und früher Benennungsprinzipien. Als Ausgangspunkte solcher Substanzbezeichnungen gibt er an:

> *(...) colour, taste or smell, consistency and crystalline form, a person associated with the discovery or use of the substance or the place where it was prepared or found naturally, its (supposed) medicinal properties and finaly its method of preparation.*[126]

Die zweite Ebene der alchemistischen Sprache wird als 'Arkansprache' gekennzeichnet. Diesen Ausdruck prägte

------

[123] Telle (1981) S. 99. Zu einer entsprechenden Beurteilung des Stil gelangt Boehm-Bezing (1966), S. 97 ff

Eis. Danach stellt die Arkansprache

> *(...) einen wissenschaftlichen Sachverhalt oder eine praktische Arbeitsweise so dar, daß es nur dem Eingeweihten verständlich ist. Sie benützt dazu außer Geheimschriften und Geheimwörtern auch Symbole, Metaphern, fingierte Personen und mythologisierende Erzählungen (...).*[127]

Mit dem Ausdruck "Arkansprache" wurde die Grundlage geschaffen für eine Behandlung der alchemistischen Sprache, die alles nicht-terminologische in den Bereich von "Diktion", "Symbolsprache"[128], "alchemistischer Stil"[129] oder "Stillage"[130] stellte. Deutlich wird diese Differenzierung bei Buntz (1968). So erkennt er zwar in der Sprache der Alchemisten eine Fachsprache, beschränkt diese jedoch auf den Wortschatz.

> *Zur alchimistischen Fachsprache gehören alle Wörter aus dem technischen Bereich, Ausdrücke für Tätigkeiten und Vorgänge während des chemischen Prozesses, für die verwendeten Stoffe und Geräte.*[131]

Davon unterscheidet er "die Sprache der naturmystischen Spekulation"[132].

> *Die Stilmittel, mit denen dieser "übernatürliche" Sprachbereich gestaltet wird, sind Deckname, Metaphern, Allegorien und dialektische Aussagen.*[133]

Die Willkürlichkeit einer solchen Trennung zeigt sich auch daran, daß in der von Buntz erstellten Wortschatzliste, in der "alle alchimistischen Begriffe und Fachwörter"[134] enthalten sind, die in den zwei edierten Texten erscheinen, auch Decknamen enthalten sind, die wiederum den Ausgangspunkt bilden für Metaphern und Allegorien und damit der Arkansprache angehören. Ebenso läßt sich argumentieren, daß die im Sinne von Goltz typischen Beispiele alchemistischer Sprache - albedo, rubedo, töten (von Quecksilber) - alchemistische Fachhandlungen bezeichnen oder kommentieren und somit Elemente einer Fachsprache sind.

Insgesamt scheint mir die Behandlung der alchemistischen Sprache von einer Konzeption geprägt, die Fachsprache mit Terminologie gleichsetzt. Dem steht eine Auffassung gegenüber, die

> *(...) Fachsprache nicht nur als Wortschatzschicht, sondern als regelrechte Sprachmodifikation (Sprachvariante) auf(ge)faßt.*[135]

------

[124]Goltz (1972), S. 380
[125]ebenda S. 383
[126]Crosland (1978) S. 68
[127]Eis (1951), S. 57
[128]vergl. Goltz (1968)
[129]vergl. Eis (1951) S. 419
[130]vergl. Buntz (1968) S. 55
[131]Buntz (1968) S. 53
[132]Buntz (1968) S. 55
[133]ebenda S. 56
[134]ebenda S. 178

> *Eine Fachsprache ist demnach ein der fachlichen Kommunikation dienendes Subsystem der Sprache und seine Verwendungsweise.*[136]

Erst eine solche Konzeption ermöglicht es, die arkansprachlichen Stilmittel und andere Charakteristika alchemistischer Texte als Eigenschaften einer Fachsprache zu verstehen und sie auf ihre funktionale Bedeutung innerhalb des fachlichen Kommunikationsprozesses zu hinterfragen[137]. Unter diesen Bedingungen werden in der vorliegenden Arbeit vier Texte alchemistisch-chemischen Inhalts auf ihre Eigenschaften als Fachtexte untersucht. Dabei repräsentieren die Texte den Übergang von den Ausläufern der traditionellen Alchemie zur neuzeitlichen Chemie. Neben der Dokumentation der fachsprachlichen Lexik (Kap. 4.1.; 5.) steht die Frage des Wandels der Fachsprache innerhalb der Texte im Vordergrund.

Dieser Wandel soll auf der Ebene des Wortschatzes verdeutlicht werden. Ausgehend von einer Untersuchung der Verben, die fachliche Handlungen bezeichnen (4.2.2.1.; 4.2.3.1.), sollen Formen der Darstellung chemischer Prozesse unterschieden, ihre fachliche Bedeutung charakterisiert und ihre Veränderung über die Texte verfolgt werden. (4.2.3.)

Sowohl die Klassifizierung der vier Texte als Fachtexte, als auch ihre fachlexikographische Bearbeitung, bergen eine Schwierigkeit, die in der Fachsprachenforschung häufig übergangen oder intuitiv gelöst wird. Es ist dies die Frage nach Kriterien zur Fachlichkeit. Die vielen deklarativen Elemente, die einem modernen Fachtext beigeordnet sind, lassen einen Legitimierungszwang für den Fachsprachenforscher gar nicht entstehen oder trivial erscheinen. Wenn aber Fachsprache (und damit auch Fachtexte) die Kommunikation im Fach ermöglichen, so ist die Bestimmung dessen, was das Fach ausmacht, zumindest für die Materialerhebung von Bedeutung. Dies gilt umso mehr, wenn die Umrisse des Faches noch nicht eindeutig festgelegt sind.

Aus diesen Überlegungen heraus ist es sinnvoll, vor der Behandlung der Texte die Begriffe 'Fach', 'Fachsprache' und 'Fachtext' so zu bestimmen, daß die Charakterisierung von Alchemie bzw. neuzeitlicher Chemie als Fach und die Klassifikation der Texte als Fachtexte gerechtfertigt wird (Kap. 2.1.; 2.2.). Eine solche Bestimmung von 'Fach' und 'Fachsprache' liefert zudem die Kriterien, die in den Vorschriften zur lexikographischen Datenerhebung operationalisiert werden (Kap. 4.1.).

------

135 Benes (1971), S. 127

136 Benes (1981), S. 185

137 Hingewiesen sei hier nur auf die argumentative Funktion einiger alchemistischer Topoi, etwa zur 'Schweigepflicht' und zur 'von Gott geschenkten Erkenntnis'.

2. ALCHEMISTISCH-CHEMISCHE NATURERFORSCHUNG ALS FACH

2.1. Fach - Fachsprache - Fachtexte

Die weiteren Überlegungen gründen sich auf die Fachsprachen-Definition von L.Hoffmann (1985; 1988):

> *Fachsprache - das ist die Gesamtheit aller sprachlichen Mittel, die in einem fachlich begrenzbaren Kommunikationsbereich verwendet werden, um die Verständigung zwischen den in diesem Bereich tätigen Menschen zu gewährleisten.*[1]

Damit werden die Fachsprachen als Subsprachen verstanden, die, neben anderen Subsprachen, die Konkretisierung einer abstrakten Gemein- oder Gesamtsprache darstellen[2]. Gleichzeitig ist damit die angenommene Dichotomie Fachsprache - Gemeinsprache[3] und die den Gegenstandsbereich unzulässig einschränkende Gleichsetzung von Fachsprache mit Terminologie[4] überwunden. Nach Drozd / Seibicke (1973) ist für die Terminologielehre nur der Differenzierungsprozeß von der polyfunktionellen Gemeinsprache zur monofunktionellen Fachsprache von Interesse. Die rigide Opposition Fachsprache - Gemeinsprache/Nicht-Fachsprache ist nicht geeignet, die vielfältigen Wechselwirkungen zwischen beiden Bereichen zu beschreiben. Durch die Überbetonung des Terminus wird zudem eine innere Differenzierung der Fachsprachen erschwert.

Neben dem entstehenden Interesse an den syntaktischen Besonderheiten von Fachsprachen im Sinne einer spezifischen Auswahl, Verwendungsweise und Häufigkeit[5], ist auf der lexikalischen Ebene der Fachwortschatz mehr als ein der terminologischen Analyse zugängliches Ter-

------

1 Hoffmann (1985) S. 53; ders. (1988) S. 116.

2 Vergl. Hoffmann (1985) S.47-52.

3 Vergl. Drozd / Seibicke (1973), S. 81. Im Gegensatz dazu spricht sich D.Hartmann (1980) dafür aus, Fachsprachen als situationsspezifische Varietäten einer Gesamtsprache unterzuordnen.
Möhn/Pelka (1984) S. 24 f " (...) verstehen unter Fachsprachen (...) die Variante der Gesamtsprache, die der Erkenntnis und begrifflichen Bestimmung fachspezifischer Gegenstände, sowie der Verständigung über sie dient und damit den spezifischen kommunikativen Bedürfnissen im Fach allgemein Rechnung trägt."

4 Vergl Drozd / Seibicke (1973) S. 83.

5 Vergl. Benes (1981) S. 188; v.Hahn (1983) S. 112.

minologiesystem[6] oder die Gesamtheit von Termini, Halbtermini und Fachjargonismen[7]. Vielmehr ist es sinnvoll, wenn zwischen dem Fachwortschatz im engeren und weiteren Sinn unterschieden wird[8]. Während ersterer sich vor allem durch ein hohes Maß an definitorischer Festsetzung und Normiertheit auszeichnet, gehören zu letzterem alle lexikalischen Einheiten innerhalb der fachbezogenen Kommunikation. Wenn Fachsprache derart umfassend "(...) unter Einbeziehung morphologischer, semantisch-lexikalischer und stilistischer Kriterien (...)"[9] begriffen wird, dann kann die Frage nach den Parametern, die die Auswahl derjenigen sprachlichen Mittel determinieren, die in der jeweiligen Realisierung von Fachsprache manifest werden, nur durch einen am Kommunikationsprozeß orientierten Ansatz beantwortet werden. Die Fachtexte werden damit zum Untersuchungsgegenstand.

Die Beschreibung der Fachtexte mit Blick auf die Kommunikationsbedingungen im Fach schlagen sich in den verschiedenen Ansätzen zur vertikalen Gliederung von Fachsprachen nieder.

Ansätze zu einer solchen Binnengliederung finden sich bereits in der Unterteilung des Fachwortschatzes in "Termini", "Halbtermini" und "Fachjargonismen" bei Schmidt(1969). Sie konstituieren, je nach Häufigkeit und Relation zueinander, zwei verschiedene fachsprachliche Schichten. Die wissenschaftlich, theoretisch-fachliche Schicht wird charakterisiert durch Schriftlichkeit und ein besonders hohes Aufkommen von standardisierten und nicht-standardisierten Termini, während dagegen die praktisch-fachliche Schicht eher mündlich realisiert wird und eine größere Menge an nichtdefinierten Fachworten (Halbtermini) und Fachjargonismen enthält[10].

Drei Schichten nimmt H. Ischreyt an, wenn er zwischen Werkstattsprache, wissenschaftlicher Fachsprache und Verkäufersprache unterscheidet[11].Beide Gliederungsversuche lassen - als zweidimensionale Modelle - kaum Übergänge zwischen den Bereichen zu. Bei Schmidt liegt der Grund darin, daß sein Differenzierungskriterium allein auf einer Analyse des Wortschatzes basiert. Ischreyt dagegen setzt die Zugehörigkeit zu einer Berufsgruppe mit der Verwendung eines festumrissenen Ausschnitts der zugehörigen Fachsprache gleich. Er verkennt zum einen, daß innerhalb einer Gruppe verschiedene Aspekte des Faches behandelt werden und zum anderen, daß auch eine Kommunikation zwischen den Gruppen möglich sein muß und auch ist[12].

------

[6] Vergl. Drozd / Seibicke (1973) S. 39.
[7] Verl. Schmidt (1969) S. 19f.
[8] Vergl. Hoffmann (1985) S. 53; (1988) S. 118.
[9] Pelka (1979) S. 60
[10] Vergl. Schmidt (1969) S. 19
[11] Vergl. H. Ischreyt (1965) S. 41 ff.
[12] So findet sich auch in der sog. "wissenschaftlichen

Die Unterscheidung des Fachstils in den praktischen Sachstil und den theoretisch-wissenschaftlichen Fachstil im Rahmen von Havraneks funktionalstilistischer Differenzierung der Schriftsprache trägt dem Aspekt der Intention und Funktion bei der Produktion von Fachtexten Rechnung[13].
Ein dreidimensionales Modell mit den Parametern Adressaten, Kommunikationsdistanz und Handlung schlägt W.v.Hahn vor[14].

> *Die Adressaten von Fachsprachen sind aufgefaßt als Funktionsträger in fachlichen Handlungsabläufen bzw. typische Klassen der Abstraktion von der Konsumption.*[15]

Die vier Adressatengruppen umfassen Nutzung, Vermittlung, Technologie und Wissenschaft. Die Kommunikationsdistanz ist in eng, mittel oder weit eingeteilt.

> *Nähe und Weite können beurteilt werden nach*
> - *Bekanntheitsgrad des Adressaten*
> - *Vorhandensein von Vermittlungsinstanzen (...)*
> - *Zahl der Vermittlungsschritte*
> - *Art des Kommunikationskontaktes (Kanal)*
> - *Grad der Ungleichzeitigkeit (zeitliche Dilatation)*[16]

Als Gruppen von Handlungen unterscheidet v.Hahn Organisation, Instruktion und Information. Im Bereich der Handlungskategorien liegt vielleicht ein Schwachpunkt des ansonsten leistungsfähigen Modells. Lassen sich alle Fachtexte, die schon durch die Parameter Adressat = Wissenschaft und Distanz = weit gekennzeichnet sind, auch auf der Handlungsskala Instruktion, Organisation und Information einordnen? Ein Artikel in einer wissenschaftlichen Zeitschrift will nicht nur informieren. Erklären und Argumentieren scheinen mir zwei weitere Kandidaten für die Kategorie Handlung.

Eine Beschreibung von Fachtexten als "Fachsprache-in-Aktion"[17] unter Verwendung von strukturellen und funktionalen Merkmalen schägt Hoffmann vor[18]. Er definiert den Fachtext als

> *(...) Instrument bzw. Resultat der im Zusammenhang mit einer spezialisierten gesellschaftlich-produktiven Tätigkeit ausgeübten sprachlich-kommunikativen*

Fachsprache" eine reichhaltige Metaphorik, die nach Ischreyt charakteristisch für die "Werkstattsprache" ist. Aber gerade das Sprechen über abstrakte Sachverhalte fordert die Verwendung von Metaphern (Elektronenwolke).

13 Vergl. Benes (1971); Havranek (1971)

14 W.v.Hahn (1983) S. 76-83.

15 W.v.Hahn (1983) S. 77.

16 Ebenda S. 78

17 Hoffmann (1988) S. 113.

18 Vergl. Hoffmann 1988; zur kumulativen Analyse von Fachtexten siehe auch Hoffmann (1985) S. 237-240; und ders. (1983).

> *Tätigkeit. Er bildet eine strukturell-funktionale Einheit (Ganzheit) und besteht aus einer endlichen geordneten Menge pragmatisch, semantisch und syntaktisch kohärenter Sätze (Texteme) oder satzwertiger Einheiten, die als komplexe sprachliche Zeichen komplexen Aussagen im Bewußtsein des Menschen und komplexen Sachverhalten in der objektiven Realität entsprechen.*[19]

Unter Rückgriff auf die textlinguistischen Kriterien der Textualität[20] umfaßt die strukturelle Matrix alle

> *(...) wichtigen Merkmale der einzelnen sprachlichen Ebenen in absteigender Richtung von den Makrostrukturen und Vertextungsmitteln über die Syntax und Lexik bis zu den grammatischen Kategorien und den sie repäsentierenden Morphemen.*[21]

Die pragmatische Ebene soll eine funktionale Matrix erfassen, die den Fachtext im "kommunikativen Rahmen"[22] beschreibt. Bezugnehmend auf das Modell sprachlicher Kommunikation von Gülich/Raible[23] werden die Merkmale "soziale Variablen", "Intention", "kommunikative Situation" und "Kommunikationsgegenstand" genannt[24]. Während nun die Funktionalstilistik davon ausgeht, daß das kommunikative Anliegen die Wahl der sprachlichen Mittel bestimmt, führt Hoffmann[25] Indizien dafür an, "(...) daß der Inhalt der primäre und das kommunikative Anliegen der sekundäre Faktor bei der Wahl der sprachlichen Mittel ist"[26]. Der Kommunikationsgegenstand ist damit die "für den Fachtext im höchsten Maße relevante Größe"[27].

Die Frage nach dem "Bereich der Gegenstände und Sachverhalte" als dem Referenzbezug der Fachtexte wird umso wichtiger, als damit gleichzeitig die Kriterien gegeben sind, die den jeweiligen Kommunikationsbereich fachlich begrenzbar machen (Lehre von den Subsprachen). Die Voraussetzung für die Beschreibung der Gesamtheit

------

19 Hoffmann (1988) S. 119.

20 Vergl. de Beaugrande/Dressler (1981) Zur Analyse und Beschreibung wissenschaftlicher Texte vergl. auch J.S.Petöfi (1981).

21 Hoffmann (1985) S. 237.

22 Ders. (1988), S. 146.

23 Vergl. Gülich/Raible (1977), S. 25 ff.

24 Hoffmann (1988), S. 147-149.

25 Hoffmann (1988), S. 136. Dort werden die Ergebnisse einer Textanalyse von Lexikonartikeln zu verschiedenen Klassen von Gegenständen vorgestellt. Die leitetende Frage war dabei: "Werden in ein und derselben Textsorte die gleichen sprachlichen Mittel unabhängig vom dargestellten Inhalt verwendet oder gibt es innerhalb ein und derselben Textsorte signifikante Unterschiede in der Wahl der sprachlichen Mittel bei der Darstellung unterschiedlicher Inhalte?" (S.136)

26 Ebenda

27 Ebenda S.149

der sprachlichen Mittel im fachlich begrenzbaren Kommunikationsbereich I ist die Bestimmung von Texten als 'Fachtexte in I'. Die Bedeutung derartiger Kriterien wird umso größer, je weniger fest umrissen das jeweilige Fach ist oder - etwa im Rahmen einer historischen Betrachtung - wenn es sich um ein Fach 'in statu nascendi' handelt.

Mögliche Kriterien liefert hier vielleicht eine wissenschaftsgeschichtliche Betrachtung des Entstehens von (wissenschaftlichen) Fächern. Aus T.S.Kuhns Beschreibung der Entstehung einer "normalen Wissenschaft", in der das geltende Paradigma sich in der Existenz "(...) begrifflicher, theoretischer, instrumenteller und methodologischer" Verpflichtungen niederschlägt[28], leite ich die folgenden vier fachkonstituierenden Variablen ab:

1) ein Objektbereich, auf den sich die fachlichen Handlungen beziehen[29]
2) Zielsetzungen, auf die die fachlichen Handlungen ausgerichtet sind
3) Handlungsmuster, die der Sachverhaltsänderung im Objektbereich dienen
4) Grundannahmen über die Elemente des Objektberei reichs

Als fachkonstituierende Variable enthält (2) eine offene Menge von hierarchisch strukturierten Zielen. Die ranghöchsten Ziele sind gleichzeitig die, die innerhalb der Forschergemeinschaft am wenigsten umstritten sind. Um diese Ziele zu erreichen werden Teilziele formuliert, deren allgemeine Geltung mit zunehmender Entfernung zum Hauptziel abnimmt. Mit der Bestimmung von Zielsetzungen sind Fachhandlungen als komplexe, zielgerichtete Handlungen zu verstehen, bei denen die Stadien eines Handlungsprozesses auf der Grundlage eines Handlungsmusters durchlaufen werden[30]. Diese Handlungsmuster können individuell konzipiert oder - im Rahmen einer Methodenlehre - allgemein akzeptiert sein. Letzteres trifft auf (3) zu[31]. Die Grundannahmen betreffen die Eigenschaften der Elemente des Objektbereichs bzw. deren Relationen zueinander[32]. Die vier Variablen wirken fachkonstituierend, wenn über ihre Inhalte ein re-

------

[28] T.S.Kuhn (1976), S. 56

[29] Die Forderung nach einem festumrissenen Objektbereich trägt u.a. der Tatsache Rechnung, daß sich im Prozeß der Arbeitsteilung und der Veränderung des Erkenntnisstandes ehemals umfassende Objektbereiche aufspalten (Chemie in Organische Ch., Anorganische Ch. usw.).

[30] Vergl. dazu Rehbein (1977), S. 184.

[31] Hahn [(1983), S. 65 f] weist darauf hin, daß eine alleinige Anwendung der Kriterien Methode und Problemstellung zu einer nur heuristischen Fachgliederung führt.
Vergl. auch Kalverkämper 1979

lativ hohes Maß an Einigkeit erzielt ist. Diejenigen Inhalte über die ein solches Maß an Einigkeit erzielt wurde, lassen sich als das "kollektiv Geltende"[33] des Faches bezeichnen.

Ein Text oder Teiltext läßt sich damit als fachlich bestimmen, wenn er auf der Grundlage der erzielten Einigkeit Aussagen macht, die sich den Inhalten einer oder mehrerer dieser Variablen zuordnen lassen. Dabei stellt das kollektiv Geltende auch eine Voraussetzung dar für das Gelingen der Fachkommunikation, deren letztes Ziel wiederum eine Veränderung des kollektiv Geltenden ist[34]. Hieraus läßt sich die Annahme ableiten, daß gerade in der Entwicklung zur "normalen Wissenschaft" den Fachtexten eine zusätzliche argumentative Funktion zukommt, die wiederum ihre Struktur bestimmt[35].

Bevor nun die Lexik des alchemistisch-chemischen Kommunikationsbereichs dargestellt wird, soll eben dieser Bereich mit Hilfe der fachkonstituierende Variablen eingegrenzt werden.

2.2. Chymie - Ein Fach zwischen Alchemie und Chemie

2.2.1. Gesellschaftliche Bedingungen alchemistisch-chemischen Forschens

Eines der wesentlichen Kennzeichen der Alchemie ist die inhomogene Ausbildung ihrer Anhänger. Das im 13. Jahrhundert einsetzende Bemühen, die Alchemie an den

------

32 Vergl. zum Begriff des Sachverhalts T.A.v.Dijk (1980) S. 25f; Wotjak,G./W.Lorenz (1977).

33 Klein (1980), S. 19 f
Vergl auch Weissenborn / Stralka (1984), S. 113 f

34 Die Entwicklung und Veränderung eines (wissenschaftlichen) Faches spiegelt sich in den jeweils veränderten Inhalten der Variablen.
Ein Beispiel für die Etablierung eines neuen Handlungsmusters scheint mir die veränderte Bedeutung, die in der Entwicklung zur modernen Chemie dem Wiegen der Edukte und Produkte zukam.

35 Fruchtbar wäre in diesem Zusammenhang die Untersuchung der Fachtexte alchemistisch-chemischen Inhalts unter dem Gesichtspunkt der Pragmatik und Logik der Argumentation. Strategien die der Pragmatik der Argumentation zugerechnet werden können, sind u.a.: der Kompetenzanspruch des Autors, oft verknüpft mit dem Hinweis auf die von Gott geschenkte Erkenntnis und das klassifizierende Zitieren und Paraphrasieren sog. Autoritäten (vergl. Lüdke 1981). Besondere argumentative Kraft besitzt der Verweis des Autors auf die eigene Erfahrung. Der häufige Hinweis auf die Schweigepflicht, die ja mit dem Text verletzt wird, kann ebenfalls als argumentative Strategie gewertet werden.

Universitäten zu etablieren, blieb erfolglos. Wenn auch nicht im Rahmen eines eigenen Studiengangs, so boten doch die Pariser und einige oberitalienische Universitäten die Möglichkeit, sich mit Alchemie zu beschäftigen. Dies konnte im Rahmen der Theologie oder Medizin geschehen.

Eine eigentliche Ausbildung oder eine Erweiterung seines Wissens konnte der Alchemist nur auf Reisen zu erlangen hoffen. Ziel solcher Reisen waren Gelehrte, denen eine besondere Erfahrung in der Auslegung einzelner alchemistischer Autoritäten nachgesagt wurde oder die eine bestimmte Lehrmeinung vertraten.

Einen Eindruck davon liefert Bernhardus Trevisanus im zweiten Teil seiner "Chymischen Schriften"[36]. So schreibt er über seine Studien zu Geber:

> *(...) ließ mirs blutsauer werden / nicht in der Arbeit allein / sondern auch mit viel Umreisen / damit ich jemand bekommen möchte / der ihm nacharbeiten könte / denn solche Gesellen / so etwas wissen solten / kamen zu mir nicht / ich muste ihnen nachreisen (...).*[37]

Gemeinsam mit dem angereisten Alchemisten wurde erneut in einen Prozeß investiert, an den sich beider Hoffnungen knüpften:

> *(...) da solten wir unser Silber um zwey drittheil augmentirt finden / und und weil ich für meine Portion zehen Marck / meine Mitconsorten aber zwey und dreyssig / oder darüber / eingelegt / hätten wir bey 130. Marck / seinem Aufschneiden nach / ausnehmen sollen. Es fehlete uns aber unserer Rechnung sehr weit. Denn nach der Reduction, davon ich schier gar gestorben / und mich hart / neben meinen Gesellen / vergifftet / bekamen sie von ihren 32. Marcken nur zwölff / ich aber von meinen zehen nicht mehr dann viere wieder / das übrige fiel in Brunnen / gieng im Rauch weg.*[38]

Die unausweichlichen Fehlschläge führten zu weiteren Reisen. Bernhardus behauptet von sich, er habe " (...) mit den jetzigen und vorigen Reisen / der Kunst halben / nun schier den Kreiß der Welt umzogen (...)"[39]. Wenn auch bezweifelt werden muß, daß er die von ihm aufgeführten Städte und Länder tatsächlich alle bereist hat[40], so bleibt die Beschreibung seiner alchemistischen Odyssee ein Hinweis auf die Lebens- und Arbeitsbedingungen der Alchemisten.

------

[36] Vergl. Kap. 1.1

[37] Des Hn Bernhardi, Grafen von der Marck und Tervis Chymische Schriften von dem gebenedeiten Stein der Weisen,
A.d. Lat. übers. mit Joachim Tanckens u.a.
Gelehrten Anmerkungen an Liecht gest. durch
Caspar Horn Nüernberg 1717 ; S. 14
Exemplar: Soest: 2 an V H. 13.10

[38] Ebenda S. 25 f

Der Austausch von Wissen und Erfahrung erfolgte innerhalb der Gruppen von Weggefährten oder in der Zusammenarbeit mit dem erfahreneren Gelehrten. Bestimmend für die Verhältnisse innerhalb dieser Zweckgemeinschaften und der Gemeinschaft der Alchemisten waren verschiedene Faktoren.

Das Fehlen einer einheitlichen, festgelegten Ausbildung ließ gerade den weniger Gebildeten die Alchemie als Möglichkeit zum sozialen Aufstieg erscheinen. So schreibt etwa der "ehrliche Jamsthaler"[41]:

Jch hafftte von ihnen reichen soldtt
Mihr wurdtt verhussen silber vndt goldtt
(...)
keines herrn knechtt ich mehr woltt sein
Jch setztte hierin mein sinn vndt muhtt
damitt zu gewinnen Ehr vndt gutt
Vndt laborirt tagk vndt Jhar[42]

------

39 Ebenda S. 31

40 Bernhardus behauptet: "Denn ich war nun gewesen zu Rom / Navarra / in Alexandri / Barbaria / Persia / Rhodis / in gantz Franckreich / schier allen Städten / in Hispanien / zum heiligen Land (...) besahe gantz Italiam, Teutschland und Engeland (...)." (Ebenda S.31 f)
Es läßt sich eher vermuten, daß die beschriebenen Fehlschläge und die behaupteten weiten Reisen Bernhardo als 'Expertise' seiner Erfahrenheit, die er nun dem Leser mitteilen will, dienen sollen.

41 Diese Bewertung des Verfassers des "Viatorium Spagyricum" findet sich in Kunckels "Laboratorium Chymicum; 1716, S. 633 (S.648: "Jamsthalers redliche Verse"). Das um 1600 geschriebene "Viatorium", das nach Telle (1977) Auszüge aus Thurneissers Schriften "Archidoxa ..." (1569) und "Quinta Essentia (...)" (1570) und einer Übersetzung des "Zodiacus Vitae" des Pier Angelo Manzolli enthält, stellt die gereimte Lebensgeschichte des (fiktiven?) Autors dar. Wenn auch aufgrund der spärlichen Informationen Zweifel an der Existenz des Jamsthaler bleiben, so weist der spätere Druck des Manuskripts ("Viatorium Spagyricum. Das ist: Ein Gebenedeyter Spagyrischer Wegweiser ... Franckfurt am Mayn, In Verlegung Lucae JennisI. Anno M.DC.XXV"; Exemplare: Österr. Nat.Biblio. Sig.: 76.J.84 und SB Preußischer Kulturbesitz. Sig.: Yi 1R), seine auszugsweise Wiedergabe im "Lexicon Alchemiae D. Joh. Michaelis Fausti ... Das ist: Vollkommener Bericht der Alchymi ..." (Hamburg 1727, S. 851-861; Exempl.: Soest V H.13.17) und auch seine positive Bewertung in Keren Happuchs "Teutsches Fegfeuer der Scheide-Kunst ..." (1702; Exempl.:Soest V J.13.4) darauf hin, daß das dargestellte alchemistische Schicksal der Realität entsprach.

42 Herbrandt Jamsthaler
Viatorium Spagyricum, 1600; S. 13^{r}

Eine solche Möglichkeit war mit der Position eines Laboranten gegeben, dem die praktische Durchführung der alchemistischen Arbeit - etwa als Feuerknecht - oblag. Diese Art der praxisnahen Ausbildung beschreibt auch Jamsthaler:

Alß wir daselbsten kommen ahn /
zog ich ein bey ein gelertten man /
(...)
Er auch gahr wol kandt mein gestaldt /
der neh mich auf jn lieb vndt trew /
was nicht das erstmahl auch nicht new /[43]

Auch der "schau- und lernbeflissene[n] Autodidakt[en]" J.J. Becher[44] und Johann Kunckel erweiterten als Gesellen ihr alchemistisches Wissen. Über seine Zeit als Geselle eines Alchemisten gibt Kunckel im 5. Kapitel "Von der so genandten Terra Adamica und dem Spiritu Mundi" [K1094-1258] Auskunft. Er charakterisiert seine damalige Situation folgendermaßen:

(...) denn ich hatte nicht darauff studirt / gleichwohl bildet ich mir ein / etwas zu wissen. Was solte man denn die verdencken / die ihre Sache mit vielen Lateinischen und Teutschen Auctoribus schmücken können / da ich allein mit dem blossen Teutschen mich behelffen muste; [K1236]

Deutlich wird [K1205 ff], daß der Gelehrte den Gesellen, als Gegenleistung für dessen Dienste und eingebrachte Erfahrung, in sein Vertrauen zog und nun gemeinsam laboriert wurde.

Durch diese Art des gemeinsamen Arbeitens kamen häufig erst die finanziellen Mittel zusammen, die für Materialien oder Manuskripte von Prozessen benötigt wurden. So schreibt Bernhardus:

... also daß ich in 3 Jahren / weil ich solchen unnatürlichen Sophistischen Recepten nacharbeitete / verzehret so wohl durch mich / als auch andere Betrieger / die Raht und That darzu gaben / 6000. Cronnen.[45]

Diese Gepflogenheiten begünstigten vor allem Betrüger,

Exemplar: Bodleian Library Oxford, Ms Add A 287.
Die Handschrift erwähnt Buntz (1968, S.45-47).
Den Druck verzeichnet Ferguson (1906,Bd.1, S.432 f)

43 Herbrandt Jamsthaler, Viatorium Spagyricum, 1600; S. 56^r

44 Hassinger, J. (1951) S. 13

45 Des Hn Bernhardi, Grafen von der Marck und Tervis Chymische Schriften von dem gebenedeiten Stein der Weisen, Nüernberg 1717 ; S. 16.
Später behauptet er, seine gesamten alchemistischen Studien hätten "mehr als 10300 Cronen"(S.33) gekostet. Diese Zahlen müssen ebenso wie die Angaben zu seinen Reisen bezweifelt werden.
Einen Eindruck von den hohen Kosten vermittelt J. Read (1938), der für die Zeit um 1500 in Schottland einen Preis von vier Shilling pro Pfund Quecksilber

die als Laboranten durchs Land zogen. Sie verkauften alchemistische Schriften und deren Explikationen und J.J. Becher warnt:

> *Seyn also die Urheber solcher Schrifften , in welchen allerhand Proceße enthalten, für erlogen zu halten, als die mit dergleichen Scarteken aller Augen auf sich gaffen machen, und die Liebhaber reitzen, daß sie die Erläuterung solcher Processe um groß Geld von ihnen erkauffen.*[46]

Oder sie verschafften sich bei einem anderen Alchemisten unter Vorspiegelung falschen Wissens freie Unterkunft, wie es Bernhardus beschreibt:

> *Wiederum seynd auch solche abgeführte Schelmen und betriegliche Bößwichter / die aus Vorsatz allen Betrug wissentlich vornehmen / damit sie nur unterhalten und versorgt werden / es komme einer / der sein Geld drauf wendet / wohin er wolle.*[47]

Die Zunahme der betrügerischen Alchemie, die in der barocken Verschwendungssucht und der merkantilistisch-kameralischen Wirtschaftsförderung der Fürstenhöfe einen zusätzlichen Nährboden fand[48], schadete nicht nur

------

ermittelte. Als Vergleich gibt er den Tageslohn eines Feuerknechts mit einem Shilling an.
Kunckel berichtet (Laboratorium Chymicum 1716, S.600 f), daß ihm ein Manuskript aus dem Besitz des Kurfürsten August für 100 Reichsthaler angeboten wurde und daß er bei einer anderen Gelegenheit 100 Ducaten geboten habe, um nur 24 Stunden ein "Buch auff Pergament geschrieben (...) welches mit des Churfürsten Augusti, Schwertzer / und Beuthers Hand solte geschrieben seyn" (S.601) einsehen zu können.

46 J.J. Becher, Oedipus Chymicus; Franckfurt 1680 S.149f

47 Des Hn Bernhardi, Grafen von der Marck und Tervis chymische Schriften von dem gebenedeiten Stein der Weisen, Nüernberg 1717 ; S. 17

48 So berichtet Kunckel an mehreren Stellen in den "Nützlichen Observationes" [K1690ff;1765ff;3136ff] von solchen versuchten Betrügereien. Die Dimension solcher Schwindel wird in einem Bericht aus dem "Laboratorium Chymicum" (1716, S.617 ff) deutlich. Dort schreibt Kunckel von einem betrügerischen Alchemisten am brandenburgischen Hof, der angegeben hatte, "(...) daß er ein Pulver machen könte / so ein Anfang der rechten Tinctur wäre / wann er solches auff ein Silber trüge / so könte man so viel Gold daraus scheiden / welches einen grossen Profit einbringen solte. Der Contract ward geschlossen / daß / wann er die Kunst offenbahret und demonstriret hätte / so solte er 15000. Rthlr. in Hamburg ausgezahlet bekommen." Tatsächlich enthielt die Probe Gold. Der Betrug scheiterte erst, als der Alchemist eine Vorauszahlung forderte und Friedrich Wilhelm daraufhin Kunckel um ein Gutachten bat.

ihrem gesellschaftlichen Ansehen, sondern auch ihrem Fortbestand, da sie ein Klima von Mißgunst und Eifersüchtelei schuf, das einen freien Austausch von Wissen behinderte. Über die Gemeinschaft der Forschenden schreibt Kunckel

> *Ein Theil suchen und machen schein=heilige Freundschafft; ist man vertraulich / und offenbahret eines oder das andere / entweder in einem Handgriff / oder sonst einer Speculation, so brennet es ihnen gleich auff dem Hertzen / ehe sie es als das ihrige in den Druck bringen. Andere suchen eines andern Mühe und Arbeit zu verkrämern.*[49]

Kunckel spricht hier auch aus eigener Erfahrung. Sein ehemaliger Laborant Christoph Grummet hatte ihn durch Intrigen um seine Stellung am Dresdener Hof gebracht und Kunckel in seiner 1677 erschienenen Schrift "Das Blut der Natur / Aus eigener Erfahrung handgreifflich angewiesen ... von Christoph Brummeten"[50] angegriffen. Er behauptet darin, daß die Rotfärbung des Rubinglases durch das "Nitrum" zustande komme (S.497). Aus der Sechseckigkeit der Salpeterkristalle[51] - das "Sexangulum" war ihm ein "signum creationis perfectissimum" - leitete er die Bedeutung des Nitrums für die Bereitung des Lapis ab und beschuldigt Kunckel zudem, ohne Wissen seines Dienstherren eine Transmutation vollzogen zu haben:

> *O / ihr grossen Herren / es ist mißlich und sorglich / daß ihr das güldene Fell von denen erfahrnerten Jägern / wenn sie es gleich durch eure grossen Spesen erlanget haben / zu sehen / weniger aber zu geniessen bekommet / wie /leider / dergleichen böse Exempla verhanden; (...)*[52]

Kunckel antwortet darauf mit einem "Discurs von dem

------

49 Johann Kunckel, Laboratorium Chymicum 1716, S.634. Eine ausführlichere Charakterisierung der Gemeinschaft der "Chymicorum" findet sich im "Caput XLIII. Von der Thorheit der Chymicorum in ihrem Vornehmen". (Laboratorium Chymicum 1716,S.641-649)

50 Exemplar Franckfurt und Leipzig 1721; Soest 5 J.14.4.
Bei dem angegebenen Namen des Autors handelt es sich um einen Druckfehler. Kunckel beschreibt den Vorfall im Laboratorium Chymicum (1716, S.606-612) und gibt dort den Namen seines Laboranten mit Christoph Grummet an.

51 Grummet bezieht sich hier vermutlich auf das Kaliumnitrat (KNO_3), das in rhombischen Prismen kristallisiert. Aus sauren Lösungen kristallisiert es jedoch, ebenso wie Natronsalpeter ($NaNO_3$), in Form von Rhomboedern. Auf diese zweite Modifikation macht Kunckel in seiner Erwiderung aufmerksam.

52 Das Blut der Natur / Aus eigener Erfahrung handgreifflich angewiesen ... von Christoph Brummeten Franckfurt und Leipzig 1721; S. 509

Weyland recht benahmten NITRO, Jetzt aber unschuldig genannten Blut der Natur"[53]. Dort verweist Kunckel auf eine weitere Modifikation des Nitrums:

> *Ich will aber ein Nitrum zeigen / das gantz viereckigt ist. Daß also aus der Signatur kein gewisser Schluß hierin zu machen.*[54]

Sein zweites fachliches Argument richtet sich gegen ein von Grummet angeführtes Rezept zur Rotfärbung eines "venedischen Glases" durch Zusatz von Nitrum. Kunckel verweist darauf, "daß das Venedische Glaß mit der Magnesia geschmoltzen und päpariret sey / deren noch ein verstecktes Theil darinnen enthalten"[55]. Diese Verunreinigung macht er für die Rotfärbung verantwortlich. Den weitaus größeren Teil seines "Discurses" widmet Kunckel jedoch der persönlichen Verunglimpfung seines Gegner. Sei es durch direkte Schmähungen, sei es mittels der Ironie, die auch seine Beschreibung des alchemistischen Alltags in den "Nützlichen Observationes" [K1098-1258] auszeichnet[56].

So repräsentiert auch diese Auseinandersetzung die Form des alchemistisch-chemischen Diskurses, die Kunckel selbst beklagt:

> *Du bleibest gleichwol bey deiner Meynung / und verdienet der nur Zorn und Verachtung /der deiner Meynung nicht beyfällt. Also thut ein anderer wieder / dann so mancher Autor, so mancher Glaubens=Genossen.*[57]

------

53 Angehängt an die 1678 erschienene "Oeffentliche Zuschrift von dem Phosphoro Mirabili und dessen leuchtende Wunder=Pilulen"
Exemplar: Franckfurt und Leipzig 1721, S.313-326
Soest: 5 J.14.4

54 Ebenda S. 315. Die Viereckigkeit ist nur in Bezug zur Grundfläche des Rhomboeders zu verstehen.

55 Ebenda S. 319

56 So bezeichnet er etwa Grummets "Inventiones und Arcanis" als "faule Fische" (S.320) und stellt fest: "Nun ist aber vielen dieser Autor als mein voriger zugeordneter Handlanger / bekannt / daß er ja / was den Lapidem Philosophorum betrifft / nicht einen Löffel zu waschen weiß."(314)
Grummet antwortet mit zwei weiteren Schriften:
Defensions-Schrift über das Nitrum oder sogenannte Blut der Natur und seine Person wider Kunckels Phosphoros mirabiles und dessen andere Schriften; Leipzig 1679

Sol sine non veste oder das unüberwundene Gold; 1685 ; Exemplar: 1720 Soest: V.J.14.3
In letzterer beschreibt er, wie durch Temperaturerhöhung aus dem Kunckelschen Rubinglas das Gold zurüchgewonnen werden kann. Ein Faktum, das Kunckel bestritt. (Vergl. Gmelin, Syst.Bd. 62; Au, S. 93.)

57 Laboratorium Chymicum 1716, S. 636

Aus dieser Situation heraus ergab sich für jeden alchemistisch-chemischen Autor die Notwendigkeit, sich als "Philosoph" von den Betrügern und "Sophisten" abzugrenzen. Denn schon mit dem Eintritt in den öffentlichen Diskurs setzte er sich dem Verdacht der Betrügerei aus. Denn es galt ja "(...) wer es weiß / der sagt es dir nicht / und ders nicht weiß / kan dir nicht helffen"[58] und noch deutlicher schreibt Becher:

> *Dann wer wolte ein solcher Narr seyn / daß er die Kunst, Gold zu machen / oeffentlich, und umsonst lehret?*[59]

Bei der für den Leser wichtigen Frage der Glaubwürdigkeit spielte neben der öffentlichen Reputation des Autors[60] vor allem die Sprache, der er sich bediente, eine wichtige Rolle. So beschreibt Bernhardus die Sprache der Sophisten:

> *Und solche Gesellen (...) können aber nicht eher=als wenn man mit ihnen von Grund redet / erkant werden / denn sie haben gemeiniglich seltzam Latein / damit sie beydes die matriam und auch die Handgriffe der Arbeit nennen. Als wenn sie den Lapidem Philosophorum nennen sollen / sagen sie Philapisphorum wenn sie sollen sagen Tinge, heist ihr Latein attingam, sagen pro solve solsa. Per descensum treiben heist bey ihnen per desce, Filtriren heist auf ihr Roth=welsch=Latein viltziliren / Tartarus heist bey ihnen der Tarter, arsenicum heist bey ihnen assenicum, und Mercurius Sublimatus heist bey ihnen Sublimatus, Item präcipitat principitat, und in Summa viel närrische Ding geben sie für / und allein aus demselben seynd sie zu erkennen / denn sonsten können sie solche höfliche Worte fürbringen / daß sie nicht wohl für solche Betrieger angesehen werden.*[61]

------

58 Des Hn Bernhardi, Grafen von der Marck und Tervis Chymische Schriften von dem gebenedeiten Stein der Weisen, Nüernberg 1717 ; S. 39

59 J.J. Becher, Oedipus Chymicus; Franckfurt 1680 S.150

60 Als Beispiele seien hier nur Kunckel und Becher genannt. So verweist Becher zu Beginn seiner "Zugabe In Physicam subterraneam" (Franckfurt 1680, S. 11) darauf, daß er sich "(...) der Welt durch mancherley Chymische Schriffte schon allbereit bekandt gemacht (...)" habe. Kunckel betont in seiner Vorrede, daß er "(...) von vielen fleißigen Natur=Forschern und Liebhabern der Edlen Chymie zum öfftern ersuchet worden / das jenige / was ich in langer Zeit durch unabläßiges Arbeiten / grosse Mühe und Fleiß in Chymischen und andern laboribus gesehen und erfahren / nicht weiter ein geschlossen zu halten (...)" [K27 ff]

61 Des Hn Bernhardi, Grafen von der Marck und Tervis Chymische Schriften von dem gebenedeiten Stein der Weisen, Nüernberg 1717 ; S. 17f

Für gerechtfertigt hält er dagegen die "parabolische" Redeweise, der er sich im vierten Teil seiner "Chymischen Schriften"[62] bedient. Auch J.J. Becher sieht die verdeckte Redeweise als eine Notwendigkeit an, die er mit dem bekannten Argument verteidigt:

> *Dann die Alchymisten sagen / sie können die Theoriam mit deutlichen Worten nicht vorbringen / wann sie nicht zu grossen Lastern und Verwirrungen Anlaß geben wolten. Dann was würde wol drauß werden / wann jederman Goldes genug hätte?*[63]

Gleichzeitig sieht Becher aber in den Decknamen - etwa den Tiernamen für Substanzen - einen zusätzlichen Informationsgehalt und Erkenntnisgewinn[64]. Daraus leitet er schließlich das Diktum ab: "Daher zu wissen / wann die Processe klar / daß sie erkaufft seyn."[65]

Für Kunckel dagegen ist diese Art der alchemistischen Sprache eine Quelle von Mißverständnissen und falschen Spekulationen (Vergl. [K1571-1588]) und charakteristisch für eine Art der Alchemie, der er sich nicht zurechnet. Wenn auch noch zu klären ist, in welchem Maße er dem alchemistischen Sprachgebrauch verhaftet bleibt, so kann doch festgestellt werden, daß er typisch alchemistische Termini wie Caput Corvi [K1718], Diana [K1722 ff], Rabenhaupt, rother Löwe, weisser Schwan [K1143 f] nur in ironisierenden Kontexten verwendet. Dem Leser alchemistischer Schriften blieb unter diesen Bedingungen nur der Ratschlag:

> *Mercke die Ubereinstimmungen derer Philosophen, dann wo sie ubereinstimmen, da seyn sie auch unter einander einer Meynung.*[66]

2.2.2. Zum fachlichen Charakter alchemistisch-chemischer Naturerforschung

Auf die Bedeutung des Zeitraums vom letzten Drittel des 16. bis zur ersten Hälfte des 18. Jahrhunderts für die Entwicklung der Chemie zur Wissenschaft wurde wiederholt hingewiesen[67]. Wesentliches Kriterium ist dabei

------

62 Ebenda S. 101-111; Die sogenannte "Fontinlein-Allegorie".

63 J.J.Becher, Zugabe In Physicam subterraneam; Franckfurt 1680, S.9. Zur These von der sozial-ethisch motivierten Schweigepflicht vergl. Eis (1951).

64 Vergl. dazu Kap. 4.2.1.1.

65 Ebenda S. 149

66 J.J.Becher, Oedipus Chymicus (1680), S. 152
Eine Mahnung, die auch schon Bernhardus Trevisanus seinen Lesern auf den Weg gab: "(...) sahe fleissig auf diß / wo die Philosophische Bücher zusammen traffen (...) dasselbe hielt ich für Warheit / denn sie können keine Warheit sagen / als nur in einem Dinge / sintemal die Warheit nicht in vielen / sondern nur in Einem seyn kan." (Chymische Schriften 1717; S. 40)

die Entwicklung einer theoretischen Konzeption, die in der Phlogiston-Theorie mündete. Diese Entwicklung vollzieht sich in der Kontroverse um die Gültigkeit von Grundannahmen, also innerhalb eines schon bestehenden fachlichen Handlungszusammenhangs. Dieser aus "Alchemey" [A] und "Chymie" [K; M] sich zusammensetzende Bereich soll nun, nach der Skizze der Rahmenbedingungen[68] alchemistich-chemischen Forschens, unter dem Aspekt der in 2.1. erläuterten fachkonstituierenden Variablen charakterisiert werden.

Noch in der ersten Hälfte des 18. Jahrhunderts läßt sich - am Beispiel von Zedlers Universal-Lexikon - ein unscharfer Grenzverlauf der Begriffe Alchemey, Chymie und Scheidekunst aufzeigen. So findet sich in dem 1734 erschienenen dritten Band zwar das Stichwort Chymia[69], jedoch nur mit dem Verweis auf "Scheide-Kunst". Auch in dem 1732 erschienenen ersten Band findet sich diese Gleichsetzung von Scheidekunst und Chymie. Zur Bestimmung der Alchymie heißt es dort:

> *(...) bedeutet im weitläufftigen Verstande so viel als Chymie, oder Scheide-Kunst, da man das Gold und Silber von den übrigen Metallen und Schlacken absondert; im engern Verstande aber heißt es die Kunst, die Metalle zu verwandeln, und zu ihrer Reiffe zu bringen, auch den Lapidem Philosophorum, oder den Stein der Weisen, und mit einem Worte Gold zu machen.*[70]

Im Jahre 1742 schließlich werden dem Stichwort Scheidekunst unter anderem die Begriffe "(...) Schmelzkunst, Güßkunst, Chymie, Lateinisch Chymia, Chemia (...) Ars Spagirica (...)" zur Seite gestellt und es heißt weiter:

> *Sie wird auch Alchymia, oder alchymistische Kunst nach den Arabern genennet (...);*
> *wiewohl heut zu Tage ein Unterscheid unter der Chymie und Alchymie gemacht, und jene zur Medicin, diese aber zur Goldmacherey gezählet wird.*[71]

------

67 Vergl. Weyer, J. (1978)

68 Im Rahmen dieser Arbeit konnte dabei nicht berücksichtigt werden, in welchem Maße die Gelehrten Gesellschaften ein Forum für den Wissensaustausch bideten. Hingewiesen sei auf die 1700 gegründete Berliner Akademie der Wissenschaften, die bis zu ihrer Umstrukturierung im Jahre 1746 ihre Denkschriften in unregelmäßigem zeitlichen Abstand und danach jährlich herausgab. Die schon früher bestehende Royal Society in London (1645) nahm ihrerseits so angesehen Forscher wie Stahl und Becher nicht als Mitglieder auf. (Vergl. Partington 1961; Bd.II, S. 638)

69 Johann Heinrich Zedler; Grosses vollständiges Universal-Lexicon; 1732-48; Bd. 3, Sp. 2075

70 Ebenda, Bd. 3; 1065 f.

71 Ebenda, Bd. 34; Sp. 1109

Die Scheidekunst erscheint hier als Oberbegriff, dem sich Chymie und Alchymie (auch "Chymia Transmutatoria"), differenziert nach ihren unterschiedlichen Ausrichtungen, unterordnen.

> *Es ist aber die Scheidekunst eine Kunst und Wissenschafft, alle natürliche Cörper in ihre Anfangsstuffen aufzulösen. Wenn solches mit den Metallen geschiehet, heisset sie Ars fusoria, Afinage, mit andern Cörpern Chymia, Chymie.*
>
> *Es ist aber die Chymie eine Kunst, die von Natur mit einander genau und fest verknüpften Cörper, sie mögen nun aus dem Metallen= und Mineralien= Thier= oder Erdgewächsreiche bestehen, vermöge des Feuers und geschickter Handgriffe aufzulösen, die aufgelöseten aber wiederum in einen Cörper zu bringen, und aus denselben heilsame Artzneyen zu bereiten, womit man des Menschen Gesundheit erhalten, und die verlohrne wieder herstellen kan. Daher bestehet diese gantze Wissenschafft in Solutione und Coagulatione.*[72]

Bereits 1680 hatte J.J. Becher eine Abgrenzung der Begriffe Scheidekunst, Chemie und Alchemie versucht. Diese Abgrenzung erfolgte jedoch innerhalb der "Übungen", die zusammen mit den "Vorgesprächen" (i.e. Gebeten) und dem "Lesen" derjenigen "Scribenten, die von den Urhebungen deren Dinge geschrieben"[73], das Studium der "Chymia" ausmachen. Im Hinblick auf diese "Übungen" gliedert er die "Hermetische Philosophy" in drei Teile:

> *(...) den Scheidekünstigen, Chymischen, und Alchymistischen. Der Scheidekünstige lehret die Cörper scheiden und theilen, damit sie geschickt werden, zur Abhandelung derer andern zweyen Weisen. (...) Die Chymia lehret den Safft, und das beste Bestandwesen heraus bringen, reinigen, vollkommen machen, so wol zum Gebrauch der Artzneykunst, als zur Zeugung derer Dinge. Daher die Chymia nicht nur mit Metallen, sondern auch Erdgewächsen, und Thieren umgehet. Die Alchymisterey hat allein mit des Goldes, und der grösseren Elixirs Präparation zu schaffen. Zu dieser wird, insgemein, die Behandelung der Metallen gezogen.*[74]

Während also in Zedlers Lexikon die Scheidekunst aufgrund des umfassenden Objektbereichs den Oberbegriff bildet, der sich in die durch verschiedene Zielsetzungen charakterisierten Bereiche Alchymie und Chymie aufteilt, bestimmte bei Becher die Bewertung der Zielsetzungen die Hierarchie, an deren Spitze er die Alchymie als eine "tieffe Wissenschafft, und eine besondere Gnad von Gott"[75] setzt. Die Teilziele der "Scheidung", "Rei-

------

[72] Ebenda, Sp. 1110

[73] J.J.Becher, Oedipus Chymicus, oder Chymischer Rätseldeuter (...), 1680; S. 152

[74] Ebenda; S. 152 f

nigung" und "Zusammensetzung der Körper bleiben ausgerichtet auf die Verwandlung der Metalle, als das Hauptziel der Naturforscher, "(...) welche die Natur durch Feuer Distillirung examiniren und prüfen (...)."[76]

Die dabei gewonnenen Kenntnisse für die Medizin nutzbar zu machen, hatte schon Paracelsus gefordert. Indem er jedoch der Möglichkeit der Transmutation zustimmte, blieb diese als oberstes Ziel erhalten, der sich die Herstellung von Arzneien als ein Seiteneffekt unterordnete, der seinerseits nun der gesellschaftlichren Legitimierung der Alchemie dienen konnte. Ausdruck der engen Verknüpfung beider Aspekte ist die Vorstellung vom Stein der Weisen als eine "vberfixe medicin menschlicher vnd metallischer leiber" [B454].

Der Wandel hin zu der Konzeption von Alchemie und Chemie, wie sie sich in Zedlers Lexikon andeutet, läßt sich als eine Emanzipation des Teilziels "Erkänntnus der Natur"[77] beschreiben, das nun nicht mehr vom Ziel der Transmutation dominiert wird. Obwohl sich die Alchemie weiterhin auf eine Untermenge des Objektbereichs der sich entwickelnden Chemie bezog, konnte ihre Absonderung nicht verhindert werden. Diese Abtrennung und ihr späterer Niedergang liegt darin begründet, daß sich ihr Ziel der Transmutation nicht mehr in die Zielsetzungen der Chemie integrieren ließ[78]. Die relative Konstanz des Objektbereichs und die Veränderung der Zielsetzungen in der Entwicklung zur Chemie findet ihre Entsprechung in den fachkonstituierenden Variablen der Handlungsmuster und der Grundannahmen. Die allgemeinste Charakterisierung der Handlunsmuster zur "Manipulation" (!)[79] der Elemente des Objektbereichs, findet sich bei Becher in der Wendung "(...) die Natur durch Feuer Distillirung examiniren und prüfen (...)". Im "Oedipus Chymicus" spezifiziert er:

> *Des Feuers Würckung seyn vier: Die Digerirung, Sublimirung, Calcinirung, und die Giessung. Zu denen können gezogen werden die übrige alle: Dann durch die Digerirung wird verrichtet die Auflösung, die Fäulung, und Aushauchung; die Sublimirung begreifft die Distillirung, die Rectificirung, die Scheidung, und die Cohobation; die Calcinirung begreifft in sich die Cementirung, Reverberirung, Glasmachung. Durch die Giessung werden die Schmeltzung, und Proben der Metallen verwaltet.*[80]

------

75 Ebenda; S. 153

76 J.J.Becher, Zugabe in Physicam Subterraneam (...) 1680; S. 11

77 Joh. Casp. Engelleder
Vorrede zu Kunckels Laboratorium Chymicum 1716

78 Die unscharfe Grenzziehung in Zedlers Lexikon zeigt, daß die Überlagerung der Objektbereiche als retardierendes Moment gewirkt hat.

79 J.J. Becher, Oedipus Chymicus, oder Chymischer Rätseldeuter (...), 1680; S. 150

Diese Operationen, die mittels "selczamer offen" und "fil gefez" verrichtet werden, finden sich auch in dem Entwurf zu einem Lehrgedicht von Hans Folz (1450-1515):

ein teil gehorn zu calcinirn
und darnach zu reverberirn,
pulverizirn und conterirn,
ama<l>gamirn und humectirn,
coagulirn und resolvirn,
zu sublimirn und distillirn,
ascendirn und descendirn,
putrificirn und reducirn[81]

Ebenso werden in Zedlers Lexikon bei der Beschreibung der Scheidekunst unter anderem die Calcinatio, Amalgamatio, Reverberatio, Coagulatio, die Digestion und Putrefaction genannt[82].

Im Gegensatz zu dieser konstanten Gültigkeit der Handlungsmuster besitzt die Variable 'Grundannahmen über die Elemente des Objektbereichs' einen weniger festen Inhalt. Vielmehr wird die Situation in der sich entwickelnden Chemie dadurch charakterisiert, daß neben der auf Aristoteles zurückgehenden Vorstellung von der Komposition der Stoffe aus den Elementen Feuer, Wasser, Erde, Luft und der Drei-Prinzipien-Lehre des Paracelsus weitere, individuell geprägte Annahmen über den Aufbau der Natur und der Entstehung der Metalle, miteinander konkurrieren[83]. Zwei weitere Beispiele sind die von Alanus vertretene Schwefel-Quecksilber-Theorie (vergl. Kap. 2.3.1.2.) und Kunckels Annahmen über Sal, Mercurius und Terra als die Principia Chymica[84].

Wenn die dargestellte Veränderung in den Zielsetzungen die Abtrennung der Alchemie markiert, vollzieht sich in der Etablierung allgemein akzeptierter Grundannahmen der Übergang zur Chemie als Wissenschaft. Im Hinblick auf den fachlichen Charakter jedoch konstituiert sich die Variable der Grundannahmen in der Auseinandersetzung über ihre Inhalte[85]. Ein Beispiel dafür sind etwa Kunckels Betrachtungen zum Schwefel als einem Prinzip [K365 f].

------

80 Ebenda ; S.143

81 Weimarer Handschrift Q 566, Bl. 32r.
Zitiert nach dem Transkript des Gedichtenwurf in Fischer (1967), S.108; Z.213-220

82 Johann Heinrich Zedler;
Grosses vollständiges Universal-Lexicon; 1732-48; Bd. 34 (1742) Sp. 1110 f

83 Vergl. Butterfield, H. (1965) S. 191-209;bes. S. 198

84 Vergl. Kunckels Laboratorium Chymicum 1716, S.74 ff

85 Die Einsicht in die Notwendigkeit einer solchen Begründung des fachlichen Handelns wird deutlich, wenn etwa Basilius schreibt, nach der "Invocation zu Gott" obliege dem "Suchenden der Weißheit und Kunstliebenden" die "(...) Betrachtung eines jeden Dings / (...) nehmlich die Umbstände eines jeden Dings / was seine Materia und Form / worauß dasselbe seine

Für das so festgelegte, zwischen Alchemie und wissenschaftlicher Chemie einzuordnende Fach soll die Bezeichnung "Chymie" verwendet werden[86]. Zusammenfassend läßt sich das Fach Chymie folgendermaßen charakterisieren. Es befaßt sich mit einem Objektbereich, der grundsätzlich alle natürlichen Stoffe einschließt, jedoch die anorganischen Stoffe (Metalle, Mineralien) stärker betont und seine Elemente als "von der Natur mit einander genau und fest verknüpfte(n) Cörper" beschreibt. Die Chymie zeichnet sich dadurch aus, daß die Naturerkenntnis nicht länger der Gewinnung des Lapis untergeordnet wird, sondern an Eigenständigkeit gewinnt. Ziel des Faches ist weniger der Stein der Weisen als vielmehr:

> *(...) die Eigenschafften der Dinge (...) rechtschaffen erkennen / seine Arbeiten hinführo nach der Vernunfft einrichten / und sich so wohl von dem guten als übeln Effect und Ausgang eines Processes genugsame Rationes geben (...).*[87]

In dem Maße wie dieses Ziel an Dominanz gewinnt, verliert das mit der Lapis-Gewinnung verknüpfte Ziel der seelischen Läuterung an Bedeutung. Wie im Falle des Objektbereichs übernimmt die Chymie die Handlungsmuster der Alchemie. In der Kontroverse um die Gültigkeit von Ausssagen über die "Urhebungen derer Dinge" bildet sich erst die fachkonstituierende Variable der Grundannahmen heraus. In der Veränderung deren Inhalte spiegelt sich der Übergang der Chymie zur Chemie.

Nach dieser Bestimmung der Chymie als Fach, sollen nachfolgend die vier Texte als Fachtexte eben dieses Fachs Chymie vorgestellt werden. Neben einigen Bemerkungen zum jeweiligen Verfasser steht dabei die Erläuterung der fachlichen Inhalte im Vordergrund. Zum einen soll damit ein besseres Verständnis für die in den Texten behandelte Chemie erreicht werden. Zum anderen kann so deutlich werden, daß die vier Texte in ihrer Abfolge für den skizzierten Wandel in der Chymie charakteristisch sind.

Wirckung uberkommen / wodurch sie eingegossen und einverleibet (...) durch die Elementa gewirckt / und durch die drey anfahenden Dinge gebohren und förmlich gemacht worden." (Basilius Valentinus, Triumph=Wagen des Antimonii; 1677, S. 298). Oder wenn Becher den Leser des "Oedipus Chymicus" auf das Studium der "Urhebungen derer Dinge" (S.152) verweist.

86 "Chymie" dient auch Kunckel und Marggraf zur Bezeichnung ihres Fachs. Im Gegensatz dazu verwendet Alanus "Alchemey" und Basilius "Kunst". Vergl. die entsprechenden Einträge im Wörterbuch.

87 Joh. Casp. Engelleder
Vorrede zu Kunckels Laboratorium Chymicum 1716

3. DAS TEXTMATERIAL

3.1. Dicta Alani

3.1.1. Philosophus Alanus

Von einem Alchemisten mit Namen Alanus ist vor allem der kurze Traktat "Dicta Alani" überliefert. Dieser Text wurde ab 1574 häufig zusammen mit den Werken des Bernhardus Trevisanus gedruckt und fand auch Eingang in Zetzners 'Theatrum Chemicum'(III, S.722-729). Dort wird Alanus als Alanus ab Insulis bzw. Alanus von Lille identifiziert. Dieser lebte zwischen 1128-1202/3. Er trat in den Zisterzienserorden von Claivaux ein, lehrte in Paris und wurde schließlich Bischof von Auxerre.Eine Anzahl gereimter Werke sind von ihm bekannt. Aber schon 1740 wurden Zweifel an dieser Zuordnung laut. Nach Hermann Fictuld[1] ist ALBERTUS CRANZIUS, der um 1430 gelebt haben soll, der Verfasser des Traktats, der dann durch IOHANN GIER aus Rothenberg zum Druck gebracht worden sei. Grundlage für diese Angabe war vermutlich ein Zusatz, der in der Ausgabe 'Nürnberg 1717' dem Text folgt:

Epitaphium
Alani
Quod Listerciis extare scribit
ALBERTUS CRANZIUS
Hic jacet ALANUS, quem hora brevis tumulavit,
Qui duo, qui septem, qui totum scribile novit.
Vixit in Gallia Ludovici XI, tempore circa A.C. 1430

Die Ausgabe aus dem Jahre 1574 nennt den Namen Johann Gyer und die Jahreszahl 1512 [vergl. A454-459]. Ferguson (I, S. 14) verweist auf Brial[2], der ebenfalls die Autorschaft des Alanus ab Insulis bezweifelt. Die Rezeption der arabischen Alchemie läßt zudem vermuten, daß der Text frühestens aus dem 14.Jhd. stammt[3].

Thorndike erwähnt zwei Handschriften, die dem Alanus Philosophus zugeschrieben werden und auf die zweite Hälfte des 15. Jahrhunderts weisen[4]. Dabei handelt es

------

1 Fictuld, H. Der längst gewünschte und versprochene Chymisch-Philosophische Probierstein Franckfurt und Leipzig, Bey Michael Blochberger 1740 ; S. 6
Exempl. SOEST: V J. 14.8

2 Histoire Litteraire de la France, Paris 1824 t.xvi.,S. 396-425

3 vergl. Thorndike Bd. IV, S. 338

sich zum einen um einen scheinbar unvollständigen Text, der nach dem 'Gloria mundi' des WINDANUS erscheint. Alanus bezeichnet sich dort als "Alanus minimus philosophorum et alchemistarum":

CLM 455, fol. 119v-120v/121r
Cum causa esset veritatis achimi
scire magisterium ego Alanus
minimus philosophorum et achimistarum.[5]

Das zweite dem Alanus zugeschriebene Manuskript ist auf 1475 datiert. Dabei handelt es sich um die

Rotatio elementorum[6]
S. Marco VI, 215
fols. 192v-197r (1475 AD)
Quoniam grave est circa plurimas intentiones
diversorum librorum (...)

Eine weitere Handschrift findet sich in den medizinischen Handschriften der Codices Palatini Latini[7].

Pal. Lat. 1329
140^{r} - 143^{v}
Inc.: Eyn dinck czu diswelen aws allen
dingen, das ist eyner bleichen
varbe vnd hot eyn metallyn gestalt
durchsichtig vnd weich (...)
Exp.: (...) beyde weis vnd rot ist gar
verburgen in vnserem es.
Deo gracias. Alleluia.
>Alanus philosophus<

Die 'Dicta Alani' erscheinen in folgenden Drucken:

------

4 vergl. Thorndike,L. Bd.III, S. 140 f; Bd. IV,S. 338f
vergl. ebenfalls
Thorndike, L. & P. Kibre
A catalogue of Incipits of meiaeval scientific writings in Latin
London 1963, S. 285-286

5 Nach Thorndike (Bd. IV, S. 338) ist der Text unvollständig, da Verweise auf ein 1. und 2. Buch und auf den Beginn eines 3. Buches erscheinen. Anfänge des 1. oder 2. Buchs sind jedoch nicht markiert. Thorndike ist im Unklaren, wo der Alanus-Text endet, ob 121v oder 122v. Thorndike,L. & P.Kibre (London 1963, S. 285-286) geben 122v als letzte Seite an.
Laut Thorndike handelt der Text vom 'animalischen Stein', den Alanus durch putrifizieren des 'Basilisken' zu erhalten trachtete.

6 Das Werk ist ebenfalls verzeichnet in der Alchemistischen Bibliographie der Bibliotheca Apostolica vaticana (Vatikanische Bibliothek, Rom) [Vatic. Barb. 273, fol. 242v] Incipit:"Quoniam est circa plurimas intentiones diversorum ..."
Vergl. Thorndike Bd.III, S. 140

7 Vergl. Schuba,L. Die medizinischen Handschriften der Codices Palatini Latini in der vatikanischen Bibliothek; Wiesbaden 1981
Schuba verweist auf Thorndike (Bd.III, S.140), betr.

Von der Hermetischenn Philosophia /
das ist / von dem Gebenedeiten Stain
der Weisen (...) Herren Bernhardi / Grauen von
der Marck / vnd Teruis ein Buch
Item / Dicta Alani, Darinn alles
hell vnd klar an tag geben wird
Ex libris Henrici Vuollffij
Vormals nie im Truck außgangen
Getruckt zu Straßburg bey Christian Müller
1574[8]
Exempl.: HAB 85 Med. (2)

Elucidatio Sectretorum, das ist, Erklärung der
Geheimnussen, wie der Lapis Philosophorum funden,
vnd die vniuersal Medicin erlanget wird (...)
auch durch die Dicta Alani
Jetzt in Teutscher Sprach vertiert vnd zusammen
getruckt. Zu Franckfort durch Wolffgang Richtern,
in Verlegung Nicolai Steinij. Anno MDCII
Exempl.: HAB

Bernhardus Trevisanus
Opulisca Chemica
Dicta Alani
das ist, kurtze lehr unnd unterricht
Sprüche von der bereittung des grossen
Steins der Weisen, von einem alten
Philosopho Ollano beschrieben
1605

Theatrum Chemicum 1659, Bd. III, p.721
Exempl.: Soest IV J. 13.8

Radix Chimiae
oder Wurtzel des Universals (...)
Auffs klar= und deutlichste angewiesen durch
G.M.B.D.S. Anno MDCLXXX
Appendix ad faciliorem Radicis Chimiae intellectum
II. Dicta Alani p. 84-107
Exempl.: Land.Bibl. Hannover N-A 1392

Des Hn Bernhardi, Grafen von der Marck und Tervis
chymische Schriften von dem gebenedeiten Stein der
Weisen
Dicta Alani
Das ist kurtze Lehr= und Unterrichtssprüche

------

des Verfassers. Es handele sich jedoch nicht um den gleichen Text ('Rotatio Elementorum' bei Thorndike). Es handele sich ebenfalls nicht um die Übersetzung des Textes aus Theatr. Chem. III, S. 722-729

8 Die zweite Auflage "Jetz von newem widerumb mit fleiss corrigirt, vnd vbersehen. Getruckt zu Strassburg bey Christian Müllers Erben 1582" gibt Ferguson (S. 100f) an.

von der Bereitung des grossen Steins der Weisen
Von einem alten Philosopho Alano de Insulis,
oder von Jßle aus Flandern / beschrieben und
hinderlassen
Nürnberg / bey Joh. Dan. Taubers sel. Erben
1717[9]
Exemp.: Soest V H. 13.10 (3)

Der hermetische Philosophus,
oder Haupt-Schlüssel, derer zu der
Chymie gehörigen Materien, Ursprung, und Herkommen
aller Metallen und Mibneralien. (...)
Franckfurt und leipzig, Verlegts Johann Gabriel
Grahl, Buchhandler in Wienn, 1709

Chymisch-Unterirdischer Sonnen-Glantz;
Das ist: Ausführlicher Unterricht, von dem wahren
Philosophisch-Chymischen Subjecto, und dessen
natürlich- und nöthigen Hand-Arbeiten (...)
Franckfurt und Leipzig 1728 p. 152
Exempl.: Soest V J. 13.3. (4)

Der Text im Theatrum Chemicum ist die einzige lateinische Version. Der auf den 1.April 1598 datierten Vorbemerkung von Justus a Balbian - dem Übersetzer - ist zu entnehmen, daß es sich um die Übersetzung eines deutschen Textes handelt[10].

Fictuld bewertet den Traktat in seinem 'Probier=Stein' positiv. J.J. Becher zählt Alanus zu den empfehlenswerten 'Philosophen'[11], und auch Ruland verweist auf Alanus und dessen Auffassung vom Mercurius[12]. Michael Toxites, Herausgeber der 1574er Ausgabe, urteilt in der Vorrede, im Hinblick auf den Bernhardus Text:

> *Alanus ist kürtzer / aber klärer / darumb etlich vermeint / ich solte ihn haben hinderhalten / das ich vilen zu gutem nit hab thun wöllen.*

------

9 Ferguson (Bd.I, S.101) nennt die Ausgaben 1746, 1747

10 Der Text beginnt mit den Worten: "Ad deum mi fili, et cor et mentem convertito quam at atrem ,agis ..."

11 Vergl. Oedipus Chymicus oder Chymischer Rätseldeuter ; in: J.J. Becher Chymisches Laboratorium oder Unter=erdische Naturkündigung, Franckfurt MDCLXXX
Exempl.: UB-Münster O 1 92
Dort heißt es (s. 150f): "Unter den Philosophischen Schrifften seyn diejenige die Besten, die derer Dinge ihrer Zeugung, Verfallung, Auflösung und Coagulirung Regeln und Gründe lehren. In diesem Stück haben mir, vor andern, gefallen RAYMVNDVS LVLLIVS, ALANVS, COMES BERNHARDVS, ARTHEPHIVS, BASILIVS VALENTIN, sonderlich seine THEORIA über die zwölff Schlüssel, RICHARDVS, RIPLAEVS, SENDIVOGIVS, und andere."
Hier handelt es sich gleichzeitig um eine komprimierte Darstellung der Funktion alchemistisch-chemischer Fachtexte! (vergl. dazu 2.2)

3.1.2. Zum Inhalt der 'Dicta Alani'

Es wird die Ausgabe von 1574 wiedergegeben. Der Grundgedanke der 'Dicta' ist die Annahme von der Einheit im 'Werk', die nur eine Substanz und einen Arbeitsgang bei der Bereitung des Steins zuläßt.

> *Vnd für die warheit / so ist die Medicin vnsers Steins ein ding / ein gefäss / ein zusamenfügung / ein regierung / wann alle Meisterschafft wirt mit einem ding angehebt / scilicet Mercurio, vn mit einem ding geendet / scil. Mercurio.* [A198-202]

Zu Beginn wird das Ziel der alchemistischen Arbeit beschrieben:

> *Das aller erst werck in diser kunst ist / dz wir aufflösen den trucknen Stein Solem oder Lunam zu Mercurio / oder dz wir es verkehren in ihr aller erst wesen ...* [A33-36]

Erstrebt wird die Amalgamierung (Auflösung) von Gold (Sol) bzw. Silber (Luna) mit Quecksilber (Mercurius). Die Bedeutung des Mercurius wird hergeleitet aus der allgemeinen Vorstellung vom Entstehen der Metalle aus "Mercurio vnd Schwebel" [A394] und der Feststellung:

> *Dann von was dings ein ding ein vrsprung hat / in das ist es am aller müglichsten wider zukommen.* [A30-32]

Die Bereitung des Amalgams und sein weiteres Verhalten in der Wärme bilden den Kern des Traktats. Alanus gibt folgende Anweisungen für das Werck [A149-182]. Ein Teil Malergold oder -Silber (wahlweise: dünngeschlagenes Gold oder Silber) wird in einen alchemistischen Ofen (offen Hermetis) gegeben, dann werden 12 Teile gereinigtes Quecksilber (Mercurij optime purgati) zugesetzt und daraus ein Amalgam gebildet. Sodann wird das Amalgam in einem verschlossenen Gefäß in ein Aschenbad gestellt, derart, daß die äußere Asche das Amalgam bedeckt. Das Aschenbad wird durch ein Feuer auf einer gleichmäßig milden Temperatur gehalten (ignis sapientia). Nach einem "Monat der Philosophen" und einer Anzahl Farbänderungen wird die "vollkomen schwertz" erreicht sein. Dies ist der Mercurius der Weisen. Alanus bemerkt noch, daß das Mischungsverhältnis (Quecksilber zu Gold/Silber) 12:1 besser sei als das von 3:1.

Bei der schwertz kann es sich um ein Oxid des Quecksilbers handeln, das bei der Erwärmung entsteht. Feinverteiltes Quecksilberoxid, vermischt mit metallischem Quecksilber, erscheint als schwarzes Pulver. Durch die geforderte leichte Erwärmung sollte Quecksilber(II)-Oxid entstehen, dessen Farbe je nach Temperatur und Kristallgröße zwischen rot und gelb schwankt. Durch dieses temperaturabhängige Farbverhalten sind auch die verschiedenen Farberscheinungen möglich.

> *wann alsdan so geht vnser wasser dann in die leib / vnd kert es zu erden / darnach in ein puluer / oder*

------

[12] Vergl. Ruland S. 333

> *äschen / vnd ob es zu erst nit schwartz wurd / so wer auch hin nach kein weisse erfolgen* ...[A294-298]

Die Forderung nach einem "schwach vnd müßig" [A117] Feuer ist dabei durchaus gerechtfertigt. Denn das Oxid hat die Eigenschaft, sich bei hohen Temperaturen wieder in seine Bestandteile zu zersetzen. Dieser Vorgang der Amalgamisierung und Oxidbildung wird nun aus verschiedenen Perspektiven beschrieben.

Bezogen auf das Edelmetall erscheint die Amalgambildung als Aufflösung, bezogen auf das vormals flüssige Quecksilber jedoch handelt es sich um eine Verfestigung[13].

> *wann die solution des Corpus geschicht mit der coagulation des Spiritus Mercurij, vnd die hertung des Spiritus oder Mercurij ist vnd geschicht mit der aufflösung des Corporis* ... [A40-44]

Die Oxidbildung wiederum legt die Analogie zur Bildung der 'Metall-Kalke' [A250,251] nahe, so daß Alanus schreiben kann:

> *Vnd in solcher weiß wirdt vns gebotten vnseren Stein Mercurij mit dem Corpus zu calcinieren* ...[A260,262]

Im Rahmen einer Analogie des Wachsens und Vergehens [A325-332] wird die schwertz als der putrificiert Corpus [A300], der verweste Körper, aufgefaßt. Der Prozeß der Amalgamierung und gleichzeitigen Oxidbildung erscheint nun als Fäulnis.

> *Darumb ist in vnser meysterschafft nichts mehr noth / dann allein die feulung des Corpus in dem wasser der Philosophen.* [A336-338]

Als Dekomposition und Auflösung ist die Fäulnis prinzipiell auf mehreren Wegen erreichbar [A350-373]. Alanus nennt noch die Auflösung durch Salpetersäure (aqua mercuriales), die er mit dem Fundort des Mauersalpeters umschreibt [A351-352]. Diese Art der Auflösung, die "die materien ... mit der feuchtigkeit inficiret vnd vergifft" [A372] verwirft er jedoch als ungeeignet. Dahinter verbirgt sich vermutlich die Erfahrung, daß Quecksilber sich in überschüssiger Salpetersäure unter Bildung von Quecksilber(II)-nitrat ($Hg(NO_3)_2$) löst[14]. Dieses Verfahren der Amalgamierung und nachfolgenden Erwärmung, das ad nigredinem [A233] führt, wird zum Ende des Traktats noch einmal wiederholt[15]. Zu dem schon erläuterten Prozeß finden sich dort zwei Varianten.

Als Ausgangsstoff fordert Alanus einen Mercurius, der durch siebenmalige Sublimation gereinigt wurde und der vor der Amalgamierung reviviciert [A429] werden

------

[13] Hier könnte eingewandt werden, daß der hohe Quecksilberanteil eine Verfestigung des Amalgams verhindere.

[14] Durch Eindampfen der Lösung erhält man das Nitrat als Monohydrat ($Hg(NO_3)_2*H_2O$). Die entstehenden farblosen, zerfließlichen Kristalle werden jedoch der Vorstellung vom 'beständigen' Stein nicht entsprochen haben.

soll. Darunter ist die Gewinnung von Quecksilber aus Zinnober (Quecksilbersulfid HgS) unter Zusatz von Weinstein (Tartarum crudum [A431]) und Kalk (lebendig kalck [A430]) zu verstehen. Das Verfahren dient hier vermutlich dazu, noch vorhandenes Zinnober in reines Quecksilber zu überführen. Die zweite Variante besteht darin, daß bei der Amalgambildung mit einem Mischungsverhältnis von 3:1 begonnen wird und später weitere neun Teile Quecksilber zugesetzt werden sollen.

3.2. Die 'Zwölff Schlüssel' des Basilius Valentinus

3.2.1. Zur Frage der Verfasserschaft

Die "Zwölff Schlüssel Fratris Basilij Valentini" sind enthalten in dem Traktat

> *Ein kurtzer summarischer Tractat*
> *Fratris Basilij Valentini*
> *Benedicter Ordens*
> *Von dem grossen Stein der vhralten / daran so viel tausent Meister anfangs der Welt hero gemacht haben/ nebenst seiner selbst eigenen klaren repetition vnd kurtzen widerholung / vber desselbige geschriebene Büchlein / darinnen das rechte Liecht der weisen nach Philosophischer art für augen gestelt /*
> *Benebenst einem bericht von den fürnembsten Mineralien vnd ihren eigenschafften.*
> *Hierbey Ein sonderlicher Tractat de Microcosmo, oder der kleinen Welt des Menschen. Auch von der grossen Heimlichkeit der Welt vnd ihrer Artzney den Menschen zugehörig / etc.*
> *Alle so den grund der Weisheit lieben / das Fürnembste / vnd zu wissen höchlich / von nöthen.*
> *Ingleichen von der Wissenschaft vnd verborgenen geheimnissen der sieben Planeten*
> *Den Filijs doctrinae zu guten publiciret, vnhd jetzo gantz new durch den Druck ans liecht gebracht mit seinen zugehörigen Figuren*
> *Durch Iohann Thölden Hessum jetzo zu Franckenhausen*
> *M.DC.II.*[16]

Dieser Druck erschien 1599 zum ersten Mal und ist die erste Schrift, die Johann Thölde unter dem Namen Basilius Valentinus herausgab. Im Jahre 1603 läßt Thölde zwei weiter Schriften folgen:

> *De Occulta Philosophia. Oder Von der heimlichen Wundergeburt der sieben Planeten und Metallen /*
> *Fratris Basilij Valentini, Benedicter Ordens / neben einer Taffel der gantzen Philosophischen Weißheit.*

------

15 Die zweimalige Wiedergabe des Prozesses mit teilweise identischen Formulierungen und die verschiedenen Beschreibungen des einen Vorgangs, lassen vermuten, daß die 'Dicta' die explizierende Paraphrase eines anderen Traktates bzw. Rezepts darstellen.

16 Exempl.: Landesbiblio. Hannover; Sign.: N-A 92

Jtzo gantz new außgangen / vnd in Druck verfertiget Durch Johann Thölden Hessum. In verlegung Jacob Apels Buch Im Jahr 1603

Von den Natürlichen vnnd vbernatürlichen Dingen. Auch von der ersten Tinctur, Wurtzel vnd Geiste der Metalle vnd Mineralien / wie dieselbe entpfangen / außgekocht / geboren / verendert vnd vermehret werden.
Trewlich eröffnet Durch Fratrem Basilium Valentinum, Benedicter Ordens. Vnd nunmehr aus seiner eigenen Handschrift in druck publiciret,Durch Iohann Thölden Hessum. Cum Privilego.
In Vorlegung Jakob Apels Buch Anno M.DC.III.

Als letzte Schrift erschien schließlich 1604 der

TriumphWagen Antimonii, Fratris Basilii Valentini, Benedicter Ordens / Allen so den grund suchen der uhralten Medicin / Auch zu der Hermetischen Philosophy beliebnis tragen / Zugut publiciret / und an Tag geben / durch Johann Thölden / Hessum ... 1604
Cum Gratia & Privilegijs, Leipzig /
In verlegung Jakob Apels[17]

Die Schriften des Basilius erlangten schon bald große Beliebtheit und Thölde gibt die einzelnen Werke in weiteren Auflagen erneut heraus. Auch nach Thöldes Tod (ca. 1624) erleben die Drucke weitere Auflagen. 1677 erscheint die erste Gesamtausgabe[18]. Bis ins 18. Jahrhundert hinein werden Schriften unter dem Namen Basilius veröffentlicht.

Das Fehlen jeglicher Informationen über den Verfasser, mit Ausnahme der Angabe, es handele sich um einen Benediktinermönch, führte in der Folgezeit zu einer Anzahl von Spekulationen über die Person des Basilius Valentinus[19]. Während Kopp 1843 noch glaubte, feststellen zu können:

------

17 Eine eingehende Beschreibung der Drucke und weitere Angaben zu ihren Auflagen macht Lenz (1981),S.70-81. Zu Person und Werk der Basilius und zur Diskussion seiner Echtheit vergl.: Partington (1961) Bd. II , S.183-203; Ferguson Bd.I, S.77-82; Priesner (1986); Sudhoff (1933).

18 Weitere Gesamtausgaben folgten: Hamburg, Gottfried Liebezeits 1694, 1700, 1717; Hamburg Gottfried Richter 1740, Nachdruck Leipzig 1769. vergl. Partington (1961) Bd.II, S. 194

19 Eine zusammenfassende Darstellung der Annahmen zu Basilius gibt Partington (1961) Bd.II, S. 183-190. Neuere Erkenntnisse bringen Priesner (1986) und Lenz (1981). Lenz (S. 204f) weist auch darauf hin, daß das von Partington erwähnte, älteste Manuskript des Basilius "Güldene Rose aller meiner geheimen Arzneijen ... St. Petri 1592" (bei Partington: Goldenes Los ...) [Germ. Nat.Mus. Nürnberg] entgegen der Datierung von 1582 aus dem 18. Jahrhundert stamme.

> *(...) unzweifelhaft erscheint die Existenz eines alchemistischen Schriftstellers aus der zweiten Hälfte des 15. Jahrhunderts, welchem mit vielem Grund die im Folgenden angegebenen Schriften beigelegt werden, und der unter dem Namen Basilius Valentinus seit dem Ende des 15. Jahrhunderts bekannt ist.*[20]

liefern neuere Arbeiten[21] weiter Indizien für die seit dem 17. Jahrhundert wiederholt geäußerte Vermutung, Thölde selbst sei der Verfasser.

Die Lebensumstände Thöldes beschreibt Lenz[22]. Danach wurde Johann Thölde als

> *(...) Enkel des Valtin Tholde und Sohn von Bastian Tholde und seiner Frau Anna Schrendeisen wohl um oder vor 1565 geboren.*[23]

Der Großvater versah das Salzgrafenamt in Allendorf-Sooden, der Vater war Mitglied des Pfännerausschußes. Johann Thölde ließ sich in Franckenhausen nieder, vermutlich nach seiner Heirat mit der Tochter des dortigen Kämmerers. Er wurde Pfannenherr der Stadt und Kämmerer. Die verlegerische Tätigkeit Thöldes umfaßte nicht nur die Herausgabe der Basilius-Werke. 1604 gab er einen Druck mit zwei Traktaten des Alexander von Suchten über das Antimon heraus. Bemerkenswert ist dabei, daß Thöldes Kommentare zu den Antimonpräparaten den Umfang der Traktate weit übertrafen[24]. Im Jahre 1605 schließlich gab er ein weiteres Werk heraus, das den Titel trägt:

> *Aureoli Theophrasti Paracelsus à Bombast, in Hohenheim / deß Edlen und hochberümbten Philosophi:*
> *Kleine Hand=Bibel und Einführung ...*
> *zu Nutz an Tag gegeben durch Herrn Johann Thoelden / Hessum, & c,*
> *Gedruckt zu Lych / durch Wolffgang Ketzel.*
> *Anno M. DC. V.*[25]

------

20 Kopp (1843) S. 75. Kopp beruft sich auf die Angaben aus Joann M. Gudenus, Historia Erfurtensis, Duderstadt 1675, "(...) daß im 15. Jahrhundert ein Mönch, Namens Basilius Valentinus gelebt habe."(ebenda). Später (Kopp 1886, S. 29ff) änderte er jedoch seine Meinung dagingehend, daß Basilius nicht gelebt habe und die Schriften aus dem ausgehenden 16. Jahrhundert stammten.

21 Vergl. Lenz (1981); Priesner (1986)

22 Vergl. Lenz (1981) S. 19-28

23 ebenda S. 19

24 vergl. ebenda S. 82 ff

25 ebenda S. 85. Lenz gelangt zu folgender Beurteilung: "Das Buch ist als ein Florilegium von Bibelstellen angelegt, dem Thoelde eine Widmungsvorrede, eine Vorrede an den frommen Leser und eine Vorrede des Paracelsus beigegeben hat. (...) Das vorliegende Werk dürfte in dieser Form nicht von Paracelsus stammen, denn dessen Arbeiten zur Theologie bestehen im großen Anteil aus Bibelauslegungen, Bibelkommentaren und Vorreden mit theologischem Inhalt, und

Auch als Autor tritt Thölde in Erscheinung. Neben der "Haliographia", die seine Erfahrungen im Salinen- und Salzwesen widerspiegelt, und dem "Examen und Iudicum des weitbeschrienen Brunnens "[26], ist es vor allem das handschriftlich überlieferte Manuskript mit dem Titel "Johann Thölden Proces Buch"[27], das zeigt,

> *(...) daß Thoelde als Fachmann auf den Gebieten des Salinc+wesens, des Bergwesens, der Chemie bzw. Alchemie und der Chemiatrie zu gelten hat.*[28]

Ein Vergleich mit den Schriften des Paracelsus, als dessen Kenner Thölde zu gelten hat, Thöldes "Proces Buch", den Suchten-Kommentaren und den Basilius-Schriften (bes. des "Triumphwagen Antimonii") führte zu einer Vielzahl inhaltlicher Übereinstimmungen[29]. Zusammen mit den im "Proces Buch" erkennbaren alchemistisch-chemischen Kenntnissen und praktischen Erfahrungen, läßt dies den Schluß zu:

> *(...) daß Johann Thoelde der Autor der von ihm unter dem Namen "Basilius Valentinus" herausgegebenen Schriften war, die er aus älteren Schriften, insbesondere denen des Paracelsus, kompilierte.* [30]

Über die Gründe, die Thölde bewogen haben könnten, die Schriften unter einem Pseudonym erscheinen zu lassen, kann man nur spekulieren. Zuzustimmen ist der Vermutung, daß der gesellschaftlich angesehene Thölde nicht als Alchemist in Erscheinung treten und sich gleichzeitig vor dem Zugriff alchemiegläubiger Fürsten schützen wollte[31].

------

diese sind in der "Kleinen Hand=Bibel" nicht erwähnt." (S. 87, 91)

26 Haliographia, Das ist: Gründliche und eigendliche Beschreibung aller Saltz-mineralien (...) Beneben einer Historischen Beschreibung aller Saltzwercke, Eisleben 1603
Vergl. dazu Lenz (1981) S. 66ff; Priesner (1980)
Examen und Iudicum des weitbeschrienen Brunnens / in der Chur Sachsen / anderthalbe meylen / von der wolberühmbten Bergstatt Schneberg gelegen / welcher vor alters der Dannenbron genandt.
Examinirt probirt / und beschrieben durch Johann Thoelden Fürstlichen Bambergischen Berghauptman. Gedruckt in der Fürstlichen hauptstatt Bamberg / durch Anthonium Horitz. Anno 1608
Angabe nach Lenz (1981) S. 67; vergl. auch: Priesner (1980).

27 Das Transkript des "Proces Buch" und einen Vergleich mit anderen gedruckten Werken liefert Lenz (1981).

28 Priesner (1986) S. 116

29 Vergl. Priesner (1986) S.112-115; Lenz (1981) S. 192-202

30 Lenz (1981) S. 207

31 Vergl. Lenz (1981) S. 213
Weniger überzeugend scheint mir dagegen eine Annahme

3.2.2. Der Inhalt der "Zwölff Schlüssel"

Er muß anders verstanden werden / und der eine expliciret ihn so / der andere anders / und keiner kan aus ihm etwas machen.[32]

Die 'Zwölff Schlüssel' sind zwölf Kapitel, "dadurch die Thüren zu dem uralten Stein vnser Vorfahren eröffnet" werden sollen. Der Ausgabe von 1602, die die Grundlage des Transkripts bildet, waren zum ersten Mal den 'Schlüsseln' je ein Bild zugeordnet[33]. Diese Bilder erschienen in allen späteren Basilius-Ausgaben und fanden auch Eingang in das 1624 von Lucas Jennis verlegte "Chymische Lustgärtlein" des Daniel Stoltzius von Stoltzenberg[34].

Es folgt eine Zusammenfassung der Kapitel mit dem Versuch einer chemischen Interpretation der beschriebenen Alchemie.

Das erste Kapitel betont die Bedeutung reiner Ausgangsstoffe [B25-29] und betrifft die Reinigung des Goldes (König, Leib des Königs [B38,39]) durch Antimon (geitzige grawe Wolff [B33]). Das Antimon wird dabei zusätzlich charakterisiert als dem "streittigen Marti unterworffen" und als "kind des alten Saturni" [B35,36]. Die erste Umschreibung läßt sich verstehen als Hinweis auf die Gewinnung des Antimon durch Schmelzen des Sulfids unter Zusatz von Eisen (Mars). Die zweite Umschreibung scheint auf eine Annahme des Verfassers hinzudeuten, daß zwischen Antimon und Blei (Saturn) eine Verwandtschaft bestehe[35]. Nach der Legierung des Antimons mit dem Gold [B38-40], wird dieses im

------

Priesners (1986; S. 117f), das Basilius-Pseudonym verdanke sich Thöldes Bemühen, die Texte älter erscheinen zu lassen, um ihnen dadurch mehr Gewicht zu verleihen. Denn dabei wird übersehen, daß Thölde auch als Herausgeber keine Angaben zu den Lebensdaten des Autors macht. Die Basilius-Legende über den spektakulären Fund der Manuskripte setzte erst nach Thöldes Tod mit dem Titelblatt einer Basilius-Ausgabe aus dem Jahre 1645 ein.

32 Kunckels Kommentar zu den 'Schlüsseln'des Basilius. (Laboratorium Chymicum 1716; S. 390)

33 Vergl. Lenz (1981) S. 70 f; Anm.1

34 Chymisches Lustgärtlein / Mit schönen in Kupffer geschnittenen Figuren gezieret / auch mit Poetischen Gemälden illustrirt vnd erleutert. Also daß es nicht allein Augen vnd Gemüt erquicket / sondern zugleich eine sehr tieffe betrachtung der natürlichen dinge erwecket (...) Beschrieben von M. Daniele Stoltzio de Stoltzenberg / Boh. d. Medicin Candidato.
Nunmehr aber auß dem Lateinischen transferirt vnd in gewöhnliche teutsche Rhythmos gebracht /durch Danielem Meißnern von Commenthaw / B.P.L.C. Franckfurt / In Verlegung Lucae Iennis 1624
Reprint Darmstadt 1964 ; I. bis XII. Figure

Feuer wieder ausgeschmolzen. Das Verfahren wird dreimal wiederholt, dann ist das Gold (jetzt: Löwe) gereinigt. Es folgt eine Beschreibung der potentiellen Wirkungen des Goldes "so er in seine bereitschafft gebracht" [B62]. Basilius mahnt den Leser, das Gold nach der Reinigng gut zu waschen, um etwaige corrosiv zu entfernen. Vermutlich handelt es sich dabei um die Furcht vor Rückständen des giftigen Antimons.

Auch der zweite Schlüssel betrifft die vorbereitende Behandlung der Ausgangsstoffe einer Reaktion [B147-151] mit Flüssigkeiten,

> *welche Wasser du durch vielfaltige Manier der Distillierung zubereiten erlernen must / denn sie sind sehr vngleich* [B151]

Bei der erstrebten Reaktion handelt es sich um die Verbindung (Heyradt [B148]) von "Breutigam Apollo mit seiner Braut Diana" [B147]. Während Apollo das Gold bezeichnet, fällt die Deutung der Diana etwas schwerer. Nach Schneider bezeichnet Diana das Silber[36], gemeint wäre dann eine Gold-Silber-Legierung. Daß es sich aber eher um eine Gold-Quecksilber-Amalgamierung handelt, scheint aus dem Text "Kurtzer Anhang Unnd klare Repetition (...)"[37] hervorzugehen, denn dort wird von Gold und Quecksilber als den Stoffen der ersten Schlüssel gesprochen. Verstärkt wird diese Annahme dadurch, daß auch in den meisten anderen Schlüsseln Amalgame oder deren Bearbeitung im Vordergrund stehen. Im weiteren Verlauf des zweiten Schlüssels folgt nun eine Beschreibung der Bereitung des "vberköstlichen Wassers / dadurch der Breutigam sein badt haben soll" [B186]. Bei dieser Flüssigkeit handelt es sich um Königswasser. Es wird aus "zweyen widerwertigen Materien" [B188] hergestellt: Salmiak (Adler [B197]) und Salpeter (kalter Drache [B197]). Dabei deutet die Umschreibung des Drachen [B197-200] auf den Mauersalpeter ($Ca(NO_3)_2$), der sich an Kellergewölben und Felswänden bildet[38]. Das gebildete Königswasser löst Gold[39].

------

35 Vergl. Partington II., S. 198 über die im "Triumphwagen Antimonii" vertretene Auffassung zu Blei und Antimon.

36 Vergl. Schneider (1981) S. 101

37 Kurtzer Anhang Unnd klare Repetition der Wiederholunge Fratris Basilij Valentini Benedictiner Ordens/ über sein geschriebenes Büchlein / Vom grossen Stein der Uhralten / Darinnen das rechte Liecht der Weisen warhafftig für Augen gestellet / (...)
In: Fr. Basilii Valentini Benedictiner Ordens Chymische Schriften Hamburg 1677 , S.78

38 Vergl. dazu auch den Eintrag zu 'Sal petrae' bei Ruland S. 418.

39 Im Königswasser bildet sich Chlor in statu nascendi, das seinerseits das Gold angreift und Goldchlorid ($AuCl_3$) bildet. Bei einem Überschuß von Chlorid entstehen Tetrachloroaureat-Ionen $[AuCl_4]^-$. Das gelöste

Von dieser Goldlösung, in der "(...) der König seinem wasser sterck vnd krafft zugeeignet (...) vnd vnsichtbar gemacht (...)" wurde [B221-224], scheint der dritte Schlüssel auszugehen. Ziel ist nun, daß "(...) seine sichtbare gestalt wider zuhanden kommen (...)" muß [B206]. Nach dem Grundsatz, daß das Schwache dem Starken weichen muß [B244-247], wird das gelöste Gold (Leichnam [B265]) 'sichtbar' gemacht durch Zugabe von Salzsäure (das versaltzene Meer [B265]). Es bildet sich eine gelbe Lösung von Chlorogoldsäure ($HAuCl_4$) Die Anweisung "erhöhe ihn in seinen gradt" [B266] verstehe ich als Aufforderung zum Eindampfen der Lösung. Die Chlorogoldsäure läge dann in Form langer, hellgelber Kristalle vor[40]. Die abschließende Instruktion "die fliegende krafft des Vogels theil ihm mit" [B283] läßt sich als eine Anweisung interpretieren, die Kristalle zur Reinigung zu lösen und anschließend wieder einzudampfen[41].

Kern des vierten Schlüssels ist der schon in den ersten Zeilen formulierte Grundsatz "denn wo erstlich kein Erden wird / da kan auch kein aufferstehung folgen in vnserm Werck" [B294f]. Die christliche Vorstellung von Tod und Auferstehung wird übertragen auf die Stoffwelt im allgemeinen und vnser Werck im Besonderen. Diese Übertragung findet ihren Niederschlag in der Sequenz Feuer - Asche - Auflösung - Destillation [B299-308]. Es folgen zwei kurze Hinweise auf die Glasherstellung aus Asche und Sand [B314-322] und auf das Kalkbrennen [B323-332] als Beispiele für die positive Veränderung der Materien durch Feuereinwirkung. Dann wird der Begriff des Salzes erläutert [B333-338]. Abschließend werden die Eigenschaften, die "das Saltz aus der Aschen" birgt, gepriesen.

Einen Hinweis darauf, daß der vierte Schlüssel nicht nur eine allgemeine Reflexion über das Salz ist, gibt eine Äußerung im "Kurtzer Anhang Unnd klare Repetition" Dort heißt es[42]:

Wisse aber / daß dein Gold (...) in einem subtilen

Gold kann (aufgrund seiner Stellung in der Spannungsreihe) aus dieser Lösung von fast allen Metallen und vielen organischen Stoffen verdrängt werden. Vergl. Remy II, S. 566f

40 Vergl. Remy II, 565ff, 575

41 Es soll nicht verschwiegen werden, daß eine alternative Interpretation vor allem der Zeilen [B239-241] möglich ist. Danach wäre das "versaltzene Meer" eine Umschreibung für Königswasser. Die folgende Zeile wäre dann kein Rückgriff auf die schon erstellte Gold-Lösung, sondern eine Anweisung, diese zu bereiten. Das Gold könnte dann wieder 'sichtbar' gemacht werden durch ein im Text nicht näher spezifiziertes Ausfällen der Goldionen. Dies wäre durch Zugabe fast eines jeden Metalls oder einiger organischer Stoffe durchaus möglich.

> *Kalck gebracht werden / wie du im vierdten Schlüssel zu lesen (...)*

Im Hinblick darauf ist die erwähnte Sequenz [B299-303] eine Beschreibung der Erhitzung eines Quecksilber-Gold-Amalgams, der anschließenden Lösung des so erhaltenen Goldpulvers (Asche) (evt. in Essigsäure) und der abschließenden Destillation des Lösungsmittels. Zurück bleibt das gereinigte Goldpulver[43].

Dieser Vorgang der Amalgamierung steht ebenfalls im fünften Schlüssel im Vordergrund. Auch der Bezug zur Wiederbelebung des scheinbar Toten wird hergestellt:

> *(...) alles was die vnwissende Welt für todt helt / muß widerumb in ein vnbegreifflich sichtbar geistliches Leben gemacht vnd darinnen erhalten werden (..)* [B420-422]

Der Ausgangsstoff ("die erste Materie vnsers grossen Steins" [B431]) wird als ein Magnet [B431] des Goldes beschrieben. Gemeint ist damit das Quecksilber (das ja das Gold an sich zieht), das nach einer Sublimation [B440-446] als liquorisches wasser [B445] wieder verfestigt werden soll. Diese Verfestigung ist die Bildung eines Amalgams durch Zusatz von Gold. Es folgt eine zweite Beschreibung der Ausgangsstoffe und des Produktes: Gold - "ein zugeschlossener begreifflicher Leib" [B450], Quecksilber - "ein flüchtiger Geist vnd das güldene wasser" und das Resultat, "eine vberfixe medicin menschlicher vnd metallischer leiber" [B454].

Einer abermaligen Beschreibung des Prozeßablaufs [B461-475] kann man entnehmen, daß das als "staub vnd Asche" [B466] beschriebene Produkt ein aus Gold und Quecksilberoxid bestehendes Pulver war. Dieses wird durch Temperieren des Amalgams erhalten, je nach den angewandten Temperaturen und der Zusammensetzung des Pulvers können dabei unterschiedliche Farbreaktionen beobachtet werden.

Besondere Schwierigkeiten bereitet die Interpretation des sechsten Schlüssels. Thematisiert wird dort die Conjunction, versinnbildlicht in der Vereinigung von Mann und Frau [B490-496].Nach Schneider bezeichnet Neptunus das Ammoniumchlorid[44], Rulands Erläuterungen zum aqua permanens weisen auf das Quecksilber[45]. Nicht klar ist jedoch die Bedeutung des weissen Schwan und des Ausdrucks zwiefacher fewriger Mann [B527]. Möglicherweise ist der weiße Schwan eine weitere Umschreibung für das Quecksilber. Das dem sechsten Schlüssel zugeordnete Bild legt die Deutung des zweifachen feurigen Mannes als Glaskolben mit zwei Vorlagen nahe, in den dann das Quecksilber eingebracht werden soll. Ungeklärt

------

42 Vergl. Anm. 37; S.78

43 Vergl. dazu Partington II, S. 197, der darauf hinweist, daß Basilius das durch Erhitzen des Amalgams erhaltene Goldpulver "calx" nennt.

44 vergl. Schneider (1981) S. 86, 124

45 Vergl. Ruland S. 49;

bleibt dann aber der Plural in dem Ausdruck "die müssen zusammen sich ertödten" [B529] und die Aufgabe des Ammoniumchlorids. Die Tatsache, daß einige Zeilen später die Reaktion im Kolben mit den Worten: "so wird der gebratene Schwan eine Speise des Königs" [B534] umschrieben wird, läßt die Annahme zu, daß das Gold die Substanz im Glaskolben war, der das Quecksilber zugesetzt wurde. Unter diesen Voraussetzungen gelange ich zu folgender Hypothese über den beschriebenen Prozeß.

Der Ausdruck "so Neptunus sein Wasserbadt vollkommen bereitet hat" verweist auf die Bereitung von Königswasser aus Ammoniumchlorid, in dem Gold gelöst wird. Der im Glaskolben befindlichen Goldlösung wird nun Quecksilber zugesetzt. Das Quecksilber reduziert das Gold zum Metall [B534]. Erst bei einem Überschuß an Quecksilber wird dieses nicht mehr gelöst und kann dann "eine Speise des Königs" werden [B535-539]. Das Gelingen eines solchen Prozesses ist von gut abgestimmten Gewichtsverhältnissen abhängig. So überrascht es nicht, daß Basilius mehrfach mahnt, daß "ein gewiß Mensur (...) muß in acht genommen werden" [B513].

Der siebte Schlüssel betont, daß für das Gelingen des Prozesses der Amalgamierung die richtige Temperatur eingehalten werden muß. Die "Meisterschafft des fewers" [B639] muß gewährleisten, daß weder der feuchte Liquor (das Quecksilber) "vertrockne", noch der Weisen Erdreich" (das Gold) "zu bald zerschmeltze" [B641f]. Zudem wird der Leser instruiert, das Gefäß, darin sich das "geistliche Wasser / darauf der Geist anfangs schwebete" (Quecksilber) befindet, gut zu verschließen, bevor erwärmt wird.[B645-654] Vermutlich soll durch die gleichmäßige, nicht zu starke Temperierung ein besonders homogenes Amalgam gebildet werden.

Der achte Schlüssel gliedert sich in drei Teile. Die ersten beiden Teile [B681-743; 744-873] behandeln die Feulung und die Funktion der vier Elemente bei der "Geburth aus der Feulung" [B807]. Am Beispiel von Naturprozessen wird verdeutlicht, daß die Fäulnis die Voraussetzung für das Entstehen von Neuem ist. Dabei wird die Wirkung der Elemente bei der Fäulnis beschrieben [B800-818]. Zur Bestätigung der Behauptung

> *(...) das alle vollkommene Geburt der vier Elementen mit nichten entrahten kan / vnd das immer ein Element in dem andern seine Wirckung vnd leben erzeiget (...)* [B820]

wird die Erschaffung Adams mit den vier Elementen und den drei Prinzipien in Verbindung gebracht [B828-849]. Danach entspricht die Erde mit dem in ihr enthaltenen Wasser dem Salz als dem Corpus [B834], die Luft dem Mercurius als dem Geist [B835] und die Wärme dem Sulphur als der Seele [B837]. Diese Betrachtungen werden auf die Metalle übertragen:

> *(...) das gleicher gestalt kein Metallischer Same wircken / noch sich in keinem weg vermehren kan / es sey dann solcher Metallischer Same zuuor in vnd*

durch sich selbsten allein ohn einigen frembden zusatz noch vermischung zu der Vollkommenen feule gebracht (...). [B856 ff]

Der dritte Teil dieses Schlüssels behandelt die unterschiedlichen extrahierenden Eigenschaften von Wein, Branntwein und Essig bezogen auf das Vitrum Antimonii (Antimonglas, geschmolzenes Antimonoxid).

Die Herstellung des gelben Antimonglases beschreibt Thölde im "Proces Buch" (6^v-7^r)[46]. Lenz weist auch auf die Übereinstimmung der Folgerezepts mit dem Rezept im achten Schlüssel des Basilius [B890-910] hin[47].

Basilius stellt hier die unterschiedlichen Eigenschaften der Wein-Extraktion und der Essig-Extraktion einander gegenüber. Der Unterschied ergibt sich daraus, daß das Antimonoxid (Sb_2O_3) in Weinsäure löslich ist[48], während Essig das Antimon nicht löst, so daß eine giftige Wirkung [B892-895] nicht eintritt[49].

Die Herstellung des Extrakts und die weitere Verarbeitung geschieht folgendermaßen. Das vermutlich pulverisierte Antimonglas wird mit destilliertem Essig versetzt [B896]. Die Lösung wird im Marienbad zu einem gelben Pulver eingedampft [B898]. Zur Reinigung von eventuell vorhandenen Rückständen wird gewaschen (abgesüßt), destilliert und wieder eingedampft [B900]. Das so erhaltene Pulver ist hygroskopisch [B907].

Im ersten Teil des neunten Schlüssels [B911-55] wird das Verhalten von Blei (Saturnus) beschrieben. Durch

------

46 Vergl. dazu Lenz (1981) S. 111; Lenz (S.200 f) gibt an, daß der gleiche Rezepttext auch in der 'Haliographia' erscheint.

47 Ebenda S. 202. Diese Übereinstimmung ist für Lenz ein Indiz für die von ihm angenommene Identität von Basilius und Thölde.

48 Vergl. Remy Bd.I, S.807

49 Vergl. hierzu die Analyse der von D. Schein nachgearbeiteten Lösung (S. 75ff).
Schein äußert sich auch zu der bekannten Tatsache, daß Antimonverbindungen giftig sind. Als Beleg (!) zitiert er eine Passage aus einem Aufsatz von Joachim Habeck, der 1936 in den "Veröffentlichungen aus dem Gebiet der Medizinalverwaltung" erschien. In diesem Zitat werden die bis zum Tode reichenden Symptome beschrieben, die sich "Nach einer venösen Injektion ... bei einem Erwachsenen ..."(S.73) einstellten.
Zumindest in der Form scheint mir ein Rückgriff auf eine solche Informationsquelle zweifelhaft. Scheins Bewertung der Arbeit als "exakte Untersuchungen" (S. 73) ist jedoch unangebracht. Zudem war Basilius die Giftigkeit des Antimons bzw. seines Trisulfids Sb_2S_3 bekannt."Von dem Spießglaß. (...) sein roher Leib ist gifftig / sein Essentia aber widerstrebet dem Gifft (...)." (Wiederholung des grossen Steins der Uhralten; Chymische Schriften, Hamburg 1677, S.89).

Erhitzen werden die verschiedenfarbigen Bleioxide (PbO - gelb; Pb_3O_4 - rot) gewonnen, mit Quecksilber (lauffende fewrige Metallische Corpus [B931]) bildet es ein Amalgam. Der zweite Teil führt die sieben Metalle in Form der personifizierten Planeten vor: Venus - Kupfer, Saturn - Blei, Jupiter - Zinn, Mars - Eisen, Merkur - Quecksilber, Sonne - Gold, Mond - Silber. Den Planeten / Metallen werden Farben zugeordnet, dabei wird die gleiche Zuordnung getroffen wie im "Buch der heiligen Dreifaltigkeit"[50]. Der dritte Teil [B1008-1022] beschreibt die Conjunction [B1020] mit Hilfe der "zwölff zeichen des Himmels" [B1017].

Der zehnte Schlüssel behandelt die Amalgame, die Quecksilber (unser Stein [B1030]; lebendige Mercurius [B1041]) mit Kupfer (Venus [B1041]) und mit Blei (Saturnus [B1037]) bildet. Auch auf die Wirkung der Temperatur auf das Amalgam wird hingewiesen [B1081-1093]. Dann wird erneut, ausgehend von einer Reinigung des Quecksilbers, die Bildung eines Gold-Quecksilber-Amalgams beschrieben [B1093-1102]. Die anschließende Trocknung des Amalgams führt zur Vniuersal Medicin [B1011].

Der elfte Schlüssel schließlich beschreibt "die vermehrung vnsers grossen Steins / (...) durch ein gleichniß" [B1130]. Dieses Gleichnis läßt sich so interpretieren, daß einem Teil des Amalgams weiteres Quecksilber zugesetzt werden soll.

In der Art einer Zusammenfassung wird im zwölften Schlüssel noch einmal die Bereitung der Medicin [B1255] aus einem Teil der rechten JungfrawMilch (Quecksilber) und drei Teilen gereinigten Goldes ("durch den Antimonium gegossen" [B1248]). Die Legierung wird zwölf Stunden lang leicht und dann drei Tage und Nächte stark erhitzt. Ein Teil des so gewonnenen Ferments soll nun tausent Teile des unendlen Metalles tingiren [B1265], wenn es in dessen Schmelze eingebracht wird[51].

3.3. Johann Kunckels 'Nützliche Observationes'

3.3.1. Zu Johann Kunckels Leben und Werk

Johann Kunckel wurde um 1630 in Hütten bei Rendsburg (Schleswig-Holstein) geboren[52]. Aus der Vorrede zur "Ars Vitraria" erfährt man, das schon Kunckels Vater das Handwerk des Glasmachers ausübte und den Sohn schon früh mit den Geheimnissen der Kunst bekannt machte[53]. Nach Maurach lassen sich die Kunckel als Glasmacher bis zu einem Zunftbrief aus dem Jahre 1406 zurückverfolgen und führte Marx Kunckel, der Vater Johannes', um 1630

------

50 Vergl. Ganzenmüller (1939) S. 245 f. (S. Kap. 1.1.)

51 Während es in der 1602er Ausgabe heißt: "ein theil auff tausend theil einflosse derer Metall" [B1131], muß es vermutlich richtig heißen (wie etwa in der 1677er Gesamtausgabe):"tausend theile im Flusse derer Metall".

für den Herzog Friedrich von Holstein eine Glashütte, in der er auch alchemistsiche Studien betrieb[54].

Johann Kunckel studierte nicht[55], sondern erwarb seine Kenntnisse in der Praxis der väterlichen Glashütte. Hiermit ist sicherlich auch ein Grund gegeben dafür, daß Kunckel immer der nachvollziehbaren Erfahrung den Vorzug gab vor unbewiesenen Spekulationen. 1659 schließlich befand sich Kunckel im Dienste des Herzogs Franz Karl von Sachsen-Lauenburg. Auf Schloß Neuhaus hatte er eine Anstellung als "Cammerdiener und Chymicus" [K1692], mit der Aufgabe

> *(...) des Hertzogen kleine Hof= oder Leib=Apothek / einer dieser Kunst Zugethaner / zu versehen (...).* [K1693]

Um 1667 gibt Kunckel diese Stellung auf und wird in Dresden als "Director über das Fürstl. Laboratorium"[56] angestellt. Dort sollte Kunckel die aus der Zeit zwischen 1580 und 1591 stammenden, von den Alchemisten David Beutler und Sebald Schwertzer hinterlassenen Prozesse nacharbeiten[57]. Die Erfolglosigkeit seiner Arbeiten einerseits und die Intrigen seiner Laboranten andererseits[58], läßt seine Situation in Dresden unhaltbar werden, er zieht nach Annaburg und arbeitet dort weiter.

> *Ich / der ich sahe / daß ich von Tage zu Tage immer mehr / so wohl öffentliche als heimliche Verfolgung*

------

52 Während wir über die Lebensumstände Kunckels gut unterrichtet sind, vor allem durch die Angaben im posthum erschienenen 'Laboratorium Chymicum' (1716), liegen sowohl sein Geburts- als auch sein Todesjahr im Dunkeln. Maurach (1933; S. 34) bezieht sich auf R. Schmidt (1914) und nennt 1630, das gleiche Datum nennt Kopp (1843, Bd. I, S.173). Strubell (1971, S.200) gibt die Zeit um 1638 an. Schon Ferguson (Bd. I, S. 485) gab beide Jahreszahlen an. Ein sehr viel früheres Geburtsjahr nennt Thorndike mit 1612 (1958, Bd. VIII S.379). Mit Hinblick auf das zwischen 1702 und 1703 angesetzte Todesjahr scheint mir diese Angabe aber zweifelhaft.

53 Johann Kunckel
Ars Vitraria Experimentalis, oder Vollkommene Glasmacher-Kunst
Franckfurt & Leipzig 1679 Exemplar: HAB Od 215

54 Vergl. Maurach (1933) S. 34; ebenfalls Strubell (1971) S. 200.

55 Vergl. Laboratorium Chymicum (1716) S. 565

56 Laboratorium Chymicum (1716) S. 604

57 Vergl. hierzu Kunckels Bericht, über das, "was wahrhafftig bey dem Hause Sachsen / unter der Regierung des Hoch=seligen Churfürsten Augusti, und dessen Herrn Sohne / Christiani Primi von Anno 1580. biß 1591. sich zugetragen." (Laboratorium Chymicum, 1716; S. 568)

58 Vergl. Laboratorium Chymicum (1716), S. 606f

hatte / und der Hof mir entgegen war / bath unterthänigst / der Churfürst möchte mir gnädigst erlauben / daß nacher Annaburg / allwo die schönste Gelegenheit war / zu wohnen mich begeben möchte.[59]

Laut Strubell[60] bleibt Kunckel bis 1676 in Annaburg. Da ihm die Goldherstellung nicht gelungen ist, wird ihm sein Lohn vorenthalten und er entschließt sich, ohne formelle Entlassung nach Wittenberg zu gehen.

In Summa / man machte mir es so schwer / daß ich endlich nach Wittenberg zog / um allda etwas zu meines Lebens=Unterhalt zu erwerben / nachdem ich das Meinige mit der Zeit consumiret / (...). In Wittenberg war damahliger Zeit kein Professor, der ein Collegium Chymicum experimentale hätte halten können. (...) derowegen ward mir erlaubet ein solch Collegium anzustellen (...).[61]

Dieses 'Collegium Chymicum' hat er vermutlich bis Mai 1678 gehalten. Dann konnte er die ihm unlieb gewordene Stellung aufgeben[62] und befand sich im September 1678 als Geheimer Kammerdiener des Kurfürsten Friedrich Wilhelm in Berlin[63].

In die Wittenberger Zeit fallen auch Kunckels Untersuchungen, die zu seiner Entdeckung des Phosphors führten. Ausgelöst wurde seine Entdeckung zwar durch das Wissen um die Arbeiten Brands, dennoch nahm Kunckel die unabhängige Entdeckung und Verbesserung des Darstellungsverfahrens für sich in Anspruch[64].

------

59 Laboratorium Chymicum (1716), S. 610
Möglich daß Kunckel dort noch Überreste des ehemaligen Laboratoriums der Kurfürstin Anna (1532-1585) hat verwenden können. Im Laboratorium Chymicum (1716), S.592f gibt er eine Beschreibung des ehemaligen Labors "wie dann dergleichen Laboratorium in gantz Europa nicht zu finden".

60 Vergl. Strubell (1971), S. 201

61 Laboratorium Chymicum (1716), S. 615

62 Vergl. Laboratorium Chymicum (1716), S. 616

63 Von drei Briefen aus dem Jahre 1678, vom 17. Mai, 21. Juni und 21. September, an Johann Georg Volckammer, stammt der erste aus Wittenberg und ist nur mit Johann Kunckel unterzeichnet. Während der dritte Brief bereits aus Berlin stammt und unter der Unterschrift den Zusatz trägt "C.F.B. Geh:Cammer Diener".

64 Vergl.: Laboratorium Chymicum (1716), Caput XLIV ,S.656-665. Dort datiert Kunckel seine erste Beschäftigung mit dem nachleuchtenden geglühten Kalciumnitrat auf das Jahr 1677 (S.656). Seine Reise nach Hamburg und die Begegnung mit Henning Brand, der aus Urin Phosphor gewonnen hatte, habe drei Wochen später stattgefunden (S.660f). Diese Datierung ist aber fehlerhaft, da Kunckel bereits in den 'Observationes' über den Phosphor schreibt [K3374f] und im gleichen Jahr Kirchmaiers Dissertation über die "Nocticula constans" (Die stetige Nachtleuchte) ver-

Seine Arbeiten zum Phosphor waren es auch, die ihm eine erste Einladung nach Berlin eintrugen. Nachdem er kurze Zeit später abermals an den brandenburgischen Hof gerufen wurde, wo er einen alchemistischen Betrüger entlarven konnte[65], wurde ihm die Anstellung als Geheimer Kammerdiener angeboten. Formal noch in sächsischen Diensten nahm Kunckel das Angebot unter Vorbehalt an und reiste nach Sachsen, um die ihm zustehende Bezahlung einzufordern. Diese wurde ihm nicht gewährt und so siedelte er nach Berlin über[66].

Zehn Jahre, bis zum Tode Friedrich Wilhelms 1688, blieb Kunckel in Berlin. In dieser Zeit widmete er sich vor allem dem Glaswesen. Er entdeckte das Goldrubinglas und brachte seine 'Ars Vitraria' heraus (vergl. 1.2. S.26)[67]. Nach dem Tode des Kurfürsten wurde Kunckels Lage in Berlin immer schwieriger. Sein Laboratorium auf der Pfaueninsel, die ihm 1685 geschenkt worden war, wurde niedergebrannt und er zog sich auf ein Gut zurück

> *(...) da mir Holtz und Kohlen nicht viel kosteten / und bin auch in der Stille daselbst allein / als gestehe ich / in einem Jahr mehr / als kaum in 10. andern erfahren zu haben.*[68]

Schließlich erhält er eine Anstellung von König Karl XI von Schweden als Bergrat und wird 1693 in den Ritterstand erhoben[69]. Kunckel starb zwischen 1702 und 1703. Todesjahr und Ort sind nicht näher bekannt. Zwischen 1676 und 1684 verfaßte er folgende Traktate.[70]

> *Nützliche Observationes oder Anmerckungen von den Fixen und flüchtigen Salzen,*
> *Auro und Argento potabili mundi*
> *Hamburg 1676*[71]

öffentlicht wird, in der er die zusammen mit Kunckel durchgeführten Arbeiten zur Phosphordarstellung beschreibt. Strubell (1971, S. 203 Anm. 12) erwähnt überdies einen Brief Kunckels an Brand, datiert vom 25. Juni 1676. Zu Kunckels Beitrag zur Entdeckung des Phosphors vergl. auch Partington II, S.371 ff; Thorndike VIII, S.378 ff; Gmelin, Syst.Bd. 16 (1965) Teil A, S.7-23.

65 Vergl. Laboratorium Chymicum (1716), S. 618-620

66 Vergl. Laboratorium Chymicum (1716) S.620 f

67 Zu Kunckels Zeit in Brandenburg, in der er sich auch dem Montanwesen widmete, vergl. Maurach (1933) S. 38ff. Über seine Entdeckung des Rubinglases schreibt Kunckel im Laboratorium Chymicum (1716) S. 649-656.

68 Laboratorium Chymicum (1716), S. 624

69 Vergl. Laboratorium Chymicum (1716), S. 624f
Maurach (1933) S. 42 und Strubell (1971) S. 202

70 Angaben nach Partington II, S. 364 ff
vergl. auch Ferguson Bd. I, S. 484 f

71 Exemplar: Landesbibliothek Hannover, N=A 776
Eine lateinische Ausgabe erschien 1678: C.A. Ramsay Utiles Observationes ...; London / Rotterdam 1678; Exemplar: HAB Nd 293:2

Chymische Anmerkungen:
darinn gehandelt wird von denen
Principiis Chymicis, Salibus Acidis und Alcalibus,
Fixis et Volatilibus, in denen dreyen Regnis,
Minerali,Vegetabili und Animali ... mit Anhang einer
chymischen Brille contra Non-Entia Chym.
Wittenberg 1677[72]

Oeffentliche Zuschrift von dem Phosphoro Mirabili
und dessen leuchtenden Wunder-Pilulen.
Samt angehängten Discurs von dem weyland recht
benahmten Nitro ...
Leipzig, bey Michael Rustwurm, Gedruckt Joh. Wilh.
Krüger, herausgegeben in Wittenberg 1678[73]

Ars Vitraria Experimentalis, oder Vollkommene
Glasmacher-Kunst ... samt einem II Haupt-Theil,
so in drey unterschiedenen Büchern ... mit einem An-
hang von Perlen und fast allen natürlichen Edelstei-
nen 4°
Franckfurt & Leipzig 1679
2. Aufl. Franckfurt & Leipzig 1689 (Hoefer)
3. & 4. Aufl. Nürnberg 1743/1756[74]

Johann Kunckels ... Chymischer Probier-Stein /
de Acido & Urinoso, Sale Calid. & Frigid.
Contra Herrn Doct. Voigts Spirit. Vini Vindicatum,
An die weltberühmte Königl. Societät in England, als
hierüber erbätene hohe Richter
Berlin 6. July 1684
gefolgt von:
Johann Kunckels ... Epistula contra Spiritum Vini
Sine Acido An ... Johannes Voigt Berlin 1681[75]

Den Druck seines letzten Werkes erlebte Kunckel nicht mehr. Es wurde 1716 von J.C. Engelleder herausgegeben.

Collegium Physico-Chemicum Experimentale, oder
Laboratorium Chymicum, in welchem Deutlich und
gründlich Von den wahren Principiis in der Natur
und denen gewürckten Dingen so wohl über als in der
Erden Als Vegetabilien, Animalien, Mineralien,
Metallen
... Nebst der Transmutation und Verbesserung der
Metallen gehandelt wird ...
herausgegeben von Johann Caspar Engelleder, Med.
Doct.
und Pract. in Hamburg
Hamburg, Leipzig Samuel Heyl 1716[76]

------

72 Exemplar: Landesbibliothek Hannover N=A 776 (2)
HAB QuN 595 (3) & QuN 677.1 (3)
Lat.: Philosophia Chemica Experimentis confirmata ..
London 1678 . Exemplar: HAB Nd 293:1

73 Exemplar: HAB Nd 294

74 Exemplar: HAB 1. Aufl.: Od 215 ; 2. Aufl.: Od 216
3. & 4. Aufl.: Od 217

Im Jahre 1721 erschien schließlich eine Sammlung seiner fünf Traktate, die von J.P. Burggraf herausgegeben wurde:

V. Curiose Chymische Tractätlein
... nebst einer Vorrede ...
D. Johannis Philippi Burgravii ...
Franckfurt, Leipzig W.C. Multz 1721[77]

Diese kurze Lebensskizze und der Hinweis auf seine Arbeiten zum Phosphor und zum Goldrubinglas, als den wichtigsten seiner Entdeckungen, zeigen, daß Kunckel weder als Alchemist noch als früher Chemiker ohne Einschränkungen einzuordnen ist.

Nach Strubell markiert der Fortgang vom kursächsischen Hof eine Zäsur im alchemistischen Denken Kunckels.

Am Ende seiner Zeit am sächsischen Kurhof hatte er endgültig erkannt, daß eine Goldherstellung durch Transmutationen nicht möglich ist[78].

Vermutlich bezieht er sich dabei auf die oft erwähnte Äußerung Kunckels:

Ich habe bei diesem Churhause Sachsen in die 9. Jahr Profession von der Anatomia metallorum gemacht / bin von Jugend auff dabey erzogen / habe vielen / was sie in ihren Büchern geschrieben geglaubet / aber endlich befunden / daß ich dadurch verleitet und betrogen worden (...). [K2877 f]

Dabei darf aber nicht übersehen werden, daß Kunckel sich hier allein auf die Möglichkeit der Existenz eines Aurum potabili und dessen angebliche Wirkung auf Menschen und Metalle bezieht. Im gleichen Traktat äußert er sich zusätzlich an mehreren Stellen [K2508 ff; 2830 ff] überzeugt von der Möglichkeit der Metallverwandlung. In ähnlicher Weise spricht er sich auch im "Laboratorium Chymicum" für die Transmutation aus[79] und beschimpft alle Gegner dieser Meinung[80].

------

75 Die Streitschrift gegen Johannes Voigt liegt in der Landesbibliothek Hannover als Manuskript (342) vor.

76 Exemplar: Reprint der Ausgabe 1716; Hildesheim 1975
Das Werk erlebte weitere Auflagen in den Jahren 1722, 1738 und 1767. Engelleder veröffentlichte zudem einen Kommentar:
Königliche hermetische Special-Concordanz ... Seines A.1716 herausgegeben Laboratorii Chymici ...
Breslau Leipzig 1724

77 Exemplar: Stadtarchiv Soest 5 J. 14.4

78 Strubell (1971) S. 203. Strubell macht keine genauen Angaben darüber, aus welcher Äußerung Kunckels er diese Behauptung ableitet, sondern verweist nur auf Kapitel V & VII der 'Observationes'. - Vergl. entsprechende Kapitel im Textanhang.

79 Vergl. Laboratorium Chymicum (1716) S. 563 f. Deutlich ist auch seine Entgegnung auf das "Species in speciem non transmutatur" - Argument, S. 565 ff.

80 Vergl. Laboratorium Chymicum (1716) S. 603

Was ihn aber vom eigentlichen Alchemisten unterscheidet, ist zum einen seine reiche Laborerfahrung, die sich nicht nur in der "Ars Vitraria" niederschlägt, sondern ihm auch ermöglichte, zahlreiche alchemistische Betrügereien zu entlarven. Zum anderen ist dies seine Betonung des Experiments als einzig zulässigen Beweis für die Behauptung eines chemischen Sachverhalts[81]. Die Bedeutung, die Kunckel dem Experiment und mehr noch dessen genauer Beobachtung beimißt, zeigt sich an seiner Begründung dafür, daß er in seiner brandenburger Zeit kaum chemische Arbeiten durchführte:

> *Und weil mir das Glas=Wesen auffgetragen (...) muste ich die Labores Chymicos dann und wann denen Laboranten anvertrauen. Was man mit denen vor nutzbares ausrichtet / wann man nicht stundlich darbey / und selber nach seinem eigenen Judicio alles was passiret / observiret / davon mag urtheilen / der es versuchet / und noch versuchen wird.*[82]

Deutlich ist auch zu erkennen, daß zwar die Goldgewinnung weiterhin als Fernziel Bestand hat, daß aber praktische Teilziele auf dem Weg dorthin in zunehmendem Maße an Eigenständigkeit und Bedeutung gewinnen. So hält er den Gegnern der Kunst vor:

> *Dann obgleich daraus nicht einem jeden grosse Klumpen Gold zufallen / so kommen doch andere nutzliche Dinge heraus. Ich frage: Köntestu auch wohl eine Dinten machen / wann solches nicht aus der Chymie herkäme? Du würdest aus keinem Glase trincken / noch zum Fenster hinaus sehen / oder eine gefärbte Seide noch Tuch tragen können; Dann obgleich solche Dinge anitzo zu einem Handwerck geworden / so seyn sie doch aus der Chymie entsprossen.*[83]

Hier zeigt sich Kunckel eher als Chemiker, der selbstbewußt auf den praktische Nutzen seiner Arbeit verweist. Die Umsetzung von Forschungsergebnissen in praxisbezogene Leistungen findet ihren Niederschlag auch in seiner Rubinglasproduktion. In dieser Hinsicht kann man Strube zustimmen, der Kunckel als "Gewerbechemiker" und "Experimentalphilosophen" charakterisiert[84].

3.3.2. Der Inhalt der 'Nützlichen Observationes'

Grundlage der Wiedergabe ist die Sammlung "V. curiose Chymische Tractätlein" (1721), die ihrerseits der ersten Ausgabe von 1676 entspricht. Der Traktat besteht aus acht Kapiteln, deren Inhalt im folgenden zusammengefaßt und erläutert wird.

------

[81] Vergl. [K3638-3646]. Diese Forderung nach experimenteller Stützung jeder anderen Meinung durchzieht leitmotivartig alle Traktate Kunckels und wird häufig zum Ende der jeweiligen Schrift noch einmal wiederholt.

[82] Laboratorium Chymicum (1716) S. 624

[83] Laboratorium Chymicum (1716) S. 603

Kapitel 1 [81-194]
Kunckel vertritt hier die Behauptung, daß alle salia fixa in ihrem Wesen gleich seien und sowohl in der Medizin [K109 ff] als auch in ihrem chemischen Verhalten keine Unterschiede zeigen [K169-172]. Als Beispiele führt er die Verwendbarkeit verschiedener Salia als Flußmittel (zur Herabsetzung des Schmelzpunktes von Erzen) und zur Herstellung des Aurum fulminans (Knallgold; zur Bereitung vergl. [K2963-2967]; vergl. auch Wörterbucheintrag) und des Schwarzpulvers an. Nach seiner Meinung unterscheiden sich die Salia nur in ihrer Subtilität und in ihrem Geschmack.

Daß "ein sal zärter (...) als das ander" führt Kunckel auf die jeweils unterschiedliche Stärke der Calcination zurück.

> *die ratio ist diese / das Sal hat Macht seine Terram in der Calcination anzugreiffen und zu solviren / welches es dann im Auslaugen behält (...)* [K132]

Durch diese zusätzliche Terrestreität werde das Sal grob. Unbeeinflußt davon bleibe jedoch die Wirkung der Salia. Der Geschmack der Salia ist diesen, nach Kunckel, nur accidentaliter in dem Maße eigen, wie das sal volatile & acidum nicht von seinem 'Corpus' getrennt werden konnte [K157-165].

Kapitel 2 [196-393]
Das zweite Kapitel ist dem Schwefel gewidmet. Nach Kunckel besteht der Schwefel aus einer Fettigkeit, einem festen und flüchtigen Salz (sal fixus & volatile) und schließlich aus einer "groben Terrestreität". Im folgenden erläutert er diese Bestandteile im Einzelnen. Die Fettigkeit oder auch Pinguedo [K217] identifiziert Kunckel mit einem brennlichen Öl (Oleum combustibile [K198]), das für die Brennbarkeit des Schwefels verantwortlich sei und dessen Existenz er bewiesen sieht durch die Löslichkeit des Schwefels in wässerigen Alkali ("Sal alcali oder die Lauge davon" [K204]). Daß der Schwefel aus einem Sale fixo bestehe, leitet Kunckel aus dem Oleum per campanam (durch trockene Destillation von Eisensulfat gewonnene Schwefelsäure) ab, "dann solche olea oder spiritus nichts anderes sind / als salia resoluta in aere" [K240][85]. Zur weiteren Erläuterung führt er die Gewinnung des Schwefels durch Ausschmelzen und die Überführung der Sulfide in lösliche Sulfate an [K251-262]. Dabei kristallisieren die farbigen Eisen- und Kupfersulfate (Vitriole) aus der Lösung aus [K280-286]. Die Farben führt Kunckel auf das jeweilige Metall zurück, ist dieses jedoch vom puro sale getrennt, erscheint dieses durchsichtig farblos. Die Existenz eines

------

84 Strube (1974) S. 108 & 121

85 Für das Verständnis nicht unwichtig ist die Vorstellung Kunckels, daß Luft und Wasser nur durch eine inhärente Bewegung, den "motus", voneinander unterschieden sind [K500].

flüchtigen Salzes im Schwefel (Sal volatile) leitet Kunckel aus dem Geruch her. Im vierten Kapitel führt er seine Vorstellung vom Sal volatile als Träger des Geruchs näher aus. Die grobe Terrestreität wird nicht näher behandelt. Statt dessen wendet sich Kunckel gegen die Auffassung, daß der Schwefel ein principium metallorum sei [K366]. Vielmehr bestünden die edlen Metalle aus einer Terra irreducibilis [K388], zu der in den unedelen Metallen ein "sal acidum und eine pinguedo" komme.

Kapitel 3 [395-823]
Hier behandelt Kunckel zum einen die Beschaffenheit des Mercurius, den er für ein primum principium metallorum [K575] hält und zum anderen die Generierung der Mineralien und Metalle.

Danach besteht der Mercurius aus Wasser und Salz [K399], später fügt Kunckel diesen Bestandteilen noch eine besondere Erde zu, die die Form des Mercurius bestimmt [K666f]. Er entsteht in der Erde aus einer viscosâ materia [K402], die ihrerseits durch eine "innerliche Wärme" in eine zähe Flüssigkeit, Gur oder Mucilago genannt, übergeht[86].

> *(...) diese Gur / oder sperma, oder viscosa ist ein Anfang aller Steine und Mineralien / und die bestehet aus Wasser und Saltz / die machen vermittelst der digestion eine Erde; diese Erde ist das allersubtileste Theil der Erden / und wird aus selbiger ein Chrystall / Diamant / Ertz oder ander Stein / nach dem es einen bequemen Orth und Wärme zu seiner Bereitung findet (...).* [K452 ff]

Diese gallertartige Flüssigkeit[87] wird durch die unterirdische Wärme "zu einer truckne" gebracht [K411]. Wenn nun an gleichem Ort eine Fettigkeit vorhanden ist, dann steigt diese durch die Wärme auf und das damit verbundene Salz vereinigt sich mit dem entstehenden Mercurius zu dem farbigen Cinnabaris nativa [K422 & 748-765]. Ist dies jedoch nicht der Fall, "so bleibt er [der Mercurius] lebendig / und läufft als ein Wasser davon" [K415]. Dieser gediegen vorkommende Mercurius wird dann Mercurius virgineus genannt.

Die verschiedenen Mineralien und Metalle werden von dieser Gur in Abhängigkeit der darauf einwirkenden Hitze und Kälte gebildet. Ausgangspunkt ist in allen Fällen das Wasser und das "universal Saltz / welches eine Fortpflantzung aller Dinge ist " [K488].

Daß der Mercurius ein principium metallorum sei, zeige sich auch daran, daß Kunckel aus allen Metallen einen Mercurius gewinnen könne [K580]. So will er aus

------

86 Vergl. Ruland (1612) S. 341: "Muscilago, liquor tenax, was zehe vnd schleimig ist / vnd gestehet wie Galrey." Vergl. Wörterbuchartikel.

87 Vergl. GRIMM, Bd. 4, SP.1194 : "galrad, galrey" bair. Anf. 15.Jhd. für Gallerte.

dem Arsen [K590], dem Silber, dem Blei und dem Antimon [K647] einen Mercurius dargestellt haben. Dabei sei dieser aus den Metallen gewonnene Mercurius (Mercurius metallorum) dem Mercurius vulgi oder aqua Metallorum communis [K621] aufgrund einer höheren Reinheit in der Wirkung überlegen [K614f].

In einer Zusammenfassung seiner Vorstellung zur Generation der Metalle und Mineralien betont Kunckel noch einmal die Bedeutung der Wärme und des Feuers. Notwendig dafür sei die Luft, "welche den Motum macht" [K741] und die Fettigkeit, die ihrerseits von einem "vermischten Corpus" stamme, der Schwefel genannt werden könne [K758].

Kapitel 4 [825-1092]

In diesem Kapitel behandelt Kunckel das Phänomen des Geruchs und des Geschmacks, das er auf ein sal volatile zurückführt. Als Beleg führt er die Geruchsübertragung an,die erreicht wird, wenn Oleum Cinamomi (Zimtöl, ein ätherisches Öl aus dem Zimtbaum; es repräsentiert hier die olea destillata) und Wasser gemischt und danach die beiden Phasen wieder geschieden werden. Aus der Beobachtung, daß das Wasser etwas von dem Geruch des Öls angenommen hat und der allgemeinen Annahme, daß Salia in Wasser löslich sind, folgert Kunckel, daß die Geruchsübertragung durch das im Wasser gelöst vorliegende Sal volatile zustande kommt [K874-896]. Ein weiterer Beleg ist ihm der Alterungsprozeß der Öle, mit dem der Verlust an Duftstoffen einhergeht. Dabei erklärt er die Zähigkeit der gealterten Öle damit, daß gemeinsam mit dem sale volatile ein davon "unscheidbares Wasser" [K999] aus dem Öl entwichen sei.

Kapitel 5 [1094-2170]

Mit der Terra Adamica [K1096-1523] und dem Spiritum mundi [K1525-2056] behandelt Kunckel zwei typisch alchemistische Annahmen, deren Fehlerhaftigkeit er nachzuweisen sucht. Dabei verfolgt er sein Ziel, beide Annahmen als alchemistische Spekulationen zu entlarven, indem er Erlebnisberichte über fehlgeschlagene alchemistische Projekte mit Beobachtungen und theoretischen Überlegungen kontrastiert.

Der Annahme die Terra Adamica sei die materia lapidis und der ironisierenden Beschreibung der darauf aufbauenden Prozesse [K1100-1255], setzt er die Beobachtung entgegen, daß diese Terra viscosa [K1257] aus dem im Wasser befindlichen Samen (spermata aquae [K1274]) durch Putrefaction und Fermentation gebildet werde. Als Beispiel dafür führt er das Faulen von Wasser an, das er als eine Abfolge von Putrefaction und Fermentation ansieht [K1317-1329] und durch das "purum ab impuro" [K1328] geschieden werde und die terra viscosa zurückbleibe. Hier zeigt sich auch Kunckels Konzept der Reziprozität von Fermentation und Putrefaction:

Denn alle Putrefactiones und Fermentationes machen

> *Aenderung / was gut ist / verderben sie auff gewisse Maaß / und was verdorben machen sie vollkommen gut.* [K1420 ff]

Da für Kunckel das Wasser von der Luft nur durch deren motum unterschieden ist, befindet sich das aus sperma und Wasser gebildete Salz als potentielle Wirkkraft auch in der Luft (sal aeris [K1496]):

> *(...) stecket also in dem Lufft=Wasser kein Saltz corporaliter, sondern spiritualiter. Jch lass es vor eine speciem universalissimam paßiren / aber in Effectu ist es anders nichts / denn ein bloß Wasser. Als eine universalissimam speciem laß ichs wegen seines spermatis paßiren / denn zu welcher / oder auff welche Stelle das kommt / so gebiehrt es etwas / es sei in= oder außer der Erden. Durch die Putrefaction und Fermentation wird das Saltz corporalisch (...).* [K1478 ff]

Von diesem sal aeris oder Sal universalissumum (vergl. Kap.3) leitet sich die alchemistische Vorstellung vom Spiritus mundi ab, "von dem alle Dinge fortgepflanzet / ernähret und erhalten würden" [K1588]. Weiterhin sollte von diesem Spiritus mundi das universale menstruum [K1596] zu gewinnen sein, das einerseits "alle Metalle gantz gelinde ohne corrosiv, sine strepitu aufflöse" [K1599] und andererseits dazu dienen soll, "das Gold radicaliter damit auffzuschliessen und ad lapidem zu bringen" [K1495]. Dieser Vorstellung widerspricht Kunckel. Dabei bedient er sich wiederum der ironisch gebrochenen Schilderung fehlgeschlagener alchemistischer Projekte einerseits [K1685-1738 & 1765-1807] und der auf Beobachtung basierenden theoretischen Erörterungen andererseits.

Zwar gesteht er dem Spiritus mundi die "ernehrende und gebährende Krafft" [K1547] zu, verneint aber dessen aufschließende Wirkung in den Metallen [K1551]. Sein erstes Argument bezieht sich auf die generelle Unmöglichkeit eines universal menstruums. Vorausgesetzt, es gäbe ein solches Lösungsmittel, dann würde dieses auf die drei Bestandteile des Goldes (Terra mortua, Mercurius, ein wenig rothe Erde [K1512 f]) gemeinsam wirken,

> *so nähme dieses Menstruum alle vorgenante Theile zugleich in sich / und hätte nicht macht / selbige zu scheiden / sondern Gold bleibet Gold vor als nach.* [K1530 ff]

Sein zweites Argument bezieht sich auf das Verhalten von Metallsalzlösungen [K1605 ff]. Die Eigenschaft der Ausfällbarkeit der gelösten Metalle (Reduktion) läßt ihn annehmen, daß die Metalle in der Lösung nicht verändert wurden [K1611-14]. Er folgert:

> *so haben die Salia allein nicht die Macht / die Metallen schlechter Dinge zu propagiren / es sey denn das Mittel darzwischen* [K1614 ff]

Als Drittes wendet er sich gegen die Annahme, der spiritus mundi sei aus der Luft zu gewinnen. [K1928-1969] Dem setzt er eine kurze Betrachtung der Luft entgegen, in der er darlegt, daß die unterirdische Luft eine andere sei als die über der Erde [K1946], deren sperma nur auf Pflanzen und Tiere wirke und aus der somit auch keine Wirkung auf Metalle abzuleiten sei.

Dem spekulativen Universal-Menstruum setzt Kunckel die Aufschließung der Metalle durch corrosive Substanzen (Aqua fort) entgegen, mit denen er auf verschiedene Weise alle Metalle lösen könne [K1600 f]. Mit diesem Wissen um "der Metallen Eigenschafft und deren Auffschließung" [K2011] verbindet sich auch sein Glaube an die Tinctur [K1994 ff]. Als Beleg führt er die Arbeiten der Alchemisten Beutler und Schwertzer an.

Kapitel 6 [2171 - 2337]
Bei den Vitriolen handelt es sich um Sulfate zweiwertiger Metalle mit fünf bzw. sieben Molekülen Kristallwasser. Vor allem aus dem Eisenvitriol wurde durch trockene Destillation Schwefelsäure gewonnen[88] (vergl. [K2307 - 2330]). Die Vitriole des Eisens, Kupfers und Zinks sind in Wasser gut löslich und kristallisieren aus der wässrigen Lösung in farblosen, rhombischen (Zink), lasurblauen, triklinen (Kupfer) bzw. hellgrünen, monoklinen (Eisen) Kristallen aus[89]. In der Hitze zersetzen sie sich.

Im ersten Teil dieses Kapitels beschreibt Kunckel die Möglichkeit der Reinigung dieser Vitriole durch das Verfahren des Umkristallisierens.

Die Beschreibung des erhaltenen Produkts - "gantz weiß / durchsichtig wie ein Chrystall" - legt die Vermutung nahe, daß es sich im wesentlichen um Zinkvitriol gehandelt haben muß.

Im zweiten Teil behandelt er die Frage, "wie man den Vitriol (...) in einem verschlossenen Glase zur Röthe bringen könte" [K2256 f]. Er beschreibt, wie er durch starkes Erhitzen eines eingeschlossenen Vitriols unter gleichzeitiger Volumenverringerung zu einer Röthe gelangt ist. Die Volumenverringerung ist erklärbar durch die Zersetzung in der Hitze. Die entstandene Rotfärbung läßt sich auf die nachfolgende Entstehung eines Kobaltvitriols zurückführen[90]. Besonders Kunckels Hinweis darauf, daß sich nicht jeder Vitriol, etwa der Vitriolum Martis (Eisen-Vitriol) [K2299], zu diesem Prozeß eigne, scheint mir ein Indiz dafür, daß es sich bei dem Ausgangsstoff um ein Nickel-Kobalt-Kupfer-Erz handelt, wie es in Deutschland im sächsichen Erzgebirge vorkommt[91].

------
[88] Vergl. Schneider (1981), S. 82; Priesner (1982)
[89] Vergl. Remy Bd.II; S. 367, 534, 602
Die Vitriole bilden untereinander auch Mischkristalle, von deren Zusammensetzung Kristallstruktur und Farbe abhängen.
[90] Kobaltvitriol kristallisiert aus Lösungen von Kobalt(II)-Oxid in verdünnter Schwefelsäure in Form von karmoisinroten, monoklinen Kristallen aus.

Kapitel 7 [2339 - 3438]
Im Vordergrund dieses Kapitels stehen das Aurum fulminans (Knallgold) und die Auseinandersetzung mit dem - hypothetischen - Aurum potabile (Trinkgold). Dieses typisch alchemistische Ziel, der Lösung eines aus seinem Wesem gesetzten Goldes, wird unter verschiedenen Aspekten behandelt.

So wendet Kunckel sich zuerst der Frage zu, "Ob das Gold ohne scharffe Salien oder corrosive könne aufgeschlossen ... werden" [K2341][92]. Diese Frage verneint er und zum Ende des Kapitels gibt er einen Bericht von einem Alchemisten, der vorgab, "man könne das Gold in Alkalia solviren" [K3234 ff]. Betrügerei sei auch das Lösen von Gold in der bloßen Hand [K3096 ff], das nicht auf einem milden Lösungsmittel beruhe sondern darauf, daß die Hand durch eine Fettschicht vor der Säure geschützt würde. Als Test rät er jedem, das Mittel selber zu berühren, um zu sehen, ob es auf der Haut Flecken hinterlasse[93].

Als Argument gegen die medizinische Anwendbarkeit eines Aurum potabile führt Kunckel an, "daß es einem Menschen ohne sonderliche Art / wann das Corrosivum nicht etwas getödtet / könne wohl eingegeben werden" [K2350]. Denn das Sal acidum, das im Gold enthalten ist und dieses figirt [K2361] und dessen Mercurius coagulirt [K2362], erzeugt im Wasser einen unangenehmen Geschmack und in Verbindung mit einem anderen Salz ein Corrosiv [K2370].

Neben der angenommenen medizinischen Wirkung soll das Aurum potabile, mittels eines extrahierten Sulphur solis [K2398-2513], auch auf die Metalle wirken. Wie schon zuvor führt Kunckel gegen diese Spekulation theoretische Überlegungen und praktische Erfahrungen einerseits und die Entlarvung von Betrügereien [K3136-3218] andererseits ins Feld. So versucht er zu zeigen, daß die Farbe des Goldes keine Eigenschaft eines Sulphur Solis, sondern vielmehr mit dem Corpus des Goldes verknüpft ist [K2430-2513] und er folgert:

> *Color sey lusus naturae, & non sulphuris, sondern eine Terra solubilis in acido & sal volatili.*
> [K2893 ff]

Die Natur scheide nun, wenn "es zur Multiplication oder Wachsthum kommt" [K2519], diese Terra und Kunckel knüpft daran die Forderung, daß "an statt der Natur des

------

(Vergl. Remy Bd.II, S. 393 f)

91 Vergl. Holleman-Wiberg, S. 936

92 Die Vorschrift, das Goldes ohne Säure zu lösen, ist Teil der Darstellung des "Aurum potabile". Vergl. Ruland (1612), S. 95: "Aurum potabile est liquor, sine corrosiuo (...)".

93 Salpetersäure, ein Bestandteil des goldlösenden Königswassers, hinterläßt auf der Haut, aufgrund einer Reaktion mit Proteinen, gelbe Flecken. Vergl. Holleman-Wiberg S. 404; Anm. 102.

Künstlers Hand darzu kommen" müsse. [K2558][94]

Es folgt ein universal Process [K2563],der "alle Metallen in Gold tingiren solte" [K2565], und der dem Leser zeigen soll, "wie schwer die Theile der Metallen und ihrer Principia, sonderlich aber des Goldes zu scheiden seyn."[K2559-22672 In diesem Prozess wird das Gold mit scharffem Wasser (Königswasser) [K2569] gelöst, überdestilliert und in Wasser ausgefällt. Das schwammartige Goldpulver wird von Kunckel als weißes Pulver beschrieben[95]. Durch gelinde Erwärmung und Sublimation wird das Pulver gereinigt. Es bleibt eine weiße Terra [K2581] zurück. Das weiße Pulver wird unter Rotfärbung in Spiritus vini (Weingeist) gelöst [K2592]. Das kolloidale Gold zeigt keine Reaktion mit Quecksilber [K2610-14][96]. Mit Silberkalk (AgCl) dagegen verbindet es sich im Schmelzfluß. Silberchlorid (AgCl) schmilzt bei erhöhten Temperaturen zu einer orangegelben Flüssigkeit, die zu einer hornartigen Masse - Luna Cornua [K2624] - erstarrt, das kolloidale Gold kann die Schmelzmasse zusätzlich gefärbt haben[97]. Schließlich verarbeitet Kunckel auch die terra alba mortua [K2637 ff] und erhält nach Zusatz eines Flußmittels ein milchfarbenes Glas, das er für ein "Vitrum des Goldes" [K2643] hält[98]. Seinen Mißerfolg führt Kunckel jedoch auf einen Fehler im Versuchsablauf zurück und bleibt der Meinung, er "hätte ...ein blutroth Vitrum (nur Formam Vitri zu verstehen) erlangen können, damit er alle Metallen tingiret." [K2679 ff] Daß ein solches Vitrum aber gleichermaßen auf Metalle wie Menschen wirken könne, bezweifelt Kunckel und er glaubt nicht, "daß solch universal in rerum natura gewesen" [K2743].

Kunckel wendet sich schließlich dem Phänomen des Aurum fulminans (Knallgold) zu [K2948-3071]. Dabei versucht er aus einzelnen Beobachtungen eine Begründung für die Explosivität des Knallgoldes abzuleiten und widerspricht dabei der Annahme, daß der Schwefel bei dieser Reaktion beteiligt sei.

Durch Lösen von Gold in aqua regis, das er aus "Salpeter und Salmiac" gewinnt [K2964] und anschließendem Ausfällen mit "Sale Tartari, Potasche / Sale absynt oder Cinamomi" [K2965 f] (Kaliumkarbonat K_2CO_3) wird

------

94 Hier zeigt sich die Vorstellung vom 'Künstler' als Helfer der Natur, wie diese auch von Becher artikuliert wird. Vergl. "Zugabe in Physicam Subterraneam", S. 12.

95 Die weiße Farbe kann von Verunreinigungen herrühren.

96 Eine Amalgamierung fällt umso schwerer, je feinverteilter das Gold vorliegt. Vergl. Gmelin, Bd. 62 S. 819.

97 Vergl. Remy Bd.II, S. 552

98 Tatsächlich ist das Rubinglas zuerst ein blaßgelbes oder auch farbloses Glas, das sich erst bei einem erneuten Erhitzen blutrot färbt. Vergl. Remy Bd. II, S. 568.

das Aurum fulminans hergestellt[99]. Kunckel beobachtet nun, daß bei weiterer Zugabe der "solution der Salien" [K2968] die Neigung des Produktes zur explosiven Zersetzung nahezu völlig vergeht. Wird jedoch das Produkt getrocknet und anschließend mit "spiritus vini oder Spiritu salis ammoniaci" [K2984 f] behandelt, kehrt die Explosivität wieder zurück[100]. Er kommt zu folgender Erklärung.

Durch die zusätzliche Zugabe der "solution der Salien" wird "das Sal volatile ... getödtet" [K2971] Das sal acidum des Spiritus Nitri hat sich mit der "Terra solis conjugiret" [K2988]. Durch die weitere Zugabe des spiritum salis ammoniaci wird nun das sal volatile wieder "lebendig" [K2997] und es kommt zu einem Streit zwischen Acidum und Volatile [K3002 f], den Kunckel als einen Streit von Hitze und Kälte begreift und der, durch die äußere Erwärmung verstärkt, zur Explosion führt. "(...) dem Golde aber geht an seinem Theil nichts ab" [K3014 f]. Wäre nun Schwefel (des Goldes) an der Reaktion beteiligt, so müßte dieser ebenfalls umgesetzt worden sein und das Gold wäre verändert worden. Dies widerspricht aber der Beobachtung, so daß Kunckel folgert, "daß der Schweffel bey diesem fulmine nichts thue" [K3040]. Als weiteren Beleg für diese Annahme führt er das Verhalten des Schlag=Pulver [K3042-3063] an. Auch dort verglühe zuerst der Schwefelbestandteil, bevor es zur Explosion komme.

Kapitel 8 [3440-3668]

Unter der Luna potabili verstand man eine blaue Tinctura Lunae [K3514], die als Medikament bei "Melancholischen= oder Haupt=Kranckheiten" [K3509] zur Anwendung kam. Wenn Kunckel auch die Wirkung der Tinktur nicht bestreitet, so weist er doch nach, daß die Blaufärbung der Lösung nicht auf Silber sondern auf das Kupfer zurückzuführen ist. So zeigt er zum einen, daß die Gewinnung des Silbers durch Verschmelzen mit Blei und anschließender Treibearbeit auf der Kapelle[101] zu einer Verunreinigung des Silbers mit Kupfer führt und das

------

[99]Dabei handelt es sich "vorwiegend um die Verbindungen $Au_2O_3*2NH_3$ und $Au_2O_3*3NH_3$, im Gemisch mit Diamido-imido-gold(III)-Verbindungen" (Remy, Bd.II S.570).

[100]Durch weitere Zugabe der "solution der Salien" liegt die Chlorogoldsäure (entstanden aus der Auflösung des Goldes) in einer mit Ammoniumchlorid gesättigten Lösung vor. Durch die Zugabe von Ammoniak entsteht nun das Diamido-gold(III)-chlorid $Au(NH_2)_2Cl$, das beim Erhitzen nur schwach verpufft. Durch die vorsichtige Trocknung des Produkts entsteht vermutlich Gold(III)-oxid, aus dem unter Einwirkung von Ammoniak oder Ammoniumsalzen erneut Knallgold gebildet wird. (Vergl. Remy, Bd. II S. 570)

[101]Vergl. Agricola, De re metallica libri XII; Kap. 10

Kupfer andererseits in Lösung eine blaue Farbe zeigt[102]. Um zu einem kupferfreien Silber zu gelangen empfiehlt Kunckel das Ausschmelzen mit 2 Teilen Salpeter und einem Teil Borax[103].

Zum Ende des Kapitels gibt Kunckel eine Methode an, wie aus "der Luna, die ... mit Saltz praecipitiret" [K3573], das Silber zurückgewonnen werden kann. Dabei handelt es sich um ein Verfahren, das durch Zusatz von Salzsäure (oder auch Kochsalz) aus einer Silbernitratlösung (in Scheidewasser gelöstes Silber) ausgefällte Silberchlorid wieder in Silber zu überführen. Dazu erhitzt Kunckel das Silberchlorid in einem Tiegel[104] und setzt dann Öl oder Fett zu. Dadurch wird das Silber reduziert[105].

3.4. A.S. Marggrafs Abhandlung über eine Darstellungsmethode des Phosphors

3.4.1. Zu A.S. Marggraf

Als bedeutender zeitgenössischer Wissenschaftler anerkannt, wurde Marggrafs Wirken schon zu Lebzeiten gewürdigt[106]. Noch zu Anfang dieses Jahrhunderts wurde er

------

102 Den Träger der blauen Farbe nennt Kunckel "Spiritus Veneris" [K3472], in seinem "Laboratorium Chymicum" (1716, S. 313) spricht er dagegen von der "anima Veneris".

103 Der Zusatz dient vermutlich als Flußmittel zur Herabsetzung des Schmelzpunktes. Borax hat zwar auch die Eigenschaft Metalloxide zu lösen (Vergl. Remy Bd. I, S.411), die vorausgehende Anweisung "cum sulphure" zu calcinieren [K3458] scheint aber nicht auf die Bildung eines Oxids oder Sulfids hinzuweisen. Gmelin (Systemband 61; S. 24) verweist zu Recht auf Kunckels Erläuterung im "Laboratorium Chymicum" (1716; S. 324), in der er diese "Calcinationes" als Reinigungen des Silbers bezeichnet, "(...)aber Silber bleibet Silber in seinem Wesen."

104 Wichtig ist dabei Kunckels Warnung, das Chlorid nicht zur Schmelze zu bringen, da es sonst zu einer hornartigen Masse erstarrt.

105 Im "Laboratorium Chymicum" (1716; S. 309 f) erinnert sich Kunckel, daß es anläßlich dieser Anweisung zu einem Schriftwechsel zwischen ihm und einem Leipziger "Gold=Arbeiter oder Juwelir" kam. Dieser hatte den Prozess nachzuarbeiten versucht, jedoch dabei keinen Erfolg gehabt, "(...) welches er mir auch ohne Verzug durch Briefe klagte."(S.309). Kunckel findet die Ursache dieses Mißerfolges in der Ungenauigkeit eines Ausdrucks seiner Beschreibung, " zumahlen wann der Nachmacher nicht rechten Verstand brauchet."(S. 310). Als weitere Möglichkeit der Rückgewinnung des Silbers nennt Kunckel an gleicher Stelle das Ausschmelzen mit Pottasche.

als einer der "bedeutendsten Chemiker seiner Zeit" gerühmt[107]. Marggraf wurde 1709 als Sohn eines königlichen Hofapothekers in Berlin geboren. Schon um 1725 erlernte er bei Hofrat Neumann[108] die "Chymie und Apotheker=Kunst" [M35], die er ebenfalls in Frankfurt a.d. Oder und in Straßburg studierte. In Halle widmete er sich der Medizin und studierte 1734 Chemie und Metallurgie in Freiburg bei Henckels [M58 ff]. 1735 kehrte er nach Berlin zurück, um in der Apotheke seines Vaters mitzuarbeiten. Drei Jahre später wude er Mitglied der "Königlichen Societät der Wissenschaften", die dann zur Akademie der Wissenschaften umgewandelt wurde. Schließlich wurde er Direktor der physikalischen Klasse[109]. Im Jahre 1777 wurde er auswärtiges Mitglied der Pariser Akademie. Marggraf widmete sich ausschließlich seiner Arbeit, die vornehmlich chemisch-analytischer Natur war. Er starb im Jahre 1782.

Zu den wichtigsten seiner Arbeiten zählen seine Untersuchungen zum Phosphor, die er in drei Abhandlungen zwischen 1740 und 1746 veröffentlichte[110]. Dabei handelte es sich um das Verhalten des Phosphors gegen verschiedene Metalle (1740), eine Methode der Phosphordarstellung aus Urin (1743; vergl. 2.3.4.2.) und um die Analyse des bei der Darstellung des Phosphors entdeckten Phosphorsalzes (1746). Im gleichen Jahr veröffentlichte er eine "für die Metallurgie sehr wichtige Arbeit"[111], in der er die Reduktion des Galmei (Zinkkar-

------

[106]Vergl. Baldinger,E.G. Biographien jetzlebender Aerzte und Naturforscher in und ausser Deutschland; 1768, S. 87-98.
Lehmann, der Herausgeber des ersten Bandes der "Chymischen Schriften", bezeichnet ihn als "den größten deutschen Chymicus" (Vorrede).
Weitere Darstellungen seines Wirkens finden sich in Jöcher, C.G. Allgemeines Gelehrten=Lexiko. Fortsetzung und Ergänzung von H.W. Rotermund; 4.Erg. Bd. (1813) Bremen, S. 706-07.
In meiner kurzen Zusammenfassung folge ich Kopp (1943) Bd.I., S.208-211; Ferguson (1905) Bd. I., S.76-77; Mielke (1913); Speter (1925) S. 228-239; Partington (1969), Bd.II, S.723-729.

[107]G. Mielke (1913) S. 40. Die Arbeit fand sich im Nachlaß des 1910 verstorbenen Herausgebers und erschien 1913.

[108]Dieser hielt seit 1723 Vorlesungen über praktische Chemie in Berlin. (Speter 1913; S.230, Anm.8.)

[109]Die Jahresangaben hierzu variieren. Direktor des Instituts wurde er nach Kopp (1843; S.208) und Speter (1925; S.230) 1767 und nach Partington (1969; S.724) und Mielke (1913; S.40) schon um 1760.

[110]Aus dem Text der zweiten Abhandlung geht hervor, daß Marggraf sich schon 1734 mit dem Phosphor beschäftigte.[M56ff]

[111]Speter (1913) S.235

bonat, $ZnCO_3$) zu Zink durch Destillation mit Holzkohle unter Luftausschluß behandelt. Von volkswirtschaftlicher Bedeutung waren seine

> *Chymischen Versuche einen wahren Zucker aus verschiedenen Pflanzen, die in unseren Ländern wachsen, zu ziehen.*[112]

Diese 1749 erschienene Arbeit bildete die Grundlage der "Runkelrüben-Zuckerindustrie"[113].

Sehr wenig Raum nehmen seine theoretischen Arbeiten ein. Vielmehr kann man ihn mit Ströker (1982) als einen "praktischen Chemiker" bezeichnen, der

> *(...) im engsten Sinne des Wortes Praktiker darin war und blieb, daß weniger der systematische Zusammenhang der Erfahrungstatsachen als vielmehr deren Gebrauch, daß nicht ihre theoretische Erklärung, sondern ihre Nutzanwendung die Blickrichtung seines Forschens bestimmte.*[114]

Seine Arbeiten veröffentlichte Marggraf in den Schriften der Berliner und später auch der Pariser Akademie[115]. Dabei übersetzte er die in deutscher Sprache geschriebenen Abhandlungen ins Lateinische und von dort ins Französische[116]. Auf das Drängen seines Freundes Lehmann stellte er die deutschen Manuskripte zusammen, die Lehmann dann 1761 herausgab.

> *Andr. Siegm. Marggrafs*
> *Directors und Chymici der königl. Preußischen*
> *Akademie der Wißenschaften und der Churmaynz.*
> *Akademie nützlicher Wißenschaften ordentlichen*
> *Mitglieds*
> *Chymische Schriften*
> *Erster Theil*
> *Berlin Bey Arnold Wever, Buchhändler, 1761*
> *Zweyter Theil*
> *Berlin bey Arnold Wever, Buchhändler, 1767*[117]

------

[112]Chymische Schriften, Zweyter Theil 1767; 6.Abhandlung

[113]Speter (1925), S. 237. Speter sieht darin "die große wissenschaftlich-technische Tat Marggrafs" (S.236).

[114]Ströker (1982), S. 132.

[115]"Miscellanea Berolinensia Scientiarum ad incrementum Scientiarum ex Scriptis Societatis Regiae Scientiarum exhibitis" bzw. "Histoire de l'Académie royale des Sciences et Belles Lettres".
Ein Verzeichnis seiner Veröffentlichungen in den Schriften der Akademie wurde O. Köhncke in "Geschichte der Kgl. Preuss. Akademie der Wissenschaften zu Berlin" (Hrsg. A. Harnack), Berlin 1900 Bd. III; S. 179-181 zusammengestellt. (Angaben nach Speter (1925) S.229 Anm. 4)

[116]Vergl. Speter (1925), S.231; Partington (1961) S. 724.

[117]Verwendetes Exemplar HAB: Nd 371 und UB-Düsseldorf: Dv 261
Eine "Neue verbesserte Auflage" erschien 1768, eben-

3.4.2. Zum Inhalt der Abhandlung

Im Anhang ist die deutschen Fassung, die Marggraf 1761 veröffentlichen ließ, wiedergegeben. Dieses Manuskript war Grundlage für die lateinische Übersetzung, die bereits 1743 erschien[118].

Speter[119] macht darauf aufmerksam, daß die Kupfer, die einzelne Laborgeräte darstellen, in den beiden Ausgaben nicht ganz übereinstimmen. Im Jahre 1910 erschien eine weitere deutsche Fassung, die jedoch eine Rückübersetzung der lateinischen Version darstellt[120]. Dort sind die Kupfer der 1743er Ausgabe abgedruckt.

Die 36 Paragraphen der Abhandlung lassen sich in fünf Gruppen zusammenfassen. Der Einleitung (§§ 1-4) folgt die Beschreibung des Grundverfahrens (§§ 5-7). Daran schließen sich die Darstellung einer verbesserten Herstellungsmethode (§§ 8-15) und Ausführungen zur Weiterverarbeitung und Produktionstechnik (§§ 16-22) an. Das letzte Drittel der Abhandlung beschreibt verschiedene, hypothesegeleitete Variationen einzelner Reaktionsschritte (§§23-36).

Zu Beginn wird unter Hinweis auf die Monopolstellung des "Herr(n) Hanckwitz zu London"[121] [M16] einerseits und der Bedeutung des Phospors andererseits [M9] das Ziel der Untersuchungen genannt, die in der vorliegenden Abhandlung zusammengefaßt sind. Dieses Ziel ist die Bereitung des Phosphors in "größeren Mengen" [M25] und

------

falls bei Wever. Der zweite Teil der Schriften wurde von L.von Beausobre, ebenfalls Mitglied der Berliner Akademie, herausgegeben.

118 Miscellanea Berolinensia, Tom. 6 (1743), 324-344: Andreae Sigismundi Margraf, Nonnullae novae methodi Phosphorum solidum tam ex urina facilius conficiendi quam etiam eundem promtissime et purissime ex phlogisto et singulari quodam ex urina separato Sale componendi.

119 Speter (1925) S. 236, Anm. 28

120 Vergl. Mielke (1913) und Anm. 107. Diese 'neuzeitliche Übersetzung' zeigt - nicht zuletzt in der fachsprachlichen Lexik - deutliche Unterschiede zu der Marggraf'schen Fassung von 1761 und wurde somit in der Untersuchung nicht berücksichtigt. Wenngleich ein Vergleich mit dem Original reizvoll wäre, so konnte dies im Rahmen dieser Arbeit nicht mehr geleistet werden. Von Interesse sind Mielkes Kommentare zur Chemie der Abhandlung, auf die ich mich auch im folgenden beziehen werde.

121 Ambrosius Hanckwitz (1600-1741) war Assistent Robert Boyles und besaß später in London ein Labor, in dem er in großem Umfang die Phosphorgewinnung betrieb. Den hergestellten Phosphor exportierte er nach ganz Europa, "so daß der Phosphor die Bezeichnung Phosphor Anglicanus erhielt." (Gmelin, Syst.Bd.16; 1965, S.21) Vergl. Mielke (1913) S.42; Speter (1925) S.232

"um einen billigern Preiß" [M28]. Marggraf versäumt nicht, seine langjährige Erfahrung im Umgang mit dem Phorphor hervorzuheben, die auf das Jahr 1725 zurückgeht. Den Abschluß dieser Einführung bildet ein Zitat aus J.F. Henckels 1725 erschienen "Pyritologie oder Kießhistorie", das die Bildung des Phosphors aus "Bley=Kalk mit Salmiac, Winstein=Salz und alten Urin" [M69] beschreibt und damit den Ausgangspunkt der Marggrafschen Arbeit darstellt.

In den folgenden Paragraphen beschreibt Marggraf nun das Grundverfahren zur Phosphorherstellung. Er beginnt mit der Bereitung des Bley=Kalks [M81]. Darunter ist ein Gemisch von Bleioxid (PbO) und Bleichlorid ($PbCl_2$) zu verstehen, das durch Schmelzen des Bleis unter Zugabe von Kochsalz erhalten wird[122].

Der so gewonnene Bley=Kalk wird getrocknet und mit Salmiac (Ammoniumchlorid NH_4Cl), Sal Tartari (Weinstein) und verfaultem Urin vermischt und über 14 Tage eingedickt. Das Resultat dieser Digestion [M99] wird in eine töpferne Retorte überführt. Anschließend wird mittels eines speziellen Ofens destilliert. Nachdem das Phlegma, der spiritus urinosum (Ammoniak NH_3), das Sal volatile[123] und das Oehl abgezogen worden ist, wird der Phosphor in die neu angelegte, mit Wasser gefüllte Vorlage destilliert[124].

Als Nachteile seiner Darstellungsmethode wertet Marggraf nun die recht hohen Kosten der Ausgangsstoffe Salmiac und Weinstein=Salz [M122f] und die Erfordernis eines starken Feuers über einen langen Zeitraum[125]. Marggraf erkennt, daß weniger der Bley=Kalk (Blei(II)-Oxid) als vielmehr das damit vermischte Chlorid (Satur-

------

[122] Speter (1925, S.233) spricht von "hauptsächlich Blei(oxy)chlorid". Zuzustimmen ist jedoch Mielke, der von "kleinen Mengen $PbCl_2$" spricht. Hauptsächlich wird das Oxid des Bleis (PbO) entstanden sein. (Vergl. Remy Bd. I, S. 665)

[123] Nach Mielke (1925), S. 5 Ammoniumcarbonat.

[124] Bei der leichten Erwärmung der Digestion geht das im Urinenthaltene Phosphorsalz ($NaNH_4H*PO_4*4H_2O$) in Natriummetaphosphat ($NaPO_3$) über, der Weinstein bildet in der Hitze Pottasche (K_2CO_3).
Mielke (1925, S.47) gibt folgende Erklärung der Reaktionsablaufs: "Folgende Umsetzungen treten nebeneinander ein, wenn $PlCl_2$, $NaPO_3$, K_2CO_3 und C (aus dem zersetzten Weinstein und den organischen Bestandteilen des Urins) aufeinander einwirken:

I. $2PbCl_2 + 2K_2CO_3 + C = 2\ Pb + 3CO_2 + 4\ KCl$

II. $4NaPO_3 + 5C = P_2 + P_2O_7Na_4 + 5CO$

III. $4NaPO_3 + 5Pb = P_2 + P_2O_7Na_4 + 5PbO$

IV. $2PbO + C = Pb + CO_2$

Vergl. auch Gmelin Syst. Bd.16, Teil A; S. 33-35

[125] Auch hier schlägt sich die geforderte Bedingung der 'Wirtschaftlichkeit' des Herstellungsprozesses nieder, denn Kohle und Holz mußten auch gekauft werden.

nus cornuus [M134]) für die Reaktion von Bedeutung ist. Gleichzeitig widerspricht aber die übliche Herstellung des Bleichlorids dem Prinzip der Wirtschaftlichkeit,"wegen des dazu nötigen Scheide=waßers"[M141]. So stellt er das Bleichlorid aus Mennige (Pb_3O_4) und Salmiac (Ammoniumchlorid) her. Weiter wandelt er seine Methode so ab, daß er auf Weinstein und zusätzliches Ammoniumchlorid verzichtet. Statt dessen setzt er dem Gemisch aus Bleichlorid und eingedicktem Urin noch Ruß (Kohlgestübe [M166]) zu. Eine erste Erhitzung [M172ff] führt zur Zersetzung des Phosphorsalzes[126]. Danach wird erhitzt und der gebildete Phosphor überdestilliert. Der gewonnene Phosphor wird zur Reinigung ("Rectification und Depuration" [M248]) einer zweiten Destillation ausgesetzt[127]. Anschließend wird der Phosphor in Stangen geschmolzen. Es folgt eine Beschreibung des Ofens, "deßen ich mich zur Destillation des Phosphori bedienet habe" [M343].

Inhalt des letzten Drittels der Abhandlung ist nun nicht mehr die Beschreibung eines möglichst wirtschaftlichen Verfahrens zur Phosphordarstellung. Vielmehr stehen alle weiteren Experimente im Zusammenhang mit der zeitgenössischen, vor allem von G.E. Stahl vertretenen Annahme, der Phosphor sei aus Phlogiston (brennliches Wesen [M4]) und dem Acidum Salis [M514ff] zusammengesetzt[128].

Diese These schien gestützt dadurch, daß der Phosphor "durch Hülfe des mit dem Acido Salis verbundenen Bley=Kalk erhalten" wurde [M402]. Marggraf führt jedoch an, daß er auch zu Phosphor gelangt, wenn er statt dessen Zinkoxid [M408-432] oder Luna cornua [M437] (Silberchlorid AgCl) zusetzt.

Um zu prüfen, ob der "bloße Urin schon vor sich Phosphorum giebt" [M444], führt er eine Versuchsreihe durch, in der er zuerst den Urin ersatzlos streicht [M455-457] und dann durch andere Stoffe ersetzt. Aber weder der 'Blind-Versuch' noch die Versuche mit Hirschhorn=Oehl (Ammoniumhydrogencarbonat NH_4HCO_3) [M460-464] oder "Menschen=Mist und Blut" [M488 ff] liefern Phosphor. Schließlich führt Marggraf noch eine Reihe von Experimenten an, die als Ausgangsstoffe Kochsalz (als Träger des Acidum Salis) und verschiedene brennbare Substanzen (als Träger des Phlogiston) besitzen. Auch diese Versuche liefern kein Phosphor.

------

[126]Marggraf verzeichnet einen "spiritus urinosi" und ein "ammoniakalischer Sublimat" [M174f] - Ammoniak.

[127]"Marggraf ist wohl der erste, der den Phosphor durch eine zweite Dest. zu reinigen lehrt (...)." Gmelin, Syst.Bd.16, 1965; S.33.

[128]Vergl. dazu Gmelin, Syst.Bd. 16, 1965; S. 34. Mielke (1925), S. 43 & 46 und Partington (1961),S. 725. Partington interpretiert dort den Spiritum Salis als Hypochlorige Säure (HClO). Dem ist zumindest in diesem Kontext nicht zuzustimmen.

Die Konsequenzen aus diesen wohlangelegten Versuchen zieht Marggraf jedoch nicht. Daß er aber die Bedeutung des Phosphorsalzes richtig einschätzte, zeigt sich daran, daß er dieser Substanz, die "seit einiger Zeit nicht unbekannt (...) und noch nicht vollkommen untersucht" [M535f] ist, die folgenden Paragraphen und 1746 eine ganze Abhandlung widmet[129]. So kann Marggraf zeigen, daß dieses Phosphorsalz zusammen mit Sand und Ruß [M557-574], aber auch nur mit Ruß [M582-591] Phosphor liefert. Um erneut die Auswirkung eines Acidum Salis auf die Phosphorausbeute zu prüfen, setzt Marggraf dem Ruß und Phosphorsalz Luna cornua (Silberchlorid AgCl) zu. Zwar erhält er Phosphor, "doch weniger als ich in §.31. und 32 angezeiget habe."[M616] Schließlich geht Marggraf der Hypothese nach, es werde im Urin der mit der pflanzlichen Nahrung aufgenommene Phosphor ausgeschieden. Tatsächlich kann er in Senf, Kresse und Weizen Phosphor nachweisen.

3.5. Zusammenfassung - Das Fach Chymie im Spiegel der Texte

Unter den in 2.1. und 2.2. getroffenen Voraussetzungen können die vier Texte als Fachtexte der Chymie gelten. Dabei vertreten Alanus und Basilius, in abgestufter Form, die in der Chymie noch präsente Alchemie, indem die behandelten Sachverhalte dem Ziel der Lapis-Gewinnung verpflichtet bleiben. Während jedoch in den 'Dicta' eine lineare Abfolge von fachlichen Handlungen beschrieben wird, an deren Ende der Stein der Weisen erreicht ist, wird in den 'Zwölff Schlüsseln' diese Sequenz an mehreren Stellen unterbrochen, um Sachverhalte zu behandeln, die einer alchemistischen Zielsetzung nur bedingt (Über das Tempern von Gold-Quecksilber-Amalgame; 7. Schlüssel) oder gar nicht (Über das Blei, Amalgambildungen mit Blei und Kupfer, Extrakt aus dem Vitrum Antimonii; 8.-10. Schlüssel) unterzuordnen sind. Auch in der Person Thöldes als dem vermuteten Autor der Basilius-Schriften, wird die Ambivalenz der Chymie deutlich. Ein ausgewiesener "Fachmann"[130] auf den Gebieten des Salinenwesens und des Bergbaus erscheint als Autor sowohl chemiatrischer Schriften, die sich der "Wissenschafft / darauß man allen Grund und Gelegenheiten der Artzneyen haben kan"[131] widmen, als auch alchemistischer Traktate, die über eine "vberfixe medicin

------

[129]Histoire de l'Académie royale, Tom.II, Année 1746, A Berlin 1748
"Examen chymique d'un Sel d'Urine fort remarquable qui contient l'acide du Phosphore."
Chymische Schriften Bd.I, S. 80-111

[130]Vergl. Priesner (1986) S. 116

[131]Basilius Valeninus
Triumph=Wagen des Antimonii
in: Chymische Schrifften; Hamburg 1677 Bd.I, S. 301

menschlicher vnd metallischer leiber" [B454] handeln.

Noch weniger läßt sich Johann Kunckel als Alchemist bezeichnen. Zwar läßt sich auch noch bei ihm der Glaube an die "Transmutation metallorum" nachweisen, dieser Glaube ist jedoch nicht mehr bestimmend für sein fachliches Handeln bzw. den Inhalt seiner Schriften. Ziel seiner chymischen Naturerforschung ist vielmehr

> *(...) alle ingredientia, die ich vornehme / erstlich recht erkennen / und durch ein genauers Examen ihre Zusammensetzung / woraus sie bestanden / wodurch und womit sie verbunden / zuvor erlerne.*[132]

Die gewonnene Erkenntnis manifestiert sich im Concept[133], das sich Kunckel von den Dingen macht[134]. Hier zeigt sich Kunckels Nähe zur wissenschaftlichen Chemie. Zwar sind seine Schriften einer eher individuellen Naturkonzeption verpflichtet, sie spiegeln jedoch in ihrer Aneinanderreihung von Einzelbeobachtungen und deren Deutungen die Situation im Fach, die eben durch das Fehlen einer allgemein akzeptierten und integrierenden theoretischen Grundlage charakterisiert ist. Auch die Bezeichnung des Traktats als "Observationes" weist auf diesen Mangel hin.

Marggraf schließlich vertritt den praktischen Chemiker. Im Unterschied zu den anderen Autoren hat er ein Studium der "Chymie und Metallurgie"[M56] absolviert. Sein Text ist weniger den theoretischen Grundlagen - die mit der sich entwickelnden Phlogiston-Theorie gegeben waren - verpflichtet, als viel mehr den praktischen Bedürfnissen einer angewandten Chemie. Der Text ist keine Sammlung von aneinandergereihten Beobachtungen und Interpretationen, sondern allein auf eine festumrissene Aufgabenstellung und auf die sich daraus ergebenden Probleme ausgerichtet.

In ihrer Abfolge charakterisieren die vier Texte den Wandel innerhalb der Chymie. Im folgenden soll auf der Grundlage dieser Texte die Fachsprache der Chymisten und ihr Wandel näher untersucht werden.

Ein erster Schritt dazu ist die Registrierung des Fachwortschatzes. Dabei ergeben sich, dies wird aus den Erläuterungen zu den Texten deutlich geworden sein, ei-

------

[132] J. Kunckel, Probier=Stein / de Acido & Urinoso, Sale Calid. & Frigid. (...); Anhang in: V Curiose Chymische Tractätlein; Franckfurt und Leipzig 1721 ; S. 478

[133] Vergl. den entsprechenden Wörterbuch-Eintrag.

[134] Die Herausbildung solcher Concepte kann verstanden werden als eine Vorstufe zur "scientific concept formation" (Hempel, C.G. (1965), S. 139), in der Konzepte sich auf Subklassen von Klassifikationssystemen beziehen, indem sie die notwendigen und hinreichenden Bedingungen für die Zugehörigkeit von Elementen zu einer Subklasse repräsentieren. "Each class provided for in the system is the extension of one of these concepts; (...)."

nige Schwierigkeiten. Die Erfassung des Fachwortschatzes kann dennoch auf der Grundlage der in 2.1. gegebenen Festlegung von Fachtexten gelingen, wenn man an dem Grundsatz des "Fachwortschatzes im weiteren Sinn" festhält:

> *Zum Fachwortschatz im weiteren Sinne gehören alle lexikalischen Einheiten in fachtexten, da sie direkt oder indirekt zur fachbezogenen Kommunikation beitragen.*[135]

Dennoch bleibt auf dieser Ebene die Aussage, solche Lexeme wie Braut, tödten oder Wolff seien Elemente des Fachwortschatzes, bloße Behauptung, wenn nicht ihr Beitrag zur fachbezogenen Kommunikation bestimmt würde. Dies soll in einem zweiten Schritt geleistet werden, indem auf die Darstellung chemischer Vorgänge eingegangen wird. Nach einer kurzen Betrachtung der am Prozeß beteiligten Gegenstände gerät dabei die Form der Darstellung der Prozesse selbst in den Blick.

------

[135]Hoffmann,L. (1988) S. 118

4. DIE FACHSPRACHE DER CHYMISTEN

4.1. Die Erfassung der fachsprachlichen Lexik - Lexikographische Vorüberlegungen

Das Wörterbuch versteht sich in erster Linie als Lesehilfe zu den Texten und als systematische Darstellung des behandelten Sprachausschnitts. Einige der getroffenen Vereinbarungen ergeben sich aus dieser speziellen Zielsetzung.

In Anlehnung an Wiegand (1984) kann das vorliegende Wörterbuch als textlexikographisches, historisches, fachsprachliches Bedeutungswörterbuch bezeichnet werden. Damit wird die Befolgung von Prinzipien gefordert, die ihrerseits - als Spezifizierung des Grundprinzips der Lexikographie[1] - Eingang finden in die Formulierung des Prinzips der lexikographischen Textkonstitution. Dabei verweist die Bezeichnung "fachsprachliches Wörterbuch" auf das Prinzip (P_1),

> *... das die Klasse (n) der lexikalisierten Einheiten intensional festlegt,zu denen etwas mitgeteilt wird ...*[2]

Die Spezifizierungen "textlexikographisch, historisch" bestimmen zudem das Prinzip (P_2),

> *... das festlegt, was (obligatorisch) zu den lexikalisierten Einheiten mitgeteilt wird ...*[3],

indem sie mindestens zwei Textsegmente als Teil des lexikographischen Textes fordern. Da das Wörterbuch auf der Grundlage des in 2.3. vorgestellten Textkorpus erarbeitet wurde und - nach P_1 - einen Ausschnitt der dort verwendeten Lexik beschreiben soll, ergibt sich die Notwendigkeit der Belegstellenangabe zu den lexikalisierten Einheiten. Das zweite obligatorische Textsegment ergibt sich aus der Kennzeichnung des Wörterbuches als ein historisches Bedeutungswörterbuch, für das die Feststellung gilt:

Lemmazeichen und Beschreibungssprache gehören zu

------

1 Vergl. Wiegand 1984, S. 565:
"Das Prinzip der lexikographischen Textkonstituierung ist das lexikographische Grundprinzip, nach dem - wenn ein Sprachwörterbuch gemacht werden soll - zu einer lexikalisierten Einheit wenigstens ein lexikographischer Text zu formulieren ist, der entweder den Leitelementträger enthält oder ihm zugeordnet ist."

2 Wiegand (1984) S. 567

3 ebenda

> *zwei verschiedenen Sprachstadien einer historischen Einzelsprache.*[4]

Die Bedeutungserläuterung läßt sich so in erster Näherung als eine Form der Übersetzung auffassen. Die Bezeichnung "Übersetzung" für das Textsegment der Bedeutungserläuterung wird auch durch die besondere Eigenschaft der lexikalisierten Einheiten legitimiert. Als Elemente einer fachsprachlichen Lexik erfolgte ihre Semantisierung auf der Grundlage eines Systems

> *(...) von Abstraktionsprodukten (Begriffen, Konstrukten), entstanden auf einer höheren Erkenntnisstufe, als es bei der Abstraktionsstufe der natürlichen Sprache der Fall ist (...).*[5]

Diese Eigenschaft unterscheidet aber nicht nur die Klasse der lexikalisierten Einheiten von anderen Lexikausschnitten des gleichen Sprachstadiums. Vielmehr trifft diese Unterscheidung auch auf die Beziehung zwischen Lemmazeichen und Beschreibungssprache zu. Die Übersetzung erfolgt also nicht nur von einem Sprachstadium in ein anderes, sondern auch von einer Erkenntnisstufe auf eine andere. Die Tatsache, daß man im Falle der Alchemie und neuzeitlichen Chemie noch nicht von einem einheitlichen Begriffssystem sprechen kann, dem man ein Benennungssystem zuordnen könnte, findet ihren Niederschlag in der Bezeichnung "fachsprachliches" Wörterbuch (im Gegensatz zu: Fachwörterbuch). Damit soll kenntlich gemacht werden, daß "der Fachwortschatz im weiteren Sinne"[6] registriert wurde.

Bezogen auf die Prinzipien P_1 und P_2 läßt sich also zusammenfassend sagen, daß im vorliegenden Wörterbuch fachsprachlichen Lexemen oder Lexemkombinationen lexikographische Texte zugeordnet sind, die mindestens die Textsegmente "Belegstellenangabe" und "Übersetzung" enthalten[7].

Aus den dargestellten Prinzipien ergeben sich Fragestellungen, denen verschiedene Arbeitsmethoden zugeordnet sind. Die Anwendung dieser Methoden bestimmt die Mikro- und Makrostruktur des Wörterbuchs[8].

4.1.1. Datenerhebung und Lemmatisierung

P_1 zuzuordnen ist die Frage der Lemmatisierung[9], der die Datenerhebung vorausgeht. Grundlage der Datenerhebung ist das festgelegte Textkorpus und ein Auswahlkriterium für die zu lexikalisierenden Einheiten.

------

4 Wiegand (1984), S.600; Zur Definition des Terminus Lemmazeichen vergl. Wiegand (1983), S.453

5 Drozd/Seibicke (1973), S.83

6 Hoffmann (1988), S. 118.

7 Vergl. Wiegand (1984), S. 567: Prinzipienformulierung für die lexikographische Textkonstituierung.

8 Zu den Termini "Mikrostruktur" und "Makrostruktur" vergl. Hausmann, F.J. (1985), S. 372
Wiegand, H.E. (1983), S. 453 Definitionen 30 und 32

In 2.2. wurden vier Variablen vorgestellt, die dann fachkonstituierend wirken, wenn über ihre Inhalte ein relativ hohes Maß an Einigkeit erzielt wurde. Diese Variablen sind:

F_1 ein Objektbereich, auf den sich die fachlichen Handlungen beziehen

F_2 Zielsetzungen, auf die die fachlichen Handlungen ausgerichtet sind

F_3 Handlungsmuster, zur Sachverhaltsänderung innnerhalb des Objektbereichs

F_4 Grundannahmen über die Elemente des Objektbereichs.

Das Auswahlkriterium ist aus den dargestellten fachkonstituierenden Variablen abgeleitet. Danach gelten innerhalb von Fachtexten oder Fachteiltexten solche Lexeme oder Lexemkombinationen als fachsprachlich,

1) die sich auf Elemente des Objektbereichs (Mineralien, Erze, Metalle, sonstige Substanzen), deren Eigenschaften (sauer, scharf, corrosiv) oder deren Verhalten beziehen (brennen, gebären, vereinigen), oder
2) die Handlungsmuster zur Manipulation von Elementen des Objektbereichs bezeichnen (sublimieren, reinigen), oder
3) die sich auf Begriffe beziehen, die die Elemente des Objektbereichs und ihre Eigenschaften auf einer abstrakteren Erkenntnisstufe abbilden und so etwa Erklärungsfunktion haben (Prinzip, brennliches Wesen).

Die Notwendigkeit einen Gesamttext in fachliche und nicht-fachliche Teiltexte zu untergliedern, ergibt sich aus der Besonderheit alchemistischer Texte. So erscheinen dort Ausführungen zu Sachverhalten, die keinen fachlichen Bezug haben oder die nur als Ausgangspunkt dienen für einen Analogieschluß, durch den eine fachliche Aussage erreicht oder untermauert werden soll.

Ein Beispiel dafür ist der "Zweite Schlüssel" des Basilius [B110-209]. Dort können die Teiltexte T_1 [B147-153], T_2 [B163-168], T_3 [B176-184] und T_4 [B186-209] als Fachteiltexte innerhalb eines nichtfachlichen Textes gelten. Denn die dort dargestellten Sachverhalte lassen sich in die fachkonstituierenden Bereiche F_1 und F_2 einordnen:

T_1 - Verhalten von Elementen des Objektbereichs zueinander (Verbindung von Gold [Apollo] und Quecksilber [Diana])

T_2 - Ein Handlungsmuster zur Bereitung einer Waschflüssigkeit (wiederholte Destillation)

T_3 - Eigenschaften von Substanzen als Voraussetzung für eine Reaktion

------

9 Zum Terminus LEMMATISIERUNG vergl. Wiegand (1983), S. 444 ff. An gleicher Stelle (S. 452) werden die Termini LEMMATISIERUNGSVERFAHREN und LEMMATISIERUNGSVORSCHRIFT definiert.

T_4 - Anweisung zur Darstellung eines Lösungsmittels/ Waschflüssigkeit aus Ammoniumchlorid NH_4Cl [Adler] und Calciumnitrat $Ca(NO_3)_2$ [Drache]

Die Gefahr der Zirkularität ergibt sich dort, wo die Bestimmung des Sachverhalts auf der spezifischen Lesart eines Lexems beruht. (Etwa: T_1 ist fachlich, da 'Apollo' und 'Diana' eine fachliche Bedeutung zugeschrieben wurde.) Das Verfahren zur Bestimmung der Fachlichkeit ist dennoch nicht willkürlich. Denn über die fachliche Lesart eines Textes/Teiltextes entscheidet nicht das Vorkommen eines fachlich interpretierbaren Lexems allein, sondern die Möglichkeit, den als fachlich verstandenen Sachverhalt unter eine für das Fach als relevant akzeptierte Zielsetzung (F_2) einzuordnen. Mit dem Einordnungsversuch unter F_2 wird die Annahme der Fachlichkeit verifizierbar[10].

Für Alanus und Basilius gilt als Hauptziel die Herstellung des Lapis Philosophorum. Auf dem Weg dorthin ist es ein allgemein akzeptiertes Teilziel, die notwendigen Substanzen in reiner (d.h. hier: in reaktiver) Form darzustellen. Die Zubereitung eines dafür geeigneten Mittels ist dagegen ein von Basilius festgelegtes Teilziel, zu dessen Erreichen er ein spezielles Handlungsmuster T_4 angibt.

Mit diesem Verifizierungsverfahren können nun auch Lexeme als nicht fachlich zurückgewiesen werden, die in anderen Teiltexten durchaus eine fachliche Bedeutung tragen. Dies gilt beispielsweise für "König" in [B170, 174] im Gegensatz zum Vorkommen in [B38] oder auch [B208].

Die Anwendung des Auswahlkriteriums auf das festgelegte Textkorpus bildet die Datenerhebungsmethode. Die Methode der Lemmatisierung besteht aus zwei Schritten. Die aufgefundenen Lexeme werden in der lexikalischen Grundform registriert[11]. Zur Erfassung der Belegformen wurden zudem zwei Festsetzungen getroffen.

a) Attributive Fügungen mit Adjektiven bzw. Partizipien oder mit Substantiven im Genitiv, in denen ein Substantiv oder ein Verb eine fachrelevante Bedeutungsveränderung erfährt, werden nach dem modifizierten Substantiv bzw. Verb registriert. (Beispiel: "brennliches Wesen" -> Wesen, brennliches; gemeint ist damit ein Partikel, das mit der Eigenschaft der Brennbarkeit einer Substanz kor respondiert: Phlogiston.)

------

10 Das Verfahren bleibt dann in einem gewissen Sinne heuristisch, wenn die jeweilgen Zielsetzungen eines Textes erschlossen werden müssen. Häufig jedoch wird das jeweilige Teilziel, zu dessen Erreichen der Text beitragen will, explizit formuliert. Im angegebenen Beispieltext ist dies in den Zeilen [B 147,148] und [B 163] der Fall.
Mit den dadurch gewonnenen Erkenntnissen werden auch implizite Teilziele erschließbar.

b) Viele Verbzusammensetzungen mit Adverbien oder adverbial-gebrauchten Adjektiven erscheinen noch in getrennter Schreibung oder treten nur in Distanzstellung auf, so daß auf der Textbasis keine Aussage über die Zusammenschreibung erfolgen kann. In diesen Fällen erfolgt eine Registrierung in einem Wort[12].

Den so erfaßten Belegformen werden Lemmata zugeordnet. Die dabei angewandten Vorschriften sollen gewährleisten, daß in möglichst vielen Fällen das gebildete Lemma die Form einer Belegform hat[13]. Ist dies nicht der Fall, erfolgt eine Kennzeichnung. Folgende Vorschriften werden angewandt.(In den angegebenen Beispielen erscheinen die Belegformen unterstrichen, Textkennzeichnung und Häufigkeit stehen in Klammern, das zugeordnete Lemma erscheint in Großbuchstaben.)

1) Belegformen, die als unterschiedliche schriftliche Verwendungsinstanzen eines Sprachzeichens[14] gelten können, erhalten ein gemeinsames Lemma. Das Lemma erhält die Form der jüngsten Belegform. Reicht dieses Kriterium nicht, wird die häufigste Belegform gewählt.

   Feuer [K 15; M 15]0
   Feür [A 3]
   --> FEUER
   Feur [A 1; K 1]
   Fewer [A 4; B 29]

2) Die aus attributiven Fügungen entstandenen Belegformen erhalten das modifizierte Substantiv als Lemma. wenn dieses ebenfalls belegt ist. Ist dies nicht der Fall, erfolgt eine Kennzeichnung mit einem Sternchen.

   Fewer, stetiges [B 1] --> FEUER
   Art, solvirende [K 1] --> ART*

3) Den nach (b) erhaltenen Verbzusammensetzungen wird das zugrundeliegende Verb als Lemma zuge-

------

11 Die Behandlung der Flexions- und Wortbildungsmorpheme erfolgte dabei auf der Grundlage von H.Moser/H.Stopp (1970-1978), Penzl (1984). Zu Vergleichszwecken wurde zudem das Frühneuhochdeutsche Glossar von Götze herangezogen.

12 Vergl. Penzl (1984) S. 153 f, 169

13 Dies steht im Gegensatz zum Lemmatisierungsverfahren von Anderson/Goebel/Reichmann, das sprachtheoretisch und sprachhistorisch begründet ist. Vergl. Anderson/Goebel/Reichmann (1981b),S. 78 ff.
Dort wird ein idealisiertes graphematisches System des Frnhd. entworfen, das die Repräsentation verschiedener schriftlicher Verwendungsinstanzen eines Sprachzeichens festlegt und zu einem Lemma führt, dem nicht notwendigerweise eine Belegform entsprechen muß (Konstruktlemma).
Vergl. auch Wiegand (1983), S. 444-448

14 Vergl. Wiegand (1983), S. 423; ders. (1984), S. 569

geordnet, wenn dieses ebenfalls belegt ist. Ebenso wird bei Verben mit Präfix/Halbpräfixen verfahren.

<u>abtreiben</u> [K 5]
<u>davontreiben</u> [B 1;K 2] --> TREIBEN
<u>herübertreiben</u> [K 1;M 2]

4) Durch explizite Derivation entstandene Adjektive erhalten die jeweilige Basis als Lemma, wenn diese ebenfalls vertreten ist.

<u>alkalisch</u> [K82 190] --> ALCALI

Mit einer Ausnahme hat in allen anderen Fällen das Lemma die Form der jeweiligen Belegform. Die Ausnahme betrifft die Farbadjektive und Farbsubstantive. Diese sind dem Lemma 'Farbe' zugeordnet, das auch als Belegform erscheint. Der so festgelegte Lemmabestand wird alphabetisch angeordnet.

Die Unterscheidung zwischen Belegform und Lemma bestimmt die Makrostruktur des Wörterbuchs, dem ein Index zugeordnet ist. Das Wörterbuch enthält die Wörterbuchartikel, deren jeweils erstes Textsegment das Lemma ist. Diesem folgt der zugeordnete lexikographische Text. Der Index verzeichnet alle Belegformen.

4.1.2. Aufbau der Wörterbuchartikel

Aus P_2 ließen sich zwei obligatorische Informationen ableiten, die das Wörterbuch zu den lexikalisierten Einheiten liefern sollte. Die Differenzierung in Wörterbuch und Index betrifft auch die Belegstellenangaben und Bedeutungserläuterungen.

Da sich die Belegstellenangaben auf die jeweilige Belegform beziehen, das Lemma dagegen mehrere Belegformen zusammenfassen kann, erscheinen die Belegstellenangaben unter den Belegformen im Index. Dadurch wird ein Anschwellen der Artikel vermieden. Als Belegstelle wird die jeweilige Zeile genannt, innerhalb der die Belegform auftritt. Ein Sternchen kennzeichnet das mehrfache Auftreten in einer Zeile. Zu jeder Belegform erscheinen alle Belegstellen in chronologischer Reihenfolge beginnend mit dem ältesten Text. Die jeweils erste Belegstelle in einem Text wird mit der Textkennung [A = Alanus; B = Basilius; K = Kunckel; M = Marggraf] versehen. Den Belegstellen folgt das Lemma. Der Verweis auf das Lemma unterbleibt, wenn es mit der jeweiligen Belegform übereinstimmt. Alle weiteren Informationen erscheinen im Wörterbuch innerhalb des dem Lemma zugeordneten Textes. Die Artikel enthalten, neben dem Lemma als erstem Element, die folgenden Textsegmente:

- Formvarianten
- Angaben zu Genus und Flexion
- Belegbeispiele
- Bedeutungserläuterung
- Wortbildungskonstruktionen bzw. Lexemkombinationen
- Verweise

Dabei handelt es sich um eine offene Beschreibungsmethode, so daß die Reihenfolge zwar festliegt, das Erscheinen einzelner Textsegmente jedoch vom behandelten Lemma abhängt.

Die Formvarianten verzeichnen in spitzen Klammern die Belegformen, die als unterschiedliche schriftliche Verwendungsinstanzen desjenigen Sprachzeichens gewertet wurden, das durch das Lemma repräsentiert ist. So soll der gezielte Zugriff auf die Information der Belegstellenangaben des Index auch aus dem Wörterbuch heraus ermöglicht werden. Als erste Information zum Vorkommen der Formvarianten wird diesen in eckigen Klammern die Kennung der Texte zugeordnet, in denen sie erscheinen. Die Einzelangaben sind dann dem Index zu entnehmen.

Die Angaben zur Morphologie beschränken sich, auf der Grundlage des Textkorpus, auf das Genus und die Flexion[15].

Ich verstehe die Belegbeispiele als Ergänzung zu den Bedeutungserläuterungen, durch die der Benutzer "...die Möglichkeit erhält, die jeweilige Bedeutung durch einen zusätzlichen Informationstyp zu lernen."[16] Jeder Bedeutungserläuterung ist mindestens ein Belegbeispiel zugeordnet. Dabei entspricht die Anordnung der Belege der der Bedeutungserläuterungen.

Die Besonderheit des behandelten Lexikausschnitts bedingt, daß bei den Bedeutungserläuterungen[17] nicht nach einem festen Verfahren vorgegangen werden kann. Unterschiedliche Lemmatypen[18] erfordern jeweils andere Erklärungsmuster.

Bei einer Gruppe von Ausdrücken lassen sich annähernd die Referenz- und/oder Prädikationsregeln angeben, für deren Gebrauch in usuellen Texten[19]. Dies gilt für Ausdrücke wie <u>Aqua fortis</u> (halbkonzentrierte Salpetersäure, Scheidewasser) oder <u>Retorte</u>, wenn man einen

------

15 Vergl. dazu Anderson/Goebel/Reichmann (1981a), S. 19

16 Vergl. ebenda S. 29 ff

17 Vergl. dazu Wiegand (1981) S. 157 ff

18 vergl. Wiegand (1982) S. 124
Hausmann (1985) S. 374 f

19 Zum Terminus "usueller Text" und dessen Beziehung zum "usuellen Benennungskontext" vergl. Wiegand (1981) S. 160 und Anm. 72.
Dort werden alle schriftlichen oder mündlichen Äußerungen als usuelle Texte für einen sprachlichen Ausdruck A (bezogen auf ein Sprachstadium) festgelegt, in denen der Ausdruck in "semantischer Übereinstimmung mit korrekten Antwortäußerungen in usuellen Benennungskontexten" erscheint. Antwortäußerungen in usuellen Benennungskontexten sind solche, die in einem dialogischen Kontext auf Fragen des Typs "Was ist ein A" erfolgen.
Zur Referenz- und Prädikationsregeln im Hinblick auf Sach- und Bedeutungserklärungen vergl. Püschel (1981) S. 132 ff.

Lexikonartikel wie den folgenden als reduzierten usuellen Benennungskontext versteht[20].

> *Retorta est vas globosum, cuius collum paulatim a ventre procedit, ac sensim in oblongum canalem reflexum transit.*[21]

Eine Annäherung bleibt die Angabe solcher Regeln, da die Bestimmung eines Textes als usuell bzw. die Annahme der Übereinstimmung eines als usuell erkannten Textes mit usuellen Benennungskontexten (soweit diese überhaupt auffindbar) nicht unproblematisch ist.

Eine zweite Gruppe bilden solche Ausdrücke, die sowohl einen abstrakten Begriff wie eine konkrete Substanzgruppe bezeichnen und die darüberhinaus auch auf eine konkrete Einzelsubstanz referieren können, die im Verlaufe eines Prozesses entsteht. Ein Beispiel dafür ist corpus, das auf der abstrakten Ebene ein Prinzip bezeichen kann, dem die Gruppe der Salze zugeordnet ist und das ebenso eine feste Einzelsubstanz bezeichnen kann, deren Identität nur aus dem Kontext ermittelbar ist. Eine Bedeutungserläuterung erhält hier, neben der Darstellung begrifflicher Zusammenhänge, den Status eines "textspezifische(n) Interpretationsangebote(s)"[22].

Eine dritte Gruppe bilden schließlich die Ausdrücke, die eine fachliche Handlung bezeichnen. Die Bedeutungserläuterung kann hier die Beschreibung des Handlungsablaufes, unter Hinweis auf die beteiligten Geräte und Substanzen, umfassen.

Aus den genannten Gründen wird in den Bedeutungserläuterungen nicht zwischen Bedeutungs- und Sacherklärung unterschieden. Vielmehr werden in dem Maße enzyklopädische Informationen geboten, wie dies zur Erhellung des begrifflichen Zusammenhangs des dargestellten Sprachausschnitts beiträgt[23]. Zu diesem Zwecke kann die Bedeutungserläuterung auch den Rahmen des Textkorpus verlassen und andere, vergleichbare Texte heranziehen (etwa in Form sprachreflexiver Zitate). Dabei bleibt jedoch der Bezug zum Textkorpus gewahrt.

Einige Lemmata repräsentieren Lexeme (häufig Verben), die im fachlichen Handlungskontext erscheinen und somit fachliche Bedeutung tragen, die aber dennoch keine exklusiven Fachwörter sind (dareinwerffen, zerreiben, zusetzen). In solchen Fällen, in denen die fachliche Bedeutung mit der nichtfachlichen übereinstimmt, reichen die Belegbeispiele zur Darstellung der fachlichen Verwendung der jeweiligen Lexeme hin und es wird auf eine zusätzliche Bedeutungserläuterung verzichtet[24].

------

20 Der Lexikonartikel erscheint dann als Element eines dialogischen Kontextes für dessen Möglichkeit das Lexikon eine Bedingung bildet.

21 Ruland (1612) S. 404

22 Wiegand (1984) S. 602

23 Vergl. dazu Anderson/Goebel/Reichmann (1981a) S.22ff ebenso Wiegand (1981) S. 161

Der Bedeutungserläuterung folgen die Belegformen, die als Wortbildungskonstruktionen oder Lexemkombinationen dem Lemma zugeordnet sind und die im Index auf dieses Lemma verweisen. Eine Kommentierung erfolgt hier zumeist mit Rückgriff auf die Bedeutungserläuterung zum Lemma.

Die letzte Position bilden die Verweise auf andere Lemmata. Damit sollen Bedeutungsbeziehungen zu anderen Ausdrücken hervorgehoben werden. Hier handelt es sich im strengen Sinne nicht um einen Wortfeldausschnitt, da die Bedingung der einheitlichen syntaktischen Kategorie[25] nicht immer erfüllt ist. Diese Notwendigkeit ergab sich aus der Begrenztheit des Textkorpus. So müßte unter dem Lemma "scheiden" oder "trennen" ein Verweis auf "quartieren" erscheinen. Denn dabei handelt es sich um eine besondere Trennungsmethode, die auf Gold-Silber-Legierungen angewandt wird (Scheidung durch die Quart). Im Textkorpus ist "quartieren" jedoch nicht belegt. Belegt ist dagegen der Ausdruck "quart" im Sinne einer Kürzung der Verfahrensbezeichnung. Um diesen Zusammenhang dennoch darstellen zu können, wird unter "trennen" oder "scheiden" auf "quart" verwiesen.

Es gelten folgende drucktechnischen Festlegungen: Im INDEX erscheinen alle Belegstellenangaben fett gedruckt. Der jeweils ersten Belegstelle eines Textes wird die Textkennung vorangestellt. Auf das zugeordnete Lemma wird durch einen Pfeil (->) verwiesen.

Im WÖRTERBUCH erscheinen alle Lemmata fett gedruckt. Alle Belegformen und Zitate aus dem Textkorpus werden kursiv wiedergegeben. Belegbeispiele erscheinen mit Einzug. Zitate aus anderen Texten werden nur mit Anführungszeichen versehen. Lemmata, die nicht im Textkorpus belegt sind, erhalten ein Sternchen. Außerhalb des Wörterbuchs wird auf die Lemmata des Wörtbuchs mit Großbuchstaben verwiesen.

4.2. Die Fachsprache in Funktion - Zur Darstellung chemischer Vorgänge

Beschreibungsgegenstand ist die Fachsprache der Chymie im weiteren Sinn in ihrer Funktion innerhalb des fachlichen Handlungszusammenhangs. Dieser Handlungszusammenhang wurde mit Hilfe der vier fachkonstituieren-

------

[24] Diese Nutzung des gemeinsprachlichen Wortschatzes - vor allem zur Bezeichnung fachlicher Handlungen - ist charakteristisch für die sich entwickelnde Fachsprache und geht häufig einher mit einer Vielzahl von Bezeichnungsalternativen für eine fachliche Handlung. Ein Beispiel dafür sind die verschiedenen Präfigierungen von "treiben", die sich alle auf den Vorgang des Destillierens beziehen. (vergl. 3.2)

[25] Vergl. Lutzeier (1985) S.121 und S.125: Definition 7 Zum "onomasiologischen Teilfeld" vergl. auch Anderson/Goebel/Reichmann (1981a) S. 33-36.

den Variablen charakterisiert. Fachsprache ist dann nur zu beschreiben auf der Grundlage dieser Variablen, die ja den Bereich der Gegenstände und Sachverhalte des Faches festlegen. Erst so wird die Funktion einzelner sprachlicher Elemente für den fachlichen Zusammenhang deutlich.

In der Variable 'Zielsetzungen' spiegelt sich das fachliche Selbstverständnis des einzelnen Forschers. Bezogen auf den einzelnen Text erlaubt die Zuordnung der jeweils verfolgten Ziele zu den angenommenen Zielsetzungen des Faches, die Bestimmung des Textes als Fachtext (4.1.1.). In der diachronen Veränderung der in den vier Texten manifest werdenden Zielsetzungen zeigt sich die Veränderung des Faches (3.5.). Die Variable 'Zielsetzungen' reflektiert also die Relevanz der fachlichen Handlungen.

Im Gegensatz dazu betreffen die drei anderen Variablen (Objektbereich, Grundannahmen, Handlungsmuster; vergl. 2.1.) den fachlichen Handlungszusammenhang selbst. Eine Beschreibung der ermittelten Lexik der Fachsprache im weiteren Sinne sollte innerhalb dieses Zusammenhangs erfolgen. In einer ersten Näherung wäre danach der Lexikausschnitt Elemente des Objektbereichs, ihr Verhalten und ihre Eigenschaften von einem weiteren Bereich zu trennen, der sich auf die fachlich-praktischen Handlungen und die dazu nötigen Geräte und Instrumente bezieht. Schließlich wären noch die sprachlichen Korrelate einer abstrakteren Begrifflichkeit zu untersuchen, die sich auf die Grundannahmen bezüglich der Elemente des Objektbereichs beziehen (ANIMA, ELEMENT, PRINCIPIUM).

Eine nach diesen Gesichtspunkten strukturierte Beschreibung geht aber an der Eigenart des behandelten Sprachausschnittes vorbei.

Dies macht ein Blick in die Quellentexte und in das Wörterbuch deutlich. So zeigen etwa die Abschnitten ERDE, TERRA, SPIRITUS und WESEN, daß zwischen Abstraktum und Konkretum, also zwischen der Bezeichnung einer realen Einzelsubstanz und eines scheinbar hypothetischen Konstrukts, nicht leicht zu unterscheiden ist.

Der Wortschatz der 'Theoria' und der Praxis überlagern sich ebenfalls auf der Ebene für Bezeichnungen der Eigenschaften von Substanzen und der Beschreibung ihres Verhaltens. Die erkannten oder auch nur angenommenen Eigenschaften einer im Prozeß entstandenen Substanz finden Eingang in eine Benennung, die die Substanz häufig nur innerhalb des beschriebenen Handlungskontextes identifiziert. (Vergl. den Zusammenhang GROB, SUBTIL, PORUS)

Diese 'ad hoc' Bildungen behalten ihre Bedeutung auch in der Praxisferne des schriftlichen Diskurses und sind in ihrer Situationsabhängigkeit im ursprünglichen Sinne fachlich, indem sie eine fachliche Handlung kommentierend begleiten.

Am Beispiel der Verben BRENNEN, LOSMACHEN, SOLVIREN

und VERBINDEN erkennt man die Überlagerung der zwei Beschreibungsebenen, die sich auf das Verhalten der Substanz einerseits und auf die Umsetzung chymischer Handlungsmuster andererseits beziehen. Betrachtet man Verben wie VEREINIGEN und STREITEN, so verschwinden die Grenzen zwischen der sprachlichen Darstellung der Initiierung, der Beschreibung und der Erklärung chemischer Vorgänge nahezu völlig.

Eine adäquate Beschreibung der Sprache des Faches Chymie kann nur gelingen, wenn der fachliche Zusammenhang gewahrt bleibt. Dies scheint mir durch die Fokusierung auf zwei wesentliche Elemente der chymischen Tätigkeit möglich: Die Beschreibung chemischer Prozesse und deren Erklärung.

Der chemische Prozeß ist zunächst die Umsetzung von Ausgangsstoffen (Edukten) zu Produkten oder, wenn es sich um einen mehrstufigen Prozeß handelt, zu Zwischenprodukten. Es ist daher nicht nur interessant, nach den realisierten Bezeichnungen für einzelne eingesetzte Edukte zu fragen. Vielmehr verspricht die Untersuchung der Bezeichnung von (Zwischen-)Produkten zusätzlichen Aufschluß über Bezeichnungsmechanismen einerseits und den ihnen zugrundeliegenden Vorstellungen über die Natur der chemischen Vorgänge andererseits. Ebenso muß unterschieden werden zwischen der Darstellung des Vorgangs als eigenständigem und als vom Chymisten initiiertem Ereignis. In den letzteren Bereich gehört auch die Betrachtung der Instrumente und Geräte, derer sich der Chymist bedient. Wie die entsprechenden Einträge im Wörterbuch zeigen, ist hier das Feuer von besonderer Bedeutung (vergl. FEUER, HITZE, WÄRME).

4.2.1. Die Substanzen

4.2.1.1. Systematisierung der Substanzbezeichnungen

Um eine erste Orientierung im Hinblick auf die verschiedenen, in den Texten realisierten Arten der Bezeichnung zu erreichen, möchte ich zu Beginn die Grundformen der Substanzbezeichnungen an einigen Beispielsätzen erläutern. Zwar sind diese Beispiele alle dem Text des J.Kunckel entnommen, ein Blick in die Artikel CORPUS, ERDE, STEIN wird aber zeigen, daß es sich hier um Grundmuster handelt, die in unterschiedlichen Ausprägungen und Häufigkeiten in allen vier Texten erscheinen.

1) Wie der <u>Mercurius</u> generirt werde / oder worin er bestehe / darüber sind allerhand Meynungen.
1a) und kam mein <u>Mercurius</u> lebendig wieder herüber gewandert
2) wann ich nun den <u>Calcem</u> edulcoriret habe
3) dann der Mercurius hat keine Farbe vor sich / sondern was er hat / kriegt er nur / nach dem er ein <u>sal</u> kriegt

3a) das Sal hat Macht seine Terram in der Calcination anzugreiffen und zu solviren
4) Die Ursache (...) ist diese / daß die salia gerne eine Terram annehmen.
4a) so die Terra vom Golde geschieden ist / ist sie eben wohl weiß

1') nahm inzwischen etwas von dieser Tinctur, und goß es über einen gereinigten Mercurius
1'') Mag allhier der rechten Sahlbaderey wegen des Mercurii coagulati (...) in der Pfannen mit dem Viridi aeris nicht einmahl gedencken
2') edulcorire man den calcem Solis wie man wolle
3') praecipitir es mit Sale Tartari
3'') das Sal acidum, welches die Metalle figirt
4') und kan ich leicht erweisen / daß die Terra Lunae (...) vor sich selber eine äusserliche Röthe praesentire
4'') denn diß wächset oder generirt sich am ersten aus solch einer terra viscosa.

Der Wortbildung oder der sprachlichen Form nach zerfallen die aufgeführten Substanzbezeichnungen (jeweils unterstrichen) in zwei Gruppen - einfache Ausdrücke und zusammengesetzte Ausdrücken. Die einfachen Ausdrücke bezeichne ich als Benennung.

Die Benennungen können danach unterschieden werden, ob sie eine Einzelsubstanz oder eine Substanzklasse bezeichnen.

Die Lexeme Sal (3) und Terra (4) denotieren jeweils eine Substanzklasse, deren jeweilige Objekte verschiedene Substanzen sind[26]. Versucht man, die Denotation von Sal und Terra zu spezifizieren, so erkennt man, daß die Klassenzugehörigkeit im ersten Fall durch chemische Eigenschaften (Löslichkeit) und im zweiten Fall durch physikalische Eigenschaften (feste Konsistenz) festgelegt wird. (Vergl. SAL, TERRA).

Sal ist ein Beispiel für solche Benennungen, die Substanzklassen denotieren, die durch chemische Eigenschaften bestimmt sind. Andere chemisch bestimmte Substanzklassen werden von Acida, Corrosiv, Vitriol oder Metall denotiert.

Entsprechend repräsentiert Terra diejenigen Benennungen, die verschiedene Substanzen nach physikalischen Aspekten zusammenfassen. Weitere Beispiele sind: Erde, Mineralia, Oleum, Viskosa[27].

------

[26] Die Objekte einer Substanzklasse können auch als Einzelsubstanzen bezeichnet werden. Vitriol denotiert die Klasse der Sulfate der zweiwertigen Metalle. Zu den verschiedenen Substanzen, die dieser Definition genügen, gehören u.a. Vitriolum Martis und Vitriolum Veneris.

[27] Diese Einteilung in physikalische und chemische Klassen entspricht den heutigen Begriffen von chemi-

In referierenden Ausdrücken können die Benennungen auf ein bestimmtes Element (spezifische Referenz, 3a, 4a) oder auch auf ein nicht weiter spezifiziertes Element (nicht spezifische Referenz, 3, 4) der Klasse referieren.

Neben den Lexemen, die physikalisch oder chemisch bestimmte Substanzklassen benotieren, gibt es eine dritte Gruppe, die in (2) repräsentiert ist.

Wie in den anderen Fällen denotieren auch diese Benennungen Klassen von verschiedenartigen Substanzen. Bestimmten jedoch bei den chemisch bzw. physikalisch bestimmten Substanzklassen substanzinhärente Eigenschaften die Zugehörigkeit zu einer Klasse, so gilt dies nicht für Lexeme wie Abzug, Essentz, Extractus, Rückstand, Solution, Tinctur.

Jedes dieser Lexeme denotiert eine Klasse von Substanzen, deren klassenbildende Eigenschaft die chemische Operation ist, aus der sie hervorgegangen sind. Die Spezifizierung der Denotation von Abzug besteht also in der Angabe:'Eine Substanz, die das Produkt einer Destillation war.' Physikalische oder chemische Eigenschaften der so bezeichneten Substanzen sind also nur in Kenntnis der jeweiligen Operation, aus der sie hervorgegangen sind, erschließbar. Lexeme dieser Art denotieren also Klassen von operationsbestimmten Substanzen. Ich fasse sie in der Gruppe der operationsbestimmten Substanzbezeichnungen zusammen.

Aufgrund der hohen Kontextabhängigkeit dienen die operationsbestimmten Substanzbezeichnungen innerhalb der Beschreibung fachlich-praktischen Behandelns einer oder mehrerer Einzelsubstanzen fast immer der spezifischen Referenz(2).

Eine besondere Stellung innerhalb der Benennungen nehmen Ausdrücke wie Mercurius (1) ein. Wie auch im Falle von Jupiter, Mars oder Saturn werden hier die Eigennamen von Planeten verwendet, um Einzelsubstanzen - Metalle - zu bezeichnen.

Der Denotatbereich von Mercurius umfaßt die Klasse all der Substanzen, die durch die heutige Definition von Quecksilber spezifiziert wird. Diese "Konsistenzbestimmtheit" läßt die Bestimmung von Mercurius als Stoffname zu[28]. Diese Konsistenzbestimmtheit geht nach

------

schen und physikalischen Eigenschaften, die für den Untersuchungszeitraum nicht so scharf zu trennen sind. Dennoch scheint mir eine solche analytische Differenzierung für Beschreibungszwecke sinnvoll, zumal man mindestens von der Dominanz chemischer bzw. physikalischer Eigenschaften in den jeweiligen Klassen sprechen kann. (Vergl. die entsprechenden Wörterbucheinträge.)

[28] Vergl. Harweg (1987), S. 796.
Das Kriterium der Pluralbildung (ebenda, S. 796 ff) (Pluralsuffix vs. Zähleinheitswort), das die scheinbare Nicht-Zählbarkeit von Stoffnamen aufhebt, ist

Harweg mit der "Charakterisierung der abstrakt-intensionalen Denotate generisch verwendeter Stoffnamen als gestaltlos" einher[29].

Diese Gestaltlosigkeit scheint mir zumindest im Falle der als Stoffnamen verwendeten Planetennamen partiell aufgehoben. Über die Eigennamen wird eine Personifizierung der Denotation von '<u>Mercurius</u>' möglich. Das Individuum 'Mercurius' ist die Personifizierung der Eigenschaften, die eine Substanz zum Denotat von '<u>Mercurius</u>' werden lassen[30]. So wie 'Saturn' die Personifizierung der Denotation von '<u>Saturn</u>' ist und damit die Eigenschaften vorführt, die die Objekte besitzen, die der von '<u>Saturn</u>' denotierten Klasse angehören:

> *Jch Saturnus, der höchste Planet am Firmament / bezeuge hiermit für euch Herren allzumahl / daß ich der untüchtigste und geringschätzigste unter euch allen bin / eines schwachen zerstörlichen Leibes / schwartzer Farbe (...) und doch ein Prüfer Euer alle (...).*[31]

Trotz der Unschärfe scheint es mir sinnvoll, hier von Stoffnamen zu sprechen. Wie in (1) können diese in referierenden Ausdrücken generisch verwendet werden oder sich auf ein Element aus dem Denotatbereich beziehen (1a).

Ich wende mich nun den zusammengesetzten Ausdrücken zu. Hier handelt es sich um attributive Fügungen, in denen einem Grundwort[32] spezifizierende Informationen

------

insofern erfüllt, als festgestellt werden kann, daß eine Pluralform wie etwa für <u>Sal</u> [K108 150] für <u>Mercurius</u> nicht zu finden ist.

29 Ebenda, S. 975

30 Diese Schwankung zwischen Stoff- und Eigenname findet seinen Niederschlag darin, daß <u>Mercurius</u> in referierenden Ausdrücken sowohl mit als auch ohne Artikel erscheint: "Nim Mercurium / dann ohn ihn hat die Natur nit Macht zu arbeiten" [A119]. "Der Mercurius zerreibet alle ding" [A210]

31 Basilius Valentinus; Vom grossen Stein der uhralten Weisen; Hamburg 1677, S. 18. Hier beschreibt der das Blei repräsentierende Saturn einige der Eigenschaften, die eine Substanz besitzt, wenn sie zum Denotatbereich von <u>Saturn</u> gehört. Mit "Prüfer Euer aller" ist das Verfahren der Treibearbeit gemeint. Vergl. TREIBEN.

32 Aufgrund des begrenzten Textkorpus erscheinen einzelne Grundworte der zusammengesetzten Ausdrücke nicht als Benennungen in den Texten. In diesen Fällen kann aber eine Bestimmung erfolgen auf der Grundlage der Kenntnis anderer zeitgenössischer Texte, die aus Gründen der Begrenzung des Materials nicht in das Textkorpus aufgenommen wurden. Die Beispiele wurden so gewählt, daß der Zusammenhang zwischen Benennung und zusammengesetztem Ausdruck deutlich wird.

zugeordnet werden. Im Falle des Goldkalch ist der Übergang zum Determinativkompositum, der sich in dieser Konstruktion andeutet, bereits vollzogen.

Wie bestimmt nun die zusätzliche Information die Denotation und den Denotatbereich der zusammengesetzten Ausdrücke? Die grundsätzlichen Möglichkeiten werden bei dem Vergleich von (1a) mit (1') und (1'') deutlich. Der Ausdruck gereinigter Mercurius in (1') denotiert die gleiche Klasse von Stoffen wie der Stoffname Mercurius. Ein Unterschied kann sich nur auf der Ebene der Referenz zeigen. Indem mit dem Ausdruck 'der Mercurius' auch dann noch korrekt auf eine Substanz referiert werden kann, wenn man annehmen muß oder weiß, daß sie mit geringen Verunreinigungen versehen ist[33]. Die Denotation des Ausdrucks gereingter Mercurius spezifiziert die zusätzliche Eigenschaft, einem Reinigungsverfahren ausgesetzt gewesen zu sein. Mithin unterscheiden sich die Referenten in (1a) und (1') höchstens im Grade ihrer Reinheit.

Im Gegensatz dazu ist die Denotation des Ausdrucks Mercurius coagulatus (1'') eine ganz andere. Denn sie spezifiziert eine Klasse von Substanzen, für die gilt, daß sie entstehen, wenn dem Quecksilber zum Zwecke der Verfestigung ein Stoff, meist Schwefel, zugesetzt wird. In einem referierenden Ausdruck verwendet, referiert Mercurius coagulatus auf eine chemisch andere Substanz als Mercurius in (1a).

Welche Verhältnisse finden sich nun bei den zusammengesetzten Ausdrücken, die auf der Grundlage solcher Benennungen gebildet sind, die Substanzklassen denotieren? Bei den Lexemen, die eine operationsbestimmte Substanzklasse denotieren, erhöht die zusätzliche Information den Detailliertheitsgrad der Denotation. Damit geht eine Einschränkung des Denotatbereichs einher, so daß der gebildete zusamengesetzte Ausdruck eine Unterklasse zu der von der zugrundeliegenden Benennung bezeichneten Klasse denotiert: Auf den Referenten von (2') kann man weiterhin korrekt mit dem referierenden Ausdruck von (2) referieren, während dies umgekehrt nicht gilt.

Bei den Lexemen, die eine physikalisch oder chemisch bestimmte Substanzklasse denotieren, führt die zusätzliche Information ebenfalls zu einer Erhöhung der Detailliertheit der Denotation. Dies kann zu einer solchen Einschränkung des Denotatbereichs führen, daß der zusammengesetzte Ausdruck als Stoffname eine Einzelsubstanz denotiert, die gemäß ihrer physikalischen (4') oder chemischen (3') Eigenschaft Element der Klasse ist, die die zugrundeliegende Benennung denotiert. Die Einschränkung des Denotatbereichs kann aber auch derart sein, daß eine Unterklasse, die verschiedene Substanzen

------

33 Ein anderes Problem, das hier jedoch nicht zu erörtern ist, ist die Frage, wie groß diese Verunreinigungen sein dürfen.

enthält, gebildet wird. Dieser Fall ist nur bei den chemisch bestimmten Substanzklassen realisiert. Der zusammengesetzte Ausdruck denotiert dann eine chemisch bestimmte Substanzklasse, die eine Unterklasse derjenigen Substanzklasse ist, die durch die zugrundeliegende Benennung bezeichnet wird. In einem referierenden Ausdruck kann der zusammengesetzte Ausdruck auf eine Substanz als Element der von ihm denotierten Klasse referieren (3'').

Im Zusammenhang mit den Benennungen physikalisch bestimmer Substanzklassen finden sich zusammengesetzte Ausdrücke, die zwar Einzelsubstanzen bezeichnen (Stoffnamen), deren Denotate aber nicht in den Denotatbereich der zugrundeliegenden Benennung fallen: Die durch den zusammengesetzten Ausdruck bezeichnete Einzelsubstanz ist nicht Element der physikalischen Klasse, die die zugrundeliegende Benennung bezeichnet (4'').

Zusammenfassend kann man also sagen, daß die Benennungen zum einen Einzelsubstanzen und zum anderen Substanzklassen denotieren. Auf einen Stoff kann referiert werden, indem er als Einzelsubstanz oder als Element einer physikalisch, chemisch oder operationsbestimmten Substanzklasse identifiziert wird.

Vornehmlich durch Attribuierung wird den verschiedenen Arten von Benennungen weitere Information zugeordnet. Von der Art dieser Information wird das Verhältnis des so gebildeten zusammengesetzten Ausdrucks und der zugrundeliegenden Benennung bestimmt.

Eine Betrachtung der Substanzbezeichnungen sollte somit folgende Aspekte berücksichtigen. Gibt es Muster, nach denen die Beziehung zwischen Benennung und Einzelsubstanz festgelegt ist? Wie verteilt sich die Verwendung der Ausdrücke, die die verschiednen Substanzklassen denotieren über die Texte? Bezogen auf die zusammengesetzten Ausdrücke soll im folgenden nach einer Binnenstrukturierung der attributiven Zusatzinformation gesucht werden, um den Einfluß dieser Zusätze auf die zugrundeliegende Benennung genauer erfassen zu können.

Benennungen bei Alanus und Basilius

Die Gruppe der Benennungen, die sich auf Einzelsubstanzen beziehen, ist sowohl bei Alanus als auch bei Basilius recht klein. Im Falle des Alanus stimmt dieser Befund mit dem von ihm selbst zu Beginn des Traktats festgestellten Grundsatz überein: "darumb so bestehet die kunst allein auß der Seel des leibes vnd des geystes / vesteh Sulphuris vn Mercurij"

Dieser Grundsatz weist auch schon auf die allgemeine Schwierigkeit hin, zwischen der Bezeichnung einer Einzelsubstanz und der Bezeichnung eines - für die Vorstellung vom Werk wichtigen - spekulativen Begriffes zu unterscheiden.

So liegt mit Sulphur eine Bezeichnung vor, in deren Denotatbereich sich reale Objekte befinden. Entsprechend erscheint Sulphur in referierenden Ausdrücken, die auf eines dieser Objekte referieren können: "dieser Sulphur (...) wäre von 12. Loth Gold" [K2618]. Im Gegensatz dazu kann man bezweifeln, ob ein Lexem wie Anima Denotation hat und in der realen Welt Denotate besitzt. Für das Folgende möchte ich annehmen, daß Lexeme wie Anima Denotation haben, die man annäherungsweise spezifizieren kann (Anima denotiert die Klasse von Stoffen, von denen gilt, daß sie allen Substanzen inhärent sind und die, vor allem aus den Metallen, isoliert werden können.) . Die Frage, ob es Objekte in der realen Welt gibt (oder für die Alchemisten gab), die dem Denotatbereich von Anima angehören, scheint mir weniger entscheidend, als die Tatsache, daß Anima in referierenden Ausdrücken verwendet wird, um auf einen konkreten Stoff zu referieren: "Aber eine solche außziehung der Anima mit dem Spiritus Mercurij geschicht nicht zu einem mahl" [A177][34].

Im Gegensatz dazu finden sich aber auch Benennungen, deren Referenten eindeutig als Einzelsubstanzen zu identifizieren sind. Einige dieser Benennungen haben den Charakter von Decknamen, indem die Substanz, auf die die Bezeichnung innerhalb der Äußerung referiert, nicht im Denotatbereich der Bezeichnung liegt. Ein Beispiel ist die Referenz auf das Quecksilber als der Roßmist. Sowohl Alanus als auch Basilius verwenden neben der üblichen Metallnamen ein Benennungssytem, dem die Annahme einer Wechselwirkung zwischen den Metallen und der Sonne, dem Mond und den fünf näheren Planeten zugrundeliegt. Hier jedoch von Decknamen sprechen zu wollen, erscheint wenig sinnvoll, zu weit waren diese Metallbezeichnungen verbreitet.

Schon in der 'Tabula Smaragdina' findet sich die Verküpfung von Sonne und Mond mit dem Stein der Weisen:

Sein Vater ist die Sonne/und seine Mutter der Mond[35]

So findet sich bei Alanus und Basilius die Zuordnung Saturn - Blei, Venus - Kupfer, Jupiter - Zinn, Mercurius - Quecksilber, Mars - Eisen, Luna - Silber, Sol - Gold[36].

------

34 Vergl. dazu auch Lyons (1980), S. 223 f. Seine Aussage, ein Wort wie 'Einhorn' habe keine Denotation, ist insofern ungenau, als seine "Verwendung von 'Denotation' sowohl Extension als auch Intension umfaßt" (S.220). Indem er aber vom Sinn eines Wortes wie 'Einhorn' spricht, läßt er dessen Denotation als intensionale Definition zu. In eben diesem Sinn spreche ich von der Denotation des Wortes 'Anima'. Man kann vielleicht sagen, daß die Alchemisten die Denotate von Lexemen wie 'Anima' erst erschaffen, indem sie auf eine Substanz unter Verwendung des Lexems referieren. Dieses sprachphilosophische Problem möchte ich jedoch an dieser Stelle nicht vertiefen.

35 Zitiert nach Ruska 1926, S. 3)

36 Diese Zuordnung war etwa ab dem 7. Jhd. etabliert

Die Namen der Planeten wurden aber nicht nur zur Bezeichnung der Metalle verwendet, sondern fanden auch Eingang in zusammengesetzten Ausdrücken, die sich auf Substanzen bezogen, die mit den Metallen in Beziehung gebracht wurden. So findet sich bei Kunckel : Calx Solis, Corpus Saturni, Crocus Martis, Luna cornua, Luna potabili, Mercurius Saturni, Mercurius Solis und Tinctura Lunae. Und auch bei Marggraf finden noch Luna cornua und Saturnus cornuus Verwendung. Wenn sich auch die Ausläufer dieses Benennungsmusters bis zu Marggraf verfolgen lassen, so muß doch ein wesentlicher Unterschied in der Verwendung der Planetensymbole zwischen Basilius einerseits und Kunckel bzw. Marggraf andererseits festgestellt werden. Basilius und viele Alchemisten vor ihm nutzten die Planetensymbole zur Personifizierung der Planeten und damit der Metalle. (Vergl. [B956 ff]) Eine solche Verwendung der Planetennamen findet man bei Kunckel und Marggraf nicht mehr.

Ein weiterer Rückgriff auf Himmelskörper als Bezeichnungsgrundlage bildet die Verknüpfung von Tierkreiszeichen mit Substanzen, wie sie in einem schwer zu deutenden Teiltext bei Basilius anzutreffen ist. (Vergl. [B1008-1022])[37]

Ein weiteres, bei Basilius festzustellendes Muster, das die Beziehung zwischen Bennennung und Einzelsubstanz festlegt, ist die Zuordnung von Tiernamen zu Substanzen. Dabei sollten die Eigenschaften der Tiere die Eigenschaften der bezeichneten Substanzen reflektieren:

> *Es ist aber zu wissen / daß diese Auffschrifft nicht ohngefehr geschehen sey / weilen die Anzeig=Mittel eine Eigenmässigkeit haben / die den Angezeigten zustehen. Seyn derhalben / bey Auffschließung der Thier=Bedeutungen die Eigenmässigkeiten derer Thiere zu betrachten.*[38]

Bei Basilius erscheint der Adler, Drache, Leo / Löwe und Wolf. Die jeweilige Identifizierung mit den Substanzen Salmiak, Nitrat, Gold und Antimon gelingt jedoch nur durch den praktischen Kontext und nicht etwa durch eine allgemein verbindliche Zuordnung der Tiernamen zu den Stoffen. So erlaubt die Umschreibung des Drachen sowohl die Zuordnung zu Mauersalpeter (aufgrund der Angabe der Fundorte) als auch die Zuordnung zu Kaliumnitrat (kalter Drache - Kaliumnitrat bewirkt bei der Auflösung eine merkliche Temperaturerniedrigung). Ebenso deutet der Drache nicht immer auf ein Nitrat.

------

und geht vermtl. auf Stephanus von Alexandrien zurück. Vergl. Crosland 1978, S.80. Vergl. auch Partington 1937.

37 Den einzigen Hinweis für eine Auflösung dieser Relation habe ich einem alchemistischen Stich entnommen, der die entsprechenden Tiersymbole mit alchemistischen Symbolen korreliert. Vergl. die Einträge im Wörterbuch.

38 J.J.Becher Oedipus Chymicus, 1680, S.136

Vielmehr schreibt Ruland (1612, S.189) "Draco ist Mercurius". Und das von Basilius erwähnte "rothe Drachenblut" [B275] ist eine Umschreibung für den Lapis.

Innerhalb dieses Ansatzes einer Systematik hing die Zuordnung des "Anzeig=Mittels" zum "Angezeigten" wesentlich davon ab, welche der "Eigenmäßigkeiten" vom Chymisten als entscheidend angesehen wurden. Durch diese jeweils individuelle Entscheidung rücken die Tiernamen in die Nähe von Decknamen, die nur den Eingeweihten zugänglich waren.

Die Abhängigkeit der Bezeichnung einer Substanz von dem chemischen Vorgang wie der Chymist ihn wahrnimmt, illustriert der 'Erste Schlüssel', in dem die Reinigung des Goldes (Löwe / König) durch das Antimon (Wolf) beschrieben wird. In der Phase, in der die Antimon-Gold-Legierung gebildet wird und das Antimon scheinbar den Vorgang dominiert, wird das Gold als 'König' bezeichnet, der als Mensch dem 'Wolf' unterlegen ist. In der Phase der Ausschmelzung dominiert dagegen das Gold. In Relation zum 'Wolf' wird es nun zum überlegenen 'Löwen'.

Innerhalb der Benennungen, die Substanzklassen denotieren, zeichnet sich, im Vergleich zu Kunckel und Marggraf , besonders die Gruppe der operationsbestimmten Substanzbezeichnungen aus.

Denn bei Alanus und Basilius zerfällt diese in zwei Unterklassen. In der einen Klasse wird der fachlich-praktische, in der anderen der spekulative Aspekt der chymischen Operation betont. Man vergleiche die beiden Gruppen.

operationsabhängige Substanzen

fachlich-praktisch	spekulativ
Abzug [B]	Man / Weib [A]
Amalgama [A]	Apollo / Diana [B]
Erde [B]	Braut /Breutigam [B]
Flegma [B]	König / Königin [B]
Kalck [B]	Elixir [B]
Nebel [B]	Ferment [B]
Solution [A B]	Leichnam [B]
	Medicin [A B]
	Nebel [A]
	Rabenhaupt [A]
	Seele [A]

So sind die Benennungen Abzug, Flegma, Erde an den Vorgang der Destillation geküpft, indem sie verschiedene Destillationsfraktionen bzw. den Rückstand der Destillation bezeichnen. Je nach behandeltem Stoff ändern sich die chemisch-physikalischen Eigenschaften der Referenten dieser Benennungen[39].

Obwohl in beiden Texten die Bildung eines Amalgams

------

[39] Das Lexem Erde erscheint hier in einer von mehreren Bedeutungsausprägungen. Vergl. den Wörterbucheintrag

ein wesentlicher Vorgang ist, erscheint Amalagama nur bei Alanus. Dort hat es auch nur den Status eines Zwischenproduktes und wird nicht mit dem Ziel des Werkes identifiziert.

Deutlich wird der Unterschied der beiden Gruppen in der jeweiligen Verwendung des Lexems Nebel. Während Basilius in [B156-162] eine Rückflußdestillation beschreibt, in der die als Nebel bezeichnete Feuchtigkeit auf den Destillationsrückstand - Erde - zurückfällt, referiert Alanus mit dem Ausdruck auf die Schwertz, also einer Substanz, die einem bestimmten Stadium innerhalb der Lapis-Gewinnung entspricht. Den gleichen Referenten besitzen auch Rabenhaupt und Leichnam in den entsprechenden referierenden Ausdrücken. Beide Ausdrücke entstammen dem Begriffsrahmen der spekulativen Alchemie, nach dem die schwarze Farbe die qualitätslose Materie auszeichnet, auf die die Bereitung des Steins aufbaut. Auf den Vorgang diese Bereitung wird die Vorstellung von Erlösung und Auferstehung projeziert, denen notwendig der Tod voraus geht. So bezeichnet auch der Leichnam ein Stadium in diesem Prozeß.

Schließlich sei noch auf den Mann-Frau-Dualismus verwiesen, nach dem häufig die zur Bereitung des Lapis verwendeten Reaktionsteilnehmer bezeichnet werden. Dieser Benennungsstruktur liegt die für die Alchemie fundamentale und in ihren Ausläufern auch noch bei Kunckel nachzuweisende Vorstellung zugrunde, die chemische Reaktion sei die Vereinigung eines männlichen und weiblichen Prinzips[40].

Die Loslösung einer Benennung aus dem spekulativen Begriffsrahmen spiegelt sich in der Verwendung von Tinctur innerhalb der Texte von Alanus, Basilius und Kunckel. Alanus und Basilius verwenden den Ausdruck im Kontext der Lapis-Gewinnung, zum einen um auf den Ausgangszustand zu referieren (Alanus), zum anderen um das Ziel zu bezeichnen (Basilius). Die Tinctur erscheint als eine andere Modifikation des Steins. Gleichzeitig beginnt sich aber bei Basilius eine weitere Denotation von Tinctur zu etablieren. Derart, daß Tinctur die Klasse der Lösungen oder Flüssigkeiten denotiert. Diese Aufspaltung setzt sich bis zu Kunckel fort, wo schließlich der fachlich-praktische Aspekt überwiegt. Deutlich wird diese Entwicklung in der vermehrten Bildung von zusammengesetzten Ausdrücken auf der Grundlage des Lexems Tinctur: Tinctura Antimonii, Tinctura Lunae, Tinctura Tartari, vegetabilische Tinctur.

Zu den Ausdrücken, die Substanzklassen denotieren, die durch chemische Eigenschaften bestimmt sind, rechne ich Corpus [A B], Metall [A B] und Sal [B]. Dabei bezeichnet der Ausdruck Corpus bei Alanus und Basilius

------

40 Die weitreichenden Auswirkungen dieser Vorstellung werden in der Behandlung der sprachlichen Fassung chemischer Vorgänge und ihrer Erklärung erörtert. Vergl. CONJUNCTION , EINIGUNG und HEYRADT.

jeweils eine andere Klasse. Während Alanus den Ausdruck neben Leib und Cörper als Synonym für Metall verwendet, erscheint er bei Basilius als Synonym für Sal bzw. Saltz. Vor allem in dem Ausdruck Saltz ist die chemische Eigenschaft der Lösbarkeit und der typische Geschmack der Substanzen dieser Klasse bezeichnet, dagegen weist Sal stärker auf den abstrakten Begriff des paracelsischen Prinzips der Festigkeit und Nichtflüchtigkeit.

Zu beachten ist schließlich noch, daß bei Basilius eine Bedeutungsdifferenzierung zwischen Corpus und Cörper festzustellen ist. Denn im Gegensatz zum lat. Ausdruck, der weiterhin synonym zu Sal ist, denotiert die Lehnübersetzung eine durch die physikalische Eigenschaft der Festigkeit bestimmte Substanzklasse, die nicht weiter spezifiziert ist.

Auf Grund der dargestellten Überlagerungen und der relativen Kürze des Alanus-Textes, scheint es sinnvoll, eine einzige Gruppe physikalisch-chemisch bestimmter Substanzklassen anzusetzen und deren Elemente im jeweiligen Einzelfall näher zu bestimmen.

Weitere Ausdrücke, die Substanzklassen denotieren, die durch physikalische Eigenschaften bestimmt werden, sind: Asche [A B], Pulver [A B],Minera [A], Erde [A], Stein [B], Liquor / Wasser [B K]. Der Ausdruck Stein denotiert einerseits die Klasse der Mineralien und Erze und wird andererseits verwendet, um auf die verschiedenen am alchemistischen Prozeß beteiligten Substanzen zu referieren. Während der Stein bei Basilius immer auf das Ziel des Werkes referiert, erscheint der Ausdruck bei Alanus als Grundwort in zusammengesetzten Ausdrücken, die auf verschiedene am Werk beteiligte Substanzen referieren.

Basilius und Kunckel ist gemeinsam, daß sie den Ausdruck Wasser nicht nur als Benennung für die chemische Substanz verwenden. Zusätzlich denotiert Wasser eine Substanzklasse, deren Objekte sich, etwa im Gegensatz zu den Ölen oder Harzen, durch die Eigenschaft der Leichtflüssigkeit und häufig auch Farblosigkeit auszeichen. (Vergl. WASSER)

Benennungen bei Kunckel und Marggraf

Betrachtet man die Schnittmenge[41] der Benennungen zwischen Basilius und Kunckel, so stellt man, bezogen auf die Benennungen von Einzelsubstanzen, fest, daß mit wenigen Ausnahmen nur noch die Metallbezeichnungen bei Kunckel auftreten. Die Ausnahmen sind Essig / Acetum, Luft, Sulphur, und Wasser. Erhalten bleibt bei Kunckel auch die alternative Benennung der Metalle durch die

------

41 Diese Schnittmenge ist natürlich auch von den jeweils anderen Themenschwerpunkten der Texte bestimmt und damit nur bedingt aussagekräftig. Andererseits spiegelt sich aber auch in der Veränderung der Themenschwerpunkte die Veränderung des Faches Chymie.

Planetennamen. Bei Marggraf dagegen finden sich die Planetennnamen nur noch in zwei zusammengesetzten Ausdrücken: Luna cornua und Saturnus cornuus. Im Gegensatz zum Basilius-Text erscheinen weder willkürlich gesetzte Decknamen, noch Tiernamen. Ebenso wird das auf den Mann-Frau-Dualismus beruhende Benennugsmuster nicht mehr realisiert. Vielmehr ironisiert Kunckel diese als "Verdunckelung oder Verführung" [K1574] charakterisierten Benennungsstrategien:

> *(...) ja ich war gantz voller Freuden / denn ich meynte / ich hette den Lapidem bey den Ohren / denn ich hette gesehen das Rabenhaupt / den weissen Schwan / der im schwartzen Schlam schnaderte / den rothen Löwen / das Philosophische Bley / den König und die Königin im Bette liegen / erstlich vermählt (...).* [K1141] [42]

Mit dieser Kritik einher geht Kunckels Forderung: "so soll man kein Ding anders nennen / als seine Eigenschafft ist" [K1298]. Die Nähe von "Eigenschafft" zu "Eigenmässigkeit" und damit zu Bechers versucht er Rechtfertigung der Tiernamen, ist offenkundig. Der Unterschied besteht aber darin, daß die Entscheidung über die "Eigenmässigkeit" stark individuell geprägt ist, während "in Chymia & Medicina eines Dinges Eigenschafft recht zu erkennen"[43] zu einem Hauptziel des Faches wird. Die besondere Rolle, die die unterschiedlichen stofflichen Eigenschaften bei der Bildung der Substanzbezeichnungen spielen, wird vor allem in der Vielzahl der bei Kunckel erscheinenden zusammengesetzten Ausdrücke deutlich. Deren Bildungsweise führt [K383-388] vor. Zuerst wird eine Substanz als zur Klasse der von Terra denotierten Objekte gehörig identifiziert. Dieser Substanz wird eine bestimmte Eigenschaft zugesprochen: "eine Terra, welche ohne Zusatz irreducibilis ist". Bei der erneuten Referenz auf diese Substanz wird die Prädikation zu einem zusammengesetzten Ausdruck verkürzt: diese Terra irreducibilis[44].

Kunckels Bemühungen um die Bildung nachvollziehbarer Substanzbezeichnungen zeigt sich auch in seinen Versuchen, Teile der Denotation einzelner Ausdrücke zu explizieren. Sei es, daß er auf die klassenbestimmenden Eigenschaften verweist:

1) *denn lasse ich ihm viel Wasser / so nenne ichs einen spiritum / rectificire ichs von seinem Wasser auff eine Oelichte Consistenz/ so ist es ein oleum* [K243]

------

[42] Diese Kritik an der alchemistischen Sprache findet sich bei Kunckel an mehreren Stellen wieder, so etwa [K1133 f], [K1238-47] und [K1718-1738].

[43] J. Kunckel, Probier=Stein / de Acido & Urinoso, Sale Calid. & Frigid (...); Franckfurt und Leipzig 1721, Vorrede (Exempl. Soest 5.J.14.4)

[44] Dieses Verfahren dient ebenfalls der Erhöhung der Text-Kohärenz.

2) *worinnen der Schwefel besteh / nemlich in einer pinguedine, welche ich auff gewisse Masse / als ein purum principium nehme / und es eine Fettigkeit der Erden nennen will* [K333]

oder sich von dem konventionellen Gebrauch einer Benennung absetzen will:

1) *Dieses also formirte Corpus kan man Schweffel nennen.* [K757]
2) *(...) durch den motum (...) wird es Erde / welche voller pinguedines steckt / und diese Fettigkeit der Erden könte man Schweffel nennen* [K1289]

In diesem Beispiel erscheint Schwefel weniger als Bezeichnung einer Einzelsubstanz sondern vielmehr als eine Kategorie mit unscharf umrissenen Grenzen. Durch die Verwendung des Konjunktivs wird eine Art 'Hecke' (hedge) gezogen, die die Einordung "dieses also formirten Corpus" bzw. dieser "Fettigkeit der Erden" in die Kategorie Schwefel ermöglicht[45].

Ein weiterer Unterschied zwischen Alanus, Basilius einerseits und Kunckel, Marggraf andererseits ist die Eliminierung der spekulativ operationsbestimmten Substanzklasse, die einher geht mit der sinkenden Bedeutung der Lapis-Gewinnung. Demgegenüber finden sich eine Anzahl von Überschneidungen bei den Ausdrücken, die operationsbestimmten Substanzen denotieren:

Calx / Kalck / Kalk	[B K M]	Mischung	[M]
Dämpfe	[M]	Ofebruch	[M]
Erde ('Rückstand')	[A B K M]	Productus	[M]
Essentz	[K]	Solution	[A B K]
Extract(us)	[K M]	Tinctur	[A B K]
Flegma / Phlegma	[B K M]	Zusatz	[K M]

Während hier also eine relative Konstanz zu erkennen ist, die dem Erhalt vorhandener chymischer Handlungsmuster entspricht, vergrößert sich der Umfang der beiden anderen Gruppen beim Übergang von Alanus und Basilius zu Kunckel. Zur Gruppe der Ausdrücke, die chemisch bestimmte Substanzklassen denotieren, zähle ich bei Kunckel: Acidum, Alcalia, Corrosiv, Lauge, Menstruum, Metalle, Sal / Saltz, Vitriol, Volatile.

Versucht man den Umfang der so bezeichneten Substanzklassen genauer zu erfassen, erkennt man die negativen Folgen, die in der Vergrößerung ihrer Anzahl verborgen liegen. Am Beispiel der Acida, Alcalia und Salia wird die Überlagerung der nur ungenau von einander abgegrenzten Klassen offenbar. Deutlich wird, daß Sal nicht notwendig auf einen Feststoff referieren muß. Da andererseits die Lösung von Salzen starker Säuren ebenfalls saure Eigenschaften aufweisen, kann sowohl mit Acidum wie auch mit Sal Acidum auf eine Säure referiert werden. Schließlich stehen die Alcalia, die die Substanzklasse der aus den Aschen von See- und Landpflanzen gewonnenen Salze umfassen, nicht in Opposition zu den Acida. Vielmehr stellen sie nach Kunckel modifi-

------

45 Vergl. Lakoff/Johnson 1979, S.123; Lakoff 1975;1972.

zierte Acida dar. Abgrenzungsprobleme ergeben sich auch zwischen chemisch und physikalisch bestimmten Substanzklassen. Ist die Einordnung von Corpus, Mineralia, Aschen, Ertze, Kieß, Rauch und Oleum als Benennungen von physikalisch bestimmten Substanzklassen unproblematisch, sind Terra und Spiritus weniger eindeutig. So bezeichnet Terra allgemein Feststoffe, die als Ausgangsstoffe, Zwischenprodukte oder Produkte an einer Reaktion beteiligt sind. Entsprechend zeichnet sich der Ausdruck in der Bildung von zusammengesetzten Ausdrücken durch eine hohe Produktivität aus. [vergl. TERRA] Daneben bezeichnet Terra auch einen Aufbaustoff der Metalle, dem Kunckel zwar 'Quasi-Principien'-Charakter zuspricht, den er aber dennoch als einen konkreten Stoff glaubt, isolieren zu können.

Während bei Alanus und Basilius die Bezeichnung von Spiritus im alchemistischen Begriffsrahmen verwurzelt bleibt und dort das Quecksilber bzw. das vom Quecksilber repräsentierte Prinzip der Flüchtigkeit denotiert, denotiert Kunckel mit Spiritus die Klasse der wässrigen Flüssigkeiten, die er den viskosen Ölen gegenüberstellt. Gleichzeitig verwendet er den Ausdruck auch, um auf flüchtige Stoffe zu referieren. Die Klasse der Spiritus wird also zum einen physikalisch (Fließeigenschaften), zum anderen chemisch (Sublimierbarkeit) bestimmt. Ganz andere Verhältnisse finden sich bei Marggraf. Als Ausdrücke, die chemisch bestimmte Substanzklassen denotieren, können hier nur noch Acidum, Metalle und Salz gelten. Mit dieser Eingrenzung einher geht eine signifikante Verengung der Denotation von Acidum und Salz. Ersterer bezeichnet nur noch Säuren, letzterer entspricht etwa dem heutigen Salzbegriff, indem er nur die Phosphorsalze und und das Kochsalz umfaßt. Ebenso lassen sich die physikalisch bestimmten Substanzklassen besser abgrenzen. Es erscheinen nur die allgemeinen Ausdrücke Körper, Massa, Materie, Oehl und Pulver. Während sich also der Übergang von Alanus und Basilius zu Kunckel vornehmlich durch die Tilgung der alchemistisch spekulativen Benennungsmuster zeigt, vollzieht sich der Übergang von Kunckel zu Marggraf in der Eliminierung jener, einander überlappender Substanzklassen, die nur unscharf von chemischen bzw. physikalischen Eigenschaften bestimmt wurden.

Zusammengesetzte Ausdrücke

Bezogen auf Klassen von Substanzen, die sie jeweils denotieren, wurden die Benennungen in die folgenden Gruppen eingeteilt:

1)	Einzelsubstanzen	[A B K M]
2)	operationsabhängige Substanzen (prakt.)	[A B K M]
3)	operationsabhängige Substanzen (spek.)	[A B]
4)	chemisch-physikalisch bestimmte Substanzklassen	[A]
5)	chemisch bestimmte Substanzklassen	[B K M]
6)	physikalisch bestimmte Substanzklassen	[B K M]

In der Form attributiver Fügungen werden auf der Grundlage dieser Benennungen zusammengesetzte Ausdrücke gebildet. Ausdrücke wie Hirschhorn=Öhl [M], Goldkalch [K], Gradier=Wasser [K] oder Schwefel=Kieß [K] zeigen, daß die zusammengesetzten Ausdrücke als eine Zwischenstufe auf dem Weg zur Bildung von Determinativkomposita verstanden werden können.

Die so gebildeten zusammengesetzten Ausdrücke können nach den zugrundeliegenden Benennungen klassifiziert werden. Ein erster Überblick hat aber bereits gezeigt, wie das Verhältnis von Denotation/Denotatbereich der Benennung zu Denotation bzw. Denotatbereich des zusammengesetzten Ausdrucks von der Art der spezifizierenden Information dominiert wird. Eine Binnendifferenzierung der über den Benennungen operierenden zusätzlichen Informationen erscheint sinnvoll. Eine auf inhaltliche Aspekte ausgerichtete Einteilung führt zu insgesamt sieben Gruppen, deren Vorkommenshäufigkeit bezogen auf die Texte und die Benennungen stark variiert.

Im folgenden werden diese Gruppen und die aus ihnen, unter Verwendung der verschiedenen Gruppen von Benennungen, gebildeten zusammengesetzten Ausdrücke erläutert.

(1) Chemische Behandlung

Es wird der chemische Vorgang bezeichnet, dem die Substanz ausgesetzt war. Dies geschieht durch attributive Verwendung von Partizipial-Adjektiven. Auf diese Beziehung zwischen chemischer Behandlung und Bezeichnung der so behandelten Substanz verweist auch J.J.Becher:

> *Diese / und andere mehr Arten seyn der gemeinen Operationen und Praeparationen derer Cörper; daher dieselbe / wann also mit ihnen verfahren wird / allerhand Namen bekommen / nemlich nach der Qualität der Praeparation.*[46]

Bei allen vier Autoren bildet diese Gruppe gemeinsam mit den Benennungen von Einzelsubstanzen zusammengesetzte Ausdrücke, die zumeist auf Zwischenprodukte oder Produkte von Reaktionen/chemischen Vorgängen verweisen (vergl. 4.2.1.3.).

purgierter Mercurius	[A]	bereiteter Mercurius	[K]
sublimierter Mercurius	[A]	destillirter Essig	[K]
Mercurius optime purgatus	[A]	Acetum destillatum	[K]
destillirter Essig	[B]	ausgeglühter Kienruß	[M]
purgirtes Gold	[B]	wohlgeschlemmeter Leim	[M]
gebratener Schwan	[B]	verfaulter Urin	[M]
Mercurius coagulatus	[K]	getrocknetes Blut	[M]

Bei Alanus kombinieren Vertreter dieser Gruppe auch mit der chemisch bestimmten Substanzklasse Corpus: auffgelöst Corpus, gesolviert Corpus und putreficiert Corpus. Eine alchemistisch-spekulative Sicht auf den von der

------

46 J.J. Becher Oedipus Chymicus 1680, S. 148.

Substanz durchlaufenen Vorgang liegt dem zusammengesetzten Ausdruck geseligter Stein [A] zugrunde. Die Wirkung des Quecksilbers bei der Amalgambildung mit Gold oder Silber wird als eine Ausziehung der Seele verstanden, die sich mit dem Quecksilber verbindet. Diesen Vorgang bezeichnet das Verb seligen.

Bei Kunckel kombinieren Attribute mit Informationen zur chemischen Behandlung mit solchen Ausdrücken, die physikalisch bestimmte Substanzklassen denotieren. Als Beispiele seien genannt: Oleum destillatum, Oleum per campanam, calcinirte Erde, destillirtes Wasser und gebrannte Wasser. Vor allem die zwei letzten Ausdrücke zeigen den unterschiedlichen Einfluß der Zusatzinformation. Während es sich bei ersterem Ausdruck um ein gereinigtes Wasser handelt, denotiert letzterer auf alkoholische Lösungen unterschiedlicher Konzentration. Auf dieses Phänomen soll im Zusammenhang mit der Bezeichnung von Produkten chemischer Reaktionen näher eingegangen werden (4.2.1.3.).

(2) Erscheinungsform
Unter diese Gruppe fasse ich physikalische Eigenschaften, wie Modifikation und Fließeigenschaften oder Resultate physikalischer Behandlungen.

Alanus bezeichnet auf diese Art das für die Lapis-Gewinnung vorbehandelte Metall: Maler Gold, geschlagen Gold oder dünn geschlagen Silber.

Basilius verwendet diese Informationen zur detaillierteren Beschreibung von Einzelsubstanzen, die er als Elemente einer physikalisch bestimmten Substanzklasse erfaßt: metallischer Leib, schmeidiger Leib, oder kalter Leib. Der zusammengesetzte Ausdruck güldenes Wasser gehört formal ebenfalls in diese Gruppe, durch die Bestimmung der Erscheinungsform wird aber keine höhere Detailliertheit erstrebt sondern eine Verschiebung des semantischen Schwerpunktes auf gülden im Sinne von 'wertvoll'. Der Ausdruck wird so zu einem Decknamen für das 'flüssige' und für die Lapis-Gewinnung wertvolle Quecksilber.(Vergl. 4.2.1.2.)

Bei Kunckel und Marggraf verbinden sich die Informationen zur Erscheinungsform vor allem mit Benennungen, die sich auf physikalisch bestimmte Substanzklassen beziehen. Die so gebildeten zusammengesetzten Ausdrücke sind dann als einschränkende Beschreibung einer Einzelsubstanz zu verstehen. Die Substanz wird so als Element einer bestimmten Subklasse identifiziert:

Terra viscosa	[K]	vermischtes Corpus	[K]
Materia viscosa	[K]	spießigte Flores	[M]
zähes Oehl	[K]	trockene Massa	[M]
Corpus fixus	[K]	geriebene Materie	[M]
metallisches Corpus	[K]		

In diese Gruppe gehören auch die bei Marggraf erscheinenden zusammengesetzten Ausdrücke, die auf unterschiedlich temperiertes Wasser referieren. (Verg. dazu auch 4.2.2.2.).

Die Verbindung mit Benennungen, die chemisch bestimmte Substanzklassen denotieren, spiegelt sich in den bei Kunckel erscheinenden Ausdrücken Fixes Saltz, geflossenes Saltz und hartes Saltz.
Marggraf schließlich spezifiziert auch Einzelsubstanzen, indem er Angaben zu ihrer Erscheinungsform macht: Luna cornua, Saturnus cornuus, gestoßener Salmiac, eißartiger Phosphorus und erharteter Phosphorus. Allein die Luna cornua erscheint auch bei Kunckel.

(3) Ausgangsstoff
Durch diese Spezifizierungen wird die Einzelsubstanz bzw. die als Exemplar einer Substanzklasse gesehene Substanz hinsichtlich des Stoffes bestimmt, der zu ihrer Gewinnung führte.

Während die vorangegangenen Gruppe bei allen vier Autoren vertreten waren, finden sich Angaben zu den Ausgangsstoffen nur bei Alanus, Kunckel und Marggraf.

Bei Alanus findet sich die aus den Edelmetallen zu extrahierende Anima Lunae bzw. Anima Solis, der das Corpus Lunae bzw. Corpus Solis gegenübersteht. Die Anima Solis des Alanus entspricht dem Sulphur Solis bei Kunckel.

Da Kunckel glaubte, aus den verschiedenen Metallen das Quecksilber als deren Aufbausubstanz isolieren zu können, findet sich bei ihm die Angabe des jeweiligen Ausgangsmetalls als Genitivattribut zu Mercurius: Mercurius Solis, Mercurius Lunae, Mercurius Saturni. Oder, als Bezeichnung die Klasse der so gewonnenen 'Mercurii': Mercurius metallorum.

Das schon an anderer Stelle deutlich gewordene Bemühen Kunckels, die Vieldeutigkeit einzelner Benennungen zu eliminieren, zeigt sich auch daran, daß fast ausschließlich bei ihm das Muster 'Ausgangsstoff + operationsbestimmte Substanzbenennung' realisiert ist. Durch die zusätzliche Nennung des Ausgangsstoffs wird der gebildete Ausdruck weniger kontextabhängig, da die vorher nur aus dem fachliche-praktischen Handlungszusammenhang rekonstruierbare Information, welche Substanz bearbeitet wird, nun zur Substanzbezeichnung selbst gehört: Calx Solis, Goldkalch, Caput mortuum Vitrioli, Phlegma Nitri, Phlegma Vitrioli, Tinctur des Goldes, Tinctur der Luna, Vitrum Antimonii. Allein letzterer Ausdruck erscheint auch bei Basilius, und Marggraf verwendet die dem Goldkalch analoge Bildung Bley=Kalck. Sowohl Kunckel als auch Marggraf spezifizieren die Benennungen der physikalisch bzw. chemisch bestimmten Substanzklassen durch die zusätzliche Angabe von Ausgangsstoffen.

In Verbindung mit den chemisch bestimmten Substanzklassen seien für Kunckel die zusammengesetzten Ausdrücke für die aus den verschiedenen Kräutern gewonnenen Salia erwähnt. In diese Gruppe gehören auch Spiritus Frumenti, Spiritus Nitri, Spiritus Salis, Spiritus

Urinae, Spiritus Veneris und Spiritus Vini. Weitere Beispiele sind Vitriol Martis und Vitriol Veneris. Im Einklang mit der Tatsache, daß sich bei Marggraf nur wenige chemisch bestimmte Substanzklassen finden, erscheinen auch nur wenige solcherart gebildete Ausdrücke. Vor allem ist es die Gruppe der Acida, die durch die Angabe ihrer Ausgangsstoffe stärker differenziert wird: Acidum Phosphori, Acidum Salis und Acidum Vitrioli.

Die Verbindung mit physikalisch bestimmten Substanzklassen ist bei Marggraf nur in dem Ausdruck Hirschhorn =Öl bzw. dessen lateinischem Äquivalent Oleum cornu cervi realisiert. Auch diese Gruppe ist bei Kunckel stärker ausgeprägt. So finden sich dort, analog zu den Salia, die aus den verschiedenen Kräutern gewonnenen Olea und die den verschiedenen Metallen abgewonnenen Terrae: Terra Lunae, Terra Solis, Terra Veneris. Weitere Beispiele sind Crocos Martis, Materia Mercurii und mercurialischer Rauch.

(4) Chemische Eigenschaften

Eine immer wieder hervorgehobene Eigenschaft der Stoffe ist ihre chemische Reinheit. Darüber hinaus werden Angaben gemacht über das potentielle chemische Verhalten der Stoffe[47]. Diese Gruppe von Zusatzinformationen ist bei Basilius, Kunckel und Marggraf zu finden. Stark ausgeprägt ist sie jedoch vor allem bei Kunckel. Bei Basilius werden die entsprechenden zusammengesetzten Ausdrücke auf der Grundlage der Benennungen von Einzelsubstanzen und solcher Benennungen gebildet, die chemisch bzw. physikalisch bestimmte Substanzklassen denotieren. In Verbindung mit Bennnungen von Einzelsubstanzen wird vornehmlich deren Reinheit betont: reines Gold, bestendiges Gold und goltreicher Löwe. Der Ausdruck fewriger Schwefel kann als eine Verstärkung des vom Schwefel repräsentierten Prinzips der Brennbarkeit gedeutet werden. Im Gegensatz dazu bezeichnet der Ausdruck unser unverbrennlicher Schwefel einen für die Lapis-Bereitung geeigneten 'uneigentlichen' Schwefel.

Auf der Grundlage der Benennung Leib, die eine physikalisch bestimmte Substanzklasse denotiert, werden blosser Leib und zugeschlossener begreifflicher Leib gebildet. Dabei bezieht sich der zweite Ausdruck auf das Gold als Ausgangsmaterial für die Lapis-Gewinnung und weist gleichzeitig auf den notwendigen Schritt des Aufschließens des Feststoffes hin. Der blosse Leib referiert auf eine von Verunreinigungen befreite Substanz. Zudem wird in dem Maße, in dem die chemische Reaktion nach dem Konzept der körperlichen Liebe begriffen wird, die Entblößung der Substanzen als eine Steigerung ihrer Reaktivität verstanden. Auf der Grundlage des Ausdrucks Geist, der die chemisch bestimmte Klasse

------

47 Dieses potentielle Verhalten wiederum war ja ebenfalls vom Reinheitsgrad der Substanzen abhängig.

der flüchtigen Substanzen bezeichnet, sind fewriger Geist, fligender Geist, fligender fewriger Geist und flüchtiger Geist gebildet. Bei Kunckel werden die Benennungen von Einzelsubstanzen (I) und die Ausdrücke, die sich auf chemisch (II) bzw. physikalisch (III) bestimmte Substanzklassen beziehen, um zusätzliche Angaben zu ihren chemischen Eigenschaften erweitert:

(I)
Aurum fulminans
Aurum potabile
Luna potabile
gereinigter Mercurius
gereinigte Potasche
brennender Schwefel
brennender und sehr saltziger Schwefel
(II)
imperfecte Metalle
geringe Metalle
Sal Acidum
Sal Alcali
Sal volatile
scharffe Salien
alkalische Saltze
flüchtige Saltze
starke Saltze
nitrosisches Saltz
pures Saltz
Spiritus volatilissimus
(III)
solvirliche Erde
unverbrennliche Erde
unverbrennliche Terra
Terra irreducibilis
Terra solubilis in acido & sale volatile
Oleum combustibile
metallisches Wasser
scharffe Wasser

Deutlich wird, daß vor allem in der Gruppe (II) zusammengesetzte Ausdrücke gebildet werden, die eine Unterklasse zu der in der Benennung bezeichneten Klasse denotieren. An den Elementen von (III) zeigt sich, daß neben der Eigenschaft der chemischen Reinheit (I) vor allem die Brennbarkeit, die Löslichkeit und die Reversibilität der Prozesses markiert werden.

Bei Marggraf ist diese Gruppe nur schwach ausgeprägt. Dort finden sich nur das ammoniacalische Sublimat, das die chemische Eigenschaft einer operationsbestimmten Substanz bezeichnet und die brennliche Erde. In Verbindnung mit Benennungen, die chemisch bestimmte Substanzklassen denotieren, erscheinen einige zusammengesetzte Ausdrücke, die jeweils eine Unterklasse denotieren, deren Elemente sich durch die Eigenschaft der Flüchtigkeit auszeichnen: Acidum volatile, Sal volatile oder flüchtiges Salz.

(5) Farbe und Größe
Diese Gruppe findet vor allem bei Kunckel Verwendung. Die Etablierung der sinnlich wahrnehmbaren Farberscheinung innerhalb des chemischen Prozesses als ein Mittel zur Substanzbezeichnung spiegelt die Loslösung vom Begriffsrahmen der Alchemie. Dort diente die Farbe als Indikator für die verschiedenen Stadien innerhalb des Prozesses der Lapis-Gewinnung (vergl. FARBE). Zwischen einer konkreten, physikalischen Bestimmung und einer abstrakten Vorstellung von Wirkkraft schwanken die Angaben zur Größe bzw. Kleinheit der Substanz-Partikel bei Kunckel. Betrachtet man die Verwendung von Lexemen

wie Grob, Porus, Subtil, Subtilität oder Zart, so zeichnet sich die Vorstellung ab, eine Reaktion bestehe in dem Hineindringen eines Stoffes in den anderen. Dieser Vorgang wird dann durch die Kleinheit der Substanzen begünstigt - je subtiler der Stoff, desto wirksamer ist er (vergl. PORUS, SUBTIL).

Farbangaben finden sich bei Basilius und Marggraf nur in den Ausdrücken gelbes Pulver [B], das eine Essigextraktion aus Antimonoxid bezeichnet und schwarzes Pulver [M], das auf ein Reaktionsgemisch verweist. Eine Farbkennzeichnung von operationsabhängigen Substanzen ist in den Ausdrücken gelbe Asche und gelbes Sublimat [M] gegeben. Im Gegensatz dazu kombiniert Kunckel alle Benennungsarten mit Angaben zu Farbe und Größe. Einige Beispiele mögen genügen:

weisser Mercurius	rothes Saltz
grober Schwefel	spiritus subtilissimus
subtiler Schwefel	schwartze Terra
weisses Sublimat	grobe Erde
zarte Asche	subtile Erde

(6) Spekulative Eigenschaften
Die so gebildeten zusammengesetzten Ausdrücke bezeichnen eine Substanz allein im Rahmen der alchemistischen Vorstellung von der Bereitung des Steins der Weisen, indem sie die Eigenschaft der Substanz als Edukt oder Produkt des philosophischen Werkes betonen. Dies geschieht häufig durch die Verwendung des Possessivpronomen 'unser' oder des Genitiv-Attributs 'der Philosophen' bzw. entsprechender Paraphrasen:

unser Mercurius	[A]	unser Schwefel	[B]
unser Wasser	[A]	Mercurius der Weisen	[A]
unser Balsam	[B]	Wasser der Philosophen	[A]
unser Leib	[B]	Saltz der weisen Meister	[B]

Andere Attribute betonen die Einmaligkeit oder den hohen Wert der Substanz: Saltz der Herrlichkeit, wahres Wasser. Die so entstehenden Ausdrücke überlagern sich mit der Gruppe der Decknamen, die die Substanzen eines konkreten Prozesses umschreiben sollen. Dies ist es auch, was Kunckel den Alchemisten vorwirft:

> *Denn / wenn die rechten Possessores den Lapidem fast von Wort zu Wort Proces-weise beschrieben haben / so bedienen sie sich dieser Verführung und sprechen / du solt nicht verstehen den gemeinen Mercurium / noch den gemeinen Salmiac / ec. Und haben doch recht geredet: Denn unser Mercurius ist ein ander Mercurius, ein ander Salmiac.* [K1582]

(7) Vorkommen
Diese Gruppe findet sich ausschließlich bei Kunckel in Verbindung mit den Benennungen von Einzelsubstanzen und verdankt sich hauptsächlich seiner Theorie von den ver-

schiednen Entstehungsstufen des Quecksilbers (vergl. MERCURIUS). Darüber hinaus sind einige zusammengesetzte Ausdrücke zu finden, die das natürliche Vorkommen einzelner Substanzen hervorheben: Kupffer=Art, Cinnabaris native, Kram=Cinnober, Kram=Schwefel, natürlicher Salpeter, Schwefel=Kieß.

Zusammenfassend ergibt sich folgende Verteilung der inhaltlich bestimmten attributiven Informationen auf die Benennungsarten

1) Einzelsubstanzen [A B K M]
2) operationsbestimmte Substanzen (prakt.) [A B K M]
3) operationsbestimmte Substanzen (spek.) [A B]
4) chemisch-physikalisch bestimmte Substanzklassen [A]
5) chemisch bestimmte Substanzklassen [B K M]
6) physikalisch bestimmte Substanzklassen [B K M]

Attributive Information	Texte			
	A	B	K	M
(1) chemische Behandlung	1	1	1	1
	4			
			6	
(2) Erscheinungsform	1			1
			5	
		6	6	6
(3) Ausgangssubstanz			1	
			2	
	3			
	4			
			5	5
			6	6
(4) Chemische Eigenschaften		1	1	
				2
		5	5	5
		6	6	6
(5) Farbe & Größe			1	
			2	2
			5	
		6	6	6
(6) spekulative Eigenschaften	1	1		
	4			
		5		
(7) Vorkommen			1	

Tabelle (1)
Bildung zusammengesetzter Ausdrücke aus der Verknüpfung von attributiven Zusätzen mit den verschiedenen Benennungsarten

4.2.1.2. Decknamen und referenzidentische Ausdrücke

Die schon erwähnte arkansprachliche Eigenart alchemistischer Texte, die sich in der Verwendung von Decknamen, verschleiernden Ausdrücken, Substanzrätseln oder Geheimschriften[48] zeigt, findet sich nur in Ansätzen in den Texten von Alanus und Basilius.

Die Undurchschaubarkeit arkansprachlicher Textpartien hat dazu geführt, daß die Sprache der Alchemie vereinzelt auch in den Bereich der Geheim- oder Sondersprachen gestellt wurde.

> *Die Fachausdrücke des alchemistischen Verfahrens sind in Metaphern aufgelöst, deren tertium comarationis dem Außenstehenden ein Rätsel bleibt. Die extreme Abkapselung eines kleinen Teils der ursprünglichen Gruppe hat zu dieser totalen Auflösung des Fachwortes in phantastische Systeme bildhafter Sprache geführt. Die Verschleierungstaktik dreht die Methode um, der das Fachwort entstammt.*[49]

Betrachtet man aber allein die Benennungen der Metalle durch die Planetennamen, so wird die Zeitabhängigkeit des Terminus 'Deckname' deutlich[50].

Die arkansprachlichen Elemente bei Alanus und Basilius lassen sich ebenfalls in einfache und zusammengesetzte Ausdrücke unterteilen. Unter Aussparung der bei Alanus und Basilius erscheinenden Planetennamen und der nur bei Basilius verwendeten Sternzeichen, gehören zur ersten Gruppe:

Apollo / Diana	Leichnam	Rabenhaupt	Senex
Braut / Breutigam	Löwe	Roßmist	Vulcanus
Cantzler	Man	Schwan	Weib
Fewr	Nebel	Schwertz	Wolff
JungfrawMilch	Neptunus	Seele	

------

48 Vergl Schmitz,R./A.Winkelmann 1961

49 Haage, B. (1974), S. 138; vergl dazu auch Assion,P. (1973), S.86 und W. Schmitt (1974), S. 167

50 Ein Indiz für das zeitgenössische Wissen um arkansprachliche Ausdrücke ist auch deren Verwendung in öffentlichen Diskursen. So etwa in der 1610 erstmals gespielten und 1612 gedruckten Komödie "The Alchemist" (II, 2; S.184-02) oder auch schon in Chaucers "Canterbury Tales" (The Chanouns Yemannes Tale); 1957, S.660 f.
Die Linie der literarischen Tradierung alchemistischen Gedankenguts und alchemistischer Ausdrücke ist bis heute ungebrochen. Erinnert sei hier nur an Balzacs "La Recherche de L'Absolu", an Joris K. Huysmans "Là-bas", 1891 erschienen und an W.Bergengruens Roman "Der Starost" (1938), der 1926 in der Erstausgabe noch "Das große Alkahest" hieß. Hier deutet sich an, daß die Alchemie bzw. einige der Ausdrücke, die sie prägte, als eine 'historische Erfahrung' gewertet werden kann.

Hier scheint es sich um Decknamen zu handeln, die sich einer ungewohnten und individuell gestifteten Beziehung zwischen referierendem Ausdruck und Referenten verdanken. Denn der Referent liegt nicht im Denotatbereich des Lexems, das im referierenden Ausdruck erscheint. Dennoch scheint in ihrer Verwendung ein qualitativer Unterschied zwischen Alanus und Basilius zu bestehen:

1) *die fewlung des Corpus ist der anfang des wercks/ vnnd die geschicht mit linder werm (...) so lang vn vil / vntz man vnd weib / Mercurius vnd Anima, zuhauffen kommen* [A302]
2) *Die schwertz hat vil tausent namen / Sie heißt das Fewr / die Seel / der Nebel /das Rabenhaupt* [A243]
3) *Wann die medicin vnd zugerichter wolbereiter Stein aller Weisen / aus der rechten Jungfraw Milch gemacht worden /vnd vollstendig bereitet ist* [B1244]
4) *so Neptunus sein Wasserbadt vollkommen bereitet hat / so soltu das aquam permanentem wol abmessen* [B522]

In (1) folgt die Auflösung der Bezeichnungen Man und Weib noch innerhalb des gleichen Satzes. Und in (2) dient die Aufzählung der Benennungen gerade der Entschleierung, zusätzlich wird anschließend die so unterschiedlich bezeichnete Substanz chemisch erläutert. Im Gegensatz dazu finden sich ähnliche enträtselnde Angaben bei Basilius nicht. Eine Ausnahme ist die Benennung Cantzler, die mit "Mercurius ist aller Cantzler" [B974] eingeführt wird. Der verdunkelnde Charakter der Bezeichnungen tritt also bei Basilius stärker hervor als bei Alanus, der nur den Ausdruck Senex ohne weitere Erklärung verwendet.

Wenn auch die Beziehung zwischen Referenten und referierendem Ausdruck häufig individuell gestiftet ist, so erscheint sie doch oft nicht unmotiviert. Auf den Mann-Frau-Dualismus, dem sich die Paare Braut/Breutigam und Diana/Apollo verdanken oder der Vorstellung vom Wachsen und Vergehen aller Stoffe, aus dem sich der Ausdruck Leichnam ableiten läßt, wurde bereits hingewiesen.

Die arkansprachlichen, zusammengesetzten Ausdrücke lassen sich hinsichtlich ihrer direkten Zugehörigkeit zur Lapis-Gewinnung einteilen. Aus der Gruppe der am Prozeß beteiligten Substanzen sind es vor allem das Quecksilber und der Stein der Weisen selbst, die bei Alanus und Basilius mit zusätzlichen Decknamen belegt werden.

Die Einbindung einer Benennung in den Vorstellungsrahmen der Lapis-Bereitung erfolgt dabei häufig durch den Zusatz des Possessiv-Pronomens 'unser' oder des Genitiv-Attributs 'der Philosophen'. Ein Beispiel hierfür ist die Unterscheidung zwischen 'gemeine' und 'der Philosophen' Elemente (vergl. ELEMENTE).

Eine der produktivsten Benennungen bei der Bildung zusammengesetzter Ausdrücke für das Quecksilber ist Wasser. Die Wahrnehmung des Wassers als prototypische Flüssigkeit, wie sie sich in verschiedenen Ausdrücken bei Alanus und Basilius niederschlägt (WASSER), war wohl motivierend für die Identifizierung des flüssigen Metalls als Wasser: Wasser Mercurij, mercurialisches Wasser. Die Einordnung in den 'philosophischen' Prozeß erfolgt in den Ausdrücken unser Wasser und Wasser der Philosophen. Durch Adjektiv-Attribute werden auch phänomenologische Eigenschaften des mercurialischen Wassers hervorgehoben: rein durchscheinendes Wasser, liquorisches Wasser, güldenes Wasser und geistliches Wasser.

In dem Ausdruck geistliches Wasser deutet sich ein weiterer Vorstellungsrahmen an. Alanus und Basilius referieren auch mit Geist und davon abgeleiteten Ausdrücken auf das Quecksilber. Dabei hat Geist zum einen seinen Platz in der Trias 'Corpus-Anima- Spiritus'. Zum anderen weist der Ausdruck eine Nähe zum Geist Gottes auf (vergl. [B846 ff] zur Erschaffung Adams und der Wirkung der vier Elemente). Diese Nähe zum Geist Gottes der Schöpfungsgeschichte zeigt sich auch in der folgenden Umschreibung des Quecksilbers: "dz geistliche Wasser / darauff der Geist anfangs schwebete" [B645]. (vergl. auch [K1341]) In dieser Umschreibung verdichtet sich ein Rollengedicht zum Mercurius, das in ausführlicher Form bei Jamsthaler zu finden ist:

Mercurius Philosophorum
Spiritus Jouis Castitas
filius Lufft mich nennen laß
Ahnfang da sich alle ding erhebtt /
Ehe kein Mensch ist geweset noch gelebtt /
Ehe himmel lufft Erdt wasser hell /
geschaffen wardtt Auch kein leib noch seel /
ein thier Metallen krautt würtz frucht /
kein fisch gewürm vogel vnd andere zucht /
da es noch finster wahr nicht liecht /
Ehe son Mon noch keine Sterne nicht /
Am himmel geschafft gemacht geordent war /
da bin ich gewest vndt lang dauor /
Es sich nichts geregt hatt oder gelebtt /
da hab ich auf den wasser geschwebt /
(...)
Der mich dem leib seel geben kan /
darauf gewiß nicht sorg vmb nahrung hab /
wo er will nehmen kleit tranck speiß /
dan heiß ich Philosophus weiß/
Wer mich in meiner Altten Mutter kendt /
vnndt mich vom saltz vnd sulphur trendt /
Der schem sich nicht der kunst vnndt Mein /
Er wirdt ein geschickter Artzt sein /
Jedoch so hab mein Jeder Acht /
wan er die seel ins Corpus bracht /
das er mich geist darin vermischt /
dan ich allein dasselb erfrischt / [51]

Deutlich wird hier der Übergang vom eigentlichen Decknamen zum Ausbau des Vorstellungsrahmens, auf den er verweist[52].

Eine weitere Gruppe von zusammengesetzten Ausdrücken, die auf das Quecksilber sich beziehen, läßt sich von einer angenommenen Analogie zwischen der verzehrenden Wirkung des Feuers einerseits und der auflösenden Wirkung des Quecksilbers bei der Amalgambildung mit den Edelmetallen andererseits herleiten. Bei Alanus tritt auf: vnser Feür, feucht Feür, der Weisen Feür und Feur des Roßbauchs. Bei Basilius findet sich das empfindliche Fewer, das flüchtige Fewr und, als innerliche Wirkkraft des Quecksilbers, grosses innerliches Fewer.

Als weitere am Prozeß der Lapis-Gewinnung beteiligten Stoffe werden der als prima materia interpretierte Zustand der Schwertz als unbegreiffliches Wesen, das eingesetzte Edelmetall als truckner Stein [A] oder Erdreich der Weisen [B] und der Schwefel als die Anima corporis als Öl der reynsten Jngehung [A] und als unverbrennlicher Schwefel aller Weisen bezeichnet.

Vielfältige Bezeichnungen finden sich für den Stein der Weisen als das Ziel des Werkes. Die verschiedenen zusammengesetzten Ausdrücke basieren dabei auf den Benennungen Balsam, Brunnen, Medicin, Stein und Tinctur. Sie spiegeln die unterschiedlichen Vorstellungen von der Modifikation des Lapis und seiner Wirkung auf Menschen und Metalle (Läuterung und Lebensverlängerung).

Vor allem an den Bezeichnungen für das Quecksilber wird eine Besonderheit der Decknamen deutlich. In referierenden Ausdrücken beziehen sie sich zwar alle auf den gleichen Referenten, sind also referenzidentisch, unterscheiden sich jedoch in ihrer Denotation. So muß die Explizierung der Denotation von Geist und den davon abgeleiteten zusammengesetzten Ausdrücken Angaben darüber enthalten, daß das Werk als die Verbindung der Seele des Metalls (verstanden als Einheit von Anima und Corpus) begriffen wurde. Im Gegensatz dazu muß die Spezifizierung der Denotation von Wasser Angaben über die lösende Eigenschaft des Quecksilbers, bezogen auf das zu amalgamierende Metall, machen. Die Bezeichnung Feuer schließlich setzt den gleichen Vorgang in Beziehung zur Verbrennung (CALCINATION).

------

51 Herbrand Jamsthaler:Viatorium Spagyricum, fol, 113^{r}-115^{r}; Bodleian Library Oxford Ms Add A 287. Als Druck: Franckfurt am Main, Lucae Jennis 1625; Öster. Nat.Biblio. 76.J.84; Staatsbiblio. Preußischer Kulturbesitz Yi 1R. Nach Telle (1977) entstammt das Rollengedicht der 'Quinta Essentia' des Leonhart Thurneisser zum Thurn (Münster [1]1570).

52 Daneben hat Geist bei Basilius eine fachlich-praktische Bedeutung. Er referiert damit auf flüchtige Substanzen bzw. deren flüchtige Bestandteile. (Diese Bedeutung ist bei Kunckel auf Spiritus übergegangen) Diese Bedeutungserweiterung von Geist mag

Wenn auch mit der referentiellen Gleichheit ein für referierende Ausdrücke notwendiges Kriterium der Synonymität erfüllt ist, kann man hier nicht von synonymen Ausdrücken sprechen[53].

Vielmehr wird gerade in den zusammengesetzten Ausdrücken ein zusätzlicher Aspekt hervorgehoben, durch den ein erweiterter Begriffsrahmen Eingang in die Denotation der zugrundeliegenden Benennung findet. Ein Indiz für eine solche intendierte Erweiterung des Begriffsrahmens findet sich im Alanus-Text. Dort wird häufig die 'neutrale' Benennung der Umschreibung nachgestellt:

> *Vnd die vernewen heißt die eigen Jmbibierung der weichmachung vnd soluierung der hert zusamen gebunden schhweißlöcher des Golds / vnd des Silbers / auff das wir mögen auß ziehen sein seel durch vnseren geyst / scil. Mercurium.* [A320]

Weniger leicht nachzuvollziehen und damit eher einer verschleiernden Absicht[54] verpflichtet, sind dagegen einige zusammengesetzte Ausdrücke und Umschreibungen bei Basilius, die sich nicht auf die am Prozeß der Lapis-Gewinnung beteiligten Substanzen beziehen. So ergeben sich die Referenten der Ausdrücke gläsernes Meer bzw. versaltzenes Meer nur aus einer Interpretation der jeweiligen Textpartien (vergl. MEER). Die Umschreibung des "kalten Drachen / so seine wohnung in den Steinfelsen lange Zeit gehabt / vnd in den Speluncken der Erde sich aus und einschleift" [B198] orientiert sich dagegen an praktischen Sachverhalten (natürliches Vorkommen des Mauersalpeters) und bietet so einen Ansatz zur Identifikation des Referenten. Einen ähnlichen Hinweis liefert auch die Umschreibung des Antimon als einen "geitzigen grawen Wolff / so seines nahmens halben den streittigen Marti vnterworffen / von geburt aber ein kind des alten Saturni ist" [B35]. Denn hier wird auf das Darstellungsverfahren (Ausschmelzen des Antimonsulfids unter Eisenzusatz) und die Annahme einer Verwandtschaft von Antimon und Blei angespielt.

Konkurrierende Ausdrücke ergeben sich bei Kunckel hauptsächlich aus zwei Gründen. Zum einen aus dem Nebeneinander von lateinischen und deutschen Ausdrücken und zum zweiten aus der schon erläuterten unscharfen Abgrenzung der chemisch bestimmten Substanzklassen, die einhergeht mit der Verwendung verschiedener Muster bei der Bezeichnung einer Substanz.

------

von der leichten Sublimierbarkeit eben des Quecksilbers ihren Anfang genommen haben.

53 Vergl. J. Lyons (1968) S. 427, 450; ders. (1980) Bd. I, S. 214f. Vergl. etwa Buntz (1968) der referenzidentische Ausdrücke in einem "Synonymenverzeichnis", das "alle Wörter gleicher oder ähnlicher Bedeutung" aufführt, zusammenstellt.

54 Eine weitere mit den Decknamen verfolgte Absicht liegt in der Aufwertung der Mitteilung. Der Grad der

Das Nebeneinander von lateinischen Bezeichnungen und ihren deutschsprachigen Entspechungen zeigt sich besonders in den Paaren Erde - Terra, Oel - Oleum, Saltz - Sal und Schwefel - Sulphur. Am Beispiel von Oleum und Sal zeigt sich, daß der lateinische Ausdruck in der Bildung von Substanznamen produktiver ist als der deutsche.

Die zweite Gruppe zeichnet sich dadurch aus, daß Kunckel die referentielle Identität der verschiedenen Ausdrücke selbst thematisiert:

1) *der Vitriol oder sal acidum hat nicht können heraus gelauget werden* [K259]
2) *Dieses sal volatile oder spiritus subtilis gehet (...) endlich verlohren* [K320]
3) *ein sal volatile oder spiritum volatilissimum, welches einerley* [K493]
4) *der Mercurius vulgi oder aqua Metallorum communis* [K621]
5) *Wer nun nicht glauben will / daß Oleum Sulphuris und Oleum Vitrioli ein Ding* [K2315]

Besonders deutlich wird dieses Verfahren, verschiedene zusammengesetzte Ausdrücke als Bezeichnung für eine Substanz anzubieten, wenn sich diese Ausdrücke in ihren Bildungsmustern klar unterscheiden. So kontrastiert Kunckel eine phänomenologische Beschreibung mittels einer Farbangabe mit Ausdrücken, die zusätzlich Auskunft geben über die chemische Eigenschaft bzw. die Ausgangssubstanz des bezeichneten Stoffes:

1) *ein wenig rother Erde / wenn ichs so nennen soll / da es doch mehr ein Sal volatile cum acido könte genannt werden* [K1517]
2) *so war das weisse Pulver / als der Mercurius Solis noch übrig* [K2651]
3) *daß es nur auffzuschließen wäre / ohne scharffe Sachen oder Spiritus, als spiritu salis und dergleichen* [K1564]

Im letzten Beispiel wird zuerst eine Umschreibung für Corrosive, sodann der Name der chemisch bestimmten Substanzklasse und schließlich ein Element dieser Klasse angeboten. In diesem Nebeneinander spiegelt sich sicherlich auch eine zunehmende Unsicherheit hinsichtlich der Nachvollziehbarkeit von Substanzbezeichnungen. Die Angabe alternativer Bezeichnungen soll diese Nachvollziehbarkeit erhöhen und die Vergleichbarkeit mit anderen Texten gewährleisten. Indizien für dieses Bemühen finden sich sowohl bei Kunckel wie bei Marggraf :

1) *nehme dazu einen spiritum vini alcalisatum, oder eine bishero gemeynte Tinctura Tartari* [K1009]
2) *Jch nahm zu dem Ende eine halbe Unze dieses fixen Urin=Salzes, oder wie es Börhave nennet, dieses Salis urinae nativi* [M582]

Geheimhaltung wird zum Indiz für die Bedeutsamkeit des vermittelten Sachverhaltes.

4.2.1.3. Zur Bezeichnung von Produkten

Bei den Erläuterungen der Bildungsmuster der zusammengesetzten Ausdrücke wurde bereits darauf verwiesen, daß sich die Bezeichnungen einzelner Produkte aus der Kombination der Benennung des Ausgangsstoffs mit einer Angabe zu dessen jeweiligen chemischen Behandlung ergeben.

In dem Grenzfall eines Reinigungsverfahrens (purgierter Mercurius) ergibt sich kein wesentlicher Unterschied zwischen Edukt und Produkt. Anders verhält es sich aber mit der calcinirten Erde oder dem gebrannten Wasser. Hier stellt das Produkt eine chemisch neue Substanz dar.

Ein Blick auf den Alanus-Text macht das Phänomen deutlich. Drei Bezeichnungen beziehen sich dort auf das Zwischenstadium der Nigredo: auffgelöst Corpus, gesolvirt Corpus, putreficirt Corpus. In der Bezeichnung der neu entstandenen Substanz - entstanden durch Auflösung bzw. Fäulnis - bleibt das eingesetzte Edukt dominant. Die Schwärze, als qualitätsloser Zustand begriffen, kann nur unter Rückgriff auf die Ausgangssubstanz benannt werden. Es fragt sich also, ob Alanus in der 'Schwärz' überhaupt eine neue Substanz sah. Betrachtet man zudem die Äußerung über das Verhältnis von Bley zu Menig, Bleyweiß und Blei-Kristallglas [A415], so scheint es, als werde - nach der Auffassung des Alanus - das Edukt in den Reaktionen nicht wirklich verändert, als werden höchstens zusätzliche Eigenschaften durch die Reaktion gesetzt. Bei Basilius ist eine ähnliche Auffassung erkennbar:

> *ein verbrennlich ding kan keine schützung geben einem andern verbrennlichen dinge / auff daß es auch nicht verbrennen mag / sol nun ein Schützer da sein / der dem verbrennlichen beywohne / vnd dafür erhalte / so muß der beschützer erstlich mehr gewalt haben* [B251]

Die Eigenschaft der Nichtbrennbarkeit erscheint hier nicht als das Resultat einer chemischen Umsetzung, sondern sie wird hergeleitet aus der Anwesenheit (beywohnen) einer zweiten Substanz, deren Eigenschaft im Hinblick auf die Feuerbeständigkeit vorherrschend ist. Dieser Eindruck wird verstärkt durch das Auftreten von Verben wie einschlucken [K] und einverleiben [B K]:

> *nahm derowegen dieses Silber noch einmahl / trieb es wieder durchs Bley / und calcinirte es / da befand ich / / daß das Bley den Spiritum Veneris der Luna wieder einverleibet hatte* [K3469]

Beide Verben beschreiben zwar die Reaktion zweier Substanzen, das entstandene Produkt erscheint jedoch nicht als neue Substanz. Vielmehr werden die Eigenschaften der aufnehmenden Substanz um die der aufgenommenen erweitert. Die Identität der Ausgangsstoffe bleibt durch die Reaktion unbeeinflußt.

Der Vorstellung vom Einschlucken oder Hineindringen

(vergl. auch INGRESS) entspricht die Umkehrung des Vorgangs durch den Chymisten: herausbringen.

Insgesamt manifestiert sich so die Konzeption einer 'additiven Chymie'. Dies zeigt sich nicht nur in Produktumschreibungen wie "deine mit Saltz praecipitirte Luna" [K3592] oder in der Beschreibung der Verfestigung des Quecksilbers durch Zusatz eines Metallsalzes [K535 ff] sondern vor allem in der bei Kunckel häufig gefundenen attributiven Reihung von Eigenschaften (vergl. TERRA) bei der Bildung zusammengesetzter Ausdrücke. Die gemäß der Reaktion zusätzlich etablierte Eigenschaft wird häufig als spezielle ART der jeweiligen Substanz umschrieben.

Damit zeigt sich auch hier die Untauglichkeit einer rigiden Trennung zwischen Fach- und Gemeinsprache. Denn erst im Lichte einer solchen 'additiven Chymie' erhalten gemeinsprachliche Verben wie einschlucken, einverleiben, herausbringen oder hineindringen ihre fachliche Bedeutung. (Vergl. 4.2.3.3.)

4.2.2. Die Darstellung chemischer Vorgänge

4.2.2.1. Fachliche Handlungen und Fachverben

Die Betrachtung der Darstellung chemischer Vorgänge ist an eine Untersuchung derjenigen Verben geknüpft, die diese Vorgänge bezeichnen.

Als eine erste Teilmenge läßt sich dabei diejenige Gruppe von Verben isolieren, die die fachlichen Handlungsmuster zur Manipulation der Elemente des Objektbereichs bezeichnen, auf die also das Kriterium der Zweckrationalität fachlichen Handelns zutrifft:

> Fachlich sind solche,besonders instrumentelle, Handlungen, die in zweckrationaler, d.h. nichtsozialer Absicht ausgeführt werden.[55]

Beispiele für diese Gruppe sind:

Abstrahiren	[K M]	Gießen	[K M]
Auflösen	[A B K M]	Kochen	[B K M]
Auffschliessen	[B K]	Praecipitiren	[K]
Bereiten	[B K]	Reinigen	[B K M]
Calciniren	[A K]	Scheiden	[A K M]
Coaguliren	[B K]	Solviren	[A K]
Destilliren	[B K M]	Sublimiren	[A K]
Digeriren	[A K M]	Zusetzen	[A B K M]
Extrahiren	[B K]		

Die Beispiele zeigen die Bandbreite der Verben, die fachliche Handlungen bezeichnen können. Einer Gruppe von exklusiven Fachworten steht eine zweite Gruppe gegenüber, deren Verwendung nicht an die Schilderung eines fachlichen Sachverhalts gebunden ist.

Die erste Gruppe zeichnet sich dadurch aus, daß die jeweiligen Verben komplexe Handlungsabläufe bezeichnen,

------

[55] Hahn 1983, S. 65, unter Rückgriff auf Habermas, J. Technik und Wissenschaft als "Ideologie".

die zumeist aus mehreren Teilschritten bestehen, auf ein bestimmtes Ziel ausgerichtet sind und häufig die Verwendung von speziellen Geräten notwendig machen. Sie gehören zum Fachwortschatz im engeren Sinne, als ihnen eine relativ fest umrissene und über die Zeit konstante Bedeutung zuzuordnen ist[56]:

> *Die Digerirung ist / wann man die Materi in ein allgemaches Feuer / nemlich in den ersten Grad der Hitz / setzet / dienet der Materi / daß die vier Eigenschafften in derselben alterirt und gemässiget werden. (...) Zu dieser Arbeit werden erfordert Phiolen oder mit einem Sigill verschlossene Kolben. Diese Arbeit wird mehrern Theils in Roßmist / oder einem balneo verbracht.*
>
> *(...)*
>
> *Die Distillirung ist eine Art der Sublimirung. Dann die volatilische / mercurialische durch die Fäulung oder Gihrung / aufgelöste Theile sublimiren sich / durch Vermittlung und den Trieb der Wärme / von dem Fixen; indem sie erluckern / gehen sie dem Helm zu / in welchem sie / gleich durch die Andickung / in die Gestalt eines Saltzes zusammen gefrieren (...).*
>
> *(...)*
>
> *Cohobatio ist eben eins mit der Antränckung. Dann wann zu einem fixen Theil gethan / ein distillirter und sublimirter Mercurialisch=flüchtiger Theil gethan / und wieder davon / durch die Distillirung geschieden / und solche Arbeit zum öfftern wiederholt / so werden die fixen Theil / durch solche Arbeit mit den Flüchtigen / auch flüchtig (...). Zu dieser Arbeit dienen die Kolben / Helme / Sublimir= und Circulir=Gefässe: Die Operation aber wird mehrern Theils in den Aschen verrichtet. (...)*
>
> *Es ist aber eine Nothdurfft / daß / in erzehlten diesen Operationen eine Ordnung gehalten.*[57]

Das Kriterium der Eindeutigkeit ist aber auch innerhalb dieser Gruppe nicht gewahrt. So findet sich sowohl eine Bedeutungsüberlagerung verschiedener Handlungsverben, wie auch die Aufspaltung einer Operationsbezeichnung in mehrere Verben, die verschiedene Aspekte des gleichen Vorgangs betonen.

Überlagerungen entstehen aus dem Nebeneinander von Verben, die aus dem Lateinischen entlehnten sind und ihren deutschen Entsprechungen:

------

[56] Daß auch hier eine Bedeutungsveränderung festzustellen ist, zeigen die Wörterbuchartikel TINGIREN, CONJUNGIREN UND COAGULIREN. Die veränderung spiegelt hier die allgemeine Tendenz der Chymie, sich aus dem alchemistischen Vorstellungsbereich zu lösen. Entsprechend erweitert sich die Bedeutung einzelner Verben, die vormals allein im Handlungskontext der Lapis-Gewinnung situiert waren.

[57] J.J. Becher Oedipus Chymicus, 1680; S. 143 - 145, S.146.

extrahiren	- ausziehen	purgiren	- reinigen
putreficiren	- faulen	solviren	- aufflösen

Daß es sich hier nicht immer um äquivalente Bezeichnungen handelt, zeigt ein Verleich zwischen putreficiren und faulen. So erscheint putreficiren sowohl in transitiver wie in intransitiver Form:

1) *also daß du nicht 3. Monat damit putrificieren darffst* [A 168]
2) *die Feuchte / so sich in und dabey auffhält / ziehet die Lufft an sich / und die putreficiret* [K913]

Während die intransitive Form einen natürlichen Vorgang bezeichnet , wird das Verb allein in der transitiven Form zu einem Fachwort in dem oben eingegrenzten Sinn, indem es nun eine von dem Chymisten initiierte fachlich-praktische Handlung bezeichnet. Dieser vom Chymisten ausgehende Handlungscharakter wird stärker in dem Verb digeriren [A K M] betont, das J.J.Becher in der angegebenen Textpassage ebenfalls der Fäulung zuordnet. Diese zweifache Bedeutung von putreficiren spaltet sich in das intrans. faulen und das trans. feulen auf. Letzteres findet jedoch nur bei Alanus Verwendung. Das intrans. faulen bezeichnet allein den an der Substanz sich vollziehenden Vorgang der Zersetzung und Auflösung. Die Frage, ob hier eine Kausalinstanz präsupponiert ist, wird noch zu behandeln sein (vergl. 4.2.2.3.). Um die Vermitteltheit des Vorgangs zu betonen, verwendet Marggraf, bei dem weder putreficiren noch digeriren[58] erscheint, die Infinitivkonstruktion mit 'lassen': "(...) den ich acht Wochen lang hatte faulen laßen." [M159]. Weitere Beispiel sind auffschliessen, auflösen und solviren, die nicht nur den einfachen Vorgang des Auflösens einer Substanz bezeichnen, sondern auch die vorbereitenden Arbeiten, in denen die lösbare Substanz bereitet wird. Hier zeigt sich auch, daß ganz unterschiedliche Vorgänge mit dem gleichen Verb bezeichnet werden können. So ist bei Alanus der Vorgang der Amalgambildung sowohl Fäulung als auch Aufflösung. Am Beispiel der Destillation zeigt sich, wie verschiedene, miteinander konkurrierende Verben unterschiedliche Aspekte des gleichen Vorgangs hervorheben. Neben destilliren und abdestilliren beziehen sich die folgenden Verben auf den Vorgang:

treiben	[K M]	herüberziehen	[M]
austreiben	[B]	abstrahiren	[K M]
heraustreiben	[B K]	herausbraten	[K]
davontreiben	[B K]	herübergehen	[K M]
herübertreiben	[K M]	herüberkommen	[K]
abziehen	[B K M]	überführen	[K]
davonziehen	[K]		

------

58 Innerhalb eines von Marggraf wiedergegebenen Zitats erscheint einmal digeriren.

Während destilliren die gesamte Operation umfaßt, liegt den aufgeführten Verben eine Konzeption des Vorgangs als gerichtete Bewegung eines Objektes - des Destillats - zugrunde[59]. Deutlich treten die Gruppen um 'treiben' und 'ziehen' hervor.

Abziehen, herüberziehen und davonziehen implizieren den Endpunkt der Bewegung: die Vorlage. In den Blickpunkt gerät so das Resultat der Destillation:

1) *denn den Essig im Marienbadt abgezogen* [B898]
2) *Andere nehmen ein Sal Vitrioli und ziehen das Oleum Vitrioli etwas davon* [K1831]

Entsprechendes gilt auch für abstrahiren. Diese Fokusierung auf den Endpunkt der Bewegung findet ihren Niederschlag in der operationsabhängigen Substanzbenennung Abzug.

Im Gegensatz dazu betont treiben den erzwungenen Übertritt des Destillats von der Retorte zur Vorlage. Während das nichtpräfigierte Verb Ausgangs- und Endpunkt des Vorgangs hervorhebt, steht bei austreiben [B441] und heraustreiben [B779 K159] der Prozeß des Abtrennens, bezogen auf die Ausgangssubstanz in der Retorte, im Vordergrund. Der Destillationsrückstand wird zum Bezugspunkt bei davontreiben [K1813/15]. Der Aspekt der räumlichen Veränderung wird in herübertreiben und auch in überführen hervorgehoben.

Wird schon in treiben der durch den Chymisten auf die Stoffe ausgeübte Zwang deutlich, so trifft dies in besonderem Maße auf herausbraten zu. Gemeint ist eine trockene Destillation, die der Teergewinnung dient. Der Zwang, der hier im Vordergrund steht, ergibt sich aus der für den Prozeß notwendigen hohen Temperatur. Herausbraten verweist auf diese hohe Temperatur.

Stand bisher der Vorgang des Destillierens als eine Bewegung zwischen Ausgangs- und Zielpunkt im Vordergung, so wird in herüberkommen und herübergehen die Bewegung selbst hervorgehoben. Ein weiterer Unterschied zu den anderen Bewegungsverben besteht darin, daß es

------

59 Vergl. hierzu die "verschiebbaren Vektoren" bei Leisi (1961, 2.erweit.Aufl.; S. 82 f). Gemeint sind damit gerichtete (verktorielle) Bewegungsverben, mit "verschiebbarem Zentrum". Es scheint mir jedoch sinnvoller, auch im Zusammenhang mit den vorliegenden Beispielen, von einem Bezugspunkt der Bewegung zu sprechen. Dieser Bezugspunkt kann sowohl der Ausgangs- wie der Zielpunkt der Bewegubng sein.
Vergl. auch Wotjak, G. (1971), der als distinktive semantische Charakteristika für das Feld der Verben der Fortbewegung auch die semantischen Merkmale "Delokal" und "Richtung" angibt. Das Merkmal "Richtung" wird weiter spezifiziert in "Horizontal" und "Vertikal" (S. 187). Das Problem von Ausgangs- und Zielpunkt der Bewegung wird zwar am Beispiel von 'kommen' und 'gehen' angedeutet (S. 206 f), aber auf der Ebene der Merkmale nicht erfaßt.

sich hier um eine von der Substanz durchgeführte Bewegung und nicht um eine von dem Chymisten vermittelte bzw. initiierte Bewegung handelt. (Vergl. 4.2.3.)

Zusammenfassend kann man feststellen, daß die Akzentuierung der verschiedenen Aspekte des Destillationsvorgangs hauptsächlich unter Verwendung deutschsprachiger Verben erreicht wird. Allein mit abstrahiren und abziehen erscheinen eine Entlehnung und eine Lehnübersetzung. In den anderen Fällen erfolgt ein Rückgriff auf das nicht fachlich gebundene Inventar der Gemeinsprache. Damit wird der fachsprachliche Kern, der sich durch ein relativ hohes Maß an Exklusivität auszeichnete, verlassen. Mit herausbraten befinden wir uns bereits in der Peripherie des Fachwortschatzes.

Diese zweite Gruppe enthält Verben, die häufig einfache, nicht weiter zerlegbare Handlungen bezeichnen, die nicht an die chymische Praxis gebunden sind: dareinwerfen [B], gießen [B K M], kochen [A B K], mischen [K], auffsieden [K], waschen [B], zusetzen [A B K M]. So bezeichnet gießen als hineingießen oder zugießen das Mischen und als abgießen das Trennen von Flüssigkeiten. Bis heute erhalten hat sich das zusetzen einer Substanz zum Reaktionsgemisch (ZUSATZ). Während die Bedeutung von kochen und auffsieden nicht über die gemeinsprachliche hinausgeht, zeigt sich in waschen und vor allem in verwaschen [M] eine Bedeutungsverengung, indem hier das Entfernen von Lösungsmitteln, meist Mineralsäuren, bezeichnet wird. Ebenso ist das Erscheinen des Nomen actionis Kochung ein Indiz dafür, daß es sich dabei um eine feststehende Operation handelt.

Die Fachsprachlichkeit dieser Verben ergibt sich somit vor allem aus dem fachlich-praktischen Kontext, in dem sie handlungskommentierend erscheinen. Damit gehören sie, gemäß der getroffenen Festlegung, zum weiteren Fachwortschatz.

4.2.2.2. Das Instrument 'Feuer' und seine Beschreibung

Innerhalb des fachlich-praktischen Handlungsablaufs nimmt das Feuer, als Mittel zur Veränderung der Stoffe, eine zentrale Stellung ein. Die Meisterschafft des Fewers [B] wird für diejenigen, "welche die Natur durch Feuer Distillirung examiniren und prüfen"[60] wollen, zu einer notwendigen Voraussetzung. So findet das Feuer als Instrument auch Eingang in die Erklärung der Chymie:

Sage demnach / daß die Chemia eine Kunst oder Handarbeit sey / dardurch ein sinnreicher Artist mit zuthu seiner künstlichen Geschirren vnnd ordentlichen Regirung deß Fewers einen irdischen Himmel formiret / seinen Mercurium auß der vermischten Massa außzeucht / sublimiret / vnd dan durch seine circulati-

------

[60] J.J. Becher Zugabe in Physicam subterraneam, 1680; S. 11.

on, sublimation vnd andere fügliche natürliche Mittel das simpele Fewer in ein vberhohes vnd vnzerstörliches bringet[61]

Die Temperaturabhängigkeit von Reaktionen und damit die Wichtigkeit der Temperaturangaben bei der Beschreibung chemischer Vorgänge, mag ein kurzer Auszug aus einer Versuchsbeschreibung zur Darstellung des Phenylhydrazin illustrieren:

In einem 2-l-Dreihalskolben mit Rührer und Tropftrichter wird die Natriumsulfitlösung auf 3° C abgekühlt und mit 50g Eis versetzt. (...)Man erwärmt 10 Minuten auf 20° C und danach 30 Minuten auf 70° C (Verfärbung der Lösung nach Dunkelrot). Die heiße Lösung stellt man mit konz. Salzsäure gegen Lackmus sauer ein und erhitzt weitere 6 Stunden auf 70° C. Danach gibt man zur heißen Lösung 1/3 ihres Volumens konz. Salzsäure und kühlt mit einer Eis-Kochsalz-Mischung auf unter -5° C ab. (...) Der Benzolextrakt wird gut mit Kaliumhydroxid getrocknet und das Phenylhydrazin nach dem Abdestillieren des Lösungsmittels durch fraktionierte Destillation gewonnen. K_p*.12° C.*[62]

Die Angabe der Temperatur dient hier zweierlei Zwecken. Zum einen stellt die Reaktionstemperatur den Ablauf des Reaktionsschrittes in eine bestimmte Richtung sicher. Zum anderen dient die Angabe des Siedepunktes (K_p) der Identifizierung des gewünschten Produktes innerhalb der fraktionierten Destillation.

In gleicher Weise ergibt sich auch für die Chymisten die Notwendigkeit, die differenzierte Verwendung des Instrumentes 'Feuer' zu beschreiben - etwa bei der häufigen Herstellung und Behandlung von Amalgamen oder dem Trennen von Flüssigkeitsgemischen durch Destillation. Während für Alanus und Basilius noch kein Gerät zur Bestimmung der Wärmeintensität zur Verfügung stand, fallen die Arbeiten von Kunckel und Marggraf in die Zeit der Verbreitung des Thermometers. Bereits 1610, so ist einem Brief an Galileo zu entnehmen[63], hatte Cornelius Drebbel dem englischen König James I ein Gerät in Gestalt einer halbkreisförmigen Röhre vorgeführt, in dem eine Flüssigkeit durch Temperaturschwankungen von einer Seite zur anderen wanderte. Dieses qualitative Wärmeschwankungen verzeichnende "Thermoskop"[64] wurde von

------

[61]Elucidarius Christopheri Parisiensis
In: Vier Außerlesene Teutsche Chemische Büchlein
Getruckt zu Cassel / bey Jacob Geutsch
In Verlegung Sebald Köhlers Im Jahre 1649; S. 137
(Soest: 5.H.12.4)

[62]Organikum. Organisch-Chemisches Grundpraktikum
Berlin 1977 (15.Aufl.) S. 662.

[63] Vergl. dazu Thorndike, L. Bd. VII, S. 495: Giuliano de' Medici vom 18.Oktober 1610 an Galileo

[64] Vergl. Dannemann, F.: Die Naturwissenschaften in ihrer Entwicklung und ihrem Zusammenhang, Leipzig

Drebbel als ein perpetuum mobile angesehen, dessen Bewegungen er mit den Gezeiten in Verbindung brachte[65]. Das erste, vom Luftdruck unabhängige, verschlossene Thermometer mit Alkohol als Füllflüssigkeit wurde um 1660 von den Mitgliedern der Academia del Cimento entwickelt[66]. Auch dieses Thermometer besaß eine Skalierung, die Festlegung der Fixpunkte war jedoch nicht einheitlich. Erst 1694 wurde von Renaldini Schmelz- und Siedepunkt des Wassers als Bezugsgrößen vorgeschlagen[67]. Wenn auch die Verbreitung des Thermometers zum Ende des 17. Jahrhunderts zunahm, so ist doch anzunehmen, daß dessen Verwendung sowohl vom Kenntnisstand des einzelnen Chymisten wie auch von dessen oder seines Instrumentenmachers glasbläserischen Fertigkeiten abhing.

So ist es nicht verwunderlich, daß der Glasmacher Kunckel das "Thermometrum" erwähnt[68]. Dort erscheint es jedoch eher als ein zu erklärendes Phänomen denn als Meßinstrument. Ebensowenig beruft sich Marggraf auf Temperaturmessungen mittels Thermometer.

Das Bedürfnis nach einer differenzierten Beschreibung des Feuers und der damit erreichten Wärmeintensitäten, schlägt sich nieder in der Konzeption der gradus igni [B]. Diese werden bei Ruland an die graduelle Vergrößerung der Heizquelle (Lampe - zwei Dochte - drei Dochte - Kohlen) einerseits und an die Wirkung anderseits geknüpft:

> *Der erste Grad deß Fewers wehret / biß die Weiß angehet / vnd geschicht mit einer Lampen / drey Monat. Der ander / biß die Weiß verbracht ist / mit zweyen Dochten / drey Monat Der dritte / biß die Weiß fix ist mit drey Dochten / drey Monat Der vierdte / mit Kolen biß ans Ende drey Monat.*[69]

Eine solche Spezifizierung des anzuwendenden Feuers durch Angabe der damit erstrebten Wirkung, findet sich

------

1921, S.86. Thorndike dagegen erwähnt zwei weitere Briefe an Galileo (4.2. und 11.2.1612), aus denen hervorgeht, daß die Röhre äquidistante Markierungen aufwies.

65 Vergl. dazu:
Cornelius Drebbel: De quintaessentia
Ed. Ed. J.Morsius;
Acc. ejusdem epistula ad. Brit. Monarchum Jacobum de perpetui mobilis inventione (Bog. A-C)
o.O. 1621 (Exemplar: Soest V H.12.4)

66 Dennoch galt auch im 17. Jahrhundert Drebbel als der Erfinder.
Vergl. dazu Thorndikes Angaben Bd. VII, S. 495 Anm. 8 und S.593 Anm. 17.

67 Vrgl. Dannemann 1921, S. 88. Nach Gerland (Zeitschrift für Instrumentenkunde XIII, 1893, S.390) hatte Huygens bereits 1665 diesen Vorschlag gemacht.

68 Laboratorium Chymicum 1716, S.31.

69 Ruland 1612, S. 260

auch bei Jamsthaler, wenn dieser "ein feur das da putrificirt" fordert[70].

Ähnlich wie Ruland die Grade des Feuers an die Stadien der Lapis-Gewinnung knüpft, findet sich auch bei Alanus der Hinweis auf die "Grad des Feürs" [A116] und die Farbänderungen im Werk im Zusammenhang mit einer Temperatursteigerung durch sukzessive Kochung:

> *Vnd der geseliget Stein / je mehr er gekocht wirdt / je mehr soluiert er das Corpus Solis vel Lunae, vn in der aufflösung wirdt er geschwertzt / vnd je mehr er soluiert / je mehr wirdt er getrucknet vnd geweißt / vn nach der weisse je mehr er gekocht wirdt / je mehr wirdt er geröth* [A135]

Aus dem Rahmen des alchemistischen Werkes lösen sich die vier Grade des Feuers bei J.J.Becher, die stärker auf die chymische Praxis ausgerichtet sind[71]. Zwar spricht er von vier Graden des Feuers oder der Hitze, tatsächlich scheint er aber zwischen vier milden und vier starken Graden zu unterscheiden. Die vier milden Grade werden durch die verschiedenen Bäder (BALNEUM) realisiert. Becher charakterisiert sie durch ihre Wirkung:

> *Es wird aber auf viererley weiß angewendet. Erstlich wann es ein Feuer der Fäulung / durch den Mist / oder die Erden gibt. 2. Das Feuer der Zusammenbring- und Scheidung / durch ein laulicht Wasser / insgemein Balneum Mariae genant. 3. Das Feuer der Zeugung / durch die laue Lufft: insgemein Balneum roris (Thau Bad). 4. Das Feuer der Vollkommenheit; insgemein ignis arenae, Sand- oder Ofen-Feuer; welches auch entzündend / dörrend / glüend / brütend / warm genennet wird.*[72]

Diese vier Wirkungen sind unter den "ersten Grad der Hitz" (S.143) zu subsumieren, einem "allgemachen Feuer", das die Digerirung (s.o.) bewirkt und in einem "Balneo verbracht" wird. Er gibt drei weitere Grade an, deren Wirkungen weitaus höhere Temeperaturen erfordern, als sie die verschiedenen Bäder erreichen könnten. Es scheint, als handele es sich hier um die Differenzie-

------

70 Herbrandt Jamsthaler, Viatorium Spagyricum; fol. 104^{v}.

71 In dem letzten Dictum seiner "Zwey und zwantzig Paar Philosophischer Differentien" (Chymischer Glücks=Hafen, 1682, S. 63-69.) dagegen ordnet Becher die vier Grade wieder den Stadien des Werkes zu:"Vor allem aber muß das Feuer nie so starck seyn / daß es den Mercurium von der Materie sublimiret / noch die Röthe von der Weisse / oder die Weisse vor der Schwärze erscheine: man kan derohalben mit den vier gradibus des Feuers auffsteigen / den ersten Grad zur Schwärze / den zweyten zur Weisse / den dritten zur Gelbe / den vierten zur Röthe gebrauchen (...)."(S.68)

72 J.J. Becher, Zugabe in Physicam subterraneam 1680, S. 102.

rung eines 'offenen Feuers'. Dabei entspricht der zweite Grad der Sublimierung. "Die Calcinirung erfordert den dritten Grad des Feuers" (S.145) und schließlich:"Die Giessung (...) Wird vollführet in dem vierten Grad des Feuers / durch welchen auch die Metallen gereiniget / probirt / und zu Glaß gemacht wird."(S.146) Ein Ausläufer dieser Grad-Einteilung findet sich noch bei Marggraf, wenn er angibt, er habe "einen ausnehmend starken Feuers=Grad 7 Stunden lang geben" müssen [M44]. Neben diesem Bemühen, zu einer Einteilung in diskrete, mehr oder weniger genau charakterisierte Temperaturbereiche zu gelangen, findet sich in den Texten ein zweites Verfahren, Intervalle aus dem Temeperatur-Kontinuum zu beschreiben.

Wähend jedoch die "gradus igni" in ihrer internen Systematik durchaus quantifizierbar waren, indem etwa durch die Erhöhung der Heizquellen eine Relation der Grade zueinander deutlich wird, handelt es sich nun um eine rein qualitative Beschreibung der angwandten bzw. anzuwendenden Temperatur.

Gemeint sind die verschiedenen Adjektive, die den Nomen Feuer, Hitze und Wärme attribuiert werden. Zwei verschiedene Aspekte der Temperatur-Regulierung können dadurch betont werden. Zum einen ist dies die für die jeweilige Reaktion notwendige Wärmeintensität und zum anderen deren Konstanz über einen längeren Zeitraum. Zur Charakterisierung der Intensität finden sich:

mäßiges Feür	[A]	gelindes Feuer	[K]
messige Wörm	[A]	äusserliche Hitze	[K]
linde Wörm	[A]	übermäßige Hitze	[K]
schwach vnd müßig grad des Feürs	[A]	weniges Feuer	[M]
		gelindes Feuer	[M]
gelindes subtiles Fewer	[B]	heftiges Feuer	[M]
		heftigstes Feuer	[M]
großes Fewer	[B]	starkes Feuer	[M]
große Hitze	[B]	stärkstes Feuer	[M]

Einige Beispiele mögen dies verdeutlichen:

1) *aber die feuchtigkeit muß durch die grad des Feürs zerstört werden / das da schwach vnd müßig sey* [A116]
2) *vnnd dann weiter mach ein mäßig feür / vnd laß an vnd an also kochen* [A157]
3) *vnnd gib ihm mässige wörm* [A441]
4) *gib ihm anfenglich ein gelindes subtil Fewer zwölff stunden / denn laß fliessen drey Tag vnd Nacht continue* [B1252]
5) *andre habens durch gelindes Feuer davon getrieben* [K1814]
6) *hab ich es hingesetzt in eine ziemlich große Hitze / anfangs zwar gelinde* [K2273]
7) *und trieb erst mit gelindem Feuer das übrige Wasser davon* [M269]

8) *und destillirte es mit heftigem Feuer aus einer thönernen Retorte* [M464]
9) *Dieses Gemenge destillirte also / daß ich erst den Spiritum urinosum darvon schied. Bey dem heftigsten Feuer erhielt ich einen eben so schönen Phosphorum* [M613]

Zur Betonung einer über einen längeren Zeitraum konstanten Temperatur verwenden Alanus und Basilius das vom ahd. 'state' und mhd. 'staete' stammende 'stet' bzw. 'stetig':

1) *Schaw das im werck das gefess stättig beschlossen sey / vnd gleich stätte wörme hab* [A218]
2) *vnd durch stetiges fewer gekochet* [B1093]
3) *dieweil es (...) durch die Putrefaction vnd Feu lung der stätigen wärme transmutiret vnd zu Essig worden* [B884]

Basilius verwendet zudem noch den Ausdruck "eine langwirige wärme" [B877]. Kunckel spricht von einem "beständigen Feuer" [K835] und Marggraf von einem "anhaltenden gehörigen Feuer" [M443]. Während Alanus und Basilius immer zuerst das Feuer charakterisieren als ein Instrument, mit dem sodann eine Operation durchgeführt werden soll:

mach ein mäßiges feür / vnd laß ab vnd an also kochen [A157]

finden sich bei Kunckel und Marggraf die Adjektive auch in adverbialer Verwendung direkt bei dem Verb, das den jeweiligen Vorgang bezeichnet:

hart calciniren	[K]	gelinde ausglühen	[M]
gelinde calciniren	[K]	mäßig glühen	[M]
gelinde abdestilliren	[K]		
gelinde davonziehen	[K]		

Der Hinweis auf den Zustand des Glühens dient Marggraf zudem als Markierung eines Zeitpunktes innerhalb des Versuchsablaufs:

1) *Von jedem dieser Saamen that ein gutes Theil in verschiedene Retorten, und destillirte solche bis zum gelinden glühen.* [M646]
2) *und destillirte per gradus, bis die Retorte dunkel glühete. Hierbey gieng noch etwas weniges Spiritus urinosi, und einiger ammoniacalischer Sublimat in die Höhe* [M172]

Die Beschreibung der Hitzewirkung "bis die Retorte dunkel glühete" nähert sich hier der Funktion, die die Angabe des Siedepunktes für die Durchführung einer fraktionierten Destillation erfüllt. Gleichzeitig wird so die experimentelle Nachprüfbarkeit erhöht, indem der gesamte Versuchsablauf über die Temperaturregelung strukturiert ist und einzelne Vorgänge an nachvollziehbare Erscheinungen geknüpft sind (Vergl. dazu auch [M201-211;M649]).

Abschließend sei noch darauf verwiesen, daß in der Beschreibung der Wärmeintensität eine Verschiebung des Bezugspunktes erkennbar ist. Während Alanus und Basilius das 'starke Feuer' als den Normalfall vorauszusetzen scheinen und folglich ihre Beschreibung auf das Erreichen einer geringeren Temperatur konzentrieren, heben Kunckel und Marggraf die besondere "Verstärkung des Feuers" [M217] (auch: "das Feuer verstärken" [M203, 210, 276]) hervor. Besonders deutlich wird dies, wenn Kunckel von der "Gewalt des Feuers" [K3604] spricht, oder von den Stoffen, die "gewaltthätig im Feuer tractirt" [K1865] werden. Hier zeigt sich die Vorstellung von einem auf die Substanzen ausgeübten Zwang, der schon bei den Verben treiben und herausbraten anklang und nicht allein auf die temperaturabhängigen Verfahren beschränkt bleibt. Denn auch das Lösen der Metalle erfolgt "gewaltthätig und mit corrosiv" [K1646] und den Substanzen wird das "Wasser (...) gewaltthätig benommen" [K1863].

4.2.3. Von der Aktion zur Reaktion

4.2.3.1. Die chemische Reaktion - eine verursachte Zustandsänderung

Bisher wurde der chemische Vorgang und seine Darstellung in Verbindung mit Verben behandelt, die entweder komplexe Handlungsmuster oder einzelne, darin eingebettete Handlungen bezeichnen. Bei einigen Verben dieser zweiten Gruppe fiel die Klassifizierung als Fachwort nicht leicht. Neben dem Zweifel, aus der historischen Distanz in solchen Fällen eine eindeutige Bestimmung vornehmen zu können, waren es aber nicht nur methodologische Gründe, die, um eine einheitliche Datenerhebung zu gewährleisten, zu der eingangs skizzierten Auffassung von einem weiten Fachwortschatz geführt haben. Denn auch innerhalb eines so klar umrisssenen Handlungsmusters wie dem Verfahren der Destillation fanden sich Verben, die einen durchaus fachlichen Aspekt des Vorgangs betonen, die aber auf den ersten Blick als 'nicht fachlich' einzustufen sind und der Vorstellung eines exklusiven, möglichst monosemantischen Fachwortschatzes nicht genügen. Dies hat zu der informellen Unterscheidung zwischen Kern und Peripherie des Fachwortschatzes geführt. Damit soll weniger auf die zu- oder abnehmende fachliche Bedeutung eines Lexems verwiesen werden, sondern eher auf die Erwartung hinsichtlich der Vorkommenshäufigkeit des Lexems in anderen Subsprachen.

Neben diesem Ausbau des fachsprachlichen Kerns, der sich vor allem dem Bestreben verdankt, bestimmte Aspekte eines komplexen Vorgangs zu betonen, finden sich noch andere Verben, deren Funktion für die Darstellung chemischer Vorgänge noch nicht behandelt wurden. Man betrachte die Verwendungen von solviren in den folgenden Beispielen:

1) *Wan du wilt ein Silber solviren / so must du zu einem Loth 2. Loth Aqua fort. wann selbiges gut*

ist / zum Golde muß 4. und mehrmahls so viel Aqua regis seyn [K669]

2) *Wie ichs aber dahin gebracht / daß es im Wasser sich solvirt hat / habe ichs über einen gereinigten Mercurium gegossen* [K843]

3) *so bald man aber über diesen weissen Mercurium einen distillirten Essig oder gemein Wasser giest / so solvirt sich das überflüßige Saltz davon* [K541]

4) *So weit als nun das Saltz heraus / so weit fällt die Erde oder Kieß von einander / massen es keinesweges auf einmahl mit seiner Wässerigkeit das ganze Corpus durchdringen / und das Saltz solviren können* [K2115]

In 4.2.2.1. war solviren als ein Verb charakterisiert worden, daß einen fachlichen Handlungszusammenhang, den des Aufschließens und Lösens von Feststofffen, bezeichnet. In dieser Bedeutung erscheint solviren in (1): als Bezeichnung einer vom Chymisten durchzuführenden Operation. Diese, den gesamten Vorgang umfassende Bedeutung, ist in (2) nicht mehr gegeben. Das reflexiv verwendete solviren bezeichnet nicht mehr eine Handlung des Chymisten. Die Abhängigkeit des nun bezeichneten Vorgangs von dem nicht näher spezifizierten Verhalten des Chymisten bleibt jedoch, durch die Nebensatzkonstruktion, gewahrt. Diese Vermitteltheit des Vorgangs kommt ebenfalls in der Verwendung der Infinitiv-Konstruktion mit 'lassen' zum Ausdruck: " wann ich den Vitriol gleich 100. und mehr mahl im wasser solviren und anschiessen lasse" [K2174]. Das Loslösung des Vorgangs von der verursachenden Instanz des Chymisten setzt sich in (3) und (4) weiter fort. Werden in (3) noch die Randbedingungen für den nun ganz auf die Substanz bezogenen Vorgang angegeben, so steht in (4) nur noch das Verhalten der Stoffe im Vordergrund. In den verschiedenen Verwendungen von solviren zeigt sich eine graduelle Veränderung in der Darstellung des chemischen Vorgangs. Der chemische Vorgang wird durch das Umsetzen der fachlichen Handlungsmuster nur eingeleitet und initiiert. Entsprechend beschreiben die den Handlungsmustern zugeordneten Verben nur eine Ebene des Gesamtereignisses. Der chemische Prozeß muß von der Handlung, die zu ihm geführt hat, getrennt werden. Eine solche Trennung der beiden Ebenen ist in (1) jedoch nicht gegeben und auch in "den andern Vitriol solvirte ich auch" [K2284] verschmelzen der chemische Vorgang und die auslösende fachliche Handlung. Die Gesamtheit von fachlicher Handlung und chemischem Vorgang kann als Prozess aufgefaßt werden.

> *Darunter ist der als Einheit erkannte, innerhalb eines bestimmten Zeitabschnitts ablaufende Übergang von einem Zustand in einen anderen zu verstehen.*[73]

Pleines (1976) unterteilt die so definierten Prozesse weiter in solche, "ohne konkrete Annahme einer Kausal-

------

[73] Pleines, J. (1976) S.56

instanz", die er als Ereignis bezeichnet und in eine zweite "Unterkategorie Handlung ,die alle Arten von Prozessen, die als kausal verursacht dargestellt werden, einheitlich beinhaltet"[74]. Bedenkt man, daß es sich bei den hier betrachteten Prozessen um chemische Experimente handelt, so scheint es möglich, der fachlichen Handlung die Prozess-Subkategorie Handlung, mit dem Chymisten als Kausalinstanz, und dem chemischen Vorgang die Subkategorie Ereignis zuzuordnen. Während in (1) die Zweiteilung und damit die Abhängigkeit der beiden Prozessteile verschleiert wird, wird sie in (2) expliziert; (3) und (4) dagegen beschränken sich auf das chemische Ereignis.

Zwei Gründe scheinen mir jedoch gegen die Bestimmung der chemischen Vorgänge als Ereignis zu sprechen. Zum ersten ist dies die Unschärfe in der Festlegung der Kategorie Ereignis selbst. Wenn eine "Typologie der vom Menschen erkannten und wahrgenommenen Sachverhalte" [75] angestrebt wird, erscheint die Kategorie Ereignis wenig sinnvoll, wenn gleichzeitig angenommen wird, daß jedes Ereignis potentiell als "kausal verursacht analysiert oder erklärt" werden kann. Denn aus dem Fehlen der Angabe einer Kausalinstanz kann ja nicht auf das Fehlen einer "konkreten Annahme" einer Kausalinstanz geschlossen werden. Viel eher kann man von einer Tilgung der Kausalitätskette sprechen. Eine Tilgung, die dann von den verschiedenen Bedingungen abhängen kann (Unkenntnis, Trivialität, Irrelevanz für die Sprecherintention etc.). Dies liegt um so näher, da Pleines die Kausalinstanz nicht über ein inhärentes Merkmal der Belebtheit definiert und Handlung somit nicht auf menschliche Handlung beschränkt ist[76]. Neben diesem eher systematischen Grund scheinen mir auch die Texte Indizien dafür zu liefern, daß auch der chemische Vorgang von den Chymisten als Handlung begriffen wurde.

Unter Verwendung des Begriffs der "Kausalitätskette"[77] kann man dies dahingehend präzisieren, daß fachliche Handlung und chemisches Ereignis eine gemeinsame Kausalitätskette bilden mit dem Chymisten als primäre Kausalinstanz und der Substanz bzw. den Substanzen als weitere Elemente der Kette. Diese weiteren Elemente sind in einem Beispiel wie "den andern Vitriol solvirte ich auch" getilgt. In (3) dagegen tritt die primäre Kausalinstanz in den Hintergrund und wird schließlich in (4) nicht mehr realisiert.

In welchem Maße die Darstellung des chemischen Vor-

------

[74] Ebenda S.56,57. Hervorhebungen von Pleines.

[75] Ebenda S.55

[76] "Es wird also zunächst kein Unterschied gemacht zwischen belebten und unbelebten Kausalinstanzen. Menschliche Verursachung oder gar Intentionalität sind nicht notwendige Voraussetzungen für HANDLUNGEN." Pleines (1976) S.57

[77] Ebenda S. 59 f

gangs den Charakter der unabhängigen Handlung hervorheben kann, zeigt folgender Textausschnitt:

> *R. nim Gold / solve in aqua Regis von Salpeter und Salmiac (...) praecipitir es mit Sale Tartari. Potasche / Sale absynth oder Cinamomi (...) / so wird ein Aurum fulminans daraus / giessest du aber mehr von dieser solution der Salien hinein / als es eben zur praecipitation bedarff / so wird das Sal volatile vom Salmiac und Salpeter getödtet / und vergehet das fulmen.* [K2963]

Eingebettet in fachliche Handlungen und davon verursacht, erscheint hier der chemische Vorgang als eine Handlung der Substanzen Salpeter und Salmiac. Die scheinbare Inadäquatheit des dabei verwendeten Verbs tödten weist auf eine Eigenschaft dieser Art der Darstellung des chemischen Vorgangs, die häufig unter Verwendung gemeinsprachlicher Verben erfolgt, die der Peripherie des Fachwortschatzes zuzuordnen wären. Eine solche Einordnung in den Fachwortschatz ist aber nur möglich, wenn eine fachliche Relevanz dieser Darstellungsform angenommen werden kann. Es stellt sich also die Frage, ob sich in der relativen Selbstständigkeit der inneren Glieder der Kausalitätskette eine bestimmte Sicht auf die chemischen Vorgänge dokumentiert. Bei dem Versuch, diese Sichtweise näher zu charakterisieren, muß auch die Frage erörtert werden, ohne allerdings Anspruch auf eine endgültige Antwort zu erheben, ob diese Sicht eine entsprechende Wahrnehmung der Sachverhalte reflektiert oder nur aufgrund des darin möglicherweise enthaltenen Erklärungspotentials eingenommen wird.

Um die sich in den Beispielen andeutenden zwei Sichtweisen auf den chemischen Prozeß zu beschreiben, müssen die an dem Vorgang beteiligten und im Satz erscheinenden Objekte und ihre semantischen Relationen zu dem Verb als dem Träger der Prozeßbedeutung betrachtet werden. Zum Zwecke einer solchen Beschreibung, die sich an den Objekten orientiert, die am Prozeß beteiligt sind, scheinen mir die Relationen AGENS, PATIENS und INSTRUMENTAL auszureichen. Diese von der Kasustheorie entlehnten Begriffe sind hier allein als Beschreibungstermini zu verstehen, die nur bestimmte Relationen in Sätzen beschreiben sollen[78]. Dabei handelt es sich um eine meiner speziellen Fragestellung verpflichteten Modifizierung der von Pleines (1976) angenommenen kausalen und thematischen Relation in Handlungssätzen.

Als PATIENS soll das Objekt gelten, daß von dem durch das Verb bezeichneten Vorgang betroffen ist. Dies entspricht dem von Fillmore als "Objektiv" bezeichneten Kasustyp:

> *Ganz offensichtlich sollte dieser Begriff begrenzt bleiben auf Dinge, die durch die Tätigkeit oder den Zustand, die das Verb beschreibt,affiziert werden.*[79]

------

[78] Andere semantische Relationen in den Sätzen werden also vernachlässigt.

Bezogen auf den Objektiv-Kasus Fillmore's soll die Bezeichnung Patiens stärker die Betroffenheit des Objekts hervorheben. Zudem scheint mir das Paar 'Agens - Patiens' eine zusätzliche Beziehung zwischen dem verursachenden und dem betroffenen Objekt nahezulegen. Denn der Zustand des Patiens wird vom Agens - bewußt oder unbewußt - determiniert. Diese Beziehung kommt besonders in den Konstruktionen 'X lassen Y Verb' zum Ausdruck:

"ich ließ das Bley fließen" (vergl. [M84])

Diese innere Beziehung kommt bei Pleines (1976) in der Bezeichnung "thematische Relation" nicht zum Ausdruck:

> *Die thematische Relation drückt das Verhältnis aus zwischen einem Verb, das einen Sachverhalt als Zustand beschreibt, und der Nominalphrase (Thema), die sich in diesem Zustand befindet. (...)*
> *Zur allgemeinen Definition des Prozesses (...) wurde ebenfalls der Begriff des Zustands hinzugezogen, und zwar in der Form, daß ein Prozeß zu verstehen ist als der Übergang bzw. die Veränderung von einem Zustand in einen anderen. Analog zu dem oben gesagten soll auch hier das Objekt, von dem behauptet wird, daß es seinen Zustand ändert, als Thema bezeichnet werden. Entsprechend besteht zwischen dem Thema und dem Verb im Prozeß eine thematische Relation.*[80]

Die Relationen AGENS und INSTRUMENT sind implizit in der schon erwähnten Kausalitätskette enthalten und können als deren primäres (Agens) bzw. terminales (Instrument) Glied identifiziert werden.Zwischen beiden nimmt Pleines eine Relation der Kontrolle an:

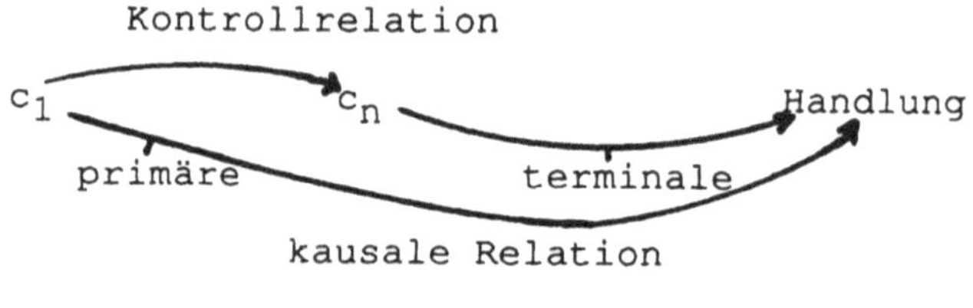

[Aus: Pleines (1976) S.84]

Da die Kausalitätskette beliebig genau sein kann (d.h. n ist beliebig groß denkbar) und die Auswahl der in der Beschreibung der Handlung realisierten Kausalinstanzen bestimmten Bedingungen unterliegt, ist die Bezeichnung "primäre Kausalinstanz" eine relative Angabe. Aus diesem Grund scheint es mir sinnvoll, zur Beschreibung der im Satz erscheinenden Objekte und ihrer Relationen die Kausalitätskette in Agens und Instrumental zu unterteilen

------

79 Fillmore (1971) S. 35. Der von Fillmore angenommene 'Auffang-Status' dieses "semantisch neutralste[n] Kasus" soll hier nicht weiter behandelt werden. In Fillmore (1981) auch als Patiens bezeichnet.

80 Pleines (1976) S. 70.

len. Dabei wird das AGENS neutral als Verursacher der im Verb bezeichneten Handlung und das INSTRUMENT durch die Unmittelbarkeit und durch die Kontrollrelation bestimmt.

Ursprünglich wurden bei Fillmore diese beiden Kasus über das Kriterium der Belebtheit bzw. Unbelebtheit bestimmt:

Agentiv (A): der Kasus des charakteristischerweise belebten [Animate], wahrgenommenen verantwortlichen Urhebers der Tätigkeit oder Handlung, die durch das Verb beschrieben wird.

Instrumental (I): der Kasus der unbelebten Kraft oder des Objekts, das in der Tätigkeit oder dem Zustand, die durch das Verb beschrieben werden, eine Rolle spielt.[81]

Meine Verwendung der beiden Termini orientiert sich jedoch an den Überlegungen von Pleines, indem das inhärente Merkmal der Belebtheit bzw. Unbelebtheit nicht Teil des Definiens ist[82].

Es wird sich aber zeigen, daß die Frage, ob ein AGENS als belebt wahrgenommen oder gedacht wird, für das Verständnis der Darstellung chemischer Prozesse von Bedeutung bleibt.

Daß sich mit den so bestimmten Beschreibungstermini auch Schwierigkeiten ergeben, soll nicht verschwiegen werden. Ein Problem ergibt sich aus der Konjunktion in der Bestimmung von INSTRUMENT. Man betrachte den Satz:

so Vitrum Antimonii mit Wein (...) extrahirt wird [B890]

Die Bestimmung des Vitrum Antimonii als Patiens fällt nicht schwer. Dagegen fehlt zur Identifizierung von Wein als Instrument die geforderte Kontrollrelation. Daß es sich bei Wein dennoch um eine INSTRUMENT handelt, deutet sowohl die verwendete Präposition an, wie die Tatsache, daß ein AGENS, das bei der Passivierung getilgt wurde, nachträglich eingefügt werden kann:

so Vitrum Antimonii vom Chymisten mit Wein extrahirt wird

Eine solche Operation wäre in einem Beispiel wie

Das Salz wird vom Wasser gelöst.

nicht möglich. Für 'Wasser' wäre hier eine AGENS-Relation anzusetzen. Tatsächlich ist der INSTRUMENT-Kasus für die Charakterisierung der in den Texten realisierten Prozeßbeschreibungen nur von geringer Bedeutung. Er erscheint hauptsächlich in einer 'idealen' Prozeßbe-

------

81 Fillmore (1971) S.34. Bekanntlich hat Fillmore in (1981) S.25 dieses Kriterium aufgegeben.

82 Pleines (1976) S. 73-75, S.84.
Vergl. auch die Definition von AGENS und INSTRUMENT in der 'Lexicase'-Grammatik: S. Starosta (1981) S.61-70. Die dort aus der "Metatheorie" abgeleitete notwendige Verknüpfung von Agens mit Instrument (S.64) muß für den hier angestrebten Zweck nicht berücksichtigt werden.

schreibung, die mir als Bezugspunkt dienen soll. Danach umfaßt die Darstellung eines chemischen Prozesses ein AGENS, ein PATIENS und ein INSTRUMENT:

Der Chemiker löst das Salz mit Wasser.

Es bedarf keiner weiteren Erläuterung, daß dieser Idealtypus häufig nur in modifizierter Form erscheint. So wird der INSTRUMENT aus Gründen der Trivialität oder Irrelevanz eliminiert:

Der Chemiker löst das Salz.

Eine weitere Modifizierung besteht darin, daß im Zuge der Anonymisierungstendenz in der fachlichen Schriftsprache durch Passivierung das AGENS unter fakultativem Erhalt des INSTRUMENT getilgt wird:

Das Salz wird (mit Wasser) gelöst.

Eine Betrachtung der chymischen Fachtexte zeigt aber, daß dort auch die im Idealtyp als PATIENS bzw. INSTRUMENT ausgewiesenen Objekte als AGENS erscheinen können. Ein Hauptinteresse bei der Betrachtung der Prozeßdarstellungen betrifft also die Frage, welche Objekte als AGENS bzw. PATIENS erscheinen.

Ein zweites Problem ergibt sich bei der Bestimmung von AGENS bzw. PATIENS im Zusammenhang mit reflexiv verwendeten Verben. Aus den eingangs zitierten Sätzen mit dem Verb solviren lassen sich die folgenden zwei vereinfachten Beispiele gewinnen:

1) der Laborant löst das Salz auf.

2) Das Salz löst sich auf.

Während in (1) die Bestimmung von 'Salz' als PATIENS offensichtlich ist, erscheint für (2) weder die Identifizierung als PATIENS noch als AGENS völlig zufriedenstellend[83]. Das Subjekt erscheint hier sowohl als Verursacher wie auch als Betroffener der Handlung. Eine Lösung scheint mir in der Feststellung von Jackendoff zu liegen, daß Nominalphrasen in einem Satz mehr als nur eine semantische Relation eingehen können "(...) noun phrases can function in more than one thematic role within the same sentence."[84] So ordnet er in dem

------

[83] Nach der 'Lexicase'-Grammatik bildet (2) keinerlei Probleme, da dort das PATIENS die grundlegende Kasusrelation ist und damit verlangt wird, "daß jeder Satz mindestens einen Patiens enthalten muß". (Starosta 1981, S.62) Weniger leicht scheint mir dort die Beschreibung von (1) zu fallen, da das geforderte gleichzeitige Erscheinen von Agens und Instrumental (ebenda, S.64) nicht vorliegt. Dies gilt übrigens auch für den von Starosta angeführten Beispielsatz "Tabby bit herself in the tail.", in dem er 'Tabby' als [+AGT] und 'tail' als [+PAT] bestimmt. (S.62) Dem steht die Forderung gegenüber "Da nach meiner Definition das Agens eine entfernte Kausalinstanz ist, impliziert ein Agens immer mindestens eine zusätzliche unmittelbare Kausalinstanz, einen Instrument, der die Verb-Handlung dann tatsächlich zustandebringt." (S.64)

Beispielsatz

Max rolled down the hill.

dem Subjekt sowohl die Rolle des "Agentiv" wie auch die des "Themas" zu[85].

Unter diesen Annahmen sollen im folgenden die zwei Sichtweisen erläutert werden, die sich in den Darstellungen der chemischen Prozesse manifestieren.

4.2.3.2. Formen der Prozeßdarstellung - Aktio- und Reaktio-Perspektive

Zuerst seien die Verhältnisse im Text von Marggraf betrachtet. Hier finden sich vielfach Sätze, in denen dem handlungsbezeichnenden Verb semantische Kasus in genau der Form zugeordnet sind, wie sie in dem Idealtyp dargestellt wurden.

Beispiel für diese Verben sind: aussüssen [M89], herübertreiben [M265] und auch vermischen [M93].

1) *ich (...) süsste sie [die Massam; d.V.] mit warmen Waßer wohl aus*
2) *ich (...) trieb erst mit gelindem Feuer das übrige Wasser herüber*
3) *Ein Pfund dieses klar geriebenen Kalkes vermischte ich mit I Pfund Salmiac (...)*

In allen drei Fällen erscheint der Chymist durch das Pronomen (Nom.Sg.) als Agens und eine Substanz als Patiens: Massa (1); das übrige Waßer (2); klar geriebener Kalk (3). In (1) und (3) stehen Stoffe auch in der Instrument-Relation (warmes Waßer; Salmiac). Im zweiten Beispiel liegt der Instrument-Kasus in gelindes Feuer vor[86]. Häufige Verwendung finden bei Marggraf auch die schon erwähnten Konstruktionen, in denen die Instrument-Relation eliminiert ist und nur ein Agens und ein Patiens erscheinen[87].

1) *ich (...) abtrahirte also das Phlegma, den Spiritum urinosum, das Sal volatile und das Oehl.* [M111]
2) *ich (...) destillirte per gradus einen sehr*

------

84 Jackendoff (1972) S.34; vergl. auch S. 35 ff

85 Der Terminus "Thema" beruht auf den von Gruber (1965) entworfenen "thematic relations" und ist dem PATIENS vergleichbar:
"In every sentence there is a noun phrase functioning as Thema. (...) With verbs of motion the Thema is defined as the NP understood as undergoing the motion. (...) With verbs of location, the Thema is defined as the NP whose location is being asserted." (Jackendoff 1972, S.29, 30)

86 Dies entspricht auch der in 4.2.2.2. vorgenommenen Einschätzung des Feuers als mögliches Instrument.

87 Es sei noch einmal darauf hingewiesen, daß mit 'erscheinen', gemäß der getroffenen Vereinfachungen, nur die für den Prozeßverlauf relevanten Objekte gemeint sind.

flüchtigen und starken Spiritum urinosum. [M148]
3) *Jch evaporirte dieses Gemenge unter beständigem Rühren* [M166]

Deutlich wird auch hier die starke Präsens des Chymisten als verursachende Instanz. Durch das Fehlen einer vermittelnden Instrument-Relation zielt die Kontrolle, die der Chymist im Experiment ausübt, direkt auf die Substanz, das Patiens[88]. Diese Kontrollbeziehung wird vor allem in Konstruktionen der Art

Chymist [Agens] + lassen + Substanz [Patiens] + Verb

betont:

1) *Den Urin hatte ich 6 Wochen faulen laßen.* [M97]
2) *endlich ließ ich es [das Gemenge; d.V.] eintrocknen* [M102]
3) *in solcher [Pfanne; d.V.] ließ ich ein Pfund Bley fließen* [M83]

Die Sicht auf die am Vorgang beteiligten Objekte kann aber noch weiter eingeschränkt werden, indem nicht nur der Instrument-Kasus sondern auch das Patiens eliminiert wird. Das handlungstragende Verb steht dann nur noch in Beziehung zum verursachenden Agens, dem Chymisten:

ich (...) destillirte per gradus [M172; 200]

Das 'Ich' des Chymisten steht im Zentrum des Vorgangs. Mit dieser Darstellungsform der Prozesse wird eine bestimmte Sicht auf die Vorgänge eingenommen. Diese Sicht kann durch die erschließbaren Annahmen bezüglich der wahrgenommenen Sachverhalte charakterisiert werden. Solche vom Textproduzenten als gültig angenommenen und beim Rezipienten vorausgesetzten Annahmen bezeichne ich als Perspektive[89].

Die von Marggraf eingenommene Perspektive wird dadurch bestimmt, daß der Chymist als dominierende primä-

------

[88] Zu (3) ist zu bemerken, daß die Präpositionalphrase nicht als Instrument interpretierbar ist, da das 'Rühren' nicht Teil der Kausalitätskette ist, die das Verdampfen bewirkt. Mir scheint, daß hier die in der 'Lexicase-Grammatik' vorgesehene Kasusrelation "Manner" angesetzt werden müße. (Starosta 1981, S. 55,95) Die in (1) vorliegende Reihung der Objekte können alle als Patiens interpretiert werden, ohne die Forderung "daß jede einzelne dieser Kasusrelationen jeweils nur einmal in einem einfachen Satz auftauchen kann." (Fillmore 1971, S.30) zu verletzen. Denn es handelt sich hier um eine Konjunktion von Nominalphrasen, die auch als ko-referentiell betrachtet werden können. (Vergl. Starosta 1981, S.54)

[89] Vergl. hierzu auch den Begriff des "Referenzrahmen" (Stralka,R.; Weissenborn,J. 1984, S.113 f), der als Bestandteil von "notwendigen gemeinsamen Wissensstrukturen von Sprecher und Hörer" verstanden wird. Dazu gehört ebenfalls die Menge der kollektiv geltenden Aussagen, die Klein (1980, S. 18 f) als eine Voraussetzung für Argumentationen bestimmt hat.

re Kausalinstanz, als Agens, erscheint, während gleichzeitig die von ihm kontrollierte unmittelbare Kausalinstanz in den Hintergrund tritt. Die chemischen Stoffe dagegen erscheinen als Patiens, deren Zustand bzw. Zustandsänderung vom Agens unmittelbar bestimmt wird. Diese Sicht bezeichne ich als Reaktio-Perspektive. Unter Rückgriff auf eine dort häufig verwendete Konstruktion läßt sich ihr die Aussage "Der Chymist läßt die Substanzen reagieren." zuordnen.

Auch Kunckel nimmt in den "Nützlichen Observationes" gegenüber den dargestellten Prozessen die Reaktio-Perspektive ein. Dies wird an folgenden Beispielen deutlich. Auch die bei Marggraf vorgefundene Konstruktion mit 'lassen' tritt bei Kunckel auf:

1) *wann ich den* [Schwefel; d.V.] *zum erstenmahl herausgelauget / so calcinire ich die Mineren noch einmahl* [K254]
2) *solvire oder abstrahire ich aber ein oleum vitrioli* [K530]
3) *wann ichs* [den Schwefel; d.V.] *mit diesem oleo gekocht* [K219]
4) *drum nahm ich Silberkalck (...) / goß meine Tinctur darüber / und zog den Spiritum vini gelinde davon / letztlich ließ ich die Lunam fliessen* [K2620]
5) *Weiter hatte ich die Principia geschieden* [K2656]

Im Hinblick auf die Realisierung der Agens-Relation stelle ich bei Kunckel zwei Sonderformen fest.

Zum einen ist dies die Form der Instruktion, die sich an den Leser als potentielle primäre Kausalinstanz (Agens) wendet[90]:

nehme dazu einen spiritum alcalisatum (...) und misch dieses Oel damit / so werden sie einerley / und wieder dünne. Dieses giß auf ein Kraut (...) und destilliers wieder (...). [K1009]

Zum anderen ist dies die Realisierung der Agens-Relation durch das Indefinitpronomen 'man':

1) *so man ihn* [den Schwefel; d.V.] *mit Lein=Oel / oder andern oleis kocht / und nachher per Retortam herüber treibt* [K211]
2) *wann man den spiritum vini mit dem oleo, oder balsamo sulphuris digerirt* [K354]
3) *so man selbigen* [Cinnober; d.V.] *in einer Alcali-Lauge kocht* [K554]
4) *So man dieses Wasser über ein Kraut giest und distilliret es* [K934]
5) *wenn man selbige Extraction per Retortam distilliret / so siehet man aber eine Scheidung* [K2470]

Mit der Verwendung von 'man' wird die Austauschbarkeit der primären Kausalinstanz markiert. Das Agens wird entindividualisiert, ohne daß dessen Anspruch auf un-

------

90 Ein weiteres Beispiel liefet die Textpassage [2332-2345]. Auch hier wird eine mögliche zukünftige Handlung beschrieben, die ein Agens voraussetzt.

mittelbare Verursachung aufgegeben werden muß. Implizit scheint mir dies auch in den wenigen Fällen gegeben, in denen die Substanz innerhalb einer Passiv-Konstruktion als Patiens erscheint, die fakultative Agens-Relation aber nicht realisiert ist:

1) *weil das Sal volatile & acidum noch nicht genug heraus getrieben;* [K157]
2) *so er* [spiritus vini; d.V.] *mit klarem distillirten Wasser vermischt / und wieder distilliret wird* [K316]
3) *so ihm [terra mort. alb.; d.V.] ein Alcali zugesetzt wird* [K1516]

Die zentrale Stellung, die also auch Kunckel dem Chymisten innerhalb des Experimentverlaufs einräumt, zeigt sich auch in folgender Textpassage:

so ich mit diesen Salien in die Chymie hinein gehe / wer kan da läugnen / daß ich mit dem einen nicht eben das verrichten kan / was ich mit dem andern thue? [K169]

Ein weiteres Indiz dafür ist die nur bei Kunckel anzutreffende Erscheinung, daß am Prozeß beteiligte Objekte und Substanzen mit Possessiv-Pronomen attribuiert werden:

1) *in dieses that ich meinen Vitriol / und goß Wasser darauff (...) richtete es was um / setzte es hin / da fieng mein Vitriol an seiner Art nach heraus zu wachsen* [K2201]
2) *bis ich endlich gemercket (...) daß ich meinen Vitriol im Glase schütteln können / und war also ein Spatium (...). (...) Diesem dachte ich weiter nach / und befand / daß mein Raum im Glase zu klein gewesen* [K2276]
3) *der nehme meine fein gemachte Lunam* [K3621]
4) *nahm inzwischen etwas von dieser Tinctur, und goß es über einen gereinigten Mercurium, trieb denselben per Retortam, da wollte aber keines das andere annehmen / und kam mein Mercurius lebendig wieder herüber gewandert* [K2610]

Von besonderem Interesse ist hier Beispiel (4). Einerseits markiert das Possessiv-Pronomen die Präsens des Chymisten, andererseits erscheint die so attribuierte Substanz (Mercurius) als Agens. Auch in dem vorangehenden Teilsatz erscheinen die Substanzen (Tinctur und gereinigter Mercurius) als Agens bzw. Patiens.

In diesen Beispielen kann man von einer 'stillen' Präsens des Chymisten sprechen, dessen Status als primäre Kausalinstanz ausgeblendet wird[91].

Eine deutliche Unabhängigkeit vom Chymisten als primären Verursacher ist dagegen in den folgenden Sätzen gegeben:

1) *dann es hat die Lufft allein die Macht /die Salia, als ein Wasser an sich zu ziehen* [K299]

------

[91] Man kann sagen, daß die im Satz realisierte Kausalitätskette nicht bei C_1 sondern bei C_{1+x} beginnt.

2) *so fieng schon meine Tinctur an sich zu verliehren und auff die blassere Farbe zukommen / wie wohl sie den Spiritum vini nicht wie andere Röthen / so gelb färben wolte* [K2601]
3) *Daß er* [der Schwefel; d.V.] *ein solch Oleum habe / beweiset erstlich nicht allein sein Brennen / sondern auch / daß er sich mit den Oleis vermischet / und daß ihn das Sal Alcali, oder die Lauge davon auffschliesset* [K201]
4) *so viel Saltz / als die feuchte Lufft praecipitiret* [K240]
5) *Die Fettigkeit kan (...) nicht davon evaporiren* [K264]

Beispiel (5) erlaubt den direkten Vergleich mit der Verwendung des Verbs bei Marggraf:

Jch evaporirte dieses Gemenge unter beständigem Rühren [M166]

In der Reaktio-Perspektive wird die Zustandsänderung der Substanz vom Chymisten verursacht. Die Zustandsänderung der Substanz ist eine Reaktion auf eine Aktion des Experimentators. Anders verhält es sich dagegen in (5). Während bei Marggraf die Zustandsänderung des Stoffes nur implizit aus der durch das Verb bezeichneten Handlung des Chymisten folgt, bezeichnet das Verb in (5) eine Aktion der Substanz. Die Substanz erscheint als Agens:

Wenn nun eine dicke Lufft wieder kommt / so kan sie am Saltz nicht mehr agiren [K2120]

Die Perspektive, die der hier zum Ausdruck kommenden Annahme, der chemische Vorgang sei ein vom Chymisten unabhängiges "Agieren" der Substanzen, entspricht, bezeichne ich als Aktio-Perspektive. Es wird zu zeigen sein, daß der Aktio-Perspektive weitere Annahmen zuzuordnen sind.

Bevor ich nun die Frage nach der Perspektive an die stärker alchemistisch ausgerichteten Autoren Alanus und Basilius richte, möchte ich noch auf die wenigen Fälle verweisen, in denen bei Marggraf das Geschehen aus der Aktio-Perspektive gesehen wird. Durch die Handlungsverben <u>auflösen</u>, <u>vereinigen</u> und <u>losmachen</u> wird ein Vorgang bezeichnet, an dem die Substanzen als Agens (Spiritus urinos (1); Sand (2;3)) und Patiens (Luna cornus (1); erdige Theile (2), Acidum (3)) beteiligt sind:

1) *Von diesem Spiritu urinoso will ich nur so viel sagen, daß er die Lunam cornuam im Kalten auflöset.* [M152]
2) *weil ich glaubte, daß der klare Sand sich mit den erdigen Theilen des Urin=Salzes vereinigte*
3) *und also deßen Acidum losmachte.* [M579]

Wie sind nun Aktio- und Reaktio-Perspektive bei Alanus und Basilius vertreten? Im Alanus-Text finden sich Ausprägungen beider Sichtweisen. Die idealtypische Beschreibung eines chemischen Prozesses ist jedoch nur selten realisiert. So in Verbindung mit dem Verb <u>außziehen</u>, bei dem der Chymist als Agens, die Substanz

(Seel) als Patiens und der Geyst (Mercurius) als Instrument stehen:

auff daß wir mögen auß ziehen sein Seel durch vnseren geyst / scil. Mercurium. [A323]

Die Erscheinung der Elimierung des Instrument findet sich in Verbindung mit digerieren:

so digerieren wir vnser materien [A332]

Schließlich erscheint die Reaktio-Perspektive noch in der Form der Instruktion, die sich an den Leser als eine zukünfige, potentielle primäre Kausalinstanz richtet (vergl. auch:[A149-175]):

Reuivificier ihn [Mercurius; d.V.] *wiederumb durch ein teil lebendig kalck* [A429]

Aus der Aktio-Perspektive wird der Vorgang des Auflösens (1) und des Solvierens (2) beschrieben, an dem die Substanzen als Agens und Patiens beteiligt sind:

1) *wann vnser Wasser der Philosophoru lößt auff die corpora* [A78]
2) *Vnd so das wasser das Corpus in ein vnbegreiffliches wesen hat bracht / vnd soluiert ad nigredinem* [A232]

Weitere Beispiele für die Aktio-Perspektive sind die folgenden Textstellen:

1) *Also wirdt vnser Stein auß dem schnöden ding / id est ,Mercurio, aufferstehn* [A142]
2) *alsdan so geht vnser wasser dann in die leib / vnd kert es zu erden* [A294]

Für den Alanus-Text ist jedoch vor allem die reflexive Verwendung von Verben charakteristisch, in der der Substanz sowohl eine Agens-Rolle wie auch eine Patiens-Rolle zugeordnet wird:

1) *Vnser Stein (...) dissoluiert sich in Spiritum Mercurij, vn mit dem selbigen congelirt er sich selbs / er schwertzt sich selbs / er weißt vnd röth sich selbt (...) vnnd vermehelt sich selbs zu ihm / er figiert sich selbs in der Seel Solis vel Lunae.* [A88]
2) *ein schwertz die sich selbs zerbricht* [A101]

In diesen Darstellungen der chemischen Vorgänge erscheinen die Substanzen als die Verursacher der eigenen Zustandsveränderungen. Die Stelle, an der die Handlung des Schwertzens, Weißens oder des Zerbrechens ansetzt, kann nicht mehr als vom Handelnden "distinkt und entfernt interpretiert" werden[92]. Der Handelnde ist Agens und Patiens gleichermaßen. Darin kommt die von Alanus vertretene Vorstellung von der "Selbsttätigkeit des Steins" zum Ausdruck[93].

Bei Basilius stellt sich das Verhältnis von Aktio-

------

92 Vergl. Starosta (1981), S. 63.

93 Vergl. dazu Goltz, Telle, Vermeer (1977) S.70, 71: "Nicht sie selbst waren es, so wußten die Alchemisten, die den Gang des Werkes bestimmten, sondern die in dem "Stein" wirkende Natur schaffte und vollendete das Werk."

und Reaktio-Perspektive anders dar. Die Reaktio-Perspektive erscheint nur in der Form der Instruktion:

> *so nimb derer ein theil / des aller besten feinesten Goldes (...) das schlahe gantz dünne / (...) thue es zusammen in ein Geschirr / (...) gib gib ihm anfenglich ein gelindes subtil Fewer zwölff stunden / denn laß fliessen (...)* [B1246][94]

In geringem Umfang finden sich Konstruktionen, in denen die Substanz unter gleichzeitiger Ausblendung eines Agens als Patiens erscheint. In dem folgenden Beispiel ist zudem die Instrument-Relation realisiert:

> *alles was mit dem Weine oder seinem Spiritu extrahiret vnd circuliret wird / hat viel ein ander eigenschafft vnd wirckung / denn das jenige / so mit dem Aceto ausgezogen wird* [B887]

Stark ausgeprägt ist dagegen die Aktio-Perspektive, die die Substanz als agierend begreift. Einige Beispiele illustrieren dies:

1) *wenn das dreymal geschicht / so hat der Löwe den Wolff vberwunden* [B43]
2) *der Leo seubert sich durch das geblüte des Wolffes* [B48]
3) *denn das scharffe dringet durch mit zerstörung / vnd würde mehr kranckheiten gebehren* [B83]
4) *wenn die feuchtigkeit der Erden auffsteiget / vnd der Nebel auffgezogen wird / gibt es sich in der Höhe zusammen / vnd felt durch seine schwere nieder* [B156]

Die Beispiele zeigen sowohl die Mächtigkeit der Aktio-Perspektive wie auch deren Undurchschaubarkeit, wenn sie mit entsprechenden Substanzbezeichnungen einhergeht. So wird in (1) und (2) Bezug genommen auf ein Reinigungsverfahren des Goldes (<u>Leo</u>). Dabei wird dieses Verfahren als ein <u>Seubern</u> aufgefaßt und das Ausschmelzen des Goldes als eine Überwindung des Antimons (<u>Wolff</u>) durch das Gold beschrieben. In (3) wird das Verhalten von Mineralsäuren (<u>Scharffe</u>) und in (4) eine Rückflußdestillation beschrieben. In (4) deutet sich bereits an, daß die Aktio-Perspektive zu einer allegorischen Sprechweise führt, wenn die Substanzbezeichnungen entsprechend gewählt werden[95]. Die Beispiele (1) bis (4) sind auch in der Weise repräsentativ, als nur in einem die Patiens-Relation erscheint (1). Alle anderen Beispiele betonen vornehmlich die agierende Substanz unter gleichzeitiger Vernachlässigung eines zweiten, ebenfalls beteiligten Stoffes.

In der Betonung der Patiens-Relation bei Alanus und

------

[94] Vergl. [B32-38], dort erscheint die Reaktio-Perspektive in Verbindung mit der Aktio-Perspektive.Auf diese Wechelwirkung wird weiter unten eingegangen.

[95] 'Entsprechend' kann dahingehend präzisiert werden, daß auf der allegorischen Ebene die vom Verb gesetzten Selektionsbeschränkungen für den Agens-Kasus durch die Substanzbezeichnung nicht verletzt wird.

der Agens-Relation bei Basilius ist beiden gemeinsam, daß sie bei der Darstellung eines chemischen Vorgangs das Verhalten von nur einem der beteiligten Reaktanten betrachten. Die Begrenztheit des Textmaterials läßt hier keine endgültigen Schlüsse zu, es scheint aber, als zeige sich im Kunckel-Text ein Wandel dahingehend, daß nun die Wechselwirkung der Reaktionsteilnehmer stärkere Beachtung findet. Dies zeigt sich zum einen in der häufigeren Realisierung der Agens- und Patiens-Relation innerhalb eines Satzes.

Zum anderen liefern auch die Verben reinigen [B K M], rectificiren [K] und purgiren [A B] einen Hinweis auf diesen Wandel. Währedn reinigen und purgiren nur die zu säubernde Substanz hervorheben, gelangt bei der Verwendung von rectificiren in Verbindung mit der fakultativen Präposition 'von' sowohl die gereinigte wie auch die als Verunreinigung verstandene Substanz in den Blick. Gleiches gilt für die Verwendung des Adjektivs pur bei Kunckel:

1) *purgier den auff das best als du magst vnd kanst* [A432]
2) *Vnd wisse / das dieses allein nur der rechte weg ist (...) vnser Cörper zu reinigen* [B46]
3) *wenn man den Spiritum vini von etlichen Salien rectificirt* [K1071]
4) *den rectificir von aller seiner Wässerigkeit* [K1065]
5) *Weil dieses Wasser so pur von seiner Erde und Sperma wäre* [K1460]

4.2.3.3. Erscheinungsformen der Aktio-Perspektive und ihr Wandel in den Texten

Die Aktio-Perspektive wurde ganz allgemein als die Perspektive beschrieben, in der die Substanzen selbst agieren oder als Patiens einer Zustandsänderung unterworfen sind, die nicht als vom Chymisten primär verursacht erscheint. In der Aktio-Perspektive ist der chemische Vorgang vom Chymisten losgelöst.

Perspektiven, so wurde festgestellt, sind durch die ihnen zugrundeliegenden Annahmen über die wahrgenommenen Sachverhalte beschreibbar. Bisher wurde die Aktio-Perspektive allein durch die Annahme "Die Substanzen können selbstständig agieren" beschrieben. Im folgenden sollen die verschiedenen Erscheinungsformen der Aktio-Perspektive durch die Bestimmung weiterer solcher Annahmen strukturiert werden. Einige kurze Überlegungen zum Status dieser 'Annahmen' möchte ich vorausschicken.

Als Ausgangspunkt dienen mir die beiden folgenden Satzfragmente:

1) *Vnd so dann die Metallen auß der erden wachsen* [A404]
2) *so wird das Sal volatile vom Salmiac und Salpeter getödtet* [K2970]

Betrachtet man die Metapher als eine Bedeutungsübertragung, so lassen sich (1) und (2) verstehen, indem man nach bedeutungsähnlichen Verben sucht, die man an die Stelle der in den Sätzen erscheinenden einsetzt (Substitutions-These) oder aber versucht, eine Analogie-Relation (WIE-Relation)[96] zu finden, die die Unverträglichkeit in den Sätzen auflöst. Die Sätze (1) und (2) ließen sich dann folgendermaßen paraphrasieren:

1) a. und so dann die Metalle in der Erde entstanden sind
   b. Die Metalle befinden sich in der Erde und die Mineralia bilden sich scheinbar nach. Das ist, wie wenn sie aus der Erde wachsen.
2) a. Das sal volatile wird in einer Aktivität von Salmiac und Salpeter außer Kraft gesetzt / neutralisiert.
   b. Das Verhalten des Salpeter und Salmiac führt dazu, daß das Sal volatile nicht mehr wirken kann. Das ist, wie wenn das Sal volatile von Salmiac und Salpeter getötet wird.

Auf diese Weise bildet die Metapher gegebene oder wahrgenommene Beziehungen nicht bloß ab. Vielmehr kann sie "Analogien stiften, Korrespondenzen schaffen"[97]. W.Abraham (1975) bezeichnet die Metapher als eine "weltschaffende Relation", die dadurch zustande kommt, daß die Suche nach der "Interpretation einer inkompatiblen Lexemkookkurenz"[98] zu einer Änderung "der Prioritäten in der Merkmalstruktur der wörtlichen Bedeutung"[99] führt. Den verschiedenen Konzeptionen von Metaphern liegt die Annahme zugrunde, daß eine Anomalie wahrgenommen und aufgelöst wird. Die Wiederherstellung der Sinnvollheit wirkt dabei sinnproduzierend.

Weinrich (1967) spricht in diesem Zusammenhang von dem Wort im konterdeterminierenden Kontext. Nach Abraham entstehen Metaphern

> *(...) uneingeschränkt durch Verletzungen der Kompatibilität zwischen Lexemen in syntaktischer Verknüpfung. Syntaktische Regularitäten (Konstituentenstrukturregeln) der Basis (oder abgeleiteter Natur) bleiben jedoch vollkommen unangetastet.*[100]

Der "Sog der Erwartung der Sinnvollheit"[101] läßt den

------

[96]Vergl. Abraham (1975), S. 144, 165

[97]Weinrich (1963) S. 338

[98]W.Abraham (1975) S. 152.

[99]Ebenda S. 147

[100]Ebenda S. 144

[101]Ebenda S. 146.
"Wesentlich für den Abruf eines Versuchs, eine Inkompatibilität metaphorisch zu interpretieren, scheint weiter die Erwartung zu sein, die man bezüglich der Sinnvollheit einer Äußerung eines Kommunikationspatners hat." (S.156). Zur Akzeptabilität von Metaphern vergl. auch Abrahams Bestimmung der im Metaphergebrauch vorausgesetzten Diskursimplikationen (S.137-139).

Hörer oder Leser nach einer Auflösung des Widerspruchs suchen. Kann aber die Intention einer solchen Anomalie beim Textproduzenten oder ihre Wahrnehmung durch den zeitgenössischen Leser vorausgesetzt werden? Während dies für (2) zu gelten scheint, sind im Falle von Satz (1) zumindest Zweifel möglich.

Die Frage, ob die Metalle belebt seien, wurde bereits im 13.Jahrhundert diskutiert[102]. Auch Albertus Magnus (13.Jhd.) behandelt dieses Problem. Unter Berufung auf Aristoteles verneint er die Frage. Mit Hieronymus Cardanus (1501-1576) führt Goltz eine davon völlig entgegengesetzte Auffassung an.

> *Zwar ist Cardanus ebenfalls der Meinung, daß alle zusammengesetzten Körper aus den vier Elementen bestehen. Mit Vehemenz postuliert er jedoch den Begriff des Lebens für die Metalle; denn alles, was erzeugt sei, lebe auch.*[103]

Man kann also mit Goltz feststellen, daß die

> *(...) Diskussion um das 'Leben' der Steine nicht abreißt und daß immer wieder metaphysische Fragestellungen und Antworten auftauchen, wenn es um die Einordnung der Mineralien in das Ganze der Natur geht.*[104]

Es ist damit nicht entschieden, ob 'wachsen' in (2) von einem Leser als eine "uneigentlichen" Bedeutung erfaßt bzw. vom Autor als solche beabsichtigt war.

Es scheint mir deshalb sinnvoll, nach Lakoff/Johnson (1980) von strukturellen Metaphern zu sprechen. Der damit angenommene Metapher-Begriff ist zwar sehr weit, stellt aber nicht eine Anomalie und die Bedingungen ihrer Auflösung in den Vordergrund, sondern charakterisiert die Funktion der Metapher bei der Strukurierung von Wahrnehmung und Erfahrung.

Nach Lakoff/Johnson ist der menschliche Denkprozeß zum großen Teil metaphorisch. Metaphern sind danach metaphorisch strukturierte Konzepte (metaphorical concepts)[105]. Sie unterscheiden zwischen "strukturellen Metaphern" (structured metaphors) und solchen, die aus der direkten Interaktion mit der Welt der Gegenstände

------

[102] Ich folge hier der Darstellung von S. Goltz (1972) S. 49-51.

[103] Goltz (1972) S. 50. Zu den bei Goltz wiedergegebenen Beweisen, die Cardanus anführt, gehören u.a., daß die Metalle sich durch "Intussuszeption und Durchdringung" ernähren und daß sie wachsen und "Blüten und Äste treiben".(S.50)

[104] Ebenda, S. 51.

[105] Vergl. Lakoff/Johnson (1980) S. 6. Die Autoren geben keine klare Eingrenzung ihres Konzept-Begriffs. Zusammenfassend kann man aber feststellen, daß nach ihrer Auffassung ein Konzept eine kognitive Einheit ist, nach der Merkmale und Eigenschaften identifiziert werden können. Diese Konzepte können mehr oder weniger einheitlich aktiviert und ins Bewußtsein ge-

(physical environment) resultieren (S.14). Zu letzterer Gruppe gehören die "Orientierungsmetaphern" (orientational metaphors), die sich auf die fundamentalen Raumerfahrungen gründen, und die "ontologischen Metaphern". Zu den ontologischen Metaphern zählen sie auch die Behandlung einer konkreten oder abstrakten Entität als Person[106].

Lakoff/Johnson argumentieren, daß die Verwendung der so entstehenden Metaphern eher unbewußt erfolgt.

> *As in the case of orientational metaphors, most of these expressions are not noticed as being metaphorical. One reason for this is that ontological metaphors, like orientational metaphors, serve a very limited range of purposes - referring, quantifying etc.*[107]

Gegenüber dieser relativen Begrenztheit bilden die strukturellen Metaphern einen metaphorischen Kern, der vielfältig erweiterbar ist.

> *Structural metaphors allow us to do much more than just orient concepts, refer to them, quantify them, etc., as we do with simple orientational and ontological metaphors; they allow us, in addition, to use one highly structured and clearly delineated concept to structure another.*[108]

Grundlage ist eine "metaphorische Definition" - Lakoff/Johnson geben als Beispiel: "rational argument is war" - die im Sinne einer Abbildungsvorschrift eine Beziehung zwischen zwei Erfahrungsbereichen herstellt[109]. Nach Lakoff/Johnson werden Erfahrungen natürlicher Art (natural kinds of experience) zu solchen Definitionen verwandt. Diese Erfahrungen natürlicher Art werden folgendermaßen bestimmt:

> *These kinds of experience are a product of*

------

rufen werden. Im Zusammenhang mit den Kategorisierungsmechanismen (S.71;122-124) stützen sich Lakoff/Johnson vor allem auf E.Rosch (1977).

106 Vergl. ebenda, S. 33 ff. "This allows us to comprehend a wide variety of experiences with nonhuman entities in terms of human motivations, characteristics, and activities."

107 Ebenda S. 26

108 Ebenda S. 61. Vergl. auch S. 105.

109 Der zur Strukturierung herangezogene Erfahrungsbereich zerfällt in einen Bereich, der 'üblicherweise' zur metaphorischen Strukturierung einer anderen Domaine verwendet wird und in einen solchen, bei dem das nicht der Fall ist. Metaphern lassen sich dann als innovativ von usuellen Metaphern absetzen, wenn sie den ersteren Bereich verlassen. Z.B.: Kern-Metapher: Theorien sind Gebäude. Eine übliche Erweiterung ist danach der Satz: Diese Behauptung ist ein Grundpfeiler meiner Theorie. Als eine innovative Metapher kann dann gelten: Seine Theorie ist gothisch. (Nach Lakoff/Johnson S.53.)

Our bodies (perceptual and motor apparatus, mental capacities, emotional makeup, etc.)
Our interactions with our physical environment (moving, manipulating objects, eating, etc.)
Our interactions with other people within our culture (in terms of social, political, economic, and religious institutions)[110]

Meine These ist, daß die der Aktio-Perspektive zugrundeliegenden Annahmen als solche metaphorische Definitionen zu verstehen sind, die den abstrakten Erfahrungsbereich der chemischen Vorgänge zu strukturieren helfen.

Neben der allgemeinen Annahme, daß die Substanzen agieren können, findet man auch ihre Einordnung in das animalische und vegetabilische Reich. Die Stoffe werden personifiziert und ihr Verhalten wird als Handeln in sozialen Kontexten beschrieben. All diese Formen der Darstellung sind Ausdruck der Übertragung eben jener Erfahrungen natürlicher Art, die oben vorgestellt wurden. Die Systematik, die den strukturienden Erfahrungen inhärent ist, findet sich auch im Ausbau der von ihnen abgeleiteten strukturellen Metaphern[111].

Im folgenden möchte ich die solcherart als Kern-Metaphern bestimmten Annahmen der Aktio-Perspektive in ihren verschiedenen Erscheinungsformen vorstellen. In der isolierten Form dieser Darstellung zeigen sie sich in den Texten jedoch nur selten. Vielmehr findet man dort ein Ineinandergreifen der verschiedenen Kernmetaphern und ihrer Elaborierungen.

(I) Die Substanzen sind belebt und dem Werden und Vergehen unterworfen.

Dieser Kern-Metapher ordne ich die Verwendung von Lexemen zu, die das pflanzliche Werden und Vergehen betreffen. So heißt es bei Basilius:

Dann weil unser Stein wächset und sich vermehret / so haben sie ihn einen vegetabilischen Stein geheissen.[112]

Im Zusammenhang mit dem 'Werden' der Stoffe wird auf die Vorstellungen von Samen, Geburt und Wachstum zurückgegriffen. Das Vergehen wird als Absterben oder Fäulnis begriffen. Bei Basilius zeigt sich eine Wechselwirkung von <u>Geburt</u> und <u>Fäulung</u> (4). Der Vorgang des

------

[110]Ebenda S. 117.

[111]Zum Aspekt der "metaphorischen Kohärenz" vergl. die Analyse von Beispielen bei Lakoff/Johnson S.87-105. Sie kommen u.a. zu dem Ergebnis, daß bei der metaphorischen Strukturierung eines Konzeptes die metaphorische Schlußfolgerung eine wesentliche Rolle spielt: um eine metaphorische Struktur auszubauen; um mehrere metaphorische Strukturen eines Konzepts zu verknüpfen; um Mischmetaphern zu ermöglichen.

[112]Vom grossen Stein der uhralten Weisen; Hamburg 1677, S.9

"Gebärens" ist ein Zusammenwirken der vier Elemente in der Fäulung [B744-873]. Ausgehend von der Vorstellung der Substanz, genauer der Metalle, als Pflanze, kann Basilius auch vom metallischen Same [B857] sprechen. Die Vorstellung vom Semen metallorum findet man auch bei Kunckel (vergl. SAAME). Beispiele für die verschiedenen Ausweitungen der Kern-Metapher:

1) *es sterbe dann ihr Balsam / vnd eingeleibter Saltzgeist von natur ab / denn were der leib todt / vndt könte nichts fruchtbarliches weiter daraus gemacht werden* [B358]
2) *Gleich wie das Saltz ist eine erhalterin aller ding / vnd bewahret für der feule* [B353]
3) *Darumb ist in vnser meysterschafft nichts mehr noth / dann allein die feulung des Corpus in dem wasser der Philosophen.* [A336]
4) *sol nun eine Geburth aus der Feulung hernach folgen / muß dieselbe durch eine warme eigenschafft / als das Element Fewer / sich selbst entzünden vnd ausbreiten* [B807]
5) *wann sie wissen nit / dz die Metall all / so geboren werden / her komen sein von Mercurio vnd Schwebel* [A393]
6) *denn die Principia seynd schon darin / liegen im Saamen oder wurtzel / und empfangen in der Erde als ihrer Mutter ihr treibendes Saltz* [K1942]
7) *Vnd so dann die metall auß der erden wachsen / vnd grünen /so ist müglich /dz auß ihnen auch mög werden eine wachsung vn mehrung am ende* [A405]
8) *Das leben der Erden bringet alles herfür / so aus ihr wechst (...). Also speiset auch die Erde die Mineralien* [B380]
9) *ich wolte hieraus nicht allein einen Mercurium curentem praestiren / sondern auch ein Metall / und solte es auch nur Eisen seyn / denn diß wächset oder generirt sich am ersten aus solch einer terra viscosa.* [K1253]

(II) Die Stoffe sind in ihrer Belebtheit dem animalischen Reich zuzuordnen.

Hier handelt es sich nur um eine graduelle Modifizierung der Kern-Metapher (I). Während mit der ersten Kern-Metapher die Erfahrung 'natürlicher' Phänomene der Stoffwelt strukturiert wird, erlaubt diese, die Stoffe agieren zu sehen.

Einen ersten Ausdruck findet dies in der Verwendung der bereits dargestellten Tiernamen bei Basilius: Adler, Drache, Leo/Löwe und Wolff. Mit der Tierhaftigkeit geht die Möglichkeit der animalischen Handlung einher:

1) *vnd wirff ihm* [dem Wolf; d.V.] *für den Leib des Königs / daß er daran seine zehrung haben mög / vnd wenn er den König verschlungen / so mache ein groß fewer* [B40]
2) *Vnd wann sich der Löwe ersettiget hat / ist sein Geist stercker worden* [B53]

Der Aspekt des 'Fressens' bzw. 'Auffressens' als Ausdruck eines Überwindens und eines 'In-Sich-Aufnehmens' der zweiten Substanz, scheint mir auch der Verwendung der beiden Verben einschlucken [K] und einverleiben [B K] zugrunde zu liegen.:

> *weil aber das häuffige Sal acidum bey dem kupffer ist / will es selbigen nicht fahren lassen / sondern schlucket ihn überflüssig in sich mit seinem Schweffel* [K3316]

Der Vorgang des Fressens, der ein Innen und Außen impliziert, kann als weiteres Indiz für das bereits erläuterte Konzept der 'additiven Chymie' gelten. (Vergl. 4.2.1.3.) Während Kunckel zwar mit der Verwendung von einverleiben innerhalb der skizzierten strukturellen Metapher verbleibt, geht die Bezeichnung der Substanz als belebt verloren.

Durch den Ausbau der Kern-Metapher zu einer durchgängigen Handlung kann eine zweite Bedeutungsebene etabliert weren. Die alchemistischen Allegorien entstehen. Ein Beispiel dafür ist die Beschreibung einer Rückflußdestillation, bei der das Kondensat auf die destillierte Substanz zurücktropft:

> *In dem sich nun diese beyde* [Frau Venus und Richter Vulcano; d.V.] *also bereden / thät sich der Himmel auff / und ging ein gewaltiges Thier / mit vielen tausend jungen Thieren herauß / verjagte und tilgte den Nachrichter / that seinen Rachen weit auff / und verschlang die edle Venus (...).*[113]

(III) Die Stoffe sind menschliche Wesen.

Diese Kern-Metapher wird in verschiedener Weise ausgebaut. Eine Möglichkeit ist, die Substanzen als Personen zu bezeichnen und auch als solche handeln zu lassen. Erwähnt seinen hier nur die Paare König / Königin, Man / Weib oder Apollo / Diana.

Ein weiterer Ausbau der Kern-Metapher gelingt, indem die den Metallen zugeordneten Planeten personifiziert werden:

> *Ich Saturnus, der höchste Planet am Firmament / bezeuge hiermit für euch Herren allzumahl / daß ich der untüchtigste und geringschätzigste unter euch allen bin / schwachen zerstörlichen Leibes / schwartzer farbe / vieler zerbrechlichkeiten in diesem Jammerthal unterworffen / und doch ein Prüfer euer aller (...).*[114]

Das Blei, personifiziert als Planet Saturn, beschreibt sich hier selbst. Noch bei Kunckel findet sich eine Erweiterung dieser Personifizierung: "Wie viele haben gemeynet/der Venus ihr rothes Kleid auszuziehen" [K2438].

------

[113] Basilius Valentinus; Vom grossen Stein der uhralten Weisen; Hamburg 1677, S. 19 f.

[114] Ebenda S. 18. Hier beschreibt sich das Blei selbst. Mit der "Prüfer Euer aller" ist das Verfahren der Treibearbeit gemeint. Vergl. TREIBEN.

Hier wird auch das Verfahren der Elaborierung einer Kern-Metapher durch metaphorisches Schließen deutlich. Mit Venus wird das Kupfer als weiblich personfiziert. Die Farbe als eine äußere Erscheinungsform der Stoffe kann dann als Kleid begriffen werden. Die Extraktion der Farbe des Kupfers wird so zum 'Entkleiden' der Venus[115].

Durch die Vorstellung der Substanzen als belebt bzw. menschlich wird es auch möglich, die Stoffe in den christlichen Zusammenhang von Tod, Erlösung und Auferstehung zu stellen. Auf die Christus-Lapis-Parallele wurde schon in Kapitel 1. hingewiesen (1; 2).

Die beiden Basilius-Stellen (3; 4) zeigen aber, daß die Metapher der Erlösung auch auf andere chemische Prozesse anwendbar war.

1) *vnd alßdann so werden die corpora imperfecta aufferweckt vo ihrer vnuolkommenheit zu der volkomenheit* [A72]
2) *Also wirdt vnser Stein auß dem schnöden ding / id est, Mercurio, aufferstehn* [A142]
3) *so wird der König wider erlöset werden* [B42]
4) *denn wo erstlich keine Erden wird / da kan auch kein aufferstehung folgen in vnserm Werck* [B294]

Die Vorstellung des chemischen Vorgangs als das Tödten einer Substanz durch eine andere findet sich bei Alanus [A285] und bei Kunckel [K2351 2971]. Tödten wird dabei aber nicht in den Zusammenhang von Erlösung und Auferstehung gestellt und kann deshalb auch als eine Erweiterung der allgemeinen Belebtheits-Metapher gelten:

> *also macht dieses* [das Wasser; d.V.] *auch im Munde keinen Geschmack / sondern / wie gedacht / eine Tödtung des Alkali.* [K932]

Die Vorstellung der Substanzen als menschlich in Verbindung mit dem Mann-Frau-Dualismus ermöglicht einen weiteren Ausbau der Kern-Metapher. Die chemische Reaktion kann nun auch als eine körperliche Vereinigung verstanden werden . Diese Vereinigung kann zudem in den grösseren Kontext der Heyradt [B] eingebunden werden:

1) *Vnser Stein / scilicet corpus Sol vel Luna, dissoluiert sich in Spiritum Mercurij (...) vnd empfacht von ihm selbst die Seel des Goldes oder Lunae / vnnd vermehlet sich selbst zu ihm* [A88]
2) *Also wen vnser Breutiga m Apollo mit seiner Braut Diana durch Heyradt sol vermählet werden / müssen ihnen zuuor auch mancherley kleidung bereitet / und ihre häupter vnd gantzer Leib mit wasser wol gewaschen werden /* [B147]
3) *vnd die Seel wirdt mit dem Geist gleichförmig vereyniget/welche einigung der Seel vnd des geystes nachmals das Corpus (...) zu ihm nimpt* [A67]

------

[115] Angemerkt sei noch, daß nach dieser Vorstellung die Farbextraktion die Venus in ihrem Wesen nicht angreift. Auch die Farbe erscheint hier als eine 'additive' Eigenschaft der Substanz.

4) *Im Wasserbadt wirdt die materia auff geschlossen / vnd durch die feulung vereinigt* [B1081]
5) *weil selbiges von seinem corpore noch nicht geschieden / vereiniget es sich im Auslaugen mit dem ander* [K159]
6) *weil ich glaubte, daß der klare Sand sich mit denen erdigen Theilen des Urin=Salzes vereinigte* [M579]

Die Beispiele (3) - (6) zeigen, daß das Konzept der Vereinigung der Substanzen bei allen vier Autoren zu finden ist.

Einen weiteren Ausbau erfährt die strukturelle Metapher, indem die Entblößung der Körper als notwendige Voraussetzung für die chemische Reaktion erfaßt wird:

Doch merck mein Freund dieses sehr wol / das der Breutigam sich mit seiner Braut nackendt vnd bloß vermählen muß [B176]

In einem anderen Text wird dieser Aspekt besonders deutlich:

Wer nun der Philosophorum rothen Mann mit seinem weissen Weibe (...) der gestalt weiß zu reinigen und zu entblößen / daß sie sich aus Liebe / suaviter umbfassen / in einander fügen (...). [116]

In diesem letzten Textausschnitt wird auch deutlich, daß die Liebe der Substanzen zueinander als die treibende Kraft der Reaktion angesehen wird. Auf diese Analogie weist Basilius explizit hin:

Eine Jungfraw so man vermahlen wil / die wird zuuor mit manigfaligkeit der kleidung zum besten vnd schönsten gezieret / damit sie ihrem Breutigam Gefallen bringt / vnd das Band der liebe durch jr hertzlich anschawen desto tieffer vnd brünstiger einwurtzeln möge [B136]

Entsprechend schreibt Basilius dann:

der fewrige könig wird die liebliche stimme der königin sehr lieben / wegen grosser Lieb freundlich zu sich nehmen [B535][117]

Während bei Kunckel die bisher behandelten Kern-Metaphern nur in Ansätzen ihren Niederschlag fanden, ist dies im Falle der Liebe als Wirkkraft anders. In keinem anderen Text erscheint diese Metapher so häufig wie in den "Observationes". Während jedoch bei Basilius das Konzept der Liebe daran geknüpft ist, daß die Substanzen auch durch ihre Bezeichnungen als belebt markiert werden, entfällt bei Kunckel diese Personifizierung auf der Ebene der Substanzbezeichnungen:

1) *wiewohl die olea das sal volatile nicht gern von sich lassen / sondern aus natürlicher Liebe gerne behalten* [K326]
2) *welches Oleum wegen seines Salis volatilis halber*

------

[116] Jona Zipffeln Medico und Churfürstl. Sächs. Bergk-Rath, Theoria Metallica; Dresden 1678 , S. 55. (Exempl. Landesbiblio. Hannover, Sign. N-A 1390)

[117] Vergl. auch [B771].

am liebsten sich mit dem Wasser vermischt. [K880]

3) *denn es hat sein Saltz / welches es mehr / denn das Oel liebet / in sich genommen* [K1062]

4) *denn das Metall hat weder dem Saltz / noch das Saltz dem Metall etwas mittheilen können / ob sie gleich aus natürlicher Liebe einander angenommen* [K1611]

5) *so zeucht sie* [die Luft; d.V.] */ wann es feuchte Wetter / das Saltz aus natürlicher Liebe an sich* [K2103]

An den Beispielen zeigt sich, daß für Kunckel die 'Liebe' nur die starke Ausprägung einer generellen Handlungsdisposition der Substanz ist. Zwischen "lieben" und "gerne wollen" besteht ein gradueller Unterschied. Kunckel spricht der Substanz eine Vorliebe zu, die sie ausagieren will. Dieses in der Substanz verankerte 'Wollen' ist die Wirkkraft, die die Reaktion vorantreibt:

daraus ist zu sehen / daß das sal gern ein Corpus wieder annehmen will [K2937]

Beispiel (3) zeigt, daß für eine gegebene Substanz diese der chemischen Affintät vergleichbare Wirkkraft von dem jeweils vorhandenen zweiten Reaktionspartner abhängt. Bei zwei alternativ möglichen Reaktionswegen entscheidet die größere Wirkkraft.

Die Substanz erscheint nicht nur als Agens, ihr wird auch Intentionalität zugesprochen. Diese Intentionalität wird mit der Angabe einer bestimmten Verhaltensdisposition begründet[118].

Dieses 'Wollen' der Substanzen erscheint als dem Bemühen des Chymisten entgegengesetzt [K3339]. Hier mag ein Grund für die bei Kunckel nachgewiesene Vorstellung liegen, die Chymie sei das Ausüben eines Zwangs auf die Substanzen: "denn mit Kunst und Gewalt man sonst viel verrichten kan" [K2075].

Abschließend sei noch auf eine Kern-Metapher verwiesen, die möglicherweise ihren Ursprung in der Annahme vom "Band der Liebe" [B139] hat. Es ist dies die Vorstellung von dem Band, das die Bestandteile einer Substanz aneinander bindet:

massen mirt das band / womit er [der Mercurius; d.V.] gebunden / und zu Gold und Silber / oder anderm Metall worden / wohl bekannt ist [K584]

Neben dem Substantiv, das je einmal bei Alanus und Kunckel erscheint, finden sich die Verben <u>verbinden</u> [K M] und <u>zusammenbinden</u> [A B]. Die Kern-Metapher ist also in allen vier Texten vertreten.

1) *vnd es ist nichts so natürlich / dann das einm jeglichen ding werden auffgelößt seine band / damit es gebunden ist / mit dem ding / dauon es her ist kommen / scil. Mercurio.* [A346]

------

[118] Es sei darauf verwiesen, daß folgerichtig auch die Gegnerschaft zweier Substanzen eine Reaktion bestimmen können: [B188-192], [B188], [K3002] und [K3050].

2) *Diese dreyerley sind nun so vest in einander / und mit einander verbunden/daß kein Mensch durch ein bloß Menstruum sie scheiden kan:* [K1521]
3) *So glaube aber auch ja nicht / daß dieses Füncklein so bloß lieg /nein/es ist so genau verbunden mit seinem Saltze/Mercurio und Terra* [K2449]
4) *ob das concentrirte Acidum Salis so vor sich / wenn es mit dem Phlogistho verbunden ist / zu einem solchen Acido werde, das alsdenn mit der vorgemeldeten brennlichen Erde den Phosphorum ausmacht* [M514]

Das verbinden erscheint ausschließlich als Part.Perf., das den bestehenden Sachverhalt des 'Gebunden-Seins' zweier oder mehrerer Komponenten bezeichnet. Allein (4) kann so interpretiert werden, daß mit der Ausbildung des Bandes eine Veränderung der Komponenten einhergeht. Einer Elaborierung der 'Band-Metapher' entsprechen die chymischen Operationen des Solviren und Losmachen (Vergl. Wörterbucheinträge).

Die in verbinden gegebene Möglichkeit einen vom Chymisten initiierten Synthesevorgang zu bezeichnen, wird nicht genutzt. Im Begriff der chemischen Bindung hat sich die 'Band-Metapher' erhalten.

Nach diesem Überblick über die Erscheinungsformen der Aktio-Perspektive und der in ihr zum Ausdruck kommenden Kern-Metaphern soll noch ihre Entwicklung über die vier Texte betrachtet werden. Es wurde festgestellt, daß sowohl bei Alanus als auch bei Basilius die Reaktio-Perspektive in Ansätzen erscheint. Während Alanus die Substanzen stärker in ihrer Patiens-Rolle sieht, betont Basilius die agierende Substanz. Vornehmlich bei Basilius geht diese Argentivität mit solchen Bezeichnungen der Substanzen einher, die ihre Belebtheit markieren. Bei Kunckel schließlich sind Aktio-Perspektive und Reaktio-Perspektive in gleichem Umfang vertreten. Gleichzeitig offenbart sich in der von ihm eingenommenen Aktio-Perspektive ein bemerkenswertes Spannungsverhältnis. Einerseits legen die Bezeichnungen der Substanzen nicht die Annahme ihrer Belebtheit nahe, andererseits wird ihnen ein Wille und eine Disposition zu einem bestimmten Verhalten zugeschrieben.

Marggraf, der modernste der vier Chymisten, verwendet mit wenigen, vernachlässigbaren Ausnahmen nur die Reaktio-Perspektive.

Worin liegt nun die Bedeutung der Aktio-Perspektive? Das konstatierte Spannungsverhältnis bei Kunckel ließe sich dahingehend deuten, daß ihm die Loslösung von der Alchemie noch nicht vollständig gelungen ist. Dagegen sprechen zwei Gründe. Zum ersten finden sich, wie gezeigt, auch in typisch alchemistischen Texten Verben, die fachliche Handlungen bezeichen, mithin die Reaktio-Perspektive fordern. Ebenso wurde die Reaktio-Perspektive auch in Ansätzen bei Alanus und Basilius gefunden. Auch für die Alchemisten bestanden also Aktio-Perspektive und Reaktio-Perspektive nebeneinander. Zum zweiten kann man der Aktio-Perspektive bei Kunckel eine spezifische Funktion zuordnen, die in den folgenden Textbeispielen besonders deutlich wird:

1) *dann es hat die Lufft allein die Macht / die Salia, als ein Wasser an sich zu ziehen* [K299]
2) *Denn der Mercurius / wie schon erwehnt / nimmt gerne ein Saltz an* [K764]
3) *Die Ursache ist / weil dieses Sal acidum, so sich mit der terra solis conjungiret / sein Sal volatile wieder kriegt / nun ist die Erde des Goldes nicht von selbigem Acido auffgeschlossen gewesen / sondern sie hat sich aus natürlicher Liebe in selbiges eingeträncket* [K2987]
4) *Die Ursache (...) ist diese / daß die salia gerne eine Terram annehmen* [K2975]

Erst die Aktio-Perspektive erlaubt die Erklärung der chemischen Reaktionen. Die ihr zugrundeliegenden Kern-Metaphern bilden Erfahrungen des täglichen Lebens auf die wahrnehmbaren Vorgänge in der Retorte ab. So werden die Substanzen mit Eigenschaften ausgestattet, die ihr Verhalten erklärbar und vorausschaubar machen.

Ebenso werden die personifizierten Substanzen mit Eigenschaften ausgestattet. Ich verweise nur auf den streittigen Mars [B34], den alten Saturn [B35] und auf den Wolff der mit grossem hunger besessen [B37]. Der Unterschied zur alchemistischen Allegorie[119] scheint mir darin zu bestehen, daß dort die bei Kunckel realisierte Trennung von Beschreibung (Reaktio-Perspektive) und Erklärung (Aktio-Perspektive) noch nicht vollzogen ist. In dieser Trennung dokumentiert sich also die Entwicklung der Chymie.

Das nahezu völlige Fehlen der Aktio-Perspektive bei Marggraf entspricht ganz seiner Beschränkung auf die Beschreibung der von ihm durchgeführten Experimente. Wo die Alchemisten die Stoffe agieren sahen, läßt er sie nur noch reagieren.

4.3. Spekulation - Erfahrung - Experiment Zusammenfassung

Die in den Texten zum Ausdruck kommende Entwicklung der Chymie kann als eine Veränderung des Verhältnisses von Aktio-Perspektive zu Reaktio-Perspektive aufgefaßt werden. Vor allem bei Basilius zeigt sich das für die Alchemie charakteristische Ineinandergreifen beider Perspektiven (vergl. [B33-44]).

Ein weiteres Beispiel für deren gleichwertiges Ne-

------

[119]Vergl hierzu die S. 160 zitierte Passage zur Destillation; den Textteil [B156-162]; oder auch die bekannte Allegoria Merlini, enthalten in:
Turba Philosophorum (...) Phillipum Morgenstern, Basel 1613
(Ars aurifera, dt.) 1.Teil, S. 340-344.
(Exempl. Landesbiblio. Hannover Sign. N-A 1518

beneinander liefert ein Textausschnitt aus einem anderen Basilius-Traktat. Die Passage beginnt als typische Instruktion mit den Worten "Nimb ein Stück des allerbesten feinen Goldes". Nach der folgenden Anweisung aber wird die Reaktio-Perspektive unvermittelt aufgegeben und die Instruktion schlägt in eine Allegorie um:

> *(...) mache auß deinem Golde zurück / was es zuvor gewesen ist / so wirstu finden den Samen / den Anfang / das Mittel / und das Ende / worauß unser Gold und sein Weib gemacht worden / nemlich auß einem durchdringenden subtilen Spiritu, auch einer reinen / zarten und unbefleckten Seele / und einem Astralischen Saltze und Balsam / welches nach ihrer Vereinigung anders nichts ist / denn ein mercurialischer Liquor, dasselbe Wasser ward zu seinem eigenen Gott Mercurio in die Schule geführt / der examinirte das Wasser (und da er es recht und ohne falsch befand / da machte er Freundschafft zu ihm (...).*[120]

Mit der Aktio-Perspektive geht die Verwendung solcher arkansprachlicher Mittel einher, die es erlaubten, die Substanzen gemäß der ihnen zugesprochenen Agens-Rolle zu bezeichnen. Diese, die Belebtheit implizierenden Bezeichnungen, führen zur alchemistischen Allegorie, in der der chemische Vorgang gleichzeitig beschreibbar und erklärbar wird[121]. In dem Maße, in dem jene Kern-Metaphern, die der Aktio-Perspektive zugrundeliegen, nicht mehr hinsichtlich ihrer Tauglichkeit zur Strukturierung der wahrgenommenen chemischen Sachverhalte hinterfragt werden und so an Eigenständigkeit gewinnen, wird der spekulative Aspekt der Alchemie betont. Als Beispiele kann der Erlösungsgedanke gelten. Denn nicht nur das 'Wieder-Erscheinen' einer Substanz im Prozeß wird als Erlösung angesehen. Vielmehr wird diese Vorstellung auf das gesamte alchemistische Streben, das der Vervollkommnung nicht nur der Stoffe sondern auch des Menschen dient, ausgedehnt. Die Allegorie wollte also über den Prozeß, den sie darstellte, hinaus ausgedeutet werden.

Hier zeigt sich auch die Bedeutung der bildlichen Darstellungen chemischer Prozesse, wie sie im Basilius-Text zu finden sind. Das scheinbar beziehungslose Nebeneinander von Text und Meditationsbild[122], legt die

------

[120]Basilius Valentinus Von dem grossen Stein der uhralten Weisen ; Hamburg 1677, S. 19

[121]Hier deutet sich noch eine weitere wichtige Funktion der allegorischen Erzählung an. Die Verwendung der Allegorie erleichtert die Textualisierung des wahrgenommenen, komplexen chemischen Vorgangs. Denn sie ermöglicht die Strukturierung der beobachteten und gedachten Wechselwirkungen der Substanzen auf einer Zeitachse. Eine Untersuchung dieser Annahme muß jedoch einem späteren Zeitpunkt vorbehalten bleiben.

[122]Hartlaub, G.F. (1959) S. 29 ff . Die Möglichkeiten einer solchen Ausdeutung der Bilder seien ansatzwei-

Annahme nahe, daß Bild und Text die alchemistische Spekulation bei der Auslegung des jeweils anderen stimulieren sollten[123].

Bei Kunckel ist die Verschränktheit der Perspektiven überwunden. Mit der Trennung von Aktio- und Reaktio-Perspektive geht die Entwicklung auf der Ebene der Substanzbezeichnungen einher. Zwar verwendert er noch die alten Planetennamen zur Bezeichnung der Metalle, klar erkennbar ist aber die Eliminierung der spekulativen operationsabhängigen Substanzbezeichnungen, die noch bei Alanus und Basilius zu finden sind. Die Lösung aus dem alchemistischen Begriffsrahmen zeigt sich auch daran, daß die Farberscheinungen nicht mehr als Indikatoren für die Stadien des Werkes angesehen werden, sondern als charakterisierende Eigenschaften Eingang in die Substanzbezeichnungen finden. Gerade dieses Verfahren, Substanzbezeichnungen um zusätzliche Informationen über ihre physikalischen und chemischen Eigenschaften zu erweitern, zeigt Kunckels Bemühen, die Sprache der Chymie eindeutiger und situationsunabhängiger zu gestalten. Die Grenzen dieses Bemühens liegen in den

------

se für das dem "Ersten Schlüssel" zugeordnete Bild erläutert. Zu sehen sind der König und die Braut und der Wolf, der das Antimon repräsentiert. Der Mann mit der Sense entspricht der zeitgenössischen Darstellung des Saturn (Blei). Crosland (1978, 2.Aufl.; S.33) deutet das Bild derart, daß er es in eine rechte und linke Hälfte unterteilt und damit dem König das Antimonium, der Königin das Blei zuordnet. Dies würde dann bedeuten, daß das Gold mit Antimon, das Silber jedoch mit Blei zu reinigen sei. Im Gegensatz dazu meine ich, daß man das Bild in einen Vorder- und Hintergrund teilen und eine zeitliche Progression von vorn nach hinten annehmen muß. Es würden dann mit dem Bild zwei zeitlich nacheinander ablaufende Stadien des Prozesses beschrieben. Zuerst wird der Wolf, zusammen mit dem von ihm gefressenen König, im alchemistischen Ofen erhitzt. Dies entspricht der Reinigung des Goldes. Der auf diese Art geläuterte König wird dann in einem zweiten Schritt mit der Braut vereint. Diese Vereinigung kann die Bildung einer Gold-Silber- oder einer Gold-Quecksilber-Legierung bedeuten.

123 Angemerkt sei an dieser Stelle, daß das Nebeneinander von Bild und Text bei Basilius in deutlichem Gegensatz zum Verhältnis von Bild und Text bei Marggraf steht. In den Abbildungen wird zwischen den Geräten oder Geräteteilen und einer Buchstabenkombination eine Bedeutungsrelation etabliert. Durch die Integration des Kürzels in den Satz ist die Bildinformation im Text präsent: "Der zweite Aufsatz B., welcher untenher etwas enger als oben ist, doch so, daß er sich auf A.A.A. schickt, ist 9=10 Zoll hoch" [M352].

nur unscharf umrissenen Grenzen der von ihm aufgestellten Substanzklassen.

Mit der bei Kunckel zu beobachtenden Trennung von Aktio-Perspektive und Reaktio-Perspektive scheint sich die bewußte Unterscheidung zwischen Erklärung und Beschreibung eines Vorgangs zu vollziehen. Ob in der Verwendung der Aktio-Perspektive eine bewußte Entscheidung für die ihr zugrundeliegenden Annahmen als Erklärungsmuster zu sehen ist, kann hier nicht klar entschieden werden. Die zentrale Rolle, die Kunckel dem Chymisten zuschreibt, scheint unvereinbar mit der Annahme, er habe die Substanzen als 'agierend' wahrgenommen. Dies würde bedeuten, daß Kunckel die Aktio-Perspektive im Sinne eines Modells chemischer Vorgänge nur zu Erklärungszwecken eingenommen hat.

Mit dem Nachweis einer fachlichen Relevanz der Aktio-Perspektive ist die Annahme einer Fachsprache im weiteren Sinne gerechtfertigt. Denn aus der Bestimmung der Aktio-Perspektive ergibt sich die Erwartung, daß in ihr die Darstellung von Sachverhalten unter Rückgriff auf die Sprache der täglichen Erfahrungen erfolgen wird. So scheint die Differenzierung des Fachwortschatzes in Kern und Peripherie sinnvoll.

In der Betonung der zentralen Rolle des Chymisten verknüpft Kunckel dessen Persönlichkeit mit dem durchgeführten Experiment. Nicht eigentlich das Experiment steht für die Erfahrung, sondern der Chymist, der sie reklamiert. Dies steht im Gegensatz zu jenen Äußerungen, in denen Kunckel sich gegen die Autoritätsgläubigkeit wendet ([K2838 ff; 3641 ff]). Tatsächlich sind jedoch seine Angaben zu den Versuchen, auf denen seine theoretischen Annahmen beruhen, oft sehr vage. Da vielfach Quantitätsangaben fehlen, handelt es sich bei ihnen eben nicht um "warhaffte Experimenta, die ein ander sowohl / als er selber werckstellig machen kan / oder werckstellig gemacht habe" [K3644]. Vielmehr beruft er sich häufig auf eine Erfahrung, für die nur sein Wort steht[124]:

------

[124]Dieser Rekurs auf die eigene Erfahrung und das eigene Wissen ist auch in anderen Texten häufig anzutreffen. So etwa in J.J.Bechers "Zugabe in Physicam subterraneam" (1680; S. 14, 33, 38 und öfter).
Ähnliches ist auch in der schon erwähnten "Allegoria Merlini" (in: Morgenstern,P. Turba Philosophorum; Basel 1613; S. 343) zu beobachten. Der Erzähler manifestiert sich in der Erzählung nur einmal. Dies geschieht mit den Worten " vnnd funden einen solchen Stein als ich weiß".
Der Verweis auf die eigene Erfahrung scheint eine besondere argumentative Kraft zu besitzen, die häufig dadurch erhöht wird, daß der Autor die eigene Kompetenz, meist zu Beginn des Textes, hervorhebt. Der Beginn des Kunckel-Traktats ist hier durchaus repräsentativ.

1) *dieses habe ich nicht aus Büchern gelesen / sondern mit meinen Händen gemacht / und mit Augen gesehen.* [K707]
2) *wiewohl ich beweisen kan / daß ich alle Metallen auff einerley Weise aufflösen kan* [K1600]
3) *Allein wann mir GOtt nicht das Glück gegeben / und ich dergleichen herrliche Possibilität / die mir kein Mensch hat weisen können / nicht gesehen* [K2019]
4) *Zwar glaube ich wohl / und weiß es gewiß / daß man eine Tinctur aus dem Golde machen kan* [K2508]

Im Gegensatz dazu steht Marggraf. Er behauptet die Erfahrung nicht, sondern macht sie durch die exakte Beschreibung seiner Experimente nachvollziehbar und damit auch nachprüfbar. Entsprechend beschreibt er die chemischen Experimente nahezu ausschließlich aus der Reaktio-Perspektive. Wenn auch das 'Ich' des Chymisten immer wieder erscheint, so nimmt er sich doch hinsichtlich der Beurteilung der Versuchsergebenisse fast völlig zurück. Gibt er diese Zurückhaltung einmal auf, so wird dies deutlich markiert:

1) *Aus diesen bis anher angeführten Versuchen schloß ich, daß vielleicht das Acidum Salis concentratum viel zu der Entstehung des Phosphori beytrüge;* [M434]
2) *Jch bin also noch zweifelhaft, ob das concentrirte Acidum Salis so vor sich, wenn es mit dem Phlogisto verbunden ist, zu einem solchen Acido werde, das alsdenn mit der vorgemeldeten brennlichen Erde den Phosphorum ausmacht* [M514]

Ein weiterer Unterschied zu Kunckel zeigt sich auch auf der Ebene der Substanzbezeichnungen. Hatte dieser noch eine Vielzahl von chemisch und physikalisch definierten Substanzklassen angenommen, verweisen bei Marggraf nur noch Acidum, Metall und Salz auf chemisch bestimmte Substanzklassen. Diese Eingrenzung wird begleitet von einer genaueren Begriffsbestimmung, so daß sich die Klassen Acidum und Salz nicht mehr überlagern.

In dieser Begrenztheit der physikalisch und chemisch bestimmten Substanzklassen kündigen sich auch die Voraussetzungen für die Entstehung einer Nomenklatur an. Der Vorteil einer solchen Systematik zeigte sich zudem in der von Linnaeus 1753 erstmals verwendeten und 1758 vollständig vorgestellten Nomenklatur für die Botanik[125]. Erste Anzeichen einer chemischen Nomenklatur finden sich denn auch in den Arbeiten von Torbern Bergman (1735-84), der Kontak zu Linnaeus hatte. Crosland urteilt:

> *From the above, it is clear that by the end of 1775 Bergman used, at least implicitly, a comprehensive systematic nomenclature. In the remaining nine years of his life he built on this foundation, latterly with the encouragement of Guyton de Morveau.*[126]

------

[125]Vergl. Crosland (1978, 2.Aufl.) S.140 ff.

Diese Entwicklung führte zu der 1787 von Guyton de Morveau, Lavoisier, Berthollet und Fourcroy herausgegebenen "Méthode de nomenclature chimique"[127]. Mit der Person Marggrafs stehen wir also an der Schwelle zu dieser Entwicklung.

------

[126]Ebenda S. 146

[127]Zu der Nomenklatur-Reform von 1787 vergl. Crosland (1978, 2.Aufl.) Part 3.

5. FACHSPRACHLICHES WÖRTERBUCH ZU DEN BEHANDELTEN TEXTEN

5.1. Das Wörterbuch

Die lexikographischen Vorüberlegungen zu den behandelten Texten sind in 4.1. erläutert. Dem Wörterbuch ist ein Index zugeordnet. Der Index verzeichnet alle Belegformen. Als Belegstelle wird die jeweilige Zeile genannt, innerhalb der die Belegform auftritt. Ein Sternchen kennzeichnet das mehrfache Auftreten in einer Zeile. Zu jeder Belegform erscheinen alle Belegstellen in chronologischer Reihenfolge, beginnend mit dem ältesten Text. Die jeweils erste Belegstelle in einem Text wird mit der Textkennung [A = Alanus; B = Basilius; K = Kunckel; M = Marggraf] versehen. Den Belegstellen folgt, als Verweis auf den entsprechenden Wörterbuchartikel, das Lemma. Der Verweis auf das Lemma unterbleibt, wenn es mit der jeweiligen Belegform übereinstimmt.

Die Wörterbuchartikel enthalten, neben dem Lemma als erstem Element, die folgenden Textsegmente:

- Formvarianten
- Angaben zu Genus und Flexion
- Belegbeispiele
- Bedeutungserläuterung[1]
- Wortbildungskonstruktionen bzw. Lexemkombinationen
- Verweise

Dabei handelt es sich um eine offene Beschreibungsmethode, so daß die Reihenfolge zwar festliegt, das Erscheinen einzelner Textsegmente jedoch vom behandelten Lemma abhängt.

------

[1] Bei der Erstellung der Bedeutungserläuterungen wurden u.a. folgende Werke berücksichtigt:
Becher, J.J.: Oedipus Chymicus oder Chymischer Rätseldeuter; Faust, J.M.: Lexicon Alchemiae (1727); Gehler, J.S.T.: Physicalisches Wörterbuch (1787-96); Grimm,J.&W.: Deutsches Wörterbuch; Oraculum (1755 / 1981); Ruland,M.: Lexicon Alchemiae (1612); Zedler: Universal-Lexicon (1732-48). Hilfreich waren zudem das Wörterverzeichnis in Buntz (1968) und die Erläuterungen in Goltz/Telle/Vermeer (1977), Partington (1969), Crosland (1978), Schneider (1981; 2.Aufl.).

Abgang
[K] m.
Diese Lunam nun auffs allerbeste / und ohne Abgang zu reduciren / mache es also: [K3468]
Masse- bzw. Substanzverlust innerhalb einer chemischen Operation. Hier ist die verlustfreie Rückgewinnung von Silber aus Silberchlorid gemeint.

abgewinnen
[K] v.
man gewinnt auch dem Mercurio mit keinem Sale einige fixität ab [K782]
Einer Substanz wird (mittels eines Instruments) etwas abgewonnen. Dabei bezeichnet der Akk. keine distinkte, neue Substanz sondern eine Zustandsveränderung des Dat.Objs., hier etwa den erreichten Zustand der Festigkeit. In [K865] betrifft die Veränderung **Geschmach** und **Geruch**. Im Vordergrund steht also das "Bezwingen" (vergl.: Grimm Bd.6,Sp.5937f; gewinnen) der Substanz und nicht ein aus ihr gewonnenes Produkt.

abluiren
[B] swv.
da auch durch mittelwege eine Scherffe dazu gefügt / (...) so verschaff / daß alle Corrisiu abluirt werde [B81]
Entlehnung von lat. lavare, waschen, reinigen. Diese Erläuterung gibt auch Ruland (S.2). Gewaschen wird meist ein Feststoff, um ihn von Verunreinigungen (meist säurehaltige Lösungsmittel - **Corrosiv**) zu befreien. Gefordert wird häufig die Verwendung von Brunnenwasser (**Waßer**). Da das Ziel die Entfernung der **Scherffe** war, sprach man auch von **absüssen**.
Synonym zu **waschen, absüssen**.

abmessen
[B] stv.
so soltu das aquam permanentem wol abmessen / vnd fleissig in acht nehmen / das du ihm nicht zu viel oder zu wenig thust. [B524]
Bestimmung der zu verwendenden Menge (**Mensur, Gewicht**) einer Substanz. Diese Bestimmung kann, wie im vorliegenden Fall, während des Prozesse, durch kontrolliertes Zusetzen, erfolgen.

Absönderung
[A] f.
dz nichts nit auffsteige / wann so etwas auffstieg / so wirt absönderung des Mercurij [A305]
Substantivierung des Verbs *absündern* [A], bezeichnet das Ereignis einer Abtrennung.
Vergl.: **sondern**

absterben
[B] stv.; n.

1) *es sterbe dann ihr Balsam / vnd eingeleibter Saltzgeist von Natur ab / denn were der Leib todt* [B358]
2) *denn die Geister der Metallen weren abgewichen / vnd nur durch natürliches absterben eine leere todte Wohnung verlassen / darinn kein leben wider zu bringen.* [B363]

Alle Materie ist in den natürlichen Ablauf des Werdens und Vergehens eingebunden. Dieses Vergehen zeigt sich im Vorgang der **Feule**, **Putrefaction**. Die Substanzen sterben, sie erreichen einen inaktiven Zustand.
Beide Belegbeispiele stellen den Vorgang in einen natürlichen Zusammenhang, deutlich vor allem in der substantivierten Form in (2): *natürliches Absterben.*
Den durch "Kunst" initiierten Vorgang bezeichnet **tödten**.
Vergl.: **tödten**

Abstraction
[K] swf.
In der Abstraction ist bekannt / wenn ich ein Metall mit seinem Menstruo übersetze / es leicht mit berführet allemahl ein Theil / (...). [K1637]
Substantivierung des aus dem Lat. entlehnten **abstrahiren**. Bezeichnet den Vorgang einer partiellen **Destillation**, bei der nur ein Teil abdestilliert werden soll. Im Belegbeispiel ist dies das Lösungsmittel.
Vergl.: **Destillation**

abstrahiren
[K M] swv.
Diese trockene Massam (...) that ich in eine Waldenburgische töpferne Retorte (...) und abstrahirte also das Phlegma, den Spiritus urinosum, das Sal volatile und das Oehl. [M111]
Entlehnung von lat. abstrahere, wegziehen, trennen. Das Oraculum (1755) übersetzt mit "abziehen". Einzelne Bestandteile eines Flüssigkeitsgemisches werden durch Destillation abgetrennt.
Vergl.: **abziehen**, **destilliren**

abstreichen
[K] stv.
das Wasser hat seine Viscosa beym Kalck / Kreide oder Marmor abgestrichen und sich gereiniget; [K1818]
Nach Kunckels Auffassung führt das Wasser Samenpartikel Saamen, die von verschiedenen Erdschichten gefiltert werden. Durch diese natürliche Filterung hat das Wasser "*sein meistes Sperma verlohren*" [K1449].
Der Aspekt der **Reinigung** steht dabei mit Ausnahme des angeführten Belegbeispiels nicht im Vordergrund. (Vergl.: Grimm Bd.1; Sp.133)

absüssen
[B] swv.

das gelbe Puluer so bleibt durch offter distillation eines gemeinen Wassers / wol abgesüsset / das die acetositas aller wider dauon kömmet [B901]
Erstmals bei Paracelsus belegt (vergl.: Grimm Bd.1; Sp.136). Reinigen einer Substanz - Feststoff oder Flüssigkeit - von Rückständen, hier durch wiederholtes Zusetzen von Wasser und anschließender Destillation. Dabei wird der vorher verwedete Essig mit abdestilliert. Den gleichen Arbeitsgang bezeichnet Marggraf als aussüssen [M89].
Bed.verwandt mit: **abluiren, aussüssen ; waschen**

abziehen
[B K M] stv.
1) *denn den Essig im Marienbadt abgezogen* [B898]
2) *vermischte solches mit 3 Unzen Hirschhorn=Oehls, und zog es zur Trockenheit ab* [M462]
Bezeichnet den Vorgang des Destillierens, der vom Abdestillieren eines Bestandteils des Flüssigkeitsgemisches (1), bis zum vollständigen Eindampfen der Substanz (2) reichen kann.
Vergl.: **abstrahiren, Abzug, destilliren, kochen,**

Abzug
[B] m.
das du den abzug seiner Erden vielmals wider gibst / vnd aber dauon treibst [B165]
Die durch **abziehen** gewonnene Flüssigkeit, die in einer Vorlage (**Recipient**) aufgefangen wird.
Vergl.: **abziehen, Recipient**

Acetositas
[B] f.
das gelbe Puluer so bleibt durch offter distillation eines gemeinen Wassers / wol abgesüsset / das die acetositas aller wider dauon kömmet [B901]
Bezeichnung für die saure Eigenschaft des Essigs.
Vergl.: **Acetum**

Acetum
[B K] n.
alles was mit dem Weine oder seinem Spiritu extrahiret vnd circulirt wird / hat viel ein ander Eigenschafft vnd wirckung / denn das jenige / so mit dem Aceto ausgezogen wird / [B890]
Lat. Essig. Hauptbestandteil ist die Essigsäure. der Säureanteil des Essigs kann durch Destillation erhöht werden kann. Das so gewonnene *Acetum destillatum* [K2431] ist nach Kunckel das "*allergeringste Acidum*" [K2432]
Bed.verwandt mit: **Eßig**
Vergl.: **Acidum**

Acidum
[K M] n.

1) *denn das oleum vitrioli ist zwar ein solch Acidum, welches alle Metallen solviret* [K533]
2) *ob denn Spiritus Nitri oder Salis auch keine Acida wären, so läugne ich zwar nicht / daß sie billich darzu zurechnen; jedennoch aber ist der Vitriol (...) das rechte und eintzige Acidum* [K23739]
3) *Durch den Motum wird ein Feur / und das gebiehrt das acidum als einer Fermentation, durch welche wird die Materia Mercurii oder der gebohrne Mercurius coagulirt und figirt* [K759]
4) *dannenhero das Acidum Veneris diesen Mercurium bey sich allein figiret und einschlucket auf gewisse masse* [K3325]
5) *dann die Fertigkeit vom Schwefel hat es verhindert / daß der Vitriol / oder sal acidum nicht hat können heraus gelauget werden* [K259]
6) *das Sal acidum, welches die metalle figirt / dessen Mercurium coagulirt* [K2361]
7) *weil ich glaubte, daß der klare Sand sich mit denen erdigen Theilen des Urin=Salzes vereinigte, und also dessen Acidum losmachte.* [M516]
8) *Aus diesen bis anher angeführten versuchen schloß ich, daß vielleicht das Acidum Salis concentratum viel zu der Entstehung des Phosphori beytrüge* [M435]

Lat. sauer. Diese geschmackliche Eigenschaft wird zum Bestimmungskriterium der Substanzgruppe der *Acida*, deren "*Unterscheid in dem Solviren der Metallen*" [K2381] besteht. Als *allergeringstes Acidum* gilt Kunckel das *Acetum*. Zur Substanzgruppe der *Acida* zählt er auch *Spiritus Nitri* - Salpetersäure, *Spiritus salis* - Salzsäure, *Acidum cum volatile* - ammoniakhaltige Säure vmtl. Ammoniumchloridlösung und *Acidum Vitrioli* - Schwefelsäure (synonym damit: *Oleum Vitrioli*).
Aus (1) & (2) wird deutlich, daß Kunckel das *Acidum Vitrioli* für das *Acidum purum* hält. Diese Auffassung vertritt er auch im "Laboratorium Chymicum" (S.146): "(...) dann kein pures Acidum ist zu finden / als ein Sal Vitrioli, oder dessen Oleum (...)." Hier, wie auch in (5) zeigt sich die Überschneidung von *Acidum* und *Sal acidum* am Beispiel des Vitriol. Nach Kunckel teilen sich die *Salia* in *Urinosa* und *Acida* (Laboratorium Chymicum S. 140). Die *Salia Acida* umfassen damit die Substanzen, aus denen sich ein *Acidum* gewinnen läßt, so wie aus dem **Vitriol** die Schwefelsäure gewonnen wird. Da die *Salia* nicht notwendiger Weise in fester Form vorliegen müssen [vergl. K1603 ff] und die Lösungen von Salzen starker Säuren saure Eigenschaften zeigen, kann ebenso mit *Sal acidum* wie auch mit *Acidum* auf eine Säure referiert werden: *starkes Sal acidum ,Sal acidum vitrioli.*
Die auflösende wie die geschmackliche Eigenart spiegelt die Sammelbezeichnung *Scharffe Salien.*
Belegbeispiel (3) führt eine zweite Bedeutungsebene

von *Acidum* an. Zwar ist auch dieses *Acidum* als konkrete Substanz gedacht, es besitzt jedoch eher den Status eines hypothetischen Intermediärprodukts, dem vor allem eine Erklärungsfunktion zukommt.
Dieses aus einer **Fermentation** gebildete *Acidum* bedingt die Verfestigung der Metalle [vergl. K524; K2361 ff], die Farberscheinungen [vergl. K562] (*Acidum Veneris*) und die Eigenschaft **corrosiv** zu wirken. [Vergl. K2371] Auch in dieser Bedeutung wird neben *Acidum* auch *Sal acidum* verwendet (6).
Eine solche Bedeutungsdifferenzierung findet sich bei Marggraf nicht mehr. *Acidum* meint hier die Substanzgruppe der Säuren bzw. die sie auszeichnende Eigenschaft. Verschiedene Säuren werden dann durch die Konstruktion mit einem Genitivattribut bezeichnet: *Acidum Salis* - Salzsäure; *Acidum Phosphori* - Metaphosphorsäure; *Acidum Volatile* - Ammoniumchlorid (Lsg.).
Zur Bezeichnung der verschieden stark konzentrierten Salzsäure dient das Part.Adj. *concentratum* bzw. dessen Superlativ: *Acidum Salis concentratum* ; *Acidum Salis concentratissimum.* Alternativ verwendet Marggraf auch die morphologisch angepaßte Form des Adjektivs: *concentrirtes Acidum Salis.*
Vergl.: **Alcali** , **Sal** , **Vitriol**

Adam

[B]

Adam satz in ein Wasserbadt [B1317177]

Ein Deckname für den *Stein der Weisen*, dessen Bereitung mit der Erschaffung Adams verglichen wurde: "Der Erschaffung des Adam ist nicht ungleich die Gebährung des Philosophischen Steins / dann auß dem irdischen / und schweren Leib / welcher durch das Wasser dissolvirt ist / welcher den Namen der Adamischen Erden bekommen hat / welche Erde oder Leym die Kräfften und Tugenden aller Elementen in sich begreiffen thut." (Patris Spies von Cölln / eines Dominicaner=Münchs zu Wien Concordantz / über des Nuysements Sal coeleste (...); zitiert nach Becher,J.J. (1682), S. 127)
Über diese **Terra Adamica** und die damit verbundenen alchemistischen Vorstellungen berichtet Kunckel im fünften Kapitel seiner "Nützlichen Observationes". Es kann sich jedoch auch um einen Decknamen für Quecksilber handeln. Der weitere Text wäre dann eine Instruktion ein zur Bildung eines Quecksilber-Kupfer-Amalgams.
Vergl.: **Lapis** , **Stein** , **Terra Adamica**

Adler

[B]

Wenn du aber dem Adlen den kalten Drachen / so seine wohnung in den Steinfelsen lange Zeit gehabt /vnd in den Speluncken der Erden sich aus und einschleifft / zusetzt (...) [B223178]

Deckname für das Ammoniumsalz NH_4Cl, das hier mit **Salpeter** destilliert wird, um Königswasser (**Aqua Regis**)

zu gewinnen. Während der vorliegende Kontext diese Zuordnung stützt, deutet Becher den Adler als "Mercurius" (Oedipus Chymicus 1680,S.136).
Bed.verwandt mit: **Neptunus** , **Salmiac** , *Sal ammoniakum fixum*
Vergl.: **Aqua Regis**

Aer
[K] m.
Hätte es nun aber ein Saltz bey sich / so würde es entweder bey dem Magneten praecipitiret und figiret / oder so es volatilisch / würd es sich selber scheiden und wieder in Aerem gehen (...). [K1875]
Lat. **Luft**. Nach Kunckel ist die "Lufft ein würckliches Principium activum" (Laboratorium Chymicum 1716, S.10).
Bed.verwandt mit: *Lufft*
Vergl.: **Luft** , **Principium**

agiren
[K] v.
Wann nun eine dicke Lufft wieder kommt / so kan sie am Saltz nicht mehr agiren [K2121]
Entlehnung von lat. agere, handeln.
Die Reaktion zweier Substanzen wird hier verstanden als das bewirkende Handeln der Einen an der Anderen.
Vergl.: **wircken** , **Wirckung**

Alcali
<*Alcali, Alkali,* [K]> n. sg.; <*Alcalia, Alcalien, Alkalien* [K]> pl.
1) *wann du ein wenig Sal alcali in ein Wasser thust / so wirst du es nicht schmecken / dann es kan das Wasser den Geschmack nicht geben / weil die Quantität nicht da ist / also macht dieses auch im Munde keinen Geschmack / sondern / wie gedacht / eine Tödtung des Alcali.* [K933]
2) *so war es ein sal alcali, und blieb auch ein solches. Schmeltzte ichs und setzte es an die Lufft so zog es ein Wasser an sich / wie alle alcalia thun* [K1752]

Die Pluralformen bezeichnen die Substanzgruppe der aus den Aschen von See- und Landpflanzen gewonnenen Salze (Soda, Na_2CO_3; Pottasche, K_2CO_3), die von Kunckel u.a. für die Glasproduktion verwandt wurden. Er faßt sie auch unter der Bezeichnung *alkalische Saltze* zusammen. Goltz (1972; S.234-238) weist nach, daß Paracelsus unter "Alcali" ein nach einem bestimmten chemischen Verfahren hergestelltes Produkt verstand und damit "auch sauer reagierende Verbindungen unter diesen Begriff fallen" (S.237).
In ähnlicher Weise bezieht auch Kunckel das Verfahren der Produktion in die Begriffsbestimmung mit ein: "Nun werden unter die Salia Acida gerechnet / alle / die aus Kräutern und Holtz / vermittelst des Feuers ge-

macht und ausgelauget werden / als Pottasche / Soda / das Saltz aus der Weid=Aschen / Allaun / Salpeter, Koch=Saltz / Sal gemmae, Sal Armoniacum fixum, &c." (Laboratorium Chymicum 1716, S.146). Hier wird deutlich, daß Alkalität und Acidität nicht in Opposition stehen. Vielmehr stellen die *Alcalia* nach Kunckel modifizierte *Acida* dar, die im Vergleich zum *Acidum purum* "noch vom frigido bey sich führen" (Laboratorium Chymicum 1716, S. 146) - sie sind *Salia dublicata*.
Mit dieser Konzeption einher geht die Vorstellung der wechselseitigen Überführbarkeit von *Alcalia* und *Acida* [K188ff; 3601f].
"Denn wann das Acidum mit einer Terra verbunden / so werden Alcalia daraus (...)." (Laboratorium Chymicum 1716, S.484)
Die Singularformen bezeichnen jeweils einen Vertreter der Substanzgruppe und lassen sich als semantische Kürzung des Oberbegriffs *Sal alcali* verstehen.
Die Lösung eines *alkalischen Saltzes* bezeichnet Kunckel als *Alcali-Lauge*. Der laugenhafte Geschmack der Lösung, der ja auch in *Alcali-Lauge* zum Ausdruck kommt, und die chemischen Eigenschaften werden in dem Adj. *alcalisch* zusammengefaßt.
Vergl.: **Acidum** , **Sal**

Alchemey

[A] stf.

die sucher der Kunst Alchemey sollen wissen / das sie nit mögen die Gestalt der Metallen verendern / allein sie werde vormals gewandelt in ihr erst wesen welches erstes wesen nichts anders ist / denn Mercurius. [A19]

Bezeichnet einen Handlungs- und Wissenszusammenhang, der einen Objektbereich, Grundannahmen über dessen Elemente, Zielsetzungen und Handlungsmuster umfaßt. In nuce sind diese vier Variablen im Belegbeispiel enthalten. Alanus verwendet **Kunst** und *Alchemey* synonym. Während *Alchemey* nur bei Alanus erscheint, tritt **Kunst** sowohl bei Basilius als auch bei Kunckel auf. Bei letzterem jedoch schon in der eingeschränkten Bedeutung der 'Kunstfertigkeit'. Zur Bezeichnung des Fachs dient ihm, wie auch Marggraf, der Ausdruck **Chymie**.
Vergl.: **Chymie** , **Kunst**

Alteration

[K] stf.

per putrefactionem und digestionem durch den motum / oder das natürliche Feuer / wird es Erde / (...) / und diese Fettigkeit in der Erden könte man Schwefel nennen / ob es gleich durch diese alteration aus mehr als einem bestehet [K1293]

Entlehnung von lat. alter, der andere.
Die *Alteration* der Grundelemente einer Substanz führt zu ihrer Veränderung. Dabei stellen die natürlichen

Prozesse des Entstehens und Vergehens eine *natürliche Alteration* dar, die durch die **Kunst** fortgefürt werden soll. "(...) die auß der Wurzel leibhaffte / transmutation oder Verwandlung derer Metallen (...) kan nicht geschehen ohne alteration und Verwandlung dermetallischen Urhebungen (...)." (J.J.Becher: Zugabe in Physicam subterraneam, 1680; S.17)
Vergl.: **Alchemey** , **Kunst** , **Verenderung**

alteriren
[K] swv. (refl.)
1) *das übrige putreficirt / und wird stinckend / dadurch sein natürlicher Saamenmit anfängt zu putreficiren / und muß dadurch alterirt werden.* [K1420]
2) *Und nachdem sein Magnet und Putrefactio ist / nachdem alterirt sich dieses Sperma* [K1940]

Der *natürlichen Alteration* scheint der reflexive Gebrauch zu entsprechen.
Vergl.: **Alteration** , **verändern**

Alumen plumosum
[K] n.
wann man den eine zeitlang in der Lufft liegen läst / daß das Saltz / wie alumen plumosum, so häricht heraus wächst [K277]

Vom lat. Alumen leitet sich die Bezeichnung Alaun ab, unter der man heute Doppelsalze aus Sulfaten ein- und dreiwertiger Metalle [$M^{I}M^{III}(SO_4)_2 * 12H_2O$] versteht. Charakterisiert werden die Alaune durch ihre adstringierende Wirkung (Medizin), ihre beizende Eigenschaft (Gerberei) und ihre kristalline Form. (Vergl. Goltz (1972) 161, 233f)
Im Oraculum (1755) wird "Alumen plumeum, plumosium" mit "Federweis" (vergl. auch Grimm Bd.3, Sp.1410) übersetzt. Nach Schneider (1981;S.63) wird das "Alumen Plumeum" ab dem 16. Jahrhundert "stets durch den gleichfalls in weißen Fasern kristallisierten mineralischen Asbest (Hpt. Magnesiumsilikat) ersetzt".
Kunckel rekuriert auf das *Alumen plumosum* nur zu Vergleichszwecken. Im Vordergrund steht dabei die äußere Erscheinungsform eines in weißen Fäden - *häricht* - kristallisierenden Salzes.
Ob mit dem Adj. *aluminosisch* ebenfalls nur die Erscheinungsform oder auch die Wirkung gemeint ist, geht aus dem Kontext nicht klar hervor.

Amalgama
[A] n.
Desselben mercurij nim 3. theil / vnd ein theil dünn geschlagen Gold oder Silber / (...) / thu es zusamen in ein soluir Schal / vnd mahls durch einander / das ein amalgama darauß werd [A436]

Legierung verschiedener Metalle mit **Quecksilber**.
"Amalgama est auri vel argenti cum argento viuo impa-

statio, deß Goldes / vnd Silbers verleibung mit dem Quecksilber." (Ruland S.36) Je nach zugesetztem Metall und Mischungsverhältnis führte die Amalgamierung zu einer Verfestigung (**Coagulation**) und Farbänderung des Quecksilbers. Dieses Phänomen wurde häufig als Indiz für eine stoffliche Veränderung gewertet. So schreibt Basilius über die Bildung des Kupfer-Amalgams durch Zusatz von Quecksilber zum Kupfer (**Venus**): "*(...) dieweil durch seinen zusatz gemildert wird der hitzige grad / Venus / und lebendige Mercurius coagulirt wird / vnd gleicher massen durch seine erstarrung zu gutem bestendigen Goldt werden muß (...).*" [B1042] Obwohl der Terminus bei Basilius nicht erscheint, besitzt auch dort die Amalgamierung eine zentrale Bedeutung. So handelt es sich bei der im 12. Schlüssel hergestellten *Medicin* [B1255] um ein Quecksilber-Gold-Amalgam.
Vergl.: **Calcination** , **Coagulation**

Anatomia
[B K] f.
Ein jedes ding so es zu aschen gebrandt wirdt / gibt von sich durch kunst sein saltz / kanstu in seiner Anatomia den Schwebel vnd seinen Mercurium sonderlich behalte / vnd dem saltz widerumb damit seine erstattung thun / (...) so kan das wider daraus werden / (...) / welches es für der zerstörung vnd Anatomia gewesen [B340]
Die **Zerlegung** der Metalle in ihre Prinzipien - Schwefel, Salz und Mercurius - ist eine Voraussetzung für die Verbesserung der unedlen Metalle. Die isolierten Prinzipien können gereinigt werden und ihre Wiedervereinigung führt zum vollkommnen Metall.
So knüpft sich an die *Anatomia metallorum* [K2877] die Gewißheit, "(...) daß die metallischen principia, die doch viel besser / als andere mit sich umbgehen lassen / durch Kunst können gereinigt / erhoben / und zusammengesetzet werden (...)." (Becher, Zugabe in Physicam subterraneam; 1680, S.20)
Bed.verwandt mit: **Zerlegung**

Anfang
[B K] m.
denn der Anfang aller Dinge ist Wasser und Saltz [K484]
Lehnübersetzung zu lat. principium, Anfang, Ursprung.

Vergl.: **Principium** , **Ursprung**

angreiffen
[K] stv.
das Sal hat Macht seine Terram in der Calcination anzugreiffen und zu solviren [K132]
Das chemische Verhalten von Stoffen wird auf ein Agens-Patiens-Schema projeziert. Dabei wird das Ver-

halten der Rollenträger auf ein grundlegendes Konzept (Liebe, Gegnerschaft) reduziert.
Vergl.: **lieben** , **Streit**

Anima

[A K] f.

1) *Aber solche außziehung der Anima mit dem Spiritu Mercurij geschicht nicht zu einem mahl / sondern zu mehr malen* [A178]
2) *wenn es gleich hundertmahl durchs Bley gehet / so bleibet doch die Anima des Kupffers darbey* [K3504]

Lat. **Seele**.
Alanus vetritt die Auffassung, daß die Metalle "*worden sein auß Mercurio vnd Schwebel*" [A27]. Den Schwefel identifiziert er mit der "*Seel des leibes*" [A57] - *Anima corporis* [A114]. Die *Anima* der Edelmetalle, - *anima solis vel lunae* [A54] - wird mit Hilfe des **Mercurius** diesen entzogen und auf die unvollkommenen Metalle übertragen, um sie so zu vervollkommnen.
Dies Vorstellung von der Isolierbarkeit der *Anima solis* schlägt sich nieder in den Annahmen vom **Aurum potabile**, dessen Wirksamkeit auf einem extrahierten *Sulphur solis* beruhen sollte. Diese Vorstellung kritisiert Kunckel. Die Bedeutung der *Anima* erscheint bei ihm reduziert auf den Träger der farblichen Eigenschaften eines Stoffes. Die *Anima* wird jedoch nicht als isolierbar angenommen [K2512]. Dies wird sowohl im Kontext von (2) deutlich, als auch in seiner Konzeption von der "*Tinctur aus dem Gold*" [K2479], von der er annimmt, "*mit der Colör Solis, wird es allein nicht ausgerichtet / man brauchet noch wohl das ganze corpus*" [K2512]
Für Alanus bzw. Kunckel gilt:
Anima Solis bed.verwandt mit: *Seele des Goldes, Seele Solis, Sulphur Solis, Sulp. Solis*
Anima Lunae bed.verwandt mit: *Seele der Luna, Seele Lunae*
Vergl.: **Principium**, **Schwefel**, **Seele**, **Seeligen**, **Sulphur**

anschiessen

[K] stv.

diesen weissen wie Butter schmierichten Vitriol solvire ich einen Theil in destillirtem Wasser / und wolte es anschiessen lassen / welches schwer hergieng / doch weil die Kälte ziemlich einfiel / schoß es sehr schön und gantz weiß [K2218]

Durch Abkühlen einer gesättigten Lösung wird die gelöste Substanz auskristallisiert. Dieses Verfahren dient der Reinigung. Zur Bezeichnung des Vorgangs verwendet Kunckel den substantivierten Infinitiv *Ausschiessen* [K2230]
Vergl.: **crystallisiren**

Antimonium

[B K] m.n.

ein theil / des aller besten vnd feinesten Goldes / durch den Antimonium gegossen / [B1248]

Kann sowohl das reine Metall als auch das in der Natur am häufigsten vorkommende Trisulfid (Sb_2S_3, Grauspießglanz) bezeichnen. Letzteres wurde von Basilius auch als "Spießglaß" bezeichnet. (Motivierend für den Namen war vermtl. die spießförmige Kristallstruktur, die durch die Bandmoleküle des Sb_2S_3 hervorgerufen wird.) Im Belegbeispiel ist das reine Metall, das zum Ausschmelzen von Gold aus Legierungen verwendet wurde, gemeint. Eine Beschreibung der Reindarstellung zeigt jedoch, daß *Antimonium*, wie "Spießlaß", das Trisulfid meinen konnte: "Und in Summa/der Antimonium ist ein Herre mit der Medicin /auß ihm wird auß Weinstein und Saltz ein König gemacht / so man dem Spießglaß im schmeltzen etwas vom Stahl=Eisen zugibt/gibts durch einen Handgriffe einen wunderbarlichen Sternen (...)." (Von dem grossen Stein der uhralten Weisen / Fratris Basilii Valentinii ...; Hamburg 1677, S. 90) Hier handelt es sich um die Darstellung des Antimon aus dem Trisulfid unter Zusatz von Eisen, das dabei zu Eisen(II)-Sulfid umgesetzt wird. Auf diese Darstellung unter Verwendung des Eisens als Reduktionsmittel, verweist die Umschreibung des Antimons - "*seines namens halben den streittigen Marti unterworffen*" [B34].

Auf die Reinigung des Goldes bezieht sich die Wendung "*durch den Antimonium gießen*" [B1248]

Bed.verwandt mit: geitziger grawer **Wolff**

Vergl.: **Vitrum Antimonii**

Apollo

[B] m.Eign.

Also wen unser Breutigam Apollo mit seiner Braut Diana durch Heyradt sol vermählet werden [B147]

Alchemistischer Deckname für das **Gold**.

(Vergl. Crosland,M. 1978; S.32 f)

Aqua

[A]

diß aqua wird gemacht in der trucknen äschen / mit vermachtem gefeß [A355]

Lat. *Wasser*. Neben der Bezeichnung für eines der vier **Elemente** und für das eigentliche Wasser (H_2O) konnte mit *aqua* auf verschiedene Substanzen referiert werden, wenn deren flüssiger Zustand die Analogie zum prototypischen H_2O nahe legte.

So bezeichnet das abgeleitete AdjektivAbstraktum *Aquositet* [B880] eine wasserähnliche Flüssigkeit, die beim Destillieren von Essig zuerst übergeht. Ein weiteres Beispiel ist das aus dem gegebenen Kontext nicht zu deutende *aqua rarefacta* [K1228].

Vergl.: **Aqua Fort** , **Aqua Mercuriales** , **Aqua metallorum communis** , **Aqua permanens** , **Aqua Regis** , **Waßer**

Aqua Fort
<*Aqua fort.*> [K]
Jch habe oben gedacht / daß ich in zwey Loth Aqua fort sechs Loth Mercurii wolle solviren [K804]
Eine Verkürzung des lat. Aqua fortis, Scheidewasser. Bezeichnung für die halbkonzentrierte Salpetersäure (HNO_3), die aus der Destillation von **Salpeter** mit **Vitriolen** gewonnen wurde. (Verg. Schneider S.64) Sie wurde u.a. zur Lösung des Silbers aus einer Gold-Silber-Legierung verwendet.Im Belegbeispiel bezieht sich Kunckel auf die Lösung des Quecksilbers unter Bildung von Quecksilber(II)-nitrat ($Hg(NO_3)_2$). Diese Reaktion erwähnt auch Alanus [A368 ff].
Bed.verwandt mit: **Aqua Mercuriales** , **Scheidewaßer**

Aqua Mercurialis
[A]
Der weg der aufflösung des Corpus sein vil vnd mancherley / Einer geschicht in kelten vn feuchte der Keller / vnd sandigen stetten / als die aqua Mercuriales [A352]
Nach Schneider (S.99) gleichbedeutend mit **Aqua fort**, Salpetersäure. Ruland (1612; S.49) verzeichnet nur "Aqua Mercurii, ist der lapis zerlassen / mit seinem eignen Wasser / daß in dem Stein fix ist / vnd läufft weiß wie Wasser." Der Kontext unterstützt aber die Annahme, daß es sich um Salpetersäure handelt, deren Ausgangsprodukt (Mauersalpeter) an Kellergewölben und Stallungen sich bildet.
Nach Kunckel handelt es sich bei dem *Aqua Mercurialis* um einen alchemistischen "Wahn", ähnlich dem *Menstruum universale*, nach dem "ein gantz klares ungeschmacktes Wasser aus dem Mercurio" gewonnen werden könne, "welches das Gold in der Hand ohne Geruch und Geschmack solviren könte". (Laboratorium Chymicum 1716,S.256 ff)
Bed.verwandt mit: **Aqua Fort** , **Scheidewaßer**
Vergl.: **Drache** , **Salpeter**

Aqua metallorum communis
[K]
wiewohl ich icht läugne / daß der Mercurius vulgi oder aqua Metallorum communis nicht solte dahin zu bringen seyn / daß er solcher trucknen und hitzigen Art würde [K621]
Bezeichnet das Quecksilber, dessen flüssige Konsistenz vermtl. zu dieser Analogie mit dem Wasser Anlaß gab. Kunckel unterscheidet zwischen dem *Mercurius vulgi* oder *Aqua metallorum communis*, als das aus dem Zinnober (HgS) gewonnene Quecksilber, und dem *Mercurius metallorum*, den er aus den Metallen zu isolieren glaubt.
Bed.verwandt mit: *Mercurius vulgi*
Vergl.: **Mercurius**

Aqua permanens
[B]

so soltu das aquam permanentem wol abmessen [B0523]
Lat., "das bleibliche Wasser" (Ruland 1612, S.49). Alchemistischer Deckname für das **Quecksilber**.

Aqua Regis
[K]
nim Gold / solve in aqua Regis von Salpeter und Salmiac / wie der Gebrauch [K2963]
Lat. Königswasser. Eine Mischung aus drei Teilen konzentrierter Salzsäure und einem Teil konzentrierter Salpetersäure, die Chlor in statu nascendi entwickelt und aufgrund dieser Eigenschaft Gold zu lösen vermag. Das Belegbeispiel dokumentiert als eine Darstellungsmethode die Umsetzung von **Salpeter** mit **Salmiac**.

Argentum potabile
[K] n.
von den fixen und flüchtigen Saltzen / Auro und Argento potabili [K11]
Vom lat. potare, trinken. Ein dem **Aurum potabili** analoges trinkbares Silber. Darunter verstand man eine *blaue Tinctura Lunae* [K3453], die als Medikament bei "*Melancholischen= oder Haupt=Kranckheiten*" [K3509] zur Anwendung kam. Kunckel bestreitet zwar die Wirkung der Tinktur nicht, weist aber nach, daß die Blaufärbung der Lösung nicht auf Silber sondern auf Kupfer zurückzuführen ist.
Bed.verwandt mit: *Luna potabili* , *Tinctura Lunae*
Vergl.: **Aurum potabili**

Argentum vivum
[K] n.
nun ist aus dem Arsenico nichts als ein argentum vivum zu demonstriren [K3109]
Bed.verwandt mit: **Mercurius** , **Quecksilber**

Arsenicum
[K] n.
Wann dann nun dieses Arsenicum ohne Metall in einen Tiegel gesetzt wird / fleucht es alle davon [K3307]
Während "Arsenik" heute der Trivialname des weißen Arsen(III)-oxids (As_2O_3) ist, konnte *Arsenicum* sowohl das weiße Oxid als auch das gelbe Sulfid (Auripigment $(As_2S_3)_2$) bezeichnen. Goltz (1972; S.159) führt Beispiele aus dem 16. Jhd. an, in denen eine Differenzierung durch Farbadjektive geleistet wird (Arsenicum rubeum; Arsenicum albeum). Eine solche Spezifizierung erfolgt bei Kunckel jedoch nicht.
Die im Belegbeispiel beschriebene Sublimation des *Arsenicum* erlaubt eine Identifizierung der Substanz als Arsen(III)-oxid. Denn die Sulfide (Realgar As_4S_4 und Auripigment) schmelzen beim Erhitzen und das reine Arsen verbrennt unter blauer Flamme und Rauchentwicklung. Allein das Oxid sublimiert ohne zu schmelzen (vergl. Holleman/Wiberg, S.468,472,475f).

Arsen verbrennt unter blauer Flamme und verbreitet dabei einen knoblauchartigen - *arseniacalischen* [M184] / *arsenicalischen* [M71] Geruch.

Art*

[K] swf.

und ist mit dem Mercurio nicht anders / als mit dem gemeinen Wasser / ziehe ichs von einem hitzigen Kraut / so wird es hitziger Art / treibe ich einen spiritum nitri oder dergleichen hinein / so kriegt es solvirende Art / und ist doch wasser; [K628]

Die fachliche Bedeutung ergibt sich durch die Verbindung mit einem attributiv gebrauchten Adjektiv bzw. Partizipialadjektiv. Abhängig vom jeweiligen Adj. denotiert *Art*, im Sinne von lat. 'habitus', einen Zustand - *hitzige Art, truckne Art* - oder ein potentielles Verhalten. Je nach der Basis, von der das Adj. abgeleitet ist, kann dieses Verhalten wirkungsspezifisch - *solvirende Art* (**solviren**) - bzw. substanzspezifisch - *nitrösische Art* (**Nitrum**) - festgelegt sein oder den Verhaltenskatalog einer ganzen Substanzklasse umfassen: *Alcalische Art, vitriolische Art, aluminosische Art*.

Vergl.: **Wesen**

Asche

<*Asche* [A B K M]; *Äsche* [A]> swf.

1) *nem 12. theil Mercurij / vnd 1. theil Corpus / vermacht / setz in die äschen / vnd laß also kochen 3. Monat* [A174]
2) *alsdan so geht vnser wasser dann in die leib / vnd kehrt es zu erden / darnach in ein puluer / oder äschen* [A296]
3) *nicht das man Marienbadt / Roßmist / Aschen vnd Sandt nacheinander haben / vnd noth wegen brauchen muß / sondern das die gradus vnd das Regiment ignis allein derogestalt muß volführet werden* [B1087]
4) *Ein jedes ding so es zu aschen gebrandz wird / gibt von sich durch Kunst sein Saltz* [B333]
5) *als wolte ein sal nicht subtiler seyn / als das andere/ wann es aus der Asche gelauget* [K124]
6) *bis alles Bley zu einer gelben Asche geworden war* [M87]

Bei Alanus und Basilius lassen sich zwei Bedeutungen unterscheiden. So bezeichnet *Äsche* in (1), bzw. *Asche* in (3) das Aschenbad, das der über längere Zeit konstanten Temperierung einer Substanz diente. Bei Alanus wird die im Aschenbad verwendete Asche zusätzlich beschrieben: *truckne gesottene Asche*.

In (2) und (4) ist dagegen die Substanz denotiert, die als Verbrennungsrückstand - etwa bei der **Calcination** - entsteht und aus der dann ein Salz gewonnen werden kann. In dieser Bedeutung findet sich *Asche* auch bei Kunckel (5), der ihre Erscheinungsform durch zusätzli-

che Adjektive spezifiziert: *graulichte Asche* [K1728], *zarte Asche* [K136].
Bei Marggraf dagegen dient die *gelbe Asche* ausschließlich der Beschreibung der äußeren Erscheinungsform einer Substanz (Bleioxid PbO), deren chemische Eigenschaften durch die Bezeichnung *Bley=Kalk* bzw. **Kalk** bestimmt sind.
Vergl.: **Badt** , **Kalk**

Atomus
[K] m.
weil etliche die Atomos so subtil machen / und das allersubtileste Theil in noch viel tausend Theil zertheilen [K1307]
Auf die atomistische Auffassung des Demokritos zurückgehende Vorstellung von den kleinsten, unteilbaren Teilchen, deren unterschiedliche Anordnung die verschiedenen Stoffe liefert.
Hier sind es die Teilchen, die die *pinguedo terrae* konstituieren. J.J. Becher (1680) nahm an, "daß also der ganze Erdkreis von erdischen atomis angefüllet sey (...)." (Zugabe in Physicam subterraneam, S. 37)

aufferstehen
[A] stv.
Also wird vnser Stein auß dem schnöden ding /id est, Mercurio, aufferstehn [A143]
Die christlichen Vostellungen von Auferstehung und Erlösung werden auf das Werden und Wirken (**aufferwecken**) des **Lapis** übertragen (Christus-Lapis-Parallele). Hier aufersteht der *Stein der Weisen* nach der Vereinigung der **Seele** mit dem *Geist Mercurij*. Zugeordnet wird dem Erscheinen des **Lapis** die Farbstufe der *Röthe*, nachdem die *Schwertz* und die *Weisse* durchlaufen wurden.
Diese Farbannahmen beruhen auf den Lehren ägyptischer Alchemisten zur Färbung der Metalle. Dort unterschied man die "Melanosis" (Schwärzung, Urzustand der Materie), "Leukosis" (Weißung, Wandlung zu Silber), "Xanthosis" (Gelbfärbung, zu Gold) und die "Iosis" (violettes Goldpulver: Xerion). (Vergl. Lippmann, Bd.3, S.15ff) In der lat. Alchimie entfiel die vierte Stufe. Aus dem Xerion wurde über "Iksir" und "al Ixir" das **Elixir**.
Vergl.: **Aufferstehung** , **aufferwecken** , **erlösen**

Aufferstehung
[B] swf.
denn wo erstlich kein Erden wird / da kan auch kein aufferstehung folgen in vnserm Werck / denn in der Erden steckt der Natur Balsam / vnd das Saltz derer so da gesucht haben die Wissenschafft aller dinge. [B295]
An die Auferstehung geknüpft - als deren notwendige Voraussetzung - ist das Vergehen, Sterben der Substanzen, das man in ihrer **Fäulung** oder **Putrefaction** gege-

ben sah.
Vergl.: **aufferstehen**

aufferwecken
[A] swv.
vnd alßdann so werden die corpora imperfecta aufferweckt vo ihrer vnuolkommenheit zu der volkomenheit vnd das geschicht nur mit vnserm stein [A73]
Die erstrebte Umwandlung der unedlen Metalle wird, in Fortführung der Christus-Lapis-Parallele, als deren Auferweckung durch den **Lapis** verstanden.
Vergl.: **aufferstehen**

Aufflösung
<*Aufflösung; Auflösung* [A]>
Der weg der aufflösung des corpus sein vil vnd mancherley / Einer geschicht in kelten vn feuchte der Keller / vnd sandigen stetten / als die aqua Mercuriales. Der ander vnd best weg geschicht in truckener hitze [A350]
Vorgang des Lösens einer Substanz mittels eines Lösungsmittels (**Solvens**). Am Belegbeispiel und auch an [A40-44] wird deutlich, daß Alanus auch die Amalgamierung des Goldes als eine Art der Auflösung ansieht.
Bed.verwandt mit: **Soluierung**
Vergl.: **auflösen** , **auffschliessen** , **Auffschliessung**

auffschliessen
<*auffschliesse* [B K] ; *auffschließen* [B] ; *aufschliessen* [K]> stv.
1) *denn vnsere materia muß anfanges vnsers Wercks wol vnd auffs höchste gereinigt / als denn auffgeschlossen vnd zerbrochen / auch zerstöret / vnd zu staub vnd Asche werden* [B465]
2) *denn so viel ich von der Chymie erfahren / und des Goldes Natur erforschet / ist es ohne corrosiv unmüglich auffzuschliessen* [K1540]

Bezeichnet die **Aufflösung** von Metallen durch Säuren. In Belegbeispiel (2) ist die Lösung von Gold mittels **Aqua Regis** gemeint.
Über die synonyme Bedeutung von **auflösen** bzw. **solviren** hinaus, kann aber auch eine bestimmte Art der Auflösung gemeint sein. Belegbeispiel (1) zeigt, daß die **Auffschliessung** unlöslicher Substanzen (z.B. Metallsalze oder -Oxide) erfolgen kann, indem diese durch Schmelzen (vermtl. mit Soda und / oder Pottasche) in lösliche Verbindungen überführt werden.
Vergl.: **Auffschliessung** , **auflösen** , **solviren**

Auffschliessung
[K] f.
Jch will mich nicht schämen / und auff gewise Weiß einen Sophisten nennen lassen / und bey dem corrosiv und der Metallen Auffschliessung bleiben [K1657]
Vorgang der Auflösung der Metalle oder von Metallver-

bindungen. Daß die *Auffschliessung* sowohl die Umsetzung mit Säuren als auch eine vorausgehende Behandlung der zu lösenden Substanz beinhalten kann zeigt eine Erläuterung J.J. Bechers (Oedipus Chymicus; 1680, S. 124f):"Die andere Art der Auflösung, des aneinander=wesenden, wird durch Etz=Wasser verrichtet, die sie Corrosiven nennen: haben ihren meinsten Nutzen in den Metallen (...): Bey dieser Auffschliessung ist zu beobachten 1. Des etzenden Wassers eigen Wesen. Dann dem Gold stehet das Aqua Regis, den andern Metallen aber das Aqua fort zu. (...) 2. Die Zertrennung des aneinander=wesenden selbst, in Ansehung des Solvirstückes und dessen, so zu solviren. Deswegen (...) so muß man es vorher in Blätlein, oder Blechlein schlagen, und diese glüend machen. Dann also schliessen sie sich desto ehe auff:"
Vergl.: **Auffschliessen** , **Auflösen** , **Solviren**

auffsieden
[K] v.
Wann man das gewöhnliche Schlag=Pulver vom Nitro, Sal Tartari und Schweffel macht / (...) in einen Löffel auf Kohlen setzet (...) so beginnt es ein wenig auffzusieden / und der Schweffel fängt an zu brennen [K3047]
Modifikationsveränderung des Schwefels bei der Erwärmung, bevor es zur Verbrennung an der Luft kommt. Hier, vermtl. aufgrund der Verflüssigung, als 'kochen' verstanden.
Vergl.: **kochen**

auffsteigen
[A B] stv.
1) *Die fewlung des Corpus ist der an=[]fang des wercks / vnnd die geschicht mit linder werm / auff das / dz nichts nit auffsteige / wann so etwas auffstieg / so wirt absönderung des Mercurij vnd Corpus / das nit sein soll* [A304]
2) *vnd wisse / wenn die feuchtigkeit der Erden auffsteiget / vnd der Nebel auffgezogen wird / gibt es sich in der Höhe zusammen / vnd felt durch seine schwere nieder* [B157]
Das Verdampfen einer Substanz, bei der (fraktionierten) **Destillation** (2) oder der **Sublimation** (1), wird als *Auffsteigen* bezeichnet. Die aufsteigenden Dämpfe und der Vorgang des Kondensierens geben dabei Anlaß zu weiteren Metaphern (2).
Vergl.: **destilliren** , **sublimiren**

aufftragen
[K] stv.
Wann ich die Terram hätte weggethan / (...) / auch den Mercurium dieser Tinctur vereiniget und figirt / und dann auf das Gold getragen / so hätte ich ein blutroth Vitrum (nur Formam vitri zu verstehen) er-

langen können [K2678]
Das Aufstreichen einer (zäh-)flüssigen Substanz auf einen Festkörper. Zu Transmutationszwecken wird die **Tinctur** auf das unedle Metall gestrichen.
Diese Vorstellung geht vermtl. zurück auf das Verfahren der Feuervergoldung. Danach wird ein Metall mit einem Goldüberzug versehen, indem es mit einem Gold-Quecksilber-Amalgam bestrichen wird. Bei der anschließenden Erwärmung verdampft das Quecksilber.

auflösen
<*Aufflösen* [A B K]; *Aufflößen* [A]; *Auflösen* [K M]>
swv.
1) *Das aller erst werck in diser kunst ist / dz wir aufflösen den trucknen stein Solem oder Lunam zu Mercurio* [A34]
2) *in solcher Aschen steckt warhafftig der rechte Tartarus / welcher muß auffgelöset werden* [B305]
3) *wiewohl ich beweisen kann / daß ich alle Metallen auff einerley Weise aufflösen kann* [K1602]

Neben der Lösung von Metallen durch durch Säuren (**Aqua Fort**, **Aqua Regis**) bezeichnet das Verb, wie auch das davon abgeleitete Substantiv, bei Alanus ebenfalls den Vorgang des Amalgamierens.
Bed.verwandt mit: **solviren**
Vergl.: **Aufflösung** , **auffschliessen**

Augmentation
[B] f.
wie denn alle Vegetabilische vnd Animalische Same / wie erkleret vnd angezeiget / ohne feulung kein augmentation zum fortschein bringen kann / Also verstehe auch von den Metallen [B864]
Entlehnung von lat. augere, mehren, wachsen.
Die "Mehrung" (Ruland S.293) der **Tinctur**. Ein Arbeitsgang (nach Schneider S.77 der vorletzte) bei der Darstellung des **Lapis**, in dem die Wirkung der Tinktur verstärkt werden sollte. Denn: "Je nach dem Grad der Augmentation (...), d.h. der Steigerung der eigenthümlichen Kraft, kann ein Gewichtstheil des Steins zwei bis einige Billion Gewichtstheile unedles Metall in Gold verwandeln." (Kopp Bd.II,S.161)
Basilius wendet hier den Begriff im Sinne von Vermehrung auf die Pflanzen- und Tierwelt an, um ihn sodann auf die Metalle zu übertragen.
Vergl.: **Mehrung**

Aurum Fulminans
[K] n.
nim Gold / solve in aqua Regis von Salpeter und Salmiac / (...) / praecipitir es mit Sale Tartari, Potasche / Sale absynth oder Cinamomi, (...) so wird ein Aurum fulminans daraus [K2967]
Knallgold. Laut Strubel (1971; S.203) war Kunckel der erste, der die Zusammensetzung des Knallgoldes erkann-

te. (Vergl.Kap.7, [K2949-3071])
Wie das Belegbeispiel zeigt, gewann er es durch Ausfällen des in **Aqua Regis** gelösten Goldes mittels Kaliumkarbonat. Dabei entsteht hauptsächlich ein Gemisch der Verbindungen $Au_2O_3*2NH_3$ und $Au_2O_3*3NH_3$.
Vergl.: **Fulmen** , **Fulminiren**

Aurum Potabile
[K] n.
Ob das Gold ohne scharffe Sachen oder corrosive könne auffgeschlossen und in ein Aurum potabile gebracht werden? [K2343]
Auch als Trinkgold (vergl. Grimm Bd.22, Sp. 607) oder "Tinctura Solis" (Basilius) bezeichnete Lösung des Goldes - "sine corrosiuo" (Ruland 161612; S. 95). Aus der Lösung sollte das Gold, nach alchemistischen Vorstellungen, nicht wieder zurückzugewinnen sein: *Tinctura solis irreducibile* [K2480]. Der *Tinctur des Goldes* wurden sowohl heilende Wirkung auf den Menschen als auch transmutierende Wirkung auf die unedlen Metalle zugeschrieben. Eine Vorstellung, die Kunckel im Kapitel 7 zurückweist.
Bed.verwandt mit: *Tinctur des Goldes* , *Tinctura solis irreducibile* , *Extract des Sulphur Antimonii*
Vergl.: **Tinctur**

auslaugen
[K] swv.
1) *wann man dieses mit Wasser ausgelauget / und es wieder an die Lufft lege / so wachse wieder ein Saltz* [K2127]
2) *das Sal hat Macht seine Terram in der Calcination anzugreiffen und zu solviren / welche es dann im Auslaugen behält* [K135]
Salze werden durch Lösen mit Wasser (1) ausgelaugt (vergl. Grimm Bd.1; Sp.905). Aus der entstandenen **Lauge** (*Alcali-Lauge*) kristallisiert, durch Einengen oder Verdampfen an der Luft, das Salz wieder aus.
Das Verfahren wird durch den substantivierten Infinitiv bezeichnet (2).
Bed.verwandt mit: **herauslaugen**
Vergl.: **Alcali**

Aussatz
[B] swm.
den frembder zusatz ist unser Metallen Aussatz [B29]
Die Analogie, die zwischen dem Belebten und dem Unbelebten hergestellt wird und die sich auch darin zeigt, daß der **Lapis** eine "*medicin menschlicher vnd metallischer leiber*" [B455] ist, erlaubt es, die Verunreinigungen der Metalle als Krankheit zu deuten.
Vergl.: **inficieren** , **Medicin** , **vergifften**

aussüssen
[M] swv.

Diese Massam rieb ich ganz klar, verwusch solche, und süste sie mit warmen Waßer wohl aus [M89]
Vergl.: **absüssen**

Austrucknung
[K] swf.
die Austrucknung hat er auff einerley Art erlanget [K615]
Hier ist der natürliche Vorgang der Trocknung gemeint, der aus der gallertartigen **Gur** den **Mercurius** entstehen läßt:"*Diese Gur wird (...) nur durch die blosse Erdwärme dahin gebracht / daß sie zu einer truckne geräth (...)*" [K411].
Der Arbeitsgang des *Austrocknens* ist die leichte Erwärmung eines Niederschlags um Reste einer Lösung zu verdampfen.
Vergl.:**trocknen**

ausziehen
<*Ausziehen* [B K]; *Außziehen* [K]> stv.
1) *Die Seel des Corpus Solis vel Lunae wirdt außge zogen durch das mittel des geistes Mercurij* [A60]
2) *alles was mit dem Weine oder seinem Spiritu extrahiret vnd circulirt wird / hat viel ein ander Eigenschafft vnd wirckung / denn das jenige / so mit dem Aceto ausgezogen wird* [B890]
3) *da befand ich / daß das Bley den Spiritum Veneris der Lunae wieder einverleibet hatte / daß ich also wiederum eine Tinctur, wiewohl sehr bleich ausziehen konnte* [K3473]
Lehnübersetzung von lat. extrahere, herausziehen.
Während Alanus (1) die Amalgamierung des Goldes oder Silbers als ein *Außziehen* der **Seele** interpretiert, bezeichnet das Verb bei Basilius und Kunckel (2) das Herauslösen einer Komponente aus einer Verbindung. Diese Komponente liegt dann, zumeist gelöst im **Extract** bzw. in der **Essentz** vor.
Der Vorgang der **Ausziehung** wird sinnfällig vor allem bei Farbveränderungen, etwa bei der Blaufärbung beim Lösen von Kupferverbindungen (3). Gefordert wurde vor allem die Isolierung der farbgebenden Komponente der Metalle (etwa zur Herstellung des **Argentum potabile** oder des **Aurum potabile**). Dabei ermöglichte die konkrete Bedeutung von *ausziehen*, in Verbindung mit der Personifizierung der Metalle, die metaphorische Umschreibung des Vorgangs:"*Wie viel aber haben gemeynet / der Venus ihr rothes Kleid auszuziehen (...):*" [K2439].
Bed.verwandt mit: **extrahiren**
Vergl.: **Extract** , **Essentz**

Ausziehung
<*Außziehung* [A]; *Ausziehung* [K]> swf.
1) *Aber solche außziehung der Anima mit dem Spiritu Mercurij geschicht nicht zu einem mahl* [A177]

2) *Jch muß es bekennen / daß ich mein Tage viel von dieser Ausziehung des Sulphur Solis gehöret* [K2485]

Bezeichnung für den Prozeß des Herauslösens einer Komponente aus einer Verbindung.
Bed.verwandt mit: **Extraction**
Vergl.: **ausziehen**

Badt
<*Bad* [A]; *Badt* [B]> stn.

1) *setz in eine gesotten äschen / also das die äschen ein wenig vber das gefeß gehe / vnd gib ihm mässige wörm / vnnd eine stätte / So sitzt der Senex im bad* [A443]
2) *das vberköstliche Wasser / dadurch der Breutigam sein badt haben soll / von zweyen Fechtern (...) muß gantz klüglich vnd grosser sorgfeltigkeit gemacht werden* [B187]

(1) Alanus bezeichnet mit *Bad* ein Aschenbad, das der gleichmäßigen Temperierung einer Substanz diente.
Das Bild von dem im Bade sitzenden Greis verweist möglicherweise auf die 'Fontinlein-Allegorie' "Des Hn Bernardi, Grafen von der Marck und Tervis chymische Schriften von dem gebenedeyten Stein der Weisen (...) Nüernberg 1717"(S.101-111). (Vergl. Kap. 1.1., S.15)
(2) Bei Basilius bezeichnet das *Badt* das **Aqua Regis**, durch das das Gold gereinigt werden soll. (Vergl. Kap. 2.3.2.2., S.12)
Auf die Ausgangsstoffe - **Salmiac** und **Salpeter** - verweist die gleichbedeutende Umschreibung *mineralisches Badt* [B207]
Vergl.: **Asche** ; **Balneum** ; **Marienbadt** ; **Sandt** ; **Wasserbadt**

Balneum
[K] n.

Der gute liebe Herr (...) ließ ein Kupffernes Balneum machen / bey 5. Ellen lang / und so breit / daß 2. grosse Herren=Kolben neben einander stehen konten. [K1705]

Lat., synkopierte Form von Balineum, Bad.
Eine Sammelbezeichnung für verschiedene Bäder, die der langsamen und gleichmäßigen Erwärmung einer Substanz dienen. Ruland (1612; S.96f) unterscheidet "Balneum Mariae" und "Balneum roris". Ersteres ist ein Wasser- letzteres ein Dampfbad.
Das 'Oraculum' (Schneider S.32) verzeichnet zusätzlich das Balneum arenae - das Sandbad.
Das von Kunckel beschreibene *kupfferne Balneum* ist ein **Wasserbadt**, das bei Basilius auch als **Marienbadt** bezeichnet wird.
Vergl.: **Asche** ; **Badt** ; **Marienbadt** ; **Sandt** ; **Wasserbadt**

Balsam
[B] m.

also ist das Saltz vnserer Meister auch ein schutz der Metallen / das sie nicht können gar zu nichte gemacht vnd verderbet werden (...) es sterbe dann ihr Balsam / vnd eingeleibter Saltzgeist von Natur ab [B358]

Gr.,Lat. Balsamum, Balsamstaude; metonymisch für Heilmittel, Medizin. Das Belegbeispiel zeigt die Bedeutung des *Balsam* als ein "Erhalter aller Cörper für faulung vnd zerbrechung" (Ruland 1612; S.99). In Übereinstimmung mit Ruland, der im *Balsam* ein "resoluirtes Saltz od' Safft des Saltzes" sah, identifiziert Basilius damit einen *eingeleibten Saltzgeist*.
Gleichbedeutend damit ist die Konstruktion mit einem Genitivattribut: *Balsam der Natur* [B296], hier wird das natürliche Vorkommen betont.
Von der ursprünglichen metonymischen Bedeutung ausgehend, bezeichnet der *himlische Balsam* [B1121] den **Lapis**. Die semantische Nähe des *Balsam* zum *Stein der Weisen* zeigt sich auch im Belegbeispiel, in dem der *Balsam* mit dem *Saltz vnserer Meister* verglichen wird.
Keinen Bezug zum **Lapis** hat der *Balsamum Sulphuris* [K220, 355] bei Kunckel. Vielmehr handelt es sich um eine weitere Bezeichnung für die Schwefelsäure (*Oleum Sulphuris, Oleum Vitrioli*). Hier war nicht die angenommene Wirkung der Substanz für die Bezeichnung motivierend, sondern die ähnliche - ölige - Konsistenz.
Vergl.: **Lapis** , **Medicin** , **Oleum**

befreyen

[M] swv.

es blieb ein reines leicht zerbrechliches, von allem überflüßigen Oehle und flüchtigen Salze befreytes Caput mortuum zurücke. [M177]

Bed.verwandt mit: **reinigen**

bereiten

[B K] swv.

1) *denn vnser Schwebel brennet nit / vnd leuchtet gleichwol ferne / er ferbet auch nicht / er sey dann zuuor bereitet / vnd selbsten geferbet* [B239]
2) *vnsere materia muß (...) auch zerstöret / vnd zu staub vnd Asche werden / wenn das alles geschehen / so bereite daraus einen fliegenden Geist / weiß als der Schnee* [B469]
3) *welche Wasser du durch vielfaltige Manier der Distillierung zu bereiten erlernen must* [B152]

Eine Ausgangssubstanz wird 'bereitet', d.h. sie ist das Objekt alchemistisch-chemischer Verfahren, die in ihrer Art und Abfolge festgelegt sind. Bezogen auf die impliziten Annahmen über das Endprodukt lassen sich drei Verwendungsweisen unterscheiden:

1.Endprodukt und Ausgangsstoff sind substanziell gleich. Das Edukt ist nur modifiziert im Sinne einer Vorbereitung:es ist in "*bereitschafft gebracht*". (1)

2. Edukt und Produkt sind von einander verschiedene Substanzen. (2)
3. Der Ausgangsstoff wird nicht genannt und sein Verhältnis zum Produkt bleibt unklar.

Bei Kunckel finden sich nur die Verwendungsweisen (2) und (3).
Die entsprechend vorbereiteten Substanzen bezeichnet Basilius zusammenfassend als "*zubereitete Sachen*" [B179].
Vergl.: **Bereitung** , **Bereitschafft** , **praepariren**

Bereitschafft
[B] f.
Vnnd wann sich der Löwe ersettiget hat / ist sein Geist stercker worden / (...) sein inneres wesen vermag denn viel zu thun / (...) vnd so er in seine bereitschafft gebracht wird / so dancken ihm die Menschen=Kinder [B58]
Die *Bereitschafft* einer Substanz, als ein Zustand aus dem heraus sie eine bestimmte Wirkung zeigen kann, ist das Resultat von *bereiten* (1).
Vergl.: **bereiten** , **Bereitung**

Bereitung
[B K M] swf.
1) *darumb müssen etliche bereitung deiner Wasser im distilliren offt widerholet werden* [B164]
2) *dieses Saltz könte man unter den Vitriol nicht rechnen / es schösse in der Bereitung so nicht an* [K284]
3) *so erinnerte sich derselbe nicht nur der Bereitung des Bley=Kalkes, sondern auch der Proportionen, welches er mir nebst denen übrigen Umständen der Arbeit ausführlich erzehlte.* [M75]

Verbalsubst. zu **bereiten**.
Zusammenfassende Bezeichnung für eine Abfolge von zielgerichteten, praktisch-fachlichen Handlungen, die die Behandlung eines Ausgangsstoffes betreffen oder der Darstellung eines Produktes dienen. *Bereitung* korresponiert also mit *bereiten* (2) & (3).
Basilius stellt die *Bereitung*, als eine "Handarbeit", der "Theoria" gegenüber. (Vergl.Triumph=Wagen des Antimonii, Chym. Schriften 1677, Bd.I.;S.301)
Vergl.: **bereiten** , **Handwerck**

Berg=Art
<*Berg=Art; Berg=Arth* [K]> f.
1) *auf eine andere Art wird der Schweffel generirt / auf eine andere die Compacte Steine und Berg=Arten* [K724]
2) *daher dann auch solche schwere berg=Arthen kommen / die man Blände heist / welche schön anzusehen / und doch kein Metall führen* [K514]

In der Bergbausprache eine Bezeichnung für Erze.
(Vergl. Grimm, Bd.2; Sp.1506) Die in (2) erwähnte

Blände bezeichnet die natürlichvorkommende Zinkblende (Zinksulfid ZnS).
Ein weiteres Erz nennt Kunckel mit *Kupffer Art* [3506] bzw. *Kupffer=Art* [K3478].Gemeint ist damit vermutlich das Kupfer(I)-Sulfid (Cu_2S) oder der Kupferkies ($CuFeS_2$), das weitaus häufigste Kupfererz.
Bed.verwandt* mit: **Ertz**
Vergl.: **Art**

bestehen
[B K] stv.
1) *so macht der Meister darauß ein Glaß / das da im Fewer hernacher immer bestehet* [B317]
2) *Wie der Mercurius generirt werde / oder worin er bestehe / darüber sind allerhand Meynungen. Meines Theils (...) kann ich nicht anders schliessen / denn daß er erstlich in Wasser und Saltz bestehe* [K397]

(1) Mit *bestehen* wird einerseits die feste Konsistenz der Substanz betont. Diese ist das Resultat einer Art Gerinnung, Stockung (**Coagulation**) einer vormals flüssigen, viskosen Substanz.
(Vergl. Grimm Bd. 2; Sp.1666 I.1.)
In diesem Gebrauch etwa bei Jamsthaler (54^r):
"vndt woltt auch gerne kennen dan /
des den Mercury macht bestehn"
Andererseits wird darauf verwiesen, daß diese feste Substanz aufgrund ihrer Zusammensetzung und Behandlung nun auch die Prüfung des Feuers besteht, d.h.: im im Feuer die feste Konsistenz behält bzw. nicht oxidiert.
(Vergl. Grimm Bd. 2; Sp.1667 I.6.)
Die Feuerbeständigkeit wurde als ein Charakteristikum des *Steins der Weisen* angesehen. (**Fix**) So heißt es über die Bestandteile des **Lapis** bei Jamsthaler (S. 54^r): "Er sagt drey ding die Muß er han /
Woll er mit gewalt das feurs bestahn /"
Basilius (Vom grossen Stein der uhralten Weisen; in:Chymische Schriften 1677; Bd.1, S.14) schreibt: "(...) welches Metall die gaben aller drey Fixigkeit bey einander hat / dem ist die Stärcke zugelassen / das Feuer zu bestehen / und alle Feinde zu überwinden (...)."
Die Annahme der Feuerbeständigkeit des **Lapis** schlägt sich auch in einer Umschreibung nieder: "Jch bins wachs das im feuer bestehett" (Jamsthaler S.99^r).
(2) *bestehen in* verweist auf die im Präpositionalgefüge erscheinenden Bestandteile einer Substanz. Es entspricht damit dem "bestehen aus".
Von (1) abgeleitet ist das Adjektiv *bestendig* [B1000]
Vergl.: **Bestendigkeit** , **fix**

Bestendigkeit
<*Bestendigkeyt* [A]; *Bestendigkeit* [B]> f.
Darauß lernest du zu erwarten erstlich die schwertz / nachmals die weisse / welche weisse so sie für

sich digeriert wirt in vnserem feur / kompt zu der allerhöchsten bestendigkeyt. [A266]

Im Belegbeispiel ist die letzte Stufe der Herstellung des **Lapis** beschrieben, dabei wird er durch die ihn charakterisierende Feuerbeständigkeit identifiziert (**bestehen** (1)).

Neben der Umschreibung "Wachs das im Feuer besteht" leitet sich aus der Annahme der Feuerbeständigkeit des Steins auch der Deckname "Salamander" ab (vergl. Buntz 1968, S. 190). Bestimmend war dabei, daß von der ursprünglich so benannten Eidechse angenommen wurde, sie sei durch das Feuer nicht zu töten.

"Die Tinctur/der Salamander kompt auß dem Fewer (...)" (P. Morgenstern; Turba Philosoporum, Basel 1613 S.259 Exemplar Soest: V J. 14.11)

Vergl.: **bestehen**

bewahren

[K] swv.

sie hat sich aus natürlicher Liebe in selbiges eingeträncket / da dann diese Terra auch dahingegen das Saltz so feste bewahret / daß mans mit keinem gemeinen Wasser davon solviren könne [K2994]

Im Sinne des lat. tenere, halten, festhalten.

Die Eigenschaft eines Stoffes wird hergeleitet aus dem Interagieren seiner Komponenten mit einander. Handlungsbestimmend für die Substanzen ist ist dabei ihre *natürliche Liebe* zu einander.

Das Konzept der Liebe fungiert so als Erklärungsmuster für das chemische Verhalten von Substanzen.

Dem *Bewahren* entgegengesetzt ist das *Benehmen*, welches das Trennen einer Komponente von einer andren bezeichnet: "*was hat ihm anders sein Lauffen benommen / als das acidum*" [K770]

Vergl.: **agiren** , **angreiffen** , **Liebe** , **Streit**

beywohnen

[B] swv.

ein verbrennlich ding kan keine schützung geben einem andern verbrennlichen dinge / auff daß es auch nicht verbrennen mag / sol nun ein Schützer da sein / der dem verbrennlichen beywohne / vnd dafür erhalte / so muß der beschützer erstlich mehr gewalt haben [B255]

Die hier erstrebte Eigenschaft der Nichtbrennbarkeit (**Bestendigkeit**) wird nicht als Resultat einer chemischen Umsetzung gesehen sondern auf die Anwesenheit (adesse) einer zweiten Substanz zurückgeführt, die im Hinblick auf diese eine Eigenschaft dominant ist: "*so muß der beschützer erstlich mehr gewalt haben*" [B256].

Vergl.: **agiren** , **Bestendigkeit** , **bewahren**

Bezoardicum Solare

[K] n.

Also ist es kein Wunder / daß man sie in dem Golde /

worinnen schon ein wenig Röthe ist / mit einem Acido und Volatile viel höher vorstellen könne (...); Und will ich ein Exempel geben von dem Bezoardico Solaris (...). [K3358]

Nach Schneider ein Antimonpräparat aus Antimontrichlorid und einer Lösung von Gold in Königswasser, das eingedampft und geglüht wurde (Vergl. Schneider 1962, S.68). Das Präparat wurde hauptsächlich als schweißtreibendes Mittel eingesetzt.

Vergl.: **Sol**

Blände

[K] f.

daher dann auch solche schwere berg=Arthen kommen / die man Blände heist / welche schön anzusehen / und doch kein Metall führen [K514]

Wenn auch Kunckel angibt, das die *Blände* kein Metalle führe, so ist damit doch die Zinkblende (Zinksulfid ZnS) gemeint, ein weitverbreitetes Zinkerz (**Berg=Art**).

Vergl.: **Berg=Art**

Blaß=Balg

[K] stm.

Jch könte hier mehr hersetzen / die es mit Blaß=Bälgen mit Praecipitation der Hitz und Kälte / mit Wallfisch=Knochen und dergleichen gesucht [K1847]

Ein Instrument, das als Bestandteil des Schmelz- oder Probierofens für die Belüftung des Ofens sorgt.

Eine eingehende Beschreibung von Blasebälgen liefert Agricola (Vergl. G.Agricola, Vom Bergwerck 12 Bücher (...), Basel 1557; Buch 7, S. ; Buch 9, S.).

Bley

[A K M] n.

1) *von Bley machen wir Bleyweiß vnd Menig* [A417]
2) *Ob das rothe Saltz aus dem Bley solte süßlich schmecken / so wisse doch / daß / so lange du einigen Geschmack dabey findsest / so hast du kein recht Saltz / sondern nur ein solvirt Corpus Saturni* [K867]
3) *Jch nahm eine eiserne Pfanne (...) in solcher ließ ich ein Pfund Bley fließen und mäßig glühen* [M84]

Bezeichnet das Metall, welches innerhalb der Zuordnung der Metalle zu den sieben bekannten Planeten vom Saturn repräsentiert wird. Unter dem Synonym **Saturnus** erscheint as Blei auch bei Basilius (Vergl. auch Belegbeispiel (2)). Marggraf bezeichnet es auch als *gemeines Bley* [M479].

Im Gegensatz zum natürlichen Blei steht das *philosophische Bley* [K1145] Kunckels, das aus der *Terra Adamica* entstanden sein sollte.

Verbindungen des Bleis werden durch Komposita, durch attributiv gebrauchte Adjektive bzw. Partizipialadjektive, die eine Eigenschaft der Verbindung denotieren oder durch Umschreibungen bezeichnet.

Eine solche Umschreibung liegt in (2) mit *das rothe Saltz aus dem Bley* vor. Gemeint ist damit das auch als "Bleizucker" bekannte Blei(II)-acetat ($Pb(CH_3COO)_2$), das sich durch Auflösen von Bleioxid in Essigsäure (**Acetum**) gewinnen läßt.
Bleyweiß [A417] bezeichnet ein basisches Bleicarbonat ($Pb(OH)_2 * 2PbCO_3$), das seiner leuchtend weißen Farbe wegen zu Malerzwecken verwendet wurde. Ein altes Verfahren erwähnt Remy (Bd.I, S.675). Danach wurden "(...) spiralig aufgerollte Bleiplatten den Dämpfen von Essigsäure ausgesetzt, die sich in Töpfen befindet, welche in Mist oder andere verwesende Stoffe eingebettet sind."
Der *Bley=Kalk* Marggrafs bezeichnet Bleioxid (PbO). Entscheidend für die Benennung war dabei das Herstellungsverfahren der **Calcination**, dessen Endprodukte die Sammelbezeichnung **Kalk** erhielten und meistens Oxide oder Metallsalze darstellten. Tatsächlich jedoch war das mit dem Oxid gleichzeitig in kleinen Mengen entstandene Bleichlorid ($PbCl_2$) wesentlich an der Reaktion beteiligt (vergl. Kap. 2.3.4.2.). Dieses Chlorid bezeichnet Marggraf unter Rückgriff auf das Herstellungsverfahren mit: *mit Acido Salis wohlgesättigtes Bley* [M155]. Synonym, jedoch auf ein anderes Herstellungsverfahren bezogen, verwendet Marggraf *Saturnus Cornuus* [M134].
Das geschmolzene, hornartige Bleichlorid bezeichnet er als *flüchtiges Bley* [M468].
Bed.verwandt mit: **Saturnus**
Vergl.: **Metalle**

bloß
<*Bloss* [B]; *Bloß* [A B K]> adj.
1) *Es ist nur ein einiges ding / welches einiges ding allein der bloß Mercurius ist* [A48]
2) *Doch merck mein Feund dieses sehr wol / das der Breutigam sich mit seiner Braut nackendt vnd bloß vermählen muß* [B178]

Im Sinne von 'nackt', 'schlicht' oder 'einfach' bezieht sich *bloß* auf die gereinigte, von Verunreinigungen freie Substanz.
Über den Grad der Reinheit hinaus weist *bloß* auf die für eine Umsetzung der Substanz nötige Reaktivität hin. Da die Umsetzung nach dem Konzept der körperlichen Liebe begriffen wird (**vereinigen**, **vermählen**, **zeugen**), erscheint die Entblößung der Körper als notwendige Voraussetzung.
"Wer nun der Philosophorum rothen Mann mit seinem weissen Weibe (...) der gestalt weiß zu reinigen und zu entblößen /daß sie sich aus Liebe / suaviter umbfassen / in einander fügen (...)." (Theoria Metallica 1678; S.55).
Da in diesem Sinne Reinheit und Reaktivität nicht unabhängig von einander sind, lassen sich die zwei Bedeutungskomponenten nicht isolieren.

Blut

[A B M] n.

1) *kein auflösung Der Corpora nit soll sein / noch geschehen / dann in seinem eigenen blut* [A423]

2) *Vnnd wann sich der Löwe ersettiget hat / ist sein Geist stercker worden / (...) sein inneres wesen vermag denn viel zu thun / (...) vnd so er in seine bereitschafft gebracht wird / so dancken ihm die Menschen=Kinder (...) vnd begehren zu trincken von dem blut seiner Seelen* [B63]

1) *Blut* bezeichnet hier das Quecksilber, von dem Alanus annimmt, daß es zusammen mit dem Schwefel die Metalle bilde. Davon leitet er ab, daß auch nur im Quecksilber die Metalle zu lösen seien. (Vergl. Kap.2.3.1.2.)

2) Basilius umschreibt hier den **Lapis**. Auch im dritten Schlüssel dient das *rothe Drachenblut (...) dadurch alle dürfftigen Metallen können erwermet werden"* [B275] der Umschreibung des **Lapis**. Im Gegensatz zu diesen Zuordnungen weist Schneider (1962, S.104 & 109) dem 'Blut' die Bedeutung des Schwefels und dem 'Dra-chenblut die Bedeutung des Zinnobers zu.
Für Marggraf schließlich ist das *Blut* nur ein organischer Ausgangsstoff bei seinen Experimenten zur Phosphordarstellung.

Borax

<*Borax* [K]; *Borrax* [K]> m.

Diese Art mit dem Salpeter und Borrax zu schmeltzen / practicire ich noch auff den heutigen Tag [K3497]

Bezeichnung für das mineralisch vorkommende Natriumtetraborat. (Zur Herkunft aus dem Persischen und früheren Inhalten vergl. Goltz 1972; S.248-250)
Kunckel nutzt Borax als Flußmittel, da die Schmelze Metalloxide aufzulösen vermag.
Neben pharmazeutischen Zwecken (vergl. Schneider 1962; S.68) diente es auch der Herstellung von Glasarten und leicht schmelzenden Glasuren.

Brandwein

[K] m.

Man sieht es auch bey dem Weinhefen Brandwein / was der vor impurität hinterlässet / nebst einem groben Oleo, und währet der Geruch lange / wilt du selbigen benehmen / so rectificir erstlich den Brandwein vor sich / wenn das geschehen / so mische ihn wieder unter ein schlecht / rein destilliertes Wasser / so steiget der Spiritus vini reiner über. [K1054]

Der *Brandwein* dient hier der Gewinnung des **Spiritus Vini**, indem durch wiederholte Destillation eine Reinigung und Konzentration des Alkoholgehalts (Äthanol) erreicht wird.
Vergl.: **Spirits Vini**

Braut

[B] f.

Also wen vnser Breutigam Apollo mit seiner Braut Diana durch Heyradt sol vermählet werden [B144]

Das aus konkreter Erfahrung abgeleitete Konzept der Liebe und körperlichen Begierde wird als Beschreibungs- und Erklärungsmuster auf die chemischen Prozesse übertragen. Die **Heyradt** bildet dabei ein Handlungsmuster, dessen einzelne Rollen mit den Substanzen besetzt werden.

So kann, je nach beschriebenem Prozeß, die Zuordnung von *Braut* und **Breutigam**, **Man** und **Weib** variieren.

Nach Schneider (1962; S.101) bezeichnet **Diana** das Silber. Hier handelt es sich jedoch eher um eine Anweisung zur Bildung eines Gold-Quecksilber-Amalgams, so daß *Braut* und **Diana** das Quecksilber denotieren. (Vergl. Kap. 2.3.2.2.) Ein weiteres Indiz für diese Zuordnung ist, daß Quecksilber häufig als weiblich vorgestellt wurde (Buntz 1962; S.187).

Bed.verwandt mit: **Diana**

Vergl.: **Breutigam** , **Conjunction** , **Heyradt** , **vereinigen** **vermählen**

brennen

[A B K] stv.

1) *Aus Steinen brent der Meister auch Kalk* [B323]
2) *Du hast (...) unterschiedene Arten gebrannte Wasser* [K604]
3) *denn vnser Schwebel brennet nit / vnd leuchtet gleichwol ferne* [B237]
4) *Wann der Schwefel ohne fadem oder Holz brennet / so riecht er bey weitem nicht so starck /als wann er ausgebrannt und anfänget zu rauchen* [K347]
5) *will aber den curiösen Liebhaber und fleißigen Nachsucher auff den Martem allein gewiesen gewiesen haben / derselbe hat nun einen rechten brennenden und sehr saltzigen Schwefel* [K2903]

In dem Verb ist das ursprünglich sw., trans. 'brennen' und das st., intrans. 'brinnen' verschmolzen.

Das trans. *brennen* bezeichnet den Vorgang des Röstens (1) oder Destillierens. Das Part.Adj. dient der Bezeichnung des durch den Vorgang des Destillirens gewonnenen Produkts (2).

In der intrans. Verwendung bezeichnet *brennen* allgemein die Umsetzung eines Stoffes mit Luftsauerstoff unter Licht- und Wärmeentwicklung. Hier wird der Vorgang, wie er an der Substanz sich vollzieht, betont. (3 & 4).

Durch Präfigierung leiten sich die Verben *ausbrennen* [K] und *verbrennen* [A B K] ab. Dabei schließt *ausbrennen* den Endpunkt des Vorgangs ein. In (4) dient die prädikative Verwendung des Part.Adj. der Markierung eines erreichten (End-)Zustands. Die Zerstörung der Substanz, als das Resultat des Vorgangs, wird in dem sowohl transitiv [A K] als auch intransitiv [B K] verwendeten *verbrennen* betont:

1) *das lebendig Silber sey vnser Feur / das da macht hab die Corpora mehr zu verbrennen / zu tödten / vnd zuuerbrechen* [A287]
2) *so man aber die Kräuter mählich verbrennet* [K136]
3) *so mache ein groß fewer / und wirff den Wolff darein / das er gantz vnd gar verbrenne* [B41]
4) *die Fettigkeit aber als das Theil des Schweffels ist verbrandt* [K3063]

Von *verbrennen* ist das Adjektivpaar *verbrennlich* [B K] und *unverbrennlich* [A B K] abgeleitet, das die leichte bzw. Nicht-Brennbarkeit einer Substanz bezeichnet.
Ein dem intrans. *brennen* zugeordnetes Adjektiv findet sich nur bei Marggraf: *brennlich* [M4 517] (vergl: *brennliches Wesen*). Um diese potentielle Möglichkeit des Brennens zu bezeichnen, bedient sich Kunckel des adjektivischen Gebrauchs des 1.Partizips:

1) *das alsdenn mit der vorgemeldeten brennlichen Erde den Phosphorum ausmacht* [M517]
2) *man meyne nicht / daß es eben ein brennender Kram=Schwefel seyn müsse / den man in den Metallen statuire / sondern es sey ein ander Schwefel* [K371]

Vergl.: **Verbrennung**

Breutigam

[B] m.

Also wen vnser Breutigam Apollo mit seiner Braut Diana durch Heyradt sol vermählet werden [B145]

Die **Heyradt** stellt ein Handlungsmuster dar, dessen einzelne Rollen mit den verschiedenen Substanzen besetzt werden. Der *Breutigam* bezeichnet das Gold.
Die Identifizierung der Substanzen mit den einzelnen Rollen geht einher mit einem Wissen um das weitere - rollenmäßige - Verhalten der Substanzen: Das Gold soll mit der **Braut** vereinigt (amalgamiert) werden.
Bed.verwandt mit: **Diana**
Vergl.: **Breutigam** , **Conjunction** , **Heyradt** , **vereinigen** **vermählen**

Brunnen

[B] m.

Denn wer von diesem güldenen Brunnen trincket / empfindet eine gantze vernewerung der Natur / Hinnemung des bösens / Stercke des Geblüts / krafft des Hertzens / vnd eine vollkommene gesundheit aller glieder [B76]

Der *güldene Brunnen*, wie auch *vnser Brunnen* und *Brunn des Lebens* bezeichnen alle das **Elixir**, dessen Wirkung auf Seele und Körper des Menschen im Belegbeispiel beschrieben wird.
Vergl.: **Blut** , **Elixir**

Büchsen=Pulver

<*Püchsenpuluer* [B]; *Büchsen=Pulver* [K]> n.

Dürfte mir jemand das fulmen des Büchsen=Pulvers vorwerffen / daß es ohn den Schweffel nicht fulminire [K3067]

Schwarzpulver, das aus Schwefel, Kaliumnitrat und Holzkohle besteht.

Thut das eine in dem pulvere tonitruante, sonst vom Sale Tartari, Schwefel und Salpeter (...) [K178]

Bed.verwandt mit: **Pulvis tonitrus** , **Schlagpulver**

Butyrum

[K] n.

man solte nehmen vier Marck Gold / und solte das mit scharffen Wassern `(...) tractiren / endlich per Retortam treiben / so solte es / wie ein Butyrum herüber gehen [K2571]

Da von Kunckel nur zu Vergleichszwecken herangezogen, fällt eine Zuordnung schwer. Das im Belegbeispiel beschriebene Verhalten legt aber nahe, daß es sich um das "Butyrum Antimonii" (Antimontrichlorid $SbCl_3$) handelt. Nach Schneider wurde es durch Destillation von Antimonsulfid mit Kochsalz gewonnen und erstarrte in der Destillationsvorlage zu einem "butterartigen Kristallbrei" (Schneider, 1962; S.68). (Vergl. auch Remy, Bd.I; S.811) Ruland (1612; S. 107) verzeichnet ein "Butyrum Saturni, althei plumbi, id est, dulcedo, Die süsse deß Bleyes". Gemeint ist da mit vermutlich das als "Blei-zucker" bekannte, intensiv süß schmeckende Blei(II)-acetat.

Calcination

<*Calcinatio* [A]; *Calcination* [A K M]; *Calcinat.* [K]>

1) *die schwertz füget zusamen den Geist mit dem leib / vnd solcher nebel kompt durch vnser calcination* [A247]
2) *das Sal hat Macht seine terram in der Calcination anzugreiffen und zu solviren* [K133]
3) *obleich nicht zu läugnen stehet, daß der Bley=Kalk auch durch diese Calcination mit Koch=Salz, etwas von deßen Sauren angenommen habe;* [M138]

Deverbatives nomen actionis zu **calciniren**, das bei Alanus auch mit dem Suffix -ung belegt ist: *Calcinierung* [A251]. Bei Kunckel findet sich zudem die Kürzung *Calcinat.* [K1859]. Es bezeichnet den Vorgang durch den eine Substanz brüchig gemacht bzw. pulverisiert wird. Dabei kann es sich um die Bildung eines Metalloxids durch das Glühen des Metalls (3) handeln oder um einen Schritt bei der Präparation der Salze (2).
Außer als Vorarbeit zur Präparation der Salia und Kalke diente die *Calcination* auch der Trennung flüchtiger und fester Bestandteile: "Die Calcinirung erfordert den dritten Grad des Feuers. Die gebrauchen wir zu der

Scheidung der flüchtigen Theile /durch den Feuers-Zwang." (Becher, Oedipus Chym. S.145)
Zu diesen praktischen Bedeutungen kommt eine spekulative, die den Vorgang der *Calcination* als Stufe innerhalb der Bereitung des Lapis versteht. Am Beispiel des Alanus zeigt sich, daß auch hier die Analogie zur Verbrennung gezogen wird: "*Vnser Anfang / so Corpus vnd Spiritus bey einander ist / wirdt in der einsetzung geheissen Calcinatio /Vn an solcher Calcinierung geben vns die Philosophi Exempel an den Höltzern*" [A250].
Der Kontext zeigt aber, daß hier eine Amalgamierung gemeint ist und bei Ruland (1612; S.36) findet sich die Erläuterung: "Amalgamatio est calcinatio metallorum familiarium per hydrargyrium." (Hydrargyrium = Quecksilber)
Unter Bezug auf die Passion Christi (Christus-Lapis-Parallele) wird die *Calcinatio* als Tod interpretiert, dem die Auferstehung, also die Läuterung, folgt.

> "Calcinatio, Wann die materi wie Kalck schneeweiß/hitzig vnnd dorstig ist/vnd das ist der Drach/der das Wasser säufft/daran er stirbet vnd berstet/dann diß ist die Scheidung Leibs vnd der Seelen bleich oder weiß vnd Todt/ darauff kombt die Aufferstehung vnd das Leben/ durch die Röhte." (Ruland S. 125)

Vergl.: **calciniren** , **Calx** , **Kalk**

calciniren
<*Calcinieren*[A]; *Calciniren* [K]> swv.

1) *Vnd in solcher weiß wirdt vns gebotten vnseren Stein Mercurij mit dem Corpus zu calcinieren* [A262]
2) *so calcinire ich die Mineren noch einmahl / oder bringe sie in die Röste / wie die Bergleute reden* [K255]

Bei Alanus (1) eine Bezeichnung für das Amalgamieren von Gold mit Quecksilber, als ein Schritt innerhalb der Bereitung des **Lapis**.
Losgelöst von der Lapis-Bereitung wird damit das Rösten oder Glühen einer Substanz bezeichnet. Die Produkte werden **Calx** oder **Kalk** genannt.
Die Durchführung, damit auch das Produkt, konnte hinsichtlich der Temperatur als auch hinsichtlich der weiteren Zusätze variieren. Während bei Marggraf eine solche Spezifizierung durch eine Attributierung des nomen actionis erfolgt (*Calcination mit Koch=Salz*, liefert neben dem Oxid das für die eigentliche Reaktion wichtige Bleichlorid), findet sich bei Kunckel eine adverbiale Bestimmung im ablativus modi: "*Jch habe ein abgetrieben Silber genommen / dasselbe cum Sulphure calciniret (...)*" [K3458].
Die Bestimmung der Temperatur erfolgt bei Kunckel über adverbial verwendete Adjektive. So stehen sich *gelinde calciniren* [K1726] und *hart calciniren* gegenüber.
Vergl.: **Calcination** , **Calx** , **Kalk**

Calx
[K] m.
Nu edulcorire man den calcem Solis wie man wolle / so bleibet doch der Calx schwerer als er vorhin gewesen. [K2972]
Lat. Kalk.
Dient der Sammelbezeichnung für Substanzen,die durch das Verfahren der **Calcination** spröde gemacht bzw.pulverisiert wurden. Bei zwar ähnlichen physikalischen Eigenschaften stellten die Produkte - je nach den Ausgangsstoffen - unterschiedliche chem. Verbindungen dar. Die Metall-Kalke waren häufig Metalloxide oder Metallsalze. Wie im Belegbeispiel wird die Eindeutigkeit der Bezeichnung durch ein Genitivattribut erreicht,in dem das Edukt spezifiziert wird: *Calx Solis*.
Vergl.: **Asche** , **Calcination** , **calciniren** , **verbrennen**

Cantzler
[B] m.
Mercurius ist aller Cantzler [B975]
Ein Deckname für **Mercurius**.

Caput Corvi
[K]
Endlich (...) wurden die Kolben / weil es alles / bis auff die Truckne abgereucht / herausgenommen / da war eine schwartze Erde darinn / das war seiner Explication nach / das Caput Corvi [K1818]
Lat. Rabenhaupt.
Der schwarze Rabe oder das Rabenhaupt kennzeichnen den Zustand der "Schwärze" oder "Nigredo" (vergl. Schneider S.81), der als die "prima materia" begriffen wurde. Diese stellte die - häufig durch **Putrefaction** gewonnene - Ausgangsstufe der Bereitung des **Lapis** dar. Daran schloß sich die "Wiedervereinigung der Seele mit dem toten schwarzen Körper" (Goltz,Telle, Vermeer; S.81) an, symbolisiert in der weißen Farbe (*weißer Schwan*, **JungfrawMilch**). Ziel des Werkes war schließlich das "opus ad rubeum", mit dem die feuerbeständige Substanz (**Bestendigkeit**) erreicht werden sollte. (Vergl. Goltz,Telle, Vermeer; S.81 f)
Diese Farbannahmen beruhen auf den Lehren ägyptischer Alchemisten zur Färbung der Metalle. Dort unterschied man die "Melanosis" (Schwärzung, Urzustand der Materie), "Leukosis" (Weißung, Wandlung zu Silber), "Xanthosis" (Gelbfärbung, zu Gold) und die "Iosis" (violettes Goldpulver: Xerion). (Vergl. Lippmann, Bd.1, 1919; S.272 & Bd.3, 1930; S.15 ff)
In der lat. Alchimie entfiel die vierte Stufe. Aus dem Xerion wurde über "Iksir" und "al Ixir" das Elixier.
Bed.verwandt mit: **Rabenhaupt**
Vergl.: **Farbe** , **JungfrawMilch** , **Schwan**

Caput Mortuum

[K M]

1) *wann ich aber selbigen destillire und examinire das Oleum und Caput mortuum* [K2238]

2) *das Gemenge that ich in eine gläserne Retorte und dstillirte per gradus einen sehr flüchtigen starken Spiritum urinosum. Das Caput mortuum ließ sich leicht zerbrechen* [M150]

Lat. Totenkopf

Bezeichnet den in der Retorte verbleibenden Destillationsrückstand, nach vollendeter Destillation.

Die Identifizierung der Substanz erfolgt über den Prozeß, der zu ihrer Entstehung geführt hat und ist damit situationsabhängig.

Caput mortuum erscheint so ausschließlich im Kontext von Prozeßbeschreibungen.

Eine eindeutige Referenz erstrebt Kunckel durch ein zusätzliches Genitivattribut - *Caput mortuum vitrioli*, das die destillierte Substanz bestimmt. Gleichzeitig wird damit jedoch die Polysemie von **Vitriol** übernommen, das ein Kupfer-, Eisen- oder Zinksulfat bezeichnen kann. Das *Caput mortuum vitrioli* bezeichnet demnach das jeweilige Oxid des eingesetzten Metallsulfats.

Centner

[K] m.

Denen / so das Messing machen / ist bekant / wie viel sie auf einen Centner überschuß von der Galmay bringen [K3290]

Maßeinheit. Nach Agricola (Berckwerck Buch, 1580, S. CCXL) bestand der Zentner aus 100 Pfund. Nach Zeders Universal=Lexicon (1748; Bd. 5 Sp.1830 ff) umfaßt dagegen der Zentner zwischen 100 und 120 Pfund.

Vergl.: **Gewicht** , **Gran** , **Pfund** , **Unze**

Chymie

[K M] f.

1) *so ich mit diesen Salien in die Chymie hinein gehe / wer kan da läugnen / daß ich mit dem einem nicht eben das verrichten kan / was ich mit dem andern thue?* [K170]

2) *Was nun dieser Spiritus in der Chymie bey den Salien und Metallen verrichten kan (...) davon will mir jetzt nicht gebühren zu schreiben.* [K2067]

Während bei Kunckel *Chymie* und *Kunst* als Bezeichnungen des Fachs miteinander konkurrieren, findet sich bei Marggraf nur *Chymie*.

Die Belegbeispiele zeigen, daß *Chymie* für Kunckel vor allem einen Handlungszusammenhang bezeichnet, den er a.a.O. auch mit *chymischen labores* [K31] umschreibt.

Eine Abgrenzung zwischen *Alchemey* und *Chymie* versuchte J.J. Becher bereits 1680 (Oedipus Chymicus; S.151 f), indem er die "Hermetie Philosophy" in den "(...) Scheidekünstigen, Chymischen und Alchymistischen" Teil

gliedert und damit eine Hierarchie der Künste entwickelt, an deren Spitze die "Alchymisterey" steht. Charakteristisch für die "Chymia" sei, daß sie "nicht nur mit Metallen, sondern auch Erdgewächsen, und Thieren umgehet."
Zedlers Universal-Lexikon (1732-48) verweist unter dem Stichwort Chymia nur auf die Scheidekunst (Bd.3; Sp.2075), von der es dann heißt: "Sie wird auch Alchymia, oder alchymistische Kunst (...) genennet (...)." (Bd.34; Sp.1109). Die "Alchymia" schließlich (Bd.1; Sp.1065) "(...) bedeutet im weitläufftigen Verstande so viel als Chymie, oder Scheide=Kunst,da man das Gold und Silber von den übrigen Metallen und Schlacken absondert; im engeren Verstande aber heißt es die Kunst, die Metalle zu verwandeln (...)."
(Vergl. auch Kap. 2.2.)
Die "*fleißigen Natur=Forscher[n] und Liebhaber[n] der Edlen Chymie*" [K28], bei Alanus *Philosophen* oder **Künstler**, bei Basilius **Kunstmeister** oder **Meister** genannt, werden von Kunckel als *Chymici* bezeichnet.
Vergl.: **Alchemey** , **Kunst**

Cineres Clavellatis
[K]
ich nähme ein wohl gereinigtes Sal aus der Ofen=Asche / oder Ciner. Clavel. [K98]
Lat. cinis, Asche.
Ruland (1612; S.154): "id est Alkali".
Nach Goltz (1972; S. 234, Anm. 56) leitet sich der Ausdruck von lat. clavella, Keule ab, "da die, je nach Kalzination, leicht zerfließliche Pottasche mit Keulen in die Fässer gestampft wurde."
Bed.verwandt mit: **Potasche**
Vergl.: **Alcali**

Cinnober
[K]
es ist auch ein gering Theil Schwefel / durch den der Mercurius in respect seines Acidi gecoagulirt wird / mit welchem er dann vermöge seiner Fettigkeit in die Höhe geführet wird / (...) / also behält oder nimmt er eine Colör an / als roth / und wird ein Cinnober [K554]
Bezeichnung für das Quecksilber(II)-sulfid (HgS), das in einer roten und einer schwarzen Modifikation vorliegen kann. Das natürlich vorkommende Zinnober (Hauptvorkommen des Quecksilbers, rote Modifikation) wird als *Cinnabaris nativa* [K422] bezeichnet, im Gegensatz zum künstlich hergestelleten *Kram=Cinnober* [K386] oder *Cinnabaris factitium* [K425]. Zinnober wird durch die direkte Vebindung von Quecksilber und Schwefel und anschließender Sublimation gewonnen. Durch die Sublimation geht die schwarze in die rote Modifikation über.

Circulation
[K] stf.
Dennoch fault es / und giebt sien Terram. Denn / so bald seine Bewegung und Circulation auffhöret / so bald entstehet eine Putrefaction / weil die Natur nicht ruhet / bis ans Ende; [K1452]
Nach Kunckel ist die Veränderung der Materie auf die "stets=währende Circulation" (Laboratorium Chymicum 1716, S. 90) der Prinzipien zurückzuführen. Diese gewährleistet die Veränderung der Stoffe ohne "eine Verminderung oder Mehrung der Principien".
"Keines aber nimmt ab nimmt ab noch zu in seinem Wesen sondern in den Cörpern wechselt es nach der Bewegung und Trieb / eines gegen dem andern nur ab." (Laboratorium Chymicum 1716, S.90)
Man kann diese Konzeption als eine Vorstufe des Massenerhaltungssatzes deuten.
Vergl.: **circuliren** , **Cohobation** , **Motus**

circuliren
[B K] swv.
1) *vnnd alles was mit dem Weine oder seinem Spiritu extrahiret vnd circuliret wird / hat viel ein ander Eigenschafft vnd wirckung / denn dasjenige / so mit dem Aceto ausgezogen wird* [B888]
2) *und solte also die Lufft / die sich hierinn zöge / darin circuliren und successive das Metall in sich selbst auffschliessen / vermöge seines Saltzes* [K1783]
1) *Circuliren* meint hier die Anwendung eines speziellen Verfahrens (der "Circulation") auf die Substanzen. Dabei handelt es sich um eine Art der Destillation innerhalb geschlossener "Circulir=Gefässe" (Becher, Oedipus Chymicus; 1680 S.145), bei der das Destillat - in der Art einer Rückflußdestillation - auf das Destillationsgut zurücktropft. (Vergl. Schneider 1981; S.75)
2) Form der Bewegung der *Principia*, die nach Kunckel (**Circulation**) die Veränderung der Stoffe ohne Verringerung oder Vermehrung der *Principia* gewährleistet.

Coagulation
[A K] swf.
1) *die solution des corpus geschicht mit der coagulation des Spiritus Mercurij, vnd die hertung des Spiritus oder Mercurij ist vnd geschicht mit der mit der aufflösung des Corporis* [A41]
2) *von seiner überflüßigen Feuchtigkeit ist er durch die Coagulation entbunden* [K620]
Nomen actionis zu **coaguliren**, das den Vorgang der **Hertung** einer Substanz bezeichnet.
Nach Schneider (S.70) bezeichnet "coagulatio" die Umwandlung von Quecksilber in Silber oder Gold.
Bed.verwandt mit: **Hertung**
Vergl.: **coaguliren**

coaguliren
[B K] swv.
Denn der Mercurius / wie schon erwehnt / nimmt gerne ein Saltz an / und wird durch ein acidum leicht coagulirt [K761]
Entlehnung von lat. cogere, zusammenbringen.
Bezeichnet die Gerinnung bzw. Verfestigung flüssiger Substanzen (vergl. Ruland 1612, S.157f; Buntz 1968, S.181).
Häufig wird die Bildung von Amalgamen, die oft in eine Verfestigung des Quecksilbers bewirkt, als **Coagulation** beschrieben. (Vergl. [B1040]). Die hohe Bedeutung die der Vorgang der **Coagulation** in der Alchemie besaß, zeigt sich darin, daß das Wesen der Kunst zusammengefaßt wurde in dem alchemistischen Imperativ "Solve et coagula".
Vergl.: **Coagulation** , **Figiren**
Bed.verwandt mit: **congeliren**

Cobolt
[K]
so solche zusammen kommen / machen sie durch Aufftreibung der berg=Hitze ein corpus / an einem Orth ein gediegen Metall / (...). Am andern Orth einen Marcasic, Cobolt / und dergleichen [K512]
Bezeichnung für ein Erz. Goltz (1972; S.131) vermutet, daß das "Wort Kobalt als Bezeichnung für verschiedene kobalt- und arsenhaltige Erze durch Agricola in die Literatur eingeführt" wurde. Agricola erwähnt das mit "Kobelt" übersetzte "Cadmia" (Vom Bergwerck; 9.Buch) im Zusammenhang mit der Gewinnung von Wismut. Gleichzeitig bezeichnet "Kobolt" / "Kobalt" aber auch in der Bergmannsprache das Berggespenst und darüber hinaus die schlechten Erze (die von jenem anstelle der geraubten edlen Erze zurückgelassen wurden). (Vergl. auch Grimm; Bd.11, Sp.1537 f) Der Kontext läßt eine Entscheidung zwischen den beiden Bedeutungen nicht zu.

Cohobation
[K] f.
eben so ist es mit dem Mercurio, tractire ich den durch Sublimation, durch Cohobation von einigen Mineris oder metallen / so kan er dessen hitzige und andere Art an sich nehmen [K630]
Eine Form der **Destillation**. Das Destillat wird wieder zum Rückstand gegeben und es wird erneut destilliert. Durch die wiederholte Destillation "(...) werden die fixe Theile (...) mit den Flüchtigen, auch flüchtig; endlich ziehen die Flüchtigen die Natur derer Fixen an." (Becher, Oedipus Chymicus; 1680,S.144 f)
Vergl.: **circuliren** , **Destillation**

Colör
[K] f.
und finde ich in den reinen metallis nichts / als

ein Saltz in= und ausser dem Mercurio, das übrige ist Erde / welches die Form macht / die Colör kommt accidentaliter vom Saltz und Terra [K704]
Entlehnung von lat. color, Farbe.
Als synonym für den "*Sulphur solis*", der dem Gold zu entziehen ist, um das **Aurum potabile** zu gewinnen, verwendet Kunckel "*Colör Solis*" [K2512].
Bed.verwandt mit: **Farbe**

Color
[K]
Dann Color ist Lusus naturae, und kan mir dieser vermeynter Sulp. Solis, so unmüglich Cörperlich vorgestellet werden / als ich die Seele des Menschen nicht vorstellen kan [K2453]
Bed.verwandt mit: **Farbe**

Composition
[B] swf.
der Mercurius der Philosophen / daraus dz liquorische wasser bereitet wird in vnser kunst / welchen du in seiner composition wiedrumb mineralisch machen / vnd durch gewisse mittel (...) in eine vberflüssige medicin bereiten solst [B447]
Der **Anatomia** der Substanzen entgegengesetzt ist ihre *Composition*. Damit kann sowohl der Vorgang der Zusammensetzung (Nomen actionis) bezeichnet werden (Belegbeispiel) als auch dessen Resultat (Nomen acti): *erste Composition* [B815].

concentriren
[M] swv.
Ich bin also noch zweifelhaft, ob das concentrirte Acidum Salis so vor sich, wenn es mit dem Phlogisto verbunden ist, zu einem solchen Acido werde, das alsdenn mit der vorgemeldeten brennlichen Erde den Phosphorum ausmacht [M515]
Das aus dem Lat. entlehnte Verb erscheint bei Marggraf nur als Part.Adj. zur Charakterisierung der Säurestärke. Salzsäure - *Acidum Salis* - kann durch Rektifikation konzentriert werden.

Concept
[K] n.
in dem ich mir hernach bald ein ander Concept de lapide machte. [K1124]
Entlehnung von lat. concipire, zusammenfassen, erkennen.
"Sich ein Concept machen" ist für Kunckel das wesentliche Ziel der chymischen Naturerforschung. Dabei ist das *Concept* eine Manifestation von Erkenntnissen, die ihrerseits an der Natur zu überprüfen sind: "Wenn jemand in der Chymia endlich etwas nützliches gedencket zu verrichten / der muß eine Speciem und ein Metall nach dem andern vornehmen / und sehen / was darinn

passirt / und denn solche Concepte machen / die der Natur nicht zu wider lauffen. Denn ein jedes Ding hat seine besondere Anatomie; wer selbe nicht versteht / der kan dem einen nichts nehmen / und dem andern nichts geben / was ihm mangelt." (Chymische Anmerkungen 1721; S. 113)

congeliren

[A] swv.

Vnser Stein / scilicet corpus Sol vel Luna, dissoluiert sich in Spiritum Mercurij, vn mit dem selbigen congelirt er sich selbs [A90]

Entlehnung von lat. congelare, erstarren, verhärten. Verfestigung einer (zäh-)flüssigen Substanz. Im Belegbeispiel ist die Verfestigung eines Amalgams gemeint. Der Vorgang der Verfestigung wird als "Congelatio" bezeichnet.

Ruland (1612) schreibt: "Congelatio. Wann die Materi dicklecht wirdt / fliesset nit mehr / sondern wird zäg (...)." (S.167)

Bed.verwandt mit: **coaguliren**

Conjunction

[B] swf.

so wird nach erfüllung aller Welt farben / ein endliche Conjunction vnd zusammenfügung geschehen / daß das gröste zum geringsten / vnd das geringste zum aller grösten kommen wird. [B1020]

Entlehnung von lat. coniungere, vereinigen.

Im Belegbeispiel wird die **Zusammenfügung** als Synonym genannt.

Die *Conjunction* bildet eine Prozeßstufe innerhalb der Bereitung des Lapis, die verstanden wurde als die Vereinigung zweier widerstreitender Prinzipien. Sinnbild dafür war die Vereinigung des männlichen mit dem weiblichen Prinzip (Bildlich dargestellt als Hermaphrodit). Ruland (1612; S. 167) verzeichnet: "Coniungium, copulatio, die Vermählung deß Mannes vnnd Weibs."

Über den Kontext der Lapis-Gewinnung hinaus, bezeichnet die *Conjunction* bzw. das zugrunde liegende Verb die Verbindung zweier Substanzen. Im Belegbeispiel verweist jedoch die Beschreibung des Resultats der *Conjunction* auf den Prozeß der Lapis-Gewinnung, indem der Effekt der *Conjunction* mit dem Topos der "Verkehrung der Gegensätze" (Goltz, Telle, Vermeer; 1977, S.75) beschrieben wird. Deutlich sind dabei auch Anklänge an die "Tabula Smaragdina" zu erkennen, in der es heißt."Quod est inferius, est sicut (id) quod est superius, et quod est superius, est sicut quod (id) est inferius, ad perpetranda miracula rei unius." (zitiert nach Ruska 1926, S. 2)

Bed.verwandt mit: **Heyradt** , **Einigung** , **Zusammenfügung**

Vergl.: **conjungiren**

conjungiren

[K] swv. (refl.)

1) *Jch läugne nicht / daß man Oel und Wasser nicht solte conjungiren können / daß sie nicht von einander zu kennen* [K897]

2) *Die Ursache (...) ist diese / daß die salia gerne eine Terram annehmen. Diese hat nun der Spiritus Nitri beym Golde gefunden / und sich damit etlicher massen conjugiret* [K2978]

Entlehnung von lat. coniungere, vereinigen.
Der Vorgang der **Conjunction** ist bei Kunckel dem "Bereich der naturphilosophischen Spekulation" (Goltz, Telle, Vermeer 1977, S.75) insofern enthoben, als das Verb jede Vermischung oder Reaktion zweier Substanzen bezeichnen kann.
Belegbeispiel(2) zeigt die reflexive Verwendung.
Bed.verwandt mit: **vereinigen** , **vermählen**
Vergl.: **Conjunction**

Consistentz

[K] f.

rectificire ichs von seinem Wasser auff eine Oelichte Consistentz / so ist es ein oleum [K245]

Entlehnung von lat. consistere, in oder aus etwas bestehen.
Die äußere Erscheinungsform eines Stoffes ist seine *Consistentz*.
Vergl.: **Gestalt**

Cornu

[K]

drum nahm ich Silberkalck / der mit Saltz praecipitiret 1. Untz / goß meine Tinctur darüber / und zog den Spiritum vini gelinde davon / letztlich ließ ich die Lunam fliessen und zur Cornua werden [K2634]

Lat. cornu, Horn.
Die Chloride von Silber (**Luna**) und Blei (**Saturnus**) erstarren in der Schmelze zu einer hornartigen Masse. Diese Ähnlichkeit in der äußeren Erscheinugsform war vermutlich motivierend für die allgemeine Bezeichnung als *cornu*. Zur Differenzierung von Silberchlorid ($AgCl$) und Bleichlorid ($PbCl_2$) diente die Nennung des jeweiligen Ausgangsstoffs - *Luna Cornua* [K M], *Saturnus Cornuus* [M].
Im Belegbeispiel bezeichnet **Silberkalck** das ausgefällte Silberchlorid. *Cornua* erscheint als semantische Kürzung von *Luna Cornua*.
Die Eigenschaft des Bleichlorids, sich beim Erhitzen an der luft hydrolytisch zu zersetzen, betont Marggraf durch ein zusätzliches Part.Adj. - *verflüchtigter Saturnus cornuus*.
Weniger auf die Erscheinungsform als vielmehr auf das Ausgangsmaterial ist die Bezeichnung *Oleum Cornu Cervi* [M] (**Hirschhorn=Oehl**) zurückzuführen. Dabei handelt es sich vermutlich um die Lösung eines tertiären

[$Ca_3(PO_4)_2$] oder primären [$Ca(H_2PO_4)_2$] Calciumphosphats. Durch Glühen von Hirschhorn (Cornu cervi) entsteht tertiäres Calciumphosphat (Vergl. Schneider 1981, S.71: "Cornu cervi ustum"). Dieses ist jedoch - im Gegensatz zum primären Phosphat - in Wasser nur schwer löslich (Vergl. Remy, Bd.I, S.771-773).
Vergl.: **Hirschhorn=Oehl**

Corpus
[A B K] n. m.
1) *darumb so stehet die kunst allein auß der Seel des leibes vnd des geystes / versteh Sulphuris vn Mercurij wan die seel Sulphuris ist ein wesen des leibs / vn darum welcher nit kan oder weiß außzuziehen die Seel von dem Leib oder Corpus / Sole oder Luna (...) der jrret aller ding.* [A61]
2) *in der Erden war das Saltz / id est, Corpus / die einblasende Lufft war der Mercurius der Geist / durch solch einblasen gab ihm alsbald die Lufft eine rechte bequeme Wärme / das war Sulphur, id est, ignis (...).* [B834]
3) *so wird (...) / so bald es zu einer Gur geworden / durch selbe eine subtile fermentation, welche ein acidum macht / dieses acidum, und eben auff solche Art generirte Fettigkeit der Erden / so solche zusammenkommen / machen sie durch Auff-treibung der berg=Hitze ein corpus, an enem Orth ein gediegen Metall (...). Am andern Orth machen sie ein Mixtum (...).* [K508]

Lat. Leib, Körper.
Ruland (1612; S.174) verzeichnet zu Corpus: "Der Cörper ist ein metallisch Wesen / darinn die Krafft deß mineralischen Geistes ruhet vnd figiret die spiritus. Darumb alles / was fix ist / wird corpus genennet."
1) Alanus bezeichnet mit *Corpus* die Metalle. Synonym verwendet er **Leib** und *Cörper*. In Form eines Genitivattributs wird das jeweilige Metall identifiziert: *Corpus Lunae, Corpus Solis.*
Innerhalb der Gewinnung des Steins der Weisen ist das *Corpus* den verschiedenen Prozessen ausgesetzt. Die dabei entstehenden Substanzen werden nicht als neu, sondern nur als eine Modifikation des *Corpus* verstanden. Ihre Identifizierung erfolgt über die Attribuierung mittels eines Part. Adj., das von einem den entsprechenden Prozeß bezeichnenden Verb abgeleitet ist: *der gesoluiert Corpus* [A316], *das ist der putrificirt Corpus* [A300], *das auffgelöst Corpus* [A227].
2) Bei Basilius bezeichnet *Corpus* dagegen das paracelsische Prinzip der Festigkeit und Unbrennbarkeit, das jener dem **Sal** zugeordnet hatte: "Auf das aber solche drei underschitliche substanzen recht verstanden werden, die er vom geist, sel und leib redet, solt ir wissen, das sie nichts anders als die drei principia bedeuten, das ist mercurium, sulphur und sal, daraus den alle 7 metallen generirt werden. der mercurius

aber ist der spiritus, der sulphur ist anima, das sal das corpus (...)." (Paracelsus, Die 9 Bücher De Natura rerum; angebl.Villach 1537; in: Sudhoff 1928, Bd.11 S.318)
Eine Ausnahme bildet *das lauffende fewrige Metallische Corpus* [B930]. Hier handelt es sich um eine Umschreibung des Quecksilbers.
Auch bei Basilius finden sich die Ausdrücke **Leib** und *Cörper*. Jedoch ist die bei Alanus festgestellte Synonymie-Beziehung einer semantischen Differenzierung gewichen. *Cörper* bezeichnet nun allgemein eine feste, nichtflüchtige Substanz. Diese konkrete Bedeutung besteht neben der abstrakten im Ausdruck **Leib**, der sowohl synonym zu *Cörper* [B48] als auch synonym zu *Corpus* [B847] verwendet wird.
3) Kunckel verwendet *Corpus* als eine unspezifische Bezeichnung für eine feste Substanz, die metallisch (Belegbeispiel), nicht-metallisch [K757] oder auch abstrakt-hypothetisch [K750] sein kann. Es scheint, als sei für Kunckel *Corpus* Substanz in dem Sinne, als sich an ihm (chemische) Wirkung vollziehen kann. (Vergl. [K3052])
Mit dieser Erweiterung des Gegenstandsbereichs, auf den *Corpus* sich nun beziehen kann, geht einher die häufige Attribuierung, die im Einzelfall die eindeutige Referenz gewährleisten soll: *solvirt Corpus Saturni* (eine Bleiverbindung, hier Blei(II)-Acetat, Bleizucker); *metallische Corpus* (hier das Metall des Vitriols); *vermischtes Corpus; fixum Corpus* (das durch Amalgamierung verfestigte Quecksilber); *subtil Corpus; weisse Corpus* (referiert auf ein Reaktionsprodukt, vermutlich Goldpulver, der Bedeutungsschwerpunkt liegt hier jedoch auf der weissen Farbe).
Bei Kunckel findet sich schließlich noch die Ableitung zum Adj. *corporalisch* [K1487] und zum Adv., unter Verwendung des lat. Adverbialsuffix: *corporatliter* [K1479].
Vergl.: **Körper** , **Leib**

Corrosiv
<*corrusiu* [B]; *corrosiv* [K]> n.
1) *da auch durch mittelwege eine Scherffe dazu ge fügt / dadurch vnser Leib zerbrochen worden / so verschaff / daß alle Corrusiu abluirt werde* [B81]
2) *denn so viel ich zu der chymie erfahren / und des Goldes Natur erforschet / ist es ohne corrosiv unmüglich auffzuschliessen / und dennoch hat das corrosiv nicht wohl die Macht / das Gold aus seinem Wesen zu bringen vor sich selbst* [K1539]
3) *Ob das Gold ohne scharffe Salien oder corrosive könne auffgeschlossen werden* [K2342]

Entlehnung von lat. corodere, zernagen.
Sammelbezeichnung für die verschiedenen Mineralsäuren, die Auflösung der Metalle (**Auffschliessen**) dienten.
Der Nom. Sing. ist bei Kunckel einmal mit lat. Endung

belegt: *corrosivum* [K2350]. In allen anderen Belegen liegt der Verlust der lat. Flexion vor. Als Pluralflexiv erscheint -e (3).
Zur Bezeichnung der auflösenden Eigenschaft dient das Adjektiv *corrosivisch* [K3175].
Vergl.: **Acidum** , **Scherff**

Crocus Martis
[K] m.

der Englische <Vitriol> */ wenn der destillirt wird / siehet man es alsobald in der destillation, das Caput mortuum ist ein schöner Crocus Martis* [K2327]

Lat. crocus, Safranfarbe, Safrangelb.
Von der Bezeichnung für die Safranfarbe ausgehend, wurde *crocus* die Bezeichnung für verschiedene farbige Metallverbindungen in Pulverform: *Crocus Martis* - Eisenoxid, "Crocus Saturni" - rotes Blei; "Crocus Veneris" - grünes Kupferacetat. (Crosland 1978, S.71; Goltz 1972, S. 59,253).
Der *Crocus Martis* des Belegbeispiels entsteht aus *Englischem Vitriol* - $FeSO_4*7H_2O$, das beim Erhitzen Eisen(III)-Oxid und auch Eisen(III)-Sulfat bildet. (Vergl. Hollemann/Wiberg S.929; Remy Bd.II, S. 365)
Vergl.: **Vitriol**

crystallisiren
[M] swv.

Man erhält dieses Salz, wenn man eine gute Menge Urin zum dünnen Syrup einkocht, und ihn hernach besonders im Winter im Keller, oder an einem kalten Orte crystallisiren läst [M543]

Wird eine homogene Lösung abgekühlt, kann sie teilweise in den festen Zustand übergehen und dabei Einkristalle oder Mischkristalle bilden. Bereits im Jahre 1669 wurden die Winkel zwischen den Kristallflächen des Quarzes von Niels Stensen, Anatomieprofessor der Universität Kopenhagen, bestimmt. (Hummel, Moore 1976; S. 1005)
Hier handelt es sich um das auskristallisierende Phosphorsalz - $NaNH_4H*PO_4*4H_2O$.

Dämpfe
[M] m.

Hier erschien nun der Phosphorus in Dämpfen, daher ich das Feuer soviel möglich auch obenher verstärkte, so daß alles durch und durch glühete. [M209]

Weißer Phosphor bildet beim schnellen Erhitzen auf die Siedetemperatur farblose Dämpfe. Die Angabe der Dampfentwicklung dient der Bestimmung des Zeitpunktes, von dem an der Phosphor überzudestillieren beginnt. Dieser Zeitpunkt ist sowohl für die aufrechtzuerhaltende Temperatur als auch zur Identifizierung des gewünschten Destillats wichtig.
Eine ebenso kontextabhängige Identifizierung einer Substanz wie eines Zeitpunktes innerhalb des Reakti-

onsablaufs liegt vor mit der Angabe: *so kamen erst leuchtende Dämpfe* [M567].
Da die Dampfentwicklung temperaturabhängig ist, ersetzt ihre Nennung innerhalb der Beschreibung des Reaktionsablaufs eine Temperaturangabe.

dareinwerfen
[B] stv.
wenn er den König verschlungen / so mache ein groß fewer / und wirff den Wolff darein / das er gantz und gar verbrenne / [B38]
Einem Reaktionsgemisch eine Substanz zusetzen.

darstellen
[M] swv.
wie man den Phosphorum aus dem Urin nicht allein leichte verfertigen sondern auch solchen sehr reine und geschwinde vermittelst des brennlichen Wesens und einem besondern Salze aus dem Urin darstellen könne. [M1]
Die Synthese einer Substanz durch Umsetzen geeigneter Ausgangsstoffe oder - wie in diesem Fall - die Gewinnung eines Stoffes aus einer seiner (natürlich vorkommenden) Verbindungen.
Vergl.: **generiren**

davonbringen
[K] stv.
Jch bleibe dabey / daß der Effect gleich sey / ob gleich die wenige Terrestreität dabey ist / welche doch durch calciniren und solviren kan guten Theils davon gebracht werden [K147]
Einer Verbindung eine Komponente entziehen.
Vergl.: **befreyen** , **reinigen**

davonfleuchen
<*davonfleuchen* [A K]; *davonfliehen* [A]>
1) *die werm vnd truckenheit die in ihm verborgen ist / ist das Gold / oder das Öle der reynesten Jngehung in die Leib / vnd ist nicht dauon fliehen / wann die wörm vn truckenheit der Alchemey tingiert / vnd nichts anders.* [A103]
2) *Wann nun dieses Arsenicum ohne Metall in einen Tiegel gesetzt wird / fleucht es alle davon* [K3315]

Ahd. fliohan; mhd. fliehen. Analog dem Imp. haben auch die tertia sg. ahd. fliuhit; mhd. vliuhet; nhd. fleucht.
Es handelt sich um eine fachliche Modifikation des "entrinnen, entweichen" (Grimm, Bd. 3 Sp.1789 u. 1791). 'Das Feuer fliehen' steht in direkter Opposition zu 'das Feuer bestehen' (**bestehen**) und meint das Schmelzen oder Verdampfen einer Substanz bei erhöhten Temperaturen.
Vergl. **flüchtig**

davonziehen
[K] stv.
Andere nehmen ein Sal Vitrioli und ziehen das Oleum Vitrioli etwas davon [K1832]
Abtrennen einer Komponente eines Gemischs durch Destillation.
Im Belegbeispiel handelt es sich um die trockene Destillation eines **Vitriols** zur Gewinnung von Schwefelsäure (**Oleum Vitrioli**).
Zur näheren Bestimmung der Destillationstemperatur (von der die Zusammensetzung des Destillats abhängt) bzw. zur Bestimmung der Intensität des zur Destillation notwendigen Feuers, dient der Zusatz des Adverbs *gelinde*:
drum nahm ich Silberkalck (...) / goß meine Tinctur darüber / und zog den Spiritum vini gelinde davon [K2623]
Vergl.: **abstrahiren , destilliren**

Depuration
[M] f.
Um ihn nun vollkommen schön und reine zu bekommen, verfuhr ich folgender Gestalt, welchs ich die Rectification und Depuration nenne. [M249]
Entlehnung von lat. depurgare, reinigen.
Verfahren der Reinigung des Phosphors durch eine zweite **Destillation**, die Marggraf im folgenden § 17 detailliert beschreibt. Dabei wird der im *Retorten=Hals* [K M] kondensierende Phosphor in einem mit Wasser gefüllten **Recipienten** aufgefangen.
Nach Gmelin (Phosphor, Syst.Bd. 16. ; 1965, S.33) war Marggraf der erste, der den Phosphor durch eine zweite Destillation reinigte.
Vergl.: **destilliren , rectificiren , reinigen**

Destillation
< *Distillation* [B]; *Destillation* [K M]> swf.
1) *Diese sal volatile oder spiritus subtilis gehet durch die destillation mit dem Wasser endlich verlohren* [K321]
2) *Mercke auch dieses / das der Wein einen flüch tigen Geist bey sich hat / denn in seiner distillation gehet der Geist am ersten / vnd die Flegma zu letzt* [B875]

Bezeichnet den Prozeß des **Destillirens**, bei dem die unterschiedlich siedenden Komponenten eines Flüssigkeitsgemisches getrennt werden.
Durch eine zusätzliche Attribuierung kann auf die dabei verwendete Temperatur referiert werden: *gelinde Destillation* [K1834].
Innerhalb von Kunckels Beschreibung des alchemistischen Alltags erscheint schließlich noch die Bezeichnung *philosophische Destillation* [K1127]. Er ironisiert damit die alchemistische Unterscheidung zwischen "gemein" und "philosophisch", die dem besonderen Be-

griffsrahmen des "Werkes", als der Herstellung des Lapis, Rechnung tragen soll. So unterscheidet J.J.Becher etwa zwischen "gemeinen" und "philosophischen" Elementen und Operationen (Oedipus Chymicus; 1680 S. 99-107, S.143-149): "Zu wissen aber ist / daß alle diese gemeine Werckungen / auch Philosophischer Weiß / im Werck nemlich gegen die Erzeug= und Übervollkommenmachung derer Metallen / doch in unterschiedlichem Verstand / genommen werden. Also ist die gemeine Sublimation / wann man sie philosophischer weiß verstehet / des Spiritus Loßmachung auß einem Cörper / vermittelst der philosophischen Aufflösung. Die Distillirung und Antränckung / und Cohobirung / ist eben desselben Spiritus Abscheidung in den Cörpern / denselben abwaschend und beseelend." (ebenda, S. 148)
Vergl.: **circuliren** , **Cohobation** , **Depuration** , **Distillirung**

destilliren
<*distilliren* [B,K]; *destilliren* [K,M]> swv.
1) *so er mit klarem distillirten Wasser vermischet / und wieder distilliret wird* [K318]
2) *wan ich aber selbigen destillire und examinire das Oleum und caput mortuum,* [K2310]

Trennung zweier Flüssigkeiten unter Nutzung ihrer unterschiedlichen Siedepunkte. Beim Erhitzen der Mischung kann die zuerst verdampfende Flüssigkeit abgefangen werden.
In 2) wird auch ein Destillationsprodukt genannt: *oleum;* daneben erscheint auch die allgemeine Bezeichnung des Destillationsrückstandes: *caput mortuum.*
1) zeigt, daß das Part. auch als part.Adj. verwendet wird. In der lat. Form wirkt es Namensbildend: *Acetum destillatum* [K2431], *Oleum destillatum* [K1015]
Eine besondere Betonung der Ausgangssubstanz wird durch *abdestilliren* [M] und *abdistilliren* [K] ermöglicht:

so bekommst du ein Oleum, von Geruch und Geschmack/wie das Kraut gewesen, darüber du es abdistillirt hast [K1017]

Eine Substantivierung der Infinitivform findet sich bei Basilius zur Bezeichnung des Verfahrens:

darumb müssen etliche bereitung deiner Wasser im distilliren offt wiederholet werden [B164]

Einige Wendungen beziehen sich auf spezielle Vorgehensweisen, indem sie den Verlauf der Temperatursteigerung

per gradus destilliren [M]
gelinde abdistilliren [K]

oder das verwendete Gerät hervorheben:

per retortam distilliren [K]

Vergl.: **reinigen** , **treiben** , **abziehen** , **davonziehen** , **herüberziehen**

Destruction
[K] swf.
Damit ich aber wieder auf den Spiritus mundi komme / und das Sal Aeris (...), so wundert mich nicht wenig / daß dieselben Leute, so thöricht sind / und das solvens, die Destruction und das Propagans in einem Saltze zu suchen [K1958]
Gemeint ist die dem **Sal Aeris** zugeschriebene Fähigkeit als *Menstruum universale* zu wirken, so daß damit alle Metalle "*radicaliter auffzuschliessen*" sind.
Vergl.: **Zerlegung**

destruiren
[K] swv.
Wann nun aber der Schweffel / wie man bishero gemeynet / was dabey thäte / so müste er auch zugleich mit dem fulmine auffgehen und destruiret werden / und also das Gold seine Eigenschafften nicht behalten [K3031]
Entlehnung von lat. destruare, vernichten.
Die 'Vernichtung' oder **Zerstörung** des Schwefels meint hier dessen Umsetzung bei der explosiven Zersetzung des Knallgoldes.
Vergl.: **Destruction**

Diamant
[K] swm.
diese Gur / oder sperma, oder viscosa ist ein Anfang aller Steine und Mineralien / und die bestehet aus Wasser und Saltz / die machen vermittelst der digestion eine Erde (...) / und wird aus selbiger ein Chrystall / Diamant / Ertz oder ander Stein / nach dem es einen bequemen Orth und Wärme zu seiner Bereitung findet / denn man sehe einen Diamanten an / oder die Chrystall / die in diesem Churfürstenthum wie die Diamanten wachsen. [K461]
Neben den Kristallen und den Erzen wird hier der Diamant der Klasse der Steine untergeordnet. Deutlich wird auch, daß die Steine dem Wachsen und Vergehen unterworfen sind.
Vergl.: **Krystall , Stein**

Diana
[B K] f.
1) *Also wen vnser Breutigam Apollo mit seiner Braut Diana durch Heyradt sol vermählet werden / müssen ihnen zuuor auch mancherley kleidung bereitet / und ihre häupter vnd gantzer Leib mit wasser wol gewaschen werden* [B148]
2) *aus dieser Asche sollte nun die Diana hervor kommen / welche den König der Ehren gebähren solte / mit seinem Purpurmantel. Die Diana, als das Saltz kam hervor / aber sie konnte nicht einen Bauern / geschweige einen König zur Welt bringen.* [K1730]
Ein alchemistischer Deckname der nach Schneider (1962;

S.101) das Silber bezeichnet.
Bei Basilius (1) handelt es sich jedoch um eine Anweisung zur Bildung eines Gold-Quecksilber-Amalgams, so daß **Braut** und *Diana* das Quecksilber denotieren. (Vergl. Kap. 2.3.2.2.)
Kunckel verwendet diesen und andere Decknamen in einem ironisierenden Kontext. Er will damit die praktische Unkenntnis und betrügerische Absicht entlarven, die nach seiner Meinung mit der Verwendung solcher Decknamen einhergeht.
Bed.verwandt mit: **Braut**
Vergl.: **Breutigam** , **Conjunction** , **Heyradt** , **vereinigen**

digeriren
<*digeriren* [A]; *digerieren* [K M]> swv.
1) *Darauß lernest du zu erwarten erstlich die schwertz / nachmals die weisse / welche weisse so sie für sich digeriert wirt in vnserem feur / kompt zu der allerhöchsten bestendigkeyt.* [A265]
2) *wann man den spiritum vini mit dem oleo, oder balsamo sulphuris digerirt* [K365]
Entlehnung von lat. zerteilen, verdauen.
Eine Substanz wird über einen längeren Zeitraum in einem geschlossenen Behälter erwärmt (**Balneum**).
Bei Alanus ist das *Digerieren* ein Vorgang innerhalb der Herstellung des Steins der Weisen.
Vergl.: **Digerirung** , **Digestion**

Digerirung
[K] swf.
die Farbe hat es so unterschieden von dem sal acido und volatile, und ungleicher Digerirung / dann der Mercurius hat keine Farbe vor sich [K519]
Verbalsubstantiv zu **digeriren**. Es steht in Konkurrenz zu dem von der lat. Partizipialform 'digestum' abgeleiteten Verbalsubstantiv **Digestion**, das ebenfalls den Vorgang des Digerierens bezeichnet.
Vergl.: **Digeriren** , **Digestion**

Digestion
[K M] swf.
Jch sage nicht vom simplici sale (...) / sondern vom Sale, welches durch die putrefaction und Digestion gemacht [K525]
Verbalsubstantiv zu **digeriren**, das den Vorgang einer konstanten Erwärmung einer Substanz bezeichnet.
Bei Kunckel findet sich *Digestion* in Verbindung mit den lat. Präpositionen 'in' und 'per' und der entsprechenden (Akk.) lat. Kasusendung: *per digestionem* [K1289]; *in digestionem setzen* [1749].
Wie im Falle anderer temperaturabhängiger Operationen (**calciniren**, **destilliren**) findet sich auch hier die Möglichkeit der Bestimmung des Temperaturbereichs durch Attribuierung:
Jch setzte dieses Gemenge in gelinde Digestion in

warmen Sand, und schüttelte es alle Tage etliche mahl herum [M99]
Marggraf verwendet hier das Sandbad (**Balneum, Sand=Kapelle**), um eine konstante Temperatur zu gewährleisten. Die Vorstellung von der *Digestion* als eine der Verdauung ähnliche "Kochung" der Materie zeigt sich bei Ruland (S.186f):
"Digestio est operatio vel gradus chymicus similis ventricolo in quo & per quem materia coquitur in melius ad separatione puri ab impuro."
Eine Beschreibung und Erläuterung des Vorgangs liefert Becher (1680, S.143): "Die Digerirung ist/wan man die Materi in ein allgemaches Feuer/nemlich in den ersten Grad der Hitze/setzet/dienet der Materi/daß die vier Eigenschafften in derselben alterirt und gemässiget werden. Durch diesen Grad (...) wird verursachet die Fäulung/und der Materi Auflösung/alldieweiln die/durch eine langsame und fortwährende Hitze/erwärmte Feuchtigkeit in den erdischen Theil zu walten/und ihn zu zerrütten beginnet: Daher eine Auflösung entstehet (...)."
Vergl.: **digeriren** , **Digerirung**

Ding; verbrennliches
[B] n.
ein verbrennlich ding kan keine Schützung geben einem andern verbrennlichen dinge / auff daß es auch nicht verbrennen mag [B252]
Im Gegensatz zum *brennlichen Wesen* [M], als demjenigen Partikel, das die Brennbarkeit einer Substanz bedingt, ist das *brennliche ding* eine Sammelbezeichnung für alle brennbaren Substanzen.
Vergl.: **brennen**

Distillierung
[B] swf.
in distillierung des Essigs gehet das Wasser oder aquositet am ersten / vnd der Spiritus am letzten [B879]
Verbalsubstantiv zu *distillieren* [B], das bei Basilius in Konkurrenz zu *Distillation* erscheint.
Vergl.: **Destillation**

dörren
[K] v.
1) *da doch die Materia Anfangs so leichte / wenn sie gedörret* [K1131]
2) *so man den Sand wohl ausgedorret / ohne glüen wiegt / wird man finden / daß er um ein gut Theil schwerer ist* [K1387]
Wie auch die präfigierte Form *ausdorren* bezeichnet *dörren* eine milde Form des **trocknen**, bei der das Glühen der Substanz vermieden werden soll.
Vergl.: **trocknen**

Drache

[B K] m.

Wenn du aber dem Adler den kalten Drachen / so seine wohnung in den Steinfelsen lange Zeit gehabt / vnd in den Speluncken der Erden sich aus und einschleifft / zusetzest [B197]

Ein alchemistischer Deckname.

Nach Buntz (1968, S.182) steht der Drache für den Mercurius. Dies entspricht der Erläuterung bei Ruland (S.189: "Draco ist Mercurius").

Nach Becher (Ödipus Chymicus, S.182) bezeichnet der Drache den Salpeter. Im 'Chymischen=Glückshafen' (S.66) bezeichnet der "Drachenschwanz" (cauda draconis) das Quecksilber. Diese Zuordnung verzeichnet auch Schneider (1981, S.109), der dem Drachen das Nitrum zuordnet. In einer Basilius-Auslegung dagegen heißt es: "(...) welches durch den Adler/id est Salmiac, und Drachen i.e. Salpeter (...)" (Radix Chimie 1680, S.21)

Im Belegbeispiel handelt es sich um einen Decknamen für ein Nitrat. Nicht eindeutig ist jedoch, ob es sich um Calciumnitrat ($Ca(NO_3)_2$; Mauersalpeter) oder Kaliumnitrat (KNO_3 ; Salpeter) handelt. Während die Umschreibung im Belegbeispiel auf den Mauersalpeter schließen läßt, kann sich die zweimal auftretende Bezeichnung *kalter Drache* (an späterer Stelle auch *alter Drache*) auch auf das Kaliumnitrat beziehen. Denn die Lösung des Kaliumnitrats in Wasser bewirkt eine spürbare Temperaturerniedrigung. (Remy Bd.I, S.233)

(Zur Bedeutungsüberlagerung von "Nitrum" und "Salpeter" im späteren Mittelalter vergl. Goltz 1972; S. 166)

Wie in anderen Fällen auch (vergl. **Diana**) verwendet Kunckel den alchemistischen Decknamen in einem ironisierenden Kontext:

endlich wie es nun zum Ende war / da hat der Drach verschlungen seinen Schwantz / da hatten wir salvo honore den Kwarck gantz [K1242]

Vergl.: **Salpeter**

Dünnigkeit

[K] f.

ihr Sal volatile, mit seinem unscheidbaren Wasser ist weg. Derwegen ihm die Dünnigkeit und der Geruch benommen; [K1000]

Adjektivabstraktum zu *dünn* [K], das die Eigenschaft der Dünnflüssigkeit eines Öls bezeichnet. Das Adjektiv-Paar *dick* - *dünn* dient im Zusammenhang mit Ölen der Beschreibung ihrer Viskosität [K987-1080]. Stark viskose Öle werden von Kunckel auch als *zähes Oel* [K1033] oder *grobes Oleum* [K1056] bezeichnet.

Vergl.: **Oehl** , **Oleum**

Dunst

[B] m.

denn der Stein wird gemacht in einem leeren Ofen /

dreyfacher bewahrung / feste verschlossen / eingesperret / vn durch stetiges fewer gekochet / biß alle Nebel vnd dünste verschwunden [B1094]

Uneinheitlicher Sammelbegriff für in die Luft steigende Flüssigkeiten oder flüchtige Substanzen. Unter Berufung auf Thomas von Aquin auch oft verwendet zur Beschreibung des Wesens der *principia* vor ihrer Vermischung: "ein schmutziger Dunst" (J.J.Becher 1682, S.28).

Hier ist vermtl. das sublimierende Quecksilber gemeint.

durchdringen

[B K] stv.

1) *so verschaff / daß alle Corrusiu abluirt werde / denn keine Scherffe ist dienlich den innerlichen kranckheiten zu wehren / denn das scharffe dringet durch mit zerstörung* [B83]

2) *So weit als nun das Saltz heraus / so weit fält die Erde oder Kieß von einander / massen es keinesweges auf einmahl mit seiner Wässerigkeit das gantze Corpus durchdringen / und das Saltz solviren können;* [K2119]

Eine Substanz wirkt, indem sie durch eine andere hindurchgeht.

edulcoriren

[K] swv.

Nu edulcorire man den calcem Solis wie man wolle / so bleibet doch der Calx schwerer als er vorhin gewesen. [K2972]

Entlehnung von lat. dulcis, süß.

Das **absüssen** von Feststoffen oder Flüssigkeiten um diese von Verunreinigungen oder Resten eines Lösungsmittels zu reinigen.

Eine Sonderform bildet dabei *philosophicé edulcoriren* [K2275]. Hier handelt es sich um das "*gelinde abdistilliren*" [K2572] eines **Corrosiv**. Im Laboratorium Chymicum (1716, S.119 f) äußert Kunckel die Meinung, daß durch die philosophische "Edulcoration" das Corrosiv nicht abgeschieden sondern verändert wird.

Vergl.: **absüssen** , **abluiren**

Effect

[K] m.

dann der Mercurius ist in allen Metallen einerley / so bald er zum metallischen Cörper geworden / nur wegen seiner Reinigung hat einer etwas mehr effect, als der ander [K614]

Entlehnung von lat. effectus. Chemische und - darauf basierend - medizinische Wirkung.

Vergl.: **Wirckung**

Eigenschafft

[A B K] swf.

1) *Es ist nur ein einiges ding / welches einiges ding allein der bloß Mercurius ist / der ist in jm behalten die eigenschafft vnd natur aller Metall* [A49]
2) *alles was mit dem Weine oder seinem Spiritu extrahiret vnd circulirt wird / hat viel ein ander Eigenschafft vnd wirckung* [B889]
3) *das dritte ist eine terra mortua, und hat hier kein Mercurius was zu thun / wenn ich gleich das Wasser so nennen wolte / so soll man kein ding anders nennen / als seine Eigenschafft ist.* [K1299]

Physikalische und chemische Eigenschaften der Stoffe. Die chemischen Eigenschaften manifestieren sich im **Effect** oder in der **Wirckung** der Substanzen.
Basilius ordnet dem Element Feuer eine "*warme eigenschafft*" [B808] zu.
Auf das Wissen um eine Eigenschaftsliste, die eine ganze Substanzklasse charakterisiert, bezieht sich Kunckel, wenn er die Existenz eines *Menstruum universalis*, "*das alle Metalle gantz gelinde (...) ohne corrosiv auflöse*"[K1598], mit dem Argument leugnet, dies sei "*wider der Metallen Eigenschafft*" [K1600]. Für Kunckel ist "eines Dinges Eigenschafft recht zu erkennen" (Probier=Stein de Acido & Urinoso, Sale Calid. &. Frigid., Vorrede; in V. curiose Tractätlein 1721, S.329) wesentliches Ziel seines Forschens.
Vergl.: **Effect** , **Wirckung**

eindicken
[M] swv.
Ein halbes Pfund weißer Thon und eben so viel eingedickter Urin haben durch die mehr erwehnte Bearbeitung kaum eine Spuhr des Phosphori gegeben. [M509]
Durch Verdampfen wird eine Flüssigkeit eingeengt.

Einigung
[A] f.
vnd also wirt der geist Mercurij geseliget / vnd die Seel wirdt mit dem Geist gleichförmig vereyniget / welche einigung der Seel vnd des geystes nachmals das Corpus (...) zu ihm nimpt / vnd empfacht dauon das leben der valkomenheit [A69]
Der Vorgang der *Einigung* ist für Alanus Teil des Prozesses, der zur Umwandlung der unedlen Metalle zur "*valkomenheit*" [A72] führen soll. Dabei handelt es sich um die Verbindung von **Geist** (**Spiritus; Mercurius**) und **Seele** (**Anima**), die dazu dient, die dem Edelmetall entzogene Seele (*Anima solis vel Lunae*) mittels des Mercurius auf die unedlen Metalle zu übertragen.
In gleicher Bedeutung erscheint die präfigierte Form: *volkomne Vereinigung* [A309]. Der Vorgang der (Ver-)Einigung wurde häufig im Begriffsrahmen der körperlichen Liebe beschrieben. Die *Vereinigung* vollzieht sich dann in der **Heyradt** der als "*man vnd weib*" [A307]

identifizierten Stoffe.
Ohne einen solchen Bezug zur Transmutation der Metalle ist Kunckels *"unscheidbahre Vereinigung"* [K900]. Hier handelt es sich um eine Emulsion von Öl und Wasser.
Vergl.: **Anima** , **Braut** , **Conjunction** , **Heyradt** , **vereinigen**

einschlucken
[K] swv.

Wann nun dieses Arsenicum ohne Metall in einen Tiegel gesetzt wird / fleucht es alle davon / weil aber das häuffige Sal acidum bey dem Kupffer ist / will es selbigen nicht fahren lassen / sondern schlucket ihn überflüsig in sich mit seinem Schweffel davon das Kupffer spröde wird [K3318]

Mit dem Vorgang des *Einschlucken* will Kunckel die Gewichtszunahme des Kupfers beim Glühen in Gegenwart von Arsen erklären: das *Sal acidum* des Kupfers nimmt den **Sulphur** und die **Terra** des Arsens in sich auf.Dadurch wird das Kupfer spröde und schwerer.
An gleicher Stelle schreibt Kunckel, daß der Vorgang dem **Figiren** ähnlich sei, "*auff gewisse masse (dann zum figiren gehöret mehr)*" [K3327].
Bezogen auf den angenommenen Vorgang schließt *einschlucken* also eine lexikalische Lücke, die nach seiner Meinung von **Figiren** nur ungenau gefüllt wäre.
Vergl.: **einverleiben**

einverleiben
<*einvorleiben* [B]; *einverleiben* [K]> swv.

1) *das Wasser war dem Erdreich einvorleibet / weil sie nothwendig zusammen / so anders leben folgen sol* [B842]
2) *Wann aber diese rothe Terra Veneris von ihrem groben Schweffel und Saltze geschieden würde / und ein wenig der Lunae cum acido puro wieder flüßig einverleibet / dann möchte der Mercurius Lunae selbige so beständig annehmen* [K3343]

Lehnübersetzung von lat. incorporare. Bei Basilius erscheint auch das Part.Adj. zu *einleiben* [B359]: *eingeleibter Saltzgeist*.
Sowohl in der Verwendund des Part.Adj. als auch in den Belegen bei Kunckel zeigt sich, daß *einverleiben* sich zwar auf eine Reaktion zweier Substanzen bezieht, das entstandene Produkt jedoch nicht als neue Substanz angesehen wird. Vielmehr werden die Eigenschaften der aufnehmenden Substanz um die der aufgenommenen erweitert. Die Identität der Ausgangsstoffe bleibt durch die Reaktion unbeeinflußt.
Vergl.: **einschlucken**

Eisen
<*Eysen* [A]; *Eisen* [B K]> n.

1) *Die Sucher der kunst sollen wissen / das sie die gestalt der Metallen nit mögen verkehren / als*

auß Kupffer Zin zumachen / Bley / Eysen / Silber oder Gold machen [A381]

2) *doch muß man die Röthe judiciren können / daß sie nicht vom Eisen herrührte / wie der Englische / welcher ein lauter Vitriolum Martis ist* [K2298]

Eines der "unedlen Metalle", dem der Planet Mars zugeordnet wurde. Als Bezeichnung für Eisen erscheint **Mars** bei Basilius und Kunckel.
Das abgeleitete Stoffadjektiv "*eisern*" erscheint bei Kunckel und Marggraf zur Spezifizierung des Materials von Geräten.
Bed.verwandt mit: **Mars**

Eiß

<*Eyß* [A]; *Eiß* [K]> n.

Jch habe oben gedacht / daß ich in zwey Loth Aqua fort sechs Loth Mercurii wolle solviren / (...) es würde zu beweisen stehen / daß es sich mit diesem meinem bereiteten Mercurio nicht anders verhalte / als mit dem Eiß / so lange man das zu Wasser bringet / wird es mit zu wasser [K809]

Das Schmelzen von "*gefrornen Wasser*" [K681] wird als der prototypische Vorgang des "*solviren sine strepitu*" [K680] begriffen.
Dieser Vorgang des Schmelzens - als ein Zurückkehren des Eises zu seiner 'ursprünglichen' Form auf Grund einer Wärmeeinwirkung - ist für Alanus vergleichbar mit dem Auflösen der Metalle bei der Amalgambildung mit Quecksilber. Gemäß der hergestellten Analogie wird die Auflösung der Metalle als eine Rückführung zu Mercurius verstanden:

So ist müglich / das mit dem Mercurio die Metall widerumb zu Mercurio verkert werden. Des setz ich dir ein solch Exempel / So das Eyß durch mittel der wörm verkehrt wird / wirt widerumb zu wasser [A398]

Der Aspekt der Wärme erscheint auch bei Basilius, der die Bildung eines Blei-Amalgams beschreibt:

durch sein grosses innerliches Fewer wird der kalte Leib des Saturni erwärmet [B1036].

Bei Marggraf erscheint das abgeleitete Adjektiv zur Beschreibung des weißen Phosphors:

und erhielt aus dem übrigen einen schönen eißartigen Phosphorum" [M223].

Element

[B K] n.

1) *denn der Kunstliebende sol dieses berichtet sein (...) / das in jedem Element die andern drey verborgen liegen / denn Lufft hat Fewer / Wasser vnd Erden in sich / (...) sonst könte auch nichts folgen in ihrer gebehrung / vnangesehen / dz wol ein jedes Element für sich ist / so sind sie doch vermischt* [B745]

2) *Als ein purum elementum laß ichs alsdenn paßiren / denn es ist eine natürliche Alteration vorgan-*

gen / welche eine Scheidung gemacht / dadurch diesem Element sein Saamen entgangen [K1465]

Entlehnung aus dem lat. elementum, Grund-,Urstoff, teilweise unter Erhalt der lat. Kasusendungen. Der lat. Plural findet sich bei Alanus und Basilius: "*nit das die Elementa der Saame sey*" [B867].

Bezeichnet die vier - traditionell dem Aristoteles zugeschriebenen (er selbst nennt sie 'einfache Naturkörper' mit gemeinsamen Konstitutionsprinzipien) - Elemente Feuer, Wasser, Erde, Luft.

"Elementa matrices rerum sunt, in&ex quibus generantur omnia: Die vier Mütter/Fewr/Lufft/Wasser/Erdten/darauß alle Dinge entstehen." (Ruland 1612; S.194)

Häufig wurde auch ein Unterschied gemacht zwischen den "gemeinen" und den "philosophischen" Elementen.

"Derer gemeinen Elementen Wercke seyn solche / worzu sie die Chymisten gebrauchen. (...) Der Unterscheid zwischen den philosophischen Elementen / und den gemeinen / ist dieser:

"In der Philosophischen Erden / als dem wahren Balsam werden die Cörper erhalten: in der gemeinen Erden verderben sie.
Der Philosophen Wasser wird durch des Feuer figirt: das gemeine Wasser wird durch das Feuer lucker.
Der Philosophen Lufft stehet das Feuer aus: der gemeine fleugt davon.
Der Philosophen Feuer begrünet: das gemeine verwüstet."

(J.J. Becher; Oedipus Chymicus 1680, S.106 f)

Den Element-Charakter bezeichnet das abgeleitete Adjektiv "*elementisch*" [B870].

Vergl.: **Principium** ; **Wesen**

Elixir

[B] n.

Also auch mit vnserm Elixir muß wargenommen vnd fleissig gemerckt werden / dz man im seine rechte Zeit vergönne [B1062]

Das "*Elixier*" ist ein Synonym für den Stein der Weisen oder die Tinktur. Es leitet sich von dem arabischen "al-ikir" ab, welches wiederum auf das griechische "xeros", trocken, zurückgeht und ein Pulver zur Behandlung von Wunden bezeichnete. Die alexandrinischen Alchemisten bezeichneten damit ein "golderzeugendes Projektionspulver, das Transmutationen bewirkt" (Goltz/Telle/Vermeer 1977, S.83).

In der Chemiatrie erhielt das "*Elixier*" die Bedeutung einer Extraktionsflüssigkeit. (Vergl. Goltz/Telle/Vermeer 1977, S.82ff; Schneider 1982, S.91)

Bed.verwandt mit: **Medicin** , *Stein der Weisen* , **Tinctur**

empfangen

[K] stv.

denn die Principia seynd schon darin / liegen im Saamen oder Wurtzel / und empfangen in der Erde als ihrer Mutter ihr treibendes Saltz / welches vermittelst der Lufft erhalten und in die Höhe geführet wird. [K1943]

Der Vorgang des "*Empfangens*" geht dem "*Gebehren*" und "*Wachsen*" notwendig voraus. Diese Vorstellung bezieht sich ebenfalls auf die Metalle und Mineralien: "*nun werden alle Dinge oder Saamen in eine bequeme Erde gesäet / die da Früchte bringen sollen / also ist es mit den Metallen auch.*" [K1506].

Vergl.: **gebehren** , **wachsen** , **zeugen**

entbinden

[K] stv.

und differiren nichts / als wegen angenommener oder behaltener Impurität / dann von seiner überflüßigen Feuchtigkeit ist er durch die Coagulation entbunden [K620]

Vergl.: **Befreyen** , **Reinigen**

Entstehen

[M] stv.

Zum Schluß muß ich noch erinnern, daß wenn man das Acidum Phosphori mit frischen Kienruß vermischt und destillirt, von neuen ein Phosphorus daraus entstehe. [M683]

Eine Substanz wird gebildet durch eine chemische Reaktion. Hier ist die Rückgewinnung des Phosphors durch Reduktion der Metaphosphorsäure und anschließender Destillation gemeint.

Vergl.: **Entstehung**

Entstehung

[M] f.

Aus diesen anher angeführten Versuchen schloß ich, daß vielleicht das Acidum Salis concentratum viel zu der Entstehung des Phosphori beytrüge; [M436]

Verbalabstraktum zu "*enstehen*".

Bezeichnet den Vorgang der Bildung bzw. Darstellung einer Substanz durch eine chemische Umsetzung.

entzünden

[B K] swv., refl.

1) *sol nun eine Geburth aus der Feulung hernach folgen / muß dieselbe durch eine warme eigenschafft / als das Element Fewer / sich selbst entzünden vnd ausbreiten / den ohne natürliche Wärme kan keine Geburt bewiesen werden* [B809]
2) *endlich must ichs gelinde calciniren / daß keine Flamme oder Kohle dazu käme / da entzündete sich ein Theil / und gab eine graulichte Asche* [K1727]

Sowohl Basilius als auch Kunckel verwenden *entzünden* nur reflexiv: die Substanz entzündet sich. Während es sich jedoch bei Basilius nur um eine Erwärmung zu handeln scheint (vergl. **Entzündung**), beziehen sich die Verwendungen bei Kunckel auf eine Entflammung.

Vergl.: **brennen**

Entzündung

[B] f.

denn durch sein grosses innerliches Fewer wird der kalte Leib des Saturni erwärmet / vnd durch solche entzündung in das aller beste Goldt verendert[B1037]

Verbalabstraktum zu "*entzünden*". Bezeichnet den Vorgang einer inneren Erwärmung, die für die Transmutation katalytische Wirkung besitzt.

Erde

[A B K M] f.

1) *so sein die vier Elementa vber eins / also daß du hast Lufft mit Wasser / vnd Fewer mit der Erden* [A237]
2) *das in jedem Element die andern drey verborgen liegen / denn Lufft hat Fewer / Wasser vnd Erden in sich* [B749]
3) *die natur des Mercurij nimpt allein auß dem Gold oder Silber miner das zu ihm / das da ist seiner natur / vnd das sündert es ab / vnd verschmachts / verstehe / die Erden laßt es ligen* [A129]
4) *darumb müssen etliche bereitung deiner Wasser im distilliren offt widerholet werden / das du den abzug seiner Erden vielmals wider gibst* [B162]
5) *Endlich / wie es nun lange genug gewähet / wurden die Kolben / weil es alles / bis auff die Truckne abgeraucht / herausgenommen / da war eine schwartze Erde drin* [K1714]
6) *Vnd so dann die metall auß der erden wachsen / vnd grünen* [A405]
7) *Also speiset auch die Erde die Mineralien / so in ihrem leibe verborgen liegen / durch ihren Geist / welchen sie von oben herab empfehet* [B396]
8) *denn die Principia seynd schon darin / liegen im Saamen oder Wurtzel / und empfangen in der Erde als ihrer Mutter ihr treibendes Saltz* [K1944]
9) *dann diese Gur / oder sperma / oder viscosa ist ein Anfang aller Steine und Mineralien / und die bestehet aus Wasser und Saltz / die machen vermittelst der digestion eine Erde;* [K452]
10) *massen ichs erfahren / wann ichs mit diesem oleo gekocht / als wolte ich ein Balsamum sulphuris machen / daß es eine schwartze unverbrennliche Erde im Glase gemacht* [K221]
11) *so habe ich doch gesehen / daß die Erde oder Berg / wie es die Bergleute nennen / die dabey sich befindet / an ihm selber ein Saltz in der Lufft von sich spüren läst* [K271]
12) *ob das concentrirte Acidum Salis, so vor sich, wenn es mit dem Phlogisto verbunden ist, zu einem solchen Acido werde, das alsdenn mit der vorgemeldeten brennlichen Erde den Phosphorum ausmacht* [M515]

1. Bezeichnet das aristotelische **Element**; in dieser Bedeutung erscheint "*Erde*" nur bei Alanus und Basilius. (1) & (2)
2. Zusätzlich findet sich eine konkrete Bedeutungsebene, auf der "*Erde*" eine Substanz bezeichnen kann. Je nach Art der Substanz kann hier differenziert werden:
2.1 Im Sinne einer "unbelebten Erde" bezeichnet "*Erde*" in den Belegbeispielen (3) - (5) einen nicht weiter spezifizierten Rückstand einer Reaktion oder eines Prozesses. In (4) handelt es sich dabei um den Destillationsrückstand.
2.2 Als ein "Nährboden", aus dem alles Leben, auch das der Metalle und Mineralien, erwächst, erscheint "*Erde*" in den Belegbeispiel (6) - (8). Eine ähnliche Vorstellung verbindet sich mit der "philosophischen Erde", die J.J.Becher von der "gemeinen Erde" unterscheidet: "Der Unterschied aber zwischen der Gemeinen und der Philosophischen ist / daß jene unfruchtbar / todt; diese lebendig und grünend ist. Sie wird auch genennet ein Beer=Mutter / geblätterte Erde / Kreide / Jungfer=Erden / der Philosophen Dung (...)." (Oedipus Chymicus, 1680 S.106). An diese alchemistische Vorstellung knüpft Kunckel an, wenn er die "*geblätterte jungfräuliche Erde*" [K1226] erwähnt.
2.3 Schließlich kann "*Erde*" eine als zusammengesetzt gedachte Substanz bezeichnen, die sich innerhalb eines Reaktionsverlaufs als (Zwischen-)Produkt bildet. In dieser Bedeutung erscheint der Ausdruck nur bei Kunckel (9) und Marggraf (12). Bei Kunckel kann man eine weitere Unterteilung vornehmen. Die "*Erde*" des Belegbeispiels (9) läßt sich als eine hypothetische Substanz charakterisieren, die eine Zwischenstufe im Prozeß der natürlichen Generation der Metalle darstellt und in deren weitere Bildung als konstitutives Element Eingang findet. Dieser steht die konkrete, in einem beschriebenen Prozeß gebildete "*Erde*" gegenüber (10). Allein diese letztere Form erscheint bei Marggraf.
Sowohl in der Bedeutung der hypothetischen, als auch der konkreten, zusammengesetzt gedachten Substanz erfährt der vage Ausdruck "*Erde*" häufig eine spezifizierende Attribuierung. Diese Charakterisierung kann die Farbe (a) oder Größe (b) der "*Erde*" betreffen, den Vorgang (c) bestimmen, der zu ihrer Bildung geführt hat oder ihre möglichen Verhaltensweisen (d) angeben:
a) *rothe E.* [K], *schwartze E.* [K], *weißlichte E.* [K], *glaßachtige E.* [M]
b) *grobe E.* [K], *subtile E.* [K] (beides auf die hypothetische Erde bezogen), *zarte E.* [M]
c) *calcinirte E.* [K], *auffsolvirte E.* [K]

d) *solvirliche E.* [K], *unverbrennliche E.* [K], *brennliche E.* [M]
Belegbeispiel (11) zeigt, daß Kunckel "*Erde*" auch als Synonym für Erz verwendet.
Von dieser Bedeutung (2.3) ist das Adjektiv "*erdig*" abgeleitet, daß Marggraf wiederum attributiv verwendet: "*erdige Theile*".

Die verschiedenen Bedeutungen vereinigt in sich der bei Basilius erscheinende Ausdruck "*Erdreich*"; in [B842] ist es synonym zum aristotelischen Element, in [B160] bezeichnet es einen Destillationsrückstand und in [B1103] bezeichnet es eine konkrete Substanz, vermutlich Quecksilber. Das "*Erdreich der Weisen*" [B641] dagegen ist eine Umschreibung für das Gold.
Der hypothetischen, an der natürlichen Bildung der Metalle beteiligten "*Erde*" entspricht das von Kunckel ebenfalls verwendete Determinativkompositum "*Berg=Erde*" [K437], in dem das Bestimmungswort bergmännisch Erz bezeichnet. In diesem Sinne ist auch die "*Erde des Goldes*" [K2910] als Bestandteil des Metalls zu verstehen.
Vergl.: **Corpus** , **Terra**

Erfahrenheit
[B] f.
da das Püchsenpuluer angezündet wird / fliegen die zwene Geister / daraus das Puluer gemacht worden / mit einem grossen gedöne vnd grosser stärcke von einander (...) / das sie niemands mehr erkennen kan / (...) so man nicht durch erfahrenheit innen worden / was es für Geister gewesen [B415]
Adjektivabstraktum, das bei Basilius mit "*Erfahrung*" konkurriert und hier ein praxisbezogenes Fachwissen meint.
Vergl.: **Erfahrung** , **Wissen**

Erfahrung
[B M] f.
1) *das ist dem vnwissenden eine grosse geheime kunst / dem wissenden aber nicht / denn es ist ihm durch die wissenheit vnnd offter erfahrung zu einem Handwerck worden.* [B321]
2) *Jch muß hierbey noch eine Erfahrung anführen, welche ich angestellet habe, um zu wißen, ob ein häufiges Acidum Salis sowohl in seiner ordinairen, als auch concentrirter Gestalt etwas darzu beytrüge, um desto mehr Phosphorum zu erlangen.* [M627]
3) *Weil ich aber selbst noch keine Erfahrung davon hatte, gleichwohl aber in des Herrn Profeßor Potts Collegio Mscpto über die erste Auflage der Börhavischen Chymie fand, daß auch der Weitzen, der Rocken und andere dergleichen Früchte Phosphorum geben, so habe ich folgende Versuche gemacht:* [M636]

Deverbatives Nomen actionis (1) & (2) bzw. Nomen acti (3).
Vor allem in den Belegbeispielen (1) und (2) ist die Nähe von "*Erfahrung*" und "*Wissen*" deutlich. Während sich jedoch bei Basilius das Wissen mit der tätigen "*Erfahrung*" einstellt, ist für Marggraf die bewußt herbeigeführte "*Erfahrung*" der einzige Weg zu einem Wissen. In diesem Sinn kann "*Erfahrung*" in [M591 601 627] mit **Experiment** paraphrasiert werden. Das Experiment als "gewollte Erfahrung" (Francis Bacon). Als Nomen acti bezeichnet "*Erfahrung*" in (3) das so gewonnene Wissen.
Vergl.: **Experienz** , **Experiment**

erhärten
[M] swv.
ich zog den unten vorgestopften Gorck heraus, und stieß mit einem eisernen Drahte den erhärteten Phosphorum heraus [M329]
Part.Adj. zu erhärten. Bezeichnet hier den durch Abkühlen der Schmelze gewonnenen spröden, glasklaren "weißen Phosphor".
Vergl.: **coaguliren** , **figiren**

Erhartung
[B] f.
Welcher Meister kein Aschen hat / der kan auch kein Saltz machen zu vnser kunst / denn ohn Saltz kan vnser werck nicht leibhafftig gemacht werden / denn die erhartung aller ding wircket das blosse Saltz allein. [B351]
Die "*Erhartung*" ist die **Coagulation** der drei Prinzipien zu einer materiellen Form und bezeichnet damit den abstrakten Vorgang, in dem "*aus einem Geistlichen ein Leibliches werden wird*" [B549].
So schreibt Basilius über die drei Prinzipien: "(...) diese drey / wenn sie durch eine Vereinigung in ihre Erhartung und Coagulation gebracht / wie die Natur mannigfaltig würcket / so wird darauß ein vollkommener Leib (...)." (Vom grossen Stein der uhralten Weisen; Hamburg 1677 S. 12)
Bed.verwandt mit: **Coagulation** , **Hertung**

erheben
[A] swv.
in vnser Sublimation werden die gefigierten theil nit erhebet / sondern die theyl die nit figiert sein / die werden erhebet [A11]
Lehnübersetzung zu lat. sublimare.
Der verdampfende Stoff wird in die 'Höhe erhoben'.
Der Bedeutungsaspekt der 'Läuterung' (Part. Form) korrespondiert durchaus mit der Reinigungsfunktion der **Sublimation**.
Vergl.: **erhöhen**
Bed.verwandt mit: **sublimiren**

erhöhen

[B] swv.

es habe dann das versaltzene Meer den Leichnam verschlungen / vnd auch gantz vnnd gar wider von sich ausgeworffen / denn erhöhe in ihn seinen gradt [B267]

Wie **erheben** wird auch hier das Aufsteigen der gasförmigen Substanz bei der Verdampfung (**Sublimation**) betont.

Die Anweisung verstehe ich als eine Aufforderung, die vorher gebildete Chlorogoldsäure zur kristallinen Form einzudampfen. ("Erhöht" wird damit auch die Konzentration der Lösung.)

Vergl.: **erheben** , **sublimiren**

Erkältung

[K] f.

drum nahm ich Silberkalck / der mit saltz praecipitiret 1. Untz / goß meine Tinctur darüber / und zog den Spiritum vini gelinde davon / letztlich ließ ich die Lunam fliessen und zur Cornua werden / welche nach der Erkältung so schön aussahe / daß man viele hätte können überreden / es müste der Lapis Philosophorum in formâ vitri seyn [K2625]

Abkühlung, Erkaltung. Das geschmolzene, orangegelbe Silberchlorid (*Silberkalck*) erstarrt in der Kälte zu einer hornartigen Masse.

Vergl.: **erkalten**

erkalten

[M] swv.

1) *Nachdem alles erkaltet, nahm ich die Recipienten weg, goß das überflüssige Waßer ab / und erhielt aus dem übrigen einen schönen eißartigen Phosphorum.* [M221]
2) *Dieses Gefäße sezte ich in laulichtes Waßer, und goß nach und nach heißes waßer zu, bis alles Phosphorus geschmolzen war. Hier ließ ich es erkalten, welches desto schneller geschahe,weil ich kaltes Waßer zugoß* [M305]

Vorgang des Abkühlens, den die Substanz durchläuft.
Die Infinitivkonstruktion in (2) hebt den instrumentalen Charakter - hier als ein vom Experimentator initiiertes Verfahren zur Manipulation von Modifikationen - hervor.

erlösen

[B] swv.

wenn er den König verschlungen / so mache ein groß fewer / und wirff den Wolff darein / das er gantz vnd gar verbrenne / so wird der König wider erlöset werden / wenn das dreymal geschicht / so hat der Löwe den Wolff vberwunden [B42]

In der sog. Christus-Lapis-Parallele wird die christliche Vorstellung von Tod und Auferstehung auf jene

Vorgänge bezogen, die die Substanzen bei der Herstellung des Lapis durchlaufen sollen. In der Fortsetzung dieser Annahmen wird das Wirken des Steins auf die unedlen Metalle als Erlösung verstande.
In einer Verallgemeinerung kann jeder Vorgang, der zur Verbesserung einer Substanz beiträgt, als Erlösung betrachtet werden.
Erlöst wird hier das Gold aus einer Gold-Antimon-Legierung. Einher geht damit die Reinigung des Goldes.
Vergl.: **aufferstehen** , **aufferwecken**

erquicken
[B] swv.
wenn die feuchtigkeit der Erden auffsteiget / vnd der Nebel auffgezogen wird / gibt es sich in der Höhe zusammen / vnd felt durch seine schwere nieder / dadurch dem Erdreich seine verlorne feuchtigkeit wider gegeben wird / das erquicket denn die Erden / vnd gibt ihr Nahrung vnd fügung [B161]
Beschrieben wird hier eine Art Rückflußdestillation (**circuliren**), in der das als **Nebel** aufsteigende dampfförmige Destillat an den Wandungen der Destillationsapparatur kondensiert und auf den Destillationsrückstand - *Erdreich* - zurücktropft. Dabei wird die Wirkung des Rückflusses in Analogie gesetzt zur Wirkung des Regens auf das Erdreich: fruchtbringend und erquickend.

ersettigen
[B] swv.
dann der Leo seubert sich durch das geblüte des Wolffes / vnd des geblüts tinctur frewet sich wunderbarlich mit der tinctur des Löwens / denn ihr beyder Geblüt sind in der gesipschafft naher Verwandtnus / Vnd wann sich der Löwe ersettiget hat / ist sein Geist stercker worden [B53]
Zu Reinigungszwecken wird Gold mit Antimon legiert und dann aus der Legierung ausgeschmolzen. Diese Verfahren wird beschrieben als die Überwindung des *Wolffs* (Antimon) durch den *Löwen* (Gold).Der Reinigungseffekt wird damit erklärt, daß der Löwe das "*geblüt des Wolffes*" aufnimmt, sich daran "*ersettiget*". Auch dies ist nur möglich, da "*beyder Geblüt*" - Löwe und Wolf, Gold und Antimon - in "*naher Verwandtnus*" stehen.

Erstarrung
[B] swf.
dieweil durch seinen zusatz gemildert wird der hitzige grad / Venus / und lebendige Mercurius coagulirt wird / vnd gleicher massen durch seine erstarrung zu gutem bestendigem Goldt werden muß [B11043
Bezeichnet hier die Verfestigung des Quecksilbers bei der Amalgambildung.
Vergl.: **Coagulation**

Ertz

[K] stn.

Jch habe sehr viel in der Lunâ gearbeitet / und feine Dinge darinn gesehen / unter andern mache ich ein Ertz wieder daraus auff unterschiedene Art / wie es in den Bergen wächset [K3521]

Nach Kunckel bilden sich aus dem Wasser und dem "*universal Saltz / welches ein Anfang aller Dinge ist*" [K488], über die Stufe der "*viscosâ materia*" [K402], die Erze und Metalle.

Das Erz der Luna bezeichnet hier das Silbersulfid (Ag_2S), das als Silberglanz eines der wichtigsten Silbererze darstellt.

Vergl.: **Minera**

erwärmen

[B] swv.

in im muß befunden werden / die aller grösseste vnd gewaltigste Hitz / denn durch sein grosses innerliches Fewer wird der kalte Leib des Saturni erwärmet / vnd durch solche entzündung in das aller beste Goldt verendert [B1037]

Die hier dem Blei ("*Leib des Saturni*") zugeschriebene Temperaturerhöhung resultiert nicht aus einer äußerlichen Wärmequelle. Vielmehr scheint sie eine Folge des Reaktionsverlaufs zu sein (exotherme Reaktion).

Der Kontext legt nahe, daß es sich bei der beschriebenen Reaktion um die Bildung eines Quecksilber -Blei-Amalgams handelt. Unter dieser Voraussetzung kann man annehmen, daß die "Erwärmung" des Bleis eine rein hypothetische ist, die der Tatsache Rechnung trägt, daß das Amalgam flüssig bleibt, das Blei mithin "geschmolzen" erscheint.

Erzeugung

[M] f.

Um aber auch durch Erfahrungen zu zeigen, daß auch die Vegetabilien, die wir theils täglich, theils nur dann und wann genießen, eben das in sich halten, was zur Erzeugung des Phosphori nötig ist [M630]

Vorgang der Synthese eines Stoffes durch Umsetzen geeigneter Ausgangsverbindungen oder - wie hier - die Gewinnung einer Substanzaus einer ihrer Verbindungen.

Vergl.: **darstellen , Generation**

Essentz

[K] swf.

also / daß desselben / was die Colör machet / im Saffran gar wenig ist / wann du nun diese Vegetabilische Tinctur dem innersten Kern nach soltest verkauffen / was meynest du wohl / wie theuer dir das Loth kommen würde / wann du mit dieser Essentz nur ein Loth Wasser färben soltest / daß es so hoch roth würde [K2478]

Entlehnung von lat. essentia, Wesen (einer Sache).

Von Paracelsus geprägter Begriff, der eine Flüssigkeit meint, die alle wirksamen Bestandteile einer Substanz in konzentrierter Form enthält. Die "*Essentz*" des Belegbeispiel zeichnet sich durch ihre rotfärbende Wirkung aus.
"*Essentzen*" werden aus organischen (Tieren, Pflanzen) und anorganischen Substanzen (Mineralien, Metalle) hergestellt:
"Auß den Thieren und Erdgewächsen werden Essenzen / Tincturen / und Magisteria, wann extrahirende Wasser / als Brantweis / Wachholder - Terpenthin - Spiritus / über die Stück / so man außzihen wil / gegossen werden: die so dann / durch die Digestion / Aufflöß- und Außziehung / den Geschmack / die Farb / und den Geruch auß dem Cörper heraußziehen. Welcher Extract darnach / durch eine gemache Abziehung des Solvir-Stücks angedickt wird. (...) Auß den Metallen und Mineralien werden Tincturen / und die also genante Essenzen / durch eine zusammenneigige Außzieh- und Aufflösung: Von welcher oben." (J.J.Becher, Oedipus Chymicus 1680, S.146, 147)
Bed.verwandt mit: **Extractus** , **Tinctur**

Eßig
<*Essig* [A B K]; *Eßig* [K]> stm.
1) *Mercke auch dieses / das der Wein einen flüchti gen Geist bey sich hat / denn in seiner distillation gehet der Geist am ersten / vnd die flegma zu letzt / so bald er aber durch langwirige Wärme zu Essig gemacht wird / ist sein Geist nicht mehr als denn so flüchtig wie zuuor* [B878]
2) *Dasselbe Saltz läst sich erstlich in Saltz und Eßig solviren / oder mit selbigem extrahiren* [K837]

Verdünnte, wässerige Lösung der Essigsäure, die sich durch Oxidation alkoholhaltiger Flüssigkeiten an der Luft bildet.
Durch Destillation kann der Säuregehalt erhöht werden. Diese konzentrierte Form bezeichnet "*distillirte Essig*" [B896] bzw. "*distillirter Eßig*" [K573] ("*Acetum destillatum*").
Die bei Alanus zu findende Bezeichnung "*vnser Essig*" ist dagegen ein Deckname für "*den blossen Mercurium / mit seinem corpus*" [A147]
Bed.verwandt mit: **Acetum**

evaporiren
[K M] swv.
1) *Die Fettigkeit kan durch das zusammen sündern / Bergmännisch zu reden / nicht davon evaporiren* [K265]
2) *Jch evaporirte dieses Gemenge unter beständigem Rühren, bis es ganz zu einem schwarzen Pulver ward.* [M166]

Entlehnung von lat. evaporare, verdampfen (vapor,

Dampf).
Verdampfen oder Abrauchen einer Flüssigkeit oder eines Feststoffes. Verwendet wird dabei das **Evaporir=Glaß**.
Bed.verwandt mit: **eindicken**

Evaporir=Glas
[M] n.
Ein Pfund dieses klar geriebenen Kalkes vermischte ich mit I Pfund Salmiac und eben soviel Sale Tartari, that es in ein gehöriges Evaporir=Glas, und goß verfaulten Urin darauf (...). Jch setzte dieses Gemenge in gelinde Digestion in warmen Sand [M95]
Glasgefäß zum Verdampfen oder Abrauchen einer Flüssigkeit.

examiniren
[K] swv.
man mache einen Vitriolum Veneris mit Schweffel oder mit Oleo Vitrioli, (...) / wann ich aber selbigen destillire und examinire das Oleum und Caput mortuum, so befinde ich netto, daß so viel Sal Sulphuris als bey der Venere gewesen / so viel Oleum habe ich / das Caput mortuum ist gerade meine Venus wieder. [K2311]
Entlehnung von lat. examinare, prüfen, untersuchen. Hier ist die Untersuchung eines Destillats und eines Destillationsrückstands auf ihre jeweilige Zusammensetzung gemeint - eine chemische Analyse.
Vergl.: **untersuchen**

Experienz
<*Experientz; Experienz* [K]> f.
Was dieser nun vor einen Spiritum gibt / gegen den andern / wann er seine grobe Terram und Metall hat / wirst du aus der Experienz lernen [K2237]
Entlehnung von lat. experientia, Probe, Erfahrung. Fachlich praktische Erfahrung. Während "*Experienz*" im Belegbeispiel als bewußt herbeigeführte **Erfahrung** verstanden und mit **Experiment** paraphrasiert werden kann, ist dies in den anderen Verwendungszusammenhängen [K831 1089] nicht möglich.Dort bezeichnet "*Experientz*" allein ein Erfahrungswissen, ohne die Art seines Zustandekommens näher zu bestimmen.
Vergl.: **Erfahrung** , **Experiment**

Experiment
[K M] n.
1) *Ob dieses zwar etlicher massen durch angeführtes Experiment erwiesen ist / so sage ich / das allersubtileste von den Oleis ist der spiritus vini* [K1085]
2) *Das ander Experimentum, woher zuschliessen daß der Schweffel bey diesem fulmine nichts thue / ist dieses. Wann man das gewöhnliche Schlag=Pulver vom Nitro, Sal Tartari und Schweffel macht /*

es bey Nacht=Zeit oder sonst an einen finstern Ort thut / in einem Löffel auf Kohlen setzet und es genau ansiehet / so beginnt es erstlich ein wenig auffzusieden (...) [K3040]

Entlehnung von lat. experimentum, Versuch. Von Marggraf und Kunckel teilweise unter Erhalt der lat. Kasus-Endungen verwendet "*experimentum*" bzw. "*experimenta*". Die Pluralformen erscheinen nur mit lat. Endungen. Die Belegbeispiele zeigen die Rolle, die Kunckel dem "*Experiment*" zuerkennt: Fundament und Prüfstein seiner Hypothesen zugleich.

Für Marggraf gilt:

Bed.verwandt mit: **Erfahrung**

extendiren

[K] swv.

und hat sich die Röthe von der Venere in Mercurium extendiret / und ist als wie in einem Wasser Gelbe geworden; hat man also mit nichten dieser Venus eine Gelbe beygebracht / sondern es ist nur / wie gedacht / eine ausgebreitete Röthe / welche fast allemahl eine Gelbe machet [K3331]

Entlehnung von lat. extendere, ausdehnen, ausbreiten. Als Lehnübersetzung verwendet Kunckel "*ausbreiten*", gemeint ist eine Verdünnung. Kunckel verwendet "*extendiren*" nur zur Beschreibung der Farbveränderungen auf Grund eines Verdünnungseffektes.

Externum

[K] n.

Das die 6. Metallen ihr externum und internum haben / läugne ich nicht; daß ich aber gläuben solte / daß dieses so von Gold und Silber könte verstanden werden / wie vom Eisen / Kupffer / Zinn und Bley das wird mich niemend zu glauben bewegen. [K379]

Als "*externum*" der Metalle Gold und Silber gibt Kunckel eine "*terra irreducibilis*" an, die er an anderer Stelle für die Form der Metalle verantwortlich macht.

Das Verhälntnis von "*externum*" und "*internum*" ist jedoch unklar.

Extraction

[B K] f.

so aber das Glaß vom Antimonio gemacht / mit gutem destillirten Essig ausgezogen wird / gibt es eine schöne Extraction sehr hoher Farbe [B897]

Entlehnung von lat. extrahere, herausziehen.

Ein Verfahren, nach dem bestimmte Eigenschaften von Stoffen (Farbe, Geruch, Geschmack) durch geeignete Lösungsmittel herausgezogen und als **Essentz** konzentriert werden.

Sowohl bei Ruland (1612, S.202 ff) als auch bei J.J.Becher (Chymischer Glücks=hafen, 1682 S.538, Extractio) wird dieser Arbeitsgang als eine Art der De-

stillation verstanden. Das Oraculum (1755, in Schneider 1981, S.38) setzt die "Extractio sicca" mit der **Sublimation** gleich.
Die "*Extraction*" geschieht, indem geeignete Lösungsmittel, "(...) extrahirende Wasser / als Brantwein / Wachholder - Terpentin - Spiritus / über die Stpück / so man außziehen wil / gegosssen werden: die so dann / durch die Digestion / Aufflöß- und Außziehung / den Geschmack / die Farb / und den Geruch auß dem Cörper heraußziehen." (J.J.Becher, Oedipus Chymicus 1680, S.146)
Bed.verwandt mit: **Ausziehung**
Vergl.: **Essentz**

Extractus
[M] m.
Schon 1725 (...) habe ich den Phosphorum aus 3 Theilen groben Sandstein=Gruse und I Theil zur Dicke eines Extracti inspißirten Urins glücklich verfertiget. [M38]
Entlehnung von lat extractus, Part. Perf. von extrahere, herausziehen. Durch **Extraction** gewonnene Flüssigkeit, die einzelne Eigenschaften (Geschmack, Farbe, Geruch) der Ausgangssubstanz enthält. "Welcher Extract darnach / durch eine gemache Abziehung (...) angedickt wird." (J.J.Becher,Oedipus Chymicus 1680; S.146)
Kunckel [K2823] verwendet "*Extract*" unter Verlust der lat. Kasusendung.
Vergl.: **Essentz**

extrahiren
[B K] swv.
Die andere Frage ist: Ob man den Sulphur Solis extrahiren / und ein Aurum Potabile, daraus das Gold nicht wieder zu reduciren wäre / bereiten könne? [K2399]
Entlehnung von lat. extrahere, herausziehen.
Vorgang der **Extraction**, des Herauslösens einer Komponente aus einer Verbindung.
Bed.verwandt mit: **ausziehen**
Vergl.: **Essentz** , **Tinctur**

Eygenfeuchtigkeyt
[A] f.
wan alsdan so empfacht das trucken Corpus die eygen feuchtigkeyt des Mercurij, vnd wirdt denn genannt ein ding / dem wir nichts mehr frembdes zu noch dannenhero nehmen [A364]
Alanus begreift den Prozeß der Amalgamierung als eine Fäulnis (**Fäulung**). Die damit verbundene Feuchtigkeit spricht er dem 'flüssigen' Quecksilber zu. Dies entspricht auch seiner Vorstellung von der Amalgamierung als **Aufflösung**.

färben
<*ferben* [A B]; *färben* [K]> swv.
1) *ist in jm behalten die eigenschafft vnd natur aller Metall / vnd wirdt deßhalben genent der Stein der Weisen / vnd wiewol der nicht ist / vnd der einig Schlüssel der Metall / so hat er doch von ihm selbs nicht macht zu ferben allein / er werde dann vorhin geferbt oder tinigiert mit der anima Solis vel Lunae* [A53]
2) *denn vnser Schwebel brennet nit / vnd leuchtet gleichwol ferne / er ferbet auch nicht / er sey denn zuuor bereitet / vnd selbsten geferbet mit seiner farbe / auff daß er weiter ferben kan die schwachen vnuollkommenen Metallen* [B237]
3) *geuß ein wenig Saltzwasser hinein / so praecipi tiret sich die Luna heraus / und ist eben wie die / so mit Saltz aus dem aqua fort praecipitiret ist: Diese kan ohne Eckel besser / als die mit der Venus blau gefärbet ist / gebrauchet werden* [K3633]

Nach den Vorstellungen des Alanus (1) erfolgt die Verwandlung der Metalle, indem die **Anima** der Edelmetalle (die er mit dem **Schwefel** identifiziert) mit Hilfe des **Mercurius** diesen entzogen und auf die unedlen Metalle übertragen wird. Den Vorgang des Übertragens bezeichnet er als "*ferben*". Die Farbveränderung wird Ausdruck einer materiellen Veränderung der Substanz. In gleicher Weise ist das "*Ferben*" bei Basilius (2) mit der Vorstellung von der Wirkung des Steins der Weisen ("*vnser Schwebel*" erscheint hier als Deckname des Steins) verbunden.
"*Ferben*" erscheint so bei Alanus und Basilius synonym zu dem vom lat. "tingere" entlehnten **tingiren**, das den Vorgang der Verwandlung der unedlen Metalle mit Hilfe der **Tinctur** bezeichnet. Entsprechend heißt es bei Ruland (1612, S. 474): "Tingiren, färben ist sein Natur verwandeln."
Die Farbe einer Substanz ist für Kunckel dagegen keine Eigenschaft, die zu ihrer Identifizierung dienen kann. Denn: "*Color ist Lusus naturae*" [K2453]. Der Vorgang des "*ferben*" ist nur auf das Verhalten einer Komponente einer Verbindung zurückzuführen. So beruht im Belegbeispiel die Blaufärbung auf einem Kupfergehalt. Verfärbungen in Lösungen erklärt Kunckel mit dem **Extendiren** der Farbe.
Vergl.: **Tinctur** , **tingiren**

Fäulung
<*Fewlung* [A]; *Feulung* [A B], *Fäulung* [K]> swf.
1) *Die fewlung des Corpus ist der anfang des wercks / vnnd die geschicht mit linder werm / auff das / dz nichts nit auffsteige / wann so etwas auffstieg / so wirt absönderung des Mercurij vnd Corpus / das nit sein soll* [A302]
2) *so sol der suchende Kunstmeister vnd kluge der*

Philosophey wissen / das gleicher gestalt kein Metallischer Same wircken / noch sich in keinem weg ermehren kan / es sey dann solcher Metallischer Same zuuor in vnd durch sich selbsten allein ohne einigen frembden zusatz noch vermischung zu der Vollkommenen feule gebracht [B861]

3) *Wilst du eine Fäulung oder Auffschliessung eines vegetabilis dich bedienen / so must du es über der Erde suchen / dergleichen auch mit den Metallen.* [K1558]

Deverbatives Nomen actionis zu **faulen**, das den Vorgang der Auflösung und Zersetzung einer Substanz durch Wärme und Feuchtigkeit bezeichnet.

Von diesem Aspekt der Auflösung ausgehend, beschreibt Alanus (1) den Vorgang der Amalgamierung und gleichzeitigen Oxidbildung (durch leichtes Tempern des Amalgams) als "*Fäulung*".

In gleicher Weise stellt Basilius (2) den Vorgang in den Zusammenhang der **Generation** der Metalle duch die **Kunst**.

Beide Verwendungen basieren auf der Vorstellung, daß Tod und Zersetzung der Vervollkommnung und Läuterung notwendig vorausgehen müssen. Diese Annahme findet Eingang in einen häufig anzutreffenden Lehrsatz, der etwa bei Hans Folz (1450-1515) in der Form "corupcio unius est generacio alterius" (zitiert nach H.Fischer 1967, Z.142) erscheint. Bei J.J.Becher nimmt der Grundsatz die Form "Indem aber des einen Verderbung ist des andern Erzeugung" (Oedipus Chymicus 1680, S.137) an. (Vergl. auch Goltz, Telle, Vermeer 1977; S.78)

Wie im Belegbeispiel (2) geht das Bild der Fäulnis häufig einher mit der Vorstellung vom "metallischen Samen". Dies läßt vermuten, daß der Ursprung dieser Annahme im Bibeltext Johannes 12.24 zu suchen ist: "Es sei denn, daß das Weizenkorn in die Erde falle und erstürb, so bleibt's allein; wo es aber erstirbt, so bringt es viele Früchte."

Als chemische Operation erscheint die "*Fäulung*" bei Kunckel (3) als eine Form der **Auffschließung**, die mit der künstlichen Generation der Metalle nicht mehr verbunden ist. Dennoch hat auch bei ihm die Fäulnis als natürlicher Prozeß eine erschaffende Funktion.

Denn es ist die "*Fäulung*", die dazu beiträgt, daß sich das "*sal volatile*" an das "*universal Saltz*" anlegen kann , um dann unter dem Einfluß von Wärme und Kälte jene **Gur** zu bilden, aus der weiterhin die Metalle hervorgehen [K484-520].

Bed.verwandt mit: **Putrefaction**

Vergl.: **Digestion** , **Verderbung**

fallen

[K] stv.

so solte es / wie ein Batyrum herüber gehen / das solte ich in Brunnen=Wasser schütten / so würde ein weiß Pulver zu Boden fallen / und die Tinctur würde im Wasser bleiben [K2573]

Eine gelöste Substanz wird in eine unlösliche Form überführt, die sich im Lösungsmittel absetzt: Die Substanz fällt aus.

Die Wendung "*zu Boden fallen*" betont das Absetzen des Feststoffes am Retortenboden.

Es handelt sich um eine Lehnübersetzung zu lat. praecipitare, herabstürzen.

Bei Basilius findet sich das Kompositum "*niederfallen*" [B159]. Damit ist jedoch kein "ausfällen" im Sinne Kunckels gemeint, sondern der Vorgang des Zurücktropfens des Destillats auf den Destillationsrückstand bei einer Art Rückflußdestillation (vergl. **erquicken**).

Vergl.: **praecipitiren**

Farbe

[A B K] f.

1) *So es in igne Sapientia gestanden hat vff ein Monat der Philosophen / so werden volbracht vn gmacht grausame schwertz / erseiht ein das ander / verstehe / es verzehrt ein farb die andere / so lang / biß es auff die letst ein bleibt / das ist der weisen Mercurius* [A165]
2) *so wird nach erfüllung aller Welt farben / ein endliche Conjunction vnd zusammenfügung geschehen / daß das gröste zum geringsten / vnd das geringste zum aller grösten kommen wird.* [B1020]
3) *Aus dem Saturno kommen vielerley gestalt farben herfür / so durch bereitung vnd Kunst gemacht werden / als schwartz / graw / weiß / gelb vnd roth / und was mehre vermischete Farben daraus kommen* [B944]
4) *nahm darauff diese Luna, laminirte und calcinirte sie mit Schwefel wiedrum / da fand ich die geringste Blaue nicht / das aber befand ich / daß so viel das Sal acidum von der Lunae solviren können / in den Spiritum Urinae mit gegangen war / aber ihm die geringste Farbe nicht gegeben hätte.* [K3491]
5) *daß er aber meistens in Berg=Stufen gefunden und gemeiniglich roth siehet / welches man Cinnabarim nativam nennet / auch zu Zeiten in einer gantz weißlichten Erde / (...) / welcje sich sowohl auffsublimiret als ein Kram=Cinnober oder factitium, ohne seinen Berg / den er bey sich führet / doch nicht weiß noch roth / sondern zwischen beyden roth=gräulich (...) ist accidentaliter* [K422]
6) *Jch evaporirte dieses Gemenge unter beständigem Rühren, bis es ganz zu einem schwarzen Pulver ward.* [M168]
7) *Aber wir müssen die zwey / als corpus vnd Spiri tus mit einander figiren / damit sie ein leichten fluß geben. Jtem / so die hitz würckt in der*

feuchtigkeyt / so sichst zum erst schwartz farb. Jtem / so die hitz wirckt in der truckenheit / so sicht es weiß farb / vn in derselbigen weissen farb ist verborgen die roth farb. [A18]

8) *so muß es doch in abscheidung seiner Federn / biß zu der aller niedrigsten scheinung gebracht / vnnd durch sene verderbung in verbesserung kommen / damit schwartz in weiß / vnd weiß in roth gebracht werde* [B919]

Neben der sinnlich wahrnehmbaren Erscheinung im chemischen Prozeß kommt den Farbänderungen im Zusammenhang der Bereitung des Lapis Philosophorum eine besondere Bedeutung zu. Die Belegbeispiele (1)-(4) spiegeln diese zwei Bedeutungsebenen.

Für Alanus (1) und Basilius (2) ist die Bereitung des Lapis an eine bestimmte Abfolge von Farberscheinungen gebunden. Die Farbe indiziert hier das jeweilige Stadium des "Werkes". Diese Annahme leitet sich her von den Vorstellungen ägyptischer Alchemisten. Danach vollzog sich die Veränderung der Materie bei deren Verwandlung in den Stufen der Melanosis (Schwärzung), der Leukosis (Weißung), der Xanthosis (Gelbfärbung) und der Iosis (Umwandlung in ein violettes Goldpulver).

(Vergl. Lippmann Bd.I (1919) S.272 & Bd.III (1930) S.15 ff; Goltz,Telle,Vermeer 1977, S.80)

In der lat. Alchemie entfiel die vierte Stufe und es blieb die Trias der "*schwartz*", "*weiß*" und "*roth farb*" [A]. Dabei stellt die "*Schwertz*" [A] oder **Nigredo** (Deckname: **Caput Corvi**) den - häufig durch **Fäulung** erhaltenen - Ausgangszustand dar, der mit dem Tod der Substanz gleichgesetzt wurde. Die neuerliche Beseelung des toten Körpers (**Anima; seligen**) führte zum Stadium der "*Weisse*" [A] (**JungfrauMilch;** *weißer Schwan*). Vollendet war das Werk mit dem Erscheinen der roten Farbe als dem Zustand der "*allerhöchsten bestendigkeyt*" [A266]. Bei Alanus findet sich ausschließlich diese mit der Gewinnung des Lapis verbundene Bedeutung der Farberscheinungen (7). Bei ihm finden sich auch die von den Farbadjektiven abgeleiteten Substantive zur Bezeichnung der jeweiligen Stadien und die Verben (**schwertzen, weißen, röthen**) zur Bezeichnung der entsprechenden Operationen.

Auch bei Basilius fungiert die Farbe als Indikator für die Stadien des Werkes (2) und er verwendet die Farbadjektive schwarz, weiß und rot, um diese Stadien zu bezeichnen (8). Gleichzeitig erfolgt bei ihm aber auch die Charakterisierung bzw. Identifizierung einer Substanz durch ihre Farbeigenschaften. Dabei stützt er sich auf die alchemistische Erfahrung - auf Experiment und Beobachtung. So bezieht sich etwa Belegbeispiel (3) auf die verschiedenfarbigen Bleiverbindungen (vergl. 2.3.2.2.).

Ohne Bezug zur Lapis-Gewinnung erscheinen die Farbadjektive bei Kunckel und Marggraf. Während jedoch Marg-

graf die Farbadjektive nur spärlich (es erscheinen nur: *grau roth schwärzlich schwarz*) und nur zur zusätzlichen oder vorläufigen Beschreibung einer im Prozeß entstandenen Substanz verwendet, widmet sich Kunckel dem Phänomen der Farberscheinungen eingehender.
Zwar schreibt er "*Color ist Lusus Naturae*" [K2453], glaubt aber doch, die Farben auf einzelne Komponenten einer Substanz zurückführen zu können: "*und ist daraus zu sehen / daß zwey Dinge / so sie zusammen kommen / als ein acidum und sal volatile eine Farbe machen*" [K560]; und: "*die Colör kommt accidentaliter vom Saltz und Terra*" [K705].
Zwischen der "*Gelbe*" [K] und "*Röthe*" [K] sieht Kunckel eine Beziehung derart, "*daß die Gelbe im Golde eine extendirte Röthe ist*" [K2445]. Angenommen wird damit ein Verdünnungseffekt.
Mit dem im gleichen Zusammenhang erscheinenden Ausdruck "*trockene Röthe*" [K2464] ist ein Pulver gemeint, das die rote Farberscheinung einer Substanz in sich trägt.
Im Einklang mit dem großen Interesse , das Kunckel dem Phänomen Farbe entgegen bringt, findet sich bei ihm die größte Anzahl von Farbadjektiven und davon abgeleiteten Substantiven (*Blaue, Gelbe, Grüne, Röthe, Weisse*). Die beschreibende aber nicht unbedingt identifizierende Funktion der Farbadjektive zeigt sich vor allem in den Adjektivzusammensetzungen, die der adäquaten Wiedergabe außersprachlicher Realität dienen sollen: *milchfarbig, milchfarben, roth=gräulich, schneeweiß*. Neben den einfachen Adjektiven *blau, gelb, grün, roth, schwartz, weiss/weiß* finden sich noch zwei Adjektivableitungen mit Suffix '-lich': *gelblich, graulicht, röthlich*.
Bed.verwandt mit: **Colör** , **Color**
Vergl.: **Caput Corvi** , **extendiren**

faulen

[K M] v., intr.

1) *die Ursach ist / es hat sein meistes Sperma ver lohren / und am Sande abgestrichen. Dennoch fault es / und giebt seine Terram.* [K1450]
2) *Ein Pfund dieses klar geriebenen Kalkes vermischte ich mit I Pfund Salmiac und eben so viel Sale Tartari, that es in ein gehöriges Evaporir=Gefäß, und goß verfaulten Urin darauf, so daß er 4 Finger über das Gemenge gieng. Den Urin hatte ich 6 Wochen faulen laßen.* [M98]

Bezeichnet den Vorgang der Auflösung und Zersetzung (**Fäulung**) den die Substanz erleidet. (1)
Bei Marggraf findet sich "*faulen*" ausschließlich in Infinitiv-Konstruktionen mit 'lassen' (2). Der Vorgang wird so zu einem vom Experimentator initiierten Prozeß. (Das trans. **Feulen** findet sich nur bei Alanus.)
In der Form eines Part.Adj. verwendet Marggraf

"*verfaulen*", um den erreichten Zustand zu bezeichnen.
Bed.verwandt mit: **putreficiren**
Vergl.: **Fäulung** , **Feulen**

Ferment

[B K] n.

1) *Nim denn des zugerichten Ferments ein Theil auff tausent theil einflosse derer Metall / so du tinigren wilt* [B1263]
2) *nun könte es nicht stinckend werden / wenn aus dieser Putrefaction nicht ein Fermentum würde* [K1327]

Entlehnung von lat. fermentum, Sauerteig; erscheint bei Kunckel nur in der lat. Form.
Bei Basilius ist das "*Ferment*" bedeutungsgleich mit der die Transmutation bewirkenden **Tinctur**. (1)
in seinem Laboratorium Chymicum (1716, S.718) setzt Kunckel das "Ferment" mit der Hefe gleich und kennzeichnet es wie folgt: "Derowegen ist es ein Mittel=Wesen zwischen sauer und recht bitter / und mehr zur Bitterkeit als Säure geneigt." Er schreibt weiter, dieses Ferment bestehe "(...) in einer temperirten viscosischen Bitterkeit (...). Die in der Terra viscosa des Mehls würcket / zu welcher anfänglich die Mucilago des Eyes hilfft; der Zucker aber hilfft / daß ein Temperament sey / daraus eine heimliche kleine Säure am ersten formiret wird." (S.724)
Neben der Hefe und dem Sauerteig scheint Kunckel - wie Belegbeispiel (2) zeigt - weitere Gärstoffe anzunehmen. Denn: "Sonst geschehen unterschiedliche Fermentationen vor und in sich selbst / durch eine gelinde Wärme / dieselbe formiren aus ihrem eigenen Viscoso den Urheb (...)." (Laboratorium Chymicum 1716, S.725)
Beide Bedeutungen, die alchemistische und die chymische, finden sich bei Ruland (1612, S.211 f):"Ferment ist Elixir, Sawrteig, Deyssen / Hefel / oder Urheb (...) macht das Corpus luck / daß auffgehet / vnnd der spiritus Platz findet (...) also ist auch allhie der lapis selbs das ferment (...)."
Vergl.: **Fermentation** , **fermentiren** , **putreficiren**

Fermentation

[K] f.

Durch den Motum wird ein Feur / und das gebiehrt das acidum als einer Fermentation, durch welche wird die Materia Mercurii oder der gebohrne Mercurius coagulirt und figirt [K759]

Entlehnung von lat. fermentum, Sauerteig.
Bezeichnet einen Gärungsprozeß, wie er etwa durch die Hefe ausgelöst wird (Laboratorium Chymicum 1716, S.699ff).
Kunckel nimmt an, daß die "*Fermentation*" und **Putrefaction** gleichzeitig auftretende Vorgänge sind, bei denen die "*Salia*" entstehen: "Dann ich sage nochmals / und zwar nach der Experientz, daß die Salia alle / durch

eine Putrefaction und Fermentation, welche als Schwester und Brüder sind / generiret werden;" (Laboratorium Chymicum 1716, S.114; vergl. auch S.696).
So ist die "*subtile Fermentation*" [K504] bei der Generation der Metalle der Vorgang, bei dem das **Acidum** gebildet wird, das die zähe vormetallische Flüssigkeit (**Gur**) verfestigt. (Nach Kunckel sind die "*Acida*" eine Gruppe der "*Salia*".)
Vergl.: **Acidum** , **Ferment** , **fermentiren** , **Putrefaction**

fermentiren
[B K] swv.
1) *so es aber mit seines gleichen fermentiret vnd versatzt wird / als denn hat die gemachte Tinctur einen eingang oder nigreß erlanget in das ander zu wircken* [B1260]
2) *Denn / wenn es fermentirt / so scheidet sich pu rum ab impuro, und es bleibet die terra viscosa in fundo.* [K1327]

Vorgang der **Fermentation**, bei dem das **Ferment** wirkt. Entsprechend der Bedeutung, die Basilius dem **Ferment** als metallverwandelnde **Tinctur** beimißt, ist "*fermentiren*" die Anwendung der **Tinctur**: die Transmutation (1). Kunckel begreift den Vorgang nicht mehr im Kontext der Transmutation der Metalle sondern als ein Substanzverhalten, das im Belegbeispiel - gemäß seiner Annahme - auch als **Faulen** bzw. **Putreficiren** bezeichnet werden kann.
Vergl.: **Ferment** , **Fermentation**

Fett
[K] stn.
Aber in der Scheidung wird Oel / Fett oder Butter wie es vor war / ausser daß die Butter ihre terrestreität verlässet / und wie ein lauffend oder dünn Oel wird / diese fette oder Butter haben wenig Geruch; [K907]

Das "*Fett*" erscheint hier als Sammelbezeichnung für tierische und pflanzliche Fette. Ein Fett dient Kunckel dazu, die "*mit Saltz praecipitirte Lunam*" (AgCl) [K3593] zu reduzieren.
Als Adjektivabstraktum ist fem. "*Fette*" in [K732;1004] synonym zu **Fettigkeit**.

Fettigkeit
[B K] f.
1) *vnd so die erde ihres Geistes mangeln solte / were sie denn todt / und konte kein Nahrung mehr von sich geben / wieweil ihrem Schwebel oder fettigkeit der Geist / welcher die lebendige krafft erhelt / und alle wachsung durch das nutrimentum fort treibt / beraubet were.* [B404]
2) *Die Fettigkeit aber kommt Anfangs von einen ver mischten Corpore, die vermöge des saltzes und Wassers eine subtile Erde gemacht / welche denn*

meistens in einer Fettigkeit bestehet / und hernacher gantz verbrennlich ist / (...). Dieses also formirte Corpus kan man Schweffel nennen. [K749]

Während Basilius die "*Fettigkeit*" mit dem Schwefel gleichsetzt, ist sie für Kunckel nur ein Bestandteil des Schwefels: "*Der Schwefel bestehet erstlich in einer Fettigkeit der Erden / welche ein Oleum combustiblie ist / dergleichen in allen vegetabilischen Gewächsen zu finden: Zum andern in Sale fixo & volatile, und in einer groben Terrestreität.*" [K198] Wurde in der Drei-Prinzipien-Lehre der Schwefel mit der Grundeigenschaft der Brennbarkeit identifiziert, ist nun die "*Fettigkeit der Erden*" als ein "*oleum combustibile*" für die Brennbarkeit verantwortlich. Somit ist weder der zusammengesetzte Schwefel ein Prinzip, noch die "*Fettigkeit*" (2), die er auch **Pinguedo** nennt. Dennoch spricht er der "*Fettigkeit*" einen 'Beinahe-Prinzipien-Charakter' zu: "*(...) der Schwefel bestehe / nemlich in einer pinguedine, welche ich auff gewissen Masse / als ein purum principium nehme / und es eine Fettigkeit der Erden nenn will / wiewohl es kein purum principium ist.*" [K336]

Ebenso zweideutig bleibt das Verhältnis zum Schwefel, wenn er schreibt: "*diese Fettigkeit in der Erden könte man Schwefel nennen*" [K1291] (vergl. auch [K757].)

Nach Kunckels Vorstellungen bewirkt die durch das "*Berg=Feuer*" angeregte "*Fettigkeit*" die Austrocknung der vormetallischen Flüssigkeit (**Gur**) und hat so Anteil an der natürlichen Generation der Metalle [K409-432; 749-764].

Als Beleg für die Existenz der "*Fettigkeit*" auch in den Pflanzen, dient Kunckel der Teer, den er eine "*gröbere Fettigkeit*" [K738] nennt.

Vergl.: **Pinguedo** , **Schwefel**

feucht

[A B] adj.

1) *Vnser Stein ist lüfftig vnnd flüchtig / in seiner offenbahrung kalt vnd feucht / vnnd in seiner verborgenheit warm vnnd trucken* [A95]
2) *Also auch in der Meisterschafft des fewers muß ordnung gehalten werden / auff das der feuchte Liquor nicht zu schnell vertrockne* [B640]

Bezeichnet eine der vier Qualitäten (zwei aktive: Wärme, Kälte; zwei passive: Trockenheit, Feuchtigkeit), die nach der aristotelischen Lehre von den Grundstoffen paarweise, je eine aktive und eine passive, jedem Element zukommen: Feuer - warm und trocken; Luft - warm und feucht; Erde - kalt und trocken; Wasser - feucht und kalt.

"*Vnser Stein*" wird also sowohl mit den Qualitäten des Wassers als mit denen des Feuers beschrieben. Dies entspricht den Decknamen "*Wasser der Philosophen*" [A78] und "*Feur der Weisen*" [A282] für das Quecksil-

ber. Entsprechend ist auch der "*feuchte Liquor*" des Basilius ein Deckname für das Quecksilber.
Davon abgeleitet ist das Adjektivabstraktum "*Feuchte*" [A274, 351], das sowohl bei Alanus als auch Kunckel mit **Feuchtigkeit** konkurriert.
Kunckels "*Feuchte*" [K1821] bezeichnet die Luftfeuchtigkeit, die von einem hydroskopischen Destillationsrückstand angezogen wird.
Vergl.: **Feuchtigkeit**

Feuchtigkeit
<*Feuchtigkeyt* [A]; *Feuchtigkeit* [A B K]> f.
1) *So hastu macht zu tingieren / penetrieren / aber die feuchtigkeit muß durch die grad des Feürs zerstört werden / das da schwach vnd müßig sey* [A115]
2) *wenn die feuchtigkeit der Erden auffsteiget / vnd der Nebel auffgezogen wird / gibt es sich in der Höhe zusammen / vnd felt durch seine schwere nieder / dadurch dem Erdreich seine verlorne feuchtigkeit wider gegeben wird* [B157]
3) *dann von seiner überflüßigen Feuchtigkeit ist er duch die Coagulation entbunden* [K619]

Adjektivabstraktum zu **feucht**, das eine der vier Qualitäten bezeichnet, die Aristoteles den vier Grundstoffen je paarweise zuordnet.
Alanus unterscheidet in den Hölzern drei Arten der "*Feuchtigkeit*", von denen die eine die Verbrennung verhindert, die zweite die Brennbarkeit bedingt; "*aber die dritt feuchtigkeit bleibt in der äschen / vnd die ist feißt / wenig / vnd subtil / mit einer ewigen bestendigkeit.*" [A258] Diese ist eine Eigenschaft des Quecksilbers, die durch die Feuerbehandlung in eine Trockne gewandelt werden muß.
In (2) bezeichnet Basilius damit eine verdampfende Flüssigkeit.
Gleichzeitig findet sich auch bei ihm die Bestimmung der "*Feuchtigkeit*" als eine Qualität des Wassers. Für Basilius ist sie die Ursache der **Fäulung**: "*denn ohne feuchtigkeit als des Elements Wasser / kan keine rechte Feulunggeschehen*" [B805].
Für Kunckel ist die "*Feuchtigkeit*" eine materielle Eigenschaft, die er dem Quecksilber (3), der Luft [K979; 1812] und auch dem Salz [K3052; 3057] zuordnet.
Vergl.: **feucht**

Feuer
<*Feür* [A]; *Fewer* [A B]; *Fewr* [A B]; *Feur* [A K]; *Feuer* [K M]> n.
1) *so sein die vier Elementa vber eins / also daß du hast Lufft mit Wasser / vnd das Fewer mit der Erden.* [A236]
2) *vnd die selbe kelte vnd feuchtigkeit fleucht vom Feür* [A103]
3) *das lebendige Silber sey vnser Feur / das da*

macht hab die Corpora mehr zu verbrennen / zu tödten / vnd zuuerbrechen / dann das natürliche Feür [A286]

4) *Die schwertz hat vil tausent namen / Sie heißt das Fewr / die Seel / der Nebel / das Raben haupt* [A244]

5) *denn der Kunstliebende sol dieses berichtet sein / (...) / das in jedem Element die andern drey verborgen liegen / denn Lufft hat Fewer / Wasser vnd Erden in sich* [B749]

6) *Wenn Aschen vnd Sand durch das fewer wol gezeitigt vnd gar gekocht werden / so macht der Meister darauß ein Glaß / das da im Fewer hernacher immer bestehet* [B314]

7) *das erste wachsende Saltz / welches ohne Geruch und Geschmack ist / und in dem Wasser und der Lufft verborgen / (...) / und durch den motum naturalem, woraus die Hitze oder das feuer kommt / (...) praecipitiret wird.* [K568]

8) *so es aber einmahl / wie ein Alumen plumosum angeschossen / solvirt es weder Eßig noch Wasser mehr / will auch in keinem Feuer schmeltzen / ausser in übermäßiger Hitze* [K841]

9) *Hier verstärke ich das Feuer, und diese Tropfen des Phosphori laufen hiedurch zusammen, und fallen in ziemlicher Größe in das vorgeschlagene Waßer.* [M276]

1) Sowohl bei Alanus (1) als auch bei Basilius (5) erscheint **Feuer** als Bezeichnung für das aristotelische Element.
Im Gegensatz dazu steht Kunckels These vom **Feuer** als ein "Artificial-Wesen" (Laboratorium Chymicum 1716, S.67). Denn "(...) das Feuer nichts anders / als ein auseinander treibendes Wesen der andern Principien ist." (Ebenda S.57), desssen Entstehung er wie folgt erklärt: "Denn wenn das Licht seine gegenstehende Principia, als Lufft und Finsternus / vertreibet / so kan die Wärme würcken / welche / wenn sie eine Materiam unctuosam in den Sachen antrifft / eine Flamme verurachet / ander harte Cörper aber in Fluß bringet." (Ebenda S.67) Für diese "Auseinandertreibung" ist nach Kunckel die **Circulation** bzw. der **Motus** notwendig. Dieser **Motus** bewirkt das "*natürliche Feuer*" [K1290] oder das "*Erde=Feuer*" bzw. "*Erd=Feuer*"[K], das für die natürliche Generation der Metalle notwendig ist: "*Durch den Motum wird ein Feuer*" [K758]

2) Gleichzeitig bezeichnet **Feuer** bei allen Autoren (2,6,8,9) das brennende Feuer (Kunckel nennt es das "Material=Feuer"; Laboratorium Chymicum 1716, S.57), das als Instrument chemische Reaktionen initiiert oder beschleunigt. Zum Beispiel bei der Befeuerung einer Destillationsapparatur, dort ist die Zusammensetzung des Destillats von der erreichten Temperatur abhängig. Bei Marggraf findet sich **Feuer** ausschließ-

lich in dieser Bedeutung.

3) Die 'verzehrende' Wirkung des Feuers wurde in Beziehung gesetzt zur auflösende Wirkung des Quecksilbers bei der Amalgamierung mit andern Metallen. **Feuer** wird so zum Deckname für Quecksilber (3). Als Wirkkraft im Quecksilber, durch die das amalgamierte Metall 'verändert' wird, erkennt Basilius ein "*grosses innerliches Fewer*" [B1036].

4) Alanus benennt **Feuer** als einen weiteren Decknamen für die "*Schwertz*" (**Farbe**).

Als Deckname für das Quecksilber und als Bezeichnung für das Instrument chymischer Praxis erhält **Feuer** zusätzliche Attribuierungen, die die jeweilige Bedeutung unterstreichen sollen.

Alanus faßt beide **Feuer** unter die Bezeichnung "*Fewer der Philosophen*".

Das verbrennende Feuer nennt er auch:

natürliches Feür/Fewer; truckne Feür; gemein Feür

Als Deckname für das Quecksilber verwendet er:

feucht Feür; vnser Feür/Feur; der Weisen Feür; Feur des Roßbauchs

Bei Basilius erscheint als Deckname für das Quecksilber das "*empfindliche Fewer*" und das "*flüchtige Fewr*". Wie Alanus nennt er das brennende Feuer das "*natürliche Fewer*".

Eine zweite Gruppe von Attribuierungen betrifft schließlich das Feuer als Instrument der chymischen Praxis. Diese Attribuierungen betonen zum einen die durch das Feuer erreichte Wärmeintensität und zum anderen deren Konstanz.

Zur Intensitätmarkierung:

mäßiges Feür [A]
gelindes subtiles Fewer ; großes F. [B]
gelindes Feuer [K]
weniges Feuer ; gelindes F. ; heftiges F. ; heftigstes F. ; starkes F. ; stärkstes F. [M]

Zur Bezeichnung einer möglichst konstanten Temperatur dienen:

stetiges Fewer [B]
beständiges Feuer [K]
anhaltendes gehöriges Feuer [M]

Die Bedeutung des Feuers und seiner Handhabung für die experimentelle Praxis zeigt sich auch in verschiedenen Wendungen. So spricht Kunckel von der "*Gewalt des Feuers*", oder es wird eine Substanz "*gewaltthätig im Feuer tractiret*" [K1866].

Bei Marggraf findet sich "*das Feuer verstärken*" [M203, 210, 276], oder als nominale Fügung: "*Verstärkung des Feuers*" [M217].

Die bei einem temperaturabhängigen Prozeß jeweils notwendige Wärmeintensität wird häufig durch ein adverbial verwendetes Adjektiv gekennzeichnet. Z.B.: *hart calciniren* [K], *gelinde abdistilliren* [K].

Das Adjektiv erscheint nur bei Basilius als "*fewrig*". Seine Bedeutung schwankt. Im Sinne des "*fewrigen we-*

sen" [B792] bezeichnet es die elementische Eigenschaft (ebenso [B215, 218]). In der Umschreibung "*das lauffende fewrige Metallische Corpus*" [B930] bezeichnet es die dem Quecksilber zugesprochene Eigenschaft (vergl. 2)).
Die Bedeutung des "*fewrigen König*" ist dagegen im Kontext des beschriebenen Prozesses unklar. Möglicherweise handelt es sich um geschmolzenes Gold.
Vergl.: **Element ; Hitze ; Wärme**

Feule
[B] f.
Gleich wie das saltz ist eine erhalterin aller ding / vnd bewahret für der Feule / also ist das Saltz vnserer Meister auch ein schutz der Metallen [B354]
Bezeichnet den durch den Vorgang der **Fäulung** erreichten Zustand der Zersetzung.
Die "*vollkommene Feule*" [B861] bezeichnet den Zustand der "*Schwertz*", der mit dem Tod der Materie gleichgesetzt wurde und von dem die Bereitungdes Steins der Weisen ausgehen sollte.
Vergl.: **Farbe ; Fäulung**

feulen
[A] v..trans.
wan das Corpus thut nichts allein / es sey dan gefeult / vnd es mag nit gefeult werden / denn mit seinem Mercurio / wann fürwar ein jegliches ding / durch was vrsach es wachßt / durch dasselbige wirts zerstört [A342]
Alanus begreift den Vorgang der Amalgamierung als **Fäulung**, die hier vom Quecksilber (**Mercurius**) ausgelöst wird. (Vergl.: Götze 1956, S.84: "Feulen, mit Fäulnis anstecken."; Grimm Bd.3; Sp.1374)
Bed.verwandt mit: **putreficiren**
Vergl.: **Fäulung , faulen**

feuren
[A] v.
Wiewol die Philosophi zu ehr der kunst vil ander weg fürgeben / als stätte kochung / vermischung / sublimieren / zu reiben / zu trucknen / zu wässern / zu feuren / zu weissen / vnd zu röthen [A206]
Die Handhabung des **Feuers**, dem die Substanzen ausgesetzt werden. Bei Kunckel finden sich: "*in die Hitze legen*" [K2280]; "*auf Kohlen setzen*" [K3045; 3595]. Bei Marggraf: "*Feuer geben*" [M114]. Das bei Marggraf erscheinende "*abfeuern*" [M229] bezeichnet die Destillation des Phosphors bei einem besonders starken Feuer :"*daher ich das Feuer soviel möglich auch obenher verstärkte, so daß alles durch und durch glühete.*" [M210]
Vergl.: **Feuer**

figiren
<*figieren* [A]; *figiren* [K]> swv.

1) *wann in vnser Sublimation werden die gefigierten theil nit erhebt / sondern die theyl die nit figiert sein / die werden erhebt* [A10]
2) *Durch den Motum wird ein Feur / und das gebiehrt das acidum als einer Fermentation, durch welche wird die Materia Mercurii oder der gebohrne Mercurius coagulirt und figirt* [K761]

Entlehnung von lat. figere, festhalten, anheften.
Eine Substanz feuerbeständig machen. "Figere, Ist fix machen / daß im Fewr bestehe." (Ruland 1612, S.213).
So entstehrt bei der Amalgamierung aus dem flüssigen Quecksilber ein zähflüssiges bzw. festes Amalgam.
Durch Lösen der Metalle in Mineralsäuren und anschließendem Eindampfen und Ausglühen wurden schwerlösliche Metallsalze gewonnen. (Vergl. Schneider 1981; S.74)
Darauf bezieht sich Kunckel, wenn er schreibt: "*das sal acidum, welches die Metalle figirt*" [K2362].
Vergl.: **Bestendigkeit** , **fix** , **Fixation**

Filtrum

[K] n.

Dasselbe Saltz läst sich erstlich in Saltz und Eßig solviren / oder mit selbigem extrahiren / gehet auch mit durchs filtrum [K838]

Mlat. aus dem Wortstamm von 'Filz' abgeleitet: 'durch ein Filz laufen lassen'. (Vergl. Grimm Bd.3,Sp.1631)
Eine Vorrichtung zur Trennung eines Niederschlags von der darüberstehenden Flüssigkeit. Ruland (1612, S.215) verzeichnet: "Filtratio est subductio per filtrum" und "Filtriren, Durch ein Filz / oder wüllen Tuch reinigen." Das Oraculum (1755; in Schneider 1981, S.39) verzeichnet:"Ein Filtrir=Glas mit dem Zugehör."

Fisch

[B] m.

der ander seite der Wage soltu legen den Zwilling / Schütz / Wassermann / Fisch vnd Jungfraw / denn verschaffe / das der Goltreiche Löwe der Jungfrawen in den schoß springe (...) so wird nach erfüllung aller Welt farben / ein endliche Conjunction vnd zusammenfügung geschehen [B1012]

Der Kontext legt nahe, daß "*Fisch*" über die Bedeutung des Sternzeichens hinaus als ein alchemistischer Deckname zu verstehen ist, der jedoch nicht klar zu entschlüsseln ist. In einer bildlichen Darstellung der **Conjunction** (Stephan Michelspacher, Cabala, Spiegel der Kunst vnnd Natur; in: Alchymia, Augsburg 1615; Wiedergabe bei Ploss/Roosen-Runge/ Schipperges/Buntz 1970, S.161) wird dem Sternzeichen der Fische das alchemistische Zeichen für Salz zugeordnet.
Nach Buntz (1968, S.184) handelt es sich um einen Decknamen bzw. Symbol für **Spiritus** und **Anima**.

fix

[B K M] adj.

1) *Flüchtig und fix zusammenbind.* [B1314]
2) *wormit ist denn der Mercurius zum fixo corpore geworden* [K660]
3) *Jch nahem zu dem Ende eine halbe Unze diess fixen Urin=Salzes* [M583]

Entlehnung von lat. figere, festhalten, anheften. Bezeichnet die Eigenschaft der Feuerbeständigkeit eines Stoffes, die durch **Figiren** bzw. den Prozeß der **Fixation** erreicht wurde.
Eine Steigerungsform, die die Beständigkeit betont, findet sich bei Basilius: "*überfix*" [B454].
Die Instruktion in (1) zeigt die Bedeutung, die das Erreichen einer Feuerbeständigkeit für die Bereitung des Lapis darstellt (Vergl. auch [A12 f]). Zur Bezeichnung einer Substanz mit eben der Eigenschaft verwendet das abgeleitete Substantiv "*das Fixe*" [K1626].
Vergl.: **Bestendigkeit** , **figiren**

Fixation
[K] f.
so haben wir es durch Begiessen des Myyen-Thaues und unsere damahl so genante Philosophische Destillation und fixation dahin gebracht / daß es zu einer ganz schönen harten Massa geworden [K1127]
Gebildet vermutlich nach dem Perfektstamm von lat. figere. Bezeichnet den Vorgang des **Figirens**, der die Festigkeit und Feuerbeständigkeit der Substanz zum Ziel hat.
Vergl.: **Bestendigkeit** , **figiren**

Fixigkeit
[B] f.
das lebendige Flammen Fewer aber bringet bestendige reiffe sampt seiner fixigkeit [B1086]
Adjektivabstraktum zu **Fix**; der durch **Fixation** erreichte Zustand der **Bestendigkeit**.
Vergl.: **Bestendigkeit** , **figiren** , **fix** , **Fixation** , **Fixität**

Fixität
[K] f.
man gewinnet auch dem Mercurio mit keinem Sale einige fixität ab [K783]
Das Adjektivabstraktum zu **Fix** erscheint bei Kunckel nur mit dem Suffix '-ität' und bezeichnet wie **Fixigkeit** [B] den erreichten Zustand der **Bestendigkeit**.
Vergl.: **Bestendigkeit** , **figiren** , **fix** , **Fixation** , **Fixigkeit**

fliegen*
[B] v.
denn da das Püchsenpuluer angezündet wird / fliegen die zwene Geister / daraus das Puluer gemacht worden / mit einem grossen gedöne vnd grosser stärcke von einander / vnd fliegen in der luft / das sie nie-

mands mehr erkennen kan [B409]
Umschreibung für das Explodieren des Schwarzpulvers (**Büchsen=Pulver**). Vergl. die Beschreibung und Erklärung des Vorgangs bei Kunckel [K3040-3071].
Vergl.: **fulminiren**

fließen
<*fliessen* [K]; *fließen* [M]> stv., intrans.
du wirst sehen / daß deine Luna, die sonst in einer geringen Gluth / wie Wachs fliesset / hernach ohne Zusatz eines Flusses / mit der Gewalt des Feuers kaum fliessen wird. [K3601]
Durch Temperaturerhöhung gerät die Substanz in einen Schmelzfluß, sie fließt. Das Part. Adj. "*geflossen Saltz*" [K3609] bezeichnet die durch die Schmelze erreichte Eigenschaft bzw. die aus der Schmelze gewonnene Substanz. Das Part. konkurriert mit dem Adj. "*flüßig*" [K860], das bei Kunckel einmal erscheint.
Den Verursacher des Vorgangs betonen die Infinitivkonstruktionen mit 'lassen':
letztlich ließ ich die Lunam fliessen [K2624]
in solcher ließ ich ein Pfund Bley fließen und mäßig glühen [M83]
Neben dem Experimentator als Initiator des Vorgangs kann auch eine andere Substanz als Ursache benannt werden:
daß der Schweffel nichts darbey gethan als nur diese Salia fliessend gemacht [K3060]
Vergl.: **Fluß** , **schmelzen**

Flores, spiesigte
[M]
da ich denn nicht nur den schönsten Phosphorum erhielt, sondern es hiengen auch in dem Halse der Retorten rothe spiesigte flores [M429]
Lat. flos, Blume.
Durch **Sublimation** entstandene Kristallisationen wurden als "*flores*" bezeichnet.
"Flos est bolus per sublimationem extractus."(Ruland 1612;S.216)
Nach Mielke (1925, S.48) handelt es sich hier um sublimiertes Zinkphosphid.

flüchtig
[A B K M] adj.
1) *Vnser Stein ist lüfftig vnnd flüchtig* [A96]
2) *Mercke auch dieses / das der Wein einen flüchtigen Geist bey sich hat* [B874]
3) *das Gemenge that ich in eine gläserne Retorte und destillirte per gradus einen sehr flüchtigen und starken Spiritum urinosum* [M149]
Eigenschaft der leichten Verdampfbarkeit oder Zustand des Verdampfens, in den ein Stoff durch Temperaturerhöhung gebracht wird oder den er schon bei Raumtemperatur (auf Grund eines hohen Dampfdruckes) aufweist.

Eine Eigenschaft, die vor allem den Spiritus zugesprochen wurde (2, 3).
Belegbeispiel (1) reflektiert die leichte Sublimierbarkeit des Quecksilbers, die auch für seine Umschreibung als "*flüchtiges fewr*" [B1289] motivierend gewesen sein dürfte.
Eine Bedeutungserweiterung findet sich bei Kunckel. Das "*fixe flüchtig machen*" [K1626] heißt bei ihm, eine feste Substanz zu lösen, um sie so destillierbar zu machen.
Bei Marggraf findet sich das Kopulativkompositum "*flüchtig=alcalisch*" [M556], das zwei Eigenschaften des Phosphorsalzes zusammenfaßt.
Vergl.: **Spiritus**

Fluß
[A K] m.
1) *Aber wir müssen die zwey / als corpus vnd Spiri tus mit einander figiren / damit sie ein leichten fluß geben* [A14]
2) *alle subtile Terrae mortuae, die per se sonsten in keinen Fluß gebracht werden können / werden dahin gebracht / wann sie ein Sal kriegen* [K2940]
3) *es glüete wie Kreide / begehrte sich nicht einmahl zusammen zusündern / geschweige zu schmeltzen / biß ich ihm ein Fluß zusetzte / da ward es ein Milch=farbes Vitrum* [K2641]

1)Bei Alanus bezeichnet der "*leichte Fluß*" das viskose und streichfähige Quecksilberamalgam.
2)Bei Kunckel finden sich zwei mit dem Vorgang des Schmelzens verbundene Bedeutungen. Zum einen bezeichnet "*Fluß*" den Schmelzfluß (2). Zum anderen bezeichnet es auch das Flußmittel, das zugesetzt wird, um den Schmelzpunkt zu erniedrigen.
Dadurch läßt sich die Substanz bei einer niedrigeren Temperatur schmelzen. (3)
Vergl.: **fließen**

Forma
[K] f.
1) *ein sal acidum und eine pinguedo, wann die geschieden / sind die Cörper / was materiam und nicht formam betrifft / einerley* [K391]
2) *und finde ich in den reinen metallis nichts / als ein Saltz in= und ausser dem Mercurio, das übrige ist Erde / welches die Form macht* [K667]

Bezeichnet die Wesenheit und das Gestaltmuster. In der Auffassung des Aristoteles bildet sie mit der Materie als dem bestimmungslosen Substrat eine Einheit in den Naturdingen und bedingt deren Prozeßhaftigkeit.
Wähend in (1) die Nähe zur aristotelischen Naturphilosophie zu erkennen ist, zeigen die Genitivattribuierungen "*Forma salis*" [K871] und "*Forma Vitri*" [K2627] daß "*Forma*" hier nur als 'äußere Erscheinungsform' zu paraphrasieren ist.

Die "*subtilissima forma*" [K895] schließlich ist aus dem Kontext heraus als 'auf innige Art und Weise' zu übersetzen.
Die entlehnte Form unter Verlust der lat. Kasusendung wird in gleicher Bedeutung verwendet. So vertritt Kunckel in (2) die Annahme, daß bei der Generation der Metalle eine **Erde** die äußere Erscheinung, die "*Form*" präge. So ist auch die "*metallische Form*" [K3311] eine Sammelbezeichnung für die physikalischen Eigenschaften der Metalle.
Vergl.: **Generation** , **Materia** , **Wesen**

formiren
<*formieren* [A]; *formiren* [B K]> swv.
Die Fettigkeit aber kommt Anfangs von einen vermischten Corpore, die vermöge des Saltzes und Wassers eine subtile Erde gemacht / welche meistens in einer Fettigkeit bestehet / und hernacher gantz verbrennlich ist (...). Dieses also formirte Corpus kan man Schweffel nennen. [K757]
Entlehnung von lat. formare, gestalten. **Formiren** umfaßt verschiedene Arten des Gestaltens. Bei Alanus werden Gold und Silber zu dünnen Blättchen geschlagen [A149]. Bei Basilius ist es die Manipulation der Elemente, um eine neue 'Species' zu bilden. (Eine Möglichkeit, die dem Menschen seiner Meinung nach nicht gegeben ist.)
Das "*formirte Corpus*" bei Kunckel ist eine zusammengesetzte, auf bestimmte Weise gebildete Substanz.

Fulmen
[K] n.
so wird ein Aurum fulminans daraus / giessest du aber mehr von dieser solution der Salien hinein / als es eben zur praecipitation bedarff / so wird das Sal volatile vom Salmiac und Salpeter getödtet / und vergehet das fulmen. [K2967]
Lat. Blitz, Schlag. Bezeichnet eine explosive Zersetzung, hier die des **Aurum fulminans**. Neben der tatsächlichen Explosion [K2958] kann aber auch, wie im Belegbeispiel die Neigung zur explosiven Zersetzung gemeint sein.
Vergl.: **Aurum fulminans** , **Büchsen=Pulver** , **fulminiren**

fulminiren
[K] swv.
denn warum schlagen oder fulminiren die Chrystallen von Bley / cum aceto, sonderlich wann ihm ein Sal tartari oder Nitrum zugesetzt wird / da kommt ja ein acidum und volatile zusammen / wel die Wärme darzu kommt / und geben also ein schreckliches fulmen. [K2954]
Entlehnung von lat. fulminare, blitzen.
Vergl.: **Fulmen** , **Schlag=Pulver**

Fundus

[K] m.

Denn / wenn es fermentirt / so scheidet sich purum ab impuro, und bleibet die terra viscosa in fundo. [K1329]

Lat. Boden, Grund.
Bezeichnet hier den Retortenboden, auf dem sich der Niederschlag absetzt.

Gallmay

<*Galmay* [K]; *Galmey* [K]; *Gallmay* [M]> f. [K], m. [M]

ob man zwar vermeynet / Tutia und Galmey wären voneinander nicht weit / so weiß ich doch wohl / wie weit eine rechte Tutia von der galamey ist [K3296]

Bezeichnung für das Zinkcarbonat $ZnCO_3$.
Durch Erhitzung entsteht die von Kunckel erwähnte **Tutia**, das Zinkoxid.
Der Name leitet sich vermutlich aus der Bezeichnung "Cadmia" her. Damit wurde in der Antike ein Zinkmineral bezeichnet, aus dem durch Verschmelzen mit Kupfer Messing gewonnen wurde. (Vergl. Remy, Bd. II, S.586. Zur Entstehung des Ausdrucks aus der antiken "Cadmia", dessen Rezeption im Arabischen und späteren Übersetzung zum lat. "Climia", das über die Lesarten "*Calima / *Calimina" zu "Calamina" bzw. "Lapis Calamina" wurde, vergl. Goltz 1972, S.130/31 & 258/59.)

gebehren

<*geberen* [A B]; *gebären* [B]; *gebehren* [B K]; *gebähren* [K]> stv.

1) *wann sie wissen nit / dz die Metall all / so gebore werden / her komen sein von Mercurio vnd Schwebel* [A394]
2) *Denn du solt wissen / da etwas durch die Feulung sol geboren werden / so muß es also zugehen.* [B800]
3) *die Ursach ist die Feuchte / so sich in und dabey auffhält / ziehet die Lufft an sich / und die putreficirt und gebiehrt das Sal volatile* [K915]

Das Entstehen sowohl der Metalle und Mineralien (1) als auch anderer 'natürlicher Dinge' (2,3), wird gesehen als ein 'zur Welt bringen'. Die Nähe zu der Bedeutung des "Frucht tragens", die ja mit dem zugrunde liegenden ahd. peran, bern (Lexer S.15;54) gegeben ist, zeigt sich in Bechers rethorischer Frage: "Muß nicht eine metallische Frucht nicht eben so außschlieffen wie ein hünlein / wann man recht umbgehet / auß einem Ey?" (Zugabe in Physcam Subterraneam, Franckfurt 1680, S.20)
Nach Basilius geht der **Geberung** oder **Geburt** die **Fäulung** voraus.(2) Der Vorgang des "Gebärens" ist dabei ein Zusammenwirken der vier Elemente in der **Fäulung** (vergl. [B744-873]). In diesen Rahmen fügt sich schließlich auch die Vorstellung vom "*metallischen Samen*" [B857]: "*wie denn alle Vegetabilische vnd Anima-*

lische Same (...) ohne feulung kein augmentation zu fortschein bringen kan / Also verstehe auch von den Metallen" [B861].
In gleicher Weise wie Alanus spricht auch Kunckel vom "*gebohrnen Mercurius*" [K761], womit er das im Entstehen begriffene Quecksilber meint. Belegbeispiel (3) zeigt, daß auch andere Sbstanzen innerhalb eines chemischen Prozesses 'geboren' werden. Auch hier ist, wie bei Basilius, der Vorgang an eine vorausgehende Zersetzung gebunden.
Vergl.: **Geberung** , **Geburt** , **generiren** , **Saamen** , **zeugen**

Geberung
<*Gebehrung, Geberung* [B]> f.
Darumb kein Element des andern gar nicht entrahten noch ohn sein / sondern jederzeit ein vermischung aller vier Elementen in geberung aller dinge gefunden wird [B795]
Nomen Actionis zu "*geberen*", dem **Geburt** als Bezeichnung des Resultat des Vorgangs (Nomen Acti) gegenübersteht.
Vergl.: **gebehren** , **Geburt**

Geblüt
[B]
dann der Leo seubert sich durch das geblüte des Wolffs / vnd des geblüts tinctur frewet sich wuderbarlich mit der tinctur des Löwens / dann ihr beyder Geblüt sind in der gesippschafft naher verwandtnus / Vnd wann sich der Löwe ersettiget hat / ist sein Geist stercker worden [B49]
Von der beobachtbaren Schmelze der Gold-Antimon-Legierung ausgehend dient die Annahme eines "*Geblüts*", an dem sich der Löwe **ersettigen** kann, zur Erklärung der reinigenden Wirkung des beschriebenen Vorgangs.
Vergl.: **Blut**

Geburt
<*Geburth* [B]; *Geburt* [B K]> f.
1) *die füg zusammen / gib jnen was jnen an speiß vnd tranck von natur von nöthen / vnd erhalte sie im Ehebet der wärme biß zu der vollkommenen Geburth* [B475]
2) *ist die Ursache / das Saltz ist wieder / wie es in seiner ersten Geburt oder Generation war / ohne Terra* [K2244]

Bei Basilius nur als Nomen Actis zu "*geberen*" verwendet. Allgemein bezeichnet es das Resultat des Zusammenwirkens der vier Elemente (vergl. [B800-821]). Darüber hinaus bezeichnen "*vollkommene Geburth*" oder "*vnser geburt*" [B25] das erstrebte Resultat der alchemistischen Praxis, in dem "*die vollkommenheit wircken kan*" [B25].
Die "*Geburt*" als 'Herkunft' mit dem damit verbundenen

Hinweis auf eine Übertragung von Eigenschaften, findet sich in des Basilii Umschreibung des Antimon (Wolf) als dem Blei (Saturn) ähnlich: "*so nimb den geitzigen grawen Wolff (...) von geburt aber ein kind des alten Saturni*" [B35].
Der Aspekt der Herkunft im Sinne von 'Ursprung' (vergl. Lexer S.55) findet sich auch bei Kunckel (2).
Vergl.: **gebehren** , **Geberung**

gediegen
[K] adj.
dieses acidum, und eben auff solche Art generirte Fettigkeit der Erden / so solche zusammen kommen / machen sie durch Aufftreibung der berg=Hitze ein Corpus, an enem Orth ein gediegen Metall [K509]
Rein, ohne zusätzliche Verunreinigungen.

Gefäß
<*Gefess* [A]; *Gefeß* [A]; *Gefäss* [A]; *Gefäß* [A B K M]> n.
Nachdem ich nun das überflüßige Waßer aus dem Recipienten abgegossen hatte, so schüttete ich das übrige nebst dem Phosphoro in ein weithälsiges gläsernes Gefäße, in welchem etwas kaltes Waßer war (...) Dieses Gefäße setzte ich in lauliches Waßer [M299]
Sammelbezeichnung für verschiedene Behälter zum Aufbewahren oder umsetzen von Substanzen.
"Die Instrumente aber, so zur behandelung der Materi erfordert werden, seyn entweder gläsern, oder irden, steinern, metallisch, küpffern, eisern und höltzern." (J.J.Becher, Oedipus Chymicus, S.139)
Zusätzliche Attribuierungen spezifizieren den vagen Ausdruck (siehe Belegbeispiel). Der Hinweis auf den verschlossenen Reaktionsraum (z.B. bei einer Rückflußdestillaton oder Sublimation im gleichen Gefäß) findet sich in den zwei Formen "*verschloßenes Gefeß*" [A M], "*vermachtes Gefeß*" [A] (bei Kunckel: "*verschlossenes Glas*").
Bei Basilius gibt das dem 7. Schlüsel zugeordnete Bild einen Hinweis auf eine Art, einen Kolben zu verschließen: "Sigillum Hermetis". (Bei Jamsthaler die Instruktion:"Versigillirs mit hermes kunst", 107^{v}) Dabei wurde der Hals des Glaskolbens zugeschmolzen: "orificium vitri". (Vergl. Ruland 1612. S.432f)
Bei Marggraf finden sich noch weitere Adjektiv-Attribute, die das Material "*gläsernes Gefäß*" bzw. die Form "*weites Gefäß*" bestimmen.
Vergl.: **Evaporir=Glas** , **Kapelle** , **Kolben** , **Pfanne** , **Recipient** , **Retorten** , **Soluirschale** , **Tiegel**

Geist
<*Geyst* [A]; *Geist* [A B K]> stm.
1) *darumb so stehet die kunst allein auß der Seel des leibes vnd des geystes / versteh Sulphuris vn Mercurij* [A57]

2) *derselbige Geist sage ich / ist die Wurtzel des lebens vnser Cörper / vnd der Mercurius der Philosophen* [B443]
3) *Mercke auch dieses / das der Wein einen flüchti gen Geist bey sich hat / denn in seiner distillation gehet der Geist am ersten* [B875]
4) *eine Terra alba mortua irreducibilis bleibt zurück / wann die terra rubra soluta und Mercurius davon geschieden / diese beyde / als Seel und Geist gehören wieder zusammen* [K2548]

Alanus (1) setzt das Quecksilber (Mercurius) mit dem "*Geist*" gleich. Die selbe Bedeutung besitzen bei ihm die beiden Ausdrücke "*vnser geyst*" [A324] und "*Geist Mercurij*" [A66, 67, 131].

Die Belegbeispiele (2) und (3) dokumentieren die Bedeutungsspanne, die "*Geist*" bei Basilius aufweist. Wie bei Alanus denotiert "*Geist*" die Substanz Quecksilber. Als paracelsisches Prinzip weist "*Geist*" zudem eine Nähe zum göttlichen Geist auf. (Vergl. dazu das Bemühen Basilii die Erschaffung Adams mit der Wirkung der vier Elemente und der drei Prinzipien in Einklang zu bringen: [B846 ff].) Die Nähe zum "Geist Gottes" der Schöpfungsgeschichte zeigt sich in folgender Umschreibung des Quecksilbers: "*dz geistliche Wasser / darauff der Geist anfangs schwebete*" [B645]. (Vergl. dazu [K1339-1350], dort ist es der 'Geist Gottes', der jenen **Motum** bewirkt, der für die **Circulation** und damit für die Veränderung der Materie verantwortlich ist.)

Neben diese Bedeutung von "*Geist*" als ein im Mercurius sich konkretisierendes göttliches Prinzip des Lebens ("*Geist des Lebens*" [B385], "*Geist der Erden*" [B391]) tritt eine zweite, in der "*Geist*" flüchtige Substanzen bzw. flüchtige Bestandteile von Substanzen bezeichnet (3). Damit einher geht die Möglichkeit des Auftretens von Pluralformen.

Auch hier bleibt die Nähe zum Quecksilber als einer flüchtigen Substanz erhalten.

Bei Kunckel (4) denotiert "*Geist*" ausschließlich Quecksilber.

Bei Basilius finden sich zusätzlich verschiedene Attribuierungen zu "*Geist*". So betonen die Ausdrücke "*lauter G.*" und "*lebendiger G.*" die Bedeutung von "*Geist*" als Prinzip des Lebens.

Die Ausdrücke "*sichtbahrer G.*" und "*flüchtiger G.*" (in [B452]) denotieren das Quecksilber.

Schließlich finden sich auch Attribuierungen, die die Bedeutung 'flüchtige Substanz' so modifizieren, daß eine Interpretation des Ausdrucks nur durch den Kontext möglich wird. So bezeichnet der "*fewrige G.*" [B330] die durch das Kalkbrennen vom Feuer auf den Stein übertragene Eigenschaft. "*fli(e)gender G.*" [B467,469] bezeichnet jeweils ein Sublimat. Der "*fligende fewrige G.*" bezeichnet die aus der Destillation des Nitrats (**Drache**) gewonnene Salpetersäure (**Spiritus Nitri**). Der "*flüchtige G.*" des Belegbei-

spiels (3) schließlich denotiert Alkohol (Äthanol).
Das abgeleitete Adjektiv "*geistlich*" [A B K] wird in allen drei Texten bedeutungsgleich zu **flüchtig** verwendet.
Im Gegensatz dazu bezeichnet das substantivierte Adjektiv "*das Geistliche*" [B] das abstrakte Prinzip.

Gemenge
[M] n.
Ein Pfund dieses klar geriebenen Kalkes vermischte ich mit I Pfund Salmiac und eben so viel Sale Tartari, that es in ein gehöriges Evaporir=Gla?, und goß verfaulten Urin darauf, so daß er 4 Finger über das Gemenge gieng. (..) Ich setzte das Gemenge in gelinde Digestion [M98]
Eine Mischung fester oder auch flüssiger Substanzen.
Vergl.: **Mischung**

Generation
[K] swf.
Warum aber dieses letztere nicht anschiessen wolle noch könne / so wohl beym Vitriol als andern Salien / ist die Ursache / das Saltz ist wieder / wie es in seiner ersten Geburt oder Generation war / ohne Terra [K2244]
Entlehnung von lat. genere, erzeugen (Denominativum zu genus). Häufig auch unter Erhalt der lat. Kasus-Endungen: "*de generatione*" [K467]. Es bezeichnet das natürliche Werden, die **Geburt** der Dinge. Nach Kunckel sind daran ein "männlicher" und ein "weiblicher Same" und die Prinzipien ("würckenden Dinge") beteiligt:
"Und wenn diese zwey zusammen kommen / so wird aus den andern würckenden Dingen / als Lufft / Licht / Finsternus / Wärme und Kälte / das dritte als eine Form generirt / und bestehet hernach aus Dreyen. Nun nehme ich das Wasser vor die Mutter aller Dinge / und den Himmel / oder Materiam coelestrem unctuosam, vor den Vater / derselbe theilet dem Wasser seinen Saamen mit / wodurch hernach alles / was lebet und wächst / hervor gebracht wird." (Laboratorium Chymicum 1716, S.36)
Vergl.: **Geburt** , **generiren**

generiren
[K] swv.
1) *Daß also Wasser und saltz ein Anfang aller Dinge ist / giebet die tägliche Erfahrung / und daß daraus der Mercurius generirt wird / und primum principium metallorum ist / das ist unleugbar;* [K575]
2) *und generirte also die Lufft unterschiedliche Salia* [K2090]
Entlehnung von lat. genere, erzeugen (Denominativum zu genus).
Entsprechend der Bedeutung von **Generation** als natürliches Werden der Dinge, erscheint "*generiren*" fast aus-

schließlich in Passiv-Konstruktionen unter Aussparung der Agens-Angabe (1) oder als Part.Adj.: "*generirte Fettigkeit der Erden*" [K506].
Die einzigen Ausnahmen liegen in [K2084] und [K2089] (2) vor. Als Agens erscheint dort in beiden Fällen die **Luft**, die ja nach Kunckel ein "würckendes Ding" (vergl. **Generation**) ist.
Vergl.: **Geburt** , **Generation**

Geschirr
[B] n.
so nimb (...) des aller besten vnd feinesten Goldes / (...) drey theil / das schlahe gantz dünne / als immer müglich ist zu schlahen / thue es zusammen in ein Geschirr / da man Metallen in zu schmeltzen pflegt [B1251]
Vergl.: **Gefäß**

geschmeidig
[K] adj.
von der Galmay und Tutia aber nimmt es zwar den Mercurium auch in sich / allein diese terra ist zu grob / hat auch einen solchen subtilen Schweffel / daß sie dem Kupffer nicht wie beym Arsenico mit eingehen können / dannenhero das Acidum Veneris diesen Mercurium bey sich allein figiret und einschlucket auf gewisse masse (...) weil nun keine Terra und Schweffel von diesen miteingehen können / bleibt das Metall geschmeidig / und hat sich die Röthe von der Venere in Mercurium extendiret [K3330]
Das Adj. bezeichnet hier die physikalischen Eigenschaften, die ein Metall auszeichnen (hämmerbar, biegbar, schmelzbar) und dient der Charakterisierung des Messings (eine Kupfer-Zink-Legierung), dessen Herstellung (Schmelzen von Kupfer/**Venus** mit einem Zinkmineral/**Gallmay**) beschrieben wird. Nach Kunckel besteht die Reaktion in einer Verknüpfung des "*Acidum Veneris*" mit dem im Mineral enthaltenen **Mercurius**, während **Schwefel** und **Terra** keinen 'Eingang' in das Kupfer finden. In dieser Abtrennung des **Schwefel** und der **Terra** liegt nach seiner Meinung der Erhalt der metallischen Eigenschaft begründet. Die Farbänderung vom roten Kupfer zum gelben Messing entspricht Kunckels Konzept, nach dem die "*Gelbe*" eine "*extendirte Röthe ist*" [K2445]. (Vergl. **extendiren**, **Farbe**).
Vergl.: **Gallmay**

Gestalt
[A B M]
1) *Darumb die sucher der Kunst Alchemey sollen wissen / das sie nit mögen die gestalt der Metallen verendern / allein sie werde vormals gewandelt in ihr erst wesen* [A20]
2) *In vnserm Stein durch mich gemacht vnd lang für mir gemacht / sind beschlosen alle Elementa / al-*

le Mineralische vnd Metallische gestalten [B1032]

3) *Jch muß hiebey noch eine Erfahrung anführen / welche ich angestellet habe, um zu wissen ob, ob ein häufiges Acidum Salis sowohl in seiner ordinairen, als in concentrirter Gestalt etwas darzu beytrüge* [M603]

Wie schon beim Ausdruck **Forma** lassen sich auch bei der Verwendung von "*Gestalt*" Bedeutungsverschiebungen erkennen.

Kann der Ausdruck bei Alanus als Lehnübersetzung des Form-Begriffs verstanden werden (1), weist die Pl.-Form bei Basilius - "*Metallische gestalten*" - auf eine Bedeutungserweiterung im Sinne von 'Erscheinungsformen' (2). Die Beschaffenheit einer Substanz, bezogen auf eine einzelne Eigenschaft - "*Acidum Salis concentrirter Gestalt*" (3) oder auf eine Anzahl von substanzspezifischen Eigenschaften - "*metallische Gestalt*" [M479], betont der Ausdruck bei Marggraf.

(Vergl. Grimm Bd. 5;Sp.4179,4185)

Vergl.: **Forma**

Gewicht

[B K] n.

1) *denn die austheilung vnd zusammensetzung muß recht getroffen werden / (...) vnd ist dieses der Fels vnsers inhalts / das du diß Capitel / (...) durch einsetzung gleichmessiges Gewichts ohn einigen defect vollenden must* [B567]

2) *wilt du diese Gelebe wieder in eine trockene Röthe bringen / wird dir sehr viel von deinem Gewichte abgehen* [K2465]

Wird nur im Sinne von 'pensum', bezogen auf die eingewogenen Substanzmengen (1) oder den in der Reaktion auftretenden Gewichtsverlust (2), verwendet.

Als einzelne Wägemaße werden genannt: **Centner** [K], **Gran** [K], **Pfund** [K M], **Scrupel** [M], **Unze** [M] und **Quentgen** [M].

Bei den Maßangaben ist zwischen dem "gemeinen Pfund" und dem "Apotheker=Gewicht" (1555 in Nürnberg eingeführt) zu unterscheiden. Ersteres besteht aus 16 Unzen. Nach dem Apotheker-Gewicht bestand das Pfund aus 12 Unzen und wog etwa 360 Gramm.

Eine Unze entsprach 24 Scrupel, ein Scrupel bestand aus 20 Gran. (Vergl. Agricola, Berckwerck Buch; Franckfurt 1580, S.CCXL; Zedlers Universal-Lexicon 1742 Bd.49, Sp.2329)

Vergl.: **Pondus**

gießen

<*giessen* [K]; *gießen* [K M]> stv.

Nimm Kupffer oder Bley / gieß ein Acetum destillatum darauff / welches das allergeringste Acidum ist / laß es extrahiren [K2431]

Durch Präfigierung wird eine räumliche Differenzierung erreicht:

Hineingiessen [K], *übergiessen* [K], *übergießen* [M] oder der Vorgang des Trennens - *abgießen* [M] - bzw. der Mischung betont: *zugießen* [K M], *dazugießen* [K], *begiessen* [K].
Als deverbative Nomina Actionis erscheinen die Substantivierungen das "*Ausgiessen*" [K] und das "*Begiessen*" [K].

Glas
<*Glas* [A K M]; *Glaß* [B K]> n.
1) *Dann wissentlichen ist das wir sehen / daß das Kupffer an sich nimbt ein goldfarb / vnd wirdt Messing / von Bley machen wir Bleyweiß vnd Menig / vnd auß den Menig ein Glas* [A418]
2) *wann ichs mit diesem oleo gekocht / als wolte ich ein Balsamum sulphuris machen / daß es eine schwartze unverbrennliche Erde im Glase gemacht* [K222]

Wie in (1) dient bei Alanus und Basilius der Ausdruck der Bezeichnung des Materials. Dabei weist (1) auf die Herstellung von Glas unter Verwendung von Kalium- und Bleioxid (Bleikristallglas). (Vergl. auch [B316]) Die Färbung der Gläser erfolgte durch Zusatz von Metalloxiden oder Metallen. Ein Beispiel für die Färbung durch Metallzusatz ist das Kunckelsche Rubinglas, dessen leuchtendrote Farbe durch eine kolloidale Lösung von Gold im Glas beruht.
Kunckel und Marggraf verwenden "*Glas*" als allgemeine Bezeichnung für ein gläsernes **Gefäß** (Retorte, Recipient) (2).
Bei Marggraf erscheinen zusätzlich die abgeleiteten Adj. "*gläsern*" und "*glasachtig*". Ersteres dient ebenfalls der Spezifizierung des Ferätematerials. Die "*zarte glasachtige Erde*" [M622] bezeichnet vermutlich das in der Reaktion von Silberchlorid mit Phosphor gebildete Phosphorsilber.

glühen
<*glüen* [K]; *glühen* [M]> swv.
1) *so man den Sand wohl ausgedorret / ohne glüen wiegt / wird man finden / daß er um ein gut Theil schwerer ist* [K1388]
2) *Hier erschien nun der Phosphorus in Dämpfen, da her ich das Feuer soviel möglich auch obenher verstärkte, so daß alles durch und durch glühete.* [M208]
3) *Das zurückbleibende glühete ich gelinde aus, und schmolz es ohne Zusatz zusammen* [M618]

Das bei Kunckel nur einmal erscheinend "*glüen*" entspricht in seiner Verwendung dem häufiger erscheinenden **calciniren** - es bezeichnet die Handlung des Röstens oder Erhitzens einer Substanz.
Diese Bedeutung hat sich bei Marggraf nur in "*ausglühen*" (3) erhalten. Wie bei den anderen temperaturabhängigen Prozessen findet sich auch hier die Bestim-

mung der anzuwendenden Temperatur: "*gelinde ausglühen*".
In allen anderen Verwendungsweisen bezeichnet "*glühen*" einen Zustand, in dem die Substanz sich befindet. Dabei markiert das Zustandekommen dieses Zustands eine bestimmte Temperatur und damit einen bestimmten Zeitpunkt innerhalb des Experiments. In dieser Weise wird auch die substantivierte Form verwendet: "*und destillirte solche bis zum gelinden glühen*" [M649]. Die gleiche Funktion erfüllt Kunckels Ausdruck "*geringe Gluth*" [K3603].
Daß der Experimentator den Zustand verursacht, spiegelt sich in der Infinitivkonstruktion mit 'lassen': "*in solcher ließ ich ein Pfund fließen und mäßig glühen*" [M84].
Als Part.Adj. erscheint "*ausglühen*" in dem Ausdruck "*ausgeglühter Kienruß*". Dabei bezeichnet das Part. den Herstellungsweg des **Kienruß** und nicht eine modifizierte Form des Kienrußes.
Vergl.: **calciniren**

Gold
<*Goldt* [B]; *Gold* [A B K M]> n.
1) *die natur des Mercurij nimpt allein auß dem Gold oder Silber miner das zu ihm / das da ist seiner natur* [A127]
2) *Nim denn des zugerichten Ferments ein theil auff tausend theil (...) Metall / so du tingiren wilt / so wisse in der höchsten aller welt warheit vnd rede / das solches alles zu gutem bestendigen Golde werden muß* [B1248]
3) *denn so viel ich zu der Chymie erfahren / und des Goldes natur erforschet / ist es ihne corrosiv unmüglich auffzuschliessen / und dennoch hat das corrosiv nicht wohl die Macht / das Gold aus seinem Wesen zu bringen* [K1537]

Das Edelmetall Gold - dem der 'Planet' Sonne (**Sol**) zugeordnet wird - ist Ausgangspunkt (1) und auch wiederum Zielpunkt (2) des alchemistischen Strebens. Der "*Natur des Goldes*" als seiner physikalischen und chemischen Eigenschaften widmet sich Kunckel.
Als eines der Ausgangsmaterialien des alchemistischen Werkes hatte das Gold gereinigt zu sein. Denn "*Unsere Meister erfordern einen reinen vnbefleckten leib / so mit keinem Mackel noch einiger Frembder vermischung bekleidet ist / den frembder zusatz ist unserer Metallen aussatz.*" [B29] da es zudem meist der Amalgamierung mit Quecksilber zugeführt wurde, sollte es in kleine Stücke zerteilt sein. Die Forderung der Reinheit und der Eignung zur weiteren Verarbeitung findet ihren Niederschlag in den attributiven Spezifizierungen des zum Werk geforderten Goldes:
dünn geschlagenes G. [A], *geschlagenes G.* [A], *purgirtes G.* [B], *reines G.* [B].
Das von Alanus als Ausgangsstoff geforderte "*maler*

Gold" [A149] ist nach Schneider (1981, S.66) "ein aus Zink, Salmiak, Schwefel und Quecksilber bereitetes goldfabiges Präparat". Dem steht gegenüber, daß es von Alanus als ein Ausgangsstoff neben "*dinne geschlagen Gold oder Silber*" [A149] genannt wird.
Dem zu erzielenden "*bestendigen Goldt*" [B] - steht gegenüber die Veränderung der **Farbe** einer Substanz: so wie bei der Herstellung des Messing das Kupfer eine "*goldfarb*" [A416] annimmt.
Die von Kunckel als "*Goldkalch*" [K2983] bezeichnete Substanz ist kein durch **Calcination** gewonnener **Kalk**, sondern das aus dem **Aurum fulminans** gewonnene Diamido-gold(III)-chlorid $Au(NH_2)_2Cl$ (vergl. Kap. 2.3.3.2.)

gradieren

[K] swv.

zog darauff ei n Stücklein Bley heraus / welches von aussen halb Gold zu seyn schien / dieses hätte er in das gradier-Wasser geleget / so hätte es das Bley / so weot ich sehen könte / in Gold gradiert [K3171]

Entlehnung von lat. gradus, Rang (gradatio, Steigerung). Bezeichnet den Vorgang der Verbesserung und schließlichen Vervollkommnung der Metalle.
Die alchemistische Vorstellung von der Bereitung des Lapis als ein stufenweises Durchlaufen der metallischen Formen (vergl. Schneider 1981, S.74) - vom Mercurius bis zum Gold - zeigt sich in des Basilii Ausspruch "*Sechs stedte durchwandert der König am himlischen Firmament / aber in der siebenden behelt er seinen Sitz*" [B97].
Im Gegensatz dazu bezeichnet das "*Gradieren*" hier einen Vorgang, bei dem mittels einer bereiteten Flüssigkeit, dem "*Gradier-Wasser*" [K], ein unedeles Metall in Gold verwandelt wird.
Während sich Kunckel in der Erzählung dieser Episode [K3136-3217] ironisch von dem Glauben an ein "*Gradier-Wasser*" zu distanzieren scheint, erweckt er im 'Laboratorium Chymicum' (1716, S.224) den Eindruck, er sei im Besitz eines solchen: "Wann du aber ein Gradir-Wasser machst / wie ich dir eins hierher setzen könte / und trägst ihn alsdann wann er [der Mercurius; d.V.] praecipitirt / auff / so findest du ein merklich Korn [von Gold; d.V.]."
(Vergl. Ruland 1612, S. 245, Gradatio)
Vergl.: **Gradt** , **Tinctur**

Gradt

<*Grad* [A B]; *Gradt* [B]> n.

1) *aber die feuchtigkeit muß durch die grad des Feürs zerstört werden / das da schwach vnd müßig sey* [A116]
2) *der Mercurius der Philosophen / daraus dz liquorische wasser bereitet wird in vnser kunst / welches du in seiner composition wiederumb minera-*

lisch machen / vnd durch gewisse mittel / vom Nidrigsten biß auff den aller höchsten Gradt / in eine überflüssige medicin bereien solst [B449]

3) *jedennoch aber ist der Vitriol (...) das rechte und eintzige Acidum / die andern aber werden nur diesen ihrer Gleichheit halber zugeeignet / auff das man die Gradus der Salien zu unterscheiden wisse / dennman siehet den Unerscheid in dem Solviren der Metallen* [K2379]

Entlehnung von lat. gradus, Rang. Bei Basilius erscheint die lat. wie auch die entlehnte Form. Kunckel verwendet nur "*Gradus*".

Mit **Gradt** kann auf implizite oder auch explizit bekannte Intensitätsskalen für einzelne Eigenschaften referiert werden.

Explizit bekannt sind die "*Gradus igni*" [B1044]. Die "*grad des Feürs*" (1), die bei Marggraf als Determinativkompositum erscheinen - "*Feuers=Grad*" [M49], die eine Umschreibung für die Wärmeintensität des Feuers darstellen: "Dan auch das Feuer / in den vorgemeldten 4.Weisen / seine 4. Gradt hat / in einem jeden: welche Graden / des Feuers Macht nachgezehlet werden." (Becher, Oedipus Chym. S.102) Bezogen auf die Stadien des Werkes und die Anzahl der Flammen unterscheidet Ruland: "Der erste Grad des Fewers wehret / biß die Weiß angehet / vnd geschicht mit einer lampen / drey Monat. Der ander / biß die Weiß verbracht ist / mit zweyen Dochten drey Monat Der dritte / biß die Weiß fix ist mit drey Dochten / drey Monat Der vierdte / mit Kolen biß ans Ende drey Monat" (Ruland 1612, S.260). Auf eine Rangfolge der Vollkommenheit, die auch in der Folge der Metalle gegeben ist, bezieht sich Basilius (2).

Kunckel nimmt eine Rangfolge der "*Salia*" im Hinblick auf ihre metalllösende Wirkung an. Danach ist das "*Acidum Vitrioli*" (aus dem Vitriol wird die Schwefelsäure gewonnen) das stärkste und das "*Acetum*" das "*allergeringste Acidum*". (vergl. **Acidum**)

Auf die Eigenschaft einer 'inneren Wärme', die den Stoffen eigen ist [B1041] oder die durch Erhitzen erhöht werden kann [B328], scheint sich Basilius mit dem Ausdruck "*hitziger Grad*" zu beziehen.

Gran

[K]

Wer nun vermeynet / daß er mit dem blossen Spiritu Urinae nicht eben das ausrichten könne / der werffe ein gran Kupffer hinein / so wird er blau / und hat man also die vermeynte Tincturam Lunae. [K33513

Entlehnung von lat. granum, Korn.

Bezeichnet die kleinste Gewichtseinheit. 480 "*Gran*" bilden einer **Unze**. Nach dem Nürnberger Apothekergewicht entsprach ein "*Gran*" etwa 0.062 Gramm.

(Vergl. Schneider 1981, S.75; Mielke 1913, S.50)

Vergl.: **Gewicht**

grob
[K M] adj.
von der Galmey und Tutia aber nimmt es zwar den Mercurium auch in sich / allein diese terra ist zu grob / hat auch einen solchen subtilen Schweffel / daß sie in dem Kupffer nicht wie beim Arsenico mit eingehen können [K3321]
Im Sinne von 'grobkörnig' - "*grobe Erde*" [K473] - oder auch 'dickflüssig' - "*grobes Oleum*" [K1056] - bezeichnet "*grob*" die Erscheinungform einer Substanz.
Das Belegbeispiel deutet an, daß mit der 'groben' Erde die Vorstellung von einer 'groberen', geringeren Wirkung einhergeht, die möglicherweise begründet ist in der Annahme von "*subtilen Poros*" [K] in der Materie. So bildet auch **subtil** die Opposition zu "*grob*".
Vergl.: **Porus** , **subtil**

Gur
[K]
diese Gur / oder sperma, oder viscosa ist ein Anfang aller Steine und Mineralien / und die bestehet aus Wasser und Saltz / die machen vermittelst der digestion eine Erde; diese Erde ist das allersubtileste Theil der Erden / und wird aus selbiger ein Chrystall / Diamant / Ertz oder ander Stein / nach dem es einen bequemen Orth und Wärme zu seiner Bereitung findet [K452]
Diese *Gur* oder **Mucilago** (vergl. Ruland, 1612, S.341:"Muscilago, liquor tenax, was zege ist vnd schleimig ist / vnd gestehet wie Galrey.") ist nach Kunckel eine viskose Flüssigkeit, aus der in Abhängigkeit von Wärme und Kälte die Metalle und Mineralien entstehen.

Handgriff
<*Handgriff, Hand=Griff* [K]> m.
und du wirst sehen / daß deine Luna, die sonst in einer geringen Gluth / wie Wachs fliesset / hernach ohne Zusatz eines Flusses / mit der Gewalt des Feuers kaum fliessen wird. Durch diesen Hand=Griff wirst du das Geringste an deiner Luna nicht verlieren [K3605]
Bezeichnet eine bestimmte Fertigkeit oder ein spezielles Verfahren, hier, die Rückgewinnung (Reduktion) des Silber aus Silberchlorid.

Handwerck
[B] n.
das ist dem vnwissenden eine grosse geheime kunst / dem wissenden aber nichts / denn es ist ihm durch die wissenheit vnnd offter erfahrung zu einem Handwerck worden. [B322]
Eine in der Erfahrung gründende Fertigkeit. Das Verhältnis von Theorie, Erfahrung und Wissenschaft, im Sinne von Kenntnis, beschreibt Basilius im 'Thium-

ph=Wagen des Antimonii" (1677, S.301): "Wenn nun die Betrachtung eines jeden Dinges recht ergründet worden / welches / wie zuvor ermeldet / anders nichts ist denn Theoria, so folget diesem nach die rechte wahre Bereitung / welche (...) durch die Handarbeit muß vollzogen / und zu Werck gerichtet werden / damit etwas thätliches und wirckliches hernach folgen möge. Auß der Bereitschafft kömpt her die Wissenschafft (...)."
Vergl.: **Bereitung**

heiß
[B] adj.
Dieweil nun Hitze vnd Wärme in der lufft gefunden wird / so muß das Element Fewer ja in der lufft auch sein / / Denn alles was heiß vnd Trocken / ist dem fewrigen Wesen zugethan [B792]
Bezeichnet die Qualität der **Wärme**, die, zusammen mit **Kälte**, **Trockenheit** und **Feuchtigkeit**, je paarweise den Grundstoffen zukommen.
Vergl.: **Hitze** , **Wärme**

herausbraten
[K] swv.
dann wenn ich ansehe einen Ofen / darin der Ther oder Pech gemacht wird / so wird aus selbem Holtze erstlich ein subtil Oel gegen dem Ther heraus gebraten / durch äusserliche Hitze / hernach komt die gröbere Fettigkeit [K737]
Die bei der trockenen Destillation (zur Teergewinnung) herrschenden Temperaturen 'zwingen' die erste Fraktion (die **Fettigkeit**) aus den Hölzern heraus. Ein Synonym zu **Destilliren**, das das Abtrennende und die Zwanghaftigkeit des Vorgangs betont.
Bed.verwandt mit: **destilliren**

herausbringen
[B] stv.
Mercke aber dieses (...) das das Saltz aus der Aschen viel vermag / vnd sind viel tugenden in ihm verborgen / Doch ist das Saltz kein nütze / es sey denn sein inners heraus gebracht vnd umbgekart worden [B368]
Bed.verwandt mit: **Extrahiren**

herauslaugen
[K] swv.
Es wolte aber die Calcination nicht von statten gehen / ab sich gleich ein Saltz per se heraus laugen ließ / gab aber sehr wenig / und war ein natürlicher Salpeter [K1724]
Abtrennen eines Salzes aus einem Substanzengemisch durch Zugabe von Wasser. Aus der gebildeten **Lauge** (*Alcali-Lauge*) kristallisiert das Salz durch Einengen wieder aus.

Bed.verwandt mit: **auslaugen**
Vergl.: **Alcali**

herausziehen
[K] stv. (refl.)
1) *Daraus denn nun zu sehen / daß zwar der Venus eine Röthe / oder posito eine Gelbe beygebracht worden / allein wo ist der jenige der sie heraus ziehen kan?* [K3340]
2) *Jetzt lege ich ein Pfund (...) Kieß in die Lufft / so zeucht sie / wann es feuchte Wetter / das Saltz das Saltz aus natürlicher Liebe an sich / wenn sich aber das wetter ändert / und die Lufft dünner wird / so zeucht sie sich etlicher massen heraus* [K2102]
Im transitiven Gebrauch (1) synonym zu **extrahiren**: das Herauslösen einer Komponente aus einer Verbindung. Belegbeispiel (2) zeigt den reflexiven Gebrauch mit der "*Lufft*" als Agens.
Vergl.: **ausziehen** , **extrahiren**

Hertung
[A] f.
wann die solution des Corpus geschicht mit der coagulation des Spiritus Mercurij, vnd die hertung des Spiritus oder mercurij ist vnd geschicht mit der aufflösung des Corporis. [A42]
Lehnübersetzung zu **Coagulation**. Bei der Amalgamierung (Gold oder Silber) wird das flüssige Quecksilber (**Mercurius**),je nach zugegebener Menge,zähflüssig bis fest.
Bed.verwandt mit: **Coagulation**

herübergehen
[K M] stv.
Jch destillirte das gemenge, und nachdem das Phlegma, Sal volatile und das Oehl herüber gegangen war, legte ich eine andere mit Waßer gefüllte Vorlage vor, und erhielt durch ein anhaltendes gehöriges Feuer auch einen schönen Phosphorum. [M440]
Bei der **Destillation** gehen die einzelnen Fraktionen (hier: **Phlegma** und "*Sal volatile*") vom Destillationskolben (**Kolben**, **Retorte**) in den **Recipienten** bzw. die **Vorlage** über. Diese gerichtete Bewegung von einer Raumposition (Kolben) zur anderen (Vorlage) wird durch die Präfigierung einzelner Verben mit '(her-)aus-' oder '(her-)über-' besonders betont.
Vergl.: **Destillation** , **destilliren**

herüberkommen
[K] stv.
Dann du wirst ein Theil solches Oels über Rauthen oder ander Kraut giessen / die sonst wenig Oel geben; und dieses übergegosene Oel kommt in seiner Quantität und Qualität des Krautes herüber [K1025]
Erscheinen des Destillats in der Vorlage. Durch die

Präfigierung wird die gerichtete Bewegung des Destillats, vom Kolben zur Vorlage, betont.
Vergl.: **Destillation** , **destilliren**

herüberziehen
[M] stv.
Jch zog erst den Spiritum urinosum davon herüber, hernach legte ich eine andere Vorlage mit Waßer vor, lutirte solche feste mit Leimen an, und gab starkes Feuer [M564]
Abtrennen einer Flüssigkeit durch Destillation.
Wie im Falle von **Herüberkommen** , **Herübergehen** und auch **Herausbraten** wird durch die Präfigierung die räumliche Gerichtetheit des Trennvorgangs betont.
Vergl.: **Destillation** , **destilliren**

Heyradt
[B] f.
Also wen vnser Breutigam Apollo mit seiner Braut Diana durch Heyradt so vermählet werden / müssen ihnen zuuor auch mancherley kleidung bereitet / und ihre häupter vnd gantzer Leib mit wasser wol gewaschen werden / welche wasser du durch vielfaltige Manier der Distillierung zubereiten erlernen must [B148]
Die "*Heyradt*" bezeichnet den gesamten Prozeß der Umsetzung zweier Substanzen. Das gesellschaftlich etablierte Handlungsmuster der 'Heirat' wird auf den Prozeß der chemischen Umsetzung übertragen. Die im Handlungsmuster 'Heirat' verankerten Rollen und Einzelhandlungen können nun mit den beteiligten Substanzen bzw. den Vorgängen der chemischen Umsetzung identifiziert werden. Die Substanzen erscheinen als **Braut** und **Breutigam** [B], "*man vnd weib*" [A]. Dem Vollzug der Heirat, der **Einigung**, geht die Reinigung der Ausgangssubstanzen im Sinne einer Entblößung (**bloß**) voraus, denn es gilt, daß "*der Breutigam sich mit seiner Braut nackendt vnd bloß vermählen muß*" [B178].
Bed.verwandt mit: **Conjunction** , **Einigung** , **Zusammenfügung**

hineindringen
[K] stv.
Jnzwischen will ich darum diesen modum etwas in die Lufft zu setzen nicht verachten / (...) massen / wie schon oben gedacht / dieses Wasser hinein dringen kan in die subtilesten Poros, da man öffters mit gemeinem Wasser / noch Aqua fort noch Aqua Regis nichtes ausrichten kan [K2158]
Das Zersetzen eines Minerals, "*bis der gantze Stein zerfallen*" [K2125], unter dem Einfluß von Luftfeuchtigkeit versteht Kunckel als ein 'Eindringen' in die Substanz.
Vergl.: **Porus**

Hirschhorn=Oehl
[M] n.
Jch nahm ferner von dem im 9ten Paragrapho beschriebenen Saturno cornuo 1/2 Pfund, und vermischte solches mit 3 Unzen stinkenden Hirschhorn=Oehls, und zog es zur Trockenheit ab [M461]
Hier handelt es sich vermtl. um eine Lösung geglühten Hirschhorns (Cornu cervi). Dabei entsteht ein tertiäres ($Ca_3(PO_4)_2$) (vergl. Schneider 1981; S.71: "Cornu cervi ustum") oder primäres ($Ca(H_2PO_4)_2$) Calciumphosphat. Im Gegensatz zum primären Phosphat ist ersteres in Wasser schwer löslich (vergl. Remy, Bd.I, S.771-3).
Bed.verwandt mit: *Oleum cornu cervis*
Vergl.: **Cornu**

Hitze
[A B K] f.
1) *Jtem / so die hitz würckt in der feuchtigkeyt / so sichst zum erst schwartz farb. Jtem / so die hitz wirckt in der truckenheit / so sicht es weiß farb* [A14]
2) *Dieweil nun Hitze vnd Wärme in der lufft gefunden wird / so muß das Element Fewer ja in der lufft auch sein* [B789]
3) *daher legte ich es wieder in die Hitze* [K2280]
4) *Daß diese viscosa zu solchem harten Wesen gedieen / da sie doch zum Mercurio sowohl hätten werden können / als zum Stein / das ist der praecipitation der Hitze und Kälte schuld* [K472]

1)Entsprechend der Belegbeispiele (1) & (3) erscheint in allen drei Texten "*Hitze*" als eine qualitative Beschreibung der Temperatur, der die Substanzen ausgesetzt sind. In dieser Bedeutung erfährt die "*Hitze*" zusätzliche Attribuierungen, die die jeweilige Intensität charakterisieren: "*äusserliche H.*" [K], "*grosse H.*" [B K], "*übermässige H.*" [K].
2)Als eine 'innere' Eigenschaft der Materie erscheint "*Hitze*" bei Basilius und Kunckel. In dem zweigliedrigen Ausdruck von Belegbeispiel (2) scheint "*Hitze*" gleichbedeutend mit **Wärme** eine Qualität der Grundstoffe zu bezeichenen. Zudem spricht Basilius von der "*natürlichen Hitze*", die das Leben erhält.
Als Erklärung für das scheinbare 'Schmelzen' der Metalle bei ihrer Amalgamieung mit Quecksilber, wird diesem von Alanus eine "*truckne Hitze*" und von Basilius eine "*gewaltigste Hitze*" zugesprochen.
Für Kunckel schließlich sind "Hitze und Kälte würckende Wesen" (Laboratorium Chymicum 1716, S.69), die durch den "*Motum naturalem*" [K571] verursacht werden.

Bei Basilius und Kunckel findet sich zudem das abgeleitete Adj. "*hitzig*". Bei Basilius bezeichnet es die 'innere' Eigenschaft - "*der hitzige grad / Venus*" [B1041].
Kunckel verwendet es in der Bedeutung von 'brennen,

scharf, Hitze erzeugend' (vergl. Grimm Bd.10, Sp.1585) - "*ziehe ichs von einem hitzigen Kraut*" [K626].
Vergl.: **Feuer** , **Principium** , **Wärme**

Ignis
[A B]
1) *in der Erden war das saltz / id est, corpus / die einblasende Lufft war der Mercurius der Geist / durch solch einblasen gab ihm alsbald die Lufft eine recht bequeme Wärme / das war Sulphur, id est, ignis* [B837]
2) *So es in igne Sapientia gestanden hat vff ein Monat der Philosophen / so werden volbracht vn gemacht grausame schwertz* [A160]

Lat. **Feuer**.
In seiner Darstellung der Erschaffung Adams versucht Basilius die aristotelischen Elemente in Beziehung zu setzen zu den paracelsischen Prinzipien. Dem **Sulphur**, als der Grundeigenschaft der Brennbarkeit, ordnet er dabei das Feuer zu.
Im Gegensatz dazu ist das "*ignis sapientium*" eine Bezeichnung für die leichte Temperierung einer Substanz, wie sie etwa ein **Balneum** oder **Badt** ermöglicht. Ruland handelt es sich um warmen Pferdemist: "Ignis sapientum, id est, fimus equinus calidus." (Ruland 1612, S.261).
Vergl.: **Feuer**

imbibiren
[K] swv.
so man aber nur so viel sand nimmt / als ein Loth schwer / und man glüet es gleich aus / und legt eine Erbse darinn / und imbibirts mit Wasser / so kan man sie zur Blüthe und Saamen bringen. [K1437]
Entlehnung von lat. imbibire, einsaugen.
Anfeuchten einer Substanz.
Vergl.: **Jmbibierung** , **Imbibition**

Jmbibierung
[A] f.
Der gesoluiert Corpus / der nach 7. tagen ist auffgelößt / dem ist allweg vber den vierten tag der mist / scil. Mercurius, zuuernewern / vertsteh / zuzusetzen / Vnd die vernewen heißt die eigen Jmbibierung der weichmachung vnd soluierung der hert zusamen gebunden schweißlöcher des Golds [A320]
Deverbatives Nomen actionis zu **imbibiren**.
'Befeuchtet' wird hier das **Corpus** (Gold oder Silber) mit dem Quecksilber (**Mercurius**).
Bed.verwandt mit: **Imbibition**
Vergl.: **imbibiren**

Imbibition
[K] f.
wir wolten die Materiam von Tag zu tag wägen / daß

man doch sehen könte / ob es blos aus unser Imbibition die Schwere kriegte / oder ob es ex aere auch was participirte [K1199]
Deverbatives Nomen actionis zu **imbibiren**.
Hier wird die **Terra Adamica** mit dem **Mayen-Thau** angefeuchtet.
Bed.verwandt mit: **Imbibition**
Vergl.: **imbibiren**

imperfect
[K] adj.
Denn meines Wissens ist er [Mercurius; d.V.] *leichter in Silber und Gold zu bringen als in ein imperfekt Wesen.* [K796]
Die Metalle wurden nach ihrem Verhalten im Feuer (**Bestehen**) in perfekte und imperfekte Metalle unterteilt. Als 'vollkommen' galten die Metalle, die keine Änderung zeigten (Gold, Silber). Die 'unvollkommenen' dagegen oxidierten im Feuer und wurden spröde und brüchig. Diese Differenzierung findet sich sowohl bei Kunckel, der zwischen den "*perfekten und (...) imperfekten*" [K2888] Metallen unterscheidet, als auch bei Basilius, der von den "*schwachen vnuollkommenen Metallen*" [B241] schreibt. Auch bei ihm ist die Feuerbeständigkeit das Kriterium: "(...) welches Metall die Gaben aller dreyer Fixigkeit bey einander hat / dem ist die Stärke zugelassen / das Feuer zu bestehen (...) /welches allein in Sole gefunden wird. Luna hat einen fixen Mercurium bey sich / darumb fleucht sie im Feuer nicht so schnell darvon / wie die anderen unvollkommenenen Metalle (...)." (Von dem grossen Stein der uhralten Weisen, Fratris Basilii Valenini, 1677; S.14) (Vergl. auch Schneider 1981, S.81)
Vergl.: **bestehen**

impur
[K] adj.
indem ich auch zuweilen observiret / daß ein Wasser mehr Terrestreität geführet / als das ander; indem die ersten Wasser / wenn es lange nicht geregnet / etwas impurer seyn [K1317]
Entlehnung von lat. impurus, schmutzig. Bei Kunckel auch einmal unter Erhalt der lat. Kasus belegt: "*so scheidet sich purum an impuro*" [K1328]. Es bezeichnet den Zustand der Verunreinigung, bzw. - in der substantivierten Form, die Verunreinigung selbst. Es steht in Opposition zu **pur**.
Vergl.: **Impurität** , **pur**

Impurität
[K] f.
Man wolle mich aber hier von nichts anders / als von Gold und Silber verstehen / mit dem andern hat es viel eine andere Beschaffenheit / wiewohl sie ausser ihrer Impurität in ihrem innersten alle einerley

sind respectu Mercurii und salis puri, und differiren nur in formâ [K712]
Substantivableitung von lat. impurus. Die Verunreinigung von Substanzen. Hier sind die verunreinigungen der imperfekten Metalle gemeint.
Vergl.: **impur**

inficieren
[A] swv.
So du aber die materien vermeinest zukehren / in die gestalt des wassers der wolcken / in dem keller der feuchten statt / so empfacht es dauon ein zerstörligkeit / wann die materien wirt mit der feuchtigkeit inficiret vnd vergifft durch die feuchtigkeit. [A372]
Entlehnung von lat. inficere, vergiften, anstecken.
Nach Weimann (1963, S.393) Wort und Bedeutung von Paracelsus ins Dt. eingeführt.
'Vergiftet' wird hier das Quecksilber, das sich in überschüssiger Salpetersäure unter Bildung von Quecksilber(II)-nitrat löst.

Ingress
[K]
eine Terra alba mortua irreducibilis bleibt zurück / wann die terra rubra soluta und Mercurus davon geschieden / diese beyde / als Seel und Geist gehören wieder zusammen / denn in allen Cörpern der metallen findet es eine Terram wieder / wann es von Anfang seine Terram behielte / so könte es keinem andern was mittheilen / dann diese Mittheilung oder Ingress muß geistlich geschehen [K2552]
Entlehnung von lat. ingressus, das Hineingehen.
Hier zeigt sich Kunckel als echter Alchemist. Die Wesenheit des Goldes ist begründet in der "*terra rubra soluta*" und dem "*Mercurius*" , als **Seele** und **Geis**t. Die Übertragung dieser Wesenheit auf eine andere Materie vollzieht sich danach in ihrer "*Mittheilung*" als einem **Hineindringen** in die zu verwandelnde Materie. Der "*Ingress*" ist Voraussetzung und Vorgang der "*Mittheilung*".
Im Gegensatz dazu bezeichnet "Ingressum" bei J.J.Becher (Chymischer Glücks=Hafen; Franckfurt 1682, S.787) eine Ammoniumchloridlösung in Alkohol, von der er am Schluß des Rezepts behauptet: "(...) was du von Tag mit diesem imbibirts / das gehet hinein in das Metall / und was du hinein wirffst / das wird weich Ertz oder Metall."
Vergl.: **hineindringen** , **Porus**

insinuiren
[K] swv., refl.
so fänget das Oehl oder Fett an zu brennen / und insinuiret sich mit dem Sale acido, welches bey der Luna geblieben / und macht selbiges Acidum zum Alca-

li [K3591]
Entlehnung von lat. insinuare, eindringen.
Das 'sich insinuiren mit' verknüpft den Vorgang des **Hineindringen** mit dem der "*Vereinigung*" als eine notwendige Voraussetzung für eine chemische Reaktion (hier: die Reduktion des Silberchlorids zu Silber, verstanden als eine Umwandlung eines **Acidum** zu einem **Alcali** durch das **Oehl**).
Vergl.: **Einigung** , **hineindringen**

Instrument
[K] n.
Hernacher habe ich vor mir befunden / zwar nicht bey diesem Herrn / welche durch so nderbahre küpfferne Jnstrumente die Lufft haben gefangen / mit calcinirtem Mamor / auch kreide oder Kalck [K1809]
Entlehnung von lat. intrumentem.
Kunckel verwendet es als unspezifische Bezeichnung für Laborgeräte. Hier ist wohl die von Otto v. Guericke erfundene Luftpumpe (Antlia pneumatica) gemeint, die kugelförmig, aus Kupfer oder Messing gefertigt war. (vergl. Partington 1969, Bd.II, S.514-519; und Thorndike, Vol. VIII, S.218 f) Die Beschreibung der Luftpumpe und der Experimente hatte v. Guericke vier Jahre vor Kunckels Traktat veröffentlicht (Ottonis de Guericke Experimenta Nova (ut vocantur) Magdeburgica De Vacuo Spatio, Amsterdam 1672).
Vergl.: **Gefäß**

Internum
[K] n.
Das die 6. Metallen ihr externum und internum haben / läugne ich nicht; daß ich aber gläuben solte / daß dieses so von Gold und Silber könte verstanden werden / wie vom Eisen / Kupffer / Zinn und Bley das wird mich niemend zu glauben bewegen. [K379]
Als "*externum*" der Metalle Gold und Silber gibt Kunckel eine "*terra irreducibilis*" an, die er an anderer Stelle für die Form der Metalle verantwortlich macht.
Das Verhälntnis von "*externum*" und "*internum*" ist jedoch unklar. Das "*Internum*" des Goldes scheint er in einer "*terra rubra soluta*" und **Mercurius** zu sehen. (Vergl. [K2543-2554])

Irdisch
[A] n.
Vnd in 40. tagen so erscheint oben auff ein Schwertz als ein pech / vn ist nichts anders dann das auffgelöst Corpus / dann was geistlich wirdt / das schwingt sich alle weg vber sich / vnnd das Jdisch bleibt vnten. [A229]
Durch Konversion des Adjektivs gebildete Substanzbezeichnung, für einen im Reaktionsverlauf entstandenen Rückstand. (Verg. **Erde** 2.1) Das Adjektiv markiert hier

den Gegensatz zu "*geistlich*", das die Eigenschaft der Flüchtigkeit bezeichnet.
Vergl.: **Erde** , **Geist**

Irdischheit
[K] f.
denn das sal hat sich / als das mehr Irdischheit bey sich hat / in diesem metallischen Wasser praecipitirt [K539]
Es wird hier kein Abstraktum bezeichnet. Vielmehr steht "*Irdischheit*" gemeinsam mit **Terrestreität** in Konkurrenz zu **Erde** bzw. **Terra**.
Vergl.: **Terrestreität**

irreducibilis
[K] adj.
Mir ist durch die Scheidung bekannt geworden / daß eine Marck Gold / 2. biß 2 1/2. terra mort. alb. hat / welche irreducibel ohne salien ist [K1514]
Lat. Bildung zu ducere, führen. Nichtzurückführbar.
Es erscheint sowohl in der entlehnten (Belegbeispiel) als auch in der lat. Form: "*eine terra, welche ohne Zusatz irreducibilis ist*" [K385] als prädikativ verwendetes Adjektiv. Vor allem in der lat. Form erscheint es als Bestandteil von Substanznamen: "*Terra irreducibilis*", "*Aurum potabile irreducibilis*". Dabei verweist es auf die Irreversibilität des Vorgangs, der zu der Substanz geführt hat.
Vergl.: **reduciren** , **Reduction**

Jungfraw
[B] f.
Der Kontext legt nahe, daß "*Jungfraw*" über die Bedeutung des Sternzeichens hinaus als ein alchemistischer Deckname zu verstehen ist, der jedoch nicht klar zu entschlüsseln ist.
In einer bildlichen Darstellung der **Conjunction** (Stephan Michelspacher, Cabala, Spiegel der Kunst vnnd Natur; in: Alchymimia, Augsburg 1615; Wiedergabe bei Ploss/Roosen-Runge/ Schipperges/
Buntz 1970, S.161) wird dem Sternzeichen der Jungfrau das alchemistische Zeichen für **Salmiac** zugeordnet.

JungfrawMilch
[B] f.
Wann die medicin vnd zugerichter wolnereiter Stein aller Weisen / aus der rechten JungfrawMilch gemacht worden / vnd vollstendig bereitet ist / so nimb derer ein theil / des aller besten vnd feinesten Goldes [B1245]
Alchemistischer Deckname für das Quecksilber.
"Lac virginis, ist aqua Mercur. der Drachenschwantz / wäschet / vnd coagulirt ohn aller Handwerck;" (Ruland, 1612, S.272). (vergl. Schneider 1981, S. 123)
Bed.verwandt mit: **Mercurius**

Kälte

<*Kelte* [A]; *Kälte* [B, K]> stf.

1) *darumb so macht das die kelt vnnd die wässrig feuchtigkeit / die vor offenbar ist / gleich sey der wörm / vnd die truckenheyt die da ist verborgen.*[A108]
2) *so hat er* [der Saturnus; d.V.] *doch solche Krafft vnd sterck in sich / daß / wo sein herrliches wesen / welches ist vber alle massen ein vnbegreiffliche Kälte in das lauffende fewrige Metallische Corpus getrieben wird / das solchem das lauffende Leben kan benommen (...) werden* [B931]
3) *Daß diese viscosa zu solchem harten wesen gedieen / da sie doch zum Mercurio sowohl hätten werden können / als zum Stein / das ist der praecipitation der Hitze und Kälte schuld* [K469]
4) *so bald aber das Sal volatile darzu kommt / wird dieses Sal wieder lebendig / wann nun die Wärme auch darzu kommt / und also also Hitze und Kälte hier beysammen in einer subtilen Erde liegen* [K2998]

Bei Alanus (1) bezeichnet "*Kelte*" eine der vier Qualitäten, die nach der aristotelischen Lehre von den Grundstoffen paarweise, je eine aktive und eine passive, jedem Element zukommen. Die hier angesprochene Kombination der Kälte und Feuchtigkeit entspricht dem Wasser, die Trockenheit und Wärme dem Feuer.
Ähnlich wie Kunckel ordnet auch Basilius einzelnen Substanzen die Eigenschaft der "*Kälte* zu.(2, 3)
Im Gegensatz jedoch zu Basilius hält Kunckel die Kälte zusammen mit der Wärme für "selbst=ständige würckende Wesen" (Laboratorium Chymicum 1716, S.57), die nicht an eine Substanz gebunden sein müssen.(4)
Entsprechendes gilt für die Verwendung des zugrunde liegenden Adjektivs "*kalt*". Allein bei Marggraf wird damit eine relative Temperatureigenschaft bezeichnet.

Kalk

<*Kalck* [A,B,K]; *Kalk* [M]> stm.

1) *durch das fewer aber wird der Stein gezeitiget / vnd nimt von dem fewer ein sehr hitzigen grad an sich / vnd stercket sich / vnd wird also mechtig / das dem fewrigen Geist des Kalcks (...) schier nichts zu vergleichen.* [B327]
2) *(...) den Kalk aber, der mehr als ein Pfund wog, trocknete ich.* [M90]

Das Herstellungsverfahren der **Calcination** lieferte Endprodukte, die **Calx** oder "*Kalck*" genannt wurden. Dabei handelte es sich zumeist um Oxide oder Metallsalze. Bei Marggraf erscheint "*Kalk*" als Kurzform für den von ihm hergestellten "*Bley=Kalk*" (**Bley**). Die zusätzliche Attribuierung dient der Bezeichnung seiner äußeren Erscheinungsform: "*klar geriebener Kalk*" [M93].
Bei Alanus erscheint die Bezeichnung "*lebendig kalck*" [A388]. Dabei handelt es sich um die Lehnübersetzung

von lat. "Calx viva", die Calciumoxid denotiert. Alanus dient es zusammen mit Weinstein der Reinigung von Quecksilber.
Über die Herstellung der Kalke und Salze schreibt J.J.Becher: "Kalche und Saltze werden / wann die Cörper / durch die verbrennung zu Aschen / daher / Wasser darüber gegossen / eine Lauge gemacht wird: welche man / nachdem sie abgesyhen / auff das Drittheil läst einsieden: setzt man es in die Kälte / so wird es in die Dicke eines Salzes zusammen wachsen." (Oedipus Chymicus, S.147)
Vergl.: **Calcination** , **Calx**

Kapelle
<*Capelle* [K]; *Kapelle* [M]> f.
1) *wie er es aber abgetrieben und zum ersten mahl die Wahrheit nicht gesehen / auch auf der Capellen nichts gefunden / hätte er den Process in den probir Ofen geworfen* [K3154]
2) *Aus dieser Kapelle wird der unreine Phosphorus durch die eingelegt Retorte in die mit Waßer halb gefüllte Vorlage getrieben.* [M393]

Hierbei handelt es sich um Pfannen oder schüsselähnliche Gefäße, die aus Holz- oder Knochenasche bestehen. Sie wurden bei der "Treibearbeit" (**treiben**) verwendet. Eine Edelmetallbleilegierung wurde eingeschmolzen und Luft über die Schmelze geblasen. Das geschmolzene Blei oxidiert dabei (Bleiglätte) und dringt in das poröse Material der "*Kapelle*" ein. Zurück bleibt ein kornförmiges Edelmetall, das "Regulus" oder "König" genannt wurde. (Vergl. G. Agricola, Berckwerck Buch, 1580, S. CLXXXII)
Nach Schneider (1981, S. 105) ein Synonym zu "Catillus". (Vergl. auch Ruland 1612, S. 135)

kehren
[A] swv.
alsdan so geht vnser wasser in die leib / vnd kert es zu erden / darnach in ein pulver / oder äschen / vnd ob es zu erst nit schwartz wurd / so wer auch hinach kein weiss erfolgen [A295]

Alanus beschreibt hier die Wirkung des Quecksilbers ("*vnser wasser*") auf das Edelmetall als eine Umkehrung von Eigenschaften. Dieser Topos geht nach Goltz/Telle/Vermeer (1977, S. 75) auf die "Turba Philosophorum" zurück.
Betrachtet man einen Ausschnitt aus dem Basilius-Traktat "Von dem grossen Stein der uhralten Weisen" (Hamburg 1677, S. 22):
"Mach das höchste zum niedrigsten / das sichtbare zu einem unsichtbaren / und schaffe / daß wiederumb das niedrige erhöhet / auß dem Unsichtbaren wiederumb ein sichtbares / und auß dem unbegreiflichen wiederumb ein begreifliches werden muß (...)."
So erkennt man ebenfalls die Nähe zur "Tabula Smarag-

dina":

"Die Geschöpfe hie nieder gesellen sich zu denen dort oben / und diese hinwiederumb zu jenen / auf daß sie mit gesambter Hand ein Ding herfür bringen mögen / so voller Wunder steckt."
(Zitiert nach J. Ruska (1926),S.2 f;vergl. Kap. 1.1)

Auch in den "Schlüsseln" des Basilii ist das "*umbkeren*" (stv.) die Voraussetzung für die Wirkkraft des Substanz: "*Doch ist das Saltz kein nütze / es sey denn sein inners herausgebracht vnd umbgekart worden*" [B369].

Die substantielle Wandlung wird in der präfigierung "*verkehren*" [A K] betont: "*dz wir es verkehren in ihr aller erst wesen*" [A]; "*welche nicht allein Silber / Quecksilber / Kupffer und andere Metall in Silber und Gold verkehren können*" [K1989].

Keßel, eiserner

[M] m.

Hievon nahm ich 9 bis 10 Pfund nach Kramer=Gewichte das Pfund zu 32 Lothen, und ließ es ineinem eisernen Keßel über Kohlen warm werden [M163]

Vergl.: **Gefäß**

Kienruß

[M] m.

Zu dieser 1 Unze des Saltzes sezte ich 1 Unze zartgeriebenen weißen Sandes und 2 Quentgen zartem in verschloßenen Gefäße wohl ausgeglüheten Kienrußes. [M560]

Eine Art von Ruß, der vornehmlich aus harzreichen Hölzern gewonnen wird, indem diese bei ungenügendem Luftzutritt verbrannt werden und die Flamme an Metallplatten gekühlt wird. Marggraf verwendet den Ruß wegen seiner reduzierenden Wirkung.

Kieß

[K] swf.

Jetzt lege ein Pfund Wasser= oder Schweffel= und ander dergleichen Kieß in die Lufft / so zeucht sie / wann es feuchte Wetter / das Saltz aus natürlicher Liebe an sich [K2103]

Wie das Belegbeispiel deutlich macht, dient der Ausdruck "Kieß" als Sammelbezeichnung für eine Gruppe hygroskopischer Metallsalze. Der "*Schweffel=Kieß*" bezeichnet dabei Metallsulfide.

Nach Goltz (1972; S. 174) setzt sich ab dem letzten Drittel des 16. Jhds. das Wort '*Kies*' als Sammelbezeichnung für Metallsulfide durch.

Klarheit

[B] swf.

erhöhe inihn seinem gradt / auff daß er alle andere Sternen des Himmels in seiner klarheit weit vbertreffe [B268]

Dient hier vermutlich der Beschreibung der hellgelben Kristalle der Chlorogoldsäure.

Kleid, rothes

[K] n.

Wie viel aber haben gemeynet / der Venus ihr rothes Kleid auszuziehen / auch geschlossen / das Corpus müste weiß bleiben? [K2439]

Das "*rothe Kleid*" steht hier als Ausdruck der farbgebenden Substanz des Kupfers. Die Möglichkeit dieser Bezeichnung ergibt sich aus der Personifizierung des Kupfer als Venus und der konkreten Erfahrungsgrundlage des Ausdrucks **ausziehen**, der den Vorgang der Isolierung der farbgebenden Komponente der Metalle bezeichnet.

Das bei Basilius erscheinende "*Kleidt der Ehren*" [B1095] bezeichnet die Rote Farbe, deren Erscheinen die Vollendung des Werkes signalisiert.

Vergl.: **ausziehen** , **extrahiren**

kochen

[A, B, K] swv.

denn der Stein wird gemacht in einem leeren Ofen / dreyfacher bewahrung / feste verschlossen / eingesperret / vn durch stetiges fewer gekochet / biß alle Nebel vnd Dünste verschwunden [B1093]

Die Bezeichnung für den elementaren Arbeitsgang der präparativen Chymie findet sich mit Ausnahme des Marggraf-Textes in allen anderen Schriften. Und auch bei Marggraf erscheint, wie auch bei Kunckel, eine präfigierte Form, die das Einengen und Eindampfen einer Lösung bezeichnet: *einkochen* [K1712, M541].

Aus der alchemistischen Sicht, die in dem Belegbeispiel repräsentiert ist, erscheint der Vorgang des Kochens als das hervorbringen von Eigenschaften, die bereits in der zu kochenden Substanz vorliegen:

die vrsach desselbigen ist / das alle solche eigenschafften vnser Materia des grossen Steins durch die Natur eingegossen ist / Welche eigenschafften durch die gradus ignis außgekocht vnd gezeitiget werden müssen / biß sie allerhöchste vollkommenheit erlanget haben [B1044]

Vergl.: **Kochung**

Kochsalz

<*Kochsalz, Koch=Salz* [M]> n.

Jch machte (...) folgenden Bley=Kalk. Jch nahm eine eiserne Pfanne (...) in solcher ließ ich ein Pfund Bley fließen und mäßig glühen, hiezu schüttete ich nach und nach unter beständigem Umrühren, Löffelweise 2 Pfund geschmolzenes und klar geriebenes Kochsalz. [M 87]

Trotz des uneinheitlichen Salzbegriffs, den Goltz (1972, S.163-165) attestiert, bezeichnet "*Kochsalz*" hier das auch heute noch so genannte Natriumchlorid. Der unscharfe Salzbegriff zeigt sich auch in dem Aus-

druck **Kochsalz=Saure**.
Vergl.: **Acidum** , **Kochsalz=Saure**

Kochsalz=Saure
[M] n.
so bemühte mich das Kochsalz=Saure aus einem damals etwas wohlfeilern Körper, an das Bley zu bringen [M144]
Marggraf bezeichnet damit den Träger der sauren Eigenschaft im Kochsalz, den er auch im **Salmiac** vermutet. Tatsächlich bezeichnet er damit das Chlorid.
Vergl.: **Kochsalz**

Kochung
[A K] swf.
1) *So ist es doch nur ein einige Regierung / die da genennet wird die zerreibung vnd kochung. Der Mercurius zerreibet alle Ding / so kocht das Feür es zu der volkommenheit.* [A209]
2) *das Wasser (...) wurde meistens von den Dächern gesammlet / und in Fässern eingesetzt / bis es konte in den Herrn=Kolben eingekocht werden. Diese Kochung währte Tag und Nacht* [K1713]
Deverbatives Nomen actionis zu **kochen**.
Deutlich ist, daß die "*Kochung*" bei Alanus Teil der Herstellung des Steins der Weisen ist.
Wie bei fast allen temperaturabhängigen Operationen findet sich auch hier eine Attribuierung, die den Wärmegrad beschreiben soll: "*stätte Kochung*" [A204].
Vergl.: **kochen**

König
[B K] stm.
vnd wirff ihm für den Leib des Königes / daß er daran seine zehrung haben mög / vnd wenn er den König verschlungen / so mache ein groß fewer / und wirff den Wolff darein / das er gantz und gar verbrenne / so wird der König wieder erlöset werden / wenn das dreymal geschicht / so hat der Löwe den Wolff vberwunden [B39]
Basilius verwendet die Bezeichnung als Deckname für das Gold. Diesen Zusammenhang erkennt man auch an dem Ausdruck Königswasser (**Aqua Regis**).
Im Belegbeispiel wird die Reinigung des Goldes durch eine Antimonlegierung beschrieben. Bemerkenswert ist die Änderung des referentiellen Ausdrucks für die gleichbleibende außersprachliche Realität - nämlich das Gold: Wenn das Gold wieder erscheint, muß dessen physische Überlegenheit über den "*Wolff*" (Antimon) auch in der Bezeichnung zum Ausdruck kommen: das Gold wird zum **Löwe**.
Im Gegensatz dazu verwendet Kunckel die Bezeichnungen "*König*" [K1145], "*König der Ehren*" [K1730] und "*Königin*" [K1145] nur im ironisierenden Zusammenhang.
Der im Belegbeispiel erscheinende "*Leib des Königs*"

bezeichnet das metallische **Corpus** des Goldes.
Ebenso ist "*der fewrige König*" [B535] eine Umschreibung für das amalgamierende Gold.
Wie schon im Begriffspaar **Braut** und **Breutigam** bezeichnen auch "*König*" und "*Königin*" das zur Vereinigung zu bringende Substanzpaar.
Schließlich kann der Ausdruck "*König*" auch ein reines Metall bezeichnen, das als Produkt aus einem Prozeß hervorgegangen ist (vergl. Agricola, Berckwerck Buch 1580, CCI). Es handelt sich dabei um die semantische Kürzung der Lehnübersetzung zu lat. regulus, kleiner König.

körnen

[K] swv.

Wie ich nun zum ander mahl die Lunam abgetrieben / und die blaue extrahirt / ließ ich sie wieder durchs Bley gehen / körnte und schmelzte sie mit 2. Theil Salpeter / und einem Theil Borax [K3481]

Zu Körnern machen, granulieren. (Vergl. Grimm, Bd. 11, Sp. 1823)
Bei der im Belegbeispiel beschriebenen Treibearbeit bildet sich das Silber in Form kleiner Körner. (**Kapelle**)

Körper

<*Cörper* [A, B, K]; *Körper* [M]> m.

1) *Die meisterschafft zerbricht die ding der gestalt allermeist in den Cörpern / wann wir haben gesehen / daß die corpora sein verkehrt worden zu lebendigem Silber* [A387]
2) *Vnd wisse / das dieses allein nur der rechte weg ist hiezu düchtig / vnser Cörper zu reinigen* [B46]
3) *so streitet das Acidum und das Volatile im Nitro mit einander / die haben nun kein Corpus, daran sie sich können halten / ihre Feuchtigkeit ist auch weg / daß nichts als eine subtile Erde / ein Theil vom Schweffel / ein Theil von ihrem eigenen Cörper ist* [K3050]
4) *Es ist solches der Herr Hellot, welcher in denen Memoires der Pariser Academie von 1737. seine mit diesem Körper angestellten Arbeiten mitgetheilet hat.* [M671]

Alanus (1) verwendet das lat. **Corpus** und die Lehnübersetzung "*Cörper*" synonym. Mit beidem bezeichnet er die Metalle.
Im Gegensatz dazu ist bei Basilius (2) eine Bedeutungsdifferenzierung zwischen **Corpus** und "*Cörper*" festzustellen. Ersterer bezeichnet das paracelsische Prinzip, letzterer dagegen eine feste, nichtflüchtige Substanz, meistens ein Metall.
Dies entspricht nahezu dem Kunckelschen Begriffsumfang von "*Cörper*", der - nun wieder synonym mit **Corpus** - feste, metallische wie nichtmetallische Substanzen umfaßt.

Die Fokusierung auf die Metalle erfolgt bei Kunckel durch Attribuierung mit einem Adj.: "*metallischer Cörper*" [K613] bzw. Nomen im Genitiv: "*Cörper der Metalle*" [K2549].
Marggraf schließlich bezeichnet damit einen Feststoff, hier den Phosphor.
Bei Kunckel erscheint zudem die Adjektivbildung "*cörperlich*" [K2455, 3000].
Vergl.: **Corpus** , **Leib**

Kohle
[K M] swf.
Dieses Caput mortuum rieb ich nochmahls klar, damit es wohl durch einander kam, ich streute davon so viel, als ich zwischen zwey Fingern halten konte, auf glühende Kohlen, und es zeigte sich den Augenblick ein arsenicalischer Geruch und eine blaue schwebende Flamme. [M183]
Die Beschreibung der Kohle im Ofen diente ebenfalls der qualitativen Temperaturangabe. So spricht Marggraf von den "*glühenden Kohlen*" und Kunckel von der "*gelinden Gluth*" [K3603].
Zusätzlich bediente sich Marggraf des Kohlenstaubs: "*Kohlgestübe*" [M166, 456, 464, 474], "*Kohl=Gestübe*" [M418], "*Kohle=Gestübe*" [M496].
Er verwandte es als Reduktionsmittel bei der Reduktionsarbeit.

Kolben
[K] swm.
Endlich wie es nun lange genug gewähet / wurden die Kolben / weil es alles / bis auf die Truckne abgeraucht / herausgenommen / da war eine schwartze Erde darinn [K1715]
Ein **Gefäß**, das hier zum "*abrauchen*" einer Flüssigkeit verwendet wird. Kunckel nennt sie auch als "*Herren=Kolben*".
Nach J.J.Becher (Oedipus Chymicus, S. 139), sind die "*Kolben*" entweder aus Glas oder aus Ton.
Vergl.: **Gefäß** , **Retorte**

Krafft
[B, K] stf.
1) *denn alle Kreuter / Bäum / vnd Wurtzeln / auch alle Metallen vnd Mineralien / emphahen ihre Krafft / zugang vnd nahrung aus dem Geist der Erden / denn der Geist ist das leben* [B390]
2) *Die ernehrende und gebährende Krafft / wenn es so simpliciter vor sich bleibet / hat es vor sich in sich / wie schon angeführet / und sonderlich in den Vegetabilien; aber die auffschliessende Krafft in den Metallen hat es nicht* [K1551]

Bei Basilius (1) verkörpert die "*Krafft*" das Prinzip des Lebens, das letztlich göttlichen Ursprungs ist.

Diese ernährende und gebährende Wirkung spricht Kunckel dem **Sal aeris** zu.
Davon zu trennen ist aber eine Vorstellung von "*Krafft*", wie sie sich in dem Ausdruck "*auffschliessende Krafft*" manifestiert.
Hier ist nicht eine allgegenwärtige Schöpfungskraft gemeint, sondern eine spezielle Wirkkraft als Eigenschaft einer Substanzklasse.
In ähnlicher Weise spricht auch Jamsthaler (Viatorium spagyricum) von der "Artzney Crafft" (fol.103^{v}) oder über die "edelste Cräfft" (fol. 98^{r}) einer Substanz. Und von dem "Aurum potabily" schreibt er : "giebst das den Metallen Jns feuers nohtt / so theils sein tugendt Crafft drin auß" (fol.108^{v}).

Krebs

[B] m.

Zum endlichen abschiede hierauff soltu aller ding vernehmen / das du solt auffziehen / die himlische Wage / den Wider / Stier / Krebs / Scorpion / vnnd Steinbock / der ander seite der Wage soltu legen den Zwilling / Schütz / Wassermann / Fisch vnd Jungfraw / denn verschaffe / das der Goltreiche Löwe der Jungfrawen in den schoß springe [B1010]

Der Kontext legt nahe, daß "*Krebs*" über die Bedeutung des Sternzeichens hinaus auch als alchemistischer Deckname zu verstehen ist, dessen Bedeutung jedoch nicht klar zu entschlüsseln ist.
In einer bildlichen Darstellung der **Conjunction** (Stephan Michelspacher, Cabala, Spiegel der Kunst vnnd Natur; in: Alchymia, Augsburg 1615; Wiedergabe bei Ploss et al. 1970, S.161) ist dem Sternzeichen des Krebs das alchemistische Zeichen für den weissen Arsenik zugeordnet.
Schneider (1981, S. 105) ordnet dem "Cancer" das "Sal" und das "Sal ammoniacum" zu.

Krystall

<*Chrystall* [K]; *Krystall* [M]>

1) *diese Gur / oder sperma, oder viscosa ist ein Anfang aller Steine und Mineralien / die bestehet aus Wasser und Saltz / die machen vermittelst der digestion eine Erde; diese Erde ist das allersubtileste Theil der Erden / und wird aus selbiger ein Chrystall / Diamant / Ertz oder ander Stein* [K460]
2) *So ich das aber von dem puro sale scheide / so bleibet einerley Saltz / das durchsichtig ist / wie ein Chrystall* [K297]
3) *Man erhält dieses Salz, wenn man eine gute Menge Urin zum dünnen Syrup einkocht, und ihn hernach besonders im Winter im Keller, oder an einem kalten Orte crystallisiren läst, da dann ganz besondere Krystallen entstehen.* [M544]

In (1) ordnet Kunckel die "*Chrystalle*" als Edelsteine

unter die Gruppe der Mineralien und Steine. In allen anderen Verwendungsweisen erscheint der Ausdruck jedoch in vergleichender Funktion als Prototyp der kristallinen Modifikation einer Substanz (2).
Marggraf spricht in (3) von dem farblos, monoklin auskristallisierenden Phosphorsalz $NaNH_4HPO_4$.
Vergl.: **crystallisiren**

Künstler

[A] stm.

Vnd wiewol bei vil Künstlern solche widerbringung der Metall in Mercurium vnmüglich geachtet wirdt / so gedenck doch die möglichkeit / das die Metall in der erden worden sein auß Mercurio vnd Schwebel [A24]

Bei Alanus eine Bezeichnung für den in der **Kunst** erfahrenen Alchemisten.
Vergl.: **Alchemey** , **Chymie** , **Kunst**

Kunst

[A, B, K] stf.

1) *Darumb die sucher der Kunst Alchemey sollen wissen / das sie nit mögen die Gestalt der Metallen verendern / allein sie werden vormals gewandelt in ihr erst wesen* [A19]
2) *Aus dem Saturno kommen vielerley gestalt farben herfür / so durch bereitung vnd Kunst gemacht werden* [B945]
3) *DEr höchste Planet des Himmels Saturnus genandt / hat in vnser Meisterschafft die geringschätzigste authoritet vn ist gleichwol der fürnembst Schlüssel der gantzen Kunst* [B911]
4) *und könte dieses beym Mercurio auch nicht geschehen / wann er nicht von dem alleredelsten Saltze / welches keine Terrestreität / wie andere Saltze führen / bestünde / oder durch Kunst davon gesondert wäre* [K690]

Innerhalb des Spannungsverhältnisses von "ars" und "scientia" und der uneinheitlichen Einordnung der Alchemie in die beiden Bereiche, galt den Alchemisten "*Kunst*" als eine Bezeichnung für ihres Faches. In dieser Bedeutung erscheint der Ausdruck in (1) und (3).
Gleichzeitig diente die Differenzierung Kunst versus Natur der Charakterisierung alchemistischen Handelns: "Die Alchymia wird zwar beschrieben / daß sie sei ein Theil der Physic, so da handle von denen Metallen / und zwar eine Kunst: wird also außgedinget / daß sie indem sie sich der natürlichen / mineralischen Urhebungen bedienet / also etwas mit und in den Metallen würcke / das da die Natur allein / an und für sich selbsten nicht ins Werck richten kan." (J.J. Becher, Zugabe in Physicam Subterraneam, 1680, S. 12)
"*Kunst*" bezeichnet aber nicht nur das Fach sondern auch die damit verbundenen Fertigkeiten. Diese können sich auf die Praxis im allgemeinen (2) oder auf eine

besondere experimentelle Erfahrung (4) beziehen.
Vergl.: **Alchemey** , **Chymie**

Kupfer
<*Kupffer* [A]; *Kupfer* [M]> stn.
denn der Vitriol grün oder blau siehet; daß er aber eine rothe oder schwartze terra verläst / das hat er accidentaliter von dem bey sich habenden Metall / dem Kupffer oder Eisen [K292]
Bezeichnet das metallische Element Kupfer. Im Belegbeispiel wird eine Vorkommensweise - das Kupfervitriol - genannt.
Bei Basilius erscheint ausschließlich der alchemistische Deckname **Venus**.
Das bei Kunckel erscheinende Kompositum <*Kupffer=Art, Kupffer Art*> [K3478, 3506] bezeichnet ein Kupfererz.
Zur Materialbeschreibung von Instrumenten verwendet Kunckel das Adjektiv: "*küpfferne Jnstrumente*" [K1809].
Vergl.: **Venus**

Labor
[K] m.
Ob nun gleich dieser Labor sehr kostbar / kan man doch vor 150. Rthl. auch so viel davon zu sehen bekommen / daraus man schliessen kan / wie schwer die Theile der Metallen und ihre Principia, sonderlich aber des Goldes zu scheiden seyn. Dahero werde ich / geliebs GOtt / diesen Laborem noch einmahl vornehmen und es besser beobachten [K2667]
Lat. labor, Arbeit.
Der "*Labor*" oder die "*chymischen Labores*" [K31, 3575] bezeichnen Prozesse, die nach festgelegten Anweisungen auf ein bestimmtes Ziel (im alchemistischen Zusammenhang auf den Stein, im chymischen Sinn meist auf die Darstellung einer Substanz) ausgerichtet sind.
Bed.verwandt mit: **Proceß**
Vergl.: **laboriren**

Laborant
[K] swm.
solte er vor etlichen jahren unter meine zugeordnete Laboranten oder nur Jungen kommen seyn / würden sie ihn gefragt haben / ob er auch einen Unterschied zu machen wüste unter einem acido und alcali [K3240]
Entlehnung aus dem lat. laborare; Part. Präs: laborans.
Bezeichnung für den Gehilfen des Alchemisten bzw. Chymici, dem die praktische Durchführung der alchemistischen oder chymischen Arbeit - etwa als Feuersknecht - oblag. (Vergl. Kap. 2.2.1.)
Vergl.: **Labor** , **Laboratorium** , **laboriren**

Laboratorium
[K] n.
Dann mir ist bewust ein Saltz aus den Metallen zu

machen / welches in einem Laboratorio ausser einer Glaß=Hütte / oder dergleichen beständigem Feuer / etwas mühsam fällt. [K834]
Entlehnung von lat. laborare; Part. Präs. laborans.
Arbeitsplatz der Alchemisten und Chymiker.
Das Bild zum zwölften Schlüssel des Basilii zeigt ein solches Laboratorium.
Kunckel beschreibt die Überreste des Laboratoriums der Kurfürstin Anna (1532-1585) zu Annaburg: "Sie [Anna, d.V.] hat zu dieser Arbeit in dem Fasan-Garten / auff mehr dann 2000. Schritt ins Gevierdte / 4. grosse Oefen / nebenst vielen kleinen / in den wall legen / und mit einem Wasser=Graben herum leiten lassen (...). (...) Aus dem grossen Laboratorio, welches fast einer Kirchen gleichet / sind viele Schorsteine auff einem Gewölbe / so gantz kleine Pfeiler hat / ausgeführet. Im Garten ist noch eins / auch etwan von 16. Schorsteinen / (...) darinnen die Oefen / als die Balnea in der Figur von grossen Pferden / in Lebens=Grössse gestanden (...)." (Laboratorium Chymicum 1716, S.592 f)
Vergl.: **Labor** , **Laborant** , **laboriren**

laboriren
[K] swv.
Es sind mir unterschiedliche bekandt / welche in dieser Terra laboriren [K1097]
Entlehnung von lat. laborare, arbeiten.
Sammelbezeichnung für die chymische Praxis. Die Durchführung eines chymischen Prozesses gemäß einer festgelegten Anweisung (etwa eines Rezeptes) bezeichnet die Wendung: "*einen Process nach laboriren*" [K3152].
Vergl.: **Labor** , **Laborant** , **Laboratorium**

laminiren
[K] swv.
nahm darauf diese Lunam, laminirte sie und calcinirte sie mit Schwefel [K3491]
Entlehnung von lat. lamina / lammina, Blech, Blatt.
Ein Metall auswalzen oder zu Blech schlagen.
(Vergl. Oraculum 1755, in: Schneider 1981, S. 42)

Lapis
[K] m.
1) *Kan mich derowegen nicht genugsam über selbigen verwundern / die aus der Lufft suchen das universale menstruum zu ziehen / das Gold radicaliter damit auffzuschliessen und ad Lapidem zu bringen.* [K1496]
2) *letztlich ließ ich die Lunam fliessen und zur Cornua werden / welche nach der Erkältung so schön aussahe / daß man viele hätte können überreden / es müste der Lapis Philosophorum in forma vitri seyn* [K2626]

"*Lapis*" steht als eine semantische Kürzung für den Ausdruck "*Lapis Philosophorum*" bzw. "*Lapis Philosophi-*

ci" [B1286], lat. "*Stein der Weisen*".
Die Übersetzung erfährt ebenfalls eine Kürzung zum synonymen **Stein**.
Verstanden wurde darunter eine über verschiedene Prozeßstadien (**Farbe**) erhaltene Substanz unterschiedlicher Konsistenz (**Pulver**, **Elixir** oder **Tinctur**), deren Herstellung das Ziel allen alchemistischen Strebens war. Mit seiner Hilfe sollte eine stoffliche und - bezogen auf den Alchemisten - eine seelische Veredelung möglich werden. Der "*Lapis*" als eine "*vberfixe medicin menschlicher vnd metallischer leiber*" [B454]. Die Umwandlung der unedlen Metalle erfolgt durch die **Proiection**.
Bed.verwandt mit: **Elixir** , *Stein der Weisen* , **Tinctur**
Vergl.: **Pulver** , **Stein** , **Weg**, **truckner**

lauffen
[B K] swv.
1) *so hat er [Saturnus, d.V.] doch solche Krafft vnd sterck in sich / daß / wo sein herrliches wesen (...) in das lauffende fewrige Metallische Corpus getrieben wird / das solchem das lauffende Leben kan benommen (...) werden* [B932]
2) *was hat ihm [Mercurius, d.V.] anders sein Lauffen benommen / als das acidum, wenn du ihn mit allen salibus volatilibus in der gantzen Welt tractirest / so ist und bleibt er lauffend* [K772]

Das Verb erscheint nur als Partizip Präsens oder in der substantivierten Form. Basilius verwendet es zur Beschreibung der Fließeigenschaft des Quecksilbers. Dem Quecksilber "*das Lauffen benehmen*" [B932; K772] heißt, es durch Zusätze zum Erstarren bringen (Amalgamierung mit Metall oder Zusatz von Schwefel). Bei Kunckel bezeichnet das Partizip nicht nur die Eigenschaft des Quecksilbers sondern auch anderer leichtflüssiger "*liquores*" [K780] oder dünner Öle [K910].

Lauge
[K] f.
Daß er [der Schwefel; d.V.] ein solch Oleum habe / beweiset erstlich nicht allein sein Brennen / sondern auch / daß er sich mit den Oleis vermischet / und daß ihn das Sal Alcali, oder die Lauge davon auffschliesset [K205]

Durch das Verfahren des **Auslaugen** hergestellte Lösung von Pflanzenasche ("*Alcali-Lauge*").
Bed.verwandt mit: *Alcali-Lauge*
Vergl.: **Alcali** , **Auslaugen**

Leben
[B] n.
1) *Daraus soltu wissen (...) / daß das leben allein ein lauter Geist ist / vnd also alles was die vnwissende Welt für todt helt / muß wiederumb in*

ein vnbegreifflich sichtbar geistliches Leben gemacht vnd darinnen erhalten werden [B421]

2) *Also muß vnser feuriger Schwebel auch durch wasser zu der Kunst gemacht / vberwunden vnd erstritten werden / sol anders nach Abscheidung der wasser / das fewrige Leben vnsers schwebels dampffs triumphiren* [B218]

Die beiden Belegbeispiele zeigen die zwei Bedeutungsvarianten von "*Leben*" bei Basilius. Zum einen (1) handelt es sich um ein göttliches Prinzip des Lebens, das Basilius im **Geist** als dem paracelsischen Prinzip repräsentiert sieht.
Zum anderen (2) bezeichnet "*Leben*" in der attribuierten Form "*fewriges Leben*"[B218] und "*lauffendes Leben*" [B932] eine dem Schwefel bzw. Quecksilber inhärente Wirkkraft.
Das abgeleitete Adjektiv "*lebendig*" erscheint bei Alanus , Basilius und Kunckel. Es dient zum einen zur Beschreibung des Quecksilbers (Argentum vivum) ([A80 315], [K415 2613]). Zum anderen aber zur Kennzeichnung der Reaktionsfähigkeit einer Substanz: "*so bald aber das sal volatile darzu kommt / wird dieses Sal wieder lebendig*" [K2997].
Vergl.: **absterben** , **Geist**

Leib

[A, B] stm., f.

1) *wann alsdan so gehet vnser wasser dann in die leib / vnd kert es zu erden* [A295]
2) *vnd wirff ihm für den Leib des Königs / daß er daran seine zehrung haben mög* [B38]
3) *Also ward Adam erstlich aus Erden / Wasser / Lufft vnd Fewer aus Seel / Geist vnd Leib endlich aus Mercurio Sulphure vnd Sale erwecket / zusammen gebawet vnd geboren.* [B847]

Bei Alanus (1) erscheinen **Corpus**, "*Cörper*" und "*Leib*" als Synonyme zur Bezeichnung der Metalle. Bei Basilius dagegen beschränkt sich der Ausdruck **Corpus** allein auf das paracelsische Prinzip.
"*Leib*" dagegen bezeichnet sowohl das Prinzip (3) als auch die konkrete feste Substanz, zumeist ein Metall (2) - "*metallische Leiber*" [B455 1110].
In dieser letzteren Bedeutung erhält "*Leib*" eine Anzahl von Attribuierungen, die die jeweils bezeichnete Substanz näher bestimmen sollen. So bezeichnet der "*blosse Leib*" [B371] die reine, vom **Geist** befreite Substanz, der "*kalte Leib*" [B1037] das Blei, der "*schmeidige Leib*" [B934] ein streichfähiges Gold-Quecksilberamalgam.
Die Ausdrücke "*vnser Leib*" und "*zugeschlossener begreifflicher Leib*" bezeichnen beide das für den alchemistischen Prozess als Ausgangsmaterial dienende Gold. Dabei verweist die letztere Umschreibung bereits auf die für den weiteren Prozeß notwendigen Vorgänge der **Auffschliessung** und **Aufflösung**.

Die Eigenschaft des Leibes als eine konkrete, feste Materie bezeichnen die Adjektive "*Leibhaft*" und "*leibhafftig*".
Vergl.: **Corpus** , **Geist** , **Körper**

Leichnam
[B] stm.
es habe dann das versaltzene Meer den Leichnam verschlungen / vnd auch gantz vnnd gar wider von sich geworffen [B265]
Der "*Leichnam*" bezeichnet hier vermutlich das gelöste Gold, das im weiteren Verlauf als Chlorogoldsäure ausgefällt wird.
Die Bezeichnung "*Leichnam*" ist motiviert von der Übertragung der christlichen Vorstellung von Tod und Auferstehung auf die Stoffwelt und die Herstellung des **Lapis** im Besonderen.
Vergl.: **absterben** , **Caput Corvi**

Lein=Oel
[K] n.
Mit dem Lein=Oel / oder dergleichen den Schwefel zu tractiren / willich keinem rathen / er thue es denn / da er von allen Menschen abgesondert ist [K230]
Ein "Oleum Expressa" (Laboratorium Chymicum 1716, S.703), gewonnen durch das Auspressen von Leinsamen. Kunckel verweist hier auf die Bildung des übel riechenden Schwefelwasserstoffs.
Vergl.: **Oleum**

Leo
[B] m.
dann der Leo seubert sich durch das geblüte des Wolffes / vnd des geblüts tinctur frewet sich wunderbarlich mit der Tinctur des Löwens [B48]
Lat. Löwe.
Hier auch synonym zu **Löwe** als Deckname für Gold verwendet.
Bed.verwandt mit: **Löwe**

lieben
[K] swv.
das Wasser / das zurück bleibt / riecht über / denn es hat sein Saltz / welches es mehr / denn das Oel liebet / in sich genommen [K1063]
Während die Reaktion zweier Substanzen miteinander auf der Grundlage des Handlungsmusters der **Heyradt** beschrieben wird, dient das Konzept der Liebe der Erklärung dieser Reaktion. Die Liebe der Substanzen zueinander erklärt ihre Verbindung:
1) *wiewohl die olea das sal volatile nicht gern von sich lassen / sondern aus natürlicher Liebe gerne behalten* [K324]
2) *denn das Metall hat weder dem Saltz / noch das Saltz dem Metall etwas mittheilen können / ob sie*

gleich aus natürlicher Liebe einander angenommen [K1611]

3) *so zeucht sie / wann es feuchte Wetter / das Saltz aus natürlicher Liebe an sich* [K2102]

4) *nun ist die Erde ds Goldes nicht von selbigem Acido auffgeschlossen gewesen / sondern sie hat sich aus natürlicher Liebe in selbiges eingeträncket* [K2990]

Vergl.: **Einigung** , **Heyradt**

Liquor

[B, K] m.

Dieses wunderbarliche Puluer resoluirt sich auch in loco humido in einen liquorem / welcher ohn allen schmertzen vnd wehtage in Chyrurgia das seine auch thut [B908]

Lat., flüssiger Zustand, Flüssigkeit.
Im Belegbeispiel bezeichnet der "*Liquor*" die Lösung des aus dem Antimonglas (Sb_2O_3) durch Extraktion mit Essig gewonnenen gelben Pulvers.
Dagegen bezeichnet der "*feuchte liquor*" [B640] das leicht sublimiende Quecksilber.
Im Sinne einer Verstärkung spricht Kunckel von "*lauffenden liquores*" [K780].

löffelweise

[M] adj.

hiezu schüttete ich nach und nach unter beständigem Umrühren, Löffelweise 2 Pfund geschmolzenes und klar geriebenes Kochsalz, bis alles Bley zu einer gelben Asche geworden war. [M86]

Beschreibt die portionierte Zugabe einer Substanz zum Reaktionsgemisch. Deutlich ist das Bemühen, den Versuchsverlauf so zu beschreiben, daß eine Wiederholung unter möglichst gleichen Bedingungen erfolgen kann.

Löwe

[B, K] stm.

wenn er den König verschlungen / so mache ein groß fewer / und wirff den Wolff darein / das er gantz vnd gar verbrenne / so wird der König wider erlöset werden / wenn das dreymal geschicht / so hat der Löwe den Wolff vberwunden [B40]

Der Kontext, der die Reinigung von Gold durch Ausschmelzen mit Antimon beschreibt, legt die Interpretation des "*Löwen*" als Gold nahe. Entsprechend ist die "*Tinctur des Löwens*" als Goldschmelze zu verstehen.
Im Gegensatz zu dieser Lesart steht die Angabe bei Buntz (1968, S.186) , der den "roten Löwen" als Deckname vor allem für Schwefel angibt. Schneider (1981, S. 118) ordnet dem "Leo" das Auripigment (Arsensulfid) und dem "gelben Löwen" das Gold zu.
Bei Ruland (1612, S. 303) sind "Leo viridis" (Vitriol), "Leo rubeus" (roter Schwefel), "Leo citrinus foliatus" (Auripigment) und schließlich "Leo aurum" ver-

zeichnet.
Eine weitere Stützung findet die Interpretation im "Oedipus Chymicus" (1680, S. 136). Dort schreibt J.J.Becher: "also bedeutet der rothe Löw die Sonn / das Gold".
Die Bedeutung des "*goltreichen Löwen*" [B1014] ist dagegen unklar.
Bei Kunckel erscheint der Ausdruck "*rother Löwe*" als eine ironisierende Verwendung eines typisch alchemistischen Decknamens.
Bed.verwandt mit: **Leo** , **König** , **Gold**

losmachen
[M] swv.
Jch stellte demnach so gleich einen andern Versuch an, weil ich glaubte, daß der klare Sand sich mit denen erdigen Theilen des Urin=Salzes vereinigte, und also deßen Acidum losmachte. [M581]
Das Resultat einer Reaktion wird erklärt aus dem Agieren eines Reaktanten. Mit der Vorstellung vom "*losmachen*" korrespondiert die sehr viel ältere Vorstellung von dem "Band", das die Komponenten einer Verbindung zusammenhält. So etwa bei Alanus :
vnd es ist nichts so natürlich / dann das eim jeglichen ding werden auffgelößt seine band / damit es gebunden ist / mit dem ding / dauon es her ist kommen [A346]
Entsprechendes findet sich auch bei Kunckel:
massen mir das Band / womit er [Mercurius; d.V.] gebunden / und zu Gold und Silber / oder anderm Metall worden / wohl bekannt ist [K587]
Auch heute spricht man von Bindung und dem Freisetzen einer Komponente einer Verbindung.
Vergl.: **solviren**

Loth
[K, M] n.
Hievon nahm ich 9 bis 10 Pfund nach Kramer=Gewichte das Pfund zu 32 Lothen, und ließ es in einem eisernen Keßel über Kohlen warm werden [M162]
Maßeinheit. Marggraf beruft sich hier auf das "gemeine Pfund" zu 16 Unzen. Nach dem Apotheker=Gewicht bestand das Pfund aus 12 Unzen und wog etwa 360 Gramm. Eine Unze entsprach 2 Loth.
Vergl.: **Gewicht**

Luft
<*Lufft* [A, B, K]; *Luft* [B, M]> f.
1) *so sein die vier Elementa vber eins / also daß du hast Lufft mit Wasser / vnd das Fewer mit der Erden.* [A236]
2) *also wenig auch kan dz Fewer der Lufft / vnd die Lufft des Fewers ohne sein / denn ohne Lufft kan kein Fewer leben haben* [B593]
3) *vnd die Lufft von den vier örtern der Welt / muß*

drey theil der beschlossenen wohnung des fewrigen Mannes besitzen [B530]

4) *dann es hat die Lufft allein die Macht / die Salia, als ein Wasser an sich zu ziehen* [K299]

Bei Alanus besitzt die "*Lufft*" ausschließlich den Status eines aristotelischen Elements. (1)
Bei Basilius findet sich diese Bedeutung (2) neben einer zweiten, die als atmosphärische Luft zu beschreiben ist. In dieser Bedeutung erscheint "*Luft*" auch bei Marggraf ([M289]).
Eine andere Konzeption findet sich bei Kunckel. Für ihn sind "*Lufft*" und "*Wasser*" nur durch den **Motum** unterschieden. Er erklärt beide für "Corpora simplicissima" und hält die "*Lufft*" für ein "würckliches Principium activum" (Laboratorium Chymicum 1716, S.10). Seine Annahme, Luft und Wasser "differiren ihrer Beschreibung nach fast nicht das geringste von einander" (ebenda) schlägt sich nieder in dem Kompositum "*Lufft=Wasser*" [K1478].
Bei Basilius und Kunckel erhält der Ausdruck zusätzliche Attribuierungen. Während Basilius die "*natürliche Lufft*" als Synonym verwendet, differenziert Kunckel einmal nach der ober- und unterirdischen Luft und zum anderen nach der Größe der 'Luft-Partrikel', die für die Wirkung der Luft an und in den Substanzen von Bedeutung ist. So kennt er im Gegensatz zur "*Lufft unter der Erden*" [K1947] die "*obere Lufft*" [K1960] und das Oppositionspaar "*dicke Lufft*" [K1885 2120] - "*subtile Lufft*" [K1678].
Vergl.: **Element**

Luna

[A, B, K] f.

Dessen man ein Exempel findet an der Luna, wenn man die in Aqua fort solvirt / und giest drey= oder viermahl so viel Aqua fort darauff / als man nöthig gehabt zu solviren / und läst es etliche Monat stehen / so bekommt man nimmer sein Silber alles wieder. [K1621]

Bezeichnet bei Alanus, Basilius und Kunckel immer das Silber.
Als Derivate der "*Luna*" erscheinen die "*Luna cornua*" [K, M], das ist die mit "*Saltz praecipitirte Luna*" [K3593] (Silberchlorid, AgCl) und die "*Luna potabili*" [K]. Letztere bezeichnet die blaue "*Tinctura Lunae*" [K] (vergl. K3439 ff), die als Medizin bei "*Melancholischen= oder Hauptkranckheiten*" [K3509] angewandt wurde.
Vergl.: **Cornu** , **Silber**

lutiren

[M] swv.

Diese Retorte legte ich in eine Sand=Kapelle Tab. II. fig. I, lutirte den Recipienten sorgfältig vermittelst ordinairen Kleisters aus Mehl und Wasser an

[M267]
Bezeichnung für das Abdichten von Gefäßen oder Gefäßübergängen mittels "*Leim*", "*Kleister*" oder **Lutum**.
In gleicher Bedeutung verwendet Marggraf auch das präfigierte Verb "*verlutiren*" [M366].
Bed.verwandt mit: **vermachen**
Vergl.: **Lutum**

Lutum
[M] n.
Dieser Ofen wird inwendig mit luto aus 2 Theilen Leim und 1 Theil Sand verstrichen. [M368]
Eine zähe Masse aus Leim und Sand, die dem Abdichten (**lutiren**) von Reaktionsgefäßen dient. An Stelle des "*Lutum*" verwendet Marggraf auch nur "*Leim*" [M369 566]. Da er von "*wohlgeschlemmten Leim*" [M200] spricht, kann man annehmen, daß es sich dabei um die Behandlung von organischen Substanzen (Haare, Haut, Knochenmehl) mit Kalkmilch (Calciumhydroxid in Kalkwasser) handelt.
(Vergl. auch Schneider 1981, S. 78)
Vergl.: **lutiren**

Magnet
[B, K] swm.
1) *Vnd gleich wie das Eisen einen Magneten hat / so jn seiner wunderbarlichen vnsichtbarn liebe halben an sich zeugt. Also auch vnser Gold auch einen Magneten hat / welcher Magnet ist die erste Materia vnsers grossen Steins* [B431]
2) *Denn indem die Weyde / als ein Magnet / besser die Wässerigkeit an sich zeucht / so behält sie mehr Saamen / welcher durch die Putrefaction zu einem Holtz wird.* [K1392]

Im ersten Belegbeispiel ist zu erkennen, wie die Erfahrung der Anziehungskraft eines Magneten auf Eisen zu einem abstrakten 'Magnet-Begriff' erweitert ist. Die Wechselwirkung Magnet-Eisen wird zum Prototyp für Attraktionskräfte, die zwischen Substanzen wirken und deren Verhalten zueinander erklärbar machen.
In gleicher Weise nimmt Kunckel in allen Dingen einen "*Magneten*" an, der die Kontinuität in der **Generation** aller Dinge gewährleistet: "Nun siehet man / daß alle lebendige Craturen / gleich wie auch der Mensch / aus einer Materia unctuosa bestehen / welche wässeriche und schleimichte Materia sich fortpflanzet / nachdeme sie das Gefässe der Generirung findet. (...) Denn das Wort Gottes / ein jegliches nach seiner Art / begreiffet eines jeglichen natürlichen Magneten und Ordnung (...)." (Laboratorium Chymicum 1716, S. 37 f; vergl. auch ebenda S. 47)
Vergl.: **Generation** , **Materia**

Man
[A] m.
Die fewlung des corpus ist der anfang des wercks /

vnnd die geschicht mit linder werm (...) / so lang vn vil / vntz man vnd weib / Mercurius vnd Anima, zuhauffen komen / vnd volkomenlich zu einander in ein wesen der Schwertz sein kommen [A307]

Die Herstellung des Steins der Weisen wird bei Alanus verstanden als die **Einigung** von **Anima** und **Mercurius**. Die gebildete Analogie zur körperlichen Vereinigung ermöglicht die Identifizierung der beiden Komponenten als Mann und Frau.

Hier erscheint der "*Man*" als dem Quecksilber zugeordnet. Bei Basilius erscheint zusätzlich der Ausdruck "*fewrige Mann*" [B532] bzw. "*zwiefach fewrige Mann*" [B527]. Ein Blick auf das dem sechsten Schlüssel zugeordnete Bild legt die Annahmh nahe, daß es sich dabei um die Bezeichnung eines befeuerten Glaskolben mit zwei Vorlagen handelt.

Vergl.: **Anima** , **Einigung** , **Heyradt** , **Weib**

Marcasit

[K] m.

und eben auf solche Art generirte Fettigkeit der Erden / so solche zusammen kommen / machen sie durch Aufftreibung der berg=Hitze ein corpus, an einem Orth ein gediegen Metall / (...). Am andern Orth machen sie ein Mixtum von allen dreyen / an einem andern Orth einen Marcasit / Cobolt / und dergleichen [K512]

Bezeichnung für ein Mineral.

Nach Goltz (1972, S. 267 f) aus dem Arabischen übernommen. Diente dort der Bezeichnung von Pyrit und Metallsulfiden. In der abendländischen Rezeption ebenfalls als Synonym für Pyrit, aber auch als Sammelbezeichnung für Kiese (**Kieß**) verwendet. Goltz konstatiert in der zweiten Hälfte des 16. Jahrhunderts eine Begriffserweiterung, indem nun auch Wismut als "marcasita" bezeichnet wird.

Marienbadt

[B] n.

so aber das Glaß vom Antimonio gemacht / mit gutem destillirten Essig ausgezogen wird / gibt es eine schöne Extraction sehr hoher Farbe / denn dem Essig im Marienbadt abgezogen [B895]

Bezeichnung für ein Wasserbad, das der gleichmäßigen Erwärmung von Substanzen diente.

Vergl.: **Badt** , **Balneum**

Mars

[B, K] m.

1) *so nimb den geitzigen grawen Wolff / so seines nahmens halben den streitigen Marti vnterworffen* [B34]
2) *will aber den curiösen Liebhaber und fleißigem Nachsucher auff den Martem allein gewiesen haben / derselbe hat nun einen rechten brennenden und*

sehr saltzigen Schwefel [K2903]
Altlatinischer Kriegsgott. Dient als Planetensymbol des Eisen.
Ruland (1612, S,322):"Mars , id est, ferrum."
Die Umschreibung bei Basilius läßt sich deuten als Hinweis auf die Gewinnung des Antimon ("*geitziger grawer Wolff*") durch Schmelzen des Sulfids unter Zugabe von Eisen.
Vergl.: **Eisen**

Massa
[K, M] f.
1) *da habe ich in der Reduction eine spröde Massam gehabt / welche nach etlichem Schmeltzen und abtreiben das schönste feinste Silber etwan bey 2. und ein halb Loth gegeben.* [K849]
2) *Diese trockne Massam, die sich leicht zerreiben ließ, that ich in eine Waldenburgische töpferne Retorte* [M106]

Lat. massa, Klumpen, Masse.
Bezeichnet eine unspezifische Substanz fester Konsistenz.
Im Gegensatz dazu stand die alchemistische "maza" oder Masse. Darunter verstand man einen Stoff, der die Qualität zu verändern in der Lage war. (Vergl. Ploss S. 34; in Ploss et. al.; 1970)
Vergl.: **Materia**

Materia
[B, K, M] f.
1) *So du aber die materien vermeinest zukehren / in die gestalt des wassers der wolcken (...) / so empfacht es dauon ein zerstörlichkeit* [A368]
2) *denn in destillirung des Essigs gehet das Wasser oder aqusitet am ersten / (...) / vnd ob wol eben die Materia für augen / so zuuor in dem gefäß gewesen / so hat es doch viel ein ander eigenschafft vberkommen* [B879]
3) *Im Wasserbad wird die materia auffgeschlossen / vnd durch die feulung vereinigt* [B1081]
4) *vnd wenn das leben wider leibhaft gemacht so hastu eine Materia / so recht wegen keinen andern Nahmen haben kann / denn der Grosse Stein der Welt* [B1106]
5) *ein sal acidum und eine pinguedo, wann die geschieden / sind die Cörper / was materiam und nicht formam betrifft / einerley* [K389]
6) *Es sind mir unterschiedliche bekandt / welche in dieser Terra laboriren / und sie vor die materiam lapidis halten* [K1096]
7) *so habe versuchen wollen, ob man nicht auch Phosphorum aus andern Materien und ohne Urin machen konte.* [M446]

Lat. Stoff, Materie; erscheint auch in der entlehnten Form "*Materie*" [A, B, K, M].

Es handelt sich hierbei um eine unspezifische Bezeichnung einer Substanz, die entweder in einem praktischen (a) oder in einem spekulativ-theoretischem Zusammenhang (b) erscheint. Zusätzliche Attribuierungen dienen dabei der Bedeutungseingrenzung.

a) Im konkret-praktischen Handlungszusammenhang kann die "*Materia*" auf die im Versuch jeweils behandelte Substanz referieren. In (2) handelt es sich dabei um eine Flüssigkeit, in (7) um einen Feststoff. Zusätzliche Angaben ermöglichen hier die eindeutige Referenz: "*Jch füllte solche 3/4 voll der schwarzen geriebenen Materie*" [M193].
Handelt es sich um einen Prozeß zur Herstellung des **Lapis**, kann sich "*Materia*" sowohl auf die Ausgangssubstanzen als auch auf das Ziel, den Stein, beziehen (4). So bezeichnet bei Alanus "*Materie*" (1) und "*unsere Materie*" das im Prozeß bearbeitete Amalgam. Bei Basilius wird in (3) ebenfalls das behandelte Amalgam mit "*Materia*" bezeichnet. Auf den für die Lapis-Gewinnung notwendigen Ausgangsstoff verweisen auch die Ausdrücke "*Materia aller Weisen*" [B948], "*prima Materia*" [B1286], "*unsere Materia*" [B463] und schließlich "*erste Materia*" [B431]. Mit letzterer ist eine dem Gold inhärente Attraktionskraft gemeint (**Magnet**).
Der bei Kunckel erscheinende Ausdruck "*Materia lapidis*" bezeichnet die **Terra Adamica**, die vielen seiner Zeitgenossen als Ausgangssubstanz für den **Lapis** galt. In dieser Bedeutung erscheint "*Materia*" auch in (6).
In einem Übergangsbereich von konkret zu abstrakt befinden sich Kunckels "*secunda vel tertia materia*". Gemeint ist damit der Status des Quecksilbers gemäß Kunckels Annahmen zur **Generation** der Metalle.

b) In diesem spekulativ-theoretischen Zusammenhang verwendet Kunckel die Bezeichnungen "*prima Materia*" und "*prima Materia metallorum*" [K696 f]. Für ihn gilt: "*prima materia (...) aller wachsenden Dinge ist ein Wasser und ein Saltz*" [K697]. In seiner Theorie zur Entstehung der Metalle und Mineralien entspricht das Quecksilber dieser "*prima materia*" und ist gleichzeitig Ausgangssubstanz für die Entstehung der anderen Metalle: "*prima materia metallorum*".
Ein weiterer wichtiger Begriff im Hinblick auf die Fortpflanzung der Dinge ist Kunckels "*Materia viscosa*" [K402 1365].
So nimmt er an, "(...) daß alle Dinge durch eine Materiam Viscosam generirt werden / und dieses durch Hülffe des Wassers geschehe (...)." (Laboratorium Chymicum 1716, S.47; vergl. auch **Magnet** und Kap. 2.3.3.2.)
In Belegbeispiel (5) schließlich verwendet Kunckel "*Materia*" im Sinne eines bestimmungslosen Substrates. (**Forma**)
Ebenfalls einem spekulativen Zusammenhang zuzuordnen

ist die "*Materia informis*" [B426], die den Geist Gottes als Prinzip des Lebens bezeichnet. (**Geist**)
Vergl.: **Erde** , **Terra**

Mayen=Thau
[K] m.
so haben wir es durch Begiessen des Mayen-Thaues und unsere damahls so genante Philosophische Destillation und fixation dahin gebracht / daß es zu einer ganz schönen harten Massa geworden [K1126]
Alchemistischer Deckname, nach Buntz (1968, S.186) Bezeichnung für das Quecksilber. Hier scheint jedoch eher destilliertes Wasser gemeint zu sein.

Medicin
[A, B] f.
1) *So hat man ein süsser Puluer / welches keine Stulgänge mehr macht / sondern ist eine herrliche Medicin zu gebrauchen* [B902]
2) *so ist das purgirte Gold vnd stein zu lauter eitel Medicin worde / gantz subtiler spiritualischer vnd durchdringenter eigenschafft* [B1255]

In Belegbeispiel (1) ist ein pharmazeutisches Präparat gemeint, das aus dem Antimonglas durch Extraktion mit Essig gewonnen wird.
Darüber hinaus gilt aber auch der **Lapis** als eine "*Medicin*", die sowohl auf den Menschen als auch auf die Metalle wirkt.
der Grosse Stein der Welt / welcher menschliche vnd Metallische Leiber durchgehet / wie ein Geist / ist ein Vniuersal Medicin ohne Mangel / denn sie treibt das böse aus / vnd erhelt das gute [B1110]
Dabei spiegeln die Ausdrücke "*überfixe Medicin*" [B454] und "*überflüssige Medicin*" [B449] die schwankende Vorstellung vom **Lapis** als **Tinctur** oder als beständiger Stein.
In dieser zweiten Bedeutung erscheint "*Medicin*" auch bei Alanus.
Vergl.: **Bestendigkeit** , **fix** , **Lapis** , **Tinctur**

Meer*
[B] stn.
1) *Wenn man also denn den Pallast des Königs mit vieler hand arbeitung bereitet vnd gezieret hat / vnd das gläserne Meer seinen lauff verrichtet / vnd den Pallast mit gütern erfüllet hat / als denn mag der König wol sicher darein gehen* [B172]
2) *es habe denn das versaltzene Meer den Leichnam verschlungen / vnd auch gantz vnnd gar wider von sich ausgeworffen* [B265]

Der alchemistische Deckname "Meer" (nach Buntz 1968, S.187 synonym zu Corpus) läßt sich in der Verwendung bei Basilius nur aus dem jeweiligen Kontext interpretieren. Dabei liefern die attribuierten Adjektive eine zusätzliche Stützung für die angenommene Entschlüsselung. So bezeichnet das "*gläserne Meer*" (1) das Quecksilber, das zusammen mit dem **König / Breutigam** ein Amalgam bilden soll. Das "*versaltzene Meer*" (2) dagegen bezeichnet eine Salzsäurelösung, durch deren Zugabe das gelöste Gold in Chlorogoldsäure überführt wird. (Für eine alternative Interpretation des 3. Schlüssels vergl. Kap. 2.3.2.2.)

mehren

[A] swv. (refl.)

1) *Das Feur des Roßbauchs eygenschafft ist / das es das gold nicht zerstört / sondern mehrt / durch seiner feuchtigkeit willen* [A277]

2) *also auch die Corpora wachsen / vnd mehren sich alle lebendige ding* [A400]

Bedenkt man, das das "*Feur des Roßbauchs*" eine Umschreibung für das Quecksilber ist (vergl. [A314]), so ist in (1) die scheinbare Vergrößerung der Goldmenge durch Amalgamierung mit Quecksilber gemeint. In einer Erweiterung dieser Bedeutung bezeichnet "*mehren*" häufig auch die Vervielfältigung der **Tinctur**.

In (2) liegt dagegen der reflexive Gebrauch im Sinne von 'fortpflanzen' vor. Dieser Vorgang bleibt aber nicht auf den animalischen oder vegetabilischen Bereich beschränkt sondern umfaßt auch den Bereich der Minerale und Metalle. In diesem Sinne heißt es auch bei Basilius :

das gleicher gestalt kein Metallischer Same wircken / noch sich in keinen weg vermehren ka / es sey dann solcher Metallische Same zuuor in vnd durch sich selbsten allein ohne einigen frembden zusatz noch vermischung zu der Vollkommenen feule gebracht [B861]

Vergl.: **Mehrung , Multiplication**

Mehrung

[A] f.

Vnd so dann die Metall auß der erden wachsen / vnd grünen / so ist müglichen dz auß ihn auch mög werden ein wachsung vn mehrung am ende [A407]

Deverbatives Nomen actionis zu **mehren**, bei Basilius erscheint "*Vermehrung*" [B346 1129]. Während Alanus hier die natürliche Fortpflanzung meint, die im alchemistischen Prozeß kopiert und beschleunigt wird, spricht Basilius im Sinne der **Multiplication** von der "*vermehrung vnsers grossen Steins*" [B1129].

Vergl.: **Multiplication**

Meister

[B] m.

Welcher Meister kein Aschen hat / der kan auch kein Saltz machen zu vnser kunst / denn ohn Saltz kan vnser werck nicht leibhafftig gemacht werden [B348]

Neben "*Kunstmeister*" eine Bezeichnung für den erfahrenen Alchemisten. Bei Alanus erscheint "*Philosoph*"

oder **Künstler**. Kunckel dagegen bezeichnet die "*Natur=Forscher*" als "*Chymici*".
Vergl.: **Meisterschafft**

Meisterschafft
<*Meysterschafft* [A]; *Meisterschafft* [A,B]> stf.
1) *Die meisterschafft zerbricht die ding der gestalt allermeist in den Cörpern* [A387]
2) *Welcher das Gold oder Silber kan oder weiß zerbrechen / das fürbas kein gold mehr wirdt / der kumpt zu einer grossen meisterschafft* [A413]
3) *Der höchste Planet des Himmels Saturnus genandt / hat in vnser Meisterschafft die geringschätzigste authoritet vn ist gleichwol der fürnembst Schlüssel der gantzen Kunst* [B912]

Entlehnung von lat. magisterium.
Die Bezeichnung "*Meisterschafft*" bezieht sich sowohl auf den Prozeß der Lapis-Gewinnung (1) wie auch auf die durch diese Praxis ("*vnsere Meisterschafft*" [B234]) erlangten Kenntnisse und Fähigkeiten.
Im Grenzfall kann die "*grosse Meisterschafft*" in (2) sowohl diese Fähigkeiten als auch das Ziel des Prozesses, die **Tinctur** bedeuten.
(Vergl. Schneider 1981, S.78:"In der Alchemie entspricht das Große Magisterium der roten Tinktur")
Eine spezielle Fähigkeit bezeichnen die Ausdrücke "*Meisterschafft des Fewers*" [B639] und "*Meysterschafft der Regierung*" [A77]. Dabei handelt es sich um die Handhabung des **Feuers** und die Kenntnis der verschiedenen Hitzegrade.
Vergl.: **Feuer**

Mennige
<*Menig* [A]; *Mennige* [M]> f.
1) *von Bley machen wir Bleyweiß vnd Menig / vnd auß der Menig ein Glas* [A418]
2) *Jch nahm also 2 Pfund gestoßnen Salmiac, und vermischte ihn mit 4 Pfund Mennige* [M147]

Bezeichnung für das Blei(II,IV)-oxid Pb_3O_4.
Es entsteht beim Erhitzen von feinverteiltem Bleioxid an der Luft. Das Bleioxid erhält man als 'Bleiglätte' durch Oxidation von geschmolzenem Blei mittels übergeblasener Luft.
Die von Alanus erwähnten Gläser bestehen hauptsächlich aus dem Bleioxid und Siliciumdioxid (in Form von Quarzsand).
Marggraf verwendet es zur Herstellung des Bleichlorids.
Vergl.: **Bley**

Menstruum
[K] n.
wiewohl ich beweisen kan / daß ich alle Metallen auff einerley Weise aufflösen kan in einem Menstruo, doch gehet das nicht auff einem Modum zu. [K1600]

Aus dem Lat., substantivierte Form zu dem Adj. menstruus (mensis), monatlich.
Kunckel spricht hier von einem **Corrosiv**, das bei je unterschiedlichen Anwendungen alle Metalle lösen könne. In diesem Zusammenhang spricht er sich gegen die Existenz eines sog. "*universal Menstruum*" [K1494] aus, das nach alchemistischer Vorstellung einerseits "*alle Metall gantz gelinde ohne corrosiv, sine strepitu aufflöse*" [K1598] und andererseits in der Lage sein soll, "*das Gold radicaliter (...) auffzuschliessen und ad lapidem zu bringen*" [K1495].
In seiner Gegenargumentation greift Kunckel die Bedingung "*ohne corrosiv*" an.
Vergl.: **corrosiv**

Mensur
[B]
Derowegen zur eröberung des gewünschten ziels gar ein gewiß Mensur in deiner zusammenfügung in der Philosophey liquorisches wesens / muß in acht genommen werden [B513]
Lat. mensura, das Messen, Messung.
Basilius weist hier auf die Notwendigkeit der richtigen Mengenverhältnisse hin, soll der Prozeß gelingen. Trotz dieser Warnung macht Basilius selbst keine genauen Angaben.
Vergl.: **Gewicht**

Mercurius
[A B K] m.
So gedenck doch die möglichkeit / das die metall in der erden worden sein auß Mercurio vnd Schwebel [A25]
Bezeichnung für das Quecksilber, das mit **Sal** und **Sulphur** die paracelsischen Prinzipien bildet. Wegen seiner besonderen Erscheinungsform und Eigenschaften (flüssiges Metall, Amalgam-Bildung) nahm es eine Zentralstellung im alchemistisch/chymischen Denken und Handeln ein. Zu den zahlreichen Symbolen, die sowohl in bildlichen Darstellungen als auch in allegorischen Erzählungen verwendet wurden, gehören der Schlangenstab und die gekreuzigte Schlange.
Im Hinblick auf die durch zusätzliche Atribuierung gebildeten Ausdrücke lassen sich fünf Klassifikationssysteme erkennen.
Von der Annahme ausgehend, daß die Metalle Quecksilber enthalten, bildet "*Mercurius metallorum*" [K] die Sammelbezeichnung für das aus den verschiedenen Metallen gewonnene Quecksilber. Je nach den Ausgangsmetallen unterscheidet Kunckel: "*Mercurius Lunae*" [K646], "*Mercurius Saturni*" [K646] und "*Mercurius Solis*" [K2652 3433].
Dies präparativ gewonnene Quecksilber heißt auch "*bereiteter Mercurius*" [K808].
Das zweite, ebenfalls nur bei Kunckel zu findende

Klassifikationssystem bezieht sich auf den Vorgang der **Generation** sowohl des Quecksilbers als auch der Metalle. Die erste Stufe, also das gediegene, reine Quecksilber bezeichnen die Ausdrücke "*Mercurius vivum*" [K516] und "*Mercurius virgineus*". Davon getrennt wird der "*wegen angenommener oder behaltener Impurität*" [K618] verunreinigte "*Mercurius vulgi*" [K621 638] oder "*gemeine Mercurius*" [K1582]. Als Zwischenstufe innerhalb der Entstehung der anderen Metalle bezeichnet Kunckel das Quecksilber als "*gebohrner Mercurius*" [K761].
Eine dritte Gruppe umfaßt den chemisch behandelten "*Mercurius*".
So bezeichnet der "*weisse Mercurius*" [K542] eine Verbindung von Quecksilber und Vitriol (eine Art Amalgam). Das durch Zugabe etwa von Schwefel erstarrte Quecksilber wird "*Mercurius coagulatus*" [K797] genannt. Die durch Sublimation von Arsenerz erhaltene Asche, von der Kunckel annimmt, sie enthalte hauptsächlich Quecksilber, wird als "*Mercurius cum Sulphure & terra alba Arsenici*" [K3313] bezeichnet.
Eine vierte Gruppe bezeichnet das gereinigte Quecksilber.
Während "*gereinigter Mercurius*" [K845 2611], "*purgirter Mercurius*" [A438] und "*Mercurius optime purgatus*" [A153] keinen Aufschluß über die Art der Reinigung geben, wird in dem Ausdruck "*sublimirter Mercurius*" [A428] das Verfahren genannt.
Die letzte Bezeichnungsgruppe betont die Eignung des Quecksilbers für die Lapis-Gewinnung: "*Mercurius der Philosophen*" [B444], "*unser mercurius*" [A145] und "*Mercurius der Weisen*" [A165 452]. Letzterer Ausdruck bezeichnet dabei das Quecksilber als "*prima Materia*" und Ausgangspunkt des Werkes.
Bei Kunckel schließlich findet sich noch das Adj. "*mercurialisch*" [K1644].
Auf die Herstellung eines Amalgams bezieht sich vermutlich das bei Marggraf belegte Determinativkompositum "*Mercurifications=Arbeit*" [M63].
Bed.verwandt mit: **Argentum vivum** , *gläsernes Meer* , **Quecksilber**

Messing
[A K] n.

1) *Dann wissentlichen ist / das wir sehen / daß das Kupffer an sich nimpt ein goldfarb / vnd wirdt Messing* [A417]
2) *Denen / so das Messing machen / ist bekant / wie viel sie auf einen Centner Überschuß von der Galmay bringen* [K3289]

Die beiden Belegbeispiele nennen die wesentlichen Bestandteile des Messing (Kupfer-Zink-Legierung). Kunckel beschreibt in [K3319-3332] die Herstellung durch Schmelzen von Kupfer mit Gallmay, einem Zink-Mineral.
Vergl.: **Gallmay** , **geschmeidig**

Metall

[A B K] n.

dieses acidum, und eben auff solche Art generirte Fettigkeit der Erden / so solche zusammen kommen / machen sie durch Aufftreibung der berg=Hitze ein corpus, an einem Orth ein gediegen Metall / als Gold / Silber / Kupffer und dergleichen [K505]

Entlehnung von lat. metallum [K702].

Die Metalle wurden häufig in Beziehung gesetzt zu den sieben bekannten Planeten bzw. Himmelskörpern. Es galt folgende Zuordnung: Sonne (Gold), Mond (Silber), Merkur (Quecksilber), Venus (Kupfer), Mars (Eisen), Jupiter (Zinn), Saturn (Blei).

Vor allem für die Alchemisten galt es, die "*Gestalt der Metalle*" [A379] und die "*Natur der Metalle*" [A376] zu erforschen.

Die Gesamtheit der Metalle - die "*Metalle in genere*" [K866] - wurden nach ihrem verhalten während des Glühens unterschieden. Die "*perfekten Metalle*" [K2888] zeigten dabei keine Veränderung (Gold und Silber). Die "*imperfekten Metalle*" [K2888] oder die "*geringen Metalle*" [K1992] verwandelten sich dabei in **Kalk** (Vergl. Ruland S. 129 f), sie oxidierten. Diesen unvollkommenen Zustand galt es durch die "*vberfixe medicin menschlicher vnd metallischer leiber*" zu vervollkommnen.

Diese 'Bedürftigkeit' der unedlen Metalle betont Basilius mit den Ausdrücken "*schwach unvollkommene Metalle*" [B241] und "*dürfftige Metalle*" [B278].

Auf das im Reinzustand vorliegende Metall verweisen die Ausdrücke "*gediegenes Metall*" [K509] und "*reines Metall*" [K3775]

Zur Bezeichnung der Eigenschaft erscheint außer bei Alanus die Adjektivbildung "*metallisch*".

Als Bezeichnung für die Hüttenkunde, als Lehre von den Metallen und Mineralerzen, erscheint "*Metallurgie*" [M57].

Methode

[M] f.

man wird aber, wenn man aber seine und meine Methoden gegen einander hält, gewahr werden, daß die meinige mehr Phosphori und mit wenigern Kosten, leichterer Arbeit, kleinern Gefäßen, weniger Feuer, und weit sicherer liefere. [M676]

Marggraf erweist sich hier vollends als praktischer Chemiker. Die "*Methode*" erscheint hier als eine klar strukturierte Vorgehensweise zur Darstellung eines Präparats, die unter anderem nach den Kriterien Kosten, Zeitaufwand und Ausbeute beurteilt wird.

Vergl.: **Experienz** , **Experiment**

Minera

[K]

1) *Wann fürwar die natur des Mercurij nimpt allein*

auß dem Gold oder Silber miner das zu ihm / das da ist seiner natur [A127]

2) *und wird er mir den geringsten Unterschied unter dem Oleo Vitrioli rectificato und Oleo Sulphiris nicht weisen können / dann sie kommen beyde aus einer Minera* [K2320]

Aus dem Mlat. minera, Erz, Erzgestein; mhd. miniere (Lexer).

Alanus (1) verwendet die gekürzte Form "*miner*", wenn er von Gold- und Silbererzen spricht.

Während Kunckel sowohl die lat. Pluralform "*Mineralia*" als auch die entlehnte Form "*Mineralien*" verwendet, erscheint im Basilius-Text nur letztere. Als Sammelbegriff für Erze verwendet er die Umschreibung mit Hilfe des abgeleiteten Adjektivs: "*Mineralische gestalten*" [B1032].

In seinem Traktat "Von den natürlichen und übernatürlichen Dingen ..." gibt Basilius folgene Einteilung: "Nun sind alle Dinge der ganzen Welt gtheilet in drey Stücke / die werden genandt Animali, Vegetabilia und Mineralia. (...) Die Mineralia begreiffen unter sich alle Metallen / Ertz / Marcasit / Kobold / Talck / Zincken / Blenden / Kieß und Steine / sie sind edel oder unedel (...)." (Basilius, Chymische Schriften Bd.I, Hamburg 1677, S.209 f)

Vergl.: **Berg=Art** , **Blände** , **Ertz** , **Gallmay** , **Metall** , **Tutia**

mischen

[K] swv.

Man nehme ein Oleum destilatum, das rantzig / (...) oder zehe geworden / und nehme dazu einen spiritum vini alcalisatum, oder eine bishero gemeynte Tinctura Tartari, und misch dieses Oel damit [K1008]

Bei Basilius , Kunckel und Marggraf erscheint die präfigierte Form "*vermischen*". Dabei zeigt sich zwischen Basilius und Kunckel einerseits und Marggraf anderseits ein Unterschied in der verwendung. Bei Basilius und Kunckel erscheint die Partizipialform des Verbs als Attribut bzw. Satzadjektiv. Prädikativ erscheint "*vermischen*" nur in reflexivem Gebrauch:

Daß er [der Schwefel; d.V.] ein solch Oleum habe / beweiset erstlich nicht allein sein Brennen / sondern auch / daß er sich mit den Oleis vermischet [K204]

Im Gegensatz dazu erscheint das Verb bei Marggraf nur intransitiver Verwendung, mit den vermischten Substanzen als Patiens.

Vergl.: **Mischung**

Mischung

[M] swf.

Da ich aber (...) unter verschiedenen Proportionen und veränderten Mischungen (...) dieser Sache weiter nachgieng, so ward ich gewahr, daß ich durch keinen andern als den vorbesagten Weg, damals zu meinem Zwecke gelangen konte. [M42]

Nomen acti zu **mischen**. Gemeint ist hier das Mischungsverhältnis der Edukte der Phosphordarstellung. Daß Marggraf glaubte, er habe den Phosphor synthetisiert und nicht etwa isoliert, wird deutlich, wenn er von dem Versuch spricht, "*welcher mir die Grund=Mischung des Phosphori so schön zeigte*" [M576]. Das Kompositum "*Grund=Mischung*" erscheint hier in der Bedeutung von 'Zusammensetzung'.

Bei Basilius findet sich der Ausdruck "*Einmischung*" [B183], der eine Verunreinigung einer Substanz bezeichnet.

Abgeleitet von "*vermischen*" erscheint sowohl als Nomen actionis wie als Nomen acti "*Vermischung*" [A B].

Vergl.: **mischen** , **Gestalt** , **Impurität**

Mist

[A] stm.

Der gesoluiert Corpus / der nach 7. tagen ist auffgelößt / dem ist allweg vber den vierten tag der mist / scil. Mercurius, zuuernewern [A318]

Wie das Belegbeispiel deutlich macht, ist "*Mist*" hier als Deckname für das Quecksilber zu verstehen. Es handelt sich hier um die Verkürzung von **Roßmist**. (Vergl. [A314])

Bed.verwandt mit: **Mercurius** , **Quecksilber**

mitheben

[K] stv.

welcher spiritus vini, so er mit klarem distillirten Wasser vermischet / und wieder distilliret wird / das sal volatile mithebt [K318]

Kunckel deutet hier die leichte thermische Zersetzbarkeit des Ammoniumsalzes ("*Sal volatile*") als das Resultat eines Agirens des Alkohols ("*spiritus vini*") während der Destillation.

Mittel

[B] n.

Wer dieses mittel gebraucht / dem werden alle bestendigkeit offenbahr werden / die Vorhöfe des Saals haben am ende ihren außgang / vnd keine Creatur ist diese subtilitet zuuergleichen / denn sie alles in allem [B1273]

Bed.verwandt mit: **Lapis** , **Medicin** , **Tinctur**

Mittheilung

[K] swf.

wann es von Anfang seine Terram behielte / so könte es keinem ander was mittheilen / dann diese Mittheilung oder Ingress muß geistlich geschehen [K2552]

Die "*Mittheilung*" bezeichnet hier die Übertragung der Wesenheit des Goldes auf eine andere Substanz.

Vergl.: **Ingress**

Mixtum

[K]

dieses acidum, und eben auff solche Art generirte Fettigkeit der Erden / so solche zusammen kommen / machen sie durch Aufftreibung der berg=Hitze ein corpus, an einem Orth ein gediegen Metall / (...). Am andern Orth machen sie ein Mixtum [K511]

Lat., Part.Perf. Pas. zu miscere, mischen.
Bezeichnet eine zusammengesetzte Substanz, hier ein Mineralerz.
Vergl.: **Gemenge** , **Mischung**

Monat der Philosophen

[A]

so es in igne Sapientia gestanden hat vff ein Monat der Philosophen / so werden vollbracht vn gemacht grausame schwertz [A161]

Eine alchemistische Zeitangabe, die hier die Dauer des **Feulen** angibt. Ruland (1612, S.330) bestimmt den "Mensis philosophorum" auf 40 Tage. Schneider (1981, S.79) nennt einen Zeitraum von 3 bis 8 Tagen.
Die Zeit, die zur Herstellung des Lapis benötigt werden sollte, wird in den alchemistischen Texten ganz unterschiedich eingeschätzt. So gibt etwa Jona Zipffeln in der "Theoria Metallica" (Dresden 1678, S.51) einen Prozeß wieder, nach dem "(...) der lapis mit sambt der Vor= und Nach= Arbeit / 1 1/2 Jahrzeit gar gemächlich aus zu machen und zu perficiren (...)."
Tatsächlich scheint aber ein solch langer Zeitraum eher die Ausnahme. In seiner "Zugabe in Physicam Subterraneam" (Franckfurt 1680), die der Verteidigung der Alchemie gewidmet ist, wird J.J.Becher nicht müde, auf die Kürze der Zeit hinzuweisen, derer es bei der Generation der Metalle bedarf: "(...) so ist vonnöthen / daß / nach erhaltenen und zusammen gesetzten metallischen Urhebungen / in einem nu ein Metall (...) generiert werde (...)." (S.17, vergl. ebenda S.21, 50, 60)
Für Becher folgt die Kürze der Zeit notwendig aus der Möglichkeit der künstlichen Metallgewinnung überhaupt.
Crosland (1978, S.20) weist darauf hin, daß die Herstellung des **Lapis** oft mit der Geburt eines Kindes oder dem Wachsen einer Pflanze verglichen wurde und sich daraus entsprechende Zeitangaben aubleiten ließen.
Die "Diverstitas temporum" erklärt J.J.Becher (Chymischer Glückshafen, 1682, S.69) mit der Unterschiedlichkeit des "äusserlichen Feuers" und des "innerlichen Feuers des Mercurii":
"(...) und nachdem selbiges groß / oder viel ist / nach em acceleriren sich auch die Operationes, derowegen so ungleiche Zeiten in Elaborirung der Tinctur sich ereignet haben / also daß einige fünff Jahr / etliche drey Jahr / etliche anderthalb Jahr / etliche 9.Monath / etliche 6.Wochen / etliche drey Tag mit zugebracht haben / nachdem sie nemblich ihren Mercurium

wohl / oder schlecht animirt / und erhitzet / hernach nachdem sie desselben innerliches Feuer mit dem äusserlichen Feuer entweder starck / oder schwach bewegt haben." (S.68 f)

Motus

[K] m.

welches sperma anfänglich keine Erde ist; sondern / per putrefactionem und digestionem durch den motum, oder das natürliche Feuer / wird es Erde [K1289]

Lat. motus, Bewegung.

Nach Kunckels Vorstellung bewirkt der "*Motus*" die **Circulation** der Prinzipien, die wiederum die Veränderung der Materie bewirkt.

So bewirkt etwa der "*Motus*" das "*natürliche Feuer*" [K1290], das für die natürliche **Generation** der Metalle notwendig ist.

Die Naturgegebenheit dieser Bewegung bezeichnet der Ausdruck "*Motus naturalis*" [K571]. Ihre Dauerhaftigkeit betont "*steter Motus*" [K974].

Vergl.: **Circulation** , **Feuer**

moviren

[K] swv.

sie [die Luft; d.V.] movirt nur die Circulation in Plantis und Animalibus, vor sich selber aber hat sie nichts als ihr Sperma [K1933]

Die **Luft** wirkt im Pflanzen- und Tierreich, indem sie die **Circulation** verursacht und damit den Stoffwechsel (Veränderung der Materie) ermöglicht.

Vergl.: **Circulation** , **Feuer** , **Luft** , **Motus**

Multiplication

[K] f.

Die natur behält oder scheidet die Terrestreität selber / ehe es zur Multiplication oder Wachsthum kommt / im Golde / wenn man eine Tinctur machen will / da will man die Principia reinigen / und dann wieder zusammen setzen [K2520]

Entlehnung von lat. multiplicare, vervielfältigen.

In der natürlichen Vermehrung erblickt Kunckel hier das Vorbild für die vervielfältigende Wirkung der **Tinctur**. In der alchemistischen Vorstellung bezeichnet die "*Multiplication*" die "*vermehrung vnsers grossen Steins*" [B1129]. Verstanden wurde darunter die Vermehrung der **Tinctur** selber als auch die Vervielfältigung ihrer transmutierenden Kraft. (Vergl. hierzu auch Goltz/Telle/Vermeer 1977, S.85 f)

So gibt zum Beispiel die "Theoria Metallica" (Jona Zipffeln, Medico und Churfürstl. Sächs. Bergk-Rath, Dresden 1678; S.37-41) eine Anweisung für die "geschwinde Multiplicatio dieser unser universal Gold=Tinctur in quantitate und qualitate". Mit zwei Pfund der "Universal-Gold=Tinctur" beginnend, "(...) kan man auch nach und nach so lange multipliciren als

man immer wil. Allein wenn man diese fünfftemahlige Multiplication zu Ende gebracht / und also 144. Pfund dieser unser universal-O Tinctur erhalten hat / so kan ein Gottesfürchtiger Mann wohl damit zufrieden seyn."
Vergl.: **Mehrung**

Muscilago
[K]
weil die geschaffene grobe Erde von Natur oder durch solche praecipitation der Hitze unterschiedene solche viscosam oder Mucilaginem generiret / so werden auch unterschiedene species daraus [K475]
Bezeichnet einen "(...) liquor tenax, was zehe vnd schleimig ist / vnd gestehet wie Galrey." (Ruland 1612, S. 341).
Kunckel verwendet es synonym zu **Gur**. Er bezeichnet damit eine Art vormetallischer Flüssigkeit, aus der die metalle und Mineralien in Abhängigkeit von Wärme und Kälte entstehen.
Vergl.: **Gallmay** , **Gur**

Mutter
[K] stf.
da doch nur einerley sal in rerum natura ist von Anfang / das andere entstehet alles aus diesem / wie öffters angeführet / nach dem es eine Mutter findet. [K1489]
Bezeichnet eine Art Nährboden, in dem das nur "*spiritualiter*" existierende Salz "*corporalisch*" [K1487] werden kann.
Eine entsprechende besitzt der Ausdruck innerhalb J.J.Bechers "Lehre von den Urhebungen der Metallen" (Zugabe in Physicam subterraneam, II.Capitel, S.23 ff; Franckfurt 1680). Dort heißt es:
"Schliese derowegen / es seyen 2. Urhebungen / die sich verhalten / als die männliche und die weibliche; das dritte aber ist die Mutter / Gefäß / Erhaltung / oder das jenige / was den Urhebungen zuwächst." (ebenda S.28)

Natur
[A K] swf.
1) *Nim Mercurium / dann ohne ihn hat die Natur nit macht zu arbeiten vberal* [A120]
2) *Es ist nur ein einiges ding / welches einiges ding allein del bloß Mercurius ist / der ist in jm behalten die eigenschafft vnd natur aller Metall* [A49]
3) *Denn / so bald seine Bewegung und Circulation auffhöret / so bald entstehet eine Putrefaction / weil die Natur nicht ruhet* [K1453]
4) *weil aber die Sonnen=Wärme alle Wässerigkeit gerne an sich sich zeucht / so folget das Saltz aus seinem Cörper so weit mit / als es kan / die Lufft aber kan es nicht an sich ziehen / denn es*

ist nicht ihres gleichen und ihrer Natur [K2109]
In (1) und (3) erscheint "*Natur*" als der selbsttätige Objektbereich, den der Alchemist / Chymist zu imitieren und zu vollenden versucht. Der naturforscher als Vollender der Natur: "Kan also die Natur wol ohne die Kunst / die Kunst aber nicht ohne die Natur etwas würcken. Die Natur fängt etwas an / die Kunst macht es auß." (J.J.Becher, Zugabe in Physicam subterraneam, 1680; S.12f)
In (2) und (4) dagegen ist das den Substanzen naturgemäße Verhalten gemeint. Die "*natur aller Metall*" umfaßt alle den Metallen zugeschriebenen Reaktionsweisen.

Nebel
[A B] stm.
1) *Die schwertz hat vil tausent namen / Sie heißt das Fewr / die Seel / der Nebel / das Raben haupt / vn die schwertz füget zusammen den Geist mit dem leib* [A243]
2) *der Stein wird gemacht in einem leeren Ofen / dreyfacher bewahrung / feste verschlossen / eingesperret / vn durch stetiges fewer gekocht / biß alle nebel vnd dünste verschwunden* [B1094]

Für Alanus ist "*Nebel*" ein weiterer Deckname für die "*Schwertz*", die den Ausgangszustand der Materie bei der Bereitung des **Lapis** bezeichnet und hier ein Quecksilberoxid denotiert.
Basilius dagegen verwendet "*Nebel*" als Bezeichnung für eine verdampfende Substanz. So beschreibt er in [B156-162] eine Rückflußdestillation, in der der "*Nebel*" als Feuchtigkeit wieder auf die "*Erde*" (Destillationsrückstand) zurückfällt.
In (2) bezeichnet "*Nebel*" das sublimierte Quecksilber, das sich an den oberen, kalten Wandungen der Destillationsapparatur ("*Himmel*") niederschlägt.
Vergl.: **Caput corvi** , **Farbe**

nehmen, in sich
[K] stv.
das Wasser / das zurück bleibt / riecht übel / denn es hat sein Saltz / welches es mehr / enn das Oel liebet / in sich genommen [K1063]

Die Umsetzung zweier Substanzen wird nicht notwendigerweise als die Bildung eines neuen Stoffes verstanden. Vielmehr nimnmt die eine Substanz die andere in sich auf. Gleichzeitig wird deutlich, daß die Reaktion ein Agieren der Substanzen bzw. einer Substanz ist.
Klar wird dies auch in der folgenden Beschreibung einer Quecksilber-Reaktion: "*Denn der Mercurius / wie schon erwehnt / nimmt gerne ein Saltz an*" [K765].
Im Kontrast dazu steht der Vorgang des "*benehmen*" als ein Eingriff von außen, durch den Chymisten: "*Diesem Spiritu vini kanst du nun wieder einen aromatischen Geruch und Geschmack geben / auch auf solche Art wie-*

der benehmen" [K1071] (Vergl. auch [K1057]).

Neptunus

[B] m.

dem nach so Neptunus sein Wasserbadt vollkommen bereitet hat / so soltu das aquam permanentem wol abmessen [B522]

Ein alchemistischer Deckname. Nach Schneider (1981; S. 124) eine bezeichnung für Ammoniumchlorid. Tatsächlich kann der Kontext verstanden werden als ein Hinweis auf die Bildung von Königswasser (**Aqua Regis**) aus Ammoniumchlorid und Salpetersäure (**Aqua Fort**). (Vergl. Kap. 2.3.2.2.)

Bed.verwandt mit: *Sal ammoniacum fixum* , **Salmiac**

Nigredo

[A]

Vnd so das wasser das Corpus in ein vnbegreiffliches wesen hat bracht / vnd soluiert ad nigredinem, So ist hie / ist herfür die Solution / die Tinctur in der schwertz [A233]

Aus dem Lat. von nigrescere, schwarz werden (niger). Die "*Nigredo*" bezeichnet den Zustand der "*prima materia*", der, häufig durch die **Putrefaction** entstanden, Ausgangsstoff für die Herstellung des **Lapis** sein sollte. Es war die qualitätslose, aristotelische Materie, die im weiteren Verlauf eine neue Form erhalten sollte. (Vergl. auch Goltz/Telle/Vermeer 1977; S.76 f)

Bed.verwandt mit: **Caput Corvi** , *Schwertz* , **Rabenhaupt**

Vergl.: **Farbe** , **Form** , **Materia**

Nitrum

[K] n.

Wann man das gewöhnliche Schlag=Pulver vom Nitro , Sal Tartari und Schweffel macht [K3042]

Kunckel versteht unter "*Nitrum*" den **Salpeter**, KNO_3.

Eine Verwechselungsmöglichkeit bestand mit dem Sal petrae, das den Mauersalpeter (vergl. **Drache**) - $Ca(NO_3)_2$ - bezeichnete.

Goltz (1972, S.168) gibt an, daß die Zuordnung Salpeter - Nitrum seit Beginn des 14. Jahrhunderts etabliert ist. Sie weist auch darauf hin, daß das Nitrum schon frühzeitig mit dem **Alcali** bzw. **Cineres Clavellatis** (Alkalikarbonat) verwechselt wurde und dieses "Nitrum der Alten" (Goltz 1972, S.169) bis zum Ausgang des 18. Jahrhunderts nicht eindeutig identifiziert ist.

So erscheint z.B. im "Oraculum" (1755, in: Schneider 1981, S.51) der Eintrag "Sal petrae (...) Nitrum Graecorum - Mauer= oder Kellersalpeter."

Die "*nitrosischen*" Eigenschaften des kristallinen, bitterschmeckenden und sich zu Nitrit und Sauerstoff zersetzenden Kaliumnitrats beschreibt Kunckel: "*so spürete man / daß es ein nitrosisch Saltz ist / giebt seine Pinguedinem, als ein Oel / von welchem ich oben*

gedacht / einen säuerlichen spiritus, und der Geruch findet sich bränderich (...) das Nitrum entzündet sich auch in der Destillation." [K1759]
Vergl.: **Drache** , **Salpeter**

Oehl
<*Oel* [A K]; *Oehl* [K M]> n.
1) *Das Oel will sich nicht alsofort vom Wasser scheiden / wie die andern / sondern du must es (...) etliche Tage stehen lassen / ehe es sich vom Wasser sondert* [K884]
2) *und es blieb ein reines leicht zerbrechliches, von allem überflüßigen Oehle und flüchtigen Salze befreytes Caput mortuum zurücke.* [M177]

Entlehnung von lat. oleum.
Während der lateinische Ausdruck unter Verwendung von Genitivattributen Bezeichnungen für Einzelsubstanzen bildet, erscheint "*Oehl*" als eine eher unspezifische Bezeichnung für viskose, zähflüssige Substanzen. So erscheint es bei Kunckel in Verbindungen mit Adjektiven, die diese äußere Erscheinungsform näher beschreiben sollen. Dabei geht es allein um die Kennzeichnung der Fließeigenaschaften: "*dünnes Oel*" [K910] und "*subtiles Oel*" [K736] stehen dabei dem "*zähem Oel*" [K1033] gegenüber.
Bei Alanus erscheint das "*Öle der reynesten Jngehung*" [A105], gemeint ist damit die "*Seel des Corpus Solis vel Lunae*" - das Wesen des Goldes bzw. Silbers.
Ebenso arkansprachlich ist das "*vnuerbrenliche Oel*" [B373] bei Basilius, das ein Deckname für die **Tinctur** ist.
Bei Alanus und Kunckel erscheint die Adjektivableitung "*oelig*" [A255] bzw. "*oelicht*" [K245].
Vergl.: **Oleum**

Ofen
<*Offen* [A]; *Ofen* [B K M]> stm.
1) *Nim ein theil maler Gold / oder Silber (...) wann jhe mehr es subtil ist jhe ehe sie zu Mercurio werden / vnd thus in einen offen Hermetis* [A152]
2) *wie er es aber abgetrieben und zum ersten mahl die Wahrheit nicht gesehen /auch auf der capellen nichts gefunden / hätte er den Process in den probir Ofen geworffen* [K3155]
3) *Jch schüttete den Ofen ganz voll Kohlen, wobey denn der Phosphorus Tropfenweise herüber gieng* [M211]

Sammelbezeichnung für verschiedene Feuerstellen. Die Eignung des "*Ofen*" für das alchemistische Werk hebt die Bezeichnung "*Offen Hermetis*" hervor. Ein Beispiel für den alchemistischen Ofenn ist der "Athanor", der auch "Henricus piger" oder "Faul Haintzen" genannt wurde. (Vergl. Ruland 1612 S. 76; Viatorium spagyricum fol. 12^r und 105^v).
Der "*Probier-Ofen*" ist eher der Arbeitsplatz der

"Scheidekünster" und Chymisten. Dort wurde nach verschiedenen Schmelzverfahren der Gehalt von Erzen ermittelt. (Vergl. G.Agricola, Berckwerck Buch; Franckfurt 1580, S. CLXXXII ff)
Die Bedeutung des Ofens für die präparative Chymie wird zum einen dadurch deutlich, daß das Wort in allen vier Texten erscheint. Zum anderen aber auch dadurch, daß Marggraf ein ganzes Kapitel seiner Abhandlung der Beschreibung des von ihm verwendeten Ofens widmet.

Ofenbruch

<*Ofenbruch Ofen=Bruch* [M]> m.

Von diesem Ofen=Bruche vermischte ich vier Unzen zartgerieben mit acht Unzen inspißirten Urin, destillirte das Phlegma, flüchtige Salz und Oehl ab [M422]

Die als "*Ofenbruch*" bezeichnete Schlacke besteht überwiegend aus Zinkoxid, wie der Reduktionsversuch mit dem "*Kohl=Gestübe*" [M418] zeigt.

Ofen=Asche

[K] swf.

ich nehme ein wohl gereinigtes Sal aus der Ofen=Asche [K98]

Allgemeine Bezeichnung für ein Alkalikarbonat, das aus den Aschen von Pflanzen gewonnen wurde.
Vergl.: **Alcali** , **Cineres Clavellatis**

Oleum

[K M] n.

so viel habe ich spiritus oder oleum sulphuris, nachdem es viel wasser behält; denn lasse ich ihm viel Wasser / so nenne ichs einen spiritum, rectificire ichs von seinem Wasser auff eine Oelichte Consistentz / so ist es ein oleum [K241]

Übertragung aus dem Lat..
Kunckel unterscheidet zwischen den "*Olea destillata*" und den "Olea Expressa" (Laboratorium Chymicum 1716, S.703). Zu den ersteren gehören die "*Olea vegetabilia*" [K374]. Von diesen nennt er: "*Oleum Anisi*" (Anisöl), "*Oleum Carvi*", "*Oleum Cinamomi*" (ätherisches Zimtöl) und "*Oleum Foeniculi*" (Fenchelöl). Den pflanzlichen Ölen gegenüber steht das "*Oleum Petrae oder Naphtae*" [K218] (Steinöl).
Die Zusammensetzung des Öls betont "*Oleum Sulphuris*", dieses ist identisch mit dem "*Oleum vitrioli*" bzw. dem "*Oleum vitrioli rectificato*".
Hier handelt es sich um synonyme Bezeichnungen für die Schwefelsäure, die jeweils den Aspekt der Zusammensetzung, des Ausgangsstoffs (**Vitriol**) und des Verfahrens (**Rectification**) hervorheben.
Auch in der Bezeichnung "*Oleum per campanam*" [K238] war das Herstellungsverfahren für die Namensgebung motivierend. Handelt es sich dabei doch um ein Öl, das durch Destillation unter einer Glasglocke (lat.: cam-

pana) gewonnen wurde.
Wie bei **Oehl** erfolgt eine Kennzeichnung der Fließeigenschaften:
"*grobes Oleum*" [K1056], "*subtil Oleum*" [K314] und als Superlativ "*Oleum subtilissimum*" [K314].
Einen Verweis auf die chemische Eigenschaft leistet die Bezeichnung "*Oleum combustibile*" [K198]. Hierbei handelt es sich nach Kunckels Auffassung um einen der Hauptbestandteile des Schwefels, der ebenfalls in allen pflanzlichen Gewächsen zu finden sei.
Ebenfalls ein pflanzliches Öl scheint das "*Oleum essentiale*" [M661] zu sein, das aus dem Pfeffer destilliert wird.
Im Belegbeispiel wird die Nähe von "*Oleum*" und **Spiritus** deutlich.
Marggraf spricht im Zusammenhang von Destillationsfraktionen von **Phlegma** und "*Oehl*" [M111 424 440]. Eine Differenzierung der Begriffe versucht J.J.Becher zu liefern:
"Spiritus, Oele und Phlegmata, werden zugerichtet / wann die Cörper / durch eine vorhergehende Gihrung / distillirt werden: dann was da in der Vorlage gefunden wird / das ist Spiritus, Oeh und Phlegma: und werden voneinander geschieden durch die Rectificirung und Abneigung / durch das Scheidgefäß. Das Phlegma ist der wässerige Theil des Cörpers: Der Spiritus aber / und das Oehl / ist sein bester und feuriger Theil." (Oedipus Chymicus, 1680, S. 147).
Vergl.: **Phlegma** , **Spiritus** , **Vitriol**

Particularia
[K]
Sondern will nur anführen das Exempel Churfürstens Augusti Christmildesten Andenckens und dessen Gemahlin / welche den Lapidem auff vielerley Arth in die 5. Jahr besessen / ohne ihre Particularia / da der geringste tingiret hat 1604 Thl. [K2710]
Lat. particula, Teilchen, Weniges (pars).
Bezeichnung für die **Tinctur**, die nicht auf alle unedlen Metalle anwendbar war, sondern nur auf bestimmte Metalle wirkte:
"Die rechte Tinctur ist zweyerley / Universal und Particular: das Universal tingirt alle Metallen in sehr grosser Quantität / und wird allein auß dem Mercurio Philosophorum gemacht.
Das Particular aber tingirt nur etliche Metalle / oder besser zu reden / es wird zu Gold oder Silber / wird derowegen genannt Minera perpetua, oder Augmentum, dann wann man dem rechten Pulver Mercurium zusetzt / so praecipitirt sich solcher darbey / und wird eben wiederumb zu dergleichen Pulver / darvon kan man dann ein Particulam reduciren / derentwegen dieses Werck ein Particular genennt wird." (J.J.Becher Zwey und zwantzig Paar Philosophischer Differentien; in: ders.: Chymischer Glücks=Hafen, Franckfurt 1682, S. 63)
Vergl.: **Tinctur**

Pellucidität
[K] f.
Denn sie praesentiren nur die Form eines Saltzes / weil ihr Corpus die Pellucidität dadurch erlangt [K1608]
Entlehnung von lat. perlucidus (pellucidus), durchsichtig.
Die Durchsichtigkeit der Kristalle wird als Strukturmerkmal des Salzes angenommen.
Vergl.: **Forma** , **Salz**

penetrieren
[A] swv.
Schaw daß das zusammen kome / vnd zusamen vereiniget werden / vnd daß im wesen ein ding werde / / verstehe das Spiritus Mercurij anima werd / vnd anima corporis spiritus, So hastu macht zu tingieren / penetrieren [A115]
Entlehnung von lat. penetrare, eindringen.
Auf das unedle Metall aufgebracht (**Proiection**), wirkt die **Tinctur**, indem sie den Körper durchdringt: "Tinctura dicitur quod colore suo penetrat & stinguit corpora veluti crocos aquam, waß die Cörper durchdringet vn färbet." (Ruland 1612, S. 474)
Vergl.: **einverleiben** , **hineindringen** , **Ingress** , **Poros**

Pfanne
[K M] swf.
1) *Mag allhier der rechten Sahlbaderey wegen des Mercurii coagulati wie ihn die ungeübten nennen / in der Pfannen mit dem Viridis aeris nicht einmahl gedencken* [K798]
2) *Jch nahm eine eiserne Pfanne (wiewohl es auch mit einer töpfernen aus gutem Thone bereiteten angehet) in solcher ließ ich ein Pfund Bley fließen und mäßig glühen* [M81]

Ein Gefäß zur Bereitung von Legierungen oder Metallschmelzen.
Kunckel spricht von einer Quecksilber-Kupfer-Legierung unter Verwendung von Kupfer(II)-acetat (Grünspan): **Viride aeris**.
Vergl.: **Kapelle**

Pfund
[K M]
Hievon nahm ich 9 bis 10 Pfund nach Kramer=Gewichte das Pfund zu 32 Lothen, und ließ es in einem eisernen Keßel über Kohlen warm werden [M161]
Man unterscheidet zwischen dem "gemeinen Pfund" zu 16 Unzen (32 **Loth**) und dem 1555 in Nürnberg eingeführten "Apotheker=Gewicht", nach dem das Pfund 12 Unzen oder etwa 360 Gramm wog.
Kunckel macht keine Angaben, nach welchem Maß er sich richtet.

Bei ihm findet sich als Kürzel "*Pf.*" [K1740].
Vergl.: **Gewicht**

Philosophey
[A] f.
vnnd die hertung des Spiritus oder Mercurij ist vnd geschicht mit der aufflösung des Corporis, vnnd das wirdt denn genennt ein ding / dauon alle Philosophi sagen in ihren Büchern der Philosophey. [A46]
Eine Bezeichnung für die alchemistische **Kunst**, deren Anhänger und Gelehrte auch als "*Philosophos*" galten.
Vergl.: **Alchemey** , **Chymie** , **Kunst**

Philosophus
[A K] m.
Vn ist das die vrsach / wann die Philosophi sprechen / daß ihr solution des Corpus sey ein einige / daß die truckenheit des Corpus verkert werd zu wasser / id est, fac Mercurium per Mercurium, per aquam mercurialem [A359]
Bezeichnung für die Alchemie-Kundigen und für die alchemistischen Autoritäten.
Als Genitivattribut ("*Wasser der Philosophen*" [A338]) oder in der Form eines adjektivischen Attributs ("*philosophisches Bley*" [K1145]) diente es dazu, die Besonderheit oder Bedeutung einer Substanz oder eines Gerätes für die Lapis-Gewinnung hervorzuheben (vergl.: **Element**.)
Vergl.: **Künstler** , **Meister**

Phlegma
<*Flegma* [B]; *Phlegma* [K M] n.
Jch destillirte das Gemenge, und nachdem das Phlegma, Sal volatile und das Oehl herüber gegangen war, legte ich eine andere mit Waßer gefüllte Vorlage vor [M439]
Bezeichnet bei Basilius und Marggraf eine wässerige Fraktion, die bei der Destillation vor dem angestrebten Produkt siedet und aufgefangen wird.
Bei Kunckel erscheint der Ausdruck in Verbindung mit einem Genitivattribut, das die destillierte Substanz bezeichnet: "*Phlegma Nitri*" [K1887] und "*Phlegma Vitrioli*" [K1887].
Der Kontext [K1819-32] legt nahe, daß Kunckel das "*gemeine Phlegma Vitrioli*" synonym zu "*Oleum Vitrioli*" - Schwefelsäure - verwendet.
Das "*gelinde Phlegma Vitrioli*" [K1824] ist das Resultat einer erneuten Aufbereitung des Rückstandes aus der Vitrioldestillation - also eine sehr schwache Schwefelsäure.
Im "Oedipus Chymicus" (S. 147) schreibt Becher: "Das Phlegma ist der wässerige Theil des Cörpers." In seiner Erläuterung zur "Rectificirung" (ebenda S. 144) wird deutlich, daß das "*Phlegma*" eher als Verunreini-

gung angesehen wurde.
(Vergl. Oraculum 1755 in: Schneider 1981, S.47 & 83; Grimm Bd. 13, Sp. 1833)
In der Medizin bezeichnete das "*Phlegma*" einen der vier hippokratischen Körpersäfte. (vergl. Fakraeus 1967)
Vergl.: **Oleum** , **rectificiren**

Phlogiston
[M] n.

Jch bin also noch zweifelhaft, ob das concentrirte Acidum Salis so vor sich, wenn es mit dem Phlogisto verbunden ist, zu einem solchen Acido werde, das alsdenn mit der vorgemeldeten brennlichen Erde den Phosphorum ausmacht. [M516]

Über J.J.Bechers Vorstellung von einer "brennbaren Erde" ("terra pinguis") gelangte G.E.Stahl zu der Auffassung, es gebe ein "*brennliches Wesen*" - "*Phlogiston*" - das allen brennbaren Stoffen inhärent sei und bei ihrer Verbrennung entweiche.
Bei Erhitzung von phlogistonreichen mit phlogistonarmen Stoffen erfolgt eine Übertragung, so daß letztere brennbar werden. Im Belegbeispiel bezieht sich Marggraf auf die von G.E.Stahl geäußerte Annahme, der Phosphor sei aus aus "*Acidum Salis*" und "*Phlogiston*" zusammengesetzt.

Phosphorus
[K M]

Jch habe oben im 20. §. gesagt, daß ich einen so schönen Phosphorum durch Hülfe des mit dem Acido Salis verbundenen Bley=Kalk erhalten habe. [M401]

Gr. Lichtträger; der Name ist motiviert durch die Eigenschaft des weißen Phosphors, im Dunkeln nachzuleuchten. Marggraf verwendet sowohl "*Phosphorus*" wie auch "*Phosphor*". Chemisches Element, von dem aber noch Marggraf annahm es sei ein zusammengesetzter Körper (vergl. **Phlogiston**). Kunckel nahm für sich in Anspruch, er habe den "*Phosphor*" unabhängig von den Arbeiten des Hamburger Alchemisten Henning Brand entdeckt (vergl. Kap. 2.3.3.1.). Marggraf beschreibt in seiner Abhandlung die Darstellung aus dem im Harn enthaltenen Phosphorsalz $NaNH_4HPO_4$. Er erhielt dabei weißen Phosphor - "*eißartiger Phosphor*" [M223]. Diesen Rohphosphor - "*unreiner Phosphor*" [M256 393] - destilliert er zu Reinigungszwecken und schmilzt in in Stangen - "*erhärteter Phosphor*" [M329].

Pinguedo
[K] f.

1) *Hieraus ist zu sehen (...) / worinnen der Schwefel bestehe / nemlich in einer pinguedine, welche ich auff gewissen Masse / als ein purum principium nehme / und es eine Fettigkeit der Erden nennen will / wiewohl es kein purum principium ist.*

[K331]

2) *Solch eine pinguedo terrae, darinn alles wächst / auch alle Metallen und Steine werden aus diesem spermate, wie auch der Mercurius* [K1284]

Schneider (1981; S. 126) setzt die "pinguedo" bzw "pinguedo metallorum" dem "Arsenicum" und dem "Sulphur" gleich. Während für ersteres bei Kunckel kein Indiz zu finden ist, ist der Zusammenhang mit dem Schwefel nicht ganz so eindeutig.
Als einen von drei Bestandteilen des **Schwefels** identifiziert Kunckel eine "*Fettigkeit der Erden*" [K198 334], die er als ein "*Oleum combustibile*" [K198] für die Brennbarkeit verantwortlich macht und "*Pinguedo*" nennt. Hier handelt es sich nicht um ein Prinzip oder eine hypothetische Substanz, vielmehr scheint es sich um ein isolierbares "*zähes Oel*" [K1033] zu handeln.
Gleichzeitig ist die "*Pinguedo*" oder "*Pinguedo terrae*" ein Zwischenstadium der Generation der Metalle (2), da sie aus dem in der "*Terra viscosa*" enthaltenen **Sperma** entsteht (Vergl. **Gur**, **Mucilago**, **Materia**) und dann in die Bildung der Metalle und Mineralien eingeht.
Vergl.: **Erde** , **Fettigkeit**

Planet

[B] swm.

vnd hat ein Planet den andern spiritualisch verzehret / das nur die stercksten durch speise der andern geblieben sind zwey vnd drey durch eins allein vberwunden worden. [B1004]

Die "*Planeten*" bzw. die Himmelskörper symbolisieren die einzelnen **Metalle**. Basilius thematisiert hier die Vorstellung, daß in der Bereitung des **Lapis** die Farben der sechs Metalle erscheinen, bevor das Ziel des Werkes erreicht ist. In gleicher Weise ist auch das Ende des ersten Schlüssels [B97-100] zu verstehen.
Vergl.: **Farbe** , **Metall**

Pondus

[K] n.

1) *dann es müsten scharffe Augen und Nasen seyn / welche versezte Dinge nach allen Circumstantien examiniren solten / sonderlich das Pondus* [K2812]

2) *bey welcher er doch im Feuer nicht bleiben kan / sondern muß sich wieder von derselben scheiden / und das Gold wieder in seinem vorigen Stande und Pondere lassen* [K2981]

Lat., Gewicht, Menge.
Während "*Pondus*" in (1) die quantitative Zusammensetzung einer Substanz meint, besitzt es in (2) die Bedeutung von gewogener Masse.
Vergl.: **Gewicht**

Porus

[K] f.

Jn diesen Kiessen aber ist schon das Saltz / weil es

denn nun an der Lufft / welche durch die subtilesten Poros durchgehet / lieget / so fängt es in seinem Cörper an zu solviren [K2098]

Lat porus (gr. poros), Öffnung.

Voraussetzung für eine chemische Umsetzung zweier Substanzen oder für die Lösung einer Substanz durch ein Lösungsmittel, ist das **Hineindringen** oder der **Ingress** des einen Stoffes in den anderen. Dieser **Ingress** wird möglich durch die "*Poros*".

Der Vorstellung von den Öffungen entspricht etwa die Rede von den verschieden großen 'Luft-Partikel': "*dicke Lufft*" oder "*subtile Lufft*". Das Wirken oder Nicht-Wirken der Luft an bzw. in der Substanz wird damit erklärbar.

Vergl.: **hineindringen** , **Ingress** , **Luft**

Potasche

<*Potasche, Pot=Asche* [K]> f.

R. nim Gold / solve in aqua Regis von Salpeter und Samiac / wie der Gebrauch / praecipitir es mit Sale Tartari, Potasche / Sal absynth oder Cinamomi (...) so wird ein Aurum fulminans daraus [K2965]

Bezeichnung für das Kaliumcarbonat (K_2CO_3), das durch Auslaugung von Holzasche und anschließendem Eindampfen gewonnen wurde.

Das Belegbeispiel beschreibt die Herstellung von Knallgold durch Ausfällen des in Königswasser gelöstem Gold mittels Kaliumcarbonat.

Bed.verwandt mit: **Cineres Clavellatis**

Vergl.: **Alcali**

Praecipitation

[K] swf.

Giessest du aber mehr von dieser solution der Salien hinein / als es eben zur Praecipitation bedarff / so wird das Sal volatile vom Salmiac und salpeter getödtet / und es vergehet das fulmen. [K2969]

Entlehnung von lat. praecipitare, jählings herabstürzen.

Nomen actionis zu **praecipitiren**, das das Ausfällen oder Niederschlagen einer gelösten Substanz bezeichnet. Hier ist das Ausfällen des **Aurum fulminans** durch die Zugabe von Kaliumcarbonat angesprochen.

Kunckel spricht ebenfalls von der "*Praecipitation der Hitze und Kälte*" [K1847], die unter anderem auch zur Entstehung der Metalle beiträgt. Vorbild war hier vermutlich das Auskristallisiern von Salzen aus ihrer Lösung unter dem Einfluß der Kälte.

Ruland (1612, S. 382 f) verzeichnet "Praecipitatio" und führt als Beispiele das Ausfällen von Silberchlorid aus einer Silbernitratlösung mittels "sale commune" (Kochsalz) und die Wiedergewinnung des in Königswasser gelösten Gold durch Zusatz von Quecksilber an.

Vergl.: **praecipitiren** , **reduciren**

praecipitiren

[K] swv. (refl.)

1) *denn das sal hat sich / als das mehr Irdischheit bey sich hat / in diesem metallischen Wasser praecipitirt / dadurch es denn gestehet* [K540]

2) *drum nahm ich Silberkalck / der mit Saltz praecipitiret 1. Untz / goß meine Tinctur darüber / und zog den Spiritum vini gelinde davon* [K2621]

Entlehnung von lat. praecipitare, jählings herabstürzen. In der reflexiven Verwendung bezeichnet das Verb ein natürlich stattfindendes Abscheiden einer Substanz an einer anderen. In der nicht reflexifen Verwendung bezeichnet es den durch den Chymisten ausgelösten Vorgang des Ausfällens, der auch als **reduciren** bezeichnet wird, wenn durch ein Stoff (zumeist ein Metall) aus seiner Lösung zurückgewonnen wird.

Vergl.: **Praecipitation** , **reduciren**

praepariren

[K] swv.

was für herrliche Medicamente in dem gemeinen Mercurio seyn / wenn er wohl praepariret ist [K3432]

Entlehnung von lat. praeparare, vorbereiten. Darstellung einer Substanz, oder Bereitung eines Medikamantes.

Vergl.: **bereiten** , **Bereitschafft** , **Bereitung**

Principium

[K] n.

1) *der Schweffel bestehe / nemlich in einer pinguedine, welche ich auff gewisse Masse / als ein purum principium nehme / und es eine Fettigkeit der Erden nennen will / wiewohl es kein purum principium ist.* [K334]

2) *mein Scopus ist / daß ich den Schwefel vor kein principium metallorum halten noch paßiren lassen kan; denn es ist ungereimt / ein Ding vor ein principium zu halten / was aus principiis bestehet.* [K365]

3) *Daß also Wasser und Saltz ein Anfang aller Dinge ist / giebet die tägliche Erfahrung / und daß daraus der Mercurius generirt wird / und primum principium metallorum ist / das ist unleugbar;* [K573]

Im Laboratorium Chymicum (1716, S. 10 f) erläutert Kunckel seine Überlegungen zu den Prinzipien. Dort heißt es: "(...) daß ein Principium ein würckendes Wesen sey / und die Kraft und das Vermögen haben müsse / einen Cörper entweder durch Principia materialia, als Wasser und Erde / oder auch durch zwey contraria, als Hitze und Kälte / oder andere Effectus zu produciren; so ist es auch wahr / daß ein solch Principium durchaus kein Cörper (...) sondern ein Geist seyn müsse." Auf der Grundlage seiner Untersuchungen zum **Schwefel** kommt Kunckel zu der Auffassung, dieser sei kein

"*Principium*". Im Gegensatz jedoch zum "Laboratorium Chymicum" setzt er in (3) "*Wasser und Saltz*" als den Anfang aller Dinge. Daraus baue sich der **Mercurius** auf. Im Hinblick auf die Generation der Metalle ist für ihn das Quecksilber das "*Principium metallorum*" bzw. "*Primum principium metallorum*" [K575] oder "*Principium der Metalle*", aus dem durch Einwirken von Hitze und Kälte die verschiedenen Metalle und Mineralien entstehen.
Die Uneinheitlichkeit des zeitgenössischen Prinzipien-Begriffs wird auch bei J.J. Becher deutlich: "Und darff man auch nicht vermeynen / daß die principia ins gemein Mercurii, Sulphuris und Salis Form / oder Gestalt erscheinen (...). Dann der gemeine Schwefel / Quecksilber und Salz / sind vermengte und vermischte Ding (...). (...) Schliesse ich derowegen / der Metallen principia und Urhebungen seyen drey Erden / trucken / und die Hände nicht befeuchtend / in einem Dunst zerflössig / und wann sie zusammengefügt werden in ein schmutzigt / hernach in ein metallsiches Wesen zusammen wachsen; (...)." (Zugabe in Physicam subterraneam, 1680 S. 28 ff) Deutlich wird hier auch Bechers Verwurzelung in den alten alchemistischen Autoritäten, über die Kunckel versucht sich hinwegzusetzen.
Vergl.: **Element** , **Hitze** , **Kälte**

Probe

[K] swf.

Denn wieviel Auffschneidens hiervon ist / man könne den Mercurium dahin bringen / daß er sich hämmern lasse und streichen / wie fein Gold und Silber / jedoch keine Probe auf der capel ausstehe / ist bekannt. [K789]

Ein aus dem Hüttenwesen stammender Ausdruck, der den Vorgang der Bestimmung der Bestandteile eines Erzes oder Minerals bezeichnet. (Vergl. G. Agricola, Berckwerck Buch ; Franckfurt 1580 , 7.Buch, S.CLXXXII ff) Dabei wurden Proben des Erzes in unterschiedlichen Mengenverhältnissen in der **Kapelle** eingeschmolzen. Dabei verwendete man den sogenannten "*Probir-Ofen*".
Vergl.: **Kapelle** , **Ofen** , **probiren**

probiren

[K]

wenn es gleich hundertmahl durchs Bley gehet / so bleibet doch die Anima des Kupffers darbey und ist das Bley durch dieses feine Silber zu probiren / ob es eine Kupffer-Art hat / welches sonsten nicht geschen kan; [K3506]

Bestimmung der Bestandteile eines Erzes oder Minerals durch Ausschmelzen - zumeist mit Blei - auf einer **Kapelle**.
Kunckel verwendet auch den substantivierten Infinitiv [K3447] zur Bezeichnung des Vorgangs.
Vergl.: **Kapelle** , **Ofen** , **Probe**

Proceß

<*Proceß* [B M]; *Process* [K]> stm.

in selbigem Process aber stand / man solte nehmen vier Marck Gold / und solte das mit scharffen Wassern / wie die Sophisten pflegen / tractiren / endlich per Retortam treiben / so solte es / wie ein Batyrum herüber gehen [K2567]

Entlehnung von lat. processus, der Fortgang.

Eine nach festgelegten Anweisungen ablaufende chymische Arbeit, die auf ein bestimmtes Ziel - oft die Darstellung einer Substanz - ausgerichtet ist. Der "*Universal Process*" [K2563] soll "*alle Metalle in Gold tingiren*" [K2565]. Während Basilius und Kunckel von einem "*Process*" sprechen, der den **Lapis** zum Ziel hat, besitzt "*Proceß*" bei Marggraf [M546] die Bedeutung von Versuch, **Experiment**.

Productus

[M] m.

Es ist zwar die Verfertigung dieses merkwürdigen chymischen Producti (...) nicht so gar unbekannt [M9]

Lat., Part. zu producere, erzeugen.

Die Bezeichnung des **Phosphors** als ein chymisches Erzeugnis steht im Einklang mit Marggrafs Annahme, es handele sich um eine zusammengesetzte Substanz.

Vergl.: **Phosphor**

Proiection

[A]

welcher nit kan oder weiß außzuziehen die Seel von dem Leib oder corpus / Sole vel Luna, vnd nachmahls dieselbig wider kan geben in proiectione Cörper / der irret aller ding [A63]

Entlehnung von lat. proiectus (Part. zu proicio, vorwerfen).

Bezeichnet den Vorgang der Anwednug der **Tinctur**. Auf den zu transmutierenden Körper wird die **Tinctur** aufgebracht. (Ruland 1612, S.384)

(Vergl. Schneider 1981, S. 91)

Vergl.: **Tinctur**

Proportion

[M] swf.

so erinnerte sich derselbe nicht nur der Bereitung des Bley=Kalkes, sondern auch der Proportionen, welches er mir nebst denen übrigen Umständen der Arbeit ausführlich erzehlte. [M76]

Die "*Proportionen*" bezeichnen hier die Quantitätsangaben zu den eingesetzten Edukten der Reaktion.

Marggraf erwähnt auch mehrfach "*proportionirliche*" Retorten [M170 253 561]. Es muß bezweifelt werden, daß es sich hier um eine Art von kalibrierten Retorten gehandelt hat. Vielmehr scheint es sich um solche Retorten zu handeln, die in ihren Abmessungen für den jeweiligen Zweck geeignet waren.

Pulver

<*Puluer* [A]; *Pulver* [B K M]> stn.

wann alsdan so gehet vnser wasser dann in die leib / vnd kert es zu erden / darnach in ein puluer / oder äschen [A296]

Entlehnung von lat. pulvis, Staub.
Modifikation eines Feststoffes, Ruland (1612. S.386) übersetzt "Gestübe". Kriterium für die Referenz iost allein die äußere Erscheinungsform. Marggrafs "*schwarzes Pulver*" [M168] bezeichnet sein Reaktionsgemisch aus Phosphorsalz, Bleichlorid und Ruß.
Kunckels "*weißes Pulver*" bezeichnez zum einen kolloidales, schwammartiges Gold [K2573/80] und zum anderen einse Substanz, die er als einen aus dem Gold extrahierten **Mercurius** ansieht [K2652].
Das "*gelbe Pulver*" [B899] und das "*süsse Pulver*" [B902] des Basilii bezeichnen eine durch Extraktion mit Essig aus Antimonoxid gewonnene Medizin.
das "*Puluer*" der Belegbeispiels bezeichnet eine Mischung aus Quecksilber und feinverteiltem Quecksilberoxid, das als ein schwarzes Pulver erscheint.

Pulvis tonitrus

[K] n.

Thut das eine in dem pulvere tonitruante, sonst vom Sale Tartari, Schwefel und Salpeter / nicht das Seine so wohl als das ander? [K178]

Lat. tonitrua, meist: tonitrus, Donnerschläge.
Bed.verwandt mit: **Büchsen=Pulver**

purus

[K] adj.

dieß wiederhohle mit dem Spiritu vini etliche mahl / so verleuret er seinen Geruch / den rectificir von aller seiner Wässerigkeit / so ist er pur [K1066]

Lat. purus, rein lauter.
Kunckel verwemndet den Ausdruck sowohl in der entlehten Form als auch mit den lat. Kasusendungen.
Vergl.: **gediegen** , **rein**

purgiren

<*purgieren* [A]; *purgiren* [B]> swv.

1) *Reuificir ihn widerumb durch ein teil lebendig kalck / vnd durch halb so schwer Tartarum crudum, so wirt er wol purgieret oder purgier den auff das best als du magst vnd kanst.* [A431]
2) *so nimb derer ein theil / des aller besten vnd feinesten Goldes / durch den Antimonium gegossen / vnd purgirt drey theil* [B1254]

Entlehnung von lat. purgare, reinigen.
In (1) handelt es sich um die Reinigung des Quecksilbers mit Kalciumoxid und Weinstein.
In (2) verweist Basilius noch einmal auf das im ersten

Schlüssel beschriebene Reinigungsverfahren für Gold durch Ausschmelzen mit Antimon.

Purification

[K] swf.

doch ist mir ein besserer modus bekannt / wie ich bei der purification des Vitriols lehren werde. [K148]

Entlehnung vermtl. von lat. purus facere, reinigen. Ruland verzeichnet nur das Verb: "Purificiren, reinigen gschicht durch 7. Weiß." Die sieben Reinigungsmethoden sind "Distilliren", "sublimiren", "solviren", "waschen", "brennen", "Scheidung" und "filtriren".

Vergl.: **purgiren**

Putrefaction

[B K] f.

1) *Vnd das ich wider auff die putrefaction vnd feulung komme / so soll der suchende Kunstmeister vnd kluge der Philosophey wissen / das gleicher gestalt kein Metallischer Same wircken / noch sich in keinem weg vermehren kan / es sey dan solcher Metallische Same zuuor (...) zu der Vollkommenen feule gebracht* [B854]
2) *welches sperma anfänglich keine Erde ist; sondern / per putrefactionen und digestionem durch den motum, oder das natürliche Feuer / wird es Erde* [K1288]

Entlehnung von lat. putrefactio, gebildet aus putrefacere, verwesen lassen. Basilius verwendet nur die entlehnte Form, Kunckel dagegen beide.

Die "*Putrefaction*", die zu einem qualitätslosen Substrat, der "*Schwertz*" oder **Nigredo** führen soll, erscheint in (1) als notwendiger Schritt innerhalb der bereitung des **Lapis**.

Losgelöst vom Kontext der Lapis-Gewinnung bleibt auch bei Kunckel der erschaffende Effekt der "*Putrefaction*" erhalten. Auch bei ihm ist das 'Vergehen' eine Stufe des 'Werden':

Denn alle Putrefactiones und Fermentationes machen Aenderung / was gut ist / verderben sie auff gewisse Maaß / und was verdorben machen sie vollkommen gut [K1420]

Bed.verwandt mit: **Fäulung**

Vergl.: **Digestion** , **Feule** , **Nigredo**

putreficiren

<*putrificieren* [A]; *putreficiren* [K]> swv.

1) *so hastu des Mercurij zu wenig / also daß du nicht 3. Monat damit putrificieren darffst / sunder das wasser Mercurij verzehret sich belder in die animam Solis vel Lunae* [A169]
2) *die Feuchte / so sich in und dabey auffhält / ziehet die Lufft an sich / und die putreficiret und gebiehrt das Sal volatile* [K975]

Entlehnung von lat. putrefacere, in Fäulnis übergehen lassen.
Durch Feuchtigkeit und Wärme - häufig unter Verwendung von Mist oder mittels **Balneum** - wird in einer organischen Substanz der Prozeß der Fäulnis ausgelöst.
Alanus begreift die Amalgamierung und Oxidbildung als eine Fäulnis. (vergl.: **Mist**)
Bei Kunckel dagegen erscheint der Vorgang immer als ein natürlicher und nicht als von außen induziert.
Vergl.: **digeriren** , **faulen** , **feulen**

Qualität
[K] swf.
1) *dieses übergegossene Oel kommt in seiner Quantität und Qualität des Krautes herüber. Man wolle mir nicht verargen / daß ich sage / Qualität des Krautes / denn die Qualität bestehet im Geruch und Geschmack in Oleis.* [K1030]
2) *In vnserm Stein durch micht gemacht vnd lang für mich gemacht / sind beschlossen alle Elementa / alle mineralische vnd metallische gestalten / ja alle qualitates vnd eigenschafften der gantzen Welt* [B1033]

Entlehnung von lat. qualitats, Beschaffenheit. Bei Basilius erscheint der lat. Terminus (2).
Nach der aristotelischen Lehre von den Grundstoffen werden von den vier Qualitäten (zwei aktive: Kälte, Wärme; zwei passive: Trockenheit, Feuchtigkeit) jedem Element je eine aktive und eine passive Qualität zugeordnet: Feuer - warm und trocken; Luft - warm und feucht; Erde - kalt und trocken; Wasser - feucht und kalt.
Während dieser Qualitäts Begriff bei Basilius noch zu erkennen ist, spricht Kunckel von der "*Qualität des Krautes*" und meint damit Geschmack und Geruch.
Vergl.: **Eigenschafft** , **Feucht** , **Kälte**

Quantität
[K] swf.
man mache einen Vitriolum Veneris mit Schweffel oder mit Oleum Vitrioli, wie ich dann durch einen besondern Handgriff mit Schweffel eine ziemliche Quantität machen kan [K2303]

Entlehnung von lat. quantitas, Menge.
Zwar spricht Kunckel häufig über die "*Quantität*" einer Substanz, Zahlenangaben zu den eingesetzten oder erhaltenen Stoffen fehlen aber fast vollständig in diesem Traktat.
Vergl.: **Gewicht** , **Mensur** , **Pondus**

Quart
[K M] f.
1) *sende mir nur ein Loth / oder zum wenigsten einen Ducaten schwer solch weiß Gold / wovon ihr die Tinctur oder Sulphur, nach eurer Meynung geschie-*

den habt / und daß er durch die quart fällt / so will ich euch allein gern zween Ducaten davor geben [K3409]

2) *An jede Retorte lutirte ich eine Vorlage, die ohngefehr ein Quart hielt* [M196]

1) Die Redewendung "durch die Quart fallen" bezieht sich auf den Terminus "quartieren". Dieser bezeichnet ein Verfahren zur trennung einer Gold-Silber-Legierung, durch Lösen des Silbers mittels Scheidewasser (**Aqua Fort**). Dieses Verfahren wurd angewandt, wenn Gold und Silber im Verhältnis 1:3 vorlagen. War dies nicht der Fall, wurde Silber hinzulegiert.
Eine genaue Beschreibung des Verfahrens liefert G.Agricola (Berckwerck Buch, Franckfurt 1580; S. 202ff).

2) Bei Marggraf erscheint "*Quart*" als Gewichtsangabe. Vermutlich ist eine Viertelunze gemeint.

Quecksilber

[K] stn.

Zwar glaube ich wohl / und weiß es gewiß / daß man eine Tinctur aus dem Golde machen kan / die nicht allein zehen / sondern mehr Theil Silber oder Quecksilber tingiren kan [K2511]

Chemisches Element, dem Planeten **Mercurius** zugeordnet.
Bed.verwandt mit: **Argentum vivum** , *gläsernes Meer* , **Mercurius**

Quentgen

[M] n.

Zu dieser 1 Unze des salzes setzte ich 1 Unze zartgeriebnen weißen Sandes und 2 Quentgen zartem im verschlossenen Gefäße wohl ausgeglühten Kienrußes. [M559]

"Quentchen" oder "*Quentgen*" bezeichnet den vierten Teil eines Lothes. (Grimm, Bd. 13; Sp. 2354).
Vergl.: **Gewicht** , **Loth**

Rabenhaupt

[A K] stn.

Die schwertz hat vil tausent namen / Sie heißt das Fewr / die Seel / der Nebel / das Raben haupt / vn die schwertz füget zusammen den Geist mit dem leib [A245]

Bezeichnung für die - meist durch **Putrefaction** - gewonnene "*schwertz*" oder **Nigredo**, die die Ausgangsstufe der Bereitung des **Lapis** darstellte. Von Alanus auch "*der Philosophen Rabenhaupt*" [A452] genannt. Die Farbe des so identifizierten Pulvers rührt vermutlich von feinverteiltem Quecksilberoxid her.
Bed.verwandt mit: **Caput Corvi**

Rauch

[A K]

wann ich durch ein Instrument den Rauch vom Schwefel

über einen starcken spiritu vini lasse weggehen [K311]
Bezeichnet die gasförmige Modifikation eines Stoffes. Der "*mercuriualische Rauch*" [K1645] bezeichnet das sublimierende Quecksilber.
Bei Alanus erscheint, bezogen auf "*Vnser Stein*" [A78] der nicht eindeutig aufzulösende Ausdruck "*wässriger Rauch*" [A100]. Nach [A88]:"*Vnser Stein / scilicet corpus Sol vel Luna*" sollte es sich dabei um eine Umschreibung für Gold oder Silber handeln. Dieses dem Lucianus Philosophus entnommene Zitat scheint jedoch eher auf das Quecksilber zu weisen.
Vergl.: **rauchen**

rauchen
[K] swv.
1) *Wann der Schwefel ohne Fadem oder Holz brennet / so riecht er bey weitem nicht so starck / als wann er ausgebrannt und anfängt zu rauchen* [K346]
2) *Endlich (...) wurden die Kolben / weil es alles / bis auff die Truckne abgeraucht / herausgenommen / da war eine schartze Erde darinn* [K1716]

Das präfigierte Verb bezeichnet den Prozeß des Verdampfens oder Einengens einer Lösung.
Vergl.: **eindicken**

Recipient
[M] swm.
Hierauf legte ich einen neuen mit waßer halb angefüllten Recipienten vor. [M114]
Entlehnung von lat. recipire, nehmen, annehmen. Teil der Destillationsapparatur.
Ein, meist gläsernes, [M261] Gefäß, das die Destillationsprodukte auffängt. Das lat. "receptaculum" läßt sich schon im 15. Jahrhundert nachweisen (vergl. Buntz 1968, S. 189).
Aus dem 'vorlegen des Glases' bildete sich die Zusammensetzung "Furlegglaß" (Jamsthaler, Viatorium spagyricum fol. 98^{v}), aus der über "Furlag" (ebenda fol. 105^{v}) die Bezeichnung "Vorlage" wurde.
Ruland (1612, S.403): "Receptaculum est vas amplum & globosum distillantes humores recipiens, vulgo ein Vorlage appelatur."
Bed.verwandt mit: **Vorlage**
Vergl.: **Destillation**

Rectification
<*Rectifikation* [K]; *Rectification* [M]> swf.
Um ihn nun vollkommen schön und reine zu bekommen, verfuhr ich folgender Gestalt, welchs ich die Rectification und Depuration nenne. [M248]
Nomen actionis zu **rectificiren**. Marggraf bezeichnet damit die zweite Destillation des Phosphors.
Vergl.: **Depuration**

rectificiren
[K] swv.
diß wiederhohle mit dem spiritu vini etliche mahl (...) / den rectificir von aller seiner Wässerigkeit / so ist er pur [K1065]
Entlehnung von lat. reficere, wiederherstellen.
Bezeichnet den Vorgang einer **Destillation** zu Reinigungszwecken.
Vor allem in Verbindung mit der fakultativen Präposition 'von' (vergl. [K1065]) wird der Aspekt der Reinigung hervorgehoben, indem im Präpositionalgefüge die als Verunreinigung verstandene Substanz erscheint.
J.J.Becher (Oedipus Chymicus, 1680; S.144): "Die Rectificirung ist / wann die überflüssige Feuchtigkeit / so phlegma genennet wird / durch eine langsame Wärme / entweder von dem Spiritu (wann derselbe zu schwer) oder der Spiritus von dem phlegma (wann dieser schwerer als der spiritus) geschieden wird / auff vorhergehende weiß der Destillation."
Vergl.: **Rectification** , **reinigen**

reduciren
[K] swv.
Ob man den Sulphur Solis extrahiren / und ein Aurum Potabile, daraus das Gold nicht wieder zu reduciren wäre, bereiten könne? [K2400]
Entlehnung von lat. reducere, zurückführen.
Eine chymische Arbeit, die einen umgesetzten Stoff, häufig ein als Oxid vorliegendes Metall, in seine ursprüngliche Form zurückführen sollte.
Ein weiteres Beispiel ist das zum Ende des achten Kapitels angegebene Verfahren, aus Silberchlorid ("*Luna, die (...) mit Saltz praecipitiret*" [K3573]) das Silber zurückzugewinnen.
Das in der Wendung "*reduciren cum alcali*" [K3465] angedeutete Verfahren des Zusatzes von **Alcali** erscheint jedoch unklar.
Vergl.: **praecipitiren** , **Reduction**

Reduction
[K] swf.
so lange du einigen Geschmack dabey findest / so hast du kein recht Saltz / sondern nur ein solvirt Corpus Saturni, welches mit Eßig oder Wasser nur formam Salis praesentiret / das nach der Reduction doch wieder Bley wird. [K782]
Entlehnung von lat. reducere, zurückführen.
Nomen actionis zu **reduciren**. Bezeichnet den Vorgang, einen umgesetzten Stoff in seine ursprüngliche Erscheinungsform zurückzuführen.
Vergl.: **reduciren**

Regierung
[A] swf.
So ist es doch nur ein einige Regierung / die da ge-

nennet wirt die zerreibung vnd kochung. Der Mercurius zerreibet alle ding / so kocht das Feür es zu der volkommenheit. [A208]
Entlehnung von lat. regimen, Regierung, Lenkung.
Es handelt sich um eine Kürzung des Ausdrucks 'Regierung des Feuers', der bei Basilius in der Form des "*Regiment ignis* [B1089] erscheint. Gemeint ist damit die Regelung und Aufrechterhaltung der für den Prozeß der Lapis-Gewinnung notwendigen Temperatur. Diese Fähigkeit der Handhabung des Feuers, die Kenntnis der "*gradt des Feürs*" [A116] wurden auch als "*Meisterschafft des Fewers*" [B639] bezeichnet.
Vergl.: **Feuer** , **Gradt** , **Ignis** , **Meisterschafft**

Regiment
[A B] stn.
das lebendige Flammen Fewer aber bringet bestendige reiffe sampt seiner fixigkeit / nicht das man Marienbadt / Roßmist / Aschen vnd Sandt nacheinander haben / vnd noth wegen brauchen muß / sondern das die gradus vnd das Regiment ignis allein dero gestalt muß volführet werden [B1089]
Entlehnung von lat. regimen, Regierung, Lenkung.
Bei Alanus neben dem Ausdruck **Regierung** verwendet. bei Basilius erscheint nur "*Regiment ignis*" .
Bed.verwandt mit: **Regierung**

Regulus Antimonii
[K M]
Kan ich nicht einen regulus Antimonii aus der Potasche und andern Salien als Kräutern eben so wohl machen / als mit dem Sale Tartari? [K181]
Bezeichnung für metallisches Antimon, dessen Gewinnung durch Ausschmelzen von Antimonsulfid mit Weinstein oder Pottasche,, das Belegbeispiel andeutet.
Allgemein wurden kleine Körner von Metallen, die etwa durch Schmelzarbeit in der **Kapelle** gewonnen wurden als "Regulus", "kleiner König" oder auch "König" bezeichnet.

reiben
[A M] stv.
1) *Woewol die Philosophi zu ehr der kunst vil ander weg fürgeben / als stätte kochung / vermischung / sublimieren / zu reib en / zu trucknen / zu wässern / zu feuern* [A205]
2) *Dieses Caput mortuum rieb ich nochmahls klar, damit es wohl durch einander kam* [M180]
Zerkleinern und pulverisieren einer Substanz. Bei Marggraf häufig als Part.Adj. zur Beschreibung der zur Umsetzung bereiten Substanz.
Alanus und Marggraf verwenden ebenfalls die präfigierte Form "*zerreiben*", die den Vorgang des Zerkleinerns stärker betont.
Dabei bezeichnet Alanus die Amalgamierung des Queck-

silbers als ein "*zerreiben*": "*Der Mercurius zerreibet alle ding*" [A210]

rein

[B K M] adj.

1) *so mische ihn wieder unter ein schlecht / rein destilliertes wasser / so steiget der Spiritus vini reiner über* [K1060]
2) *es blieb ein reines leicht zerbrechliches, von allem überflüßigem Oehle und flüchtigen Salze befreytes Caput mortuum zurücke.* [M175]

Frei von Zusätzen bzw. Rückständen.
Vergl.: **Reinigen** , **Reinigung**

reinigen

[B K M] swv.

1) *Vnd wisse / das dies allein nur der rechte weg ist hierzu düchtig / vnser Cörper zu reinigen* [B48]
2) *Wie ichs aber dahin gebracht / daß es im Wasser sich solvirt hat / habe ichs über einen gereinigten Mercurius gegossen / der sich gantz zitternd als hin und wieder fliegend erzeiget* [K845]

Arbeitsgang, bei dem Rückstände oder unerwünschte Zusätze entfernt werden. In (1) bezieht sich Basilius auf die Reinigung des Golds durch Ausschmelzen mit Antimon.
Wie das reine Quecksilber aus (2) zu erhalten ist beschreibt Kunckel im Laboratorium Chymicum (1716, S.222), er nennt dort das Erhitzen mit Weinstein oder Eisenfeile. Daß es sich jedoch bei diesem Ratschlag um ein "besonder Geheimnus" handelte, muß bezweifelt werden. Bei Alanus findet sich der Hinweis auf die Verwendug von Calciumoxid und Weinstein: "*ein teil lebendig kalck / vnd (...) halb so schwer Tartarum crudum*" [A431].
Während Basilius und Marggraf das Verb prädikativ verwenden, erscheint es bei Kunckel fast ausschließlich als Part.Adj. in attributiver Stellung zu Substanzbezeichnungen.
Vergl.: **destilliren** , **purgiren** , **reinigen** , **revificieren** , **sublimiren**

Reinigung

[K] swf.

dann der mercurius ist in allen Metallen einerley / so bald er zum metallischen Cörper geworden / nur wegen seiner Reinigung hat einer etwas mehr effect, als der ander [K614]

Nomen actionis zu **reinigen**. Die Verwendung im Belegbeispiel kann auch als Resultat (Nomen acti) im Sinne von 'Reinheit' verstanden werden.
Vergl.: **reinigen**

resolviren
[B] swv.
Dieses wunderbarliche Puluer resoluirt sich auch in loco humido in einen liquorem / welcher ohn allen schmertzen vnd wehtage in Chyrurgia das seine auch thut [B907]
Entlehnung von lat. resolvere, wiederum auflösen.
Das Verb bezeichnet hier das hygroskopische Verhalten des durch Essig-Extraktion aus Antimonoxid enthaltenen Pulvers.
Vergl.: **solviren**

Retorte
[K M] f.
Diese trockne Massam, die sich leicht zerreiben ließ, that ich in eine Waldenburgische töpferne Retorte, in die ohngefehr ein Quart gieng [M108]
Entlehnung von lat. retorquere, zurückdrehen, -wenden. Bei Kunckel erscheint "*Retorta*". Es handelt sich um ein Destillationsgefäß, dessen besonderes Merkmal - der zurückgebogene Hals - sowohl für die Benennung als auch für das entsprechende alchemistische Zeichen (vergl. Oraculum 1755; Lüdy-Tenger 1981 (1.Aufl:1928, Taf. 20) motivierend war. Ruland (1612, S. 404) dient es als Erklärung: "Retorta est vas globosum, cuius collum paulatim a ventre procedit, ac sensim in ablongum canalem reflexum transit."
Marggraf erwähnt "*gläserne Retorte*", "*thönerne Retorte*" und "*töpferne Retorte*".
Im Belegbeispiel ist der Herstellungsort namensgebend. Neben der attributiven Fügung "*Halß der Retorte*" [M] besteht zudem das Determinativkompositum "*Retorten=Hals*" [K M].
Bei Marggraf findet sich der Diminutiv "*Retortgen*", bei Kunckel das Kürzel "*Retort.*" [K1823]
Vergl.: **Gefäß**

revificieren
[A] swv.
Nim in dem namen des Herren den aller besten sublimierten Mercurium / der sieben mal gesublimiert sey / vnd reuificier ihn widerumb durch ein theil lebendig kalck / vnd durch halb so schwer Tartarum crudum, so wird er wol purgieret [A429]
Entlehnung von lat. reviviscere, wieder lebendig machen.
Ein Reinigungsvorgang der sich auf das Quecksilber bezieht und evt. vorhandenes Zinnober (HgS) durch Erhitzen - hier mit Calciumoxid und Weinstein - in Quecksilber überführt. Kunckel (Laboratorium Chymicum 1716, S.222) nennt als weitere Methode das Erhitzen mit Eisenfeile.
Vergl.: **reinigen**

Röhre, gläserne
[M] f.
Um dem Phosphoro eine bestimmte Gestalt zugeben, und solche in lange runde Stängelchen zu formiren, habe ich mir eine gläserne Röhre, welche oben wie ein Trichter gestaltet, machen laßen [M312]
Das Instrument dient Marggraf dazu, den Phosphor als Stangenphosphor zu schmelzen.

Röste
[K] f.
so calcinire ich die Mineren noch einmahl / oder bringe sie in die Röste / wie die bergleute reden [K257]
Bergmännische Bezeichnung für die unter Luftzufuhr verbrannten Erze.
Vergl.: **rösten**

rösten
[K] swv.
Die Ursach / warum es so offt geröstet wird / ist diese: Die Fettigkeit kan durch das zusammen sündern / Bergmännisch zu reden / nicht davon evaporiren / und das vergehet endlich durch die repetition. [K263]
Erze werden unter Luftzufuhr verbrannt, um Metallsulfide in Metalloxide umzuwandeln.
Eine Anzahl von Verfahren beschreibt G. Agricola (Berckwerck Buch, 8. Buch).

röthen
[A] swv.
Vnser Stein / scilicet Sol vel Luna, dissoluiert sich in Spiritum Mercurij, vn mit dem selbigen congelirt er sich selbs / er schwertzt sich selbs / er weißt vnd röth sich selb [A91]
Das von dem Farbadjektiv abgeleitete Verb "*röthen*" bezeichnet den letzten Schritt innerhalb der Bereitung des **Lapis**, der zur roten **Farbe**, als dem Zustand der "*allerhöchsten bestendigkeyt*" und dem Ziel des Werkes führt. (Vergl. Goltz, Telle, Vermeer 1977, S.81, "opus ad rubeum")
Das Belegbeispiel demonstriert gleichzeitig die alchemistische Vorstellung von der "Selbsttätigkeit" des Werkes, nachdem der Vorgang der Bereitung, einmal begonnen, sich selbst zum Abschluß bringt.
Vergl.: **Farbe**

Roßmist
[A B] stm.
1) *hab guten fleiß in d' feulung / vnd die feulung muß geschehen in linder wörm / dz ist / in linde Roßmist / id est, Mercurio.* [A314]
2) *das lebendige Flammen Fewer aber bringet bestendige reiffe sampt seiner fixigkeit / nicht das*

man Marienbadt / Roßmist / Aschen vnd Sandt nacheinander haben / vnd noth wegen brauchen muß [B1087]

Während Basilius den "*Roßmist*" als eine Art **Balneum** zum gleichmäßigen Tempern einer Substanz versteht, identifiziert Alanus, unter Berufung auf Alchidonus, Phiares und Senior, den "*Roßmist*" mit **Mercurius**.
Vergl.: **Mercurius**

Saame

<*Same* [B]; *Saame* [K]> swm.

1) *so soll der suchende Kunstmeister vnd kluge der Philosophey wissen / das gleicher gestalt kein Metallischer Same wircken / noch sich in keinem weg vermehren kan / es sey dann solcher Metallischer Same zuuor in vnd durch sich selbsten (...) zu der Vollkommenen feule gebracht* [B857]
2) *denn die Principia seynd schon darin / liegen im Saamen oder Wurtzel / und empfangen in der Erde als ihrer Mutter ihr treibendes Saltz / welches vermittelst der Lufft erhalten und in die Höhe geführet wird.* [K1943]

Der pflanzliche Same repräsentiert das Prinzip der Fortpflanzung aller natürlicher Dinge - zu denen auch die Metalle gezählt werden. Die Vorstellung von einem "*metallischen Samen*" wird gleichzeitig zum Beleg für die Möglichkeit der alchemistischen Metallgeneration, die damit nur zum Hervorbringen des im Samen angelegten wird: "*heissens ein new Geschöpff / welches dem Sünder von GOTT nicht zugelassen / vnd verstehens doch selber nicht / daß das Geschöpf zuuor gewesen / vnd der Meister allein durch den Samen der Natur sein vermehrung vnd Meisterschafft beweiset.* [B345]
Ihn ähnlicher Weise anerkennt auch Kunckel die Existenz eines "sperma oder Semen metallorum" (Laboratorium Chymicum 1716, S.192): Diesen "*Saamen*" verbindet er mit seiner Vostellung von der "*materia viscosa*"[K402 1365]: "*dann dieser Gur / oder sperma, oder viscosa ist ein Anfang aller Steine und Mineralien*" [K453].
"Dieses / als der weibliche Saamen / ist im Centro aller Metallen / aber in einem mehr als in dem andern / doch in allem einerley / nur dessen Krafft ist etwas unterschieden. (Laboratorium Chymicum 1716, S.192)
Vergl.: **Materia** , **Sperma**

Saffran

[K] m.

Man nehme Saffran / der siehet roth / wann er gut ist / wirff aber ein wenig davon ins Wasser / so wird seine Röthe extendiret [K2460]

Rot-gelber Pflanzenfarbstoff. Die Versuche mit diesem Farbstoff führen Kunckel zu seiner Vorstellung von der "*Gelbe im Gold*" als eine "*extendirte Röthe*" [K2445].
Vergl.: **extendiren** , **Farbe**

Sal
[B K M] m.

1) *Also ward Adam erstlich aus Erden Wasser / Lufft vnd Fewer aus Seel / Geist / vnd Leib / endlich aus Mercurio Sulphure vnd Sale erwecket / zusammen gebawet vnd geboren.* [B846]
2) *und alle subtile Terrae mortuae, die per se sonsten in keinen Fluß gebracht werden können / werden dahin gebracht / wann sie ein Sal kriegen* [K2939]

Lat. Salz. Als Pluralformen erscheinen sowohl "*Salia*" als auch "*Salien*".

1)Neben **Mercurius** und **Suphur** erscheint hier das "*Sal*" als eines der paracelsischen Prinzipien.
2)Daneben dient es auch der Bezeichnung konkreter Substanzen.
Während die Bedeutung zunächst nur auf **Kochsalz** beschränkt blieb, weitete sie sich auf eine Gruppe von Substanzen mit Salzeigenschaften - Löslichkeit (vergl.: [K331]) und Geschmack (vergl.: [K524]) - aus. Durch bestimmende Atribuierungen (Genitivattribut, Adjektiv-Attribut) zum Grundwort werden Bezeichnungen für Einzelsubstanzen gebildet.
Besonders reichhaltig sind diese Bezeichnungen bei Kunckel vertreten.
Im Laboratorium Chymicum (1716, S.140-173) unterscheidet Kunckel die "Salia in Acida, und Urinosa, Alcalia, oder Duplicata" (S.140). Allerdings überlagern sich die verschiedenen Gruppen.
Die "*Salia acida*" umfassen die Substanzen, aus denen sich ein **Acidum** gewinnen läßt (Schwefelsäure aus dem "*Sal vitrioli*"), Kunckel spricht ihnen eine "*hitzige*" Eigenschaft zu (vermtl. auch wegen der positiven Wärmetönung bei Lösungsvorgängen).
In diese Gruppe fallen das "*Sal sulphuris*" [K2312] / "*Sal cum Sulphure*" [K2659] (Sulfat) und das "*Sal Nitri*" (Nitrat).
Im Gegensatz dazu stehen die "Salia urinosa", denen er das Prinzip der Kälte zuordnet (S.141), dies ist ein aus dem Harn gewonnenes Ammoniumsalz. (Ammoniumnitrat zeigt bei der Lösung im Wasser eine starke negative Wärmetönung.)
Um ein solches Ammoniumsalz (vermtl. Ammoniumchlorid NH_4Cl) handelt es sich bei dem "flüchtigen Salz" (Oraculum, 1755; in: Schneider 1981, S. 52), das bei Kunckel unter den Bezeichnungen "*Sal volatile*", "*Sal volatile cum acido*" bzw. "*Sal volatile & acidum*" oder auch als Kürzel "*Sal volat.*" erscheint. Seine Verwendung des Plural [K313 1037] weist darauf hin, daß Kunckel glaubte, es handele sich hier um eine Substanzgruppe.
Die "Salia Alcalia" werden durch Verbrennung und Auslaugen gewonnen: "Nun werden unter die Salia Alcalia gerechnet / alle / die aus Kräutern und Holtz / vermittelst des Feuers gemacht und ausgelauget

werden / als Potasche / Soda / das Saltz aus der Weid=Aschen / Allaun / Salpeter, Kochsaltz / Sal Gemmae, Sal Armoniacum fixum, &c." (S.146). Als Sammelbezeichnung verwendet Kunckel auch den Ausdruck "*Sal fixum*" .
(Laboratorium Chymicum 1716, S. 98: "Sale fixo, oder genandten Sale alcali")
Zu dieser Gruppe zählen die Salze der verschiedenen Kräuter, "*Sal Absynth. cardui benedict. Centaur min.*" [K90] und auch "*Sal Cinnamomi*" [K95 173 2966], und auch die **Potasche**.
Neben dem Verfahren des Verbrennens liefert auch die "Digestion, Fermentation und Putrefaction" (S.97) "*Salia Alcalia*". Solcherart gewonnen ist das "*Sal Tartari*", das aus Weinstein gebildet hauptsächlich aus Kaliumcarbonat besteht.
In seiner Vorstellung von den Salzen begreift Kunckel allein das "*Sal vitrioli*" als ein reines Salz, alle anderen enthalten immer etwas vom Prinzip der Kälte, sind somit zusammengesetzte Salze, für die er den Ausdruck "*Sal dublicatum*" [K1499 1683] verwendet. Er erklärt: "dann kein pures Acidum ist zu finden / als ein sal Vitrioli, oder dessen Oleum; Die andern sind alle Salia duplicata, die noch von dem frigido bey sich führen;" (S.146)
Von diesen konkreten Bedeutungen zu trennen ist Kunckels Begriff vom "*Sal*" als einem **Principium**. In diesem Sinne erscheint das Salz als eine potentielle Wirkkraft, die sowohl in der Luft als auch im Wasser sich befindet: "*Sal aeris*" bzw. "*Sal universalissiumum*". Kunckel betont, daß dies "*kein Saltz corporaliter, sondern spiritualiter*" sei [K1479]. Die Vorstellung jedoch, dieses "*Sal aeris*" als konkrete, mit besonderen Eigenschaften ausgestattete Substanz zu erhalten - "*Sal mundi*" [K1593] genannt - verweist er in den Bereich alchemistischer Spekulationen.
Bei Marggraf erscheint das Ammoniumchlorid unter der Bezeichnung "*Sal ammoniacum fixum*" [M505]. Bei dem ebenfalls zu findenen "*Sal volatile*" [M112 440] handelt es sich, im Gegensatz zur Verwendung bei Kunckel, um Ammoniumcarbonat $(NH_4)_2CO_3$.
Zwei weitere Bezeichnungen betreffen das aus dem Harn gewonnene Phosphorsalz $NaNH_4HPO_4$, das Marggraf auch **Urin=Salz** ("salis urinae fixi" in der lat. Ausgabe) nennt.
So zitiert Marggraf die bei Boerhaave erscheinende Benennung des Urinsalzes "*Salis urinae nativa*".
Die Schmelze seines Phosphorsalzes, die aus Polyphosphaten $(NaPO_3)_n$ besteht (vergl. Holleman/Wiberg S.452), nennt Marggraf "*Sal urinae fusibilis*" [M608].
Vergl.: **Salmiac** , **Salz**

Salmiac
[K M] m.

1) *nim Gold solve in aqua Regis von Salpeter und Salmiac* [K2964]
2) *Ein Pfund dieses klar geriebenen Kalkes vermischte ich mit ein Pfund Salmiac und eben soviel Sale tartari* [M94]

Sowohl Kunckel als auch Marggraf bezeichnen damit das Ammoniumchlorid (Salmiak, NH_4Cl). Marggraf bezeichnet die farblosen, bitter-salzig schmeckenden Kristalle auch als "*sal ammoniacum fixum*" [M505].
In §. 11. spricht Marggraf von einem "*ammoniacalischen Sublimat*" [M175].
Hier handelt es sich um Ammoniak NH_3, das sich bei der thermischen Zersetzung des Phosphorsalzes bildet. (Gleichzeitig entsteht $NaPO_3$).

Salpeter

[K] m.

Wie ich nun zum andermahl die Lunam abgetrieben / und die blaue extrahirt / ließ ich sie wiedr durchs Bley gehen / körnte und schmeltzte sie mit 2. Theil Salpeter / und einem Theil Borax [K3482]

Kunckel bezeichnet mit "*Salpeter*" das Kaliumnitrat KNO_3. Bei trockenem Erhitzen zersetzen sich die Nitrate unter sauerstoffabspaltung zu Nitrit: "*brennender Salpeter*".
Als Sal petrae wurde auch das - als Mauersalpeter bekannte - Calciumnitrat $Ca(NO_3)_2$ bezeichnet.
Vergl.: **Drache** , **Nitrat**

Salz

[B K M] stn.

1) *Ein jedes ding so es zu aschen gebrandt wirdt / gibt von sich durch kunst sein Saltz / kanstu in seiner Anatomia / den Schwebel vnd seinen Mercurium sonderlich behalte / vnd dem Saltz widerumb damit seine erstattung thun (...) so kan das wider daraus werden / durch das fewer / welches es für der zerstörung vnd Anatomia gewesen* [B333]
2) *Denn der Mercurius (...) nimmt gerne ein saltz an / und wird durch ein acidum leicht coagulirt* [K764]
3) *Aus 4 Unzen im verschloßenen Gefäße ausgeglüheten Kiemruß, 6 Unzen Salz, und eben soviel Sande habe ich auch nichts bekommen.* [M513]
4) *Jch hatte bey verschiedenen Untersuchungen (...) wahrgenommen, daß wenn eine gewiße Art von Salze aus dem Urin geschieden war, der übrige Urin bey weitem nicht so viel Phosphorum gab* [M429]

Die Verwendung entspricht weitgehend der des lat. **Sal**.
1) Bei Basilius erscheint "*Saltz*" sowohl als konkrete Substanz, hier **Potasche**, als auch als **Principium**. Als letzteres erscheint es als "*eingeleibter Saltzgeist*" [B359], den Basilius auch als **Balsam** bezeichnet.
Die gereinigten und wieder verbundenen Prinzipien

schließlich führen zum "*Saltz der weisen Meister*" [B372], das auch als "*das vnuerbrenliche Oel*" [B373] bezeichnet wird.

2) Während das lat. **Sal** eine hohe Produktivität in der Bildung von Einzelbezeichnungen aufweist, verwendet Kunckel das dt. "*Saltz*" häufiger zur stark kontextabhängigen Umschreibung und Beschreibung von Substanzen. Allein das "*gemeine Saltz*" [K685] referiert eindeutig auf das **Kochsalz**. Das von ihm erwähnte "*Saltzwasser*" [K3629] zum Ausfällen des Silbers als Silberchlorid, ist eine Kochsalzlösung.
Die "*fixen Saltze*" [K11] oder "*alkalische Saltze*" [K82] bezeichnen, wie ihre lat. Äquivalente, die Gruppe der durch Brennen erhaltenen Salze. Das "*starcke Saltz*" [K744] umschreibt die **Potasche**.
Dieser Gruppe entgegen gesetzt sind die "*flüchtigen Saltze*" [K11].
Eine stoffliche Eigenschaft einer sonst nicht genau bezeichneten Substanz beschreibt der Ausdruck "*nitrosisch Saltz*" [K1760], der sich auf den Geruch von nitrosischen Gasen bezieht, die bei der Destillation des Stoffes sich entwickeln.
Allein die äußere Erscheingsform beschreiben das "*weiße Saltz*" (kristallisiertes Sulfat), das "*rothe Saltz*" [K867] (vermtl. Blei(II)-oxid PbO) und das "*geflossene Saltz*" [K3609] (Borax).
Mit verschiedenen Umschreibungen belegt Kunckel das Salz, das als ein Prinzip dem **Mercurius** inhärent sein soll "*Universal Saltz*" [K488]. Als ein Prinzip ist es das "*Saltz des Anfangs*" [K827] und das "*unsichtbare Saltz*" [K302], das sich in der Luft lösen kann ("*Sal aeris*"). Im Hinblick auf die **Generation** der Metalle, die ja über die Stufe des Quecksilber erfolgt, ist es ein "*erstes wachsendes Saltz*" [K568]. Als der wesentliche Anteil der Metalle bezeichnet Kunckel es auch auch als "*Saltz der Metalle*" [K857] und beschreibt es als ein "*rein subtil Saltz*" [K774]. Schließlich nennt er es noch ein "*treibendes Saltz*" da aus diesem Salz alles heraus wächst.

3) Marggraf bezeichnet mit "*Salz*" zu einen das **Kochsalz** (3), zum anderen das von ihm aus dem Harn isolierte Phosphorsalz (4).
Mit "*flüchtiges Salz*" bezeichnet er das Ammoniumchlorid. Das "*flüchtig=alkalische Salz*", dessen Untersuchung er sich in §. 31 zuwendet, ist Ammoniumphosphat $(NH_4)_3PO_4$ (vergl. Mielke S.49). Das "*Salzwesen*" [M595] ist eine Umschreibung des aus dem Harn gewonnenen Phosphorsalzes, das Marggraf auch in Pflanzen vermutet.

Vergl.: **Sal**

Sand

<*Sandt* [B], *Sand* [B M]> stm.

1) *Wenn Aschen vnd Sand durch das fewer wol gezei-*

tigt vnd gar gekocht werden / so macht der Meister darauß ein Glas [B314]
2) *nicht das man Marienbadt / Roßmist / Aschen vnd Sandt nacheinander haben / vnd noth wegen brauchen muß* [B1086]
3) *Jch setzte dieses Gemenge in gelinde Digestion in warmen Sand* [M99]

In (1) bezeichnet der "*Sand*" den Quarzsand (SiO_2), der als Rohstoff für die Glasherstellung dient.
Basilius verwendet "*Sandt*" jedoch auch als sematische Kürzung zu "Sand-Bad". In der gleichen Bedeutung erscheint bei Marggraf der "*warme Sand*", der auch dort zur gleichmäßigen Erwärmung einer Substanz verwendet wird. Marggraf verwendet auch den Ausdruck "*Sand=Kapelle*". Dieser bezeichnet eine ofenartige Vorrichtung, in der der Sand durch eine Feuerung leicht erwärmt wird. In den Sand werden die Retorten gestellt, in denen der Phosphor einer leichten Destillation ausgesetzt wird. In der früheren Skizze (vergl. Kap. 2.3.4.2.) fehlt die Feuerung unterhalb des Sandes, so daß Marggraf heißen Sand in die **Kapelle** füllen mußte. Der als Ausgangsmaterial für eine Phosphorgewinnung verwendete "*Sandstein=Gruse*" [M37] bezeichnet grobkörnigen Sandstein (SiO_2-haltiges Gestein).
(Vergl. Grimm, Bd.9 Sp.979; "Grus, m. Schutt, kleines Steingeröll, grober Sand")
Vergl.: **Badt** , **Balneum**

Saturnus
[B K M] m.
denn durch sein grosses innerliches Fewer wird der kalte Leib des Saturni erwärmet / vnd durch solche entzündung in das allerbeste Gold verendert [B1035]

Innerhalb der Zuordnung der **Metalle** zu den sieben bekannten Planeten bzw. Himmelskörpern (im 2. Jhd. von Origines den Persern zugeschrieben) repräsentiert der Saturn das **Blei**. In dieser Bedeutung erscheint der Ausdruck bei Basilius und Kunckel.
Das Belegbeispiel behandelt die Herstellun eines Blei-Quecksilber-Amalgams.
Bei Marggraf erscheint "*Saturnus*" als attribuiertes Grundwort zur bezeichnung des Bleichlorids: "*Saturnus Cornuu*".
Vergl.: **Blei** , **Cornu** , **Metall**

Saure
[M] n.
obgleich nicht zu läugnen stehet / daß der Bley=Kalk auch durch diese Calcination mit Koch=Salz, etwas von deßen Sauren angenommen habe [M139]

Eine Kürzung zu 'das **Kochsalz=Saure**', mit dem Marggraf den Träger der sauren Eigenschaft im **Kochsalz** bezeichnet. Das "*Saure*" vermutete er auch im **Salmiac**.
Vergl.: **Kochsalz** , **Kochsalz=Saure**

scharff

[B K] adj.

1) *so verschaff / daß alle Corrusiu abluirt werde / denn keine Scherffe ist dienlich den innerlichen krankheiten zu wehren / denn das scharffe dringet durch mit zerstöhrung* [B83]

2) *Und so lange bin ich bekräfftiget nicht zu glauben / daß das Gold (...) nur auffzuschließen wäre / ohne scharffe Sachen oder Spiritus, als spiritu salis* [K1565]

Während bei Kunckel das Adj. zur Bezeichnung der Eigenschaft von Salzen und den aus ihnen gewonnenen Mineralsäuren erscheint - "*scharffe Salien*" [K2234], "*scharffe Wasser*" [K2569] - verwendet Basilius das substantivierte Adj. - das "*Scharffe*" - als Sammelbezeichnung für die Säuren und das abgeleitete Substantiv - die "*Scherffe*" - zur Bezeichnung der entsprechenden Wirkkraft.

Im Arbeitsgang des **Waschen** wird die "*Schärffe*" entfernt.

Vergl.: **Acidum** , **Corrosiv**

scheiden

<*scheyden* [A]; *scheiden* [K M]> stv.

1) *Du solt nicht gedencken wann wir sublimieren / das wir den theil der da vber sich steiget / scheyden von dem das da vnten bleibt* [A9]

2) *Wann aber diese rothe Terra Veneris von ihrem groben Schweffel und Saltz geschieden würde / und ein wenig der Lunae cum acido puro wieder flüßig einverleibet / dann möchte der Mercurius Lunae selbige so beständig annehmen / daß sie nimmer zu scheiden.* [K3341]

3) *Diese hat nun der Spiritus Nitri beym Golde gefunden / und sich damit etlicher massen conjungiret / bey welcher er doch im Feuer nicht bleiben kan / sondern muß sich wieder von selbiger scheiden* [K2876]

4) *Dieses Gemenge destillirte also / daß ich erst den Spiritum urinosum darvon schied.* [M615]

Trennen von Substanzen. Die Alchemisten nannten sich auch "Scheidekünstler". Dies geht zurück auf die Arbeiten bei der Darstellung der Metalle aus den geförderten Erzen, wie sie in den Bergwerken praktiziert wurden (Vergl. G.Agricola Berckwerck Buch 1580, Kap. 8). Die Belegbeispiele (1) und (4) nennen die **Destillation** und **Sublimation** als Trennmethoden. Zur Trennung von Öl-Wasser-Mischungen verwendete man Scheidetrichter: "Scheidgeschirre derer Oelen" (J.J. Becher; Oedipus Chymicus, 1680; S. 139)

Während es sich in (1), (2) und (4) um einen vom Chymisten initiierten und durchgeführten Vorgang handelt, finden sich bei Kunckel zudem reflexive Verwendungen des Verbs (3). Die Substanz selbst vollzieht den Vorgang des Trennens. Den Aspekt des Isolierens einer

Komponente aus einer Verbindung betont "*herausscheiden*" [K3289]. Die Möglichkeit einer Trennung von Komponenten erlaubt die Klassifizierung von Verbindungen in "*scheidbar*" und "*unscheidbare Dinge*" [K701] und die Beschreibung einer gebildeten Verbindung als eine "*unscheidbahre Vereinigung*" [K900].
Vergl.: **Scheidewaßer** , **Scheidung**

Scheidewaßer
<*Scheidewaßer; Scheide=Waßer* [M]> stn.
Gleichwohl aber der nach der gewöhnlichen Art verfertigte Saturnus Cornuus wegen des dazu nöthigen Scheide=Waßers kostbarer, auch wegen der langweiligen Arbeit verdrießlicher zu machen seyn würde [M141]
Bezeichnung für halbkonzentrierte Salpetersäure, die aus der Destillation von **Salpeter** mit **Vitriolen** gewonnen wurde. Sie dient der Abtrennung des Silbers aus einer Gold-Silber-Legierung.
Vergl.: **Aqua Fort**

Scheidung
<*Scheydung* [A]; *Scheidung* [B K]> swf.
1) *alßdann so wirdt der trucken stein in jm soluiert / vnd mit ihm zusamen gebunde / daß sie kein scheydung von einander / hinfür nimer haben* [A38]
2) *vnangesehen / dz wol ein jedes Element für sich ist / so sind sie doch vermischt / dieses wird durch die Distillation in scheidung der Elementen alles gefunden.* [B758]
3) *Mir ist durch die Scheidung bekannt geworden / daß eine Marck Gold / 2. biß 2 1/2. Terrae mort. alb. hat / welche irrreducibel ohne Salien ist* [K1512]

Nomem actionis zu **scheiden**, bezeichnet den Arbeitsgang des Trennes der verscheiedenen Bestandteile einer Verbindung.
Im Alchemistischen Vorstellungsrahmen sind die "*Scheidung*" der Elemente, ihre **Reinigung** und anschließende Wiedervereinigung die wesentlichen Schritte der Lapis-Gewinnung (vergl.: [B333-347]).
Vergl.: **scheiden**

Schlacke
[K] f.
wie ich nun die Schlacken nach dem Ausgiessen besahe / waren sie blaulicht [K3485]
Rückstand bei der Teibearbeit (**Treiben**), entstanden etwa aus dem Verschmelzen von Sulfiden.
Die Schlacke enthält hier Kupfer.

Schlag=Pulver
[K] n.
das gewöhnliche Schlag=Pulver vom Nitro, Sal Tartari und Schweffel [K3042]

Bed.verwandt mit: **Büchsen=Pulver** , **Pulvis tonitruum**

Schlüssel der Metalle

[A]

Es ist nur ein einiges ding / welches einiges ding allein der bloß Mercurius ist / (...) vnd der einig Schlüssel der metall [A52]

Eine Umschreibung für das **Quecksilber**, den **Merurius**.

Bed.verwandt mit: **Mercurius** , **Quecksilber**

schmelzen

[*schmeltzen* [B K]; *schmelzen* [M]> stv.

1) *thue es zusammen in ein Geschirr / da man Metallen zu schmeltzen pflegt* [B1252]
2) *Sobald der Phosphorus warm wird, scmelzet er, und sinket unter das Waßer.* [M271]

Schütze

[B] stm.

hierauff soltu aller ding vernehmen / das du solt auffziehen die himlische Wage / den Wider / Stier / Krebs / Sorpion / vnnd Steinbock / der ander seite der Wage soltu legen den Zwilling / Schütz / Wassermann / Fisch vnd Jungfraw / denn verschaffe / das der Goltreiche der Jungfrawen in den schoß springe [B1012]

Der Kontext legt nahe, daß "*Schütze*" über die Bedeutung des Sternzeichens hinaus, als ein alchemistischer Deckname zu lesen ist, dessen Bedeutung jedoch unklar bleibt.

In einer bildlichen Darstellung der **Conjunction** (S. Michelspacher: Cabala, Spiegel der Kunst vnnd natur; in: Alchymia, Augsburg 1615; Wiedergabe bei Ploss/Roosen-Runge/Schipperges/Buntz 1970 S. 161) wird dem Sternzeichen des Schützen das alchemistische Zeichen für Kochsalz zugeordnet. (Vergl. Lüdy-Tenger 1981 (1.Aufl.1928) Taf. 64)

Schwan

[B K] stm.

1) *Ein zwiefach fewriger Mann muß mit einem weißen Schwane gespeiset werden / die müssen zusammen sich ertödten / vnd zugleich widerumb lebendig gemacht werden* [B528]
2) *ja ich war gantz voller Freuden / denn ich meynte / ich hätte den Lapidem bey den Ohren / denn ich hätte gesehen das Rabenhaupt / den weissen Schwan / der im schwartzen Schlam schnaderte* [K1143]

Der "*weisse Schwan*" ist ein alchemistischer Deckname für das Stadium der "*Weisse*" [A], die dem Ziel des Werkes voraus geht und die neuerliche Beseelung der toten Substanz bezeichnet. In dieser Bedeutung gibt Kunckel (2) den Ausdruck der Lächerlichkeit preis.

Die Bedeutung bei Basilius ist jedoch unklar. Ich ordne dem Ausdruck dort die Bedeutung **Quecksilber** zu.

(Vergl. Kap. 2.3.2.2.)
Vergl.: **Farbe**

Schwefel
<*Schwebel* [A B]; *Schweffel* [K]; *Schwefel* [A B K M]>
stm.

1) *So gedenck doch die möglichkeit / das die metall in der erden worden sein auß Mercurio vnd Schwebel* [A27]
2) *Also muß vnser fewriger Schwebel auch durch wasser zu der kunst gemacht / vberwunden vnd erstritten werden / sol anders nach abscheidung der wasser / das fewrige Leben vnsers schwebels dampff triumphiren* [B215]
3) *Also wer da vnserm vnuerbrennlichen Schwefel aller Weisen bereiten wil / der nehme zuuor achtung für sich / das er vnsern Schwefel suche in einem / da er vnuerbrennlich innen ist* [B260]
4) *Der Schwefel bestehet erstlich in einer Fettigkeit der Erden / welche ein oleum combustibile ist / (...) Zum andern in Sale fixo & volatile, und in einer groben Terrestreität.* [K197]
5) *weil ich der meinung war, daß das Acidum Salis concentratissimum sich eben so mit dem Phlogisto vereinigte, als das Acidum vitrioli bey der Entstehung des Schwefels* [M453]

Bei Alanus und Basilius erscheint der "*Schwefel*" als ein Prinzip, jedoch jeweils in einem anderen Rahmen. Alanus glaubt, daß der **Mercurius** gemeinsam mit dem "*Schwefel*" die Metalle bildet (1).
Basilius dagegen vetritt die Drei-Principien-Lehre des Paracelsus (vergl. [B846]), wonach der "*Schwefel*" die Grundeigenschaft der Brennbarkeit der Stoffe repräsentiert. Dies entspricht der bezeichnung "*fewriger Schwebel*" (2). Als Ausgangsstoff für die Lapis-Bereitung jedoch wird ein anderer "*Schwefel*" verlangt: der "*vnuerbrennliche Schwefel aller Weisen*", der aus dem Gold zu gewinnen ist (3).
Im Gegensatz dazu betrachtet Kunckel den "*Schwefel*" als einen aus drei Komponenten zusammengesetzten Stoff (4). Wenn der "*Schwefel*" auch kein "*principium metallorum*" [K366] ist, so weist Kunckel ihn doch in verschiedenen Metallen nach. So glaubt er im Eisen einen "*rechten brennenden und sehr saltzigen Schwefel*" [K2903] nachgewiesen zu haben.
Daß aber der bei der Verbrennung wegrauchende Stoff ein "*fixer Schweffel*" [K2915] sei, das bestreitet Kunckel ("*so ist ein ander genus daraus geworden*" [K1918])
Im Hinblick auf dessen Wirkkraft, die wie bei jeder Substanz von ihrer Größe abhängt (vergl.: **Porus**), unterscheidet er einen "*groben Schweffel*" [K3341] und einen "*subtilen Schweffel*" [K3323].
Für einen nur schlecht gereinigten "*Schwefel*" verwendet er den Ausdruck "*Kram=Schwefel*" [K371] (vergl.:

"*Kram=Cinnober*" [K425]).
Wie Kunckel glaubt auch Marggraf, daß der "*Schwefel*" ein zusammengesetzter Körper ist. In (5) referiert er die zeitgenössische, auf G.E. Stahl zurückgehende Auffassung, der "*Schwefel*" sei aus **Phlogiston** und Schwefelsäure gebildet.
Vergl.: **Sulphur**

Schweißlöcher
[A] stf.
Vnd die vernewen heißt die eigen Jmbibierung der weichmachung vnd soluierung der hert zusamen ngebunden schweißlöcher des Goldes [A322]
Die Bildung des Gold-Quecksilber-Amalgams erscheint als Auflösung des Goldes. Diese Wirkung des Quecksilbers wird verstanden als das Durchdringen des Goldes. Die "*Schweißlöcher*" sind die Voraussetzung dafür.
Vergl.: **grob** , **Porus** , **subtil**

schwer
[K] adj.
1) *Nu edulcorire man den calcem Solis wie man wolle / so bleibet doch der Calx schwerer als er vorhin gewesen.* [K2971]
2) *daher zu sehen / wovon die Schwere gekommen / nemlich durch diese Viscosam oder Sperma, die im Wasser gewesen / denn die begiebt sich zu alles* [K1378]
3) *vnd wisse / wenn die feuchtigkeit der Erden auffsteiget / vnd der Nebel auffgezogen wird / gibt es sich in der Höhe zusammen / vnd felt durch seine schwere nieder* [B159]
Quantifizierbare Eigenschaft der Materie. Das Adj. erscheint nur bei Kunckel. Die Belegbeispiele (2) und (3) zeigen die Verwendung des abgeleiteten Substantivs, im Sinne von 'pondus', wiegbare Masse.
Vergl.: **Gewicht** , **Pondus**

schwertzen
[A] swv.
Vnd der geseliget Stein / je mehr er gekocht wirdt / je mehr soluiert er das Corpus Solis vel Lunae, vn in der aufflösung wirdt er geschwertzt [A138]
Der Prozeß der Amalgamierung und gleichzeitigen Oxidbildung erscheint bei Alanus als Fäulnis. Der Vorgang der **Putrefaction**, der "*ad nigredinem*" [A233] oder zur "*schwertz*" [A] - zur toten, qualitätslosen Substanz - führt, wird mit "*schwertzen*" bezeichnet.
Vergl.: **Farbe** , **Nigredo** , **Putrefaction** , **röthen** , **weißen**

Scorpion
[B] stm.
hierauff soltu aller ding vernehmen / das du solt auffziehen die himlische Wage / den Wider / Stier /

Krebs / Sorpion / vnnd Steinbock / der ander seite der Wage soltu legen den Zwilling / Schütz / Wassermann / Fisch vnd Jungfraw / denn verschaffe / das der Goltreiche der Jungfrawen in den schoß springe [B1010]

Der Kontext legt nahe, daß "*Scorpion*" über die Bedeutung des Sternzeichens hinaus, als ein alchemistischer Deckname zu lesen ist, dessen Bedeutung jedoch unklar bleibt.

In einer bildlichen Darstellung der **Conjunction** (S. Michelspacher: Cabala, Spiegel der Kunst vnnd natur; in: Alchymia, Augsburg 1615; Wiedergabe bei Ploss/Roosen-Runge/Schipperges/Buntz 1970 S. 161) wird dem Sternzeichen des Skorpion das alchemistische Zeichen für "Sal praeparatum" zugeordnet. (Vergl. Lüdy-Tenger 1981 (1.Aufl.1928) Taf. 4)

Scrupel

[M] m.

Das zurückebleibende glühete ich gelinde aus, und schmolz es vor sich ohne Zusatz zusammen, da ich denn 2 Quentgen und 2 Scrupel eines schönen geschmeidigen Silbers erhielt. [M620]

Eine Gewichteinheit; "der 24. theil einer Unze" (Grimm, Bd.16, Sp.1332).

Vergl.: **Gewicht**

Seele

[A B K] stswf.

1) *darumb so stehet die kunst allein auß der Seel des leibes vnd des geystes / versteh Sulphuris vn Mercurij wan die seel Sulphuris ist ein wesen des leibs / vn darum welcher nit kan oder weiß außzuziehen die Seel von dem Leib oder Corpus / Sole vel Luna, vnd nachmals dieselbe wieder kan geben in proiectione Cörper / der irret aller ding* [A57]
2) *Also ward Adam erstlich aus Erden / Wasser / Lufft vnd Fewer aus Seel / Geist / vnd Leib / endlich aus Mercurio Sulphure vnd Sale erwecket / zusammen gebawet vnd geboren.* [B846]
3) *Wann nun die Principia geschieden wären / und man setzte sie wieder zusammen / so kriegte man Gold wie vor / eine Terra alba mortua irreducibilis bleibt zurück / wann die terra rubra soluta und Mercurius davon geschieden / diese beyde / als Seele und Geist gehören wieder zusammen* [K2545]

Nach Paracelsus eines der drei Prinzipien, dem **Schwefel** zugeordnet.

Wie das lat. Äquivalent **Anima** bezeichnet auch "*Seele*" bei Alanus den **Schwefel**, der dem Gold innewohnt (1).

Deutlich vertritt Basilius die Drei-Prinzipien-Lehre des Paracelsus, wenn er von **Salz** mit **Corpus**, **Mercurius** mit **Geist** und **Sulphur** mit **Ignis** [B837] gleichsetzt. Die Einordnung der "*Seele*" in diese Trias ist jedoch,

wie (2) zeigt, schwankend.
Der Ausdruck "*Blut seiner Seele*" [B63] bezieht sich auf einen **Schwefel**, der aus dem gereinigten Gold gewonnen werden soll und der dem "*vnuerbrennlichen Schwefel aller Weisen*" entspricht (Vergl. **Schwefel** (3)).
Kunckel anerkennt ebenfalls die "*Seele*" als eine den Metallen innewohnende Substanz. Ihre Bedeutung st jedoch auf die einer farbgebenden Eigenschaft reduziert.
Vergl.: **Anima** , **Corpus** , **Geist** , **Principium** , **seligen**

seligen
[A] swv.
Die Seel des Corpus Solis vel Lunae wirdt außgezogen durch das mittel des geistes Mercurij / vnd also wirt der Geist mercurij geseliget / vnd die Seel wirdt mit dem Geist gleichförmig vereyniget [A67]
Die Wirkung des Quecksilbers bei der Amalagambildung mit Gold oder Silber versteht Alanus als eine **Ausziehung** der **Seele**, die sich im weiteren mit dem **Mercurius** verbindet. Diesen Vorgang bezeichnet er mit dem Verb "*seligen*".
Vergl.: **Ausziehung**

Senex
[A] m.
mahls durch einander / das ein amalgam darauß werd / So das geschehen ist / so setz jhm zu 9. theil des purgierten Mercurij / vnnd thus in soliches gefeß / (...) vnd setz in eine gesotten äschen / also das die äschen ein wenig vber das gefeß gehe / vnd gib ihm mässige wörm / vnnd ein stätte / so sitzt der Senex im bad [A442]
Lat. Greis. Der "*Senex*" bezeichnet hier das Amalgam, das in einem mäßig temperierten Aschenbad (**Asche**, **Badt**) gehalten werden soll.
Der im Bad sitzende Greis verweist auf die 'Fontinlein-Allegorie' "Des Hn Bernardi, Grafen von der Marck und Tervis chymische Schriften von dem gebenedeyten Stein der Weisen (...) Nüernberg 1717" (S.101-111). In der Allegorie werden die Reaktionen und farberscheinungen der Transmutation beschrieben. Der Erzähler gelangt zu einer Quelle, die von Mauern umgeben ist und die der Stärkung und Verjüngung des Königs, der entblößt in ihr badet, dient. Diese Allegorie wurde im 16. und 17. jahrhundert oft zitiert.
Vergl.: **Badt** , **König**

Separation
[K] f.
Der Geist Gottes / der auff den wassern schwebet / hat den Motum und Colorem gemacht / daraus eine Putrefaction und Fermentation entstanden / aus dieser eine Separation [K1344]
Die schöpfungsgeschichtliche Scheidung des Wassers vom

Land erscheint hier als "*Separation*" in der Folge zweier anderer alchemistisch-chymischer Operationen. In der alchemistischen Vorstellung war die "Separatio elementorum" (Ruland 1612. S. 430) ein Schritt innerhalb der Bereitung des **Lapis**, die ja in der **Scheidung**, **Reinigung** und Wiedervereinigung der Prinzipien beruhen sollte.
Vergl.: **Scheidung**

settigen
[B] swv.
der fewrige König wird die liebliche stimme der Königin sehr lieben / vnd wegen grosser Lieb freundlich zu sich nehmen / vnd sich an ihr ersettigen / biß sie beyde verschwinden / vnd in einen leib eingehen. [B538]
Das Verb bezieht sich auf die Umsetzung zweier Substanzen, die sinnfällig wird in der Bildung - vermutlich Ausfällung - eines neuen Stoffes. Diese Reaktion wird als das aktive Handeln eines der beiden Reaktanten verstanden. (Zur Interpretation des Prozesses vergl. Kap. 2.3.2.2.)

setzen
[K] swv.
das Saltz ist wieder / wie es in seiner ersten Geburt oder Generation war / ohne Terra, welches sich mit dem ersten praecipitieret und gesetzet hat [K2246]
Erscheint hier als Äquivalent zu **praecipitiren**, im Sinne von 'absetzen' eines ausfallenden Niederschlags.
Vergl.: **praecipitiren**

seubern
[B] v., refl.
Vnd wisse / das dieses allein nur der rechte weg ist hierzu düchtig / vnser Cörper zu reinigen / dann der Leo seubert sich durch das geblüte des Wolffes [B49]
Bed.verwandt mit: **reinigen**

sichtbar
[B] adj.
es habe denn der König seinem wasser sterck vnd krafft zugeeignet / vnd ihm den Schlüssel seiner Hoffarbe vberantwortet / das er dadurch zerbrochen / vnd vnsichtbar gemacht werde / doch auff dißmal muß seine sichtbare gestalt wider zuhanden kommen [B225]
"*Sichtbar*" und "*unsichtbar*" beziehen sich auf in verschiedenen Zustandsformen und Verbindungen vorliegende Gold. Das in Königswasser gelöste Gold erscheint "*unsichtbar*". Wird es durch Zugabe von Salzsäure in Chlorogoldsäure überführt und färbt sich darauf die Lösung gelb, dann ist der **König** wieder "*sichtbar*" geworden.

Silber

[A K M] stn.

1) *Desselben Mercurij nim 3. theil / vnd ein theil dünn geschlagen Gold oder Silber / das die Maler nutzen / thu es zusamen in ein soluir Schal / vnd mahls durch einander / das ein amalgama darauß werd* [A433]
2) *das lebendig Silber sey vnser Feur / das da macht hab die Corpora mehr zu verbrennen / zu tödten / vnd zuuerbrechen / dann das natürliche Feür.* [A283]
3) *Jch habe ein abgetrieben Silber genommen / dasselbe cum Sulphure calciniret* [K3458]

Für Alanus ist das Edelmetall, das der **Luna** zugeordnet wurde, neben Gold ein Ausgangsstoff für die Bereitung des **Lapis** (1).
Der Ausdruck "*lebendig Silber*" ist die Lehnübersetzung lat. **argentum vivum** und bezeichnet das **Quecksilber**.
Das "*abgetrieben Silber*" bezieht sich auf die Möglichkeit der Reinigung durch **Treiben** bzw. "Treibearbeit" (vergl. dazu auch G.Agricola, Berckwerck Buch; Franckfurt 1580, S.CCCCII ff; dort wird die Treibearbeit und die dabei verwendeten Öfen beschrieben.) Dabei wird die Edelmetallbleilegierung eingeschmolzen (etwa auf einer **Kapelle**) und Luft über die Schmelze geblasen. Das geschmolzene Blei oxidiert zu 'Bleiglätte' und das gereinigte Metall bleibt in Form kleiner Körner zurück.
Kunckel erwähnt zudem ein Silber, "*welches so artig und schön wächst / wie das Haar=Silber in den Bergen / und mit dem Schwefel zugehet.*" [K3529] Unter "*Haar=Silber*" ist gediegenes, in Gestein eingeschlossenes Silber zu verstehen. (Vergl. Grimm Bd. 10; Sp.38). Sein Hinweis auf das Herstellungsverfahren legt nahe, daß es sich dabei um ein in heißer Schwefelsäure gelöstes Silber handelt, das durch Einstellen von Kupfer oder Eisen in die Lösung, niedergeschlagen wird. (Vergl. Remy Bd.II, S.544)
Das Kompositum "*Silberkalck*" [K2621] bezeichnet kein durch **Calcination** gewonnenes Oxid oder Salz, sondern vielmehr das Silberchlorid ("*mit Saltz praecipitiret*").
Das von Marggraf erhaltene "*geschmeidige Silber*" [M621] entsteht durch Reduktion des Silberchlorids das er "*Luna cornua*" nennt.
Bed.verwandt mit: **Luna**

Sol

[A B] m.

Das aller erst werck in diser kunst ist / dz wir aufflösen den trucknen stein Solem oder Lunam zu mercurio [A34]

Lat. Sonne.
Bezeichnung für das **Gold**.
Bed.verwandt mit: **Gold**

Soluierschale
[A] f.
Desselben Mercurij nim 3. theil / vnd ein theil dünn geschlagen Gold oder Silber / das die Maler nutzen / thu es zusamen in ein soluir Schal / vnd mahls durch einander / das ein amalgama darauß werd [A435]
Lat. solvere, lösen.
Gefäß in dem Feststoffe aufgelöst werden. Hier dient es der Amalambildung.
Vergl.: **solviren**

Soluierung
[A] swf.
Vnd die vernewen heißt die eigen Jmbibierung der weichmachung vnd soluierung der hert zusamen gebunden schweißlöcher des Golds [A320]
Deverbatives Nomen actionis zu **solviren**. Bezeichnet hier die Amalgambildung:den Vorgang des 'Auflösung' des Goldes im Quecksilber.
Vergl.: **Solution** , **solviren**

Solution
[A K] swf.
1) *Vnd so der wasser das Corpus in ein vnbegreiffliches wesen bracht hat / vnd soluiert ad nigredinem, So ist hie / ist herfür die Solution / die Tinctur in der schwertz* [A234]
2) *wann die solution des Corpus geschicht mit der coagulation des Spiritus Mercurij, vnd die hertung des Spiritus oder Mercurij ist vnd geschicht mit der aufflösung des Corporis* [A40]
3) *in solcher Aschen steckt warhafftig der rechte Tartarus (...) vnd nach seiner solution kan das feste Schloß des königlichen Gemachs eröffnet werden* [B306]
4) *weil die vor Narren und Phantasten von diesen ausgeschrien werden / die mit Aqua fort und andern solutionibus suchen die metalle auffzuschliessen* [K1923]

Entlehnung von lat. solutio, Auflösung (solvere).
Die Bedeutung die die Bereitung von Lösungen für die Chymie besitzt, wird deutlich , wenn Ruland (1612, S.438) schreibt:
"Solutio (...) est prior chymicae practicae pars (...)."
Bei Alanus erscheint "*Solution*" sowohl als Nomen actis (1), indem es das Resultat des Vorgangs bezeichnet, als auch als Nomen actionis (2) für den Vorgang selbst.
Bei Kunckel erscheint "*Solution*" und auch das lat. "*solutio*" [K1923] nur als Bezeichnung für das Resultat des Lösungsvorgangs. Ebenso ist die "*Solution der Salien*" [K2968] als 'Salzlösung' zu verstehen.
Vergl.: **Aufflösung** , **Soluierung** , **Solvens** , **solviren**

Solvens
[K]
so wundert mich nicht wenig / daß dieselben Leute, so thöricht sind / und das solvens, die Destruction und das Propagans in einem Saltze suchen [K1958]
Part. Präs. Akt. zu lat. solvere, auflösen.
Der Einzelerscheing "*solvens*" stehen die häufigen Formen **Solution** und **solviren** gegenüber. Während **Solution** sowohl den Prozeß des Lösens als auch die dadurch entstandene Lösung denotieren kann, bleibt unklar, ob sich in Kunckels Verwendung von "*Solvens*" die bewußte Unterscheidung zwischen Lösungsmittel und Lösung niederschlägt.
Vergl.: **Aufflösung** , **Soluierung** , **Solvens** , **solviren**

solviren
<*soluieren* [A]; *solvieren* [A]; *solviren* [K]> swv.
1) *Vnd der geseliget Stein / je mehr er gekocht wirdt / je mehr soluiert er das Corpus Solis vel Lunae, vn in der aufflösung wirdt er geschwertzt* [A137]
2) *so bald man aber über diesen weissen Mercurium einen distillirten Eßig oder gemein Wasser giest / so solviret sich das überflüßige Saltz davon* [K541]
3) *So weit als nun das Saltz heraus / so weit fält die Erde oder Kieß von einander / massen es keinesweges auf einmahl mit seiner Wässerigkeit das gantze Corpus durchdringen / und das Saltz solviren können* [K2115]
4) *Wan du wilt ein Silber solviren / so must du zu einem Loth 2. Loth Aqua fort. wann selbiges gut ist / zum Golde muß 4. und mehrmahls so viel Aqua regis seyn* [K669]
5) *Wie ichs aber dahin gebracht / daß es im Wasser sich solvirt hat / habe ichs über einen gereinigten Mercurium gegossen* [K843]

Entlehnung von lat. solvere, lösen, auflösen.
Neben dem Lösen in einer Flüssigkeit bezeichnet es häufig auch den Aufschluß von Erzen. Alanus versteht die Amalgambildung als 'Auflösung' des Goldes im Quecksilber (1).
Die Belegbeispiele (2) bis (5) zeigen Verwendungen von "*solviren*", denen eine je andere Sicht auf den beschriebenen Vorgang zugrunde liegt.
In der refl. Verwendung erscheint die 'sich lösende' Substanz als Agens. In (3) erscheint das Lösungsmittel bzw. die die Lösung bewirkende Substanz als Agens.
In (4) ist der Chymist selbst die wirkungausübende Instanz.
Die nur mittelbare, initiierende Wirkung des Experimentators schließlich kommt in (5) zum Ausdruck. Deutlich auch an einer anderen Stelle in einer Infinitivkonstruktion mit 'lassen':
wann ich den Vitriol gleich 100. und mehr mahl im

wasser solviren und anschiessen lasse [K2174].
Zusätzliche Verwendung finden der lat. Imperativ "*solve*" [2963] in einem rezeptähnlichen Teiltext und der substantivierte Infinitiv [K2381] zur Bezeichnung des Lösungsvorgangs.
Der Lösungs- und Zersetzungsprozeß wird zusätzlich betont durch die zwei Präfixformen: "*dissoluieren*" [A89] und "*auffsolviren*" [K2943].
Die potentielle Lösbarkeit eines Stoffes beschreibt die Adjektivbildung "*solvirlich*" [K2606].
Vergl.: **Auflösen** , **Soluierung** , **Solution** , **Solvens**

sondern
[K] swv.
und könte dieses beym Mercurio auch nicht geschehen / wann er nicht von dem alleredelsten Saltze (...) durch Kunst davon gesondert wäre [K690]
Der Vorgang des Trennens wird zusätzlich betont durch die Präfigierung: "*absondern*" [K237] bzw. "*absündern*" [A128].
Bed.verwandt mit: **scheiden** , **trennen**

Species
[K] f.
1) *Wann die kunst ist nicht in der menig der Species / sunder im leib vn geist* [A197]
2) *und steckt also in dem Lufft=Wasser kein Saltz corporaliter sondern spiritualiter. Jch lass es vor eine speciem universallisimam paßiren* [K1480]

Lat. species, Art einer Gattung.
Alanus vertritt die Auffassung, daß zur Lapis-Gewinnung nur Quecksilber und Gold / Silber und keine Substanzen anderer Art zu verwenden seien. Denn "*die natur des Mercurij nimpt allein auß dem Gold oder Silberminer das zu im / das da ist seiner natur*" [A126].
Wenn auch in der Praxis selten eingehalten, so hat diese Annahme in der Theorie der Lapis-Gewinnung lange Bestand. So führt ein Autor, der einen "Process (...) auff Philosophisch examiniren" will, als einen Grund gegen dessen Durchführbarkeit an: "Daß ihre Kunst nicht bestehe in vielen unterschiedlichen Dingen / und daß zu ihrer Gold=Tinctur nichtes frembdes kommen müsse / ergo gehöret darzu anders nichts als Gold / und was dessen Natur ist (...)." (Jona Zipffeln Medico; Theoria Metallica Dresden 1678; S. 47)
(Vergl. auch Telle, Goltz, Vermeer 1977; S.64 f zur "una res, unum vas, una via" - Forderung in der Alchemie.)
Kunckels "*species universalisssima*" bezeichnet sein **Sal**, dem er den Charakter eines **Principium** zuordnet und das "*spiritualiter*" [K1479] in wasser und Luft vorhanden sei. Diese Immaterialität macht es zum "*Universalissimum*" [K1239 1970 1975 2029], denn "*so bald man eine Materie begreiffen könte / wäre es ein Specificum*" [K1972].

speisen
[B] swv.
Ein zwiefacher fewriger Mann muß miteinem weissen Schwane gespeiset werden [B528]
Die Bedeutung der Versuchsanweisung ist etwas unklar (vergl. Kap. 2.3.2.2.). Ich deute den "*weissen Schwan*" als eine Umschreibung für das das Quecksilber. Zieht man das dem sechsten Schlüssel zugeordnete Bild zur Interpretation heran, so wird durch "*zwiefacher fewriger Mann*" ein Glaskolben mit zwei Vorlagen bezeichnet. "*Speisen*" meint dann das Zusetzen des Quecksilbers in das Reaktionsgefäß.

Sperma
[K] n.
Als ein universalissimam speciem laß ichs wegen seiner spermatis paßiren / denn zu welcher / oder auff welche stelle das kommt / so gebiehrt es etwas / es sey in= oder ausser der Erden [K1482]
Entlehnung aus dem Gr., Same.
Nach Kunckels Vorstellung ist das "*Sal aeris*" als ein "*Sperma*" am Entstehungs- und Wachstumsprozeß alles Lebenden beteiligt. da er es vor allem auch im Wasser vermutet, bezeichnet er es auch als "*Sperma aquae*" [K1274 1283].
Damit verbunden ist seine Annahme eines "sperma oder Semen metallorum" (Laboratorium Chymicum 1716, S.192), das an der **Generation** der Metalle beteiligt ist: "*dann dieser Gur / oder sperma, oder viscosa ist ein Anfang aller Steine und Mineralien*" [K452].
Vergl.: **Generation** , **Saame**

Spiritus
[A B K] m.
1) *die hertung des Spiritus oder Mercurij ist vnd geschicht mit der aufflösung des Corporis* [A42]
2) *denn in distillierung des Essigs gehet das Wasser oder aquosität am ersten / vnd der Spiritus am letzten* [B881]
3) *denn lasse ich ihm viel wasser / so nenne ichs einen spiritum, rectificire ichs von seinem Wasser auf eine Oelichte Consistentz / so ist es ein oleum* [K243]

Lat. Geist.
Nach Paracelsus eines der drei Prinzipien. Er ordnete dem **Geist** den **Mercurius** zu: "der mercurius aber ist der spiritus" (Die 9 Bücher De Natura rerum (angebl. 1537),in:Sudhoff Bd.11, S.318).
Deutlich wird in (1) daß Alanus den "*Spiritus*" ebenfalls mit dem Quecksliber identifiziert, obwohl er kein Anhänger der Drei-Prinzipien-Lehre zu sein scheint. Der Ausdruck "*Spiritus Mercurij*" kann in diesem Sinne nur als eine Verstärkung verstanden werden, die sich auf die Wirkkraft des Quecksilbers bezieht.
Wähend Basilius **Geist** sowohl im Sinne von Quecksilber

als auch im Sinne eines Prinzips verwendet, erscheint der lat. Terminus in der Bedeutung einer konkreten Flüssigkeit, hier des Destillats aus dem Essig (2).
Eine nochmalige Bedeutungserweiterung erfährt "*Spiritus*" bei Kunckel (3), der darunter eine wässerige Flüssigkeit versteht, die er mit dem viskosen Öl kontrastiert.
Gleichzeitig verwendet er den Ausdruck auch für flüchtige Stoffe, wie der "*Spiritus subtilis*" [K321] und - im Superlativ - "*Spiritus subtilissimus*" [K328] als Paraphrase für das "*Sal volatile*" (flüchtiges Ammoiniumsalz) belegen.
Bei Kunckel finden sich zudem noch der "*Spiritus Veneris*" [K3471] und der "*Spiritus mundi*". Erster meint eine blaue Kupferlösung, letzterer einen Stoff, "*von dem alle Dinge fortgepflanzet / ernähret und erhalten würden*" [K1589]. Diesen, von der Annahme eines "*sal aeris*" abgeleitenen Stoff verweist Kunckel in den Bereich der alchemistischen Spekulation.
Unter Verwendung der lat. Adverbialendung erscheint bei Kunkel die Bildung "*spiritualiter*" [K1479]. Er verweist damit auf die nicht-materielle Seinsform des "*Sal aeris*"
Vergl.: **Geist** , **Spiritus Nitri** , **Spiritus Salis** , **Spiritus urinae** , **Spiritus urinosus** , **Spiritus vini**

Spiritus Nitri
[K] m.
wenn er zum Mercurio geworden / (...) so bald er aber in spiritu nitri solvirt und abstrahirt wird / so wird er roth [K529]
Bezeichnung für die Salpetersäure HNO_3, deren quecksilberlösende Eigenschaft (zu Quecksilbernsitrat $Hg(NO_3)_2$)) hier angesprochen wird. Der "*Spiritus Nitri*" kann gewonnen werden durch Umsetzen von **Salpeter** mit Schwefelsäure bzw. in trockener Destillation mit Vitriolen.
Vergl.: **Aqua Fort**

Spiritus Salis
[K] m.
wiewohl der Spiritus salis kein Gold solviret [K2354]
Bezeichnung für die Salzsäure HCl, die in verdünnter Form vorlag. Nach Schneider (1981, S.88) gewonnen durch Destillation von Kochsalz und Ton bzw. Schwefelsäure.
Im Gegensatz dazu bezeichnet der "*Spiritus salis ammoniaci*" eine Lösung des "Sal ammoniacum" - des Ammoniumchlorids NH_4Cl.

Spiritus urinae
[K] m.
wenn man Gold leget in Spiritum Nitri, so solviret

es nicht / gieß ich ein wenig Spiritus urinae oder sonst ein Sal volatile hinein / so solviret es [K3005]

Lösung eines aus dem eingedampften Harn gewonnenen Ammoniumsalzes, das hier in verbindung mit der salpetersäure **Aqua Regis** erzeugt, welches das Gold auflöst.
Vergl.: **Aqua Regis** , **Spiritus urinosus**

Spiritus urinosus

[M] m.

das gemenge that ich in eine gläserne Retorte und destillirte per gradus einen sehr flüchtigen und starken Spiritum urinosum. [M149]

Bezeichnet das Ammoniak NH_3, das sich bei der Umsetzung von **Mennige** und **Salmiac** zu Blei(II)-chlorid bildet.
Es bildet sich ebenfalls bei der Destillation des aus dem Harn gewonnenen Phosphorsalzes.

Spiritus vini

[B K] m.

1) *denn so Vitrum Antrimonii mit Wein oder Spiritus vini extrahirt wird / machets viel Sedes* [B891]
2) *drum nahm ich Silberkalck / der mit Saltz praecipitiret 1. Untz / goß meine Tinctur darüber / und zog den Spiritum vivi gelinde davon* [K2623]

Bezeichnet sowohl bei Basilius als auch bei Kunckel eine alkoholische Lösung, die durch Destillation aus Wein hergestellt wurde. Getreide als Grundlage deutet der Ausdruck "*Spiritus Frumenti*" [K2058] an. Auf den destillationsabhängigen Alkoholgehalt weist "*starcker Spiritus vini*" [K312] hin.
Eine Lösung von Kaliumtatrat bezeichnet Kunckel mit dem "*spiritum vini alcalisatum, oder eine bishero gemeynte Tinctura Tartari*" [K1010].
Als Kürzel erscheint bei Kunckel schließlich "*Spir. vini*" [K2355].

spröde

[K] adj.

weil aber das häuffige Sal acidum bey dem Kupffer ist / will es selbigen nicht fahren lassen / sondernn schlucket ihn überflüssig in sich mit seinem Schweffel darvon das Kupffer spröde wird [K3319]

Beschreibt eine "*brüchinge metallische Form*" [K3310].

Stein

[A B K] stm.

1) *dann so wirt der Stein von den Philosophen der ertzlich / der vnbegreifflich / der natürlich stein / vnnd wirt mit vnzahlbaren namen genent von den Philosophen.* [A132]
2) *Wenn Aschen vnd Sand durch das fewer wol gezeitigt vnd gar gekocht werden / so macht der meister darauß ein Glas / das da im Fewer hernacher*

immer bestehet / vnd an der farbe einem durchsichtigen Steine gleich [B317]

3) *Es ist ein stein vnd doch kein stein* [B1292]
4) *auf eine andere Art wird der Schweffel generirt / auf eine andere die Compacte Steine und berg=Arten* [K726]

Zum einen wird "*Stein*" als Sammelbezeichnung für Minerale und Erze verwendet. Ruland (1612, S. 273): "Lapis in chymia omnis res fixa, quae non euaporat. Was nicht verrauchet vnd fix ist ist / heissen die Chymisten ein Stein." In ausschließlich diesem Sinne erscheint "*Stein*" bei Kunckel (4). Basilius dagegen verwendet das Wort sowohl in diesem Sinne (2) als auch mit Bezug auf das alchemistische Werk (3). Allein dieser letzte Zusammenhang findet sich bei Alanus.
Zur Bezeichnung des Ziels des alchemistischen Strebens finden sich bei Basilius die Ausdrücke "*Stein aller Weisen*", "*grosser Stein*", "*unser grosser Stein*" und "*uralter Stein*". Im Sinne einer semantischen Kürzung kann "*Stein*" ebenfalls den Stein der Weisen bezeichnen. In (3) dagegen scheint das Quecksilber als der Ausgangsstoff für die Lapis-Gewinnung gemeint zu sein. Bei Alanus kann der "*Stein*" auf die verschiedenen am Prozeß beteiligten Substanzen referieren.
So bezeichnen "*Stein von den Philosophen*", "*geseligter Stein*" und "*natürlicher Stein*" das Amalgam, das als Ziel des Prozesses verstanden wird.
"*Der Stein der Weisen*" und "*vnser Stein Mercurius*" denotieren das Quecksilber, der "*truckne Stein*" dagegen das einzusetzende Edelmetall. Diese referentielle Ambivalenz setzt sich weiter fort in dem Ausdruck "*vnser Stein*", der einmal das Edelmetall [A88] und sonst das Ziel des Werkes bezeichnet.
Vergl.: **Lapis** , **Minera**

Steinbock
[B] stm.
hierauff soltu aller ding vernehmen / das du solt auffziehen die himlische Wage / den Wider / Stier / Krebs / Sorpion / vnnd Steinbock / der ander seite der Wage soltu legen den Zwilling / Schütz / Wassermann / Fisch vnd Jungfraw / denn verschaffe / das der Goltreiche der Jungfrawen in den schoß springe [B1011]

Der Kontext legt nahe, daß "*Steinbock*" über die Bedeutung des Sternzeichens hinaus, als ein alchemistischer Deckname zu lesen ist, dessen Bedeutung jedoch unklar bleibt.
In einer bildlichen Darstellung der **Conjunction** (S. Michelspacher: Cabala, Spiegel der Kunst vnnd natur; in: Alchymia, Augsburg 1615; Wiedergabe bei Ploss/Roosen-Runge/Schipperges/Buntz 1970 S. 161) wird dem Sternzeichen des Steinbocks das alchemistische Zeichen für **Schwefel** zugeordnet. (Vergl. Lüdy-Tenger 1981 (1.Aufl.1928) Taf. 75)

Stier

[B] stm.

hierauff soltu aller ding vernehmen / das du solt auffziehen die himlische Wage / den Wider / Stier / Krebs / Sorpion / vnnd Steinbock / der ander seite der Wage soltu legen den Zwilling / Schütz / Wassermann / Fisch vnd Jungfraw / denn verschaffe / das der Goltreiche der Jungfrawen in den schoß springe [B1010]

Wie im Falle des **Steinbock** scheint auch in "*Stier*" ein alchemistischer Deckname vorzuliegen, dessen Bedeutung jedoch unklar bleibt.

In der schon erwähnten bildlichen Darstellung der **Conjunction** (S. Michelspacher: Cabala, Spiegel der Kunst vnnd natur; in: Alchymia, Augsburg 1615; Wiedergabe bei Ploss/Roosen-Runge/Schipperges/Buntz 1970 S. 161) wird dem Sternzeichen des Stier das alchemistische Zeichen für "Sal ammoniacum" zugeordnet. (Vergl. Lüdy-Tenger 1981 (1.Aufl.1928) Taf. 12)

streiten

[K] stv.

so streitet das Acidum und Volatile im Nitro mit einander / die haben nun kein Corpus, daran sie sich können halten / (...) darum kan hier durch die Wärme nichts anders denn ein Streit geschehen und sucht das Saltz seine Luffte und Feuchtigkeit / die es verlohren / wieder / darauff erfolget das hefftige fulmen [K3050]

Die Vorstellung vom "*Streiten*" bzw. "*Streit*" der zwei Substanzen im **Schlag=Pulver**, dienen Kunckel zur Erklärung der Explosivität.

Das Streit-Motiv erscheint auch bei Basilius [B187-192] zur beschreibung der "*zweyen widerwertigen Materien*" [B188].

Sublimat

[K M] m.

1) *Denn der Mercurius (...) nimmt gerne ein Saltz an / und wird durch ein acidum leicht coagulirt / wie in dessen sublimation zu sehen / er sey nun zum Cinnober oder zum weissen sublimat gemacht* [K768]
2) *und destillirte per gradus, bis die Retorte dunkel glühete. Hierbey gieng noch etwas weniges Spiritus urinosi, und einiger ammoniacalischer Sublimat in die Höhe* [M175]

Allgemeine Bezeichnung für das aus der **Sublimation** erhaltene Produkt. So handelt es sich in (2) um das leicht sublimierbare Ammoniumchlorid, das sich aus dem Dampfzustand in Form einer faserig kristallinen Masse abscheidet. (Vergl. Remy Bd.I, S.743)

Zusätzlich wird mit "*Sublimat*" auch das Quecksilber(II)-chlorid bezeichnet, das durch Erhitzen des Quecksilbers mit Salz und Vitriol entsteht. Diese Sub-

stanz ist in (1) gemeint.
Vergl.: **Sublimation , sublimiren**

Sublimation
[A K] swf.
in vnser Sublimation werden die gefigierten theil nit erhebt / sondern die theyl die nit figiert sein / die werden erhebt [A10]
Von lat. sublimare, erheben.
Bezeichnung für den Arbeitsgang des **Sublimiren**.
Vergl.: **Sublimat , sublimiren**

sublimiren
<*sublimieren* [A]; *sublimiren* [K]> swv.
1) *Nim in dem Namen des herren den aller besten sublimierten Mercurium / der zu siben mal gesublimiert sey* [A428]
2) *das weisse Corpus aber solte ich auff gewisse Maaß tractiren / und auch sublimiren / so würde ein weiß Pulver auff=sublimiren* [K2580]

Entlehnt von lat. sublimare, erhöhen, in die Höhe treiben. Durch Erhitzen wird ein fester Stoff direkt in den gasförmigen Zustand überführt. Durch Abkühlen werden die Phasenänderungen umgekehrt, das Gas verdichtet sich wieder zum Feststoff. Wiederholungen dieses Prozesses dienen der Reinigung der Stoffe.
Diesen Aspekt des Reinigens - über das eigentliche Verfahren hinaus - betont Ruland (S.450): "Sublimiren heist nicht alle mahl hoch vber sich steigen/ sondern köstlich gut/vnnd herrlich werden/doch ist wahr/ daß der Dampff vber sich gehet. Vel sublimiren heist ein ding besser vnd herzlicher machen (...) darumb heist das erhöhet / das oben in der Höhe ist / sondern das verbessert ist (...)."
Ebenso Basilius: "Ingleichen/so die Materien durch Zwang und Drängung des Feuers/in die Höhe auffgetrieben werden/(...) so bleibt die terra, so nicht viel nutzet dahinden/(...) und gibt eine Scheidung/daduech dasdas Gute von dem Bösen/das Reine von dem Unreinen (...)/das Subtile von dem was nicht subtil ist (...) kan erkant werden." (Triumph=Wagen des Antimonii, in: Chymische Schriften, 1677 Bd.I, S.389)
Zur Sublimation wurden übereinander gesetzte, gläserne Aufsätze verwendet, die 'Aludel' bzw. 'Alutel' genannt wurden.
Die räumliche 'Erhöhung' der sublimierten Substanz betont die Präfixbildung "*auffsublimiren*" [K425]
Vergl.: **Sublimat , Sublimation**

subtil
[A K] adj.
1) *Nim ein theil maler Gold oder Silber / oder dinne geschlagen Gold oder Silber / wannjhe mehr es subtil ist jhe ehe sie zu Mercurio werden* [A151]
2) *komme wieder zu unserm Mercurio / dessen Beweiß*

ich mir habe vorgenommen / daß er aus Wasser und Saltz bestehe / vermöge einer wenigen subtilen Erde [K666]

Entlehnung von lat. subtilitas, Feinheit.
Über die Bedeutung der Kleinheit und Feinheit der Substanz, die in (1) dominiert, verbindet sich vor allem bei Kunckel die Vorstellung einer besonderen Wirkkraft. Auch in diesem Sinne steht "*subtil*" in Opposition zu **grob**. In der Verwendung der Steigerungsformen - bis hin zu "*allersubtilste*" - spiegelt sich die Vorstellung einer graduellen Zunahme der Wirkkraft der Substanzen.
Dabei erfährt das Adjektiv sowohl in seiner Grundform wie in seinen Steigerungsformen Substantivierung:

Hie möchte man sagen oder mir vorwerffen / wann ich dem Sali volatili seinen Geruch nehmen könte / so müsse der Gruch in noch was anders bestehen. Das folget nicht / sondern man wolle distinguiren unter dem subtilen und allersubtilesten (...). (...) das allersubtileste von den Oleis ist der spiritus vini [K1039]

Vergl.: **grob** , **Subtilität**

Subtilität

<*Subtilitet* [B]; *Subtilität* [K] f.

1) *Wer dieses Mittel gebraucht / dem werden alle bestendigkeit offenbahr werden / (...) vnd keiner Creatur ist diese subtilitet zuuergleichen* [B1276]
2) *Dann die Gold=Blätter sind so subtil / daß / ehe das Wasser recht hinab kommt / es dieselben schon solviret / und zergehen also die Blätter wegen ihrer Subtilität* [K3108]

Substantivbildung zu **subtil**, das die Eigenschaft der Zartheit bezeichnet. Wie Kunckel im Falle des Adjektivs und dessen Substantivierungen verbindet Basilius in der Beschreibung der Eigenschaften des **Lapis** mit der Feinheit eine besondere Wirksamkeit.
Vergl.: **subtil**

Sulphur

[A B K] m.

1) *versteh Sulphuris vn Mercurij wan die seel Sulphuris ist ein wesen des leibes* [A58]
2) *Also ward Adam erstlich aus Erden / Wasser / Lufft vnd Fewer aus Seel / Geist / vnd Leib / endlich aus Mercurio Sulphure vnd Sale erwecket / zusammen gebawet vnd geboren.* [B846]
3) *welches beym so genannten sulphure vivo zu sehen; wann man den eine zeitlang in der Lufft liegen läst / daß das Saltz / wie alumen plumosum, so häricht heraus wächst* [K277]

Lat. Schwefel.
Alle dei Autoren verwenden den lat. Terminus als Äquivalent zu **Schwefel**. Der in (3) erscheinende "*sulphur*

vivum" bezeichnet nach Schneider (1981, S. 90) einen in Italien oder Irland zu findenden mineralischen Schwefel.
Bed.verwandt mit: **Schwefel**

Tartarus
[A B M] m.
1) *Reuificier ihn wiederumb durch ein theil lebendig Kalck / vnd halb so schwer Tartarum crudum, so wirt er wol purgieret* [A431]
2) *denn in solcher Aschen steckt der rechte Tartarus / welcher muß auffeglöset werden* [B305]
3) *Jch habe auch versucht, Phosphorum aus Oleo Cornu Cervi und aus tartari foetido, durch Zusatz von sande und Kochsalz zu machen, aber nicht eine Spuhr davon erhalten.* [M484]

Weinstein, ein Kaliumsalz, das sich aus Wein abscheidet. Es besteht aus Kaliumhydrogentartrat, das schwer löslich ist.
In (1) wird es zusammen mit Calciumoxid zur Gewinnung von Quecksilber aus Quecksilbersulfid verwendet (**Revificieren**).
Da Basilius davon schreibt, daß der "*rechte Tartarus*" gelöst werden müsse, liegt die Vermutung nahe, es handele sich um den Rückstand von verbranntem Weinstein, der aus dem löslichen Kaliumcarbonat besteht.
Nicht klar ist, ob es sich bei Marggrafs 'stinkendem' Weinstein um eine gänzlich andere Substanz handelt.

Terpentin
[K] m.
daß man aber die Lunam Blut=roth / und wie einen Terpentin vorstellen kan / das rühme ich vor meyne Invention zu seyn [K3562]

Durch Wasserdampfdestillation aus Kiefern gewonnenes Öl. Das 'Oraculum' (1755; in Schneider 1981, S.55) verzeichnet "Terebinthina - Terpenthin, Claret, Lerchen=Harz." (Vergl. Grimm Bd.21, Sp.261)

Terra
[K] f.
1) *eine Terra alba mortua irreducibilis bleibt zurück / wann die terra rubra soluta und Mercurius davon geschieden / diese beyde / als Seel und Geist gehören wieder zusammen / denn in allen Cörpern der Metallen findet es eine Terram wieder* [K2545]
2) *Nu edulcorire man den calcem Solis wie man wolle / so bleibet doch der Calx schwerer als er gewesen . Die Ursache / wie ich auch schon angeführet / ist diese, daß die salia gerne eine Terram annehmen.* [K2975]

Lat. Erde.
Allgemein bezeichnet Kunckel damit Feststoffe, die als Edukte, Resultate oder Zwischenprodukte an beschriebe-

nen Reaktionen beteiligt sind (2). Gleichzeitig ist die "*terra*" auch ein Aufbaustoff der Metalle (1), den er glaubt isolieren zu können und dem er 'Quasi-Prinzipien'-Charakter zuspricht (vergl.: [K2657/58]). Der allgemeine Ausdruck "*terra*" erhält sowohl lateinische wie deutsche Attribuierungen, die die Substanzen, auf die referiert wird, näher charakterieren sollen. Ähnlich wie im Falle der **Erde** , kann dabei der Fokus der dadurch entstehenden zusammengesetzten Ausdrücke auf der Farbe (a), der Größe (b), der Erscheinungsform (c), der Entstehungsweise (d) oder der potentiellen Verhaltensweise (e) liegen.

(a) Die Farbe als Kriterium der Referenz findet sich in der "*Terra alba*" [K3613], die einen Bestandteil des Silbers bezeichet, in der "*weissen Terra*", die Reaktionszwischenprodukte denotiert und in der "*schwartzen Terra*" [K291], die die farbtragenden, nicht metallischen Bestandteile des Eisen- und Kupfervitriols meint.

(b) Auf die Größe weisen die "*grobe Terra*" [K2337] und "*gröbste Terra*" [K2185] einerseits und die "*subtile Terra*" [K3037] andererseits. Mit der Annahme zur Größe einher gehen auch Vorstellungen zur chemischen Reaktivität (vergl.: **subtil**). Die "*subtile Terra*" scheint eine eher hypothetische Substanz zu sein.

(c) Die allgemeine äußere Erscheinungsform charakterisiert der Ausdruck "*Terra viscosa*", der zum einen die vormetallische Flüssigkeit - **Gur** - [K1257] und zum anderen einen Fermentationsrückstand [K1329] meint.

(d) Informationen zur Entstehungsweise können sich einerseits auf den Ursprung der "*Terra*" beziehen und andererseits auf den vorausgegangenen chemischen Prozeß. So weist "*Terra mortua*" auf einen Rückstand einer chemischen Operation (Destillation, Sublimation).

Ausgehend von der Annahme, die "*Terra*" sei Bauelement der Metalle, erscheinen die Ausgangsmetalle als Genitivattribute: "*Terra Lunae*" [K3347], ""*Terra Solis*" [K2942 2989]. Innerhalb der Entstehung der Metalle bezeichnet die "*generirte terra*" [K528] eine Zwischenstufe.

(e) Potentielle chemische Verhaltensweisen charakterisieren die Ausdrücke, die die Irreversibilität des Herstellungsverfahrens - "*Terra irreducibilis*" [K388] (**reduciren**), die Unbrennbarkeit - "*unverbrennliche Terra*" [K214] und das Lösungsverhalten - "*Terra solubilis in acido & sale volatile*" [K2894] der jeweiligen Substanz hervorheben.

Durch einfache Reihungen versucht Kunckel den Informationsgehalt der Bezeichnungen zu erhöhen. Häufig erfolgt eine Fokusierung auf zwei Eigenschaftsbereiche: Farbe und Zustandsform (a/c): "*Terra rubra soluta*" [K2547] - Bezeichnung für einen angenommenen, farbtragenden Bestandteil des Goldes; Farbe und Entstehungs-

weise (a/d): "*terra alba mortua*" (bezeichnet einen weißen Rückstand aus einer Sublimation) bzw. als Kürzung "*Terra mort. alb.*" und die "*rothe Terra Veneris*" [K3340]; Größe und Entstehungsweise (a/d): "*subtile Terra mortua*" [K2939].
Die komplexeste Bezeichnung (a/d/e) liegt vor in "*Terra alba mortua irreducibiis*" [K2545] - Bezeichnung für eine weiße Substanz, die bei der Isolierung der Bestandteile des Goldes abfällt und in selbiges nicht zurückzuverwandeln ist.
Vergl.: **Erde** , **Terrestreität**

Terra Adamica
[K] f.
Denn einmahl ist diese terra Adamica nichts anders / rühret auch von nichts anders her / als aus dem Wasser / / sonderlich findet man sie an schattigen Oertern / da die Sonne das Wasser so nicht bescheinen kan. Oeffters findet mans auch auff ebenem Felde / doch nicht so schön roth [K1263]
Kunckel wendet sich gegen die zeitgenössische Annahme, es handele sich bei dieser **Erde** um die "*materia lapidis*" [K1097].
Nach seiner Auffasung wird diese Erde aus dem im Wasser befindlichen Samen durch **Putrefaction** und **Fermentation** gebildet.
Nach seinen Beschreibungen kann man annehmen, daß es sich um, die Oxide des Aluminiums, Siliziums und Eisens enthaltenden Lehm handelt.
Vergl.: **Terra**

Terrestreität
[K] f.
Sal Acidum braucht keine Weitläufftigkeit zu erweisen / das weiß ein jeder; das s nur grobe Terrestreität hat [K340]
Erdige Bestandteile einer Substanz. Kunckel verwendet den Ausdruck nicht als ein Abstraktum sondern als synonyme Bezeichnung für Feststoff.
Bed.verwandt mit: **Terra**

Thon, weißer
[M] m.
Ein halbes Pfund weißer Thon und eben so viel eingedickter Urin haben durch die mehr erwehnte Bearbeitung kaum eine Spuhr des Phosphori gegeben. [M509]
Es handelt sich hier vermutlich um den weißen Kaolinit (AL_2O_3*$2SiO_2$). Tone und Kaoline entstehen durch die Zersetzung feldspatreicher Gesteine.

Tiegel
[K] stm.
Ferner thät ich die Terram albam mortuam in einen Tiegel / gab ihr bey 2. Stunden Schmeltz=feuer [K2638]

Ahd., mhd. tegel, Schmelztiegel (Lexer).
Ein feuerfestes **Gefäß**, um Substanzen, meist Metalle, darin zu **schmelzen**. Verwendet wurde ebenfalls lat. 'catimus', von Ruland (1612, S.135) als "Zargentigel / Tigel" übersetzt.
Vergl.: **Gefäß**

Tinctur

[A B K] f.

1) *So ist hie / ist herfür die Solution / die Tinctur in der schwertz / so sein die vier Elementa vber eins* [A234]
2) *Also wer gleich ein Tinctur durch vorleihung Allmechtiges Segens erlanget vnd vberkommen hat* [B1230]
3) *der Leo seubert sich durch das geblüte des Wolffes / vnd des geblüts tinctur frewet sich wunderbarlich mit der tinctur des Löwens* [B51]
4) *Zwar glaube ich wohl / und weiß es gewiß / daß man eine Tinctur aus dem Golde machen kan / die nicht allein zehen / sondern mehr Theil Silber oder Quecksilber tingiren kan* [K2508]
5) *da befand ich / daß das Bley den Spiritum Veneris der Lunae wieder einverleibet hatte / daß ich also wiederum eine Tinctur, wiewohl sehr bleich ausziehen konte* [K3473]

Entlehnung von lat. tingere, benetzen, färben; tinctura.
Bei Kunckel findet auch die lat. Form Verwendung.
Eine farbverleihende Flüssigkeit, wobei man annahm, die Farbveränderung der Oberfläche spiegele eine substanzielle Veränderung:
"Tinctura (...) waß die Cörper durchdringet vn färbet." (Ruland 1612. S. 474). Die "*Tinctur*" wurd zum Synonym für den "*Stein der Weisen*". Je nach Transmutationsziel unterschied man die "rote Tinktur" (zu Gold) und die "weiße Tinktur" (zu Silber).
(Vergl.: Basilius, Triumph=Wagen des Antimonii, 1677, S. 443; Schneider 1981, S. 90f; Lippmann Bd. 3, S.129)
Alanus (1) bezeichnet das Stadium der "*schwertze*" (**Nigredo**) als die "*Tinctur*".
Das **Elixir** bzw. der als Flüssigkeit gedachte Stein der Weisen ist von Basilius in (2) gemeint. Hier klingt auch das häufige Motiv an, daß die Erlangung des **Lapis** allein ein Gottesgeschenk sei. In (3) verläßt aber Basilius schon den Begriffszusammenhang des Lapis, dart ist die Goldschmelze als "*Tinctur*" bezeichnet.
Diese Aufspaltung des Begriffs setzt sich bei Kunckel fort. Zwar verwendet er auch den Begriff der "*Tinctur*" im Sinne des Stein der Weisen - so etwa in seinem 'alchemistischen Credo' in (4) - jedoch erfährt der Begriff eine Bedeutungserweiterung in Richtung 'Lösung' bzw. 'Flüssigkeit'. Wird dies schon in (5) deutlich, so sind die nur bei Kunckel erscheinenden zusammengesetzten Ausdrücke ein zusätzliches Indiz.

So bezeichnet er die aus dem Silber (**Luna**) gewonnene Lösung als "*Tinctura Lunae*", die er ihrer blauen Farbe wegen (die er allerdings auf einen Kupferzusatz zurückführt) auch "*blaue Tinctur*" bzw. "*blaulichte Tinctur*" nennt.
Als Synonym für das **Aurum Potabile** (irreversibele Lösung des Goldes) verwendet er "*Tinctur des Goldes*" oder "*Tinctura Solis irreducibilis*".
Die Lösung des **Saffran** bezeichnet er als "*vegetabilische Tinctur*".
Schließlich erwähnt er noch die "*Tinctura Antimonii*" und die "*Tinctura Tartari*". Ein Beispiel für erstere findet sich bei Basilius im achten Schlüssel [B874-910]. Unter letzterer verstand man nach Schneider (1981, S.91) die Lösung von geglühtem **Tatarus** in Alkohol.
Vergl.: **Elixir** , **Lapis** , **Stein** , **tingiren**

tingiren
<*tingieren* [A]; *tingiren* [B K]> swv.
1) *Schaw (...) daß im Wesen ein ding werde / verstehe das Spiritus Mercurij anima werd / vnd anima corporis spiritus, So hastu macht zu tingieren* [A115]
2) *Nim denn des zugerichten Ferments ein theil auff tausend theil im Flusse derer Metall / so du tingiren wilt* [B1265]
3) *da ein Theil dieser Tinctur hat tingiret 1604. Theil Mercurii in das feinste Gold/ welches alle Proben der gantzen Welt ausgestanden* [K1998]

Entlehnung von lat. tingere, benetzen, färben.
Arbeitsvorgang der Anwendung der **Tinctur** bzw. des **Ferments**.
Bei allen drei Autoren ist damit die Wirkung der **Tinctur** im Sinne eines "*penetrieren*" [A115] und umwandeln gemeint. Deutlich wird dieser Aspekt der Umwandlung bei Kunckel in der Verwendung der Präposition in: 'tingiren in'.
Eine Bedeutungsveränderung deutet sich bei Marggraf an, der "*tingiren*" reflexiv im Sinne von 'sich färben' verwendet:
"(...) allein auch in diesem Menstruo wollte sich nichts solviren, und es tingirte sich davon kaum gelblicht." (Versuche mit dem neuen mineralischen Körper Platina del Pinto genannt.; Chymische Schriften Vol. 1, S.3) Der Aspekt der Färbung, vormals Indiz für eine Durchdringung und qualitative Änderung der Substanz, verselbständigt sich und spaltet sich vom alchemistischen Bedeutungskomplex ab.
Vergl.: **Elixir** , **Lapis** , **Proiection** , **Tinctur**

todt
[B] adj.
es sterbe dann ihr Balsam / vnd eingeleibter Saltzgeist von natur ab / dann were der leib todt / vnd

könte nichts fruchtbarliches weiter daraus gemacht werden / denn die Geister der Metallen weren abgewichen [B360]
Auch die Metalle sind eingebettet in den Kreislauf des Werden und Vergehen. Ihnen inhärent ist ein **Geist** als ein prinzip des Lebens. Wird ihnen dieses genommen ("*von Natur*" oder durch **Kunst**), so sterben sie .
Vergl.: **Fäulung**

tödten
[A K] swv.
1) *das lebendig Silber sey vnser Feur / das da macht hab die Corpora mehr zu verbrennen / zu tödten / vnd zuuberbrechen / dann das natürliche Feür* [A285]
2) *wann das Corrosivum nicht etwas getödtet* [K2351]
3) *so wird das Sal volatile vom Salmiac und Salpeter getödtet* [K2971]
Bei Alanus bezeichnet das Verb das 'Vergehen' des Edelmetalls im Quecksilber im Rahmen der Amalgamierung. Dieses 'Vergehen' wird aber verstanden als Resultat eines aktiven Handelns seitens des Quecksilbers. Bei Kunckel wird "*tödten*" zu einem Verfahren der **Kunst**, mit dem der chemisch inaktive Zustand einer Substanz erreicht werden soll. Initiator ist der Chymicus. Bei Basilius findet sich die präfigierte Form "*ertödten*". Auch dort wird die Umsetzung einer Substanz (Quecksilber in einer Lösung) beschrieben.
(Vergl. den Eintrag "Mors" bei Ruland 1612, S. 340; Buntz 1968, S. 188 "mortificatio".)
Vergl.: **Aufferstehung , Todt , Tödtung**

Tödtung
[K] f.
also macht dieses auch im Munde keinen Geschmack / sondern / wie gedacht / eine Tödtung des Alcali. [K933]
Deverbatives Nomen actionis zu **tödten**. Auch hier ist die Desaktivierung einer chemischen Substanz - des **Alcali** - gemeint.
Vergl.: **todt , tödten**

tractiren
[K] swv.
eben so ist es mit dem Mercurio, tractire ich den durch Sublimation, durch Cohobation von einigen Mineris oder Metallen / so kan er dessen hitzige oder andere Art an sich nehmen [K629]
Entlehnung von lat. tractare, handhaben.
Sammelbezeichnung für die chymischen Operationen, denen eine Substanz unterworfen wird.
Vergl.: **bereiten**

transmutiren
[B K] swv.

1) *dieweil es nicht mehr Wein / sondern durch Putrefaction vnd Feulung der stäten wärme transmutiret vnd zu Essig worden* [B886]
2) *So weiß ich auch / daß das Gold könne in allen seinen Theilen volatilisch gemacht werden / wer aber Silber oder Mercurium in Gold nicht transmutiren kan / dem wird dieses wohl verborgen bleiben;* [K2833]

Entlehnung von lat. transmutare, umändern.
Während Basilius das Verb verwendet um den Umwandlungsprozeß von Wein in Essig zu bezeichnen, erscheint "*transmutiren*" bei Kunckel im alchemistischen Bedeutungszusammenhang. Es bezeichnet hier die Umwandlung von Metallen (unedle oder auch Silber bzw. Quecksilber) unter Verwendung der **Tinctur** in Gold. In der besonderen Betonung seines Wissens zeigt sich Kunckel hier einmal mehr von seiner alchemistischen Seite.
Vergl.: **Elixir** , **Tinctur**

treiben
[K M] stv.
1) *das haben sie auch gelinde per retort. getrieben und ein gelinde Phlegma Vitrioli gekriegt* [K1823]
2) *nahm derowegen dieses Silber noch einmahl / trieb es wieder durchs Bley* [K3470]
3) *legte hernach einen andern mit Waßer gefüllten Recipienten vor, und trieb es mit dem sträksten Feuer da ich denn nicht nur den schönsten Phosphorum erhielt* [M426]

In (1) und (3) bezeichnet "*treiben*" den Vorgang des **destilliren**. Während aber **destilliren** die gesamte Operation bezeichnet, liegt der Bedeutungsschwerpunkt hier auf dem Destillat und dessen 'erzwungenem' Übertritt von der **Retorte** zum **Recipient**en.
Die verschiedenen Aspekte dieses Prozesses der Entfernung werden durch Präfigierungen zusätzlich betont.
Der allgemeine Vorgang des Entfernens, bezogen auf die Ausgangssubstanz, steht bei "*austreiben*" [B441] und "*heraustreiben*" [B K] im Vordergrund. Der Rückstand wird zum Bezugspunkt bei "*davontreiben*" [B K], und die räumliche Veränderung des von der Retorte in die Vorlage überführten Destillats wird in "*herübertreiben*" [K M] betont. Das dem Destillieren verwandte Verdampfen wird in der Wendung "*über sich treiben*" bezeichnet.
Eine ganz andere Bedeutung besitzt die in (2) erscheinende Wendung "*durchs Bley treiben*". Damit ist die sogenannte Treibearbeit gemeint, die auch als "*abtreiben*" [K] bezeichnet wird. Dabei handelt es sich um das Ausschmelzen von Edelmetall-Blei-Legierungen unter Luftzufuhr, so daß sich das Blei als Bleioxid (Bleiglätte) absetzt. Kunckel verwendet den substantivierten Infinitiv "*Abtreiben*" [K850 3500] zur Bezeichnung dieses Reinigungsverfahrens. Entsprechend verweist das Partizip auf die so erhaltene Reinheit:

"abgetrieben Silber" [K3457].
Vergl.: **destilliren** , **probiren**

trennen
[K] swv.
Wasser aber und saltz sind unzertrennliche Dinge / so sie subtilissima forma zusammen seyn; aber Oel und Wasser sind leicht zu trennen. [K896]
Bed.verwandt mit: **scheiden**

Trockenheit
<*Truckenheit* [A]; *Trockenheit* [M]> f.
1) *wann die wörm vn truckenheit der Alchemey tingiert / vnd nichts anders* [A107]
2) *vermischte solches mit 3 Unzen stinkenden Hirschhorn=Oehls, und zog es zur Trockenheit ab* [M462]

Alanus bezeichnet mit "*Truckenheit*" die aristotelische **Qualität**, die gemeinsam mit der **Wärme** dem Element Feuer zukommt. Das Feuer hier wiederum steht für das Quecksilber (vergl. [A145]).
Marggraf dagegen bezeichnet mit dem Ausdruck den durch Feuchtigkeitsentzug erreichten Zustand einer Substanz. Die gleiche Bedeutung besitzt das aus dem Adjektiv abgeleitete "*Truckne*": "*weil es alles / bis auff die Truckne abgeraucht*" [K1716].
Vergl.: **Qualität** , **trocknen**

trocknen
<*trucknen* [A K]; *trocknen* [B M]> swv.
1) *Wiewohl die Philosophi zu ehr der kunst vil ander weg fürgeben / als stätte kochung / vermischung / sublimieren / zu reiben / zu trucknen* [A205]
2) *Wenn dein Erdreich in seinem eigenen wasser auffgelöset ist / so trockne das Wasser durch das gebürliche fewer gantz vnd gar aus* [B1104]
3) *wann ich von der schwartzen Erde nahm / und setzte sie an die Lufft / nd ließ sie wieder trucknen* [K1758]
4) *den Kalk aber, der mehr als ein Pfund wog, trocknete ich* [M91]

Durch mildes Erwärmen wird einer Substanz, häufig einem Fällungsprodukt, die Feuchtigkeit entzogen.
Auf die zu entfernende Feuchtigkeit verweist die Präfigierung "*austrocknen*" [B787 1084]. Auf das durch den Vorgang erhaltene Produkt beziehen sich "*eintrocknen*" [M100] und "*vertrocknen*" [B641].
Die durch den Feuchtigkeitsentzug erlangte Eigenschaft wird von dem Adjektiv "*trocken*" [B K M] bzw. "*trucken*" [A K] bezeichnet.
Bei Alanus und Basilius ([A98] [B792]) bezeichnet das Adjektiv zudem die aristotelische **Qualität**
Vergl.: **Qualität**

Tutia
[K] f.

ob man zwar vermeynet / Tutia und Galmey wären voneinander nicht weit / so weiß ich doch wohl / wie weit eine rechte Tutia von der Galmey ist [K3294]

Während Ruland (1612, S.477) schreibt "Tutia, id est calamina Katimia" und damit den "Lapis calaminaris, Galmey" (S.121), auch "Katimia, heist Graece Kadmia, latine Calamina" (S.270) mit der "*Tutia*" gleichsetzt, ist sich Kunckel des Unterschiedes zwischen der **Gallmay** - Zinkcarbonat $ZnCO_3$ - und der daraus durch Erhitzen gewonnenen "*Tutia*" - Zinkoxid - bewußt.

Vergl.: **Gallmay**

uberwichtig

[B] adj.

seine farbe zeucht sich von der durchsichtigen röthe auff die tunckelbraune von Rubinfarbe auff Granaten / vnd in der schwere ist er mächtig vnd vberwichtig [B1118]

Übergewicht habend, schwer sein. Hier als Beschreibung des **Lapis**.

Vergl.: **Schwere**

uberwinden

[B] swv.

wenn das dreymal geschicht / so hat der Löwe den Wolff vberwunden / vnd wird nichts mehr an ihm zu verzehren finden / so ist dann vnser Leibe vollkommen zum Anfang vnsers wercks. [B44]

Das Ausschmelzen des nun gereinigten Goldes aus der Antimonlegierung wird als ein "*vberwinden*" des Antimons verstanden.

Zugrunde liegt auch hier die Vorstellung der chemischen Reaktion als ein "Streit" der beteiligten Substanzen.

Vergl.: **Streiten**

überführen

[K] swv.

In der Abstraction ist bekannt / wenn ich ein Metall mit seinem Menstruo übersetze / es leicht mit überführet allemahl ein Theil / wie beym Golde am ersten zu sehen / denn dieses fast am leichtesten über zu führen ist [K1641]

Bezeichnet das *'Abdestillieren'* einer Komponente, hier des Lösungsmittels, die in den **Recipient**en überführt wird.

Während "*überführen*" das vom Chymisten initiierte Verfahren bezeichnet, fordert die Zusammensetzung mit der Präposition - "*mitüberführen*" - eine Substanz als Agens, die eine zweite in der Destillation mitreißt.

Vergl.: **treiben**

Übergießung

[K] f.

So nun / wie gedacht / durch Übergiessung dieser Salien das fulmen vergangen [K2982]
Deverbatives Nomen actionis zu "*übergiessen*" [K846 934].
Vergl.: **gießen**

übersteigen
[K] stm.
so rectificir erstlich den Brandwein vor sich / wenn das geschehen / so mische ihn wieder unter ein schlecht / rein destilliertes Wasser / so steiget der Spiritus vini reiner über / das Wasser / das zurück bleibt / riecht übel [K1060]
Beschreibt den Verdampfungsvorgang des in den **Recipient**en kondensierenden Destillats, hier des **Spiritus Vini**. Vergl. auch [A8]: "*vber sich steigen*" als beschreibung des Verdampfens bei der **Sublimation**.
Vergl.: **destilliren , treiben**

unbefleckt
[B] adj.
Unsere Meister erfordern einen reinen vnbefleckten Leib / so mit keinem mackel noch einiger Frembder vermischung bekleidet ist / den frembder zusatz ist unser Metallen aussatz. [B26]
Gefordert werden reine Ausgangssubstanzen für das Werk.
Vergl.: **gediegen , rein**

unbegreifflich
[B] adj.
Also nun / muß von dieser Materie ein sichtbahrer Geist ausgetrieben werden / welcher doch unbegreifflich ist [B442]
Bezeichnet den dampfförmigen Zustand einer destillierten Substanz.
Vergl.: **Geist , treiben**

Universal
[K] n.
Doch aber werden mir diese Herren nicht ein eintziges wahrhafftiges Exempel beybringen / daß solch universal in rerum natura gewesen. [K2741]
Nach alchemistischer Auffassung sollte das "*Universal*" oder die Universal-Tinktur alle imperfekten Metalle transmutieren. "(...) das Universal tingirt alle Metalle in sehr grosser Quantität / und wird allein auß dem Mercurio Philosophorum gemacht." (J.J.Becher Zwey und zwantzig Paar Philosophischer Differentien; in: ders. Chymischer Glücks=Hafen, Franckfurt 1682, S.63)
Vergl.: **Particularia , tingiren**

unrein
[M] adj.
Aus dieser Kapelle wird der unreine Phosphorus durch

die eingelegte Retorte in die mit Waßer halb gefüllte Vorlage getrieben. [M393]
Vergl.: **rein** , **reinigen** , **Reinigung** , **Unreinigkeit**

Unreinigkeit
[B K] swf.
1) *Also müssen auch vnsere Cörper gefeget und purgirt werden / von aller vnreinigkeit* [B22]
2) *und sahe also / daß das Bley den reinen Metallen wieder einige Unreinigkeit beybringen könte* [K3475]

Substantivabstraktum zu **unrein**. Sammelbezeichnung für Verunreinigungen.
Vergl.: **rein** , **reinigen** , **Reinigung** , **unrein**

Unschlitt
[K]
setze sie auff Kohlen / daß sie heiß wird / doch nicht schmeltze / wirff ein wenig Unschlitt oder andere Fettigkeit / als baum=Oehl und dergleichen darüber [K3596]
Talg, tierisches Fett. Es scheint hier als Reduktionsmittel zu dienen.

untersuchen
[M] swv.
Diese Art von Salz ist seit einiger Zeit nicht unbekannt, sie ist sehr mehrkwürdig und noch nicht vollkommen untersucht. [M537]
Bestimmung der chemischer Eigenschaften einer Substanz, zu denen u.a. das Schmelzverhalten, die Einordnung in die zugehörige Substanzgruppe und das Darstellungsverfahren gehören.
Vergl.: **Erfahrung** , **examiniren** , **Experienz** , **Experiment**

Unze
<*Untze* [K]; *Unze* [M]> f.
Das caput mortuum ließ sich leicht zerbrechen, sahe etwas roth und wog 4 Pfund 8 Unzen [M151]
Gewichtseinheit. Eine "*Unze*" entsprach etwa 30 Gramm. Nach dem "Apotheker-Gewicht" bestand das Pfund aus 12 Unzen. Dem "Gemeinen Pfund" entsprachen 16 Unzen.
Vergl.: **Gewicht**

Urin
[M] m.
Da ich ferner erwog, daß der bloße Urin schon vor sich Phosphorum giebt, obgleich nicht so viel [M443]
Marggraf diente der Harn als Ausgangsstoff für seine Phosphorgewinnung, indem er das im "*eingedickten Urn*" oder "*verfaulten Urin*" enthaltene Phosphorsalz $NaNH_4HPO_4$ durch Glühen in Natriumphosphat umwandelt und dieses schließlich zu Phosphor reduziert.
Vergl.: **Phosphorus**

Ursprung
[A B] stm.
vnd alle dieweil dan Mercurius ist ein vrsprung aller Metall / so ist möglich / daß die Metall darmit wider werde gebracht in Mercurium. Dann von was dings ein ding ein vrsprung hat / in das ist es am aller müglichsten wider zukommen. [A27]
Als Ur- und Ausgangsstoff der Metall erscheint hier das **Quecksilber**.
Vergl.: **Element** , **Principium**

Venenum
[B] n.
so das Vitrum Antimonii mit Wein oder Spiritus vini extrahirt wird / machets viel Sedes vnd Stulgänge / auch eine grosse erbrechung vber sich / denn es ist noch ein Venenum [B894]
Lat. Trank, Gift.
Basilius spricht hier über die giftigen Eigenschaften des Antimonoxids Sb_2O_3, das durch die im Wein enthaltenen Weinsäure teilweise gelöst wird. Im Gegensatz dazu steht die Essigextraktion, durch die kein Antimonoxid gelöst wird.
Mit dieser Annahme, daß das Präparat kein Antimon enthält, könnte erklärt sein, daß eine für das Antimom typische Giftwirkung unterbleibt.

Venus
[A B K] f.
1) *welche einigung der seel vnd des geystes nachmals das Corpus / scilicet Veneris vel Iouis, zu ihm nimpt / vnd empfacht dauon das leben der valkomenheit* [A70]
2) *dieweil durch seinen zusatz gemildert wird der hitzige grad / Venus / und der lebendige Mercurius coagulirt wird* [B1041]
3) *zur Venere brauchest du weniger und schwächer Aqua fort. ursach / weil es mehr Saltz / als Silber und Gold hat* [K672]

Innerhalb der Zuordnung der Himmelskörper zu den Metallen symbolisiet die "*Venus*" das Kupfer.
Bei Alanus (1) ist das unedlere Metall der Ausgangsstoff, auf den der Lapis angewandt wird.
Basilius (2) beschreibt ein Kupfer-Quecksilber-Amalgam und Kunckel (3) weist darauf hin, daß Kupfer in verdünnter Salpetersäure löslich ist.
Eine kupferhaltige Substanz bezeichnet Kunckel mit dem Adjektiv "*venerisch*" [K2329].
Vergl.: **Metall**

Verbesserung
[B] f.
so muß es doch in abschneidung seiner Federn / biß zu der aller niedrigsten scheinung gebracht / vnnd durch seine verderbung in verbesserung kommen / da-

mit schwartz in weiß / vnd weiß in roth gebracht werde [B921]

Die Annahme von den imperfekten und 'bedürfigen' Metallen ([B241 278]) implizirt die Möglichkeit ihrer "*Verbesserung*" im Sinne einer 'Heilung' (**Medicin**).
Auch hier erscheint das Errreichen des geläuterten und vervollkommneten Zustandes im Kontext eines vorausgehenden, notwendigen 'Vergehens' und 'Sterbens'. (**Fäulung**)

verbinden

[K M] stv.

1) *So glaube aber auch ja nicht / daß dieses Füncklein so bloß liege / nein / es ist so genau verbunden mit seinem Saltze / Mercurio und Terra, die mit einem Saltze noch kan solvirt werden;* [K2451]
2) *ob das concentrirte Acidum Salis so vor sich, wenn es mit dem Phlogistho verbunden ist / zu einem solchen Acido werde, das alsdenn mit der vorgemeldeten brennlichen Erde den Phosphorum ausmacht, (...) doch vielleichnt nur in dem Falle, wenn es vorher mit einer zarten glaßachtigen Erde innig verbunden, und also fast ganz und gar verändert ist* [M516]

Das Verb erscheint ausschließlich als Part. Perf., das den bestehenden Sachverhalt des 'Gebunden-Seins' zweier oder mehrerer Komponenten bezeichnet.
Es handelt sich hier um den Ausläufer der 'Band-Metapher', die besonders klar bei Alanus [A347] hervortritt und auch bei Kunckel [K585] nachzuweisen ist.
In Belegbeispiel (2) deutet sich die Annahme an, daß mit der Etablierung des 'Bandes' eine Veränderung der so gebundenen Komponenten sich vollzieht.
Dem in der 'Band-Metapher' sich manifestierenden Konzept entsprechen die chymischen Operationen des **solviren** und **losmachen**.
Demgegenüber wird die in "*verbinden*" vorliegende Möglichkeit, einen vom Chymisten initiierten Synthesevorgang zu bezeichnen, nicht genutzt.
Das Bewußtsein einer durch das Experiment herbeigeführten Ausbildung einer Bindung deutet sich in der Verwendung der Ptäposition 'an' bei Marggraf an: "*Hieraus erhellet, was das Phlogiston ausrichten könne, wenn es an Metalle gebracht wird.*" [M471]
Vergl.: **zusammenbinden**

verbrechen

[A] stv.

das lebendig Silber sey vnser Feur / das da macht hab die Corpora mehr zu verbrennen / zu tödten / vnd zuuerbrechen / dann das natürliche Feür [A285]

Bed.verwandt mit: **tödten**

Verbrennung
[A] swf.
in welchen grünen höltzern sein erstlich drey feuchtigkeit / Die erst behüt das holtz vor der verbrennung [A254]
Deverbatives Nomen actionis zu "*verbrennen*" [A B K].
Vergl.: **brennen**

verderben
[B] v.
Gleich wie das Saltz ist eine erhalterin aller ding / vnd bewahret für der feule / also ist das Saltz vnserer Meister auch ein schutz der Metallen / das sie nicht können gar zu nichte gemacht vnd verderbet werde [B357]
Bed.verwandt mit: **faulen**
Vergl.: **bestehen**

Verderbung
[B] swf.
so muß es doch in abschneidung seiner Federn / biß zu der aller niedrigsten scheinung gebracht / vnnd durch seine verderbung in verbesserung kommen / damit schwartz in weiß / vnd weiß in roth gebracht werde [B921]
Nomen actionis zu **verderben**. Die "*Verderbung*" einer Substanz erscheint auch hier als notwendige Voraussetzung für ihre Läuterung und Veredelung.
Vergl.: **Fäulung**

vereinigen
<*vereynigen* [A]; *vereinigen* [A B K M]> swv. (refl.)
1) *vnd also wirt der geist Mercurij geseliget / vnd die Seel wirdt mit dem Geist gleichförmig vereyniget* [A68]
2) *Im Wasserbad wird die materia auff geschlossen / vnd durch die feulung vereinigt* [B1082]
3) *weil selbiges von seinem corpore noch nicht geschieden / vereinget es sich im Auslaugen mit dem ander* [K160]
4) *weil ich glaubte, daß der klare Sand sich mit denen erdigen Theilen des Urin=Salzes vereinigte* [M581]

Als Teil des Prozesses zur Gewinnung des **Lapis** bezeichnet das Verb bei Alanus die Verbindung von **Geist** (**Mercurius**) und **Seele** (**Anima**). Auf diese **Conjunction** verweist auch die Verwendung bei Basilius. Das Ziel des Werkes wird erreicht durch die Vereinigung von "*man vnd weib*" [A307].
Dieser alchemistische Begriffsrahmen findet sich bei Kunckel und Marggraf nicht mehr. Das Verb bezeichnet dort die Reaktion zweier Substanzen miteinander.
Während Kunckel und Marggraf das Verb reflexiv verwenden und damit die Substanzen als Agenten erscheinen lassen, findet sich bei Basilius und Alanus das Verb

nur in Passiv-Strukturen, mit den Substanzen in Patiens-Rollen und unter Auslassung einer Agens-Angabe. Der Vorgang der Vereinigung wird also in keinem Fall als vom Chymisten initiiert begriffen.
Vergl.: **Conjunction** , **Einigung** , **Heyradt**

verendern
[A B] swv.
1) *Darumb die sucher der Kunst Alchemey sollen wissen / das sie nit mögen die gestalt der Metallen verendern / allein sie werde vormals gewandelt in ihr erst wesen* [A21]
2) *denn durch sein grosses innerliches Fewer wird der kalte Leib Saturni erwärmet / vnd durch solche entzündung in das aller beste Goldt verendert* [B1038]
Lehnübersetzung zu lat. transmutare, ändern.
Die Veränderung der **Gestalt** der Metalle als das materielle Ziel der Alchemie.
Vergl.: **transmutiren**

Verenderung
[B] swf.
welche verenderung aus Mercurio, Sulphure vnd Sale ihren vrsprung / Anfang vnd gewisses ende hat. [B936]
Deverbatives Nomen actis zu **verendern**.

verfertigen
[M] swv.
Gleichwohl aber der nach der gewöhnlichen Art verfertigte Saturnus Cornuus wegen des dazu nöthigen Scheide=Waßers kostbarer (...) zu machen sein würde [M140]
Bed.verwandt mit: **darstellen**
Vergl.: **bereiten**

Verfertigung
[M] f.
Jndeßen zweifele ich nicht, daß sie bey der Verfertigung des Phosphori eben das ausrichten werden / was das zugesetzte Kohle=Gestübe würket. [M495]
Nomen actionis zu **verfertigen**, die Herstellung einer Substanz.
Vergl.: **Bereitung**

vergifften
[A] swv.
die materien wirt mit der feuchtigkeit inficiret vnd vergifft durch die feuchtigkeit [A372]
Lehnübersetzng zu lat. inficere.
Der Kontext beschreibt die 'Vergiftung' von Quecksilber mit Salpetersäure: Bildung von Quecksilber(II)-nitrat.
Vergl.: **inficieren**

Verkehrung

[A] f.

allein so wirdt ewiglich kein verkehrung / dann sie werden vormals soluiert in jhr erst wesen des Mercurialischen wassers [A383]

Die "*verkehrung d' ding*" [A408] ist ein grundgedanke alchemistischen Handels. In der 'Auflösung' des Goldes im Quecksilber, wird jenes in seinen Urzustand verkehrt. Ebenso beruht die Wirkung des Lapis auf einer Verkehrung der Eigenschaften des unedleren, zu verwandelnden Metalls.

Vergl.: **kehren**

verlassen

[K] stv.

Aber in der Scheidung wird Oel / Fett oder Butter wie es vor war / ausser daß die Butter ihre terrestreität verlässet [K910]

Die Abscheidung einer Komponente aus einer Substanz wird als Resultat ihres aktiven Handelns beschrieben.

vermachen

[A K] swv.

1) *diß aqua wirdt gemacht in der trucknen äschen / mit vermachtem gefeß* [A356]
2) *und nachdem ich es fest vermacht / hab ich es hingesetzt in eine ziemlich grosse hitze* [K2273]

Bezeichnung für das Verschließen oder Abdichten von Reaktionsgefäßen mittels "*Leim*", "*Kleister*" oder **Lutum**.

Vergl.: **lutiren** , **Lutum**

vermählen

<*vermehlen* [A]; *vermählen* [B K]> swv.

1) *Vnser Stein / scilicet corpus Sol vel Luna, dissoluiert sich in Spiritum Mercurij (...) vnd empfacht von ihm selbst die Seel des Goldes oder Lune / vnnd vermehlet sich selbs zu ihm* [A93]
2) *Also wen vnser Breutigam Apollo mit seiner Braut Diana durch Heyradt sol vermählet werden* [B148]

Indem die Substanzen zur Reaktion gebracht werden, werden sie "*vermählt*". Während bei Alanus die Reaktion innerhalb der Lapis-Gewinnung im Rahmen der Selbsttätigkeits-Hypothese (vergl.: **Röthen**) als eine Art autodynamischer Prozeß begriffen wird, erscheint bei Basilius die 'Vermählung' (Amalgamierung von Gold und Quecksliber) als ein von außen initiierter Vorgang dem die Substanzen sich unterwerfen.

Vergl.: **Conjunction** , **Einigung** , **Heyradt** , **vereinigen**

vermengen

[M] swv.

Jch habe Saturnum cornuum, Kochsalz und Kohlen (...) mit einander vermengt, und nach obangeführter Methode auf Phosphor bearbeitet. [M503]

Bed.verwandt mit: *vermischen*
Vergl.: **mischen**

vernewern
[A] swv.
Der gesoluiert Corpus / der nach 7. tagen ist auffgelößt / dem ist allweg vber den vierten tag der mist / scil. Mercurius, zuuernewern [A290]
Erneute Zugabe eines Reaktanten, hier des Quecksilbers, zum Reaktionsgemisch. Alanus gibt selbst als Paraphrase "*zuzusetzen*" [A319]. Den Vorgang bezeichnet Alanus mit dem Substantiv "*die ernewen*" [A319] (vermtl. ist der substantivierte Infinitiv gemeint).
Vergl.: **zusetzen**

versatzen
[B] swv.
so es aber mit seines gleichen fermentiret vnd versatzt wird / als denn hat die gemachte Tinctur einen eingang oder ingreß erlanget in das ander zu wircken [B1261]
Versetzen; eine Substanz zugeben.
Vergl.: **vernewern** , **zusetzen**

verschlingen
[B] stv.
wirff ihm für den Leib des Königes / daß er daran seine zehrung haben mög / vnd wenn er den König verschlungen / so mache ein groß fewer [B40]
Die Bildung der Antimon-Gold-Legierung, das 'Hinein-Gehen' des Goldes in das Antimon, wird als ein '*verschlingen*" des Goldes gedeutet. Deutlich wird hier die Vorstellung von der Unterlegenheit des Goldes in diesem Stadium des Reinigungsprozesses.
Damit stimmt überein, daß in der Phase der Wiedergewinnung das Gold als **Löwe** bezeichnet wird, der nun über den **Wolff** (Antimon) triumphiert.
In ähnlicher Weise wird auch das Verhalten des Quecksilbers im abschließenden Gedicht "*De prima Materia Lapidis Philosophici*" beschrieben [B1286].
Das Motiv des *Verschlingen*" bzw. "*Fressen*" erscheint auch in dem unklaren Abschnitt [B280-88].
Vergl.: **verzehren**

Versuch
[M] stm.
Aus diesen bis anher angeführten Versuchen schloß ich / daß vielleicht das Acdum Salis concentartum viel zu der Entstehungdes Phosphori beytrüge [M434]
Der "*Versuch*" als bewußt herbeigeführte Erfahrung, aus dem sich Hypothesen ableiten lassen, die wiederum am **Experiment** zu überprüfen sind.
Im Gegensatz dazu steht das bei Alanus erscheinende Verb, wenn er von einem blinden Ausprobieren warnt: "*ihr solt sein eins stätten willens in ewrem werck /*

nit das jhr ein weil das / das ander mal aber das anfahet zu arbeiten / vnd zu versuchen" [A193]
Vergl.: **Erfahrung** , **Experienz** , **Experiment**

vertragen
[B] stv., refl.
Zwene widerwertigen Geister wohnen wol bey einander / vertragen sich aber nicht leichtlich zusammen / denn da das Püchsenpuluer angezündet wird / fliegen die zwene Geister / daraus das Puluer gemacht worden / mit einem grossen gedöne vnd grosser stärcke von einander [B407]
Die Reaktivität des Schwarzpulvers wird mit der Unverträglichkeit der als personale Wesen vorgestellten "*Geister*" erklärt.
Eine Alltagserfahrung - wie die der Liebe (**Heyradt**) und des Streites (**Streiten**) - wird auf einen chemischen Vorgang übertragen.
Vergl.: **lieben** , **streiten**

verursachen
[K] swv.
das sperma, welches im Wasser / so es zu einem Corpore kommt / und darin putreficirt / oder die Putrefaction verursacht / so macht es einen Geruch. [K919]
Die **Eigenschafft** einer Substanz bestimmt ihren **Effect** und damit ihre verursachende Wirkung.
Vergl.: **Effect** , **Eigenschafft**

verzehren
[A B] swv.
1) *das wasser mercurij verzehret sich belder in die animam Solis vel Lunae* [A170]
2) *Ferner kan die Lufft nichts verzehren / noch eine feuchtigkeit austrocknen / so nit dasselbige durch natürliche Wärme geschicht / so in der lufft wohnet* [B787]

Wie **Verschlingen** erlaubt auch "*verzehren*" die an einer chemischen Umsetzung beteiligten Substanzen in ein Agens-Patiens-Scheme einzugliedern. In der Umsetzung nimmt die eine die andere Substanz in sich auf.
Vergl.: **verschlingen**

Viride aeris
[K]
Mag allhier der rechten Sahlbaderrey wegen des Mercurij coagulati wie ihn die ungeübten nennen / in der Pfannen mit dem Viridi aeris nicht einmahl gedencken [K798]
Grünspan (lat. grünliches Kupfer)
Gemisch basischer Kupfer(II)-acetate, die durch Behandlung von Kupferplatten mit Essig an der Luft entstehen.
(Vergl. auch: Oraculum 1755, in: Schneider 1981, S.25; ebenda S.62)

Viscosa
[K]
und weil die geschaffene grobe Erde von Natur oder durch solche praecipitation der Hitze unterschiedene solche viscosam oder Mucilaginem generiret / so werden auch unterschiedene species daraus [K475]
Neben den Ausdrücken **Gur** und **Micilago** eine weitere Bezeichnung für die von Kunckel angenommene zähe, vormetallische Flüssigkeit, aus der, abhängig von Hitze und Kälte, die Metalle und Mineralien entstehen.
Vergl.: **Gur** , **Mucilago**

Vitriol
[K] m.
wann ich den Vitriol gleich 100. und mehr mahl im Wasser solviren und anschiessen lasse / so fällt doch allemahl eine Terra, und vergehet dem Vitriol sein Metall doch nicht [K2174]
Bezeichnung für die Sulfate zweiwertiger Metalle mit fünf bzw. sieben Molekülen Kristallwasser. Vor allem aus dem Eisenvitriol wurde mittels trockener Destllation Schwefelsäure gewonnen. (vergl. Schneider 1981, S.82; Priesner 1982)
Kunckel erwähnt den blauen Kupfervitriol - "*Vitriolum Veneris*" und den grünen Eisenvitriol - "*Vitriolum Martis*", den er auch "*Englichen Vitriol*" [K2298] nennt. Bei dem von ihm erwähnten "*weissen Vitriol*" [K2217] handelt es sich vermutlich um den farblos, rhombisch kristallisierenden Zinkvitriol.
Die Eigenschaften der Vitriole, kristalline Modifikation und gute Wasserlöslichkeit, sind in dem Adjektiv "*vitriolisch*" [K2324] zusammengefaßt.

Vitrum
[B K] n.
Mir ist durch die Scheidung bekannt geworden / daß eine Marck Gold / 2. biß 2 1/2. Terrae mort. alb. hat / welche irreducibilis ohne Salien ist / da es denn ein milchfarbig Vitrum giebt [K1515]
Lat. Glas. Die Eigenschaft aus der Schmelze glasig zu erstarren besitzen vor allem Gemische aus basischen Oxiden und sauren Oxiden wie Siliciumdioxid, das als Quarzsand Hauptbestandteil der Gläser ist. Die verschiedenen Färbungen entstehen durch Zusatz von Metalloxiden oder Metallen.
Bei dem sowohl von Basilius als auch von Kunckel genannten "*Vitrum Antimonii*" handelt es sich um geschmolzenes Antimonoxid Sb_2O_3.
Vergl.: **Glas**

Volatile
[K] n.
so streitet das Acidum und Volatile im Nitro mit

einander / die haben nun kein Corpus, daran sie sich können halten [K3050]
Aus lat. Adj. volatilis [K158], geflügelt, bezeichnet das Substantiv eine leichflüchtige oder dampfförmige Substanz.
Neben dem lat. Adj. bezeichnet das abgeleitete "*volatilisch*" die Eigenschaft der Flüchtigkeit.
Als Substantivabstraktum erscheint "*Volatilität*" [K3414]. Bei der Bildung von zusammengesetzten Ausdrücken findet es vor allem in Verbindung mit **Sal** und **Spiritus** Verwendung.

Volkomenheit
[A] f.
vnd alßdann so werden die corpora imperfecta aufferweckt vo ihrer vnuolkommenheit zu der volkomenheit / vnd das geschicht nur mit vnserm Stein. [A74]
Bezüglich ihres Verhaltens im Feuer (vergl.:**bestehen**) wurden unvollkommene und vollkommene Metalle unterschieden. Im Gegensatz zu den perfekten Metallen (Gold und Silber) erlitten die unvollkommenen Metalle im Feuer Oxidation und wurden spröde und brüchig. Diese "*vnuolkommenheit*" sollte der **Lapis** in eine "*volkomenheit*" **kehren**.
Vergl.: **imperfect**

vollkommen
[B] adj.
so hat der Löwe den Wolff vberwunden / vnd wird nichts mehr an ihm zu verzehren finden / so ist dann vnser Leibe vollkommen zum Anfang vnsers wercks. [B49]
Beschreibt hier das gereinigte Gold, das als perfektes Metall als "*vollkommen*" gilt und in seiner Reinheit nun für die Gewinnung des **Lapis** geeignet ist.
Vergl. **Volkomenheit**

Vorlage
[M] stf.
An jede Retorte lutirte ich eine Vorlage, die ohngefehr ein Quart hielt [M195]
Ein **Gefäß** zum Auffangen von Destillationsprodukten.
Aus dem 'vorlegen des Glases' bildete sich die Zusammensetzung "furleggglaß" (Jamsthaler, Viatorium Spagyricum fol. 95^{v}), aus der sich über "furlag" (ebenda fol. 105^{v}) die Bezeichnung "*Vorlage*" entwickelte.
Bed.verwandt mit: **Recipient**

vorlegen
[M] swv.
Mit solchem füllete ich eine proportionirliche Gläserne Retorte, legte einen Recipienten vor, und destillirte per gradus [M171]
Vor den gekrümmten Hals der **Retorte**, in der sich die zu destillierende Flüssigkeit befindet, wird der **Reci-**

pient oder oder die **Vorlage** 'vorgelegt', um das Destillationsprodukt aufzufangen.
Vergl.: **Recipient** , **Vorlage**

Vulcanus
[B] m.
Durch Vulcanum also ist zuuorn / Der Vater durch den Geist geborn. [B1304]
Lat. Vulcanos, Feuer- oder Schmiedegott.
Deckname für den **Schwefel**.
Diese Annahme wird auch gestützt durch folgenden Textausschnitt aus dem Basilius-Text "Vom grossen Stein der uhralten Weisen":
"(...) daß man muste Mercurium gefangen nehmen / und in ein Gefängnis wol verwhret beschliessen / und ward ihm Vulvanus zu einem Stockmeister verordnet (...)." (Basilius, Chymische Schriften Bd.I, S.17). Gemeint iost hier die verfestigende Wirkung des Schwefels auf das Quecksilber.
(Noch heute nennt man die Ausbildung von Schwefelbrücken in den Kohlenstoffketten des Kautschuks 'Vulkanisation').
Vergl.: **Schwefel** , **Sulphur**

wachsen
[A B K] stv.
1) *Vnd so dann die Metall auß der erden wachsen / vnd grünen* [A405]
2) *Das leben der Erden bringet alles herfür / so aus ihr wecht* [B381]
3) *und solte es auch nur Eisen seyn / den diß wächset oder generirt sich am ersten aus solch einer terra viscosa.* [K1256]

Die Entstehung und Bildung von Substanzen, vor allem der Metalle und Mineralien, wird von den drei Autoren als ein natürlicher Wachstumsprozeß begriffen.
In besonderer Deutlichkeit stellt Basilius (2) die Abhängigkeit dieses Prozesses vom göttlichen Prinzip des **Leben**s, das den Dingen innewohnt, heraus.
Kunckel bezieht sich in seiner Verwendung des Verbs häufig auf das "Wachsen der Salze" [K2084 2128 2211] und meint damit den beoachtbaren Kristallisationsprozeß (vergl.: "*herauswachsen*" [K278]). Daneben spricht er aber auch, wie im Belegbeispiel, von dem "*Ertz (...)wie es in den Bergen wächset*" [K3522] und, unter Verwendung des substantivierten Infinitivs, vom "*Wachsen des Silbers*" [K3529].
Vergl.: **gebehren** , **generiren** , **Saame**

Wachsthum
[K] n.
Die Natur behält oder scheidet die Terrestreität selber / ehe es zur Multiplication oder Wachsthum kommt [K2521]
Deverbatives Nomen actionis zu **wachsen**. Das "*Wachs-*

thum" entspricht hier eher einem 'anwachsen' im Sinne von **mehren**.
Vergl.: **Mehrung** , **Multiplication**

Wachsung
[A B] f.
1) *Vnd so dann die Metall auß der erden wachsen / vnd grünen / so ist müglichen dz auß ihn auch mög werden ein wachsung vn mehrung am ende* [A407]
2) *so die erde ihres Geistes mangeln solte / were sie denn todt (...) / dieweil ihrem Schwebel oder fettigkeit der Geist / welcher die lebendige krafft erhelt / und alle wachsung durch das nutrimentum fort treibt / beraubet were.* [B405]

Vor allem in (1) wird deutlich, daß die Analogie zwischen dem Entstehen der Pflanzen und dem Werden der Metalle die Begründung für die Möglichkeit der Metallverwandlung liefert. (vergl.:**Kunst**)
Vergl.: **wachsen**

Wärme
<*Werm* [A]; *Wörm* [A]; *Wärme* [B K]> f.
1) *die werm vnd truckenheit die in ihm verborgen ist / ist das Gold (...) / wann die wörm vn truckenheit der Alchemey tingiert / vnd nichts anders.* [A104]
2) *So das Eyß durch mittel der wörm verkehrt / wirt widerumb zu wasser / also auch die Corpora wachsen* [A398]
3) *sol nun eine Geburth aus der Feulung hernach folgen / muß dieselbe durch eine warme eigenschafft / als das Element Fewer / sich selbst entzünden vnd ausbreiten / den ohne natürliche Wärme kan keine Geburt bewiesen werden* [B810]
4) *diese Erde ist das allersubtileste Theil der Erden / und wird aus selbiger ein Chrystall / Diamant / Ertz oder ander Stein / nach dem es einen bequemen Orth und Wärme zu seiner Bereitung fondet* [K459]
5) *wann nun die Wärme auch dazu kommt / und also Hitze und Kälte hier beysammen in einer subtilen Erde liegen / welche dahero nicht cörperlich behalten können / sondern eine Scheidung durch die Wärme geschehen muß / so wird durch diesen Streit des Acidi und Volatilis ein so treffliches fulmen.* [K2997]

Alanus (1) und Basilius (3) bestimmen die "*Wärme*" als eine dem **Feuer** zugeordnete **Eigenschafft**, bzw. **Qualität**. Ausgehend von der Identifizierung des Quecksilbers als "*vnser Feür*", dient Alanus die Nennung der dem Feuer zugeordnenten Qualitäten als Umschreibung des Quecksilbers.
Bei Basilius erscheint die "*Wärme*" als eine **Eigenschafft** des Feuers, die als "*natürliche Wärme*" [B570 788 810] lebensnotwendig ist.

Bei beiden Autoren finden sich zusätzlich Ausdrücke, in denen der "*Wärme*" Adjektivattribute zugeordnet sind. Diese Adjektive leisten eine qualitative Bestimmung der "*Wärme*" als Wärmemenge, die einem Reaktionsgemisch, etwa in Form eines **Balneums**, zugeführt wird. Bei Alanus sind dies: "*stätte Wörm*" [A218], "*messige Wörm*" [A441 449] und "*linde Wörm*" [A313].
Bei Basilius finden sich "*stäte Wärme*" [B886] und "*langwirige Wärme*" [B877].
Für Kunckel gehört die "*Wärme*" zu den Prinzipien, von denen er schreibt: "aber die Principia naturae, als Licht und Finsternus / warm und kalt / können durch alle Corpora dringen und würcken." (Laboratorium Chymicum 1716, S.9) Auch als **Principium** erscheint die "*Wärme*" als eine Wärmemenge, die Wirkung verursacht.
Als "*innerliche Wärme*" [K404], "*Sonnen=Wärme*" oder "*Erdwärme*" [K410] wirkt sie vom Chymisten unabhängig, etwa bei der **Generation** der Metalle.
Über **Feuer** und **Balneum** wird "*Wärme*" zu einem Instrument des Chymisten, mit dem er chemische Vorgänge bewirken kann (5).
In dieser Bedeutung erscheint bei Basilius der Ausdruck "*Ehebett der Wärme*" [B475], der ein temperiertes, die Umsetzung beschleunigendes Reaktionsgefäß bezeichnet.
Das Adjektiv "*warm*" erscheint bei allen vier Autoren. Bei Alanus und Basilius bezeichnet es die Qualität. Kunckel und Marggraf dient es der Bezeichnung einer Temperatur.
Vergl.: **Feuer** , **Hitze** , **Principium** , **Qualität**

wandeln
[A] swv.
Darumb die sucher der Kunst Alchemey sollen wissen / das sie nit mögen die gestalt der Metallen verendern / allein sie werde vormals gewandelt in ihr erst wesen [A21]
Bed.verwandt mit: **verendern**
Vergl.: **kehren** , **transmutiren**

waschen
[B] swv.
Also wen vnser Beutigam Apollo mit seiner Braut Diana durch Heyradt sol vermählet werden / müssen ihnen zuuor auch mancherley kleidung bereitet / und ihre häupter vnd gantzer Leib mit wasser wol gewaschen werden [B151]
Das Auswaschen von Feststoffen um sie von Rückständen, meist Lösungsmitteln, zu befreien. Gefordert wird dazu häufig die Verwendung von "*Brunnen=Wasser*". Der Vorgang wird so oft wiederholt, bis die "*Schärffe*" dem Stoff genommen ist.
Bei Marggraf erscheint "*verwaschen*" [M89].
Vergl.: **abluiren** , **absüssen**

Wasserbadt

[B] n.

Im Wasserbadt wird die materia auff geschlossen / vnd durch die feulung vereinigt [B1081]

Das "*Wasserbadt*" dient der gleichmäßigen und langsamen Erwärmung einer Substanz. Hier soll die milde Temperierung die **Fäulung** beschleunigen.
Als "Balneum Mariae" bei Ruland (1612. S.99) verzeichnet.
Vergl.: **Balneum**

Waßer

<*Wasser* [A B K]; *Waßer* [M]> n.

1) *so sein die vier Elementa vber eins / also daß du hast Lufft mit Wasser / vnd das Fewer mit der Erden.* [A236]
2) *Vnd so das wasser das Corpus in ein vnbegreiffliches wesen hat bracht / vnd soluirt ad nigredinem* [A233]
3) *So das Eyß durch mittel der wörm verkehrt / wirt widerumb zu wasser* [A400]
4) *der Kunstliebende sol dieses berichtet sein (...) das in jedem Element die andern drey verborgen liegen / denn Lufft hat Fewer / Wasser vnd Erden in sich* [B749]
5) *Wenn dein Erdreich in seinem eigenen wasser auffgelöset ist / so trockne das Wasser durch das gebürliche fewer gantz vnd gar aus* [B1104]
6) *Durch Wasser kan fewer vertilget vnd gantz vnd gar verlescht werden* [B211]
7) *Also wen vnser Beutigam Apollo mit seiner Braut Diana durch Heyradt sol vermählet werden / müssen ihnen zuuor auch mancherley kleidung bereitet / und ihre häupter vnd gantzer Leib mit wasser wol gewaschen werden* [B151]
8) *denn der Anfang aller Dinge ist Wasser und Saltz* [K485]
9) *indem ich auch zuweilen observiret / daß ein Wasser mehr Terrestreität geführet / als das ander* [K1315]
10) *Sobald der Phosphorus warm wird, schmelzet er, und sinket unter das Waßer.* [M271]

Die Belegbeispiele führen, bezogen auf die einzelnen Autoren, die verschiedenen Bedeutungen von "*Waßer*" vor, eine Bedeutungsverengung wird dabei sichtbar.
Für Alanus und Basilius gilt: "*Wasser*" bezeichnet zum einen das aristotelische Element (1, 4), zum zweiten das Quecksilber (2, 5) und schließlich das gewöhnliche Wasser (H_2O) (3, 6).
Für Basilius und auch noch für Kunckel stellt das "*Wasser*" die prototypische Flüssigkeit dar. "*Wasser*" wird damit zum Oberbegriff für verschiedene "*wässerige*" [K551] Stoffe (7).
Mit Ausnahme dieser Verwendung, denotiert "*Wasser*" bei Kunckel nur das 'gewöhnliche' Wasser. Diesem spricht

er einerseits den Chyrakter eines **Principiums** zu (8) und glaubt andererseits das "*gemeine Wasser*" hinschtlich seines Gehalts an **Sperma** unterteilen zu können (9). So differenziert er zwischen "*Brunnen=Wasser*" [K2572] und "*Regen=Wasser*" [K1448 1839].
Für Marggraf schließlich ist das "*Waßer*" nur eine in der chymischen Praxis nützliche Flüssigkeit. Etwa um den reaktiven Phosphor darin aufzubewahren.
In der Bedeutung des gewöhnlichen Wassers erfährt "*Wasser*" bei Kunckel und Marggraf zusätzliche Attribuierungen, die sich auf die Temperatur / Aggregatzustand (*gefrorenes* [K], *kaltes* [M], *lauliches* [M], *warmes* [K M], *heißes* [M]), auf die Reinheit (*destillirtes; rein destillirtes; reines; blosses* [K]) und, bei Marggraf, auf die Funktion beziehen: "*vorgelegtes Waßer*", "*vorgeschlagenes Waßer*" - bezeichnet das Wasser in der Vorlage.
Als Oberbegriff bezeichnet "*Wasser*" verschiedene Destillate.
"*Frembde Wasser*" [B75], "*uberköstliche Wasser*" [B186] (Königswasser), "*gebranntes Wasser*" [K604] (vermtl. destillierter Alkohol), "*scharffes Wasser*" [K2569] (Mineralsäuren). Kunckel bezeichnet zudem seine vormetallische Flüssigkeit (**Gur**) als "*metallisches Wasser*" [K540].
Die Identifizierung des Quecksilber als Wasser führt bei Alanus und Basilius zu den folgenden Umschreibungen für den **Mercurius**:
"*rein durchscheinend Wasser*" [A84], "*Wasser der Philosphen*" [A78 338], "*Wasser Mercurij*" [A170], "*mercurialisches Wasser*" [A384], "*unser Wasser*" [A]; "*güldenes Wasser*" [B452],"*geistliches Wasser*" [B645], "*liquorisches Wasser* [B445], "*wahres Wasser*" [B565].
Als ein Sammelbegriff für wasserähnlichliche Flüssigkeiten erscheint bei Kunckel außerdem "*Wässerigkeit*": "*den rectificir von aller seiner Wässerigkeit*" [K1066]. Alanus zählt das "*wässern*" [A205] zu den alchemistischen Operationen.

Weg, truckner
[K] m.

muß hierinnen dem Tractätlein des Anonymi Philalethae billich ein besonders Lob beylegen / der / was den trucknen Weg betrifft / hierinnen mehr / denn mancher gläubet / geoffenbahret hat [K635]

Bei den Prozessen, die zur Erlangung des **Lapis** führen sollten, unterschied man zwischen dem 'nassen' und dem 'trocknen Weg'.
J.J.Becher erläutert im 'Chymischen Glücks=Hafen" (S.63) die beiden Vorgehensweisen:
"Es seynd zweyerley Weg / der truckne nemblich und nasse Weg: der truckne Weg gehet allein auß dem Mercurio, und wird darumb trucken genennt / dieweil der Mercurius ein truckenes Wasser ist / so die Händ nicht netzet.

Der nasse Weg aber gehet zwar auß dem Mercurio, allein derselbige wird zu einem nassen Spiritu oder Oehl gemacht / so sie butyrum nennen / und das Gold auch zu einem nassen Oehl gemacht / aber dieser nass Weg ist lang und gefährlich / dann die Coagulation gehet langsam her / und wegen der Nässe springen die Gläser bald / auch lassen sich die Salinische Spiritus übel darvon bringen."

Weib

[A] n.

Die fewlung des corpus ist der anfang des wercks / vnn die geschicht mit linder werm (...) / so lang vn vil / vntz man vnd weib / Mercurius vnd Anima, zuhauffen kommen / vnd volkomenlich zu einander in ein wesen der Schwertz sein kommen [A307]

Alanus versteht die Bereitung des Steins der Weisen als die **Einigung** von **Anima** und **Mercurius**. Die gebildete Analogie zur körperlichen Vereinigung ermöglicht die Identifizierung der beiden Komponenten als Mann und Frau.

"*Weib*" erscheint hier der "*Anima corporis*" [A114] - dem Schwefel - zugeordnet.

Vergl.: **Anima** , **Einigung** , **Heyradt** , **Man**

Weichmachung

[A] f.

Vnd die vernewen heißt die eigen Jmbibierung der weichmachung vnd soluierung der hert zusamen gebunden schweißlöcher des Goldes [A321]

Das **Corpus** (Gold oder Silber), wird durch das Zusetzen (**vernewern**) von Quecksilber 'aufgeweicht.

Vergl.: **Jmbibierung**

Weinstein=Salz

[M] n.

Ob ich gleich auf diese Art das, was ich suchte, glücklich erhielt, so konte ich doch damit nicht zufrieden sein, weil der Zusatz des Salmiacs und des Weinstein=Salzes etwas zu kostabr war. [M123]

Durch Verbrennung von Weinstein wird ein weißes Salz gewonnen, das hauptsächlich aus Kaliumcarbonat besteht.

(Vergl. Schneider 1981, S. 87)

Vergl.: **Tartarus**

weißen

[A] swv.

in der aufflösung wirdt er geschwertzt / vnd je mehr er soluiert / je mehr wirt er getrucknet vnd geweißt / vn nach der weisse je mehr er gekocht wirt / je mehr wrt er geröth / vnd diß ohn zweiffel. [A140]

Das von dem Farbadjektiv abgeleitete Verb bezeichnet den Arbeitsvorgang, der zur "*Weisse*" [A] als dem Zustand der Wiederbeseelung der toten, qualitätslosen

Substanz führt.
Vergl.: **Farbe** , **röthen**

Werk
<*Werck* [A B]; *Werk* [B]> n.
wo erstlich kein Erden wird / da kan auch kein auf-ferstehung folgen in vnserm Werck [B295]
Geamtheit der alchemistischen Operationen, die zum Stein der Weisen führen sollen.
Vergl.: **Bereitung** , **Labor**

Wesen
[A B K M] n.
1) *Vnd das ist wahr als sie sagen / allein so wird ewiglich kein verkehrung / dann sie werden vor-mals soluiert in jhr erst wesen des Mercuriali-schen wassers / so sein sie allererst in ein an-der wesen vnd gestalt bracht* [A384]
2) *so hat er doch solche Krafft vnd sterck in sich / daß / wo sein herrliches wesen / welches ist vber alle massen ein vnbegreiffliche Kälte* [B929]
3) *dennoch hat das corrosiv nicht wohl die Macht / das Gold aus seinem Wesen zu bringen* [K1541]

Die Zusammensetzung der Materie sowohl im Sinne einer stofflichen Beschaffenheit als auch im Sinne eines abstrakten Organisationsprinzips von etwas Belebtem, ist ihr "*Wesen*". (Vergl. Grimm Bd. 29, Sp. 526-528)
Zusätzlich erscheint "*Wesen*" in einer Reihe attributiver Fügungen, die kaum ein einheitliches Strukturm-erkmal erkennen lassen.
Bei Alanus umschreiben alle attributiven Fügungen das Stadium der **Nigredo**. Das "*Wesen der schwertz*" [A308] bezeichnet ebenso wie "*allererst Wesen*" und "*unbegreiffliches Wesen*" [A232] den qualitätslosen Zustand der Materie, der die Ausgangsstufe zur Bereitung des **Lapis** ist.
Basilius verwendet "*Wesen*" weitaus unterschiedlicher. So ist das "*liquorische Wesen*" [B514] ein Deckname für **Mercurius**.
Das "*himlische Elementische und irdische Wesen*" ist eine Paraphrase des Terminus "*materia informis*" [B426]. In den Ausdrücken "*fewriges Wesen*" [B792] und "*geistliches Wesen*" [B770] erscheint "*Wesen*" dem Elementbegriff übergeordnet.
Während sich bei Basilius die dem "*Wesen*" zugeordneten Bedeutungen fast alle durch ihre Abstraktheit auszeichnen, referiert Kunckel mit den auf der Basis von "*Wesen*" gebildeten Ausdrücken ausschließlich auf konkrete Substanzen.
Das "*erste Wesen*" [K485] bezeichnet die Verbindung von "*Wasser*" und "*Saltz*", die er als Ausgangsstoffe allen Seins annimmt.
Das "*geistliche Wesen*" [K1619] eines Stoffes ist dessen flüchtiger oder dampfförmiger Zustand (**Spiritus**).
Das "*harte Wesen*" [K469] bezeichnet Feststoffe und die

"*imperfecten Wesen*" [K796] meinen die unedlen Metalle.
Vergl.: **Forma** , **Gestalt**

Wider
[B] m.
hierauff soltu aller ding vernehmen / das du solt auffziehen die himlische Wage / den Wider / Stier / Krebs / Sorpion / vnnd Steinbock / der ander seite der Wage soltu legen den Zwilling / Schütz / Wassermann / Fisch vnd Jungfraw / denn verschaffe / das der Goltreiche der Jungfrawen in den schoß springe [B1010]
Der Kontext legt nahe, daß "*Wider*" über die Bedeutung des Sternzeichens hinaus, als ein alchemistischer Deckname zu lesen ist, dessen Bedeutung jedoch unklar bleibt.
In einer bildlichen Darstellung der **Conjunction** (S.Michelspacher: Cabala, Spiegel der Kunst vnnd natur; in: Alchymia, Augsburg 1615; Wiedergabe bei Ploss/Roosen-Runge/Schipperges/Buntz 1970 S. 161) wird dem Sternzeichen des Widders das alchemistische Zeichen für **Tartarus** zugeordnet. (Vergl. Lüdy-Tenger 1981 (1.Aufl.1928) Taf. 66)
Vergl.: **Tartarus**

Widerbringung
[A] f.
Vnd wiewol bei vil Künstlern solche widerbringung der Metall in Mercurium vnmüglich geachtet wird [A24]
Prozeß der Zurückführung der Metalle in ihr "*erstes Wesen*" [A22 384], der durch die Behandlung mit **Mercurius** erreicht werden soll.

widerwertig
[B] adj.
Zwene widerwertige Geister wohnen wol bey einander / vertragen sich aber nicht leichtlich zusammen / denn da das Püchsenpuluer angezündet wird / fliegen die zwene Geister / daraus das Puluer gemacht / mit einem grossen gedöne und grosser stärcke von einander [B406]
Basilius erklärt die Explosivität der Schwarzpulvers aus den einander widerstreitenden Komponenten.
Vergl.: **streiten**

wiegen
<*wägen* [K]; *wiegen* [K M]> stv.
1) *wann ich nun den Calcem edulcoriret habe / so ist er schwerer als das Gold gewogen und fulminiret also viel hefftiger* [K3010]
2) *so erhielt ich den schönsten Phosphorum, der nur kan gemacht werden, und er wog 2 1/2 Unze.* [M309]

Bei Kunckel erscheint "*wägen*" / "*Wiegen*" in der Bedeutung 'Gewicht bestimmen'. Bei Marggraf dagegen läßt sich "*wiegen*" mit 'Gewicht haben' paraphrasieren. Während Kunckel keine oder nur ungenaue Angaben macht, führt Marggraf das festgestellte Gewicht an. Bei Marggraf erscheint das Resultat vom individuellen Vorgang seiner Ermittlung getrennt. Die Aussage zum Gewicht einer Substanz wird entpersonalisiert.

wircken

[B] swv.

denn ohn Saltz kan vnser werck nicht leibhafftig gemacht werden / denn die erhartung aller ding wircket das blosse Saltz allein. [B351]

Gemäß der Drei-Prinzipien-Lehre des Paracelsus erscheint hier das "*Saltz*" als das die Festigkeit der Stoffe begründende Prinzip.

Vergl.: **Wirckung**

Wirckung

<*Wirckung* [B K]; *Würckung* [K]> f.

1) *vnnd alles was mit dem Weine oder seinem Spiritu extrahiret vnd circulirt wird / hat viel ein ander Eigenschafft vnd wirckung / denn das jenige / so mit dem Aceto ausgezogen wird* [B889]
2) *und alle salia volatilia, so sie von ihrem Geruch abgebracht werden / sind sie einerley Wirckung / gleich wie die Alcalia.* [K1038]
3) *Schließlich aber wäre leicht hieraus zu erweisen / was Wasser und Geist in der Chymie vor Würckung hätten* [K2078]

Während bei Basilius der medizinische **Effect** aufgrund der individuellen Eigenschaft der Substanz im Vordergrund steht, scheint Kunckel die "*Würckung*" einer Substanz als ein für die Substanzklasse spezifisches Verhalten gegenüber anderen Stoffen zu verstehen.

Vergl.: **Effect** , **Eigenschafft**

Wissen

[B] n.

In diesem ist vnser Meisterschafft ein grosses wissen von nöthen / denn die austheilung vnd zusammensetzung muß recht getroffen werden [B559]

"*Wissen*" erscheint hier als die im **Handwerck** verankerte Kenntnis um die quantitative Zusammensetzung und **Bereitung** der Stoffe.

In diesem Sinne verwendet Basilius auch "*Wissenheit*" [B321].

Vergl.: **Erfahrung**

Wolff

[B] m.

So nimb den geitzigen grawen Wolff / so seines nahmens halben den streittigen Marti vnterworffen / von geburt aber ein kind des alten Saturni ist (...) vnd wirff ihm für den leib des Königes [B33]

In seinem 'Oedipus Chymicus' (1682, S.136) schreibt

J.J.Becher über die Verwendung der Tiersymbole: "Die Chymischen Geheimnisse werden gemeiniglich abgehandelt durch der Thiere Figuren: also bedeutet der rothe Löw die Sonn / das Gold / die Krot / der Raab / die Fäulung: die taube / der Adler die Schlang / der grüne Löw / die Luna Philosophorum, ihren Mercurium. (...) durch den Wolff / das antimonium; durch den Drachen den Salpeter; durch die Schlange das Arsenicum, u.d.g. bedeutet."
Die im Belegbeispiel vorliegende Umschreibung liefert zwei weitere Hinweise auf das Antimon. So wird es durch Schmelzen des Sulfids unter Zusatz von Eisen (**Mars**) gewonnen und man hielt Antimon und Blei (**Saturn**) für verwandte Stoffe.

zart
[K] adj.
so man aber die Kräuter mählig verbrennet / daß man eine zarte Asche kriegt / so ist das Sal auch zärter [K136]
Lehnübersetzung zu **subtil**.
Vergl.: **grob**

Zehrung
[B] f.
wirff ihm für den Leib des Königes / daß er daran seine zehrung haben mög / vnd wenn er den König verschlungen / so mache ein groß fewer / vnd wirff den Wolff darein [B39]
Bei der Bildung der Antimon-Gold-Legierung ist das zugesetzte Gold die "*Zehrung*" des Antimons.
Vergl.: **verschlingen**

zerbrechen
[A B K] stv.
1) *Welcher das Gold oder Silber kan oder weiß zerbrechen / das fürbas kein Gold mehr wirdt / der kumpt zu einer grossen meisterschafft.* [4112]
2) *denn vnsere mmateria muß anfanges vnsers Wercks wol vnd auffs höchste gereinigt / als denn auffgeschlossen vnd zerbrochen / auch zerstöret / vnd zu staub vnd Aschen werden* [B465]

Mit "*zerbrechen*" werden einerseits die chymischen Operationen der **Auffschliessung** und **Aufflösung** gemeint und andererseits die Zerstörung der Substanz im Sinne eines **tödten** als Voraussetzung ihrer Vervollkommnung.
Vergl.: **Aufferstehung**

zerlassen
[A] swv., (refl.)
wann es ist das rein durchscheinend wasser / in welchem sich die corpora Sol vel Luna zerlassen [A85]
Vorgang des Auflösens von Gold oder Silber im Quecksilber.
Vergl.: **auflösen , solviren**

Zerlegung
[B] f.
so sage ich dir / dem so der naturen zerlegung zu wissen verstehen wil / vnd der Elementen scheidung zu erlernen ihm vorgesatzt / also das in der distillation der Erden gehet / erstlich das Element Lufft [B764]
Die Isolierung der die Substanz konstituierenden Elemente, ihre Reinigung und anschließende erneute Zusammenfügung sollte zur Verbesserung der Substanzen, der Metalle führen.
Vergl.: **Anatomia**

zerreiben
[A M] stv.
Der Mercurius zerreibet alle Ding / so kocht das Feür es zu der volkommenheit. [A210]
Bezeichnet bei Alanus die, bezogen auf das amalgamierte Metall, auflösende Wirkung des Quecksilbers.
Bei Marggraf [M103 106] synonym zu 'zerkleinern', 'pulverisieren'.

Zerreibung
[A] f.
So ist es doch nur ein einige Regierung / die da genennet wirt die zerreibung vnd kochung. [A209]
Nomen actionis zu **zerreiben**, das den Vorgang der Einwirkung des Quecksilbers auf das Metall bezeichnet.

zerstöhren
<*zerstören* [A B]; *zerstöhren* [K]> swv.
1) *ein jegliches ding / durch was vrsach es wachßt / durch dasselbige wirts zerstört* [A345]
2) *es ist noch ein Venenum, vnd seine gifft ist noch nicht zerstöret vnd zerbrochen* [B895]
3) *wie wohl ich nicht läuge / daß die Salia Macht haben / die Metallen zu zerstöhren / und in ein geistlich Wesen zu bringen* [K1618]

Der Prozeß des Zerstörens ist bei Alanus (1) der eines Zurückführens der Substanz in ihr "*erstes Wesen*" [A22 384].
Bei Basilius (2) dagegen ist es ein Vorgang, der zur Unwirksamkeit einer Substanz, hier eines Giftes, führt.
Bei Kunckel (3) schließlich bezieht sich "*zerstöhren*" auf den Festzustand einer Substanz und meint deren Auflösung, hier mit Hilfe der Mineralsäuren.
Vergl.: **auflösen** , **Widerbringung**

Zerstörlichkeit
<*Zerstörlichkeyt; Zerstörlichkeit* [A]> f.
vndt wirdt denn genannt ein ding / dem wir nichts mehr frembdes zu noch dannenhero nemmen / wann in dem ist gantz vnd gar keyn zerstörlichkeit noch mangel. [A367]

Die abstrakte Eigenschaft der Zerstörbarkeit eines Stoffes.
Die "*Zerstörlichkeit*" steht in Opposition zur **Bestendigkeit**.
Vergl.: **Bestendigkeit** , **zerstöhren** , **Zerstörung**

Zerstörung
[B] f.
kanstu in seiner Anatomia den Schwebel vnd seinen Mercurium sonderlich behalte / vnd dem Saltz widerumb damit seine erstattung thun / (...) so kan das wider daraus werden / durch das fewer / welches es für der zerstörung vnd seiner Anatomia gewesen [B339]
Deverbatives Nomen actionis zu **zerstöhren**.
Auch hier ist der Arbeitsgang der "*Zerstörung*" ein Isolieren der als Prinzipien begriffenen Komponenten einer Substanz, das der Reinigung der Prinzipien und erneuten Vereinigung voraus geht.
Vergl.: **Anatomia**

zeugen
[K] swv.
es ist eine natürliche Alteration vorgangen / welche eine Scheidung gemacht / dadurch diesem Element sein Saame entgangen / und hat das ander Element gezeuget [K1469]
Lehnübersetzung zu **generiren**. Es bezeichnet den Vorgang des natürlichen Werden der Stoffe. Während im Belegbeispiel die Sequenz **Alteration** - **Scheidung** als die Ursache des Vorgangs erscheinen, findet sich das Verb in den anderen Verwendungen nur in Passiv-Konstruktionen, in denen die Agens- bzw. Instrument-Rollen nicht belegt sind.
Vergl.: **generiren**

ziehen, an sich
[B K] stv.
1) *Vnd gleich wie ein Eisen einen Magneten hat / so jn seiner wunderbarlichen vnsichtbaren liebe halben an sich zeugt. Also auch vnser Gold auch einen Magneten hat* [B430]
2) *Schmeltzte ichs und setzte es an die Lufft / so zog es ein Wasser an sich / wie alle alcalia thun* [K1752]

Während Basilius mit der Vorstellung einer Attraktionskraft die Wechselwirkung von Quecksilber und Gold in der Amalagamierung beschreibt, erweitert Kunckel diese Sichtweise auf andere chamische Phänomene. Gemeinsam ist Beiden, daß sie von der Erfahrung einer Anziehungskarft des Magneten auf Eisen ausgehen.
Kunckel bezieht das 'An-Sich-Ziehen' einer Substanz auf eine Zweite vor allem auf die Beschreibung der hygroskopischen Eigenschaft von Salzen.
Vergl.: **Magnet**

Zink
[M] m.
wenn man solchen so wie verschiedene andere dergleichen Ofenbrüche mit dem achten Theile Kohl=Gestübe vermischt, und aus einer töpfernen Retorte mit heftigem Feuer in eine mit Waßer gefüllte Vorlage treibt, so giebt er ein ansehnliches Theil Zink. [M421]
Marggraf beschreibt hier die Darstellung des Metalls nach dem sog. 'Destillationsverfahren' (Remy Bd. II, S.587), nach dem das Zinkoxid (**Ofenbruch**) von Kohlenstoff (**Kohle**) reduziert wird.

Zinn
<*Zin* [A]; *Zinn* [K M]> n.
Dieser versuch ist um desto merkwürdiger, da außerdem der Regulus Antimonii durch Zusatz von Phlogisto sowohl, als das gemeine Bley und Zinn in metallischer Gestalt in den Halß der Retorte eben so, wie der im 23sten Paragrapho angeführte Zink in die Höhe gestiegen sind. [M479]
Marggraf erhält das Metall aus dem Oxid, wie im falle des Zink, durch Reduktion mit Kohlenstoff.
Die Alchemisten ordneten dem Zinn den Jupiter zu.
Vergl.: **Metall**

zurichten
[B] swv.
Nim denn des zugerichten Ferments ein theil auff tausend theil im Flusse derer Metall [B1263]
Vergl.: **bereiten**

zurückbleiben
[K M] stv.
mische ihn wieder unter ein schlecht / rein destilliertes Wasser / so steiget der Spiritus vini reiner über / das Wasser / das zurück bleibt / riecht übel / denn es hat sein Saltz (...) in sich genommen [K1061]
Bezeichnet das Verhalten des Destillationsrückstandes, der in der Retorte verbleibt.
Das substantivierte Part. Präs. bezeichnet bei Marggraf den Rückstand [M618]
Vergl.: **Caput Mortuum**

zusammenbinden
[A B] stv.
1) *alßdann so wirdt der trucken stein in jm soluiert / vnd mit ihm zusamen gebunde / daß sie kein scheydung von einander hinfür nimer haben* [A37]
2) *Flüchtig vnd fix zusammen bind.* [B1314]
Bei Alanus bezeichnet das Part. die Untrennbarkeit des Goldes vom Quecksilber im Amalgam.
Eine solche Untrennbarkeit der Gegensätze von **fix** und **flüchtig** zu erreichen, fordert Basilius . Dabei

scheint es sich bei ihm um ein bewußtes, vom Chymisten bewirktes **verbinden** zu handeln.
Auch in "*zusammenbinden*" wird die 'Band-Metapher' deutlich.
Vergl.:**scheiden** , **verbinden**

zusammenfügen
[B] swv.
vnd sind die drey Geister / so das leben erhalten / vnd vermehren / die füg zusammen / gib jnen was jnen an speiß vnd tranck von Natur von nöthen / vnd erhalte sie im Ehebett der wärme biß zu der vollkommenen Geburth [B473]
Vergl.: **verbinden**

Zusammenfügung
<*Zusamenfügung* [A]; *Zusammenfügung* [B]> f.
1) *Vnd für ein warheit / so ist die Medicin vnsers Steins ein ding / ein gefäss / ein zusamenfügung / ein regierung / wann alle Meisterschafft wirt mit einem ding angehebt* [A199]
2) *Derowegen zur eröberung des gewünschten ziels gar ein gewiß Mensur in deiner zusammenfügung der Philosophey liquorisches Wesens / muß in acht genommen werden* [B473]

Deverbatives Nomen actionis zu **zusammenfügen**.
Bezeichnet den Prozeß der Vereinigung der Ausgangsstoffe zur bereitung des **Lapis**. Bei Basilius scheinen dabei auch die quantitativen Gewichtsverhältnisse gemeint zu sein.
Vergl.: **Einigung**

zusammensetzen
[K] swv.
wenn man eine Tinctur machen will / da will man die Principia reinigen / vnd dann wieder zusammen setzen [K2523]
Kunckel beschreubt hier die alchemistische Vorstellung, nach der die Stoffe zu vervollkommenen seien, indem ihre Prinzipien isoliert, gereinigt und wieder zusammengefügt würden.
Vergl.: **verbinden** , **zusammenfügen**

zusammensintern
<*zuammensündern* [K]; *zusammensintern* [M]> swv.
Ferner thät ich die Terram albam mortuam in einen Tiegel / gab ihr bey 2. Stunden Schmeltz=Feuer / aber es glüete wie Kreide / begehrte sich nicht einmahl zusammen zusündern / geschweige zu schmeltzen [K2640]
Bezeichnet - "*bergmännisch zu reden*" [K265] - das teilweise Schmelzen und Zusammenbacken von Mineralien. Bei Marggraf erscheint die substantivierte Form des Vorgangs: "*das Zusammensintern*" [M612].

Zusatz
[B K M] m.
1) *den frembder zusatz ist unser Metallen aussatz.* [B28]
2) *und du wirst sehen / daß deine Luna, die sonst in einer geringen Gluth / wie Wachs fliesset / hernach ohne Zusatz eines Flusses / mit der Gewalt des Feuers kaum fliessen wird.* [K3603]
3) *Das zurückbleibende glühete ich gelinde aus, und schmolz es vor sich ohne Zusatz zusammen* [M619]

Bei Basilius bezeichnet der "*Zusatz*" eine Verunreinigung in den Metallen. Bei Kunckel ist der Vorgang des **zusetzens** einer Substanz gemeint und Marggraf schließlich bezeichnet die zugegebene Substanz selbst mit "*Zusatz*".
Vergl.: **zusetzen** , **Zusetzung**

zusetzen
[A B K M] swv.
1) *dem ist allweg vber den vierten tag der mist / scil. Mercurius, zuuernewern / versteh / zuzusetzen* [A319]
2) *Wenn du aber dem Adler den kalten Drachen (...) zusetzest / vnd setzest sie beyde auff den Hellischen Stul / so wird Pluto dermassen zublasen / vnd wird dem kalten Drachen einen fligenden Geist außjagen* [B200]
3) *da es denn ein milchfarbig Vitrum giebt / so ihm ein Alcali zugesetzt wird* [K1516]
4) *und ließ es in einem eisernen Keßel über Kohlen warm werden / wobey ich nach und nach 3 Pfund des bemeldeten Saturni cornui §.9. zusezte* [M165]

Bei allen Autoren das Zugeben einer Substanz zum Reaktionsgemisch. Auch heute als 'zusetzen' bezeichnet.
Vergl.: **Zusatz** , **Zusetzung**

Zusetzung
[K] f.
weil öffters an den Orth nicht solch ein Auffsteigen von der gedachten Fettigkeit / mit Zusetzung des Saltzes vermittelst des Berg=Feuers geschicht [K414]

Deverbatives Nomen actionis zu **zusetzen**. Während das Verb jedoch einen Vorgang der chymischen Praxis bezeichnet, ist hier ein natürlicher Vorgang gemeint.
Vergl.: **Zusatz** , **zusetzen**

Zwilling
[B] m.
hierauff soltu aller ding vernehmen / das du solt auffziehen die himlische Wage / den Wider / Stier / Krebs / Sorpion / vnnd Steinbock / der ander seite der Wage soltu legen den Zwilling / Schütz / Wassermann / Fisch vnd Jungfraw / denn verschaffe / das der Goltreiche der Jungfrawen in den schoß springe [B1012]

Der Kontext legt nahe, daß "*Zwilling*" über die Bedeutung des Sternzeichens hinaus, als ein alchemistischer Deckname zu lesen ist, dessen Bedeutung jedoch unklar bleibt.
In einer bildlichen Darstellung der **Conjunction** (S. Michelspacher: Cabala, Spiegel der Kunst vnnd natur; in: Alchymia, Augsburg 1615; Wiedergabe bei Ploss/Roosen-Runge/Schipperges/Buntz 1970 S. 161) wird dem Sternzeichen des Zwillings das alchemistische Zeichen für **Viride Aeris** zugeordnet. (Vergl. Lüdy-Tenger 1981 (1.Aufl.1928) Taf. 4)

5.2. Index zum Wörterbuch

6. ABDRUCK DER BEHANDELTEN CHYMISCHEN TEXTE

Die Wiedergabe der Texte entspricht den Originalen. Die Orthographie wurde beibehalten. Nur die Umlaute a, o, u wurden zu ä, ö, ü aufgelöst. Die Seitenzählung der Originale wird in eckigen Klammern angegeben. Im Falle der "Dicta Alani", die keine Seitenzählung aufweisen, markieren die leeren Klammern [] den Seitenumbruch. Jeder Text erhält eine durchgehende Zeilennummerierung, auf die sich alle Belegstellenangaben beziehen.

Die den "Zwölff Schlüsseln" zugeordneten Bilder sind am Ende des Textes wiedergegeben. Dies gilt auch für die Abbildungen, die der Abhandlung Marggrafs beigefügt sind.

Dicta Alani.

Sohn / setz dein hertz mehr Gott / dann zu der kunst / wann sie ist ein gab von Gott / vnd wem er will dem theyle er sie mit / darumb hat ruhe vnnd freude in Gott / so hastu die kunst / Darumb setz dir ein hütter deines mundes für die pitter. Du solt nicht gedencken wann wir sublimieren / das wir den theil der da vber sich steiget / scheyden von dem das da vnten bleibt / wann in vnser Sublimation werden die gefigierten theil nit erhebt / sondern die theyl die nit figiert sein / die werden erhebt / Aber wir müssen die zwey / als corpus vnd Spiritus mit einander figieren / damit sie ein leichten fluß geben. Jtem / so die hitz würckt in der feuchtigkeyt / so sichst zum erst schwartz farb. Jtem / so die hitz wirckt in der truckenheit / so sicht es weiß farb / vn in derselbigen weissen farb ist verborgen die roth farb. Darumb die sucher [] der Kunst Alchemey sollen wissen / das sie nit mögen die gestalt der Metallen verendern / allein sie werde vormals gewandelt in ihr erst wesen / welches erstes wesen nichts anders ist / denn Mercurius. Vnd wiewol bei vil Künstlern solche widerbringung der Metall in Mercurium vnmüglichen geachtet wirdt / So gedenck doch die möglichkeit / das die Metall in der erden worden sein auß Mercurio vnd Schwebel / vnd alle dieweil dan Mercurius ist ein vrsprung aller Metall / so ist möglich / daß die Metall darmit wider werde bracht in Mercurium. Dann von was dings ein ding ein vrsprung hat / in das ist es am aller müglichsten wider zukommen.

Das aller erst werck in diser kunst ist / dz wir aufflösen den trucknen stein Solem oder Lunam zu Mercurio / oder dz wir es verkehren in ihr aller erst wesen / wann alßdann so wirdt der trucken stein in jm soluiert / vnd mit ihm zusamen gebunde / daß sie kein scheydung von einander [] hinfür nimer haben / wann es würcket ein jeglicher in seinem mitgleichen / der gestalt / wann die solution des Corpus geschicht mit der coagulation des Spiritus Mercurij, vnd die hertung des Spiritus oder Mercurij ist vnd geschicht mit der aufflösung des Corporis, vnnd das wirdt denn genennt ein ding / dauon alle Philosophi sagen in ihren Büchern der Philosophey.

Es ist nur ein einiges ding / welches einiges ding allein der bloß Mercurius ist / der ist in jm behalten die eigenschafft vnd natur aller Metall / vnd wirdt deßhalben genant der Stein der Weisen / vnd wiewol der nicht ist / vnd der einig Schlüssel der Metall / so hat er doch von ihm selbs nicht macht zu ferben allein / er werde dann vorhin geferbt oder tingiert mit der anima Solis vel Lunae / wann kein geist würckt nicht in eim anderen geist / noch kein leib in anderen leib / darumb so stehet die kunst allein auß der Seel des leibes vnd des geystes / versteh [] Sulphuris vn Mercurij wan die seel Sulphuris ist ein wesen des leibs / vn darum welcher nit kan oder weiß außzuziehen die die Seel von dem Leib oder Corpus / Sole oder Luna, vnd nachmals dieselbig wider kan geben in proiectione Cörper / der jrret aller ding. Vnd das geschicht diser weiß.

Die Seel des Corpus Solis vel Lunae wirdt außgezogen durch das mittel des geistes Mercurij / vnd also wirt der geist Mercurij geseliget / vnd die Seel wirdt mit dem Geist gleichförmig vereyniget / welche einigung der Seel vnd des geystes nachmals das Corpus / scilicet Veneris vel Iouis, zu ihm nimpt / vnd empfacht dauon das leben der valkomenheit; vnd alßdann so werden die corpora imperfecta aufferweckt vo ihrer vnuolkommenheit zu der volkomenheit / vnd das geschicht nur mit vnserm Stein.

Vnser Stein der wirdt gemacht allein auß eim einigen ding / vn allein mit einer Meysterschafft der Regierung [] wann vnser Wasser der Philosophoru lößt auff die corpora, solis vel Lunae, wann vnser wasser lebendig ist / vnd hat in ihm aller ding nottürfftigkeyt / von wegen seiner volkomenheit / vnd wo das gefunden wirt / so wirdt es mit tausent namen genannt / wann es ist das rein durchscheinend wasser / in welchem sich die corpora Sol vel Luna zerlassen / vnd in keinem andern ding auff erden / Vnnd das solches wahr sey / hör die Philosophos.

Vnser Stein / scilicet corpus Sol vel Luna, dissoluiert sich in Spiritum Mercurij, vn mit dem selbigen congelirt er sich selbs / er schwertzt sich selbs / er weißt vnd röth sich selbst / vnd empfacht von ihm selbst die Seel des Goldes oder Lune / vnnd vermehelt sich selbs zu ihm / er figiert sich selbs in der Seel Solis vel Lunae.

Lucianus Philosophus spricht:

Vnser Stein ist lüfftig vnnd flüchtig / in seiner offenbarung kalt vnd feucht / vnd in seiner verborgenheit warm vnnd trucken / vnd die kelte vnd feuchtigkeit die da ist [] in der offenbarung / ist ein wässeriger Rauch / vnd ein zerstörlichkeyt / vnnd ein schwertz die sich selbs zerbricht / vnd alle andere ding mit ihm / vnd die selbe kelte vnd feuchtigkeit fleucht vom Feür / vnd die werm vnd truckenheit die in ihm verborgen ist / ist das Gold / oder das Öle der reynesten Jngehung in die Leib / vnd ist nicht dauon fliehen / wann die wörm vn truckenheit der Alchemey tingiert / vnd nichts anders. darumb so macht das die kelt vnnd die wässerig feuchtigkeit / die vor offenbar ist / gleich sey der wörm / vnd die truckenheyt die da ist verborgen. Schaw daß das zusamen kome / vnd zusamen vereiniget werden / vnd daß im wesen ein ding werde / verstehe das Spiritus Mercurij anima werd / vnd anima corporis spiritus, So hastu macht zu tingieren / penetrieren / aber die feuchtigkeit muß durch die grad des Feürs zerstört werden / das da schwach vnd müßig sey / ec.

Vnser Stein wirdt also: Nim Mercurium / dann ohn ihn hat die Natur nit [] macht zu arbeiten vberal / als Rasis bezeuget / da er spricht: Allein vnser werck mögen wir durch ihn machen / das alle Natur vberwindet / wann der Mercurius ist gesellig allen Metallen / vnnd ist allein das einig mittel / da da zufüget die Tinctur / Wann fürwar die natur des Mercurij nimpt allein auß dem Gold oder Silber miner das zu ihm / das da ist seiner natur / vnd das sündert es ab / vnd verschmachts / verstehe / die Erden laßt es ligen / vnd die Seel empfacht es auß dem Corpus / wann die Seel ist gleichförmig dem Geist Mercurij / mit aller eigenschafft / vnd dann so wirt der Stein von den Philosophen der ertzlich / der vngreifflich / der natürlich stein / vnnd wirt mit vnzahlbaren namen genent von den Philosophen. Vnd der geseliget Stein / je mehr er gekocht wirdt / je mehr soluiert er das Corpus Solis vel Lunae, vn in der aufflösung wirdt er geschwertzt / vnd je mehr er soluiert / je mehr wirt er getrucknet vnd geweißt / vn nach der weisse [] je mehr er gekocht wirt / je mehr wirt er geröth / vnd diß ohn zweiffel. Also wirdt vnser Stein auß dem schnöden ding / id est, Mercurio, aufferstehn in dem aller kostbarlichsten Schatz. Wann Geber spricht / das geschicht vn wirt allein durch vnsern Mercurium / durch vnser Feür / vnser Wasser / vnser Essig / verstehe den blossen Mercurium / mit seinem corpus.

Nim ein theil maler Gold / oder Silber / oder dinne geschlagen Gold oder Silber / wann jhe mehr es subtil ist jhe ehe sie zu Mercurio werden / vnd thus in ein offen Hermetis / also formiert / vn thu darzu hin ein xii. theil Mercurij optime purgati, vnd machs zu einem amalgama / vnd setz eine wol vermacht in einer trucknen gesotten aschen / das die aschen die Materien alle bedecken sey / vnnd dann weiter mach ein mäßig feür / vnd laß an vnd an also kochen / so lang / biß die fordern Sprüch erfüllet werden / die da bey dem zeychen vermerckt werden / So es in igne Sapientia gestanden hat vff [] ein Monat der Philosophen / so werden volbracht vn gmacht grausame schwertz / erseiht ein das ander / verstehe / es verzehrt ein farb die andere / so lang / biß es auff die letst ein bleibt / das ist der weisen Mercurius / vnd die vollkomen schwertz. Vnnd ob du zu dem Corpus nimbst drei theil Mercurij / vnd j. theil Corpus / so hastu des Mercurij zu wenig / also daß du nicht 3. Monat damit putrificieren darffst / sunder das wasser Mercurij verzehret sich belder in die animam Solis vel Lunae, dann so sein gemüt ist / Darumb so ist wol gut / das man des ersten nem 12. theil Mercurij / vnd 1. theil Corpus / vermacht / setz in die äschen / vnd laß also kochen 3. Monat / So wirdt das verborgen ist / id est, anima, offenbar / vnd das offenbar / id est, Mercurius, wirt verborgen. Aber solche außziehung der Anima mit dem Spiritu Mercurij geschicht nicht zu einem mahl / sondern zu mehr malen / alle weg mit der zeit jhe ein wenig / vnd aber ein wenig / also lang / biß die arbeit vol=[]bracht wirt / wie oben geschriben stehet.

Also bezeuget vns der Philosophus Senior, sprechend: Es geht die Seel nicht zu einem mal auß dem Leib / sondern zu vil malen / vn das gefeß der aufflösung / darinn sich das Corpus soluiert / soluiert sich nicht zu einem mal / sondern allweg darinn ein wenig / vnnd aber ein wenig / nach seiner regierung / Vnd du darffst nicht wenen / das zu einem mal die aufflösung des Corpus geschech / sonder mit der weil / wie oben geschriben stet in den Sprüchen der Philosophen.

Jhr arbeiter diser Kunst / ihr solt sein eins stätten willens in ewerm werck / nit das jhr ein weil das / das ander mal aber das anfahet zu arbeiten / vnd zu versuchen / Wann die kunst ist nicht in der menig der Species / sunder im leib vn geist. Vnd für ein warheit / so ist die Medicin vnsers Steins ein ding / ein gefäss / ein zusamenfügung / ein regierung / wann alle Meisterschafft wirt mit einem ding angehebt / scilicet Mercurio, vn mit einem [] ding geendet / scil. Mercurio. Wiewol die Philosophi zu ehr der kunst vil ander weg fürgeben / als stätte kochung / vermischung / sublimieren / zu reiben / zu trucknen / zu wässern / zu feuren / zu weissen / vnd zu röthen / vnnd mit wie vil namen es kan vnd mag genennt werden / So ist es doch nur ein einige Regierung / die da genennet wirt die zerreibung vnd kochung. Der Mercurius zerreibet alle ding / so kocht das Feür es zu der volkommenheit. Darumb spricht Rasis / Koch vnuerdrossen / vnnd laß dich das nicht verdriessen / vnd nit eyle damit / gedenck an andere vmblauffende ding der verlust / Sonder wart dem mit fleiß zu end auß.

Wann Longanus Philosophus spricht / Schaw das im werck das gefess stättig beschlossen sey / vnd gleich stätte wörme hab / wann kein ding in der welt wirdt on stätte vbung nit volkomen volbracht / vnd edler / so du in der arbeit bist / alle zeichen die in einer jeglichen kochung erscheinen / der biß eingedenck / vnd schaw [] daß das gefäß halber sey in der äschen; vnd halber heraussen / auff das du alle tag darein mögest sehen / Vnd gewohnlich in 40. tagen so erscheint oben auff ein Schwertz als ein Pech / vn ist nichts anders dann das auffgelöst Corpus / dann was geistlich wirdt / das schwingt sich alle weg vbersich / vnnd das Jrdisch bleibt vnten. Omne leue sursum, alle leichte ding steigen vbersich / & omne ponderosum deorsum, vnnd alle schwere ding bleiben vnten. Vnd so das wasser das Corpus in ein vngreiffliches wesen hat bracht / vnd soluiert ad nigredinem, So ist hie / ist herfür die Solution / die Tinctur in der schwertz / so sein die vier Elementa vber eins / also daß du hast Lufft mit Wasser / vnd das Fewer mit der Erden. Aber du solt nit glauben / das die Tinctur zu einem mal werd außgezoge / sond' allweg ein wenig / vnd aber ein wenig / alle tag ein schwertz / so lang / biß es mit der langen zeit vollendet wirt / vnd was sich mit dem Mercurio soluiert / das legt sich all=[]weg vbersich / wiewol des vntern allweg mehr ist. Die schwertz hat vil tausent namen / Sie heißt das Fewr / die Seel / der Nebel / das Raben haupt / vn die schwertz füget zusamen den Geist mit dem leib / vnd solcher nebel kompt durch vnser calcination / als Auicenna saget.

Vnser anfang / so Corpus vnd Spiritus bey einander ist / wirdt in der einsetzung geheissen Calcinatio / Vn an solcher Calcinierung geben vns die Philosophi Exempel an den Höltzeren / in welchen grünen höltzern sein erstlich drey feuchtigkeyt / Die erst behüt das holtz vor der verbrennung / die ander feuchtigkeit ist fast feißt oder ölig / soliche macht das holtz brennen / vnd die zwey sein ohnriechend vnd vnuerbrennlich im Feur / aber die dritt feuchtigkeit bleibt in der äschen / vnd die ist feißt / wenig / vnd subtil / mit einer ewigen bestendigkeit. Vnd in solcher weiß wirdt vns gebotten vnseren Stein Mercurij mit dem Corpus zu calcinieren / als jetz von den höltzern ge=[]sagt ist / Darauß lernest du zu erwarten erstlich die schwertz / nachmals die weisse / welche weisse so sie für sich digeriert wirt in vnserem feur / kompt zu der allerhöchsten bestendigkeyt.

Der Philosophen Fewer werden nur zwey in ihren Büchern gesetzt / als ein truckens vnd feuchts / Das trucken feür haben sie genennt das gemein Feür / das ein jeglichs ding hat macht zu verbrennen / Aber das feucht Feür haben sie genennt den Roßmist / in welcher feuchtigkeit die verborgen wörm gehalten wirt. So aber darinn abnimpt oder verzehrt wirdt die feucht / so nimpt ab die wörm. Von dem Feür sagt Phiares der Philosophus: Das Feur des

Roßbauchs eygenschafft ist / das es das gold nicht zerstört / sonder mehrt / durch seiner feuchtigkeit willen / so andere fewer das alles zerstören durch ihr truckenheit willen. Darumb spricht Alchidonus Philosophus: Fürwar vnser Medicin die ist zuuerbergen in dem feuchten Roßmist / welcher mist [] der Weisen Feur ist.

Turba meldt / daß das lebendig Silber sey vnser Feur / das da macht hab die Corpora mehr zu verbrennen / zu tödten / vnd zuuerbrechen / dann das natürliche Feür. Das bezeuget darauff Calid: Es ist fürwar ein Fewer / das alle ding verbrennt zu riben. Das bezeuget auch Senior / sprechend: Vnser wasser ist das Fewer / das das gold mehr verbrennt dan das natürlich fewer / vnd vnser wasser ist stercker dann das Feur / wann es macht von dem Gold den waren geyst / das das natürlich fewer nicht gethun mag / wie wol jm das natürlich auch zugehört / wann alsdan so geht vnser wasser dann in die leib / vnd kert es zu erden / darnach in ein puluer / oder äschen / vnd ob es zu erst nit schwartz wurd / so wer auch hin nach kein weisse erfolgen / vnnd so die schwertz erscheinet / so wissent daß sie vber 40. oder 50. tag nicht wehren ist / vn das ist der putrificiert Corpus.

Die fewlung des Corpus ist der an=[]fang des wercks / vnnd die geschicht mit linder werm / auff das / dz nichts nit auffsteige / wann so etwas auffstieg / so wirt absönderung des Mercurij vnd Corpus / das nit sein soll / so lang vn vil / vntz man vnd weib / Mercurius vnd Anima, zuhauffen komen / vnd volkomenlich zu einander in ein wesen der Schwertz sein kommen / welche volkomne vereinigung der zweyer / Spiritus & Animae, oben auff volkomen erscheinen werden d' waren aufflösung. O lieber Sun / hab guten fleiß in d' feulung / vnd die feulung muß geschehen in linder wörm / dz ist / in linde Roßmist / id est, Mercurio. Das aber das lebendig sey der Roßmist / ist offenbar per Seniorem Philosophum, da er spricht: Der gesoluiert Corpus / der nach 7. tagen ist auffgelößt / dem ist allweg vber den vierten tag der mist / scil. Mercurius, zuuernewern / versteh/ zuzusetzen / Vnd die vernewen heißt die eigen Jmbibierung der weichmachung vnd soluierung der hert zusamen gebunden schweißlö=[]cher des Golds / vnd des Silbers / auff das wir mögen auß ziehen sein Seel durch vnseren geyst / scil. Mercurium.

Für ein gantze warheit / zuhand nach der feulung so wachst das reyn herfür in sein gleich / als offenbar ist an eim jeglichen kernen / so er steht etliche tag in der wörme der erden / so gschwilt er / vn nach der gschwellung was reyn vnd guts ist in ihm / das wachßt auß ihm herauß / vnnd wirdt dann tausentfeltig gemehret / aber das vnreyne das verschwindet gantz / darumb so digerieren wir vnser materien / auff das sie geschwell / vnd das auß ihr mög wachsen das da reyn ist / vn mög gemehret werden / vnd das vberig verschwind. Darumb ist in vnser meysterschafft nichts mehr noth / dann allein die feulung des Corpus in dem wasser der Philosophen.

Wann es sey dann / daß das korn des Corpus Solis vel Lunae werd auffgeworffen in sein aller erst wesen / sunst arbeitest vmb sunst / wan das Corpus thut nichts [] allein / es sey dan gefeult / vnd es mag nit gefeult werden / denn mit seinem Mercurio / wann fürwar ein jegliches ding / durch was vrsach es wachßt / durch dasselbige wirts zerstört / vnd es ist nichts so natürlich / dann das eim jeglichen ding werden auffgelößt seine band / damit es gebunden ist / mit dem ding / dauon es her ist kommen / scil. Mercurio.

Der weg der aufflösung des Corpus sein vil vnd mancherley / Einer geschicht in kelten vn feuchte der Keller / vnd sandigen stetten / als die aqua Mercuriales. Der ander vnd best weg geschicht in truckener hitze / als die aquae Mercuriales nit werden / diß aqua wirdt gemacht in der trucknen äschen / mit vermachtem gefeß / vnnd ist der aller erst vnd best weg / aber der vorgemelt erst weg ist gantz verderblich / vnd vnsicher. Vn ist das die vrsach / wann die Philosophi sprechen / daß ihr solution des Corpus sey ein einige / daß die truckenheit des Corpus verkert werd zu wasser / id est, fac Mercurium per Mercu=[]rium, per aquam mercurialem, wann alsdan so empfacht das trucken Corpus die eygen feuchtigkeyt des Mercurij, vnd wirdt denn genannt ein ding / dem wir nichts mehr frembdes zu noch dannenhero nemmen / wann in dem ist gantz vnd gar keyn zerstörlichkeit noch mangel. So du aber die materien vermeinest zukehren / in die gestalt des wassers der wolcken / in dem keller der feuchten statt / so empfacht es dauon ein zerstörlichkeit / wann die materien wirt mit der feuchtigkeit inficieret vnd vergifft durch die feuchtigkeit.

Vil sein die da reden / vnd nichts verstehen von der kunst / vnnd wissen auch nit die eigenschafft der Natur der Metallen / vnd verachten die kunst mit den worten Aristotelis im 5. buch Metheororu, Sprechende: Die Sucher der kunst sollen wissen / das sie die gestalt der Metallen nit mögen verkehren / als auß Kupffer Zin zumachen / Bley / Eysen / Silber oder Gold machen / Vnd das ist wahr als sie sagen / allein so wirdt ewiglich [] kein verkehrung / dann sie werden vormals soluiert in jhr erst wesen des Mercurialischen wassers / so sein sie allererst in ein ander wesen vnd gestalt bracht / dann sie vormals gewesen sein. Hört zu was hernach volget / Die meisterschafft zerbricht die ding der gestalt allermeist in den Cörpern / wann wir haben gesehen / daß die corpora sein verkehrt worden zu lebendigem Silber / das bey vil mensche vnglaublich vnd vnmöglich ist / macht nichts nit / dann jhr vnuerstand / wann sie wissen nit / dz die Metall all / so gebore werden / her komen sein von Mercurio vnd Schwebel / Vnd so dan Mercurius ist ein vrsprung aller Metall / So ist müglich / das mit dem Mercurio die Metall widerumb zu Mercurio verkert werden. Des setz ich dir ein solch Exempel / So das Eyß durch mittel der wörm verkehrt / wirt widerumb zu wasser / also auch die Corpora wachsen / vnd mehren sich alle lebendige ding / als offenbar ist in allen Baumen / vnd Pflantzen / vnd [] Thieren / wann auß einem einigen kernen werden wol tausentmal tausent / vn auß einem Baum vnzalbar äste. Vnd so dann die Metall auß der erden wachsen / vnd grünen / so ist müglichen dz auß ihn auch mög werden ein wachsung vn mehrung am ende / vnd darumb ist die verkehrung d' ding nun genügsam kund vnd offenbar / mit aller möglichkeyt / darumb sprechen die Philosophen.

Welcher das Gold oder Silber kan oder weiß zerbrechen / das fürbas kein gold mehr wirdt / der kumpt zu einer grossen meisterschafft. Es ist leichter die Corpora zweifeltiglichen zerstören / oder verkehren. Dann wissentlichen ist das wir sehen / daß das Kupffer an sich nimpt ein goldfarb / vnd wirdt Messing / von Bley machen wir Bleyweiß vnd Menig / vnd auß der Menig ein Glas / so bleibts doch allweg Bley / vnd ein jegliches in seim eignen vnuerkehrten wesen / daß der weiß verstendig nun wol auß kan vnd mag rechen / das kein auflösung [] Der Corpora nit soll sein / noch geschehen / dann in seinem eignen blut / vn kein nutz nit mag werden / dann das Corpus sey dann vormals auffgelöst / welchen weg du hernach gar klärlich vernemen wirst.

Nim in dem namen des Herren den aller besten sublimierten Mercurium / der zu siben mal gesublimiert sey / vnd Reuificier ihn widerumb durch ein teil lebendig kalck / vnd durch halb so schwer Tartarum crudum, so wirt er wol purgieret oder purgier den auff das best als du magst vnd kanst. Desselben Mercurij nim 3. theil / vnd ein theil dünn geschlagen Gold oder Silber / das die Maler nutzen / thu es zusamen in ein soluier Schal / vnd mahls durch einander / das ein amalgama darauß werd / So das geschehen ist / so setz jhm zu 9. theil des purgierten Mercurij / vnnd thus in soliches gefeß / als dir wol wissen ist / vnd setz in eine gesotten äschen / also das die äschen ein wenig vber das gefeß gehe / vnd gib ihm mässige wörm / vnnd ein stätte / So [] sitzt der Senex im bad / Also laß ihn in verschloßnem gefeß / biß der sichtig Mercurius verborgen wirdt / vnd das verborgen Corpus offenbar / vn das heisen die Philosophi die Solution / vnnd Sublimation / vnd geben ihm auch vil vnd manigfaltig namen / vnnd ist doch nur ein arbeit / ein Regiment / ein gefeß / ein offen / vnd so es in der messigen wörm steht die 40. tag / so erscheint zu obrist ein schwertz als ein schwartz Bech / das ist der Philosophen Rabenhaupt / vnd der Weisen Mercurius. Damit sey Gott lob vnd danck gesagt.

Anno Domini Fünffzehen hundert / vnd im zwelfften Jar.

Per me Iohannem Gyer, oriundus de
Rodenbergen, illo tempore manens
in Colonia.
FINIS.

[28] Nun folgen die
Zwölff Schlüssel
Fratris Basilii Valentini
Benedicter Ordens.
Dadurch die Thüren zu dem uralten
Stein vnser Vorfahren eröffnet / vnd
der vnerforschliche Brunnen aller Ge=
sundheit gefunden wird

[29] Der erste Schlüssel.

[30] Mein Freund sol wissen / das alle vnreine vnd befleckte dinge zu unserm Werck indigni sind / dann ihr Aussatz kan keine beförderung gebehren zu vnserm werck / und das gute wird durch den vnreinen weg verhindert.

Alle Krämer Wahr aus den Bergen gilt ihr gelt / wenn aber verfelschung beybracht wird / ist die wahr vntüchtig worden / denn sie ist verfelschet / vnd ist nicht mehr / wie zuuor gewesen / in ihrer operation.

Und wie der Artzt den innerlichen leib außfeget und saubert durch mittel seiner Artzeney / vnd alle vnreinigkeit von ihm außtreibet / Also müssen auch vnsere Cörper gefeget und purgirt werden / von aller vnreinigkeit / damit in vnser geburt die vollkommenheit wircken kan / Unsere Meister erfordern einen reinen vnbefleckten Leib / so mit keinem mackel noch einiger frembder vermischung bekleidet ist / den frembder zusatz ist unser Metallen aussatz.

Die Krone des Königs sol von reinem [31] Golde sein / vnd eine keusche Braut sol ihm vermählet werden. Darum so du durch vnser Cörper wircken wilt / so nimb den geitzigen grawen Wolff / so seines nahmens halben den streittigen Marti vnterworffen /von geburt aber ein kind des alten Saturni ist /so in den Thälern und Bergen der Welt gefunden wird /vnd mit grossem hunger besessen / vnd wirff ihm für den Leib des Königes / daß er daran seine zehrung haben mög / vnd wenn er den König verschlungen/ so mache ein groß fewer / und wirff den Wolff darein /das er gantz vnd gar verbrenne / so wird der König wider erlöset werden /wenn das dreymal geschicht/so hat der Löwe den Wolff vberwunden / vnd wird nichts mehr an ihm zu verzehren finden / so ist dann vnser Leibe vollkommen zum Anfang vnsers wercks. Vnd wisse / das dieses allein nur der rechte weg ist hierzu düchtig / vnser Cörper zu reinigen / dann der Leo seubert sich durch das geblüte des Wolffes / vnd des geblüts tinctur frewet sich wunderbarlich mit der tinctur des Löwens / denn ihr beyder Geblüt [32] sind in der gesipschafft naher Verwandtnus / Vnd wann sich der Löwe ersettiget hat / ist sein

Geist stercker worden / denn zuuor / vnd seine augen geben einen stoltzen glantz von sich/ wie die helle Sonne / sein inneres wesen vermag denn viel zu thun/ vnd nützlich zu allem dem darzu man ihn erfordert / vnd so er in seine bereitschafft gebracht wird / so dancken ihm die Menschen=Kinder/ mit schweren hinfallenden Kranckheiten vnd mehren seuchen beladen / die zehen aussetzigen Männer lauffen ihm nach/ vnd begehren zu trincken von dem blut seiner Seelen /vnd alle / so gebrechen haben/ erfrewen sich höchlich seines Geistes / Denn wer von diesem güldenen Brunnen trincket / empfindet eine gantze vernewerung der Natur / Hinnemung des bösens / Stercke des Geblüts /krafft des Hertzens / vnd eine vollkommene gesundheit aller Glieder / sie sein innen beschlossen oder ausser dem Leibe empfindlich / denn es eröffnet alle Neruus und Posos, damit das böse kan ausgetrieben werden / vnd das gute dero statt ruhiglichen bewohnen kan.

[33] Mein Freund / sol aber ein fleissiger auffsehen haben / das der Brun des lebens lauter vnd klar befunden werde / denn keine frembde Wasser müssen sich mit vnserm Brunnen vermischen / auff das kein Mißgeburt entstehe vnd aus einem gesunden heylsamen Fisch eine Schlange herfür kriche / da auch durch mittelwege / eine scherffe dazu gefügt / dadurch vnser Leib zerbrochen worden / so verschaff / daß alle Corrusiu abluirt werde / denn keine Scherffe ist dienlich den innerlichen kranckheiten zu wehren / denn das scharffe dringet durch mit zerstörung / vnd würde mehr kranckheiten gebehren / sondern vnser Brunnen muß ohne gifft sein / wiewol Gifft mit Gifft muß vertrieben werden.

Wann ein Baum keine gesunde wolschmeckende Frucht bringet / so wird er abgeschnitten auff seinem stam / vnd wird ein andere art bessere Früchten darauff geimpffet / dann vereinigt sich das Reiß mit dem stamme / das aus dem stam und seiner wurtzel mit sampt dem Reiß alles ein guter baum wird / vnd nach begehren seines Impffers [34] eine gute gesunde wolschmeckende frucht herfür gibet.

Sechs stedte durchwandert der König am himlischen Firmame[n]t / aber in der siebenden behelt er seinen Sitz / denn der Königliche Saal daselbsten ist mit güldenen Stücken vmbhenget.

Verstehestu ietzo was ich rede / so hastu mit diesem Schlüssel das erste Schloß eröffnet / und den Rigel des anlauffs zu rück getrieben / kanstu aber noch kein liecht darinnen ergründen / so wird dich auch kein gläsern Gesichte befördern / noch natürliche augen vermögen zu helffen / das letzte zu finden das du im anfang gemangelt hast / Dann wil ich nicht ferner reden von diesem Schlüssel /

wie mich Lucius Papirius gelehret hat.

[35] Der Ander Schüssel

[36] In den Höfen der Großmechtigen vnnd Gewaltigen werden vielerley art der getrenck gefunden / vnd doch keins dem andern gleich am geruch / farbe vnd geschmack / denn ire bereitung ist manigfalt / vnd werden gleichwol alle getruncken / dieweil ein jedes an seine stadt zugerichtet ist / vn zu der Hofhalt von nöten.

Wenn die Sonne jre strahlen von sich gibt und außbreitet vnter den Wolcken / spricht der gemeine Man / die Sonne zeucht wasser / vnd es wird regnen / vnd so das ofter geschicht / gibt es ein fruchtbar Jahr. Ein köstlichen herrlichen Pallast in die Höhe zu bawen / müssen viel vnd mancherley art Meister vnd Arbeiter ire hand anlegen / vnd gebrauchen / ehe der Pallast gezieret / vnd volkommen geheissen wird / denn was Steinern sein sol / kan nit höltzern gemacht sein.

Durch den täglichen ablauff des wütenden Meers vnd seiner widerkunfft / welcher sich aus eingegossener lieb / so es von oben herab aus dem günstigen Himmel empfangen / [37] also artet vnd erzeiget / werden viel mechtige Reichthumb den Landen dadurch bewiesen / denn als oft seine widerkunft geschicht / bringet es dem Menschen zu gut das seinige mit.

Eine Jungfraw so man vermahlen wil / die wird zuuor mit manigfaltigkeit der kleidung zum besten vnd schönsten gezieret / damit sie ihrem Breutigam gefallen bringt / vnd das band der liebe durch jr hertzlich anschawen desto tieffer vnd brünstiger einwurtzeln möge / Vnd so die Braut denn ihrem Ehgatten nach fleischlichem herkommen beygelegt wird / wird die manigfaltige Kleidung aller bey vnd abgelegt / vnd die Braut behelt keines mehr / denn dieses / so ihr der Schöpffer in der geburt gegeben hat.

Also wen vnser Breutigam Apollo mit seiner Braut Diana durch Heyradt sol vermählet werden / müssen ihnen zuuor auch mancherley kleidung bereitet / und ihre häupter vnd gantzer Leib mit wasser wol gewaschen werden / welche wasser du durch vielfaltige Manier der Distillierung zu bereiten [38] erlernen must / denn sie sind sehr vngleich / etliche hoch / etliche gering / darnach man derer bedürfftig ist / gleich wie ich von den vielfeltigen getrencken gesagt hab / vnd wisse / wenn die feuchtigkeit der Erden auffsteiget / vnd der Nebel auffgezogen wird / gibt es sich in der höhe zusammen / vnd felt durch seine schwere nieder / dadurch dem Erdreich seine verlorne feuchtigkeit wider gegeben wird / das erquicket denn die Erden /

vnd gibt ihr Nahrung vnd fügung / das Laub vnd gras aus ihr wachsen können / darumb müssen etliche bereitung deiner Wasser im distilliren offt widerholet werden / das du den abzug seiner Erden vielmals wider gibst / vnd aber daruon treibst / gleich wie das Meer Euripus die Erden offter verlest / vnd entblösset / vnd wieder bedecket / biß es zu seinem gewissen ziel kommen.

Wenn man also denn den Pallast des Königes mit vieler hand arbeitung bereitet vnd gezieret hat / vnd das gläserne Meer seinen lauff verrichtet /vnd den Pallast mitgütern erfüllet hat / als denn mag der König [39] wol sicher darein gehen / und seine wohnung auffschlahen.

Doch merck mein Freund dieses sehr wol / das der Breutigam sich mit seiner Braut nackendt vnd bloß vermählen muß / darumb müssen alle zubereitete sachen zum schmück ihrer kleider vnd nothwendiger zier ihrer angesichter / widerumb von ihnen genommen werden / das sie gantz bloß das grab besitzen / wie sie bloß geboren sind / damit ihr Same durch frembde einmischung nicht möge zerstöret werden.

Zum beschluß dieses Sermons sage ich dir in aller warheit / daß man das vberköstliche Wasser / dadurch der Breutigam sein badt haben soll / von zweyen Fechtern (verstehe von zweyen widerwertigen Materien) muß gantz klüglich vnd grosser sorgfeltigkeit gemacht werden / denn ein Kempffer muß den andern forttreiben / damit sie zum streit geschickt werden / vnd Ritterschafft erlangen können / denn es ist dem Adler nit nütze / das er sein Nest alleine in das Alpgebirg mache / denn seine jungen müssen erfrieren von wegen des Schnees / so sich zu oberst der Berge gesetzt.

[40] Wenn du aber dem Adler den kalten Drachen / so seine wohnung in den Steinfelsen lange Zeit gehabt / vnd in den Speluncken der Erden sich aus und einschleifft / zusetzest / vnd setzest sie beyde auff den Hellischen Stul / so wird Pluto dermassen zublasen / vnd wird dem kalten Drachen einen fligenden fewrigen Geist außjagen / welcher durch seine grosse hitze dem Adler seine Federn verbrennen wird / vnd eine Schwitzbanck bereiten / damit der Schnee am höchsten Gebirge zerschmeltzen / vnd zu Wasser werden muß / auff daß das Mineralische badt recht bereitet / vnd dem Könige glück und gesundheit geben kan.

[41] Der Dritte Schlüssel.

[42] Durch Wasser kan fewer vertilget vnd gantz vnd gar verlescht werden / vnd so man viel wasser in wenig fewer geust / so muß das fewer dem wasser gehorsam sein/ vnd ihm die Herrsch[a]fft des siegs

zulassen / Also muß vnser feuriger Schwebel auch durch wasser zu der kunst gemacht / vberwunden vnd erstritten werden / sol anders nach abscheidung der wasser / das fewrige Leben vnsers schwebels dampffs triumphiren / vnd widerumb obsiegen / es kan aber kein triumph in solchem vorhaben geschehen / es habe denn der König seinem wasser sterck vnd krafft zugeeignet / vnd ihm den Schlüssel seiner Hoffarbe vberantwortet / das er dadurch zerbrochen / vnd vnsichtbar gemacht werde / doch auff dißmal muß sein sichtbare gestalt wider zuhanden kommen / aber mit grossem abbruch seines einfeltigen wesens / vnd grosser verbesserung seines standes.

Ein Mahler kan auff weiß Gelbe / vnd auff gelbe Roth / vnd gar purpurbraune farbe wol anstreichen / vnd ob wol alle Farben noch vorhanden / so behelt doch die letzte / so [43] in ihrem grad die höchste / die vberhandt / Vnd das muß in vnser Meisterschafft auch geschehen / vnd so solches geschehen / so hastu das Liecht aller Weißheit für augen / welches im danckeln leuchtet vnd doch nicht brennet / denn vnser Schwebel brennet nit / vnd leuchtet gleichwol ferne / er ferbet auch nicht / er sey dann zuuor bereitet / vnd selbsten geferbet mit seiner farbe / auff das er weiter ferben kan die schwachen vnuollkommenen Metallen / Es ist aber demselbigen Schwebel nicht zugelassen zu ferben / es sey denn solche Farbe mit grossem bestande ihm zugeeignet/ Denn der schwache kan nicht obsiegen / sondern der sterkeste behelt die Herrschung über den schwechesten / vnd muß schwach durch das sterckste weichen / vnd nachgeben / Darumb behalt auff diese Rede folgenden Beschluß vnd meinung / ein geringes kan einem andern geringen nicht helffen / noch eine beförderung mittheilen zu seiner wirckung / vnd ein verbrennlich ding kan keine schützung geben einem andern verbrenlichen dinge / auff daß es auch [44] nicht verbrennen mag/ sol nun ein Schützer da sein / der dem verbrenlichen beywohne / vnd dafür erhalte / so muß der beschützer erstlich mehr gewalt haben / Dann der den er bewahret / vnd zuuor selbst in seinem wesen vnuerbrennlich mit Warheit in aller bestendigkeit sich erzeigen vnd beweisen können / Also wer da vnserm vnuerbrennlichen Schwefel aller Weisen bereiten wil / der nehme zuuor achtung für sich / das er vnsern Schwefel suche in einem / da er vnuerbrennlich innen ist / welches nicht geschehen kan/ es habe dann das versaltzene Meer den Leichnam verschlungen / vnd auch gantz vnnd gar wider von sich ausgeworffen / denn erhöhe in ihn seinem gradt / auff daß er alle andere Sternen des Himmels in seiner klarheit weit vbertreffe / vnd in seinem wesen so blutreich worden / wie der Pellican / wenn er sich in seine Brust verwundet / als denn ohne Krenckung seines leibes / seiner jungen viel ernehret / vnd von seinem blut speisen kan / das ist die Rose vnserer Meister / von farbe des Scharlachs / und das rothe Drachenblut [45] von vielen geschrieben / Auch der Purpurmantel des höchsten Gebletters in vnser Kunst / damit die Königin des Heyls bedecket wird / vnd dadurch alle dürfftigen Metallen können erwermet werden.

Diesen Mantel der Ehren verwahre wol / mit dem Astralischen Saltze / welches diesem himlischen Schwefel nachfolget / auff das ihm kein vnfall begegne / vnd die fliegende krafft des Vogels theil ihm mit / so viel ihm von nöthen / so wird der Hane den Fuchs fessen / demnach im Wasser ertrincken / durchs fewer lebendig werden vnd wider vom Fuchs gefressen werden / auff das gleich vnd vngleich vergliechen werden.

[46] Der Vierdte Schlüssel

[47] ALles Fleisch geborn aus der Erden muß zerstöret / vnd wider zu Erden werden / wie er zuuor auch Erden gewesen / als dann gibet das Jrdische Saltz ein newe geburt durch die himlische erweckung / denn wo erstlich kein Erden wird / da kan auch kein aufferstehung folgen in vnserm Werck / dann in der Erden steckt der Natur Balsam / vnd dz Saltz derer so da gesucht haben die Wissenschafft aller dinge.

Am letzten Endurtheil der Welt / wird die Welt durch das fewer gerichtet werden / das zuuor auß nichts durch den Meister gemacht / widerumb durchs fewer zu Aschen werden muß / Aus derselben Aschen wird der Phoenix seine j[u]nngen endlich wider herfür bringen/ denn in solcher Aschen steckt warhafftig der rechte Tartarus / welcher muß auffgelöset werden / vnd nach seiner solution kan das feste Schloß des königlichen Gemachs eröffnet werden.

Newe Himel vnd Erden wird gemacht werden nach der verbrennung / vnnd der newe [48] Mensch wird viel herrlicher erscheinen / den er zuuor in der ersten Welt gewesen / denn er ist verkleret worden.

Wenn Aschen vnd Sand durch das fewer wol gezeitigt vnd gar gekocht werden / so macht der Meister darauß ein Glaß / das da im Fewer hernacher immer bestehet / vnd an der farbe einem durchsichtigen Steine gleich / vnd keine aschen mehr wird erkandt / das ist dem vnwissenden eine grosse geheime kunst / dem wissenden aber nichts / denn es ist ihm durch die wissenheit vnnd offter erfahrung zu einem Handwerck worden.

Aus Steinen brent der Meister auch Kalck / das man jn zur arbeit brauchen kan / vnd ehe er durchs fewer darzu bereitet wird / ist es ein Stein / vnd kan zu der arbeit für kalck nicht gebraucht werden / durch dz fewer aber wird der Stein gezeitiget / vnd nimt von dem fewer ein sehr hitzigen grad an sich / vnd stercket sich / vnd wird also mechtig / das dem dem fewrigen Geist des kalcks / so er in seine vollkommene bracht / schier nichts zu vergleichen.

[49] Ein jedes ding so es zu aschen gebrandt wird / gibt von sich durch kunst sein Saltz / kanstu in seiner Anatomia den Schwebel vnd seinen Mercurium sonderlich behalte / vnd dem Saltz widerumb damit seine erstattung thun / genugsam nach der kunst / so kan das wider daraus werden / durch das fewer/ welches es für der zerstörung vnd seiner Anatomia gewesen / welches die klugen dieser Welt eine Thorheit nennen / vnd achtens für eitel lügen / heissens ein new Geschöpff / welches dem Sünder von GOTT nicht zugelassen / vnd verstehens doch selber nicht / daß das Geschöpff zuuor gewesen / vnd der Meister allein durch den Samen der Natur sein vermehrung vnd Meisterschafft beweiset.

Welcher Meister kein Aschen hat / der kan auch kein Saltz machen zu vnser kunst / denn ohn Saltz kan vnser werck nicht leibhafftig gemacht werden / denn die erhartung aller ding wircket das blosse Saltz allein.

Gleich wie das Saltz ist eine erhalterin aller ding / vnd bewahrt für der feule / also ist das Saltz vnserer Meister auch ein schutz der Metallen / das sie nicht können gar zu [50] nichte gemacht vnd verderbet werden / das nicht wider etwas daraus werden solte / es sterbe dann ihr Balsam / vnd eingeleibter Saltzgeist von Natur ab / denn were der leib todt / vnd könte nichts fruchtbarliches weiter daraus gemacht werden / denn die Geister der Metallen weren abgewichen / vnd nur durch natürliches absterben eine leere todte Wohnung verlassen / darinnen kein leben wider zu bringen.

Mercke aber dieses/ mein Lehrer der Kunst / das das Saltz aus der Aschen viel vermag / vnd sind viel tugenden in ihm verborgen / Doch ist das Saltz kein nütze / es sey denn sein inners heraus gebracht vnd umbgekart worden / denn der Geist alleine ist es/ so da gibt Krafft vnd auch das Leben / der blosse Leib vermag hierzu nichts / Weistu den zu finden / so hastu das Saltz der weisen Meister / vnd das vnuerbrenliche Oel warhafftiglich / dauon vor mir viel geschrieben worden.

Vnd wer / der Meister noch so viel /
So auff mich richten ihre ziel /

So habens doch wenig gebracht /
Daß sie ergründt mein rechte krafft.

[51] Der Fünffte Schlüssel.

[52] Das leben der Erden bringet alles herfür / so aus ihr wechst / un welcher da sagt die Erden sey tod / der redet keine Warheit / denn ein Todes kan einem lebendigen nichts mittheilen / vnd der zugang hat bey dem todten ein ende / denn der Geist des lebens ist geflogen / Darumb ist der Geist das Leben vnd Seele der Erden / welcher in ihr wohnet / vnd vom Himlischen vnd Syderichen in das Jrdische seine wirckung empfehet / denn alle Kreuter / Bäum / vnd Wurtzeln / auch alle Metallen vnd Mineralien / empfahen ihre Krafft / Zugang vnd Nahrung aus dem Geist der Erden / denn der Geist ist das leben / welcher aus dem Gestirn gespeiset wird / vnnd welcher ferner dann seine Nahrung gibt in alle Gewechse / vnd wie die Mutter ihr Kinde im Leibe verborgen helt / vnd durch die Nahrung bey ihr speiset / Also speiset auch die Erde die Mineralien / so in ihrem leibe verborgen liegen / durch ihren Geist / welchen es von oben herab empfehet/ [53] darumb gibt die Erde für sich die krafft nicht/ sondern der lebendige Geist / so in ir wonet / vnd so die erde ihres Geistes mangeln solte / were sie denn todt / und konte kein Nahrung mehr von sich geben / dieweil ihrem Schwebel oder fettigkeit der Geist / welcher die lebendige krafft erhelt / und alle wachsung durch das nutrimentum fort treibt / beraubet were. Zwene widerwertige Geister wohnen wol bey einander / vertragen sich aber nicht leichtlich zusammen / denn da das Püchsenpuluer angezündet wird / fliegen die zwene Geister / daraus das Puluer gemacht worden / mit einem grossen gedöne vnd grosser stärcke von einander / vnd fliegen in der luft/ das sie niemands mehr erkennen kan/ vnnd niemands sagen kan / wo sie hin kommen / oder was es gewesen / so man nicht durch erfahrenheit innen worden / was es für Geister gewesen vnd in welchem wesen sie gestackt weren.

Daraus soltu wissen mein Lehrer der Kunst / daß das leben allein ein lauter Geist ist / vnd also alles was die vnwissende Welt [54] für todt helt / muß widerumb in ein vnbegreiflich sichtbar geistliches leben gemacht vnd darinnen erhalten werden / sol anders leben mit leben wircken / welche Geister sich speisen vnd ernehren von dem Himelthaw / vnd sind von einem Himlischen / Elementischen vnd Jrdischen wesen geboren / welches wird Materia informis genandt.

Vnd gleich wie das Eisen einen Magneten hat / so jn seiner wunderbarlichen vnsichtbarn liebe halben an sich zeugt. Also auch vnser Gold auch einen Magneten hat / welcher Magnet ist die erste Materia vnsers grossen Steins / verstehestu dise meine rede / so bistu reich vnd selig für aller Welt.

Noch eine erklerung muß ich dir in diesem Capitel fürhalten / Wenn der Mench in einen Spiegel sihet / so gibt ihm der widerschein auch ein Bildniß / So man aber dasselbe mit hände antasten wil / so ist nichts begreiffliches dar / denn der Spiegel / darein der Mensch gesehen / Also nun / muß von dieser Materia ein sichtbahrer Geist ausgetrieben werden / welcher doch unbegreifflich ist/ derselbige Geist sage ich/ ist die Wurtzel [55] des lebens vnser Cörper / vnd der Mercurius der Philosophen / daraus dz liquorische wasser bereitet wird in vnser kunst / welchen du in seiner composition widerumb materialisch machen / vnd durch gewisse mittel / vom Nidrigsten biß auff den aller höchsten Gradt/ in eine vberflüssige medicin bereiten solst / denn vnser anfang ist ein zugeschlossener begreifflicher Leib / das mittel ein flüchtiger Geist / vnd das güldene wasser ohn alle Corrusiu / dauon vnsere weise Meister jr leben erlanget / das ende aber ist ein vberfixe medicin menschlicher vnd metallischer leiber /so mehr den Engeln denn den Menschen zu wissen vergünnet / wiewol auch solche Menshen dieselbe erlangen / welche durch das hertzliche Gebet / die von Gott erbitten/ vnd gegen ihm vnd dem dürfftigen Mensche danckbar sind.

Zum beschluß hierauff sage ich dir warhafftiglich / das eine arbeit aus der andern gehen muß / denn vnsere materia muß anfanges vnsers Wercks wol vnd auffs höchste gereinigt / als denn auffgeschlossen vnd zerbrochen / auch zerstöret / vnd zu staub vnd Asche werden/ wenn das alles geschehen / so bereite [56] daraus einen fligenden Geist / weiß als der Schnee / vnd noch einen fliegenden Geist / roht als ein Blut / dieselbe beyde Geister die haben den dritten in sich / vnd ist doch nur ein einiger Geist / vnd sind die drey Geister / so das leben erhalten / vnd vermehren / die füg zusammen / gib jnen was jnen an speiß vnd tanck von Natur von nöthen/ vnd erhalte sie im Ehebet der wärme biß zu der vollkommenen Geburth / so wirstu sehen vn erfahre / was dir der Schöpffer vnd die Natur zu wissen vergönnet / vnd wisse / das ich mit meinem munde so weit keine offenbahrung mehr gethan habe / vnd GOTT hat mehr wirckung vnd wunder der Natur einuerleibet/ weder vil tausend menschen solches glauben könne mir aber ist ein Siegel vorgetruckt / auff das andere nach mir auch wu[n]dersachen schreiben mögen / so da natürlich vom Schöpffer zugelassen / aber vbernatürlich von den vnweisen gehalten werden / dann das natürliche hat seinen ersten anfang vom vbernatürliche / vnd ist doch alles nichts zusammen denn eitel natürliches zu befinden.

[57] Der Sechste Schlüssel.

[58] EJn Mann ohn ein Weib / ist ein halber Leib / vnd ein Weib ohn ein Mann / ist gleichfalls für einen halbe Leib zu achten / denn sie können allein keine frucht erwecken / Wenn sie aber in ehlicher beywohnung beysammen leben / so ist der Leib volkommen / und kan durch ihren Samen ein vermehrung folgen.

Wenn man zu viel Samen auff den Acker wirfft / so wird der Acker vberladen / das keine vollstendige frucht erfolgen kan / ist aber des samens zu wenig / so wird die frucht dünne / vnd wechset vnkraut an die stat / dadurch gleichermassen kein nutz erfolgen kan.

Wer sein Gewissen mit keiner Sünde belästigen wil im verkauffen der Wahre / der sol seinem neben Menschen mit gleichem Maß begegnen / vnd ihm rechte Elle vnd gewichte mittheilen / damit er dem Fluch entrinne / vnd bey dem Armen ein Danckopffer zurichte Jn grossen Wassern pflegt man leichtlich zu ertrincken / vnd die kleinen wasser werden leichtlich von der hitze der Sonnen außgetrocknet / das sie für nichts zu gebrauchen.

[59] Derowegen zu eröberung des gewünschten ziels gar ein gewiß Mensur in deiner zusammenfügung der Philosophey liquorisches wesens / muß in acht genommen werden / damit das grössere den mindern theil nicht vbermennige / vnd dadurch verdrucke / daß kein auffwachsung geschehen kan / Auch das minder dem grössern nicht zu schwach/ damit solches die neben herrschung erhalten kan / denn zu viel regnen ist der frucht nicht nütze / vnd zu viel trockenheit bringet keine rechte vollkommenheit / demnach so Neptunus sein Wasserbadt vollkommen bereitet hat / so soltu das aquam permanentem wol abmessen / vnd fleissig in acht nehmen / das du ihm nicht zu viel oder zu wenig thust.

Ein zwiefacher fewriger Mann muß mit einem weissen Schwane gespeiset werden / die müssen zusammen sich ertödten / vn zugleich widerumb lebendig gemacht werde / vnd die Lufft von den vier örtern der Welt / muß drey theil der beschlossenen wohnung des fewrigen Mannes besitzen / auff daß der Schwanen gesang kan gehör haben/ sein [60] Valete zu Musiciren, so wird der gebratene Schwan ein Speise sein des Königs / vnd der fewrige König wird die liebliche stimme der Königin sehr lieben / vnd wegen grosser Lieb freundlich zu sich nehmen

/ vnd sich an ihr settigen / biß sie beyde verschwinden / vnd in einen leib eingehen.

Man sagt / das zweene den dritten dempfen / und erlegen können / sonderlich wenn sie raum haben ire Boßheit aus zu giessen / Hierauff soltu wissen / aus rechtem grunde/ das ein geduppelter Wind muß kommen / Vulturnus genant / vnd darnach ein einfacher windt / heist Notus, die werden von Orient vnd Mittage sehr brausen / vnd sich bewegen / vnd so sie alle betraubt werden / dz ihre bewegung vergangen / vnd aus Lufft Wasser worden/ so magstu künlich trawen / das aus einem Geistlichen ein Leibliches werden wird / vnnd das die zahl durch die vier zeiten des Jahrs / im vierdten Himmel / nachdem die sieben Planeten ihre Herrschung vollnbracht / dominiren / vnd in der vntersten Wohnung des Pallasts sei=[61]nen lauff vollenden / vnd höchstes Examen bestehen wird / so haben dann die zweene aus gegangen den dritten gedempffet / vnd verzehret.

In diesem ist vnser Meisterschafft ein grosses wissen von nöhten / denn die austheilung vnd zusammensetzung muß recht getroffen werden / da anders kunst reichtumb gebehren / vnd die Wage durch vngleich gewichte nicht verfelscht werden sol / vnd ist dieses der Fels vnsers inhalts / das du diß Capitel / durch den Himmel der Kunst / durch die Lufft vnd Erden / mit dem wahren wasser vnd empfindlichen Fewer / durch einsetzung gleichmessiges Gewichts ohn einigen defect vollenden must / wie ich dir warhafft gesagt habe.

[62] Der Siebende Schlüssel.

[63] DJe natürliche Wärme erhelt den Menschen beym leben / denn so die natürliche Hitze abgewichen / so hat das leben ein ende.

Das natürliche fewer / so es messig gebraucht wird / ist ein schutz für der kälte / die vberflüssigkeit aber derselben bringt zerstörung. Es ist nicht nothwendig / das die Sonne Corporalisch / oder leibhafftig mit ihrer gantzen Substantz das Erdreich berühre / sondern ist gnugsam / dz sie von fernen durch ihre radios vnd strahlen / so durch die reflexion , wenn sie auff das Erdreich fallen / gesterckt werden / das ihre thue / denn durch solche mittel hat sie efficatiam gar gnugsam jr ampt zuuerrichten/ vnd alles durch ihre kochung zu zeitigen / dann durch die ferne der Lufft werden die strahlen der Sonnen / in ein temperament bracht / das also durch Mittel der Lufft das fewer / als durch Hülffe der Lufft / vnd die Lufft durch Hülffe des fewers wircken kan.

Er[den] kan ohne Wasser nichts gebehren / vnd wasser kan ohne die Erden auch nichts [64] allein erwecken / wie nu Erden vnd Wasser eines des andern nicht kan entrahten zu gebehrung der früchte / also wenig auch kan dz Fewer der Lufft / vnd die Lufft des Fewers ohne sein / denn ohne Lufft kan kein Fewer leben haben / vnd ohne fewer kan die Lufft jr rechte wärme vnd Trockenheit nicht erzeigen.

Der Weinstock bedarff in seiner letzten reiffe mehr Sonnenschein vnd Hitze / dann im anfang des Frühlings / Vnd so die Sonne im Herbst ihre wirckung wol erzeigt / pfleget der Weinstock seinen Safft krefftiger vnd besser von sich zu geben / denn so ihm die Wärme durch manglung der Sonnenstrahlen entzogen wird. Jm Winter achtet der gemeine Mann alles Todt sein / denn die Kälte hat das Erdreiche beschlossen / das nichts aus ihr herfür wachsen kan / so bald aber der Lentz oder Frühling sich erzeiget / das die Kälte durch auffsteigung der Sonnen gebrochen wird / wird alles wiederumb in leben verkehrt / die Bäume vnd Kreuter erzeigen ihr leben vnd die verborgene Thiere / so für dem kalten Winter [65] geflohen / kriechen aus den Speluncken vnd ihren Hölen wider herfür / alle gewechs gebe einen newen geruch von sich / vnd wird ihre edle wirckung durch die schöne liebliche vnd manigfaltige farbe ihrer Blüth bewiesen / demnach wircket der Sommer fort / das aus solcher Blüth ein jeder art früchte gezeittiget wird / darauff ein reicher Herbst gefellet / der hundertfellige frucht bringet / dafür du billig dem Schöpffer / als der solcher anordnung ihr maß vnd ziel durch die Natur vorgeschrieben / zu dancken.

Also wircket nun ein Jahr nach dem andern / biß das die Welt durch ihren BawHerren wider abgebrochen / vnd die dz Erdreich besitzen / durch die Herrligkeit Gottes erhaben werden / als denn wird alle Jrdische Natur zu wircken ein ende haben/ vnd wird ein Himlische unendliche an ihre stadt / die wohnung besitzen.

Wenn die Sonne im Winter ferne vo[n] vns ihren gang vollendet / kan sie den grossen Schnee nicht wol zubrechen / so sie vns aber im Sommer näher kömpt / so wird die lufft fewriger vnd wird gestercket / das der Schnee [66] schmeltzen / zu Wasser werden / vnd sich verzehren muß / denn das Schwache mus dem starcken weichen/ vnd das starcke ligt oben dem schwachen.

Also auch in der Meisterschafft des fewers muß ordnung gehalten werden / auff das der feuchte liquor nicht zu schnell vertrockne / Auch der Weisen Erdreich nicht zu bald zerschmeltze vnd auffgelößt werde/ sonst würdestu aus gesunden fischen in deinem wasser Scorpionen gebehren/ sondern wiltu deiner Arbeit rechter pfleger sein/ so nimb dz geistliche Wasser / darauff der Geist anfangs schwebete / vnd beschleuß für ihm die Thor der Vhestung / Denn die Himlische Stadt wird von dem an von Jrdischen feinden belagert werden / vnd dein Himmel muß durch drey Polwerck vnd Mauren veste verwahrung haben / auff das nicht mehr denn ein einiger eingang mit guter vorwache bestellet wird / als dann wenn solches alles vollbracht so zünde an das Liecht der Weißheit / vnd suche damit den verlohrnen Groschen / vnd laß leuchtung geben / so viel von nöthen / den du solt wissen / das die Kriechende Thiere [67] vnd gewürm ire wonung in der kalten feuchten Erden haben / von wegen ihrer qualitet / Dem Menschen aber ist seine wonung auff dem Erdreich in einer temperirten vnd vermischten eigenschafft verordnet / Die Englischen Geister aber dieweil dieselben keinen Jrdischen / sondern Englischen Leib haben / vnd keinem sündlichen Fleisch wie der me[n]sch vnterworffen/ sind in einem höhern Gradt gesetzt / das sie fewer und kälte beydes in der obern vnd vntern Region ohn einig hinderniß ertragen können / Vnd so der Mensch verkläret / wird er solches den Himmel Geistern gleichthun können / GOTT aber Regiert Himmel vnd Erden / vnd wircket alles in allem.

Da wir nun vnserer seelen rechte vorstender sein / so werde wir zuletzt auch GOttes Kinder vnd Erben werden / das zu vollbringen / das vns itzo vnmüglich / solches kan aber nicht geschehen / es werde dann alles wasser ausgetrocknet / vnd Himmel vnd Erden / sampt allen den menschen durch das Fewer hingerichtet.

[68] Der Achte Schlüssel.

[69] ALles Fleisch es sey Menschliches oder aus Thieren / kan keine fernere vormerung vnd fortpflantzung bringen / es geschehe dann anfangs durch die feulung / Auch der Same des Ackers / vnd alles so dem vegetabilischen vnterworffen / und zugethan / kan zu keiner vormehrung kommen / denn durch die feulung / vnd werden auch vil Thiere vnd Gewürme in ein leben erwecket / allein aus der blossen feule ihr lebende krafft vnd Wirckung erzeigen / welches billig ein wunder vber wunder der Natur mag erkant werden / doch hat solches die Natur zugelassen / dieweil ihr solche lebendige vermehrung vnd erweckung ihres lebens am meisten in der Erden gefunden / vnd durch die andern Element durch spiritualischen Samen dero gestalt erwecket wird.

Dieses mit Exempeln zu beweisen / weiß das Weib des Dorffmanns am besten / denn sie kan keine Hennen zur Haußhalt ziehen / es geschehe denn durch die feulung des Eyes/ daraus das Hünlein geboren wird.

[70] So da Brot in Honig kömbt / so wachsen Ameisen darinnen / welches auch ein sonderlich miraculum naturae für andern ist.

Der Bawersman sihet auch das aus stinckenden fleisch Maden wachsen in Menschen / Roß / vnd an der thiere Leiber / wie den auch in Nüssen / Apffel / Birn / vnd dergleichen / Spinnen / Würme / und was es mehr ist / vnd wer kan die vielerley arth vnd Geschlecht der Würmer erzehlen / so aus der blossen feulung wachsen.

An den Kreutern sihet man gleicher gestalt / das vielerley art kreuter / als Nessellen vnd dergleichen mehr an örtern wachsen / da zuuor kein solch kraut mehr gestanden / oder sein Same dahin kommen ist / allein durch die feulung / die vrsach dessen ist dieses / daß das Erdreich zu solcher Frucht / derer örter geartet / vnd damit schwanger gehet / welchs die Syderischen eigenschafften ihm von oben herab eingegossen / vnd also einen Samen spiritualiter darin gewircket / welcher Same in dem Erdreich sich selbsten erfeulet / vnd durch wirckung vnd forthelffung der Element / eine Corporalische Materia [71] gebieret / nach art der Natur / Also können die Astra sampt den Elementen wol einen newen Samen erwecken / der zuuor niemals mehr gewesen / vnd welcher Same weiter durch fernere feulung kan vermehret werde / Den Menschen aber ist so viel nicht zugelassen / das er newen Samen erwecken kan / denn die wirckung der Element vnd das Syderische wesen stehet nicht in seiner gewalt zu formiren / Also wachsen vielerley arth Kreuter nur aus der feulung / Dieweil aber solches der Bawersmann für eitel gewonheit achtet / vnd ferner kein nachdenckens hat oder vrsach solcher wissenschafft ihm einbilden kan / ist es bey dem gemeinen Mann zu einer gewonheit worden / Du aber dem da mehr als einem gemeinen wissenden zu wissen gebühren wil / must weitere Rede vnd meinung in acht nehmen/ vrsach vnd grunde erlernen / Wo durch vnd woraus die lebendige erweckung vnd geburt aus solcher Feulung herkomme / nicht zu wissen als ein Gewonheit / sondern viel mehr als ein naturkündiger / weil Summariter alles leben [72] durch die feulung herkömpt / wechst vnd entstehet.

Ein jeder Element für sich hat seine zerstörung / auch widerumb seine geberung / denn der Kunstliebende sol dieses berichtet sein / vnd aus vberflüssigem satten grunde wissen / das in jedem Element die andern drey verborgen liegen / denn Lufft hat Fewer / Wasser vnd Erden in sich / welches wol vngleublich mag erachtet werden / so ist es doch die Warheit. Also hat Fewer / Lufft / Wasser vnd Erden in sich / Erden hat Wasser / Lufft un Fewer in sich / sonst könte sie nichts gebehren / vnd Wasser hat Erden / Lufft vn Fewer in sich / sonst könte auch nichts folgen in ihrer gebehrung / vnangesehen / dz wol ein jedes Element für sich ist / so sind sie doch vermischt / dieses wird durch die Distillation in scheidung der Elementen alles gefunden.

Vnd das ich dir dieses mit einer richtigen Proba darthue / damit du vnwissender nicht sagen mögest / mein thun vnd [72] vorgebe sey lauter einfeltig geschwetz / vn keine Warheit / so sage ich dir / dem so der naturen zerlegung zu wissen verstehen wil / vnd der Elementen scheidung zu erlernen ihm vorgesatzt / also das in der distillation der Erden gehet / erstlich das Element Lufft / denn es am leichsten / nach dem in gewisser fortfahrung gehet das Element Wasser / das Fewer steckt in der Lufft / denn sie sind beyde geistlichs wesens / vnd lieben sich wunderbarlich / die Erden bleibt am boden / darinnnen ist das Saltz der Herrligkeit. Jn der distillation des Wassers gehet Lufft vnd Fewer auch am ersten / Wasser hernach / vnd das Corpus der Erden bleibt in fundo.

Das Element Fewer / so das in ein sichtbares wesen eingetrieben wird / kan durch Extraction Fewer / Wasser vnd Erden / jedes sonderlich gefangen / vnd heraus getrieben werden / gleicher gestalt die Lufft in andern dreyen Elementen wohnet / denn keines vnter diesen kan der Lufft entrathen vnd ohne sein / die Erde ist nichts vnd kan nichts fortbringen ohn Lufft / das Fewer brent nit / [73] und hat kein leben ohn lufft / das Wasser kan nimmer keine einige frucht befördern noch fortbringen ohne lufft. Ferner kan die Lufft nichts verzehren / noch eine feuchtigkeit austrocknen / so nit dasselbige durch natürliche Wärme geschicht / so in der lufft wohnet / Dieweil nun Hitze vnd Wärme in der lufft gefunden wird / so muß das Element Fewer ja in der lufft auch sein / Denn alles was heiß vnd Trocken / ist dem fewrigen wesen zugethan / Darumb kein Element des andern gar nicht entrahten noch ohn sein / sondern jederzeit ein vermischung aller vier Elementen in geberung aller dinge gefunden wird / vnd wer das Widerspiel / derselbe mit nichten der Natur heimligkeit verstehet/ noch derer eigenschafft ergründet hat.

Denn du solt also wissen / da etwas durch die feuhlung sol geboren werden / so muß es also zugehen. Die Erde wird durch ihre verborgene vnd beschlossene feuchtigkeit / in eine corruption oder zerstörung bracht/ welches der anfang ist der Feulung/ denn ohne feuchtigkeit / als des Elements [74] Wasser / kan keine rechte Feulung geschehen / sol nun eine Geburth aus der Feulung hernach folgen / muß dieselbe durch eine warme eigenschafft / als das Element Fewer / sich selbst entzünden vnd ausbreiten / den ohne natürliche Wärme kan keine Geburt bewiesen werden / Sol nun die Geburt ein lebendigen Athem vnd bewegung an sich nehmen / kan solches ohne die Lufft nicht geschehen / denn wo die Lufft nicht darbey wircken solte / vnd das ihre auch beweisen / so muste die erste Composition vnd das Wesen / daraus die Geburt folgen solte / in sich selbsten ersticken vnd verderben / wegen mangelung der Lufft / Darumb nun klärlich zu befinden / vnd in grund darzu thun / das alle vollkommene Geburt der vier Elementen mit nichten entrahten kan / vnd das jmmer ein Element in dem andern seine Wirckung vnd leben erzeiget / vnd also in vnd durch die Feulung beweisen / denn ohne dieselbige jetziger zeit / vnd numehr nichts kan in leben geboren werden / vnd das solches wahr sey / das ich zu einer jeden lebendigen vollstendi=[75]gen Geburt vnd Erweckung alle vier Element nothwendig / so wisse / das wie Adam der erste Mensch aus einem Erdenkloß von den Höchsten Schöpffer/ formiret ward / erzeigte sich doch noch kein endliche Beweisung eines empfindlichen lebens / biß jm erstlich GOTT einen Athem einbließ / da ward der Erdenkloß in ein leben erwecket / in der Erden war das Saltz / id est, Corpus / die einblasende Lufft war der Mercurius der Geist / durch solch einblasen gab ihm alsbald die Lufft eine recht bequeme Wärme / das war Sulphur, id est, ignis, da regte sich hernach vnd beweiß Adam durch solche Bewegung / das ihm ein lebendige Seele eingegossen war/ denn Fewer kan ohne lufft nicht sein / vnd auch hinwiderumb kein natürliche lufft ohn fewer / das Wasser war dem Erdreich einvorleibet / weil sie nothwendig zusammen / so anders leben folgen sol / in gleichmessiger gesatzter Concordantz stehen muß.

Also ward Adam erstlich aus Erden / Wasser / Lufft vnd Fewer aus Seel / Geist / [76] vnd Leib / endlich aus Mercurio Sulphure vnd Sale erwecket / zusammen gebawet vnd geboren.

Also auch Eua das erste Weib / vnser aller Mutter / ist eben dessen theilhafftig / weil sie aus Adamo geboren / vnd ist also Eua von Adamo herkommen vnd gebawet / das merck ja wol / Vnd das ich wider auff die putrefaction vnd feulung komme / so sol der suchende Kunstmeister vnd kluge der Philosophey wissen / das gleicher gestalt kein Metallischer Same wircken / noch sich in keinen weg vermehren kan / es sey dann solcher Metallischer Same zuuor in vnd durch sich selbsten allein ohne einigen frembden zusatz noch vermischung zu der Vollkommenen feule gebracht / wie denn alle Vegetabilische vnd Animalische Same / wie erkleret vnd angezeiget / ohne feulung kein augmentation zu fortschein bringen kan / Also verstehe auch von den Metallen / welche feulung nu durch hülffe der Elementen seine vollkommene operation erreichen muß / nit das die Elementa der Same sey / wie zuuor gnugsam kund gethan / sondern das der [77] Metallische Same / welcher durch das Himlsche / Syderische vnd Elementische wesen entsprungen / vnd in ein leibhafftiges eingangen / durch die Element ferner in solche feulung vnd zerstörung muß gebracht werden.

Mercke auch dieses / das der Wein einen flüchtigen Geist bey sich hat / denn in seiner distillation gehet der Geist am ersten / vnd die Flegma zu letzt / so bald er aber durch langwirige Wärme zu Essig gemacht wird / ist sein Geist nicht mehr als denn so flüchtig wie zuuor/ denn in distillierung des Essigs gehet das Wasser oder aquositet am ersten / vnd der Spiritus am letzten / vnd ob wol eben die Materia für augen / so zuuor in dem gefäß gewesen / so hat es doch viel einander eigenschafft vberkommen / dieweil es nicht mehr Wein / sondern durch die Putrefaction vnd Feulung der stätigen wärme transmutiret vnd zu Essig worden / vnnd alles was mit dem Weine oder seinem Spiritu extrahiret vnd circulirt wird / hat viel ein ander eigenschafft vnd wirckung / denn das jenige / so mit dem Aceto ausgezogen wird / denn so [77] Vitrum Antimonii mit Wein oder Spiritu vini extrahirt wird / machets viel Sedes vnd Stulgänge / auch eine grosse erbrechung vber sich/ denn es ist noch ein Venenum, vnd seine gifft ist noch nicht zerstöret vnd zerbrochen / so aber das Glaß vom Antimonio gemacht / mit gutem distillirten Essig ausgezogen wird / gibt es eine schöne Extraction sehr hoher farbe / denn dem Essig im Marienbadt abgezogen / vnd das gelbe Puluer so bleibt durch offter distillation eines gemeinen Wassers / wol abgesüsset / das die acetositas aller wider dauon kömmet / So hat man ein süsser Puluer / welches keine Stulgänge mehr macht / sondern ist eine herrliche Medicin zu gebrauchen / so das ihre mit verwunderung beweiset / vnd billig für ein Miraculum Medicinae mag gehalten werden.Dieses wunderbarliche Puluer resoluirt sich auch in loco humido in einen liquorem / welcher ohn allen schmertzen vnd wehtage in Chyrurgia das seine auch thut / Dauon nun genug.

[78] DEr höchste Planet des Himmels Saturnus genandt / hat in vnser Meisterschafft die geringschätzigste authoritet vn ist gleichwol der fürnembst Schlüssel der gantzen Kunst / ist aber auff die nidrigste Staffel gesatzt / vnd kleinestes ansehen vnserer Kunst zugeordnet / ob er auch wol durch seinen schnellen flog / sich in die höchste höhe vber alle lichter auffgeschwungen hat /

so muß es doch in abschneidung seiner Federn / biß zu der aller niedrigsten scheinung gebracht / vnnd durch seine verderbung in verbesserung kommen / damit schwartz in weiß / vnd weiß in roth gebracht werde / auch durch den Lauff der gantzen Welt farbe / die andern Planeten durchlauffen / biß zu der vberlingen Hoffarbe des Triumphirenden Königes / vnd sage also ob Saturnus für aller Welt geringschätzig angesehen / vnnd für geringschätzig geachtet wird / so hat er doch solche Krafft vnd sterck in sich / daß / wo sein herrliches wesen / welches ist vber alle massen ein vnbegreiffliche Kälte in das lauffende fewrige Metallische Cor=[79]pus getrieben wird / das solchem das lauffende Leben kan benommen / vnd zu einem solchen schmeidigen Leibe werden / wie Saturnus selbsten ist / doch viel einer bessern bestendigkeit unterworffen / welche verenderung aus Mercurio, Sulphure vnd Sale ihren vrsprung / anfang vnd gewisses ende hat. Dieses wird mancher schwer erachten zuverstehen /wie es den auch ist /aber dieweil die Materia geringe / so muß der verstandt scharff vnd hoch sein / damit ein vngleicher stand in der Welt bleibe / die Herren von den Knechten zu vnterscheiden /vnd durch dienung können erkandt werden.

Aus dem Saturno kommen vielerley gestalt farben herfür / so durch bereitung vnd Kunst gemacht werden / als schwartz / graw / weiß / gelb vnd roth / und was mehre vermischete Farben daraus kommen / also mus die Materia aller Weisen / auch viel Farben vberwinden / ehe der grosse Stein zu der gewissen gesatzten volkommenheit erhaben wird / Denn so offt dem Fewer ein newe Porten des eingangs eröffnet wird / so offt gibt sol=[80]ches eine newe form vnd gestalt der kleidung zur außbeut/ biß der Arme selbst Reichtumb erlanget und vberkommen / vnd keiner entlehnung mehr bedürfftig ist.

Wenn die Edle Venus ihr Königreich besitzt / vnd nach gewonheit des Königlichen Hofes die Empter nach gebühr austheilet / so erscheinen sie in ihrer Herrligkeit / vnd die Musica tregt ihr eine schöne fahne für / von rohter Farbe / darauff ist gemahlet die Charitas in grünen kleidern vberauß schöne / vnd an ihrem Hoffe wird Saturnus für einen Hoffmeister gebrauchet / vnd wenn er sein Ampt vollbringet / so tregt ihm Astronomia eine schwartze fahne für / darauff ist Fides gemahlet in gelb und rohter kleidung / Jupiter mit seinem Scepter muß dz Ampt eines Marschalcks verrichten / Rethorica tregt jm eine fahne von grawer farbe für / da rauf ist gemahlet die Spes zierlich mit farbe geschmückt / Mars versteht alle Kriegs sache / vnd fürhet das Regiment mit fewriger dürstigkeit / vnnd tregt ihm Geometria [81] eine Blutige Fahne für / darauff ist gemalet die Fortitudo mit rothem gewand bekleidet / Mercurius ist aller Cantzler / vnd tregt ihm für die Fahne von allen Farben zusammen gesatzt / Arithmetica / denn er ist nicht auszurechnen / darauff ist gemahlet Temperantia von farben wunderbarlich / Sol ist ein Stadthalter des Königreichs / vnd tregt ihm für Grammatica eine gelbe Fahne/ darauff ist Justicia gemahlet in güldenen stücken / Welcher Stadhalter / ob er gleich mehr gehorsam hat in seinem Königreich / so hat doch die Königin Venus durch den vberflüssigen hochleuchtenden glantz ihn geblendet vnd vberwunden. Luna aber erscheinet auch / vnd tregt ihr für Dialectica eine Silberfarbe weißglentzende Fahne / darauff ist gemahlet Prudentia, mit Himmelblawer Farbe angestrichen / vnd dieweil der Luna jr Ehmann gestorben / so hat sie das Ampt ererbet / das sie wird forthin die Königin Venus nicht mehr regiren lassen / denn sie hat rechenschafft von ihrer Haußhalt gefordert / als denn wird ihr der Cantzler hülff erzeigen / das es ein new Regiment wird auffgericht [82] / vnd sie beyde vber die edle Königin regieren werden / verstehe / das ein Planet den andern von seiner Herrligkeit / Ampt / Herrschafft / vnd gewalt muß abtreiben vnd entsetzen / biß die besten vnter denselben allen das höchste imperium erhalten / vnd mit der besten bestendigsten Farbe mit ihrer ersten Mutter jn zugethan / aus angeborner standhafftigkeit / lieb vnd Freundschafft im Siege obliegen / denn ist die alte Welt vergangen / vnd ein newe Welt an die stedte kommen / vnd hat ein Planet den andern spiritualisch verzehret / das nur die stercksten durch speise der andern geblieben sind zwey vnd drey durch eins allein vberwunden worden.

Zum endlichen abschiede hierauff soltu aller ding vernehmen / das du solt auffziehen die himlische Wage / den Wider / Stier / Krebs / Scorpion / vnnd Steinbock / der ander seite der Wage soltu legen den Zwilling / Schütz / Wassermann / Fisch vnd Jungfraw / denn verschaffe / das der Goltreiche Löwe der Jungfrawen in den schoß springe / so wird solch theil der Wage [83] vberhand nehmen / vnd dem andern theil in der schwere vberlegen sein / laß denn die zwölff zeichen des Himmels mit dem sieben Gestirn in einen gegenschein gerathen / so wird nach erfüllung aller Welt farben / ein endliche Conjunction vnd zusammenfügung geschehen / daß das gröste zum geringsten / vnd das geringste zum aller grösten kommen wird.

Wenn da stünd der gantzen Welt Natur /
  Nur bloß allein einer Figur /
Vnd könt durch kunst nicht anders werdn /
  Kein wunder find man dann auff Erden /
Vnd die Natur nicht zubeweisen /
  Dafür doch GOtt ist hoch zu preisen.

[84] Der Zehende Schlüssel.

[85] In vnserm Stein durch mich gemacht vnd lang für mir gemacht / sind beschlosen alle Elementa / alle mineralische vnd Metallische gestalten / ja alle qualitates vnd eigenschafften der gantzen Welt/ denn in im muß gefunden werden / die aller grösseste vnd gewaltigste Hitz / denn durch sein grosses innerliches Fewer wird der kalte Leib des Saturni erwärmet / vnd durch solche entzündung in das aller beste Goldt verendert / es mus in ihm auch gefunden werden die aller grösseste Kälte / dieweil durch seinen zusatz gemildert wird der hitzige grad / Venus / und lebendige Mercurius coagulirt wird / vnd gleicher massen durch seine erstarrung zu gutem bestendigen Goldt werden muß / die vrsach desselbigen ist / das alle solche eigenschafften vnser Materia des grossen Steins durch die Natur eingegossen ist / Welche eigenschafften durch die gradus ignis außgekocht vnd gezeitigt werden müssen / biß sie die allerhöchste vollkommenheit erlanget haben/ welches ehe nicht geschicht / es habe denn der Berg Aetna in Sicilia aus=[86]gebrandt/ vnd gar keine Kälte mehr an dem gedichten hohen Gebirge Hipperboreos gefunden wird / welchen ort man auch Filictum nennen mag.

Alles Obst so es für seiner vollkommenen reiffe abgebrochen wird / ist vntüchtig vnd wird welck / das man dasselbige mit nutz nit wol brauchen kan / Auch so der Hafener seine wahr durch das Fewer nicht gnugsam brent und gar machet / wird die Wahr nicht tüchtig zugebrauchen / denn sie ist nit gnugsam durch das Fewer gezeitiget.

Also auch mit vnserm Elixir muß wargenommen vnd fleissig gemerckt werden / dz man im seine rechte zeit vergönne / vnd ja nicht für derselben seine wolfarth abstricke / damit ihm keine falsch aufflage zugemessen / vnd ihm die schuldt der vnwirdigkeit auffgewickelt werde /denn so die Blüth abgebrochen wird/ hat man wol zu erachten / das hernacher keine Frucht dauon wachsen kan / Darumb ist eilen nicht gut/ zu der Meisterschafft / denn ein eilender Mensch [87] wircket selten etwas guts in der Kunst / sondern wird durch eilen mehr verderbet denn gut gemacht.

Darumb sol sich keiner suchender durch begirde verführen lassen / etwas für seiner zeit auszunehmen vnd abzubrechen / damit ihm der Apfel nicht entfalle / vnd nur den leren stiel daruon in henden behalte / denn in Warheit so vnser Stein nit genugsam gezeitiget wird / so wird er auch nichts zeitiges wircken können.

Im Wassergrad wird die materia auff geschlossen / vnd durch die feulung vereinigt / in der

Aschen vberkömpt sie die / Blüth der Fruchte / durch den Sandt werden alle vberflüssigkeiten ausgetrocknet / das lebendige Flammen Fewer aber bringet bestendige reiffe sampt seiner fixigkeit / nicht das man Marienbadt / Roßmist / Aschen vnd Sandt nacheinander haben / vnd noth wegen brauchen muß / sondern das die gradus vnd das Regiment ignis allein dero gestalt muß volführet werden / denn der Stein wird ge=[88]macht in einem leeren Ofen / dreyfacher bewahrung / feste verschlossen / eingesperret / vn durch stetiges fewer gekochet / biß alle Nebel vnd dünste verschwunden / vnd das Kleidt der Ehren mit treffichen glantz erschienen / vnd auff einer stadt zu vnterst des Himmels verharren / vnd lauffend stehen bleiben wird / vnd wenn die arme des Königes nicht mehr vber sich reichen können / so ist die Herrligkeit der Welt erstritten / denn der König ist ewig werender bestendigkeit worden / kein gefahr wird numehr schaden/ dieweil er vnüberwindlich worden ist / hierzu sage ich also / Wenn dein Erdreich in seinem eigenen wasser auffgelöset ist / so trockne das Wasser durch das gebürliche fewer gantz vnd gar aus / so wird die Lufft ein new leben anblasen / vnd wenn das leben wider leibhaft gemacht so hastu eine Materia /so rechts wegen keinen andern haben kan / denn der Grosse Stein der Welt / welcher Menschliche vnd Metallische Leiber durchgehet / wie ein Geist / ist ein Vniuersal Medicin ohne mangel / denn sie treibt das böse aus / vnd erhelt das gute / ist auch eine vorbesserung / das das bö=[89]se zugleich mit dem guten gut werden muß / seine farbe zeucht sich von der durchsichtigen röthe auff die tunckelbraune von der Rubinfarbe auff Granaten / vnd in der schwere ist er mächtig vnd vberwichtig.

Wer solchen Stein vberkommen / der dancke dem höchsten Schöpffer aller Creaturen / für solchen himlischen Balsam / vnd bitte für sich vnd seinen Nechsten / das er denselben gebrauchen möge zu zeitlichem auffenthalt dieses Jammerthals / vnd in jener Welt denn hernacher ewige Wolfahrt haben mögest.

GOtt sey für seine vnaußsprechliche Gabe vnd Gnade hochgelobet in Ewigkeit / Amen.

[90] Der Eilffte Schlüssel.

[91] DEn Eilfften Schlüssel der vermehrung vnsers grossen Steins/ wil ich dir durch ein gleichnis also fürhalten vnd kundbar machen.

Es wohnet im Morgenlande ein herrlicher Ritter Orpheus genandt / der war an Gut vberauß reich / vnd an allem vermögen sehr mechtig/ der hatte seine leibliche vnd natürliche Schwester / Euridice genant / zu der Ehe erwehlet / für seine Haußfraw erkandt / vnd angenommen / Dieweil er aber keine Erben mit ihr vberkommen möchte / vnnd der Sünde vrsach zu maß / das er seine Schwester zum Weib erwehlet hatte / lag er mit emsigen anhalten dem Höchsten stetig für ohren / vnd durch bitte zu erlangen / ob er im Segen verleihen wolte / seiner bitte genügen zuvergönnen.

Vnd in dem er einsmals mit einem sehr tieffen Schlaff vmbgeben vnd eingenommen war / da kam im Traum ein fligender Mann zu ihm Phoebus genandt / der griff / vnd rühret seine Füsse an / die waren [92] sehr warm / vnd sprach zu im / Nach dem du edler Ritter viel Königreiche vnnd Lande / auch viel Städtd vnd mechtige / Herrschafften durchwandert hast / auff dem wilden Meer viel gefahr erlitten / im Kriege so viel erstritten / das du zu einem Ritterlichen stande erkoren / vnd für allen andern dir vergönnet worden / dieweil du auch im Kampff vnd Thurnier manch Speer gebrochen / vnd offter den Danck durch das wirdige Frawenzimmer zugesprochen worden / so hat mir der Vater im Himmel befohlen / dir anzuzeigen / das dein Bit gehör vnd verstattung bey ihm erlangt hat / darumb soltu nehmen das Blut aus deiner rechten Seiten / vnd dz Blut aus deiner lincken seiten deines Wei[bs] / auch das Blut / so deinem Vater vnd deiner Mutter in ihren Hertzen gesteckt sind / natürlichs Rechts nur zweyerley / vnd doch nur einerley Blut / die vereine zusammen / vnd laß sie denn widerumb eingehen in die Kugel der sieben Weisen Meister / gantz bloß beschlossen / so wird der geborne großmechtige gespeiset mit seinem Fleisch / vnd getrencket mit seiem Blut der Ehren / wenn du das [93] recht machest / so wirstu viel erben / vnd ein vnzehlige schar von deinem Leib geboren / hinderlassen / doch wisse / das der letzte Same in der achten verjhärung der zeit / weder dein erster Same / daraus du anfenglich gemacht bist / seinen lauff zum ende bringen wird / Thustu das öffter / vnd fähest von newen an alle mal / so wirstu sehen kindes kind / das die grösser Welt aus gebehrung der kleinen gantz vnd gar wird erfüllet werden / auff das dem Schöpffer sein Himmelreich vollkommen besessen wird.

Wie dieses vollendet war / flog Phoebus wider hinweg / vnd erwacht der Ritter / der stund auff von seinem Bette / vnd wie er dem allen nachkam / wie ihm befohlen war / hatte der Ritter in alle seinem vornemen nit allein glück vnd heyl / sondern Gott bescherete im mit seiner Haußfrawen viel leibs Erben / die erlangeten auch ferner durch ihres Vaters Testament ein denckwirdigen nahmen / vnd die Ehre der Ritterschafft bleib bey ihrem Geschlecht mit Reichthumb für vnd für.

Mein Lehrer der Kunst / bistu nu welt=[94]verstendig / so darffstu keiner Außlegung / vn interpretation mehr / da dir aber solcher verstand mangelt / so gib nit mir die schult / sondern deiner vnwissenheit selbsten / dann mir ist weiter eröffnung des Schlosses verbotten / das muß ich halten vnd demselbigen gehorsamen / dem es aber der Allmechtige bescheren wil / ist es deutlich vnd klar gnugsam geschrieben/ vnd noch klärer / das es schier niemand glauben kan/ Denn ich hab den gantzen actum figurate vn nach brauch geschrieben / wie meine Lehrer vor mir auch gethan haben / vnd aber noch klärer / denn ich habe nichts verborgen / hastu das Fell der Trübigkeit abgezogen von deinen augen / so wirstu finden das jenige / so viel gesucht / vnd wenig gefunden haben / denn die Materia ist aller dinge genandt / auch der anfang / so wol das mittel / sampt dem ende angezeiget worden.

[95] Der Zwölffte Schlüssel.

[96] EJn Fechter der sein Schwert nicht wol brauchen kan / dem ist es auch nicht nütze / denn er hat den Brauch desselben nutzbarkeit nicht recht erlernet/ den ein ander so sich des Schwerts besser denn er gebrauchen kan / gegen ihn in Vorsetzug kömpt / muß der vntüchtige geschlagen werden / welcher aber die Fechtschule mit allen Meistergriffen wol erlernet / trägt den Krantz dauon.

Also wer gleich ein Tinctur durch vorleihung Allmechtiges Segens erlanget vnd vberkommen hat / vnd darneben nicht wissen wird zugebrauchen / eben solchen zu helffen sein wird / wie von Fechtern erzehlet / so sein Schwert ihm in die hand gegeben / nicht zugebrauchen weiß / Dieweil aber dieses der zwölffte vnd als mein letzter Schlüssel / zu endlicher absoluirung meines Buchs ist / wil ich dich zwar weiter gar in keine Philosophische verblümte noch figurliche rede führen / sondern ohn einigen defect diesen Schlüssel der Tinctur / mit volstendigem warhafftigen [97] Proceß offenbahren / vnd darumb gehorche meiner nachfolgenden Lehre also.

Wann die Medicin vnd zugerichter wolbereiter Stein aller Weisen / aus der rechten JungfrawMilch gemacht worden / vnd vollstendig bereitet ist / so nimb derer ein theil / des aller besten vnd feinesten Goldes / durch den Antimonium gegossen / vnd purgirt drey theil / das schlahe gantz dünne / als immer müglich ist zu schlahen / thue es zusammen in ein Geschirr / da man Metallen in zu schmeltzen pflegt / gib ihm anfenglich ein gelindes subtil Fewer zwölff stunden / denn laß fliessen drey Tag vnd Nacht continue, so ist das purgirte Goldt vnd stein zu lauter eitel Medicin worde / gantz subtiler spiritualischer vnd durchdringenter eigenschafft / denn ohne Ferment des Goldes kan der Stein nicht wol wircken / oder seine tinctur erzeigen / denn es zu subtil vnd durchdringend / so es aber mit seines gleichen fermentiret vnd versatzt wird / als denn hat die gemachte Tinctur einen eingang oder nigres erlanget in das ander zu wircken / Nim denn des zugerichten Ferments ein theil auff [98] tausend theil einflosse derer Metall / so du tingiren wilt / so wisse in der höchsten aller welt warheit vnd rede / das solches alles zu gutem bestendigen Golde werden muß / dann ein Leib begreifft denn gerne widerumb einen andern leib / ist er gleich nicht seines gleichen so muß er doch durch krafft vnd gewalt ihm zugefügt widerumb zu seines gleichen werden / sintemal doch gleich von seines gleichen geboren worden.

Wer dieses mittel gebraucht / dem werden alle bestendigkeit offenbahr werden / die Vorhöfe des Saals haben am ende denn ihren außgang / vnd keiner Creatur ist diese subtilitet zuuergleichen / denn sie alles in allem / so natürlicher art vnd herkomen nach als in der Welt vnter der Sonnen mag verglichen werden / besitzet.

O Anfang erstes anfangs bedencke das ende / O ende letztes endes / bedencke den anfang / vnd lasset euch das mittel befolen sein / in allen trewen / so wird euch Gott Vater / Sohn vnd heiliger Geist / geben / was ihr an Geist / Seel vnd Leib bedürfftig sein werdet.

[99] De prima materia Lapidis Philosophici

EJn stein wird funden / ist nit thewr /
Aus dem zeucht man ein flüchtigs fewr /
Dauon der Stein selbst ist gemacht /
Von weiß vnd roth zusammen bracht.
Es ist ein stein / vnd doch kein stein /
Jn ihm wirckt die Natur allein.
Daß daraus springt ein Brünlein klar /
Ertrenckt sein fixen Vatter gar /
Verschlingt ihn mit Leib vnd Lebn /
Biß ihm die Seel wird wider gebn /
Vnd ihm sein flüchtig Mutter gleich
Worden in seinem Königreich.
Er zwar auch selbst an sterck vnd macht
Erlangt hat viel ein grösser krafft.
Die Sonn im alter vbertrifft /
Jhr fligend Mutter zugericht /
Durch Vulcanum also ist zuuorn /
Der Vatter durch den Geist geborn.
Leib / Seel vnd Geist in zweyen steht /

Daraus die gantze sach hergeht.
[100] Kömpt nur aus einm / vnd ist ein ding /
Flüchtig vnd fix zusammen bind.
Sind zwey vnd drey / vnd doch nur eins /
Verstehstus nicht / so triffstu keins.
Adam satz in eim Wasserbadt /
Darin Venus ihrs gleichen hat.
Welches hat bereit der alte Drach /
Da er verlohr sein sterck vnd krafft /
Jst nichts / spricht der Philosophus /
Denn ein zweyfach Mercurius.
Ich sag nichts mehr / es ist genant /
Wol dem der solchs hat recht erkandt.
Suchs darin / wird nicht müd noch matt /
Exitus acta probat.

Anmerkungen zu den *Zwölff Schlüsseln:*

1 Das 1. Bild.
2 In griech. Schrift
3 Das 2. Bild
4 Das 3. Bild.
5 Das 4. Bild
6 Das 5. Bild
7 Das 6. Bild
8 Das 7. Bild, jedoch kein allegorisches Bild, sondern ein stilisierter Kolben, mit verschiedenen alchemistischen Begriffen beschriftet.
9 Das 8.Bild
10 In der 1677er Ausgabe: "vnd wer das widerspricht".
11 In der 1677er Ausgabe: "das zu einer jeden lebendigen".
12 In dem verwendeten Exemplar fehlen die nächsten zwei Seiten. Dabei handelt es sich um das Ende des 8. Schlüssels und um den Anfang des 9. Schlüssels mit dem zugehörigen Bild.
Eine Ausgabe der gesammelten Schriften des Basilius Valentinus:
Hamburg Jn Verlegung Johann Naumanns und Georg Wolff
Anno M.DC.LXXVII.
liefert folgenden Text:

> Und ist dieses das Haupt=Stück zum Beschluß dieser Re zu mercken / das himmlische Geschöpff gebohren / dessen Leben durch die Astra erhalten / unnd durch die vier Elementa gespeiset wird / muß sterben / demnach verfaulen / So das geschicht / werden Astra durch Mittel der Element / denen es befohlen / den verfaulten Cörper wiederumb ein Leben eingiessen / daß denn wiederumb ein Himmlisches / so in der höchsten statt des Firmaments seine habitation auffschlagen wird / darauß werden kan / So das vollbracht worden / so wirst du sehen / daß das Ir:dische vom Himmlischen mit Leib und Leben verzehret / und der ir:dische Leib in ein himmlisches Wesen eingangen.

Es folgt die Überschrift zum 9. Schlüssel und das 9. Bild
13 Das 9. Bild, jedoch keine Allegorie sondern ein Dreieck, mit dt. Schriftzügen entlang der Außenseiten und vermtl. hebr. Schriftzeichen innen.
14 In der 1677er Ausgabe: "das beständige Flammen Fewer".
15 In der 1677er Ausgabe: "regimen ignis".
16 In der 1677er Ausgabe: "keinen andern Nahmen haben kan"
17 Das 10. Bild
18 Das 11. Bild
19 In der 1677er Ausgabe: "ingres"
20 In der 1677er Ausgabe: "im Flusse derer Metalle".

1. Bild
(Der erste Schlüssel)

2. Bild
(Der ander Schlüssel)

3. Bild
(Der dritte Schlüssel)

4. Bild
(Der vierdte Schlüssel)

5. Bild
(Der fünffte Schlüssel)

6. Bild
(Der sechste Schlüssel)

7. Bild
(Der sibende Schlüssel)

8. Bild
(Der achte Schlüssel)

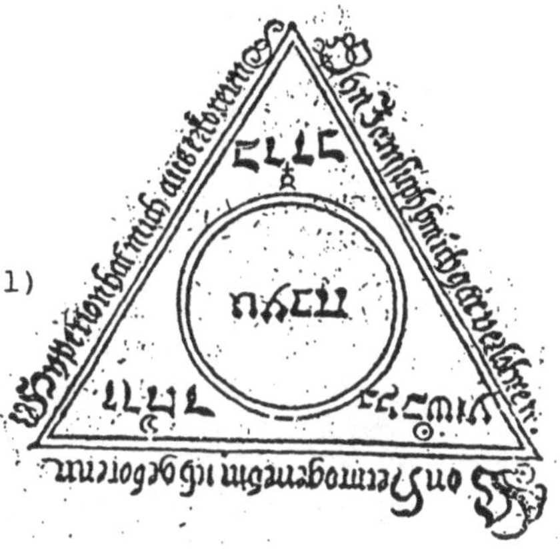

9. Bild
(Der zehende Schlüssel)

10. Bild
(Der Eilffte Schlüssel)

11. Bild
(Der zwölffte Schlüssel)

[179] Johann Kunckels
von Löwensteins
königl. Schwedischen Berg=
Rahts, und der kayserl. Leo=
pold. Societät
Mit=Glieds /
d. Hermes III.
Nützliche Observationes
Oder
Anmerkungen /
von den Fixen und flüchtigen Sal=
tzen / Auro und Argento potabili, Spiritu
Mundi und dergleichen / wie auch von den Farben
und Geruch der Metallen / Mineralien und an=
dern Erdgewächsen;
durch viel=jährige eigene Erfahrung /
Mühe und Arbeit mit Fleiß untersuchet / angemercket / und nun auff vielen der Edlen Chymie beflissener
und
unverdrossener Natur-Forscherinständiges Be=
gehren zu dero Nutz und Gefallen an den Tag gegeben
[180] Vorrede des Authoris
an den Leser.

Wohlgeneigter Leser /

Demnach ich von vielen fleißigen Natur=Forschern und Liebhabern der Edlen Chymie zum öfftern ersuchet worden / das jenige / was ich in langer Zeit durch unabläßiges Arbeiten / grosse Mühe und Fleiß in Chymischen und andern laboribus gesehen und erfahren / nicht weiter ein geschlossen zu halten / sondern zu männigliches Nutzen an den tag zu geben ; so habe zwar lange bey mir angestanden / ob ich denselben deßfalls zu willfahren / und mich dem Urtheil derer unterwerffen solte / welche zwar aus eingebildeter weißheit alles ziemlich zu tadeln wissen / aber selten oder gar niemals etwas bessers zu Marckte bringen könen; Jedoch weil ich einem und andern hierinnen zu Willen zu seyn mich verpflichtet befunden / auch nichts anders / als was ich selber erfahren / und zum Theil bey andern ausarbeiten gesehen / einführe / und darneben hierdurch keine Ehre suche / noch einigen andern Zweck und Vorsatz habe / als die Warheit zu untersuchen / und zugleich andere /die von mehrerm Verstand [181] und Erfahrung sind / dadurch anzureitzen / ihre durch vielfältige Erfahrung erfundene und bis anhero verborgen gehaltene Arbeiten ebenmäßig der Welt zu Nütz hervor zu geben: so habe ich mich endlich entschlossen / diese wenige Observationes heraus kommen zu lassen / der gäntzlichen Zuversicht / es werden noch einige Recht=gesinnete gefunden werden welche mein gutes Vorhaben und meine in einem und andern hierinnen vorgestellete Meynung / wo nicht allerdinges und in allen billigen / doch zum wenigsten nicht lästern / und die etwan eingeschlichene Fehler / derer niemand bey dieser so allgemeinen Unvollkommenheit / sonderlich in dieser Kunst / entohniget seyn kan / mit dem Mantel der guthertzigen Wohlgewogenheit vernünfftig zuzudecken belieben. Die jenigen aber / denen nichts / als was ihr eigen ist / gefällt / wollen gebethen seyn /so lange ihr unzeitiges Richten auffzuschieben / bis sie mit Warheit etwas Bessers und Nützlichers in diesem Fall herfür gebracht haben / welches dann sonder Zweiffel mit schuldigem Danck von jedermänniglich wird angenommen werden. Dafern ich verspüre / daß diese meine wohlgemeynte Arbeit den Liebhabern der ahren Chymie nicht mißfällig / so sollen mit der zeit / da GOtt Gesundheit und Leben verleyhet / noch andere experimenta und nicht so gar gemeine Stücklein erfolgen. Ersuche im übrigen den Kunst=liebenden Leser gantz dienstfreundlich / er wolle mich seiner beharrlichen Wohlgewogenheit bestermassen anbefohlen seyn lassen / und sich versichert halten / daß ich einem jedweden nach aller Müglichkeit auffrichtig zu dienen jederzeit willigst und höchst beflissen seyn und bleiben werde.

[182] Das 1. Capitel
Von Gleichförmigkeit der alcalischen Saltze.

Was von so undencklichen jahren hero von denen Salibus fixis, und sonderlich vom Sale Tartari statuirt worden / wie man einem von dem andern / so wohl in der Chymie als Medicin, den Vorzug gegeben / ist annoch diese Stunde bekannt. Jch meines Theils gestehe auch gar gerne / daß ich lange in dieser Opinion gewesen / wann man kein Sal Absynth. cardui benedict. Centaur. min. und derogleichen hätte / man könte kein Schwitz= oder Fieber=Pulver / wo dieses in den Comopisionibus von den Medicis geordnet wäre / bereiten; und daß man eine grosse Sünde thäte / wenn man etwan ein sal vor das andere nehme / als ann ein Sal Cinnamomi verschrieben würde / und ich wolte Sal Absynth. davor nehmen / und ich nähme ein wohl gereinigtes Sal aus der Ofen=Asche / oder Ciner. Clavel. da habe ich / wie gedacht / gemeynet / man thäte Sünde; auch käme man in der Chymie nicht damit fort. Was erstlich die Sünde betrifft / wann eines vor das andere genommen wird / die wird wohl zu verantworten stehen; und so man keine Sünde mit der Tax begehet / so bin ich wohl versichert / daß man keine Sünde daran thue. Denn lieber ! sage mir / und [183] rede nicht wider dein selbst Wissen; was hast du wohl vor Effecte befunden in Verwechselung der Salien / wann es ein Schwitzen soll gelten / und du giebest dem Patienten die Dosin von dem Sale Absynth. oder von einem andern Kraut / oder von der gereinigten Potasche ein / und befiehlest ihm / wie gemeiniglich geschicht / ein gut Feder=Bette überzudecken / ob er nicht einen Weg schwitzen wird / wie den andern? Warlich meine Natur müste von andern Menschen unterschieden seyn / oder es müste die Krafft der Würckung von mir keine Statt bey jemand finden. So dieses beydes ist / so ist meine Meynung falsch. Sonsten aber kan ich nicht finden / wann ichs an meinem Leibe oder andern probire /daß ein Unterschied sey; wiewohl man nicht meynen soll / daß ich so grob ins Gelach hinein gehe / als solte ein sal nicht subtiler seyn / als das andere / wann es aus der Asche gelauget / das giebt der Augenschein: Allein bedencke / woher kommts / daß eines subtiler ist / als das andere? Erstlich / die Ursach zu geben / ist diese: Hast du viel Melisse / oder ein ander zart Kraut / und wird häuffig über einander gebrannt / daß die Asche / oder ehe sie zur Asche wird / die Kohlen starck glühen / so wird das Sal so grob / als das aus dem Absynth. oder andern starck=stenglichten Kräutern; die Ratio ist diese / das Sal hat Macht seine Terram in der Calcination anzugreiffen und zu solviren / welche es dann im Auslaugen behält; so man aber die Kräuter mählig verbrennet / daß man eine zarte Asche kriegt / so ist das Sal auch zärter: Aber doch im Effect und Würckung bleiben sie einerley; denn wann ich die Terrestreität von dem andern scheide / so ist eines so zart als das andere. Hier [184] möchte mir einer vorwerffen / ich schiebe wider mich selbst / indem ich gestehe / daß eines zärter sey als das ander; ergo wäre der Effect unterschiedlich: Jch bleibe dabey / daß der Effect gleich sey / ob gleich die wenige Terrestreität dabey ist / welche doch durch calciniren und solviren kan guten Theils davon gebracht werden; doch ist mir ein besserer modus bekannt / wie ich bey der purification des Vitriols lehren werde. Was den Geschmack der salien aus den Kräutern betrifft / da man sonderlich dem Sali Absynthii eine Bitterkeit zueignet / und deßwegen noch eine Qualität von dem Kraute zuschreiben will / so sey gesetzt / es habe eine Bitterkeit / wie ich denn nicht leugne / daß etliche Salien haben / wiewohl nicht allemahl / welche doch in der Calcination leicht vergehet / so behält es selbe nur accidentaliter, weil das Sal volatile & acidum noch nicht genug heraus getrieben; dann weil selbiges von seinem corpore noch nicht geschieden / vereiniget es sich im Auslaugen mit dem ander / und bleibet dabey; so es aber hart calciniret / oder / wie es etlche Apothecker machen / wenn man es gar fliessen lässet / so ist solche Bitterkeit auch hin /wiewohl in sel-

selbiger auch wenig Effect stecken kan / weil sie auch wenig zu spüren. Jch lasse das paßiren / was ein Ding durch Zufälle hat; meine Meynung ist nur / dahin zu sehen / was ein jedes in seinem innersten ist; darum / so ich mit diesen Salien in die Chymie hinein gehe / wer kan da läugnen / daß ich mit dem einem nicht eben das verrichten kan / was ich mit dem andern thue? Mache ich mit mit dem allerkostbahrsten Sale ex Cinamomo, oder dergleichen nicht das / was ich mit dem Sale Tartari mache? oder mit den gereinigten cineribus clavellatis? [185] Mache ich nicht ein Aurum fulminans mit dem einen so wohl als mit dem andern? Thut das eine in dem pulvere tronitruante, sonst vom Sale Tartari, Schwefel und Salpeter / nicht das Seine so wohl als das ander? Thut es im Schmeltzen der Metallen nicht einerley? Kan ich nicht einen Regulum Antimonii aus der Potasche und andern Salien aus Kräutern eben so wohl machen / als mit dem Sale Tartari? Jn Summa / man wird mir schwerlich ein Experiment in der Chymie vorbringen / das ich nicht mit einem sale fixo in genere, als in specie verrichten kan; daß man sie aber mit dem sulphure tractiren wolte / und sie dann als Alcalia gebrauchen / das gehet nicht an / denn so werdens salia acida, und vergehet ihnen die alcalische Art; und so man sie mit dem sulphure tractirt / bleiben oder sind sie hernach auch einerley. Diesem nach wende ich mich ohne fernere Weitläuffigkeit zum Schwefel.

Das II. Capitel.
Von dem Schwefel.

Der Schwefel bestehet erstlich in einer Fettigkeit der Erden / welche ein oleum combustibile ist / dergleichen in allen vegetabilischen Gewächsen zu finden: Zum andern in Sale fixo & volatile, und in einer groben Terrestreität. Daß er ein solch Oleum habe/ beweiset erstlich nicht allein sein Brennen / sondern auch / daß er sich mit den Oleis vermischet / und daß ihn das Sal Alcali,oder die Lauge davon auffschliesset / womit sich die Olea und andere pinguedines vermischen / welches auch den [186] Seiffensiedern bekannt. Ein pur schwimmendes oleum auff dem Wasser daraus per se zu demonstriren / stehet schwer her / wiewohl ichs nicht vor unmüglich halte; man siehet aber/ so man ihn in Lein=Oel / oder andern oleis kocht / und hernach per Retortam herüber treibet / daß sein Oleum mit herüber gehet / und eine unverbrennliche Terram hinter sich läst / doch mit einem oleum mehr / als mit dem andern; und ist meines Wissens keines / das den Schwefel besser meistert / oder seine pinguedinem in sich nimmt / als das Oleum Petrae oder Naphtae, denn das ist ihm am nächsten / massen ichs erfahren / wann ichs mit diesem oleo gekocht / als wolte ich ein Balsamum sulphuris machen / daß es eine schwartze unverbrennliche Erde im Glase gemacht / die zwar wegen ihres Saltzes etlicher massen geflossen / aber nicht mehr gebrannt;auch so man das Oleum von dieser Terra durch kochen im Wasser wohl absondert / riecht sie doch nicht mehr / wann sie gleich ins Feuer kommt; denn das sal volatile, welches den Geruch machet / oder in welchem der Geruch bestehet / ist beym oleo geblieben / als das subtilere Theil im Schwefel. Mit dem Lein=Oel /oder dergleichen den Schwefel zu tractiren / will ich keinem rathen / er thue es denn / da er von allen Menschen abgesondert ist; denn was das vor einen Gestanck giebt / ist denen bekannt / die es probiret / welcher in langer Zeit aus einem Gebäude nicht wohl zu tilgen ist.

Daß er im Sale mit bestehe / oder dessen etwas bey sich führe / beweiset sein oleum per campanam; dann solche olea oder spiritus nichts anders sind / als salia resoluta in aere, und so viel Saltz / als die feuchte Lufft praecipitiret / so viel habe ich spiritus oder oleum [187] sulphuris, nachdem es viel Wasser behält; denn lasse ich ihm viel Wasser / so nenne ichs einen spiritum, rectificire ichs von seinem Wasser auff eine Oelichte Consistentz / so ist es ein oleum, nach dem gemeinen Gebrauch genannt / und ist eben das oleum, welches ich aus dem Vitriol mache / welches bey Handelung desselben soll weiter ausgeführet werden. Daß ichs aber in etwas hier beweise / so sehe man doch nur zu / da der Schwefel gemacht wird. Erstlich lege ich die Mineralia in einen Ofen / und schmeltze den Schwefel durch darzu gemachte Röhren heraus; darnach lauge ich den Vitriol heraus; wann ich den zum erstenmahl heraus gelauget / so calcinire ich die Mineren noch einmahl / oder bringe sie in die Röste / wie die bergleute reden; dann die Fertigkeit vom Schwefel hat es verhindert / daß der Vitriol / oder sal acidum nicht hat können heraus gelauget werden; wann dieselbe nun durch das Rösten weg ist / so laugen sie mehr heraus / das thun sie zum dritten= und vierdten mahl. Die Ursach / warum es so offt geröstet wird / ist diese: Die Fettigkeit kan durch das zusammen sündern / Bergmännisch zu reden / nicht davon evaporiren / und das vergehet endlich durch die repetition. Hier wird leichtlich mir einer vorhalten / ich wäre nicht bey den Bergen gewesen / da der Schwefel heraus gegraben / und kein Viriol dabey wäre; darauff gebe ich zur Antwort: Ob gleich kein Vitriol hierbey gemacht wird / so habe ich doch gesehen / daß die Erde oder Berg / wie es die Bergleute nennen / die dabey sich befindet / an ihm selber ein Saltz in der Lufft von sich spüren läst / welches beym so genannten sulphure vivo zu sehen; wann man den eine zeitlang in der Lufft liegen läst / [188] daß das Saltz / wie alumen plumosum, so häricht heraus wächst / und hat die Natur es an dem Orth mir selber von der Erden gesondert / und zum Schwefel gemacht / derowegen ihm sein Saltz / ohne dem nichts wächst / nicht entzogen. Hie möchte einer einwenden / dieses Saltz könte man unter den Vitriol nicht rechnen / es schösse in der Bereitung so nicht an; in Summa/ es wäre weiß / liesse eine weisse terram, da doch der Vitriol eine rothe oder schwartze Erde liesse. Dieses alles habe ich auch beobachtet; Aber sage mir / ob es im spiritu oder oleo, wie mans nennen will / differire? Jch sage nein / denn der Vitriol grün oder blau siehet; daß er aber eine rothe oder schwartze terram verläst / das hat er accidentaliter von dem bey sich habenden Metall / dem Kupffer oder Eisen / und einer besonderen Erde / die er als ein Saltz solviren können /dadurch er mit zum corpore geworden: So ich aber das von dem puro sale scheide / so bleibet einerley Saltz / das durchsichtig ist / wie ein Chrystall; wie beym Vitriol / als oben gedacht / weitläufftiger soll angeführet werden; dann es hat die Lufft allein die Macht / wie Salia, als ein Wasser an sich zu ziehen; derowegen es aus dem Schwefel und andern Dingen das unsichtbare Saltz sichtbar machet; wie sie auch in andern Steinen / die dessen überflüßig haben / es sichtbar hervor bringet; welches ich weitläufftig hier anzuführen / weil es genug bekannt / für unnöthig erachte. Daß auch ein sal volatile dabey sey / giebet nicht nur der Geruch / der vom Sale volatile herkommt; wie ich in dem cap. de Sal. volatil. & odore weitläufftiger demonstriren werde; sondern es ist auch zu sehen / wann ich durch ein Jn= [189] strument den Rauch vom Schwefel über einen starcken spiritu vini lasse weggehen / da selbiger alsdann alle salia volatila gerne als ein subtil oleum und der das oleum subtilissimum ist / alsobald annimmt / und den Geruch praesentiret / welcher spiritus vini, so er mit klarem distillirten Wasser vermischet / und wieder distilliret wird / das sal volatile mithebet / und das gröbere Theil davon beym Wasser läst / welches davon bleich gefärbet. Dieses sal volatile oder spiritus subtilis gehet durch die destillation mit dem Wasser endlich verlohren / das allersubtileste gehet wieder in die Luft / als dem Wasser / und behält auch ein Theil von dem Geruch / und der spiritus vini wird seines Geruchs wieder loß / wiewohl die olea das sal volatile nicht gern von sich lassen / sondern aus natürlicher Liebe gerne behalten: Den spiritum subtilissimum aber / darinn der Geruch bestehet / kan es nicht behalten / sondern muß ihn meistens im Wasser lassen / welches alle salia in sich nimmt. Hieraus ist zu sehen / wie dann dieses wohl den Erfahrnen ohne mein obberührtes Anführen bekannt / worinnen der Schwefel bestehe / nemlich in einer pinguedine, welche ich auff gewissen Masse / als ein purum principium nehme / und es eine Fettigkeit der Erden nennen will / wiewohl es kein purum principium ist.

Sal Acidum braucht keine Weitläufftigkeit zu erweisen / das weiß ein jeder; daß s nur grobe Terrestreität hat / ist auch nicht zu läugnen; daß es ein sal volat. haben solte / daran wollen einige zweiffeln. Ein sal fixum, Oleum, Sal und Terra geben oder machen keinen Geruch / wo nicht das volatile prae- [190] dominirt. Ein Exempel will ich geben von dem das bennet und raucht: Wann der Schwefel ohne Fadem oder Holz brennet / so riecht er bey weitem nicht so starck / als wann er ausgebrannt und anfänget zu rauchen / sonderlich / wann er unter ein Saltz / oder ein Metall vermischt ist; so lange die Flamme praedominiret / habe ich wenig Geruch / wann die aber verloschen / so gehet ein Rauch auff / worinn der Geruch und das sal volatile ist. Jch will nicht sagen / wann man den spiritum vini mit dem oleo, oder balsamo sulphuris digerirt / wie er den Geruch und die Colör / welche beyde nahe Verwandtnüß haben / an sich ziehet. Ja / was kriegt nicht das lieblichste Oel selber vor einen Geruch / wann mans mit dem Schwefel kocht? Daß der Geruch nun nicht in der Fettigkeit / auch nicht im sale fixo oder acido bestehe / noch in der Terrâ, davon wollen wir beim cap. de Odor. wie gedacht weiter handeln; denn mein Vornehmen hier nicht ist / de Odore & Calore zu tractiren / sondern mein Scopus ist / daß ich den Schwefel vor kein principium metallorum halten noch paßiren lassen kan; dann es ist ungereimt / ein Ding vor ein principium zu halten / was aus principiis bestehet. Hier weiß ich wohl / daß man mir vorhalten wird / man meyne nicht / daß es eben ein brennender Kram=Schwefel seyn müsse / den man in den Metallen statuire / sondern es sey ein ander Schwefel / ein sulphur fixum. Nun nennet man die olea vegetabilia auch sulphura, und ist hier innen ein solch gemischtes Wesen /daß mancher selber nicht weiß / wie ers haben will. Jst es ein sulphur fixum in den Metallen/ nein! worinn bestehet doch dieß sulphur fixum? Das die 6. Metallen ihr externum und [191] internum haben / läugne ich nicht; daß ich aber gläuben solte / daß dieses so von Gold und Silber könte verstanden werden / wie vom Eisen / Kupffer / Zinn und Bley das wird mich niemand zu glauben bewegen. Was des Goldes und Silbers extremum betrifft / das ist eine Terra, welche ohne Zusatz irreducibilis ist / von dieser terra ist nichts ausgeschlossen / als das sal volatile naturae: bey den andern aber findet sich nicht allein auch diese terra irreducibilis, sondern ein sal acidum und eine pinguedo, wann die geschieden / sind die Cörper / was materiam und nicht formam betrifft / einerley: von welchen bey einem jeden in specie soll gehandelt werde. Wende mich hierauff zu dem Mercurio.

Das III. Capitel.

Von dem Mercurio und dessen Eigenschafften.

Wie der Mercurus generirt werde / oder worin er bestehe / darüber sind allerhand Meynungen. Meines Theils und nach meinem Examine kan ich nicht anders schliessen / denn daß er erstlich in Wasser und Saltz bestehe / und werde in der Erden generirt, wie die Perle in einer Muschel / nehmlich aus einer viscosâ materia, welche erstlich vom Wasser herrühret / und sich in den Bergwänden anleget / daraus wird aus innerlicher Wärme eine Mucilago oder Gur, wie man in den gemeinen Häusern an den Wänden öffters findet / auch an den Steinen im Wasser / welche gantz schmierig und zu Zeiten so schlipfferig / daß man sie nicht halten kan. Das ist ihr Wachsthum. Diese Gur wird meines [192] Erachtens zum öfftern nur durch die blosse Erdwärme dahin gebracht / daß sie zu einer truckne geräth / und weil öffters an den Orth nicht solch ein Auffsteigen von der gedachten Fettigkeit / mit Zusetzung des Saltzes vermittelst des Berg=Feuers geschicht / so bleibt er lebendig / und läufft als ein Wasser davon / wird auch in Ungarn / wie mir berichtet / in den Bächen bey den Bergen gefunden / welcher vermittelst des Wassers heraus aus den Bergen gewaschen wird / und dieser Mercurius wird Mercurius virgineus genant; daß er aber meistens in Berg=Stufen gefunden und gemeiniglich roth siehet / welches man Cinnabarim nativam nennet / auch zu Zeiten in einer gantz weißlichten Erde / wie mir dann solche zu Handen kommen / welche sich sowohl auffsublimiret als ein Kram=Cinnober oder factitium, ohne seinen Berg / den er bey sich führet / doch nicht weiß noch roth / sondern zwischen beyden roth=gräulich. Daß er / sage ich / so gefunden wird / ist accidentaliter von der Fettigkeit / überflüßigem sale, und der subtilen Erde / die dieser mit sich vermittelst des Erd=Feuers führet. Hier nenne ichs eine subtile Erde / und beym Schweffel hab ichs eine grobe terrestreität genennet; das wolle niemand übel deuten / ich habe es da in Ansehung der Quantität gethan / sonst ist sie subtil und leicht gnug. Dies nun / sage ich / haben vermittelst der groben Berg=Erde und deren Feuers es zum ziemlich harten Stein gemacht / doch an einem Ort härter als am andern; welches

Feuer dann auch an einem Ort stärcker als am andern ist / und da der Mercurius virgineus generirt wird / da muß eine Höhle seyn / wie ich dann auch erfahren / daß / wie gedacht / er in den Bächen / die aus einer Höhle [193] fliessen / gefunden wird / darinn denn gar eine temperirte Wärme ist / und glaube gäntzlich / daß er ausserhalb von dieser Gur kan generirt werden / dann sonsten wäre es schwerlich müglich / daß das Gold / welches meistens im Mercurio bestehet / ausser der Erden und in den Bächen oder Flüssen / als ziemlich grosse Körner / auch wie kleine Flämmelein / könte gefunden werden / dann diese Gur / oder sperma, oder viscosa ist ein Anfang aller Steine und Mineralien / und die bestehet aus Wasser und Saltz / die machen vermittelst der digestion eine Erde; diese Erde ist das allersubtileste Theil der Erden / und wird aus selbiger ein Chrystall / Diamant / Ertz oder ander Stein / nach dem es einen bequemen Orth und Wärme zu seiner Bereitung findet / denn man sehe einen Diaman an / oder die Chrystall / die in diesem Churfürstenthum wie die Diamanten wachsen. Die Steine sind zu Zeiten anzusehen / wie Eyer / wann man sie von einader schlägt / so stehet ein Strahl gegen dem andern so helle und rein / und alle sechseckigt / daß mans öffters mit Verwunderung ansiehet. Ob gleich hier mein Vorhaben nicht ist de generatione zu schreiben / so habe ichs doch als ein Exempel nicht über gehen können. Daß diese viscosa zu solchem harten Wesen gedieen / da sie doch zum Mercurio sowohl hätten werden können / als zum Stein / das ist der praecipitation der Hitze und Kälte Schuld / und weil die geschaffene grobe Erde von Natur oder durch solche praecipitation der Hitze unterschiedene solche viscosam oder Mucilaginem generiret / so werden auch unterschiedene species daraus / als zum Exempel / man sehe die Terram Adamicam an / wie sie genannt / und in den sumpfichten Oertern [194] in den Bergen gefunden wird / die sage ich /betrachte man / wie sie generirt wird / ist erstlich roth / hernacher wird sie schwartz / und endlich gar zu Sande / auch Gewürme / wie ich dann von dieser Terra einige experimenta in einem absonderlichen Cap. setzen werde / denn der Anfang aller Dinge ist Wasser und Saltz / und diese beyde sind unzertrennlich in ihrem ersten Wesen / haben weder Geruch noch Geschmack / und hat das Wasser das universal Saltz / welches eine Fortpflantzung aller Dinge ist in ihm; so bald ein Wasser schmecket / oder das Saltz schmeckend wird / so hat es selbiges zufälliger Weise durch die Fäulung / und kan man dieses weder ein sal acidum noch alcali, sondern ein sal volatile oder spiritum volatilissimum, welches einerley / nennen; daß dieses ein sal acidum, anders ein alcali genennet wird / das hat es accidentalscher Weise / als wann ein Magnet an einem Ort ist / da sich dieses sal volatile, welches eines theils in der Lufft / andern theils im Wasser / (Dann unter diesen beyden meines Erachtens ein schlechter Unterschied ausser dem motum ist /) sich verborgen hält / anlegen kan / so wird nach Beschaffenheit der praecipitation der obberührten Wärme und Kälte / so bald es zu einer Gur geworden / durch selbe eine subtile fermentation, welche ein acidum macht /dieses acidum, und eben auff solche Art generirte Fettigkeit der Erden / so solche zusammen kommen / machen sie durch Aufftreibung der berg=Hitze ein corpus, an einem Orth ein gediegen Metall / als Gold / Silber / Kupffer / und dergleichen. Am andern Orth machen sie ein Mixtum von allen dreyen / an einem andern Orth einen Marcasic, Cobolt / und dergleichen / die alle metallisch sind / daher [195] dann auch solche schwere berg=Arthen kommen / die man Blände heist / welche schön anzusehen / und doch kein Metall führen / solche aber haben alle einen Mercurium vivum, welches das erste in der generation ist; die Farbe hat es so unterschieden von dem sal acido und volatile, und ungleicher Digerirung / dann der Mercurius hat keine Farbe vor sich / sondern was er hat / kriegt er nur / nach dem er ein Sal kriegt; Jch sage nicht vom simplici sale, denn das muß ohne Geschmack und Geruch seyn / wie obgedacht / sondern vom Sale, welches durch die putrefaction und Digestion gemacht / wie gleichfalls oben gedacht; denn / wenn er zum Mercurio geworden / so hat er sein Saltz und Wasser vermittelst einer generirten terra ohne Geruch und Geschmack / so bald er aber in spiritu nitri solvirt und abstahirt wird / so wird er roth; Solvire oder abstrahire ich aber ein oleum vitrioli, davon bleibets wie ein weiß Saltz; denn das oleum vitrioli ist zwar ein solch Acidum, welches alle Metallen solviret / ausser den Mercurium nicht wohl / ohne besondern Vortheil;weil nun das starcke sal acidum vitrioli den Mercurium dreymahl coagulirt / so hat es ihm doch die Farbe nicht geben können / sondern praesentirt es in Formâ eines weissen Saltzes / denn das Sal hat sich / als das mehr Irdischheit bey sich hat / in diesem metallischen Wasser praecipitirt / dadurch es denn gestehet / so bald man aber über diesen weissen Mercurium einen distillirten Eßig oder gemein Wasser giest / so solviret sich das überflüßige Saltz davon / und kommt die Farbe nicht roth / sondern gelbe hervor / daraus einiger massen erwiesen / wovon die Colör im Mercurio komme; es ist auch ein gering Theil Schwefel / [196] durch den der Mercurius in respect seines Acidi gecoagulirt wird / mit welchem er dann vermöge seiner Fettigkeit in die Höhe geführet wird / auch wegen seines des Mercurii wässeriger Art halber vor sich selber das Feuer fleucht / also behält oder nimmt er eine Colör an / als roth / und wird ein Cinnober / so man selbigen in einer Alcali-Lauge kocht / so solvirt dasselbe den Schwefel / und bleibt Mercurius wieder wie vor / und Schwefel ist wieder Schwefel / welcher im Alcali solvirt / und kan mit einem Acido wieder praecipitirt / wie er auch aus den oleis kan praecipitirt werden; und ist daraus zu sehen / daß zwey Dinge / so sie zusammen kommen / als ein acidum und sal volatile eine Farbe machen / wovon in Cap. de Colorib. weiter soll gehandelt werden. Hie möchte man mir vorwerffen / ich statuirte ein sal volatile im Mercurio, welches doch nicht zu erweisen wäre: Aus obberührter Meynung wirst du schon sehen / was ich vor ein sal volatile meyne / nemlich das erste wachsende Saltz / welches ohne Geruch und Geschmack ist / und in dem Wasser und der Lufft verborgen / durch welche es sichtbar gemacht / und durch den motum naturalem, woraus die Hitze oder das feuer kommt / wie oben angeführt / praecipitiret wird. Daß also Wasser und Saltz ein Anfang aller Dinge ist / giebet die tägliche Erfahrung / und daß daraus der Mercurius generirt wird / und primum principium metallorum ist / das ist unleugbar; daß sie Metallen werden / und auff was Weise / ist zwar aus diesem Cap. etlicher massen zu schliessen / soll aber bey den Metallen weitläufftiger ausgeführet werden / denn aus allen Metallen mache ich einen Mercurium, wiewohl noch zur Zeit wenig / bin aber [197] wohl versichert / daß ich ihn geliebts GOtt / in grösser Quantität ins künfftig werde machen können; massen mir das Band / womit er gebunden / und zu Gold und Silber / oder anderm Metall geworden / wohl bekannt ist / auch habe ich aus andern Mineralien / die da schwer sind / als aus dem Arsenico und dergleichen / einen Mercurium zu wege gebracht / und sehe / daß das mehrere Theil vom Arsenico Mercurius ist. Nun möchte man fragen: Warum bemühen sich doch die Chymici den Mercurium aus den Metallen zu bringen / ist denn der gemeine nicht eben so gut? Wie dann dieses sehr schimpflich einer in einem Tractat angestochen. Aber der gute Mann hat es nicht besser verstanden / dann hätte er einige Prob darauff gewust / und den Unterscheid darinn observiret / er würde sich bedacht haben / den Landstreichern selber zuzueignen / sondern würde mit selbigem Mercurio, wann er ihn nur in copiâ hätte machen können / als ein von Einbildung wohl Erfahrner / wohl vergnügt seyn gewesen. Jch gebe zum Exempel: Du hast Milch von einer Kuh / Ziegen oder Schaaf / oder hast unterschiedene Arten gebrannte Wasser in

Gläsern stehen / kanst du dem Gesichte nach auch urtheilen / welche Milch von einer Kuh oder Ziegen ist / oder von was Kraut dieses oder jenes Wasser ist / der Geruch oder der Geschmack sagen es dir dann? Weil nun dieses der Mercurius nicht hat / so meyne darum nicht / daß der aus den Metallen nicht besser sey / als der gemein / dann der Mercurius ist in allen Metallen einerley / so bald er zum metallischen Cörper geworden / nur wegen seiner Reinigung hat einer etwas mehr effect, als der ander / die Austrucknung hat er auff einerley [198] Art erlanget / wiewohl einer gewaltthätiger als der ander / und differiren nichts / als wegen angenommener oder behaltener Impurität / dann von seiner überflüßigen Feuchtigkeit ist er durch die Coagulation entbunden / wiewohl ich nicht läugne / daß der Mercurius vulgi oder aqua Metallorum communis nicht solte dahin zu bringen seyn / daß er solcher trucknen und hitzigen Art würde / als der aus den Metallen / und ist mit dem Mercurio nichts anders / als mit dem gemeinen Wasser / ziehe ichs von einem hitzigen Kraut / so wird es hitziger Art / treibe ich einen spiritum nitri oder dergleichen hinein / so kriegt es solvirende Art / und ist doch Wasser;eben so ist es mit dem Mercurio, tractire ich den durch Sublimation, durch Cohobation von einigen Mineris oder Metallen / so kan er dessen hitzige und andere Art an sich nehmen / und bleibet doch Mercurius, und muß hierinnen dem Tractätlein des Anonymi Philalethae billich ein besonders Lob beylegen / der / was den trucknen Weg betrifft / hierinnen mehr / denn mancher gläubet / geoffenbahret hat / und die Bereitung des Mercurii vulgi deutlich genug gegeben / daß er aber den Mercurium metallorum nicht gebraucht /ist die Ursach / daß er selbigen vor schwerer / denn den Lapidem Philosophorum selber / hält zu machen. Jch gestehe es / daß man den Mercurium metallorum zu machen / bishero sehr schwer sich eingebildet / da er doch an sich selber so schwer nicht ist / dann / wann es eine Wette gelten solte / will ich in 6. Stunden einen Mercurium Lunae und Saturni, wie auch aus dem Antimonio praestiren / da ich jedoch alle Vorbereitung / wie man sonsten redet / nur ausnehme / und keine gebrauchen will / sondern das [199] Metall rohe oder massiv. in dieser Zeit noch in Händen haben; daß man aber grosse Quantitäten in diesen kurtzen Stunden daraus gedächte zu kriegen / ist nicht genug / daß eine augenscheinliche demonstration ist / daß es aber solte unmüglich / die Lunam biß auff 4. Loth die Marck zu einem Mercurio zu machen / halte ich nicht / dann mir aus gewisser Experientz bewust / daß die Luna nicht mehr denn 4. Loth Terrae mortue hat / das Gold hat weniger. Nun möchte einer fragen: Hat die

Luna nur 4. Loth Terrae mortue,wormit ist denn der Mercurius zum fixo corpore geworden? Diese Frage will ich bey der Luna beantworten / dann mein Vornehmen in diesem Capite davon zu handeln nicht ist / sondern komme wieder zu unserm Mercurio / dessen Beweiß ich mir habe vorgenommen / daß er aus Wasser und Saltz bestehe / vermöge einer wenigen subtilern Erde / welche ihn in solcher Form hilffet vorstellen. Ein Exempel nun von der Solution des Mercurii: Wann du wilt ein Silber solviren / so must du zu einem Loth 2. Loth Aqua fort. wann selbiges gut ist / zum Golde muß 4. und mehrmahls so viel Aqua regis seyn / zur Venere brauchest du weniger und schwächer Aqua fort, Ursach / weil es mehr Saltz / als Silber und Gold hat / aber zum Mercurio, welches meistentheils Saltz / brauchest du nicht mehr / als ana Mercurius und Aqua fort; ja / daß ichs besser Beweise / so kan ich den Mercurium in 3. Tagen und Nächten dahin bringen / daß ich in 2. Loth Aqua fort kan 6. Loth und mehr Mercurii solviren sine strepitu, und erweiset sich im geringsten nicht anders / als wann ich Eiß in warm Wasser bringe / da ich den Mercurium auch nicht anders ver= [200] gleichen kan / als einem gefrornen Wasser / da man würde zu thun haben / wann man in 2. Loth Wasser 6. Loth gemein Saltz solviren solte / und könte dieses beym Mercurio auch nicht geschehen / wann er nicht von dem alleredelsten Saltze / welches keine Terrestreität / wie andere Saltze führen / bestünde / oder durch Kunst davon gesondert wäre / dann sein Saltz hat weder Geruch noch Geschmack / sondern nimmt solches an accidentalischer Weise / nachdem er tractirt wird. Bleibe also dabey / daß vors erste der Mercurius aus Wasser und Saltz meistens / wie obgedacht / bestehe / und daß er secunda vel tertia materia in der generation sey / und prima materia metallorum, dann prima materia, die uns Menschen bekannt / aller wachsenden Dinge ist ein Wasser und Saltz; Nun sind Saltz und Wasser unscheidbare Dinge / aber andere Dinge / die man vor principia metallorum will halten / sind scheidbar / und finde ich in den reinen metallis nichts / als ein Saltz in= und ausser dem Mercurio, das übrige ist Erde / welches die Form macht / die Colör kommt accidentaliter vom Saltz und Terra, so die Terra vom Golde geschieden ist / ist sie eben wohl weiß / wie die aus der Luna, dieses habe ich nicht aus Büchern gelesen / sondern mit meinen Händen gemacht / und mit Augen gesehen. Man wolle mich aber hier von nichts anders / als von Gold und Silber verstehen / mit dem andern hat es viel eine andere Beschaffenheit / wiewohl sie ausser ihrer Impurität in ihrem innersten alle einerley sind respectu Mercurii und salis puri,und differiren nur in formâ, wie an einem andern Orth soll weiter ausgeführet werden / und dünckt mich sehr ungereimt zu seyn / daß man sagen wolle / Sal, [201] Sulphur, Mercurius sey das Principium der Metallen und aller Dinge; so weit sich meine Experiment erstrecken / kan ich nicht sehen / daß dieses angehen kan / dann bey einem finde ich es viel anders als beym andern / auf eine ander Art wird die Fettigkeit der Erden gemacht oder gezeuget / welche man Oel und auch Schweffel nennet; auf eine andere Art wird der Schweffel generirt / auf eine andere die Compacte Steine und Berg=Arten / auf eine andere Weise Silber / Gold / und dergleichen / und ist doch Wasser und Saltz ein Anfang aller Dinge / das ander kommet nur her durch den Motum, als das Feuer / welches eigentlich diese Fettigkeit führet und forttreibet / nachdem es poros in der Erden findet / dann das Feuer selber aus dieser Fette bestehet / die eben wohl anfänglich vom Saltze herrühret; dann wenn ich ansehe einen Ofen / darin der Ther oder Pech gemacht wird / so wird aus selbem Holtze erstlich ein subtil Oel gegen dem Ther heraus gebraten durch äusserliche Hitze / hernach komt die gröbere Fettigkeit / als der gedachte Ther. Jn dem innern Ofen bleiben die Kohlen in Form / wie das Holtz gewesen: Kriegt aber dieser Ofen Lufft / welche den Motum macht / so bleibet weder Oel noch Kohlen / sondern wird alles in die Lufft geführet und bleibet nichts denn eine Asche / worinn ein starck Saltz / als sal alkali bleibet. Ob dieses zwar ein grob und schlecht Exempel scheinet / so hat es doch fast eben solche Bewandniß mit dem Erd=Feuer / denn dieses könte nicht seyn / wenn es solche Fettigkeit nicht führte / oder von selbiger bestünde: Die Fettigkeit aber kommt Anfangs von einen vermischten Corpore, die vermöge des Saltzes und Wassers eine subtile [202] Erde gemacht / welche denn meistens in einer Fettigkeit bestehet / und hernacher gantz verbrennlich ist / ausser gar wenigstens / worin / wie gedacht / das Saltz / wie bey der Terra Adamica zu sehen / welches das allersubtileste Theil der Erden ist. Dieses also formirte Corpus kan man Schweffel nennen. Durch den Motum wird ein Feur / und das gebiehrt das acidum als einer Fermentation, durch welche wird die Materia Mercurii oder der gebohrne Mercurius coagulirt und figirt / nachdem er ein Stelle zur Mutter in den Bergen hat zu Gold / Silber / Kupffer / Eisen und dergleichen. Denn der Mercurius / wie schon erwehnt / nimmt gerne ein Saltz an / und wird durch ein acidum leicht coagulirt / wie in dessen sublimation zu sehen / er sey nun zum Cinnober oder zum weissen sublimat gemacht / oder mit dem spiritu nitri praecipitirt / so betrachte mans nur recht /

was hat ihm anders sein lauffen benommen / als das acidum, wenn du ihn mit allen salibus volatilibus in der gantzen Welt tractirest / so ist und bleibt er lauffend / und köntest ihm damit nichts anhaben / denn sein Wasser hat so viel rein subtil Saltz / als es halten oder solviren können. Also nimmt es seines gleichen nicht mehr an / sondern wenn das Contrarium dazu kommt / so wird ihm sein Lauffen benommen; als wann ich einen Spiritum Urinae nehme / und giesse einen Spiritum vini dazu / ob sie gleich beyde lauffende liquores sind / so werden sie doch zu einem harten Saltz. Dergleichen Exempel sind in der Chymie unzählig / man gewinnet auch dem Mercurio mit keinem Sale einige fixität ab / daß er zu einem Metall würde / wenn es nicht durch Mithülffe des Salis metallorum geschehe. Denn wieviel Auffschneidens [203] hiervon ist / man könne den Mercurium dahin bringen / daß er sich hämmern lasse und streichen / wie fein Gold und Silber / jedoch keine Probe auf der capel ausstehe / ist bekant. Dieses muß man solchen Leuten/ die davon reden / als ein Blinder von der Farbe / zu gute halten: Die es aber als Chymici behaupten wollen / zu denen spreche ich / mit Vergünstigung / daß es unwahr sey. Denn meines Wissens / ist er leichter in Silber und Gold zu bringen als in ein imperfect Wesen. Mag allhier der rechten Sahlbaderey wegen des Mercurii coagulat wie ihn die ungeübten nennen / in der Pfannen mit dem Viridi aeris nicht einmahl gedencken / wormit sich die Marckschreyer und Landfahrer / zumahl jetziger Zeit / sehr breit machen / und die Leute betriegen / dabey doch der geringste Gran Mercurii nicht ist / sondern blos Kupffer mit der Tutia gefärbet. Jch habe oben gedacht / daß ich in zwey Loth Aqua fort sechs Loth Mercurii wolle solviren / das wolle man mir nicht als eine Ruhmrädigkeit auslegen / sondern es würde zu beweisen stehen / daß es sich mit diesem meinem bereiteten Mercurio nicht anders verhalte / als mit dem Eiß / so lange man das zu Wasser bringet / wird es mit zu wasser / weils auch nichts anders ist / wird auch in der Wärme ohne Wasser vor sich selber zu Wasser / welches zwar dieser mein Mercurius nicht thut; sondern wenn ich ihn in das warme Wasser / als das Aqua fort bringe / so zerschmeltzt eine ungläubliche Menge darin / mehr denn sechs Loth in zwey Loth Aqua fort, worüber sich nicht wenig zu verwundern ist. Will damit dieses Caput vom Mercurio beschliessen / hoffe man wird aus diesen Experimentis eintzige Vergnügung haben. Will [204] mich derwegen / ehe ich auff die Metallen komme / nochmahl zum Sale und sonderlich zum Sale volatili wenden.

Das IV. Capitel.

Von dem Sale volatili.

Jn diesem vorhergehenden Capite hab ich gesaget / das Saltz des Anfangs habe weder Geruch noch Geschmack. Dieses weiß ich / wird vielen die sich mt Wort=Streiten behelffen / wunderlich vorkommen: Allein ich bleibe dabey / und nicht nur aus gefaster Opinion; sondern die Experientz giebt es sonderlich in den Metallen. Dann mir ist bewust ein Saltz aus den Metallen zu machen / welches in einem Laboratorio ausser einer Glaß=Hütte/ oder derdergleichen beständigem Feuer /etwas mühsam fällt. Dasselbe Saltz läst sich erstlich in Saltz und Eßig solviren / oder mit selbigem extrahiren / gehet auch mit durchs filtrum; so es aber einmahl / wie ein Alumen plumosum angeschossen / solvirt es weder Eßig noch Wasser mehr / will auch in keinem Feuer schmeltzen / ausser in übermäßiger Hitze / da es wie ein Milchfarb Vitrum wird. Dieses hat mir viel Nachdencken gemacht: Wie ichs aber dahin gebracht / daß es im Wasser sich solvirt hat / habe ichs über einen gereinigten Mercurium gegossen / der sich gantz zitternd als hin und wieder fliegend erzeiget / biß ich das Wasser in der Wärme davon gezogen / da habe ich in der Reduction eine spröde Massam gehabt / welche nach etlichem Schmeltzen und Abtreiben das schönste feinste Silber etwan bey 2. und ein halb Loth gegeben. Mit alle den Cir- [205] cumstantien /die sich hierbey zugetragen / mag ich den geliebten Leser nicht auffhalten / ob es vielleicht manchem nicht unangenehm fallen würde. Dieses ist mir in diesem jahr vor wenigen Monaten begegnet / wiewohl mir der Metallen Saltzen / Krafft über 8. Jahr ist bekant gewesen / so hab ich doch noch kein gewiß Experiment darauff gemacht / denn weil ichs nicht hab flüßig machen können / hab ich zum öfftern daran gezweiffelt. Dieses wiewohl es eigentlich nicht in diesem Capite abzuhandeln / und hierher gehöret; so habe es doch darum hiebey fügen wollen / daß man diesem Saltze keinen Geruch noch Geschmack abgewinnen können. Und solch Saltz führet der Mercurius und alle Metallen in genere. Ob das rothe Saltz aus dem Bley solte süßlich schmecken / so wisse doch / daß / so lange du einigen Geschmack dabey findest / so hast du kein recht Saltz / sondern nur ein solvirt Corpus Saturni, welches mit Eßig oder Wasser nur formam Salis praesentiret / das nach der Reduction doch wieder Bley wird. Desgleichen von andern Metallen beym Schweffel gedacht / Daß aller Geruch im Sale volatili bestünde / das ist nochmahls meine beständige Meynung / daß der Geruch und Geschmack / welche beyde Sinne einander gar nahe verwandt / vom Sale herkommen. Erstlich gebe ich ein Exempel von den Oleis destillatis, Lieber / examinire sie genau / itzt hast du ein Oleum Cinamomi, welches Oleum wegen seines Salis volatilis halber am liebsten sich mit dem Wasser vermischt. So du selbiges distillirest / wird das Wasser welches am besten riecht / milchfärbig. Das Oel will sich nicht alsofort vom Wasser scheiden / wie die andern / sondern du must es / so du es recht haben [206] wilt / etliche Tage stehen lassen / ehe es sich vom Wasser sondert. Nun haben Oel und Wasser keine Gemeinschafft / so sie einmahl von einander geschieden; aber Waser und Saltz wohl. Dieses Wasser / ob nun gleich kein Oel mehr dabey / so behält es doch seinen Geruch; nun hat es seinen Geschmack / welcher unläugbar vom Saltz herkommt; Wasser aber und Saltz sind unzertrennliche Dinge / so sie in subtilissima forma zusammen seyn; aber Oel und Wasser sind leicht zu trennen. Jch läugne nicht / daß man Oel und Wasser nicht solte conjungiren können / daß sie nicht von einander zu kennen / massen mir etliche modi bekant solches zu verrichten. Die beste und von sich selbst unscheidbahre Vereinigung geschicht cum Sale, so aber die Kunst dazu kommt / daß Saltz und Wasser wieder davon kommen / so bleibt das Oel wieder vor sich. Ob man gleich behaupten will / man könne Oel / Butter und Fett alles wieder zu Wasser machen / dazu sage ich / mit dem Wasser vermischen / und dem Gesicht nach / lasse ich es paßiren / und geht an: Aber in der Scheidung wird Oel / Fett oder Butter wie es vor war / ausser daß die Butter ihre terrestreität verlässet / und wie ein lauffend oder dünnes Oel wird / diese fette oder Butter haben wenig Geruch: so sie aber per se lange stehen / bekommen sie einen widrigen Geruch / die Ursach ist die Feuchte / so sich in und dabey auffhält / ziehet die Lufft an sich / und die putreficirt und gebiehrt das Sal volatile, welches den Geruch machet / denn das sperma, welches im Wasser / so es zu einem Corpore kommt / und darin putreficirt / oder die Putrefaction verursacht / so macht es einen Geruch. Denn was hat Wasser vor einen Ge= [207] ruch und Geschmack / so es rein / und nicht putreficirt? Warlich keinen / und macht dir nichts / als das Fühlen im Munde / welchs das Alcali darin dämpffet und gelinder macht. Nun möchte man sprechen / ich befinde / indem ichs in den Mund nehme / doch eine Aenderung / als einen Geschmack, Das rühret her von der Dämpffung des Saltzes / das du in dem Munde hast. Als zum Exempel / wann du ein gar wenig Sal alcali in ein Wasser thust / so wirst du es nicht schmecken / dann es kan das Wasser den Geschmack nicht geben / weil die Quantität nicht da ist / also macht dieses auch im Munde keinen Geschmack / sondern / wie gedacht / eine Tödtung des Alcali. So man nun dieses Wasser über ein Kraut giest und distilliret es davon / so hebet es das Sal volatile mit / und es bekommt einen Geruch / nach dem es im Kraute generirt gewesen / aus diesem Wasser wird mir nimmermehr einer das geringste Oel demonstriren können. Dieses Wasser bekommt seinen Geschmack / nun ist kein Geschmack / wo kein Saltz ist. da möcht einer sprechen / ergo wo kein Geschmack ist / da ist auch kein Saltz / das folget nicht / denn der Geruch und Geschmack sind so genau verwandt / daß sie genau in einem Sensu bestehen / also daß man siehet und in täglicher Erfahrung hat / so jemand keinen Geruch / derselbe auch wenig Geschmack habe. Denn diese beyde Sinnen können nicht von einander seyn / weil was sie geniessen / sie auf einerley Art geniessen. Hier möchte man einwenden / es sind Leute die nichts riechen / geb ich ihnen Aloe / oder dergleichen in den Mund / so können sie ihn nichts desto weniger schmecken. Jch gebe nach / daß sie ihn schmecken / man wisse aber / [208] daß dieses Schmecken von einer Gewaltthätigkeit herrühret / und so viel als davon geschmeckt wird / empfindet alsdann auch der Geruch / und könte man es dem Geruch so gewaltig beybringen / würde es ohne dem Geschmack empfunden werden. Dann was der Geruch hat / das hat er erstlich nur per vim attrahendi, und denn per sympathiam. Denn das Sal volatile, das von einer Blumen oder anderm riechenden Dinge auffgehet / ziehet alsobald / nachdem es seines gleichen findet. Nun ist bekant / daß man stets ein Alcali im Munde und Nasen führet / das Sal volatile geht durch das Athemen und Schnieben / stets aus und ein. Denn aller animalium Sal ist ein Sal volatile, und würde einer viel zu thun haben / wenn er aus einem gantzen Ochsen 1. oder 2. Pfund sal fixum bringen solte / wenn die excrementa weggethan würden. Daß ich aber vorher gesagt / man führte ein Sal Alcali im Munde und Nasen / so wolle man mich so verstehen / daß diese alteration durch den steten motum komme / da er sich anleget / wegen der Feuchte / wie mucilago, und ist hier eine alteration durch die putrefaction geworden / die aus dem Leibe kommt / wie im vorigen capite angeführet. Daher man auch siehet / so diese Feuchtigkeit mit dem Sale zu sehr wird über sich getrieben / davon ein Schnuppen entstehet / und da derselbige überhand gewinnet / so vergehet der Geruch und Geschmack. Nun weiß ich wohl / man wird mir hier einwerffen wollen / über der Nasen wäre das Os cribriforme verstopffet / deßwegen könte es nicht durch ins Gehirne dringen. Dieses wolle man selber ein wenig genau erwegen / so wird man das Widerspiel finden. Oben hab ich von den Oleis destillatis gedacht / und [209] vom Oleo cinamomi angefangen. Man sehe ein oleum Anisi, Foeniculi,

Carvi, und dergleichen an / wenn sie frisch destillirt / haben sie einen feinen Geruch / auch einen starcken Geschmack / sind auch dünne und subtil. Man lasse sie ein Jahr oder etliche stehen / so verliehren sie nicht allein ihren guten Geruch und Geschmack / sondern werden gantz dick und resinos, schmecken / da sie vorher süß oder scharff / gantz bitter. Was ist ihnen entgangen? Jhr subtiler Sulphur? Dazu sage ich nein / sonern ihr Sal volatile, mit seinem unscheidbaren Wasser ist weg. Derwegen ihm die Dünnigkeit und der Geruch benommen ; ob es gleich etwas vom Geruch und Geschmack behält / so ist es doch nicht mehr der vorige / sondern participirt nur etwas weniges davon / das ist noch / was sich bei der Fette und Erden auffhält. Diesen Oleis ihren Geruch und Geschmack wieder zu geben / will ich ein Experiment hierher setzen. Man nehme ein Oleum destilatum, das rantzig / wie mans auf der Apothecken nennt / oder zehe geworden / und nehme dazu einen spiritum vini alcalisatum, oder eine bishero gemeynte Tinctura Tartari, und misch dieses Oel damit / so werden sie einerley / und wieder dünne. Dieses giß auf ein Kraut / welches du wilt / obs schon nicht seines gleichen ist / und distilliers wieder / wie man sonst ein oleum destillatum macht / so bekommst du ein Oleum, von Geruch und Geschmack / wie das Kraut gewesen / darüber du es abdistillirt hast / ist auch wieder dünne / als zuvor. Lässest du es wieder stehen / sonderlich nicht wohl vermacht / so wird es wieder / wie zuvor. Was hat es nun in dieser Destillation empfangen? Hat es mehr Schweffel bekommen? Dazu sprech ich nein / es hat [210] ein rein Sal volatile, und Wässerigkeit empfangen von dem Kraute / worüber du es gegossen. Dann du wirst ein Theil solches Oels über Rauthen oder ander Kraut giessen / die sonst wenig Oel geben; und dieses übergegossene Oel kommt in seiner Quantität und Qualität des Krautes herüber. Man wolle mir nicht verargen / daß ich sage / auch in Qualität des Krautes / denn die Qualität bestehet im Geruch und Geschmack in Oleis. Denn wann das nicht wäre / müste auch die Qualität in der pinguedine oder dem zähen Oel stecken. Das ist aber nicht / sondern wenn der Geruch auch vom Sale volatili weg / so ist zugleich auch all sein Effect weg / was es in dem gradu forti ausrichten sollen / und alle salia volatilia, so sie von ihrem Geruch abgebracht werden /sind sie einerley Wirckung /gleich wie die Alcalia. Hie möchte man sagen oder mir vorwerffen / wann ich dem Sali volatili seinen Geruch nehmen könte / so müsse der Geruch in noch was anders bestehen. Das folget nicht / sondern man wolle distinguiren unter dem subtilen und allersubtilesten /wie ichs denn in allen will so gemeynt haben. Hierauff könte geantwortet werden /das könte auch von dem Oleo selber verstanden werden / wenn das allersubtileste weg / so bliebe das ander rückständig. Ob dieses zwar etlicher massen durch angeführtes Experiment erwiesen ist / so sage ich /das allersubtileste von den Oleis ist der spiritus vini, woher hat der seinen Geruch / sonderlich wenn er aus Korn destilliret ist / warlich nirgends anders her: als vom Sale volatili. Man siehet es auch bey dem Weinhefen Brandwein / was der vor impurität hinterlässet / nebst einem groben Oleo, und währet der Ge= [211] ruch lange / wilt du selbigen benehmen / so rectificir erstlich den Brandwein vor sich / wenn das geschehen / so mische ihn wieder unter ein schlecht / rein destilliertes Wasser / so steiget der Spiritus vini reiner über / das Wasser / das zurück bleibt / riecht übel / denn es hat sein Saltz / welches es mehr / denn das Oel liebet / in sich genommen / diß wiederhohle mit dem Spiritu vini etliche mahl / so verleuret er seinen Geruch / den rectificir von aller seiner Wässerigkeit / so ist er pur / und ist ihm sein überflüssiges sal volatile, wovon er den Geruch hatte / benommen. Diesem Spiritu vini kanst du nun wieder einen aromatischen Geruch und Geschmack geben / auch auf solche Art wieder benehmen / ja wenn man den Spiritum vini von etlichen Salien rectificirt / so nimmt er dessen allemahl ein Theil mit über / doch eins lieber / als das ander. Dieses Sal kan ihm durch keine Rectification benomen werden / es geschehe denn durch diesen angeführten Modum. Will also hoffen / daß meine Meynung hiervon nicht falsch. Denn mit einem Worte zu beschliessen / so ist aus den Oleis allemahl ein Sal volatile mit seinem Geruch zu demonstriren / aber aus keinem sale volatile ein Oleum. Bleib also dabey / der Geruch komme vom sale volatile her. Hie könte ich beyfügen / oder etwas de Coloribus schreiben: Weil ich mir aber vorgenommen / so mir GOtt das Leben verleihet / etliche absonderliche Bogen ind Experimenta davon an den Tag zu geben / so will es bis dahin verspahrt haben / weil die Farbe / woher sie komme / solch eine verwirrte Sach ist / so habe im Willen / so weit sich die Experientz erstreckt / nur meine Gedancken zu eröffnen. Will mich also weil es sich zu diesem Capite schicket / zu der Terra Adamica und Spiritu Mundi, wie er leider! genandt wird / wenden.

[212] Das V. Capitel.

Von der so genandten Terra Adamica und dem Spiritu Mundi.

Es sind mir unterschiedliche bekandt / welche in dieser Terra laboriren / und sie vor die materiam lapidis halten / und habe ich einen gekandt / vielleicht noch am Leben / der etliche dreyssig

Jahr darin zugebracht / mich selber im Anfang überredet / daß es nicht anders seyn könte / indem er tria Regna darausbeweisen könte; da er heraus gebracht animalia, das waren allerhand Fliegen / Spinnen und Würmer /ja daß diese gantze Terra, ohn ein weniges zu solchem geworden / zum andern / daß ohn einiges Zuthun noch Saamen / ausser dem Mayen=Thau artige Kräuterlein in einem Glase daraus daraus gewachsen / da wir denn einsten dergleichen in einer Kugel von Glaß bekommen / welches einen kleinen Lust=Garten praesentirt / in dem es vors erste in der Kugel anmuthig zu sehen / vors andere immer ein Sträußlein höher als das ander / und das in der mitten / am höchsten. Auch weil die Kräuterlein nicht einerley / das gröste sahe der Euphrasiae ähnlich / und war fast bey einen halben Finger lang. Diese Kugel / weil wir gesehen / daß an den Kräuterlein etliche Blätter gelb worden / haben wir feste zugemacht / daß es keine Lufft gekriegt / darauff in einer Stube über den Tisch gehangen / und es bey meiner Zeit ins dritte Jahr ohne eintzige corruption gehalten / und ist vielleicht noch vorhanden / denn ich in 12. Jahren darnach nicht weiter gefragt / in dem ich mir hernach bald ein ander Concept de Lapide machte. Vors dritte / so haben wir es durch Begiessen des Mayen-Thaues und unsere damahl so [213] genante Philosophische Destillation und fixation dahin gebracht / daß es zu einer gantz schönen harten Massa geworden / so schwer / daß es fast dem Bleye gleich zu schätzen gewesen / da doch die Materia Anfangs so leichte / wenn sie gedörret / daß man einen ziemlichen Sack voll davon tragen kan: Dieses aber in unser Philosophischen Welt / denn so muste es heissen / daß mans keine Kugel nennete / war kaum so viel / als ich in eine Dreßdnische Kanne bringen / und Anfangs ein kleines Kind mit einer Hand voll wegtragen konte / da mans doch hernacher mit einer hand beschwerlich halten kunte; und habe ich mich zu der Zeit sehr darüber verwundert / wo doch die Schwere hergekomen wäre / ja ich war gantz voller Freuden / denn ich meynte / ich hätte den Lapidem bey den Ohren / denn ich hette gesehen das Rabenhaupt / den weissen Schwan / der im schwartzen Schlam schnaderte / den rothen Löwen / das Philosophische Bley /den König und die Königinne im Bette liegen / erstlich vermählt / in summa, es hat kein wahrer Philosophus seine Tage eintziges dictum hiervon geschrieben / oder war keines bey einem Philosophischen Auctore, von denen / die nur vom Lapide gehört oder davon geträumet hätten / das dieser gute / ehrliche / fromme und gottesfürchtige Mann mit tausend Freuden nicht hierher zu ziehen wuste / wolte es sich gleich nicht allemahl accurat dahin schicken /so schleppeten wirs mit den Haaren herbey / wie noch bey vielen geschicht / und geschah uns beyden / wie einem Verliebeten / der anch Gelde freyet / deme eine pucklichte keinen Puckel hat / sondern nur ein wenig ausgewachsen ist / eine Schiele ein wenig einäugig / eine halb närrische nur lustig /und muß aller Mangel einen Schein haben / so gieng es uns auch. [214] Stanck unsere Materia wie ein Aaß / so war es eine Freude / und hatten hunderterly Dicta, die sich hierher schickten. In Summa / es veränderte sich nie / es war so eine Explication darüber / daß man seine Wunder hätte sollen hören / wenn einer in einem Winckel gestanden hätte. Wurde unsere rothe Erde / als terra Adamica schwartz / wer hatte gewonnener Spiel als wir? Ja es waren in unserm Philosophischen Lust=Hause / welches von allen 4. Winden konte durchfahren werden / und auf einem Berge lag / so viel Andachten (denn keiner von uns beyden dorffte ohne sonderliche Devotion hinzugehen / denn ich war ein Discipul) und Philosophische Sprüche / daß wir zwey Klöster damit anfüllen können. Denn ich kaum glaube / daß in 6. Klöstern öffters so viel Andacht als unter uns beyden war. Wir stiffteten Schulen / baueten Kirchen / unterhielten Wittwen / sonderlich soltens Pfarr-Wittwen seyn. In Summa / wir versorgten alle Nothleidenden / und war nur unser gröster Kummer / wie wir diesen Schatz gnugsam bewahren wolten / und war / so lange wir in unserm Lusthause / lauter Lust / wenn wir aber kaum 50. Schritte davon / da wir in des Ehrlichen Mannes Hauß kamen / da funden sich viel lieber Kinder (denn dieser mehr als einer in der Stadt oder Nachbarschafft damit begabet) die aller Hülffe nöthig / dem einen fehlte diß / dem andern das / und hätten wir nur den hundersten Theil diesen lieben Kindern können von unserm Schatz mittheilen / den wir im Lust=Hause unter andere austheileten / und an diese nicht einmahl gedachten / sie hätten alle tausend genug gehabt. Da unsere Materia so schwer ward / da meynte ich / wäre auch darauff gestorben / es müste und könte nicht anders seyn. [215] Jch hielte offt darum an / wir wolten die Materiam von Tag zu Tage wägen / daß man doch sehen könte / ob es blos aus unser Imbibition die Schwere kriegte / oder ob es ex aere auch was participirte: aber ich konte so viel nicht erlangen. Denn dieser Mann war so religiös / er wolte seinen GOtt nicht versuchen / daß es ihm nicht gienge / wie dem David / da er sein Volck zehlete. Mit diesem muste ich ich begnügen lassen/ denn es kostete mir nicht einen Pfennig / und hatte der gute ehrliche Mann nichts / als Überlauffens von mir / welchs ihm zwar allemahl angenehm: Denn wenn ich eine Application aus einem Buche machen konte

/ ja ich glaube / wäre sie auch aus dem Finckenritter gewesen / so war lauter Freude darüber. Wie gedacht / der gute Mann hatte mehr Sorge / dasselbe wohl anzulegen und zu bwahren / was er nicht hatte / und sein Tage nicht gekriegt / als das / was er schon hatte. Es kam uns bey einem Jahrmarckte einsmahls das Tractätlein zu handen / das Philosophische Vater=Hertz genant / da war in unserm Gedancken kein Mensch in der Welt / der dieses Tractätlein besser verstand / als wir / und bedauerten nur / daß uns der Auctor, und wir ihn nicht kennen solten. Wir meynten es noch genauer und besser / als er selber zu verstehen. Hilff GOtt / was ar da eine Lust / wann man von explication der Erde laß / oder von der Materia, denn er lehrt sie nicht kennen. Da an einem Ort stehet / es ist die geblätterte jungfräuliche Erde / die über unsern Häuptern schwebet / des Tages rarefacta aqua, des Nachts Thau / da hatten wir gewonnen Spiel / und war recht Wasser auff unsere Mühle. Jch wäre bald in die Thorheit gerathen / darin noch viel stecken / die allein meynen / sie kennen den rechten Vogel Her- [216] metis, und verstehen das universalissimum, und wissen doch nicht / ob es eine Eule oder Rebhun ist. So gieng es mir auch / doch wird es mir nicht so hoch zu verdencken seyn / denn ich hatte nicht darauff studirt / gleichwohl bildet ich mir ein / etwas zu issen. Was solte man denn die verdencken / die ihre Sache mit vielen Lateinischen und Teutschen Auctoribus schmücken können / da ich allein mit dem blossen Teutschen mich behelffen muste; endlich wie es nun zum Ende war / da hat der Drach verschlungen seinen Schwantz / da hatten wir salvo honore den Kwarck gantz / da war es ein rothgraulichter Sand und Erde welches ein schwartz Vitrum und nichts mehr gab / ja auch die geringste metallische Spur nicht hinterließ. Solte ich die Mühe nochmahl daran wenden / so glaube ich noch so viel davon / daß wegen der grossen Schwere ein Mercurius hätte können daraus prästirt werden / denn damahl verstund ich noch das Examen so nicht / und glaube nunmehr noch gäntzlich / daß / wenn ich Zeit daran wenden wolte / ich wolte hieraus nicht allein einen Mercurium currentem praestiren / sondern auch ein Metall / und solte es auch nur Eisen seyn / denn diß wächset oder generirt sich am ersten aus solch einer terra viscosa. Bißher hab ich geschrieben / wie mirs mit dieser Terra gegangen / nun will ich schreiben / was ich nachdem davon observirt. Und zwar erstlich und auffs kürtzeste / so habe ich befunden / daß / was wir mit grosser Embsigkeit gethan / die Natur vor sich selber vorbringe. Denn einmahl ist diese terra Adamica nichts anders / rühret auch von nichts anders her

/als aus dem Wasser /sonderlich findet man sie an schattigen Oertern / da die Sonne das Wasser so nicht bescheinen kan. [217] Oeffters findet mans auch auff ebenem Felde / doch nicht so schön roth / denn es putreficirt eher und wird schwartz / das ist caput corvi. so es auff der Ebene befunden wird / so findet sichs gemeiniglich bey den Quellen / die an einem sumpfichten Ort entspringen / da denn aller subtiler Schlam oder Moder nichts ist / oder von nichts entstehet / als von spermata aquae, oder von einer Fäulung / Holtz oder Kräuter / wie bey den Teichen und Gräbern genug zu sehen. Man führe jetzt einen Teich so rein aus / als man kan / man lasse den Boden so sandig seyn / als er will / und lasse ein Jahr oder etliche Wasser darinn stehen / man wird Schlam / oder diese terrae adamicae genug finden. Jst sie eben nicht so schön und roth / so ist es doch aus einem Principio, und ist oder wird per putrefactionem aus diesem spermate aquae. Solch eine pinguedo terrae, darinn alles wächst / auch alle Metallen und Steine werden aus diesem speramte, wie auch der Mercurius, wie oben angeführet / wird daraus / welches sperma anfänglich keine Erde ist; sondern per putrefactionem und digestionem durch den motum, oder das natürliche Feuer / wird es Erde / welche voller pinguedines steckt / und diese Fettigkeit in der Erden könte man Schwefel nennen / ob es gleich durch diese Alteration aus mehr als einem bestehet / doch gehet es noch eher an / daß ich in den Vegetabilien einen Schwefel paßiren lasse / als das Oleum und Saltz / das dritte ist eine terra mortua, und hat hier kein Mercurius was zu thun / wenn ich gleich das Wasser so nennen wolte / so soll man kein Ding anders nennen / als seine Eigenschafft ist. Jn den Vegetabilien ist eine Fettigkeit nebst einem Saltze / diese können nun keine formam praesentiren / [218] wenn keine Scheidung wäre geschehen / daraus eine Erde geworden; denn die Erde vor erst generirt seyn muß. Nun möchte man sagen: Die Erde wäre schon in dem Wasser / und hätte es natürlich mit an sich gezogen / zumahl / weil etliche die Atomos so subtil machen / und das allersubtileste Theil in noch viel tausend Theil zertheilen / ja / es ist so subtil / daß mans mit fünff Sinnen nicht begreiffen kan / wenn gleich zu jeder noch ein o gesetzet wäre. Darauff antworte ich / daß ich geschehen lasse / es habe zu Zeiten die Sonne von der Erden etwas auffgezogen / indem ich auch zuweilen observiret / daß ein Wasser mehr Terrestreität geführet / als das ander; indem die ersten Wasser / wenn es lange nicht geregnet / etwas impurer seyn / als wenn es lange nach einander regnet. Wenn man nun ein klar rein Regenwasser nimmt / daß von keinem Dache herunter rinnt / oder sonst auff etwas fällt / und setzt es an einen schattigten Ort / so scheidet es sich / und setzt anfänglich eine Sperma, das wird grün / darnach wird diess von Tag zu Tag gröber / indem es putreficirt / denn es fehlet ihm der motus, denn wird es stinckend / nun könte es nicht stinckend werden / wenn aus dieser Putrefaction nicht ein Fermentum würde. Denn / wenn es fermentirt / so scheidet sich purum ab impuro, und bleibet die terra viscosa in fundo. Wenn es aus putreficirt / so verliehret es seinen Gestanck / und stincket hernach nimmer. Wie denn der vortreffliche Isaacus Hollandus, hievon weitläufftig redet / denn die Putrefaction verursachet Fermentationem, und diese macht den Motum wieder. Nun kan man auff diese Weise so viel Erde machen / als man will / denn Wasser und Saltz meines Erachtens ehe denn Erde gewe= [219] sen / denn man siehet es in allen Generationibus, daß das subtilere vor dem gröberen hergehet. Nun hat GOtt aus nichts etwas geschaffen / das ist ein subtil Corpus gewesen / der Geist GOttes / der auff den Wassern schwebet / hat den Motum und Colorem gemacht / daraus eine Putrefaction und Fermentation entstanden / aus dieser eine Separation. Das ist also ein confuses Chaos gewesen / da dieser Sperma und Terra durch einander geschwebt / welche durch des Wortes Krafft geschieden sind / und die Natur daraus / oder daher ihren Lauff genommen und behalten. Dieses sind meine wenige Gedancken von der Generation der Erden. Denn GOtt hat uns zugelassen /durch den natürlichen Lauff Erde zu machen / läst auch zu / daß daraus Kräuter wachsen: Das läst er aber nicht zu / daß wir können Kräuter wachsen lassen / wie wir wollen; sondern wir müssen uns genügen lassen an dem / was die Natur hervor bringet. Man bringet es auch dahin / daß Würmer / wie gedacht / daraus generirt werden / man kan aber nicht sagen/ dieser oder jener Wurm soll es werden / also auch mit den Metallen / und muß man in allen erwarten / wie es durch die Putrefaction gemacht wird / gifftig oder gesund; es sey denn / daß ich einen Saamen hinein säete / so hat derselbe den Magnet schon bey sich / und wächst dasselbe Kraut. Ja ich gläube / wenn man etliche Würmer / zumahl die wässeriger Natur / zermalmete / und sie unter diese viscosam materiam mit Bescheidenheit brächte / daß man dergleichen wieder hervor bringen solte / welches denn aus andern Exemplis genug zu erweisen wäre. Dieser Meynung fället auch bey der berühmte Engelländer Robertus [220] Boylaeus in Chymico Sceptico, und beweiset es mit einem Kürbiß. Der in der Natur hocherfahrne Philosophus Helmontius will / daß die Erde nichts contribuire zu den Gewächsen / und beweiset solches mit einer Weide / die er in eine calcinirte Erde gesetzt / und mit Wasser begossen / da habe die Erde nichts abgenommen / die Weide aber über einen Centner und mehr zugenommen / daher zu sehen / wovon die Schwere gekommen / nemlich durch diese Viscosam oder Sperma, die im Wasser gewesen / denn die begiebt sich zu alles; wo sie einen Magnet findet / mit dem wird sie zu solchem Corpore; auch gehet dieses mit solchen Früchten an / die in= und aus dem Wasser wachsen / darum aber nicht mit allen. Eine Eiche / so sie in einem sand gesetzt wird /und gleich mit Wasser begossen / so braucht es grossen Fleiß / selbige fortzubringen / und so man den Sand wohl ausgedorret / ohne glüen wiegt / wird man finden / daß er um ein gut Theil schwerer ist / als der um der Weide oder Erde gelegen / und wird / wiewohl nicht vollkommen / die Erde und Eiche so schwer wägen / als die Weyde allein wiegt oder zugenommen hat. Denn indem die Weyde / als ein Magnet / besser die Wässerigkeit an sich zeucht / so behält sie mehr Saamen / welcher durch die Putrtefaction zu einem Holtz wird. Nun hilfft die Erde so viel / daß sich der Saamen des Wassers darinn abstreicht / und einem jeden / wie oben gemeldt / mittheilet: Diß gehet aber mit allen nicht an / denn eine Tanne / Kieffer oder Fichte / welche im blossen Sande wachsen / sonderlich die Kieffern und Fichten / die wollen sich durch solch Mittel gantz nicht fortbringen lassen. Denn / wenn die Wässerigkeit sich in den [221] Sand gezogen / und von der Wärme /die hierinn überhand nimmt /putreficirt / so wird eine Pinguedo daraus; woraus denn auch solche Früchte entstehen / und hernach den Magnet behalten / und immer mehr und mehr generiren helffen. Man setze im Winter einen Zweig von einem Kirschbaum ins Wasser / giebt man ihm nicht offt frisch Wasser / so verfault er / und bringt keine Blüthe; gebe ich aber öffters frisch Wasser / so blühet er / wie im Sommer / oder wie der / so auff seinem Stamme stehet. Die Ursach / warum er nicht in einem Wasser blühet ist diese: Er nimmt alsobald von dem Wasser so viel an / als er vonnöthen hat / und das subtileste / als das Sperma, das übrige putreficirt / und wird stinckend / dadurch sein natürlicher Saamen mit anfängt zu putreficiren / und muß dadurch alterirt werden. Denn alle Putrefactiones und Fermentationes machen Aenderung / was gut ist / verderben sie auff gewisse Maaß / und das verdorbene machen sie vollkommen gut. Lege ich eine Erbse oder Bohne / oder dergleichen in ein Wasser / so keimen sie aus / bekommen auch Blätter / praesentiren auch ihre Wurtzel. Dieses hat anfänglich / wie zu sehen / sich eingeschlossen in den Saamen schon auffgehalten. Nun hat das Wasser die erweichende und treibende Art durch sein Sperma schon mitgetheilet:So die Erbse oder Bohne aber in zu viel Wasser liegt / verdirbt sie zeitlich / so sie in wenigem liegt / und kein frisches gegeben wird / hält sie sich zwar wohl etwas: Doch bringt man sie nimmermehr zur Blüthe oder Frucht durch bloß Wasser / so man aber nur so viel Sand nimmt / als ein Loth schwer / und man glüet es gleich aus / und legt eine Erbse darinn / und imbibirts mit [222] Wasser / so kan man sie zur Blüthe und Saamen bringen. Denn der Sand verhindert / daß das Wasser nicht so putreficiren kan / und kan also der saamen es ehe an sich ziehen / als er zur Terra wird / weil es noch Sperma ist / denn am Sande streicht sichs ab. Und dieses ist am Quellbrunnen=Wasser zu sehen / das ist so hell und klar / als ein Chrystall / weil es durch ein sandigten Boden streicht / ist auch zu vielen Sachen / und sonderlich zm Wachsthum nicht so bequem / als Regen= oder sonst stehend Wasser / die Ursach ist / es hat sein meistes Sperma verlohen / und am Sande abgestrichen. Dennoch fault es / und giebt seine Terram. Denn / so bald seine Bewegung und Circulation auffhöret / so bald entstehet eine Putrefaction / weil die Natur nicht ruhet / bis ans Ende; so auch das Wasser / welches einmahl putreficirt / soll gebraucht werden /so dient es zum Wachsthum nicht / oder contribuirt nichts mehr dazu / als daß es die Erweichung macht / und was in der frucht ist / zur Putrefaction bringen hilfft. Hier möchte mir einer einwerffen und sprechen: Weil dieses Wasser so pur von seiner Erde und Sperma wäre / daß es nicht mehr vor sich in die Putrefaction gebracht werden könne / auch nichts contribuire / so wäre es ein purum elementum, und was es hätte / das hätte es von der Erden empfangen. Als ein purum elementum laß ichs alsdenn paßiren / denn es ist eine natürliche Alteration vorgangen / welche eine Scheidung gemacht / dadurch diesem Element sein Saamen entgangen / und hat das ander Element gezeuget: Folget aber nicht / daß es derowegen von der Erde entlehnet hat / welches anfangs von ihm gebohrn ist: [223] Es kan aber / weil GOtt der Natur frey gegeben / hervorzubringen allerley Kräuter und Bäume / eines ohne das andere also unmüglich seyn / als Mann und Weib. Das Wasser / als das erste / flösset dem Weibe / als welches von ihm gebohren / seinen Saamen ein / welcher seinen Calorem dazu giebt / und Früchte hervor bringt / und steckt also in dem Lufft=Wasser kein Saltz corporaliter, sondern spiritualiter. Jch lass es vor eine speciem universalissimam paßiren / aber in Effectu ist es anders nichts / denn ein bloß Wasser. Als eine universalissimam speciem laß ichs wegen seines spermatis paßiren / denn zu welcher / oder auff welche Stelle das kommt /so gebiehrt es etwas / es sey in= oder ausser der Erden. Durch die Putrefaction und Fermentation wird das Saltz corporalisch / da das eine hernach durch Gewaltthätigkeit ein Sal fixum genennet wird /da doch nur einerley Sal in rerum natura ist von Anfang / das andere entstehet alles aus diesem / wie öffters angeführt / nach dem es eine Mutter findet. Kan mich derowegen nicht genugsam über selbigen verwundern / die aus der Lufft suchen das universale menstruum zu ziehen / das Gold radicaliter damit auffzuschliessen und ad Lapidem zu bringen. denn erstlich ist dieses sal aeris durch keinerley Magnet zu erlangen / und so es zu erlangen wäre / so ist es doch / so bald es erlangt ist / ein Sal dublicatum durch den Magnet; und gesetzt / man hätte dieses Sal so pur / und wolte das Gold damit auffschliessen / oder schlösse es damit auff / welches doch unmüglich ist / wo bleibt das Propagans? ist das in dem Golde von sich selber / oder steckt es in diesem Saltze? Jch sage in keinem von beyden auff [224] diese Weise. Denn das Gold ist und soll der Saamen sein; nun werden alle Dinge oder Saamen in eine bequeme Erde gesäet / die da Früchte bringen sollen / also ist es mit den Metallen auch. Spricht man / das Gold habe seine Erden bey sich / und werde durch dieses Saltz propagirt / so scheint dieses gar ungereimt zu seyn. Mir ist durch die Scheidung bekannt geworden /daß eine Marck Gold / 2. biß 2½. Terrae mort. alb. hat / welche irreducibel ohne Salien ist / da es denn ein milchfarbig Vitrum giebt / so ihm ein Alcali zugesetzt wird; das ander ist der mehrer Theil Mercurius,ausser ein wenig rother Erde / wenn ichs so nennen soll / da es doch mehr ein Sal volatile cum acido könte genannt werden / wie beym Golde weitläufftiger soll ausgeführet werden. Diese dreyerley sind nun so vest in einander / und mit einander verbunden / daß kein Mensch durch ein bloß Menstruum sie scheiden kan: Können sie aber nicht geschieden werden / und du hast dein Sal aeris,oder Spiritum Mundi (welcher / was er sey / und worinn er bestehe / ich hiernach beweisen will / wiewohl es aus diesem Cap. wohl abzunehmen /) und tractirst dein Gold damit / so / wenn es müglich wäre / daß du es damit auffschlössest / so nähme dieses Menstruum alle vorgenante Theil zugleich in sich / und hätte nicht Macht / selbige zu scheiden / sondern Gold bleibet Gold vor als nach. Ja wenn es nur so weit könte gebracht werden / ob es gleich wieder praecipitirt würde / so wäre es viel / aber dieses ist in rerum natura meines Erachtens nicht gewesen / wird auch wohl nachbleiben. denn so viel ich zu der Chymie erfahren / und des Goldes Natur [225] erforschet / ist es ohne corrosiv unmüglich auffzuschliessen /

und dennoch hat das corrosiv nicht wohl die Macht / das Gold aus seinem Wesen zu bringen vor sich selbst / es sey dir denn dessen Scheidung wohl bekant / und ist dieses in wenig Menschen Wisen. Wundere mich derowegen / wie doch so viele vornehme und gelehrte Leute auff diesen Wahn gerathen / daß im Spiritu Mundi müsse das rechte universale menstruum bestehen. Die ernehrende und gebährende Krafft / wenn es so simpliciter vor sich bleibet / hat es vor sich in sich / wie schon angeführet / und sonderlich in den Vegetabilien; aber die auffschliessende Krafft in den Metallen hat es nicht / denn die beyden weit von einander entfernet sind. Ein anders wird gezeuget über der Erden / ein anders / oder auff eine andere Art wird ein Ding generirt unter der Erden. Ein ander Feurer ist das Erd=Feuer / ein anders die Sonne / welche in der Erde zu würcken keine Krafft hat. Wilst du eine Fäulung oder Auffschliessung eines vegetabilis dich bedienen / so must du es über der Erde suchen / dergleichen auch mit den Metallen. Sapienti sat. Und so lange bin ich bekräfftiget nicht zu glauben / daß das Gold radicaliter soll könen auffgeschlossen werden / daß mans nicht solte wieder reduciren können / oder daß es nur auffzuschliessen wäre /ohne scharffe Sachen oder Spiritus, als spiritu salis und dergleichen / bis es einer werckstellig macht / und solch Menstruum vorzeigen kan. Dieses hat sich kein Possessor lapidis unterstanden /noch ist jemahls eines wahren Philosophi Meynung gewesen / und wundert mich / wo diese speculation erst hergeflossen. Doch halte ich davon / es rühre von einigen her / die das Ansehen als [226] Possessores haben wollen / oder rühre her von der Verdunckelung oder Verführung / deren sich sich einige Possessores bedient haben / da daß eintzige dictum von dem Vöglein Hermetis und von dem Fischlein AEchineis die meiste Ursach ist. Denn / wenn die rechten Possessores den Lapidem fast von Wort zu Wort Proces-weise beschrieben haben / so bedienen sie sich dieses Verführung und sprechen / du solt nicht verstehen den gemeinen Mercurium / noch den gemeinen Salmiac / ec. Und haben doch recht geredet: Denn unser Mercurius ist ein ander Mercurius, ein ander Salmiac. Darüber sind durch diese Verführung etliche / die dem Dinge vermeinen scharff nachgesonnen zu haben / auff die alleredelste thörichte Einbildung der gantzen Welt gerathen / es wäre was / wodurch alle Dinge fortgepflantzet / ernähret und erhalten würden / das müste der spiritus mundi, darinn das Sal universalissimum steckte / seyn. Es muß freylich was sey / das den Bauern die Hüner frist. Man möchte auch dieses Sal mundi wohl das Zaunschlipperlein Hermetis nennen; daß aber hermes solte dieses gemeynt haben / ist weit vom Ziel geschossen. Daß man sich auch wolte einbilden / es wäre hieraus solch ein Menstruum universale zu machen / das alle Metallen gantz gelinde ohne corrosiv, sine strepitu aufflöse / ist wiederum wider die Natur / auch wider der Metallen Eigenschafft / wiewohl ich beweisen kan / daß ich alle Metallen auff einerley Weise aufflösen kan in einem Menstruo, doch gehet es nicht auff einem Modum zu. Wenn gleich alles darinn auffgelöset / so will doch da Gold noch anders tractiret seyn / als Gold / [227] Silber / Zinn / Eisen und so fort. Denn sie praesentiren nur die Form eines Saltzes / weil ihr Corpus die Pelluciditát dadurch erlangt / und nach der Reduction, wenn dieser Spiritus, dadurch sie auffgeschlossen / sich wieder scheidet / so ist es wieder das Metall / so es vorher gewesen / denn das Metall hat weder dem Saltz / noch das Saltz dem Metall etwas mittheilen können / ob sie gleich aus natürlicher Liebe einander angenommen; so haben die Salia allein nicht die Macht / die Metallen schlechter Dinge zu propagiren / es sey denn das Mittel darzwischen / wie wohl ich nicht läugne / daß die Salia Macht haben / die Metallen zu zerstöhren / und in ein geistlich Wesen zu bringen / wenn sie damit übersetzt werden. Dessen man ein Exempel findet an der Luna, wenn man die in Aqua fort solvirt / und giest drey= oder viermahl so viel Aqua fort darauff / als man nöthig gehabt zu solviren / und läst es etliche Monat stehen / so bekommt man nimmer sein Silber alles wieder. Dieses ist aber noch die rechte Art nicht / das Fixe flüchtig zu machen: wenn man aber nimmt 1. Loth Silber und 2. Loth Aqua fort und solvirt / das mag auf dem Silber ohne Schaden ein gantz Jahr stehen / wo nicht der tertius dazu kommt / der es aus seinem Wesen setzt / wiewohl ich es noch nicht vor flüchtig halte / ob es sich gleich in der Praecipitation oder Abstraction nicht finden will / denn in der Praecipitation ist des saltzes so viel / daß / wenn mans mit einem Metall praecipitiren will / es beydes wohl kan in sich nehmen. In der Abstraction ist bekannt / wenn ich ein Metall mit seinem Menstruo übersetze / es leicht mit überführet allemahl ein Theil / wie beym Golde am ersten zu sehen / denn dieses fast am leichtesten [228] über zu führen ist / und hat man also Mühe / ehe man sein Corpus,wenn es mit den Salien übersetzt / wieder haben kan / zumahl das Silber / weil es gerne / wie der Saturnus, in einem Mercurialischen Rauch weggehet.Dieses gehet nun / wie die vermeynten Philosophi meynen / gewaltthätig und mit corrosiv zu / und nennen dieselben Sophisten die in den Metallen mit Aqua fort, Aqua Regis, spiritibus, umgehen / und wissen nicht / wie schimpflich sie von selben reden oder schreiben wollen. Es will derowegen keiner gerne ein Sophist seyn / sondern wollen alle Philosophi heissen. Wenn mans aber hinten und vorn beschauet / so können sie der Sophisten nicht entrathen. Jch will mich nicht schämen / und auff gewise Weiß einen Sophisten nennen lassen / und bey dem corrosiv und der Metallen Auffschliessung bleiben / es mag ein Philosophus bleiben / wer sichs einbildet / ich bin unter beyden gewesen / unter den Philosophis und so genannten Sophisten / um in ihrer Religion einen Unterschied zu machen / da ich bey den ersten viel herrliche Gleichnüsse und Sprüche / theils aus GOttes Wort hergezogen / theils aus andern Scribenten / welche zum Theil allegirt werden / wie der 91. Psalm vom Teuffel / gefunden. Und sind ihre Sachen nur in subtiler Einbildung und Worten bestanden. Der Letzten ihr Thun und Wesen hat mir besser gefallen / habe auch mehr dabey gefunden / als was mir die Lufft=Philosophi ihr Tage nicht haben zeigen können. Daß ich aber ein wenig berühre / wie es mir mit den Philosophis ergangen / und was ihr Spiritus mundi sey / wiewohl es vorher schon berühret / so muß ich doch ein Theil ihrer Proceduren und ihren Magnet erzehlen /wie sie denselben fangen / und [229] was vor unterschieene Meynungen hierinn sind / etliche wollen es im Regen oder Donner-Regen suchen / und die sind was plumper vor denen / die es aus der subtilen Lufft suchen / und wenn sie ans Ende kommen / sind sie einerley; doch hielt ichs mit den ersten / so was wahrhafftiges bey ihnen wäre; denn ihr Saltz / wenn sie eins kriegen / ist noch meist per se, da der andern ihres durch den Magnet ein sal duplicatum ist. Bey den ersten / die es aus dem Wasser suchen / bin ich in die Schule gangen / und ist der erste gewesen einer / den ich Ehren halber nicht nennen mag / weil er sich bekehrt / und von der Philosophie zu meiner Religion getreten. Dieser kam An. 1659. zu dem nunmehro in GOtt ruhenden Hertzog Frantz Carlen von Sachsen=Lauenburg / da ich damahl die Gnade hatte / auff seinem Schloß Neuhauß / als ein Cammerdiener und Chymicus auffzuwarten / wobey ich des Hertzogen kleine Hof= oder Leib=Apotheck / als einer dieser Kunst Zugethaner / zu versehen hatte. Zu dem kam dieser gute Mensch und gab vor / er könte und wüste den Lapidem Philosophorum zu machen / er wüste das rechte Menstruum universale, in summa er war mit Philosophischen Dictis und Beweißthümern so gespickt / wie ein Hase in einer Frantzösischen Gahr=Küche. Der gute liebe Herr / welcher sehr curiös war / um zu sehen was in der Natur / obs ihm gleich was kostete / und öffters vor Augen sah / daß es auff keinen Nutzen auslieff / nahm ihn an / ließ ein Kupffernes Balneum machen / bey 5. Elen lang / und so breit / daß 2. grosse Herren=Kolben neben einander stehen konten. Wenn es nun regnete / sonderlich beym Donnerwetter / so waren alle Wasch= und Spinn=Mägde bestellt / welche das Wasser [230] fangen musten / und wurde meistens von den Dächern gesammlet / und in Fässern eingesetzt / bis es konte in den Herrn=Kolben eingekocht werden. Diese Kochung währte Tag und Nacht / öffter wurde das Wasser bald riechend. Endlich / wie es nun lange genug gewähet / wurden die Kolben / weil es alles / bis auff die Truckne abgeraucht / herausgenommen / da war eine schwartze Erde darinn / das war seiner Explication nach / das Caput Corvi, bald auch der schwartze Schlamm / darinn der weisse Schwan schnattert. Das solte erstlich durch die Sonne calcinirt / und ein weiß Saltz daraus werden / das war die Diana: Es wolte aber die Calcination nicht von statten gehen / ob sich gleich ein Saltz per se heraus laugen ließ / gab aber sehr wenig / und war ein natürlicher Salpeter / endlich must ichs gelinde calciniren / daß keine Flamme oder Kohle dazu käme / da entzündete sich ein Theil / und gab graulichte Asche / aus dieser Asche solte nun die Diana hervor kommen / welche den König der Ehren gebähren solte / mit seinem Purpurmantel. Die Diana, als das Saltz kam hervor / aber sie konte nicht einen Bauern / geschweige enen König zur Welt bringen. Dieses Saltz solte ich nun roth machen / das konte ich nicht / mein Philosophus konte es auch nicht. Er ward auff mich zornig / daß ichs nicht konte / bis endlich der gute Herr sahe / wo es hinaus wolte / und dimittirte ihn. Was hier nun vor eine unglaubliche Menge Wasser verkocht ward / soll kein Mensch dencken / und hatte doch kaum 1 1/2 Pf. Saltz / wäre genug gewesen / wenn ich diese Stunde nur glauben könte / das es noch aus dem Wasser gekommen / ich glaube mehr / daß es von dem Staub und Unflath von den Dächern und Geschirren her= [231] rührete / zu dem läugne ich nicht / daß nach der Putrefaction, welche denn hiermit vorgieng / nicht auch was Saltz solte seyn aus der viscosa aquae gekommen. Dieses habe ich die Länge und die Quer examinirt / mit Gold geschmoltzen / in Digestionem gesetzt / so war es ein sal alcali, und blieb auch ein solches. Schmeltzte ichs und setzte es an die Lufft / so zog es ein Wasser an sich / wie alle alcalia thun / von welchen hernach weiter soll geredet weren / der spiritus wolte auch nichts thun / also war dieser Lapis oder Menstruum universale ausgemacht. Dann / wann ich von der schwartzen Erde nahm / und setzte sie an die Lufft / und ließ sie wieder trucknen / und wiederhohlte dieses offt / und dann distillirte / so spürete man / daß es ein nitrosich Saltz ist / giebt seine Pinguedinem, als ein Oel / von welchem ich oben gedacht / einen säuerlichen spiritus , und der Geruch findet sich bränderich / darinn das sal volat. und ist hier abermahl die generatio Terrae zu sehen / das Nitrum entzündet sich auch in der Destillation. Es war auch zu selbiger Zeit noch ein Doctor Juris bey uns / welchen ich noch in ziemlichem schlechten Zustande zu Prag angetroffen. Dieser sonst in Sprachen wohlerfahrner Doctor war auch auff diese alleredelste Thorheit gerathen / die Lufft und ihr Saltz hätte Macht alle Metallen auffzuschliessen / ließ derowegen dieses zu beweisen 7. gläserne Kugeln machen / that in 6. die Metallen / als Gold / Silber / Kupffer / Eisen / Zinn / Bley / in die siebende that er Mercurium, darzu ward ein eiserner Topff geschafft / mit Sägespän und Wasser gefüllet / unter diesen wurden viel Lampen und zu Zeiten Lichter gesetzt / und kan ich mit Wahrheit sagen / daß etliche Centner Licht / ohne das Oel darunter [232] verbrannt wurden / nun waren die Kugeln offen / und die Metallen in dünnen Blätterlein / und solte also die Lufft / die sich hierinn zöge / darinn circuliren und successive das Metall in sich selbst auffschliessen / vermöge seines Saltzes; weil sich nun das Wasser in den Kugeln mehrete / und sich oben anlegte als grosse Tropffen wolte es bey dem Fürsten eine grosse Freude erwecken. Wie ich nun allerhand Argumenta dargegen hatte / so bewiese es der Ausgang / daß er vor alle seine Mühe in seinen Kugeln nichts / als ein blosses Wasser hatte / und daß kaum in einer Kugel ein Loth. Diesem Wasser wolte er nun / als dem rechten spiritui mundi gerne eine Tugend zueignen / hätte auch gerne gesehen / daß es eine gehabt hätte / allein es wolte nicht seyn / hielte es auch so hoch und werth / daß er vor das Loth gerne hätte 100. Rthl. gehabt / wann er nur einen Kauffmann kriegen können. Weil er aber ein= und andere Cur damit anstellen wolte / und gantz kein effect sich fand / war er allein in Einbildung reich / und behielt vor das viele geld / welches vor einen Fürsten wohl hingieng / seinen spiritum mundi allein / und wären dieses des gütigen Herrn seine Worte öffters / ich kan es ja mit ansehen / wird nichts daraus / so habe ichs gesehen / und er hat dieweil leben müssen / das wird mich nicht arm machen. Hernacher habe ich vor mir befunden / zwar nicht bey diesem Herrn / welche durch sonderbahre küpfferne Jnstrumente die Lufft haben gefangen / mit calcinirtem Marmor / auch Kreide oder Kalck / und sind hierinn nicht einig / das hat die Feuchtigkeit sollen einziehen / welche sie hernach durch Sonnen-Wärme wollen davon treiben / haben auch sehr mühsam was gekriegt; andre habens durch gelindes Feuer davon [233] getrieben / dieser ihr Spiritus mundi hat das geringste Saltz nicht geben wollen / die Ursach / das Wasser hat seine Viscosa beym Kalck / Kreide oder Marmor abgestrichen und sich gereiniget; andere / so ich gekandt / haben das Caput mortuum vitrioli an die Lufft gelegt und hat die Feuchte an sich ziehen müssen / und diese fahren besser / denn sie kriegen mehr / das haben sie auch gelinde per retort. getrieben und ein gelinde Phlegma Vitrioli gekriegt / dieses hatte noch ein wenig Effect / weil es vom acido vitrioli participiret / doch kan ich dieses nicht loben / daß die 1 1/2 Untz vor 1/2 Rthlr. und mehr ist verkaufft worden / da es doch sehr wenig besser als rein Wasser / und ein gemeines Phlegma Vitrioli 1000mahl besser / und dessen kan man mehr denn ein Pfund darum kauffen: Andere nehmen ein Sal Vitrioli und ziehen das Oleum Vitrioli etwas davon / dieses ziehet die Lufft starck an sich / so bald aber dasselbe durch gelinde Destillation davon gezogen / so ist s gemein Wasser und ist in Ewigkeit kein Saltz daraus zu erweisen / diesen Magnet gebrauchen sie offt und bringen es Kannenweiß zusammen / und haben doch nicht mehr / denn destillirt Regenwasser. Andere solviren im Spiritu Nitri allerhand Sachen / ziehen es bis zur Truckene ab / setzen es an die Lufft / so zeucht es auch an sich. Andere schmeltzen Pot=Asche / und thundergleichen / und wann sie es hinten und vorn besehen / so haben sie ein destillirt Wasser / welches in dem Leibe weniger Effect hat / als das gemeine Regenwasser. Jch könte hier mehr hersetzen / die es mit Blaß=Bälgen mit Praecipitation er Hitz und Kälte / mit Wallfisch=Knochen und dergleichen gesucht / aber es ist alles einerley / und mag den beliebten Leser mit diesen [234] Vanität nicht auffhalten. Denn die s suchen mit Alcalien und Acidis, als Vitriol / Salpeter / Potasch oder Sal Tartari, die seynd hierin im Grunde recht einfältig / denn wenn sie erstlich ihren Magnet betrachteten / was er wär / und was er gewesen wär / was er hätte und was ihm mangelte / so würden sie solche Thorheiten nicht begehen. Was die Alkalien und Magneten betrifft / die haben erstlich ihr Sal volat. in der ersten Calcinat. verlohren: Zum andern verliehren sie im Feuer durch das Schmeltzen ihr Wasser / ohne welches sie nicht seyn können. Dieses ist nun von andern auch zu verstehen / wann ihr Wasser ihnen gewaltthätig benommen / so müssen sie dasselbe wieder haben / dahero man auch bey etlichen Dingen siehet daß / so bald man sie gewaltthätig im Feuer tractiret / und wie gesagt / ihr Wasser von sie getrieben / sie solches mit eben solcher Gewaltthätigkeit wieder suchen / so daß man öffters nicht 1/2 Stunde warten darff /

daß es nicht an der Lufft wie Wasser flösse / und den so genandten Spiritum mundi wieder an sich zöge: Hätte es nun aber ein Saltz bey sich / so würde es entweder bey dem Magneten praecipitiret und figirt / oder so es volatilisch /würde es sich selber scheiden und wieder in Aerem gehen / denn das ist dieser Magneten Eigenschafft: Wolte man aber vorgeben / daß / je heisser die Sonne schiene / und je truckener Wetter es wäre / je mehr auch dieser Magnet zöge / wie hergegen im feuchten Wetter gar nicht. So antworte ich mit aller Vergünstigung / daß solches mehr der Lügen als der Warheit gemäß sey: Zwar läugne ich nicht / daß es bey Sonnenschein nicht solte auch an sich ziehen / jedennoch aber sage ich / daß es mehr geschehe bey di= [235] cker Lufft. Und daß ichs kurtz fasse /so ist aller dieser Spiritus mundi nicht einen Pfifferling werth / und kan ein Phlegma Nitri und Vitrioli freylich mehr thun: Ja wenn ein Mensch nur bedächte / was das wäre / so er durch stetiges Athemhohlen an sich ziehet / würde er befinden / daß er den besten Magnet in und bey sich hätte / und dessen mehr und besser geniesse / als er vor Gold kauffen könne; inzwischen aber will ich mit diesem Spiritu mundi niemand gemeynet haben / als nur allein die jenigen / welche ihn auf diese Weise bereiten / und darmit die Leute betriegen. Mit denen aber habe ich itzt nicht zu thun / welche eine andere Sache nur unter diesem Nahmen wollen bedencken und aus der Erfahrung viel besser wissen / was ein Spiritus mundi sey. so kan ich auch zwar keinen schelten / indem mancher aus allzugrosser Einbildung vermeynet / er thue recht / da er es nicht besser verstehet / jedennoch aber kan ich auch keines Grab mit Rosen bestreuen / noch sein Haupt mit Lorbern kröhnen: Wann dann aber die / so gantze Bücher davon schreiben / manchen ehrlichen mann vom rechten Weg abführen / und um seine edele Zeit und Glück bringen / mich fragen würden: Ob ich dann von dem Spiritu mundi gantz nichts hielte / da ich ja selber ohne denselben nicht leben könte? Wolte ich meine Antwort hernehmen von dem Winde / welcher das Wasser dünne macht und in die subtilen Atomos zertheilet als die Lufft / darvon ich sehr viel halte / weil ohne dieselben kein Mensch leben kan / aber gar wohl ohne diesen Spiritum mundi, daß also meine Meynung nicht ist / als ob ich die Lufft verachtete / sondern ich verlache nur die Philosophos welche den Lapidem daraus machen / und die Metallen damit [236] solviren wollen / dann weil die vor Narren und Phantasten von diesen ausgeschrien werden / die mit Aqua fort und andern solutionibus suchen die Metallen auffzuschliessen / so weiß ich für wahr nicht / ob ich sie nicht unter die Phantasten zehlen könte; ich bin mit Aqua fort und dergleichen eine geraume Zeit umgangen / auch so viel gesehen und erfahren / das kein Mensche auf Erden aus der Lufft wird weisen können. So ist nun zwar die Lufft ein edel Geschöpff / und könte nichts auf Erden wachsen oder leben / wann es nicht vermittelst der Lufft geschähe: Doch ist dieses nicht dahin zu deuten / als wann sie es allein verrichtete / sondern sie movirt nur die Circulation in Plantis und Animalibus, vor sich selber aber hat sie nichts als ihr Sperma, und die ist bequem einem jeden Kraut Hülffe zu leisten / und ist eine ernehrende Krafft darin / so lange als sie durch keinen Magnet corrumpiret wird / die da Macht hat ein Kraut gifftig und gesund zu machen: Und nachdem sein Magnet und Putrefactio ist / nachdem alterirt sich dieses Sperma darinnen / und gebiehret seines gleichen; denn die Principia seynd schon darin / liegen im Saamen oder Wurtzel / und empfangen in der Erde als ihrer Mutter ihr treibendes Saltz / welches vermittelst der Lufft erhalten und in die Höhe geführet wird. Dann eine ander Lufft oder Beschaffenheit der Lufft ist unter der Erden / eine ander über der Erde. Eine ander Wärme ist über der Erden / eine andere unter der Erden. Das Feuer unter der Erden / ob es gleich mit der Sonnen=Wärme eine Verwandtniß hat / so hat doch die Sonne mit ihrer Wärme keine Wirckung unter der Erden oder in den Bergen / wovon zur andern Zeit ein mehrers. [237] Damit ich aber wiederum auf den Spiritum mundi komme / und das Sal Aeris als das Backfischlein Aechineis oder das Zaunschlipperlein Hermetis, so wundert mich nicht wenig / daß dieselben Leute, so thöricht sind / und das solvens, die Destruction und das Propagans in einem Saltze suchen / und das aus der obern Lufft / die nur vor die Animalia und Vegetabilia gehöret / auch vermittels dieses Saltzes oder Spiritus mundi den Sulphur solis zu extrahiren gedencken / andere aber es mit Kopff und Schwantz darin also solviren wollen / daß es kein Corrosiv sey / sondern darin zergehe wie ein Eiß im Wasser / und was der Narrenpossen mehr sind / weches doch weder des Hermetis noch eintziges wahren Philosophi Meynung jemahls gewesen. Andern aber mus es kein Specificum seyn /sondern ein Universalissimum quid, eine Tinctur wäre wohl zu machen / aber kein Lapis Philosophorum, so bald man eine Materie begreiffen könte / wäre es ein Specificum, und das muste nicht seyn / bleiben also bey dem Argument, daß das Saltz in der Lufft wäre ein universalissimum, weil alles dadurch lebete und fortgepflantzet würde: Allein kröchen diese Leute ins Gebürge / und betrachteten das Regimen unter der Erden / und machten eine Distinction, so würden sie anders Sinnes werden. Uns so genandten Sophisten ist ein anderer Weg offen / und ist bey diesem Hochlöblichen Chur=Hauß Sachsen eine andere Nachricht / von selbigen Actis, ich wünschete / daß es mir erlaubet wäre zu schreiben / doch dieses kan ich nicht vorenthalten / daß bey Churfürst Augusti Zeiten Anno 1580. bis 91. auch bey Churfürst Christiani Primi Zeiten solche Sophisten hie gewesen / welche nicht allein Sil[238]ber / Quecksilber / Kupffer und andere Metall in Silber und Gold verkehren können / nachdem es ihnen beliebet / sondern haben auch das feine Gold in Silber wieder zurück tingiret / wie sie dann auch in geringer Metall versetzen können / aber hiervon weitläufftig zu schreiben / will mir itziger Zeit nicht gebühren:Doch hat Churfürst Augustus Christmildesten Andenckens eine Tinctur / und keinen Lapidem gehabt / wiewohl er ihn Lapidem nennet: Vielleicht haben sie es als Sophisten nicht verstanden / da ein Theil dieser Tinctur hat tingiret 1604. Theil Mercurii in das feinste Gold / welches alle Proben der gantzen Welt ausgestanden; So ist auch noch eine andere vorhanden gewesen / welcher Anzahl oder Maaß der Tinctur / ich um der Narren und Spötter willen / die es über diese edele Gabe GOttes giebet / nicht gedencke; Und solche Sophisten hat man zu der Zeit gehabt / nun finde ich aber keinen Philosophum, der das geringste praestiren oder eintziger Possibilität erweisen kan / wann sie gleich allen Spiritum mundi in einem Brau=Büttich hätten. Aber jene haben es für wahr nicht auf eine solche thörichte Art gesuchet / sondern der Metallen Eigenschafft und deren Auffschliessung / auch die rechten Philosophischen Bücher besser verstanden / als diese. dann wann ich mit denen davon rede / welche Philosophi seyn wollen / und sie um Rath frage / hilff lieber GOtt / wie weit werffen sie es weg / und verfahren gantz nicht Philosophisch in dieser Sache. Dannenhero wundert es mich nicht wenig / daß die Philosophie in dieser Sache so schlecht ablauffe; Allein wann mir GOtt nicht das Glück gegeben / und ich dergleichen herrliche Pos[239]sibilität / die mr kein Mensch hat weisen können / nicht gesehen / wäre ich um ein Haar auch ein solcher Philosophus geworden: Nun mag es drum seyn / ich will ein Sophist bleiben (das Wort in einem guten Verstande genommen) ein ander bleibe bey seiner Philosophie / ich will das Specificum nehmen / davon ich etwas kan mittheilen / ein anderer behalte das universalissimum, davon er nichts mittheilen kan / denn das hat die gantze Welt. Schließlich aber bitte ich / daß mir keiner das Wort Philosophus so auslege / als hätte ich einige Hochverständige weise Leute damit gemeynet / denn diese ihre Ruhm=würdige Philosophie lasse ich in ihrem Werth;

Weil aber ein jeder Narr / hätte ich bald gesaget / wann er ein wenig argumentiren kan / ein Philosophus heissen will / und deren also viel sind / welche Schrifften wider die Sophisten ausgeben / auf dieselben zu schänden und schmehlen / als hätten sie den Lapidem Philosophorum, verstehe den mit den langen Ohren im Schibsack / bey welchen / wann mans im Grunde besiehet / lauter Wort und Federn sind / so rede ich auch ur von diesen; wie ich denn auch nicht solche Sophisten meyne / die im bösen Verstande gebraucht werden / sondern die mit natürlichen Dingen als Spiritibus und Corrosiven / auch Kohlen umgehen / ja welche jene Philosophos vor thörichte Narren halten. Und ob ich zwar zustehe /daß viel Narren=Händel darunter vorgehen / auch viel Sophisten Narren sind / so sind doch darum noch nicht alle Narren Sophisten. Kurtz von der sache zu reden / so bin ich viel zu wenig auszumachen / was die Philosophi durch ihren Spiritum mundi wollen verstanden haben / das weiß ich [240] aber wohl / daß man kein blosses Wasser gemeynet hat / wie mans aus der Lufft schnappen will / doch nimmt mich dieses wunder / warum man nicht viel lieber auf den Spiritum vini odr Frumenti gefallen ist; dann dieser Spiritus ist ja in allen Dingen / so über der Erden / er ist brennend zu demonstriren aus dem Regen / Thau und andern Wassern / aus allen Holtz=Säfften / sonderlich aus der Bircke / aus allem Obst und Kräutern / ja aus der Buttermilch selber. Jn Summa / wo ein Safft oder Liquor gefunden wird / darin ist er / und kan mit und ohn sondere Kunst heraus gebracht werden. Was nun dieser Spiritus in der Chymie bey den Salien und Metallen verrichten kan / und was seine Eigenschafft ist / davon will mir jetzt nicht gebühren zu schreiben. Es wäre aber meinem Bedüncken nach sehr närrisch geschlossen / wenn man diesen lieber einen Spiritum universalisimum nennete / als das blosse Wasser. Nun hat GOtt ein Saltz geleget / welches von diesem Spiritu unzertrennlich ist / auf gewisse Maaß zu reden / denn mit Kunst und Gewalt man sonst viel verrichten kan. Schließlich aber wäre leicht hieraus zu erweisen / was Wasser und Geist in der Chymie vor Würckung hätten / wann ich nicht dieses anitzo genug zu seyn erachtete. Allein in dem ich dieses schreibe / wird mir zu betrachten und zu überlegen vorgehalten / was die Lufft in einigen Berg=Arten verrichtet / denn / wenn man sie in selbige legte / sie ein Saltz darin generirte / welches man bey etlichen Kiessen sähe / die auch in der Lufft von einander fielen und das Saltz häuffig daraus wüchse: Darnach solte ich auch bedencken / daß etliche Dinge / sonderlich bey denen Salia wären / gantz anderer [241] Art würden / und generirte also die Lufft unterschiedliche Salia. Solchen Einwurff aber werde ich billich müssen verlachen / wenn ich Mahlzeit halte; Man lege einen Stein / worinnen noch kein Saltz ist / entweder gantz oder gestossen in die Lufft / und lasse ihn liegen / so lange man will /wird dennoch die Lufft kein Saltz hinein machen; Jn diesem Kiessen aber ist schon das saltz / weil es denn nun an der Lufft / welche auch die subtilesten Poros durchgehet / lieget / so fängt es in seinem Cörper an zu solviren / und wird durch die Verwandelung der Hitz und Kälte / da die Lufft dick und dünne / mit hervorgezogen / als zum Exempel: Jetzt lege ein Pfund Wasser= oder Schweffel= und ander dergleichen Kieß in die Lufft / so zeucht sie / wann es feuchte Wetter / das Saltz aus natürlicher Liebe an sich / wann sich aber das Wetter ändert / und die Lufft dünner wird / so zeucht sie sich etlicher massen heraus / das Saltz aber so darin ist / hat ein Wasser bekommen / das will es nicht wieder fahren lassen / weil aber die Sonnen=Wärme alle Wässerigkeit gerne an sich zeuch / so folget das Saltz aus seinem Cörper so weit mit / als es kan / die Lufft aber kan es nicht an sich ziehen / denn es ist nicht ihres gleichen und ihrer Natur / derohalben bleibt es haaricht oder sonsten Stückweise auf seinem Cörper liegen: So weit als nun das Saltz heraus / so weit fält die Erde oder Kieß von einander / massen es keinesweges auf einmahl mit seiner Wässerigkeit das gantze Corpus durchdringen / und das Saltz solviren können; Wann nun eine dicke Lufft wieder kommt / so kan sie am Saltz nicht mehr agiren / was schon heraus ist / denn das hat sein Wasser / sondern es dringt [242] besser / in das Corpus, und solviret ein mehres / bringt es auch zu Gesicht und das so lange / bis der gantze Stein zerfallen. Hierwider aber wird eingewendet / daß wann man dieses mit Wasser ausgelauget / und es wieder an die Lufft lege / so wachse wieder ein Saltz. Aber nimm erstlich die Zeit und Wetter in acht / darnach siche zu / ob du auch so viel als das erstemahl kriegest / das bleibet inzwischen wohl / daß noch Stücklein darin sind / die nicht zerfallen und extrahiret worden / weil nun diese nach und nach aufgelöset werden /so wird auch folgends das Saltz extrahiret / wann aber dieses alle / so hört bis daher die Würckung auch auff. Es ist aber noch ein anderer / der mir dieses Experimens auffbürden will / daß / wann dieses so alles ausgelauget und zerfallen wäre / man nichts mehr auslaugen könte / und legte man die Materie wieder an die Lufft / oder truge sie bald in einen feuchten Keller / bald wieder an die Lufft / so wüchse ein Saltz wie vor darin. Allein das Wort Wie vor könte wohl ausgelassen werden; Denn ob ich zwar nicht läugne /

daß durch die Nässe und Wärme nicht ein jeder Terra mortua solte ein Saltz wieder kriegen / welche Ursachen ich schon öffters angeführet / doch aber ist es mit nichten / daß in den Kiessen ein Saltz solte wachsen / wie vor / dann gemeiniglich führen die Kieß etwas von Metall / und das wird mit diesem ersten Saltz solviret und zugleich extrahiret. Das ander saltz / so nach dieser Extraction gefundn wird / muß gantz anders und nitrösischer Art seyn. Jnzwischen will ich darum diesen modum etwas in die Lufft zu setzen nicht verachten / dann ich halte selbsten sehr viel darauff / und habe meine nützliche Speculationes daraus / [243] massen / wie schon oben gedacht / dieses Wasser hinein dringen kan in die subtilesten Poros, da man öffters mit gemeinem Wasser / noch Aqua fort noch Aqua Regis nichtes ausrichten kan; Sondern meine Meynung ist nur / daß es nichts gebiehret / sonderlich in den Mineralibus, wo nichts ist. So ist nun hieraus auch zuschliessen / was es vor eine ungleiche Beschaffenheit habe mit der Lufft und Wasser unter der Erden gegen dem über der Erden. Weil ich aber oben versprochen die Purification der salien beym Vitriol zu lehren / als will ich mich zu diesem Wunder=Saltze wenden.

Das VI. Capitel.
Vom Vitriol und dessen Reinigung.

Wie viel sich mit der Reinigung des Vitriols plagen und martern / ist genung bekandt. Unterdessen habe ich dieses observirt / wann ich den Vitriol gleich 100. und mehr mahl im Wasser solviren und anschiessen lasse / so fällt doch allemahl eine Terra, und vergehet dem Vitriol sein Metall doch nicht / sondern es fällt so lange zu Boden / bis Vitriol da ist. Und das ist bey allen Salien zu sehen / man solvire und coagulire ein Saltz mit Wasser so offt man woll / es scheidet sich doch nicht dadurch von seiner Terra, ob es gleich in dem ersten Solviren und Coaguliren etwas klährer siehet als vorher / so hat es zwar die gröbste Terram in etwas verlohren / aber nicht gantz; denn gantz zu verliehren ist unmüglich / so es ein Saltz bleiben und Formam behalten soll. Habe derowegen dieser Sache offt nachgedacht / ob dann nicht müglich einiger [244] Modus zu finden / ein recht rein Saltz oder einen Vitriol zu kriegen / da dann einstens betrachtet / woher doch dieses käme / wann ich ein Saltz im Wasser solvirte und sonderlich Vitriol / daß sie so hoch aus dem Wasser hervor stiegen / und sich auch ausserhalb an das Glaß legten / dieses /schloß ich / müste nicht ungefehr geschehen / ward derowegen bewogen / der Sachen nachzudencken / und nahm etliche Pfund Vitriol / that sie in einen festen steinern Milchnapff / wie denn solche dieser Oerter / sonder lich um Dreßden sehr fest gemacht werden / welche unten etwas spitz und oben gantz weit seyn / in dieses that ich meinen Vitriol / und goß Wasser darauff / daß es über 2. Quer=Finger hoch darüber stand / richtete es was um / setzte es hin / da fieng mein Vitriol an seiner Art nach heraus zu wachsen / bis oben an den Rand / da er sich denn gantz krauß und weiß auffhielte / da ließ ich ein 14. Tag und Nacht stehen da ward dessen eine ziemliche Quantität / die nahm ich ab / welche gantz schmiericht anzugreiffen / wie ich dieses das erstemahl weggenommen / wuchs es auch so geschwinde / daß ich dessen alle Morgen ein ziemlich Theil mit Verwunderung wegnehmen konnte / dieses sammlete ich alles zusammen / bis der Vitriol auffgestiegen / und seine Terrestreität und Metallisches Corpus zurück gelassen / diesen weissen wie Butter schmierichten Vitriol solvire ich einen Theil in destillirtem Wasser / und wolte es anschiessen lassen / welches schwer hergieng / doch weil die Kälte ziemlich einfiel / schoß es sehr schön und gantz weiß / durchsichtig wie ein Chrystall / von welchem ich alsofort eine Probe dem Hochgelahrten und in der Chymie wohlerfahrnen Herrn Doctor Joel Lange=[245] lothen als meinem werthen Freunde zuschicke / der sich über dieser Reinigung / sonderlich weil es durch die Lufft geschehen / sehr verwunderte. Ein Theil aber / welches nicht anschiessen konte noch wolte / war so dick und zähe / wie ein dicker Syrup / dieses hätte ich auch gern zum Ausschiessen gebracht / es wolte aber nicht seyn / ob die Kälte noch so hefftig. Endlich setzte ich es auff mässige Wärme / da setzte sich es zwar zusammen / wie ein Alumen plumosum, war aber doch darbey so schmierig / daß man es ohne Gefäß nicht wohl fortbringen konte. Was dieser nun vor einen Spiritum gibt / gegen den andern / wann er seine grobe Terram und Metall hat / wirst du aus der Experienz lernen / denn da das vorige Caput mortuum roth oder schwartz wird / da ist dieses schneeweiß / wird auch meistens in einem Spiritu übergehen; Warum aber dieses letztere nicht anschiessen wolle noch könne / so wohl beym Vitriol als andern Salien / ist die Ursache / das saltz ist wieder / wie es in seiner ersten Geburt oder Generation war / ohne Terra, welches sich mit dem ersten praecipitiret und gesetzet hat / und ist noch ein Unterschied unter diesen so angeschossen / und das jenige so nicht angeschossen / oder nicht anschiessen kan. Zwar wenn man fleißig ist / kan man auch mit Solviren und Coaguliren dieses etlicher massen erlangen / aber es gehet doch sehr schwer und langsam zu. Auch habe ich dieses hernach mit andern Salien versuchet und feine Dinge damit angemercket / welches ich dannenhero einem jedweden besser darin nachzusuchen habe wollen entdecken. Sonsten hat man sich auch sehr bemühet / wie man den Vitriol ohne Gewalt in einem verschlossenen [246] Glase zur Röthe bringen könte / darüber auch ich mich sehr maceriret / wiewohl es etliche so schlecht hinwerffen / als wäre es keine Kunst / ja ein Ding lesen / schreiben und glauben ist wohl keine Kunst / aber zu machen ist es feylich eine Kunst: Mir sind etliche mahl die Gläser mit grossem Knallen zersprungen / und habe allerhand Ungelegenheit damit gehabt / weil ich dieses jederzeit vor was grosses gehalten / hernach aber habe befunden / daß es von seinem eigenen Spiritu durch Circulation gefärbet und figirt werden müste. Dannenhero ich denn in der Stuben oder Sonnen zerfallenen Vitriol in ein Glaß wie ein Ey formiret / gantz vollgethan / daß man das geringste nicht mehr hat hinein bringen können / und nachdem ich es fest vermacht / hab ich es hingesetzt in eine ziemlich grosse Hitze / anfangs zwar gelinde / so ist mein Vitriol zwar gelblich worden / hat sich aber gäntzlich nicht zur Röthe geben wollen / bis ich endlich gemercket / (weil ich das Glaß lange als nichts achtend habe liegen gehabt) / daß ich meinen Vitriol im Glase schütteln können / und war also ein Spatium, daher legte ich es wieder in die Hitze / da ward es an dem einen Orte / da das Glaß ein Spatium hatte / schön roth / weil aber weiter nichts daraus weren wolte / zerschlug ich das Glaß / und schabte das wenig von dem rothen ab / that es in Essig / da färbte sich der Essig schön hochgelb / den andern Vitriol solvirte ich auch / ward auch wohl gelb / aber nicht so schön. Diesem dachte ich weiter nach / und befand / daß mein Raum im Glase zu klein gewesen / füllete derowegen mein Glaß / daß der 4te Theil leer blieb / da habe ich in 14. Tagen gesehen / daß das Glaß an den Seiten [247] Striemenroth ward / und schickte sich der Vitriol fein zur Röthe / doch soll man wissen / daß es nicht gleich sey / was man vor einen Vitriol nehme / denn dieser ist sonderlich gut / wenn man ihn calcinirt / der am längsten roth bleibet / doch muß man die Röthe judiciren können / daß sie nicht vom Eisen herrührte / wie der Englische / welcher ein lauter Vitriolum Martis ist / sondern seine Röthe soll von keinem Metall / sondern seiner eignen Terra herrühren; Und muß derjenige / welcher den Vitriol brauchen will / diese Erkäntniß durch Übung lernen. Daß der Basilius und andere Vitriolum Veneris so hoch recommendien / kan ich nicht sehen / zu was Ende solches geschehen / dann ich finde hierin einen grossen Jrrthum / man mache einen Vitriolum Veneris mit Schweffel oder mit Oleo Vitrioli, wie ich dann durch einen besondern Handgriff mit Schweffel eine ziemliche

Quantität machen kan / wann ich aber selbigen destillire und examinire das Oleum und Caput mortuum, so befinde ich netto, daß so viel Sal Sulphuris als bey der Venere gewesen / so viel Oleum hab ich / das Caput mortuum ist gerade meine Venus wieder. Wer nun nicht glauben will / daß Oleum Sulphuris und Oleum Vitrioli ein Ding / der dencke diesem nach / und wird er mir den geringsten Unterschied unter dem Oleo Vitrioli rectificato und Oleo Sulphuris nicht weisen können / dann sie kommen beyde aus einer Minera. Diesen und dergleichen Fehler könte ich mehr anführen / wenn es nicht zu lang werden dürffte. So rede ich aber hier von reinem Vitriol / und nicht von denen / so mehr aluminosischer als vitriolischer Art seyn / als wie der Englische / wenn [248] der destillirt wird / siehet man es alsobald in der Destillation,das Caput mortuum ist ein schöner Crocus Martis; die Vitriole aber / so aus Schweffel=Kieß gemacht / und die so sehr venerisch seyn / derer Oel ist mit dem Oleo Sulphuris einerley. Schließlich hatte ich mir zwar vorgenommen / von diesem Wunder=Saltz viel zu schreiben ; Weil mir aber mein gnädigster Chur=Fürst und Herr gnädigst erlaubet / nebst dero Secreten Labores ein Laboratorium publicum auf dero Universität Wittenberg zu halten / als will ich es zu dessen jählicher Observation verschoben haben.

Das VII. Capitel.

Vom Gold / darinnen etliche Fragen und Antworten enthalten.

Erstlich ist die Frage: Ob das Gold ohne scharffe Salien oder corrosive könne auffgeschlossen und in ein Aurum potabile gebracht werden?

Darauff antworte ich mit Nein.

Dann (1.) ist es nicht müglich / auch der Natur des Goldes und der Metallen zuwider / daß man sie ohne Saltz auffschliessen könne.

(2.) Finde ich / wann gleich müglich / daß es dennoch kein recht Aurum potabile geben könne / so daß es einem Menschen ohne sonderliche Art / wann das Corrosivum nicht etwas getödtet / könne wohl eingegeben werden / zum Exempel: Jetzt hat man Spiritum Salis, den nehme man ohne Bedencken und ohne Eckel ein / (wiewohl der Spiritus salis kein Gold solviret) oder einen Spiritum Nitri mit Spir. vini, [249] und wenn man das Gold darinn solviret / koste man es / so wird man den Unterscheid finden / Spiritum Nitri nimmt man in der Medicin ein / solvire ein wenig Silber oder ander Metall darinn / und thue es dann auch / so siehet man augenscheinlich / daß das Sal acidum, welches die Metalle figirt / und dessen Mercurium coagulirt / so bald es in ein Wasser kommt / einen solchen Geschmack gebe / der vorhin nicht gewesen. Und so viel ich befunden / mag man ein Menstruum suchen / wie man will / welches das Gold solvire / wenn gleich das Menstruum sonsten in ziemlicher Quantität kan gebrauchet werden / so kan es dennoch / so bald das Gold darinn kommt / nicht mehr so gebrauchet werden; denn / wann dieses Sal acidum zu einem andern Saltze kommt / macht es ein Corrosiv: Wolte aber hier jemand fragen / ob denn Spiritus Nitri oder Salis auch keine Acida wären / so läugne ich zwar nicht / daß sie billich darzu zurechnen; jedennoch aber ist der Vitriol / welcher in= und um den Metallen / und gleich ihre Gebährmutter ist / das rechte und eintzige Acidum, die andern aber werden nur diesen ihrer Gleichheit halber zugeeignet / auff daß man die Gradus der Salien zu unterscheiden wisse / denn man siehet den grossen Unterscheid in dem Solviren der Metallen / das rechte Acidum solviret sie ohne allen Unterscheid / welches ich erweisen kan / dann in diesen / als des Goldes eigener Natur / schmecket man das Gold am wenigsten / derowegen ich stets bedacht gewesen / wie ich das Gold ohne sonderbahren / oder eckelen Geschmack könte beybringen und eingeben / welches mir etlicher massen geglückt / will aber noch nicht recht allerdings ein / dann ich wolte dieses Aurum potabile [250] gerne bereiten / also / daß ich es bey GOtt / in meinem Gewissen und der ehrbaren Welt zu verantworten wüste / ob man es gleich wieder heraus reduciren könte; zwar kan ich es wohl alle Tage dahin bringen / daß ich es eingebe / aber es ist so weit ausgetheilet / daß ich nicht sehe / was vor Effect aus dem Golde folgen solte in solch einer so gar geringen Quantität.

Die andere Frage ist: Ob man den Sulphur Solis extrahiren / und ein Aurum Potabile, daraus das Gold nicht wieder zu reduciren wäre / bereiten könne?

Wann ich diese Frage von Grund meines Hertzens und gutem Gewissen beantworten soll / so weiß ich / daß ich ihrer sehr viel zum Zorn erwecken werde; Dann sonderzweiffel werden mich nicht wenig scheel ansehen und sprechen / er hats nicht verstanden / es muß darum nicht unmüglich seyn / weil er es nicht gekonnt. Aber mein lieber ehrlicher Leser / und demjenigen dieses zu handen kommt / und der da vermeynet solch Aurum potabile zu haben / der gehe in sich und sein gut Gewissen / examinire seinen Laborem recht / er wird whrhafftig befinden / daß ich ihm die Wahrheit sage / daß es nicht möglich sey. Offt uwar habe ich die Feder niedergeleget / und dieses nicht schreiben wollen / weil ich aber gesehen / daß fast alle Marckschreyer sich damit schleppen / und sich damit rühmen / habe ich mich auch nicht länger enthalten können / die Wahrheit davon zu schreiben / davor haltend / ein ehrlicher Christ werde es nicht übel deuten / andere aber / die damit gesündiget / werden es hinfüro nicht mehr thun; Denn / was das für ein Deckmantel sey / Geld heraus zu locken / ist so [251] bekannt / daß mich höchstlich wundert / daß nicht ein besser und schärffer Examen darüber angestellet werde / wiewohl ich nunmehr hoffe zu erleben / daß sonderlich in diesem Lande eine schärffere Acht darauff gegeben werde. Ehe du mich aber verachtest / muß ich aus wohlmeynendem Gemüth dir etliche Fragen und Exempel vorstellen. Nimm Kupffer oder Bley / gieß ein Acetum destillatum darauff / welches das allergeringste Acidum ist / laß es extrahiren / kanst du auch nun wohl aus dem Kupffer eine Grüne heraus bringen / daß das gantze Corpus nicht mitgehe / oder / was bringest du aus dem Bley ohne sein gantzes Corpus? Nun siehest du augenscheinlich und gantz einfältig / wie diese Extraction zugehe. Wie viel aber haben gemeynet / der Venus ihr rothes Kleid auszuziehen / auch geschlossen /das Corpus müste weiß bleiben? Jst wohl gezielet / aber übel getroffen / meyne derowegen nicht / daß die Farbe des Goldes so bloß allein liege / daß man sie nur extrahire; Nein warlich nicht / sondern du solt wissen / und weist es auch / daß die Gelbe im Golde eine extendirte Röthe ist: Und dieser gelben Farbe / wann sie in der Scheidung in die Enge gebracht / giebt es sehr wenig / ist aber doch dabey schön / so / daß du vor beydes erschrecken wirst. So glaube aber auch ja nicht / daß dieses Füncklein so bloß liege / nein / es ist so genau verbunden mit seinem Saltze / Mercurio und Terra, die mit einem Saltze noch kan solviret werden; Dann Color ist Lusus naturae, und kan mir dieser vermeynter Sulp. Solis, so unmüglich Cörperlich vorgestellet werden / als ich die Seele des Menschen nicht vorstellen kan / und ist nur ein Schwefel / den ich mit der Vernunfft begreiffen / oder sel= [252] bige gefangen geben muß. Jch will noch ein ander Exempel geben / nemlich: Man nehme Saffran / der siehet roth / wann er gut ist / wirff aber ein wenig davon ins Wasser / so wird seine Röthe extendiret / und das Wasser wird gelb / wilt du diese Gelbe wieder in eine trockene Röthe bringen / wird dir sehr viel von deinem Gewichte abgehen / oder / so das Wasser soll röthlich sehen / wirst du finden / daß dieser Colör / welche aus dem Saffran extrahiret / sehr wenig sey / und ist mit nichten noch das nicht das gantze Corpus die Colör / sondern die Terra stehet noch in ihrem Saltz solviret / wenn man selbige Extraction per retortam distilliret / so siehet man aber eine Scheidung / und in dieser Scheidung ist noch eine andere / also / daß desselben / was die Colör machet / im Saffran gar wenig ist / wann du nun diese vegetabilische Tinctur dem innersten Kern nach soltest verkauffen / was meynest du wohl / wie theuer dir das Loth kommen würde / wann du mit dieser Essentz nur ein Loth Wasser färben soltest / daß es so hoch roth würde / wie die Tinctur des Goldes / dann diese Tinctura Solis irreducibilis wird gemeiniglich so schön roth gewiesen / wie die Tincturen Antimonii alle sind / und wird dem Nahmen nach noch um einen leidlichen Preiß gegeben; Jch muß es bekennen / daß ich mein Tage viel von dieser Ausziehung des Sulphuris Solis gehöret / bald hat hier einer den Sulphur Solis extrahiret / und zehen Theil Silber damit tingiret / denn sie halten ihrer ein Theil den 10. Theil vor den Schwefel /und so viel / als sie dessen heraus ziehen / tingiret es auch wieder Silber. Aber / wenn man dieses bey dem Lichte besiehet / sind es lauter faule Fische / und daß ich mit Vergün= [253] stigung und gebührlicher Ehrerbietung mit einem Worte es sage / so ist es nicht wahr / ja / wann sie zu dieser 1 und o noch ein paar o zusetzen / könte man endlich anfangen es zu glauben: Man hat mich dessen zwar zu vielen mahlen überreden wollen / und hat es der eine hie / derander dort gesehen / wie man mich denn auch auff viel vergebliche Arbeiten geführet / aber es ist alles nichts: Es wohnet hier in Dreßden ein wohlerfahrner und geübter Chymicus, Nahmens George Tutzschki / welcher im Churfürstlichen Laboratorio vor meiner Zeit / und noch jetzt bey 14. Jahren auffgewartet / der kan ein Liedlein hiervon singen / wie feine gelehrte Männer sich darmit geschleppet / wenn man recht hat nachgesehen / ist Hopffen und Maltz verlohren gewesen. Zwar glaube ich wohl / und weiß es gewiß / daß man eine Tinctur aus dem Golde machen kan / die nicht allein zehen / sondern mehr Theil Silber oder Quecksilber tingiren kan / aber mit der Colör Solis, wird es allein nicht ausgerichte / man brauchet noch wohl das gantze Corpus. Ja / es kommt mir mit dieser Tinctur vor / als wann ein Bauer wolte Weitzen säen / und wolte erst die Schalen herunter kochen / ich meyne / dieer würde einen schönen Weitzen zu Marckte bringen / will er aber einen Weitzen haben / muß er alles beysammen lassen: Die Natur behält oder scheidet die Terrestreität selber / ehe es zur Multiplication oder Wachsthum kommt / im Golde / wenn man eine Tinctur machen will / da will man die Principia reinigen / und dann wieder zusammen setzen / wollen Sal, Sulphur und Mercurium scheiden. Aber / was erstlich die Reinigung betrifft / kommt mir vor / als wann ich einen Mohren wolte baden / ihn dadurch [254] weiß machen / und seine Natur verändern; Seiner Natur nach / ist und muß er schwartz seyn / sein gantzer Cörper incliniret darzu / und wirst du ihm mit keinem Bade was abgewinnen / er bleibt in seinem gantzen Theil / wie er ist / und wann du ihn gleich durch Kunst weiß machest / so bleibt er doch ein Mohr mit Naaß und Mund: Also auch mit dem Golde / du magst dir einbilden die Principia zu reinigen / (welche doch keine Reinigung bedürffen /) wie du wilt / so bleibt Gold / wann es in der Fixation, oder aus derselben kommt / dennoch Gold / wie der Mohr aus dem Bade. Und / wann ich dieser Leute Reinigung ansehe / so kommt sie mir vor / als wann eine Frau die Seiffe zu erspahren Ther nähme / ich meyne sie wird schön gereiniget haben / also machens manche / indem sie wollen reinigen / besudeln sie; Und / wann nun die Principia geschieden wären / und man setzte sie wieder zusammen / so kriegte man Gold wie vor / eine Terra alba mortua irreducibilis bleibt zurück / wann die terra rubra soluta und Mercurius davon geschieden / diese beyde / als Seel und Geist gehören wieder zusammen / denn in allen Cörpern der Metallen findet es eine Terram wieder / wann es von Anfang seine Terram behielte / so könte es keinem andern was mittheilen / dann diese Mittheilung oder Ingress muß geistlich geschehen / worvon zur andern Zeit ein mehres. Hierbey möchte mir man vorwerffen / daß ich zuvor gesagt / man müste ein gantzen Weitzen nehmen. Aber / ich habe auch hinzu gesetzt / daß die Natur die Terrestreität scheide: Wilt du denn ja auff diesem Wege gehen / so muß an statt der Natur des Künstlers Hand darzu kommen. Und will ich dem beliebten Leser erzehlen / wie es mir [255] mit dieser Scheidung Salis / Sulphuris & Mercurii ergangen / unter andern fand ich einen universal Process, doch bitte ich die Herren Philosophos, sie wollen mir verzeihen / daß ich ihn so nenne / denn / weil er alle Metallen in Gold tingiren solte / so gebrauchte ich mich der Kühnheit ihn so zu tituliren / in selbigem Process aber stand / man solte nehmen vier Marck Gold / und solte das mit scharffen Wassern / wie die Sophisten pflegen / tractiren / endlich per Retortam treiben / so solte es / wie ein Butyrum herüber gehen / das solte ich in Brunnen=Wasser schütten / so würde ein weiß Pulver zu Boden fallen / und die Tinctur würde im Wasser bleiben/ das solte ich gelinde abdistilliren / philosophicé edulcoriren / und dann sublimiren / so würde eine vortreffliche Röthe auffsteigen / die keines Menschen Auge schöner gesehen / das weisse Corpus aber solte ich auff gewisse Maaß tractiren / und auch sublimiren / so würde ein weiß Pulver auff=sublimiren / und eine weisse Terra liegen bleiben. Diesem kam ich fleißig nach / nahm 12. Loth Gold / denn ich dachte / so man aus vier Marck was machen könte / muste ich nach Proportion mehr herauskriegen / so /

daß ich könte friedlich seyn: Da hatte ich zwar gerade geschossen / aber nur drey Ellen vom Ziel. Also tractirte ich / wie gesagt / es fleißig / kriegte dieses schöne sublimirte und weisse Pulver / aber es war solches gegen den weissen Pulver so wenig / daß / da ich sie in gleiche Theile nehmen solte / ich wohl sahe / daß ich nicht damit könte fortkommen / dannenhero solvirte ich dieses mit Spiritu vini zusammen / und da ich es ziemlich in die Enge gebracht / es auch schön roth aussahe / hatte ich kaum 2. Loth Spiritus vini, welches meinem wenigen Er= [256] achten nach ein Aurum potabile hätte können genannt werden. Wann ich nun die Untz nur auff 16. Rth. rechne / so kamen mir diese 2. Loth / ohne die grosse Mühe und halbjährige Zeit 96. Rth. zu kosten: Wolte ich aber mehr Spiritus vini zugiessen / so fieng schon meine Tinctur an sich zu verliehren und auff die blassere Farbe zukommen / wiewohl sie den Spiritum vini nicht wie andere Röthen / so gelb färben wolte; deßwegen gieng ich mit meinen Gedancken zu rathe / und weil ich vermeynte allzuwenig zu haben / doch aber wuste und sahe / daß der Process richtig wäre / wolte ichs anstehen lassen / bis ich nocheinmahl 4. Marck Gold daran zu wenden hätte / nahm inzwischen etwas von dieser Tinctur, und goß es über einen gereinigten Mercurium, trieb denselben per Retortam, da wolte aber keines das andere annehmen / und kam mein Mercurius lebendig wieder herüber gewandert / das wenige aber / was in diesem Spiritu vini gewesen / hatte sich im Retorten=Halse angeleget / daß mans kaum mercken konte. Alsdann fiel ich in diese närrische Gedancken / dieser Sulphur, wie man ihn nennet / wäre von 12. Lothen Gold / dahero es nothwendig und ohnfehlbar 12. Loth Silber wieder tingiren müste / drum nahm ich Silberkalck / der mit Saltz praecipitiret 1. Untz / goß meine Tinctur darüber / und zog den Spiritum vini gelinde davon / letztlich ließ ich die Lunam fliessen und zur Cornua werden / welche nach der Erkältung so schön aussahe / daß man viele hätte können überreden / es müste der Lapis Philosophorum in formâ vitri seyn / ich gedachte auch nicht anders / ich könte nun die Lunam zum wenigsten hiermit tingiren / aber sehr weit gefehlet / ohnangesehen ich / weil diese [257] Tinctur im Spiritu vini noch könte solviret und auch sublimiret werden / mir anfänglich einbilden sollen / daß es im Feuer nicht hätte was effectuiren können; Allein / da ich diese Lunae Cornuae auff alle Metallen / ja auff das Gold selber trug / hatte ich nicht 1. Gr. noch eintzige Spuhr vom Golde. Ferner thät ich die Terram albam mortuam in einen Tiegel / gab ihr bey 2. Stunden Schmeltz=Feuer / aber es glüete wie Kreide / begehrte sich nicht einmahl zusammen zusündern / geschweige zu schmeltzen / biß ich ihm ein Fluß zusetzte / da ward es ein Milch=farbes Vitrum, wiewohl etliche Unverständige wollen / das Vitrum des Goldes / welches aus seiner Terra gemacht / müste schwartz seyn: Solchem Phantasten aber / und rechten Eseln / die von solchen Dingen nur reden / aber dieselbe nicht machen können / muß man solches zu gut halten / und es dabey bleiben lassen / daß / wann solche Esel Stimmen hätten / wie die zeisige und Nachtigallen / sie auch so singen könten. Wiederum aber auff die Sache zu kommen / so war das weisse Pulver / als der Mercurius Solis noch übrig / und wann ich mit diesem recht umgegangen wäre / hätte ich / so viel ich nach der Zeit gesehen und erfahren / meine Mühe wohl können bezahlt kriegen / allein der Verstand kommt nicht vor Jahren. Weiter hatte ich die Principia geschieden / als Sal, Mercurium & Terram, oder / welches ich mir gleich gelten lassen / Sal cum Suphure & Terra, da die Colör von nichts herkommt / als von einer solvirlichen Erde / welche cum sale volatile ihr Spiel haben / worvon zu einer andern Zeit soll geredet werden; Jch hatte aber so lange geschieden / bis ich mich von diesen 12. Lothen Gold gantz abgeschieden / endlich hatte ich es so in die [258] Enge gebracht / daß ich zuletzt selber nichts davon sehen konte. Ob nun gleich dieser Labor sehr kostbar / kan man doch vor 150. Rthl. auch so viel davon zu sehen bekommen / daraus man schliessen kan / wie schwer die Theile der Metallen und ihre Principia, sonderlich aber des Goldes zu scheiden seyn. Dahero werde ich / geliebts GOtt / diesen Laborem noch einmahl vornehmen und es besser beobachten: Denn nach der Philosophorum Meynung oder Rath bin ich diesesmahl nicht zu Werck gegangen. Wann ich die Terram hätte weggethan / wie mein Sophist wolte / auch den Mercurium dieser Tinctur vereiniget und figirt / und dann auff das Gold getragen / so hätte ich ein blutroth Vitrum (nur Formam Vitri zu verstehen) erlangen können / damit er alle Metallen tingiret. Es soll auch dieses Vitrum die Kranckheiten der Menschen curiren auff die Arth / wie das Vitrum Antimonii, daß es seine Krafft in einem jeden Wasser lasse / doch befiehlt der Autor, man solle nichts davon eingeben / es wäre denn / daß jemand mit einer Erb=Kranckheit / als Aussatz und dergleichen beladen / welchem man 1. oder 2. Gr. eingeben solte / denn es sey kein Mensch so werth / der diese Erde verdauen könte. Was nun die Curen der Menschen betrifft / davon mag ich mein Glaubens=Bekäntnüß nicht gründlich thun. Wie ich aber weiß / und genugsam confimiret bin / daß die Cur der Metallen gewiß ist / so kan ich doch nicht sicherlich versichern /daß sie auch auff Menschen so zutreffen solte / denn ein anders eine Menschen=Kranckheit / ein anders aber eine Metallische ist/ inzwischen laß ich hiervon einem jedween seine Gedancken / und vonmeinen darff ich auch keinen Zoll geben. Jm übrigen glaube ich zwar [259] wohl / daß ein solches Medicament sey / welches den menschlichen Cörper curire / ob es aber dasselbe seyn müsse / weiß ich nicht. Auch will ich jetzo nicht sagen vom Theophrasto, welcher viele Menschen soll curiret haben / auch die Metallen / denn dieser hat sich auch anderer Mittel / als seines Lapidis, bedienet; Sondern will nur anführen das Exempel Churfürstens Augusti Christmildesten Andenckens und dessen Gemahlin / welche den Lapidem auff viererley Arth in die 5. Jahr besessen / ohne ihre Particularia, da der geringste tingiret hat 1604. Thl. Jmgleichen das Exempel seines Herrn Sohns Christiani I. welcher diese edele Gabe GOttes noch 5. Jahr nach des Herrn Vaters Tod gehabt. Wann ich nun von diesem letzteren fragen solte / warum er in seiner besten Blüthe der Jahre gestorben / so weiß ich zwar wohl / man würde GOttes sonderbahre Verhängnüß vorschützen / darmit ich mich auch begnügen lasse / gleichwohl aber finde ich in keiner Nachricht / daß die Krancken damit mehr / als sonsten wären gesund gemacht / massen die Leute damahlen eben so wohl das Zipperlein / den morbum caducum und andere Kranckheiten behalten / als anjetzo noch. Unterdessen finde ich dieses wohl / daß Hochgedachte Churfürstliche Herren nebst diese sehr curiös auff Medicamenten gewesen / und darauff so fleißig Acht gehabt / daß / wenn nur ein Bauer was gekonnt / man es alsofort scharff examiniret und eintragen lassen: Hätte nun ihr Lapis so kräfftige Würckung auff menschliche0 Leiber gehabt / käme mir solches warlich sehr nachdencklich vor.

Und was ich jetzo geschrieben / ist eben recht vor die Lufft=Philosophos, welche das universal aus der [260] Lufft fangen wollen; Diesen wird es Wasser auff ihre Mühle seyn / und werden sie sprechen / eine Tinctur hätten sie wohl machen können / aber keinen Lapidem oder universal. Nun hat man zwar Exempel genug / daß Tincturen in der Welt auff diese Arth gewesen / welche ich so lange den Lapidem und universal nennen will / bis der ander fertig wird; Doch aber werden mir diese Herren nicht ein eintziges wahrhafftes Exempel beybringen /daß solch universal in rerum natura gewesen. Theophrastum halte ich vor den besten Medicum unter allen andern / zu seiner Zeit / von welchem man auch die beste Nachricht der Curen auff menschliche Leiber hat / besehe aber seine Bücher / sonderlich vom morbo caduco, da wird man befinden / daß er nicht alles mit seinem Lapide curiret

/ sondern weil er die Natur verstanden / und bequeme Mittel darzu gebrauchet / deßwegen hat er glückliche Curen gethan. Auch will ich das nicht läugnen / daß nicht diese Tinctur einen grossen Effect in gewissen Kranckheiten habe /daß sie aber ohne Unterscheid solte curiren / kan man nicht beweisen. Weiter glaube ich auch / daß auff gewisse Masse eine Medicin könne bereitet werden / welche mit Verwunderung das Jhre auff menschliche Leiber thue / daß sie aber sodann zugleich auch solte die Metallen also tingiren / will mir schwer ein. Und / wenn leute in der Welt wären / die solchen Lapidem auff menschliche Leiber hätten / ihn aber zu Nutz ihres Nächsten nicht gebrauchten / die wären nach der Schrifft verflucht. Sie dürfften ja auch mit Gold und Silber nicht äussern / sondern nur die Armen umsonst / die Reichen aber ums Geld / wie die Marckschreyer curiren / so hätten sie Ehre und Geld / [261] auch ein gut Gewissen / da sie sonsten / wann sie es nicht thun / dieses alles nicht haben. Ja / solche Leute wären in solchem Fall ärgere Neidhunde / denn der Teuffel. Solte mir aber GOtt den Lapidem, Tinctur wolte ich sagen / bescheren / welches ich beständig hoffe / und er thäte das in der Medicin, was davon schreiben die Unerfahrne und Hochtrabende / die ihr Lebenlang selben nicht gesehen / geschweige gemacht haben / wie also von ihnen Churfürst Augustus redet / so soltest du alsdenn / lieber Leser sehen / daß ich kein Neidhammel seyn würde /doch will ich es nicht ehe glauben / bis ein rechter Podagramist ein Seilentäntzer wird / und bis dahin must du es auch versparen / so wirst du nicht irren. Unterdessen kanst du hier sehen / aus was vor einem Fundament ich es nicht glauben kan / daß man so blosser Dinge die Animam Solis extrahiren könne ohne Corrosiv: Jch sage dir / das Gold ist ein König der Metallen / welcher ihm sein Kleid nicht lässet so ausziehen / massen es auch seine Unterthanen nicht einmahl thun wollen. Ein schön Stück aber / oder guten Rath könte ich denselben geben / die sich solches Auri potabilis rühmen / der solte ihnen gewißlich Ehr und Ruhmbringen /nemlich / sie möchten nur ihr Menstruum verkauffen / wie es wäre / und einen jeden die Tinctur selber ausziehen lassen /so wolte ich versichern / daß dieses Menstruum theurer / denn Gold könte verkaufft werden. Doch bedencke ich jetzo /daß dieser Rath nicht gehen werde / denn man wird sprechen / das Gold müsse sonderlich zerbrochen werden. Allein geschicht diß durch einen Schwefel oder Saltz / so bereiten und verkauffen sie es alsdenn nebenst dem Menstruo, es wird theuer genug [262] können an die Leute gebracht werden: Aber dieses wird vielleicht auch nicht angehen / und bin also in meinen Rathschlägen darum unglücklich / daß sie nicht wollen acceptiret werden / man würde so hinter die Kunst kommen und es examinirn / was hätte dann der Erfinder davon: Jch meines Theils zwar trüge vor mir deswegen kein Bedencken / dann es müsten scharffe Augen und Nasen seyn / welche verstezte Dinge nach allen Circumstantien examiniren solten / sonderlich das Pondus, bevoraus / wann es in Salien oder dergleichen bestehet: Wan aber auch dieser mein Rath nicht statt findet / so wäre vor allen Dingen erstlich der Effect dieses Auri potabilis zu erweisen. Und gebe ich hier gerne zu / daß diese Leute so ehrliches Gemüths eines Theils seyn / daß sie gerne wolten / ihr ausgegebenes Aurum potabile hätte bessern Effect und hülffe ihrem Nächsten besser / welches ich auch beyden Theilen von Grund des Hertzens wünschete / und wäre alsdann nichts daran gelegen / ob dieses verum Aurum potabile oder Extract des Sulphuris Antimonij seye / nichts sage ich / wäre daran gelegen / ob es Matz oder Friedrich hiesse / wann nur der Effect dem Nahmen nach nicht so kahl heraus käme. Nun wie schon vorhin erwehnet / so lebe ich stets dahin bedacht / daß ich das Gold nur dahin bringen möchte / daß es mit Lieblichkeit in allen Theilen eingegeben werden könne. So weiß ich auch /daß das Gold könne in allen seinen Theilen volatilisch gemacht werden / wer aber Silber oder Mercurium in Gold nicht transmutiren kan / dem wird dieses auch wohl verborgen bleiben; Und wiewohl ich dieses zwar nicht gemacht / kan ich es doch aus gewissen Funda= [263] menten wohl glauben. Wer aber das Widerspiel hierinn erfahren / der beweise es mit der That / denn das macht keine Sache wahr / daß ich mich auff ein hauffen Autores, welche wackere gelehrte Männer gewesen / beruffen kan / denn wackere Leute werden auch wacker betrogen /und schreibt offt einer dem andern aus guten Confidentz / die er zu seinem Autore trägt / nach. So sind Basilius und andere wackere Männer gewesen / darum aber ist nicht alles wahr / was in ihren Büchern stehet / sie haben es unterdessen aus guter Meynung geschrieben / und zum wenigsten die Opinion gehabt / daß es wahr wäre. Mir ist ein Tractat bekannt / dessen Autorem ich Ehrenhalber nicht nennen will / weil ich sehe / daß er ein gelahrter und wackerer Mann gewesen / daß er aber viel Dinge darinn schreibt / welche der wahrheit nicht gemäß sind / ist gewiß: er procediret wider die Mercurios metallorum, darum kan ich ihn nicht loben / an etlichen Orten aber schreibet er so artig / daß / wann ich mich nicht um seinen Zustand erkundiget / ich davor gehalten hätte / er müste / weil er gelebet / die Tinctur gehabt haben; Darum bleibt es darbey / daß irren menchlich sey / worinnen ich auch den

Gelehrten zu betrachten vorstelle aller Philosophorum Groß=Vater / den Aristotelem, item Plinium und Virgilium, welche von andern in gewissen Dingen zu vielen mahlen citiret / und wird also immer aus einem Buch ins ander geschrieben / gleich als wenn alles wahr wäre / da doch treffliche Jrrthümer und Unwahrheiten bey ihnen zu finden. Weil wir denn nunmehro in einem solchen Seculo leben / da man sich befleißiget durch Demonstration die Wahrheit selbsten zu sehen / so bitte ich nochmahlen / ein günstiger [264] Leser / der mit solchem Auro potabili umgehet / entrüste sich nicht vor der Zeit / sondern gehe in sein eigen Gewissen / so wird er sehen / daß ich ihm die Wahrheit gesaget. Jch sage nochmahlen / keiner zürne auf mich / daß ichs nicht glauben können: Jch habe bey diesem Churhause Sachsen in die 9. Jahr Profession von der Anatomia metallorum gemacht / bin von Jugend auff darbey erzogen / habe vielen / was sie in ihren Büchern geschrieben geglaubet / avber endlich befunden / daß ich dadurch verleitet und betrogen worden; wird also hoffentlich keiner wider die klare Warheit mit Worten / sondern mit Wercken streiten; Noch eins aber will ich zur Nachricht sagen / auff daß / so sich jemand über mich erzürnet / ich denselben wiederum zur Güte bringe / nemlich: Examinire die Metallen in ihrem innersten / so wirst du befinden / daß ihr Sal und Terra in den perfecten und in den imperfecten einerley sey; Und glaube ich / daß Isaac Holland dir mehr vorgeschrieben / als es sein Tage in Willen gewesen / daß ans Tagelicht hat kommen sollen. Hier muß ich erinnern / daß in diesem Capitel ich gesetzet / Color sey lusus naturae, & non sulphuris, sondern eine Terra solubilis in acido & sale volatili. Daran aber wolle sich niemand ärgern / ich bin zwar Willens gewesen / von einem jeden Metall in specie zu schreiben / und dieses besser zu beweisen / wenn ich nicht gedächte durch die Experientz dem Laboratorio Wittenbergensi es klärer zu demonstriren /will aber den curiösen Liebhaber und fleißigem Nachsucher auff den Martem allein gewiesen haben / derselbe hat nun einen rechten brennenden und sehr saltzigen Schwefel / das ist seine Impurität / bringe den weg und examinire ihn in seinen Theilen gar [265] genau / so wirst du allein wegen seiner überflüssigen Terra mehr Colör finden / als in allen Metallen / kanst auch die beste Speculation darin am meisten haben; Darnach nimm das Bley / beschaue seinen brennenden Salpeter / welches er in ziemlicher Copia hat / wiewohl du damit genug wirst zu thun haben / wie ich denn deßwegen mir vorgenommen / von diesem allen in specie geliebts GOtt so viel zu schreiben / als mir gebühren wird. So sagt man aber gemeiniglich

/ das sey der fixe Schweffel / wann ein saltz oder Schweffel dahin gediegen / daß ichs nicht mehr Schweffel nennen kan / und es fix ist / wie man spricht / so ist ein ander genus daraus geworden / es kan erkläret werden mit einem Gleichniß also: Die Knochen in deinem Leibe sind eben von der Materia, davon der gantze Leib ist / und denn spreche ich nicht mehr Sperma, sondern ich sage Fleisch und Bein. So ist auch bekant / wann ich ein Bein nehme und es destillire / so kriege ich Saltz / Oel und Wasser / das ist nicht Sal, Sulphur, ich muß also wider meinen Willen Mercurium nennen / der Knoche aber bleibet in seiner Form / daraus mir nimmermehr einer beweisen kan / daß ein Saltz oder Schweffel darin weiter sey / sondern es ist eine Terra alba mortua, und ist doch unlaugbar / daß er nicht eben von dem bestehe / daraus der gantze Leib bestanden / darum ist hier durch die Scheidung der Natur ein ander genus geworden / und eben also verhält es sich auch mit andern Dingen. Daß aber ein Knoche so leicht in Spiritu Nitri und andern kan solviret werden / sonderlich das Cornu Cervi ust. daraus ist zusehen / daß das sal gern ein Corpus wieder annehmen will / weil es in [266] forma Spiritus, und alle subtile Terrae mortuae, die per se sonsten in keinen Fluß gebracht werden können / werden dahin gebracht / wann sie ein Sal kriegen / wie bey der Terra Solis angeführet. Dieser auffsolvirten Erde kan ich eine Farbe beybringen durch ein Sal volatile wie die Natur selber / nicht aber wie ich will / dann die Colör vor sich macht kein Corpus. Wolte man mir hier vorwerffen / es müste doch ein würcklicher Schweffel im Golde seyn / denn das bewiese ja das aurum fulminans, so würde ich antworten also: Jst ein würcklicher Schweffel darin / so ist oder wäre er nicht fix, ist er fix, so ist er kein Schweffel mehr / sondern ein ander genus: Zu dem beweiset das Aurum fulminans keinen Schweffel / denn warum schlagen oder fulminiren die Chrystallen von Bley / cum aceto, sonderlich wann ihm ein Sal tartari oder Nitrum zugesetzt wird / da kommt ja ein acidum und volatile zusammen / weil die Wärme darzu kommt / und geben also ein schrecklich fulmen. So darff auch dieses beym Golde nicht seyn / sondern man kan wohl auf eine andere Art dieses fulmen beweisen. Und will ich hier 2. Experimenta beysetzen / welche bis auf eine andere Zeit anitzo Beweiß genug seyn werden. R. nim Gold / solve in aqua Regis von Salpeter und Salmiac /wie der Gebrauch / praecipitir es mit Sale Tartari, Potasche/ Sale absynth oder Cinamomi, gilt alles gleich / wann sie nur fein rein / so wird ein Aurum fulminans daraus / giessest du aber mehr von dieser solution der Salien hinein / als es eben zur praecipitation bedarff / so wird das Sal volatile vom Salmiac und Salpeter getödtet / und vergehet das fulmen. Nu edulcorire man den calcem Solis wie man wolle / so [267] bleibet doch der Calx schwerer als er vorhin gewesen. Die Ursache / wie ich auch schon angeführet / ist diese / daß die salia gerne eine Terram annehmen. Diese hat nun der Spiritus Nitri beym Golde gefunden / und sich damit etlicher massen conjungiret / bey welcher er doch im Feuer nicht bleiben kan / sondern muß sich wieder von derselben scheiden / und das Gold wieder in seinem vorigen Stande und Pondere lassen. So nun / wie gedacht / durch Übergiessung dieser Salien das fulmen vergangen / man aber den Goldkalch trocken machte /ihn mit einem guten Spiritu vini oder Spiritu Salis ammoniaci übergeust / und es gelinde wieder trucken werden läst / fulminiret es so starck / wie sonst vorhin hätte thun mögen. Die Ursache ist / weil dieses Sal acidum, so sich mit der Terra solis conjungiret / sein Sal volatile wieder kriegt /nun ist die Erde des Goldes nicht von selbigem Acido auffgeschlossen gewesen / sondern sie hat sich aus natürlicher Liebe in selbiges eingeträncket / da dann diese Terra auch dahingegen das Saltz so feste bewahret / daß mans mit keinem gemeinem Wasser davon solviren könne / so bald aber das Sal volatile darzu kommt / wird dieses Sal wieder lebendig / wann nun die Wärme auch dazu kommt / und also Hitze und Kälte hier beysammen in einer subtilen Erde liegen / welche dahero nicht cörperlich behalten können / sondern eine Scheidung durch die Wärme geschehen muß / so wird durch diesen Streit des Acidi und Volatilis ein so treffliches fulmen. Da hingegen / wenn man Gold leget in Spiritum Nitri, so solviret es nicht / gieß ich ein wenig Spiritus Urinae oder sonst ein Sal volatile hinein / so solviret es / wann es aber solviret / und ich mehr Spiritus Urinae hineingiesse / [268] so praecipitiret es sich / wann ich nun den Calcem edulcoriret habe / so ist er schwerer als das Gold gewogen und fulminiret also viel hefftiger dann sonst / massen die Kälte vom Nitro vom Volatili stärcker geworden / und kan also der Hitze nicht erwarten / wie es denn bey mässiger Wärmde fulminiret / dem Golde aber geht an seinem Theil nichts ab / weder in quantitate noch qualitate, welches zu erweisen mir nicht würde schwer fallen / wie dann anitzt nur eine geringe possibilität der Warheit hierher setzen will / nehmlich man nehme ein glatt rein gefeiltes eisern Blech und lege ein Körnlein auri fulminantis darauff / halte dergleichen Blech eins hart darüber / lasse das unterste warm werden / daß das Gold fulminire / so wird / so bald man mit dem Finger auf beyden Blechen wischet / man das Gold am Finger haben / und das unterste Eisen wird öffters verguldet / daß man alsofort schliessen könne / daß nicht mehr in dem Körnlein gewesen sey / wiewohl mir es besser zu demonstriren bekandt ist.

Wann nun aber der Schweffel / wie man bishero gemeynet / was darbey thäte / so müste er auch zugleich mit dem fulmine auffgehen und destruiret werden / und also das Gold seine Eigenschafften nicht behalten / auch müste dem Golde in der Quantität etwas abgehen / da ihm doch / wie gedacht / der geringste Gran nicht abgehet / thut also das Gold vor sich nichts mehr dabey / als daß es wie eine subtile Terra das acidum hält / und will ich dergleichen fulmina auf eine andere Weise ins künfftige oculariter demonstriren.

Das ander Experimentum, woher zuschliessen daß der Schweffel bey diesem fulmine nichts thue / ist dieses. Wann man das gewöhnliche Schlag=Pulver vom Nitro, Sal Tartari und Schweffel macht / [269] es bey Nacht=Zeit oder sonst an einen finstern Ort thut / in einem Löffel auf Kohlen setzet und es genau ansiehet / so beginnt es erstlich ein wenig auffzusieden / und der Schweffel fängt an zu brennen / welches man bey Tage nicht sehen kan / so bald der nun beginnet zuverlöschen und seine Fettigkeit verzehret / so streitet das Acidum und Volatile im Nitro mit einander / die haben nun kein Corpus, daran sie sich können halten / ihre Feuchtigkeit ist auch weg / daß nichts als eine subtile Erde / ein Theil vom Schweffel / ein Theil von ihrem eigenen Cörper ist / darum kan hier durch die Wärme nichts anders denn ein Streit geschehen und sucht das Saltz seine Lufft und Feuchtigkeit / die es verlohren / wieder / darauff erfolget das hefftige fulmen, da dann zu sehen / daß der Schweffel nichts darbey gethan als nur diese Salia fliessend gemacht und sein starck Sal acidum dahinden gelassen / die Fettigkeit aber als das Theil des Schweffels ist verbrandt. Und kan ich ins künfftige allerhand fulmina demonstriren und klährer beweisen / daß der Schweffel bey diesem fulmine nichts thue. Dürffte mir jemand das fulmen des Büchsen=Pulvers vorwerffen /daß es ohn den Schweffel nicht fulminire / wolte ich solches nicht einmahl einer Antwort würdig achten / weil es ohne dem unlaugbar / daß der Schweffel zum fulmine nichts thue. Ehe ich aber dieses schliesse / muß ich mich noch zur Extraction des Sulphuris Solis wenden / massen mir von einigen guten Freunden / die meine Meynung hiervon wissen /ein Tractat eingeschoben worden / des Vorhabens / mich von meiner Meynung abzuschrecken / weil der Autor das Widerspiel darin behaupten will. Nun habe ich enselben mt allem Fleiß [270] etliche mahl durchgelesen / doch befunden / daß nur alles in Worten bestehe.

Zwar gedencket der Autor an einem Orte dieser Worte: Wie wär es / wann ich wiese / daß ich einem Ducaten die Farbe herauszöge / und der Ducaten weiß bliebe; Allein es wäre freylich etwas / wann er es wiese / daß er aber es nicht hat weisen können / ist mir überflüssig gnug bekandt. Gewißlich habe ich diesen guten ehrlichen Mann bey seinem Leben als meinen Vater geliebet / auch manchen feinen Discurs mit ihm gehabt / hat sichs aber niemahls mercken lassen / daß er jemahls darwider geschrieben / bis ich itzt nach seinem Tode es zusehen bekommen / und ist mir wohl bewust / wie eiffrig man dasselbe gesuchet / weiß auch wohl / daß man es nicht gefunden: So wird auch in demselben Tractat gedacht / daß der Autor an einen vornehmen Orte bey einem gelahrten Manne gesehen / wie derselbe ein Wasser in seine Hand gegossen und Blätlein von Gold darinnen geleget / welche sich sine strepitu solviret / da dann mich nicht wenig geärgert /daß dieser sonst Hochgelahrter und Wohlgeübter Mann dieses setzen mögen / denn wann ich alle Chymicos in genere und specie fragen solte / ob sie ihr lebenlang gesehen / daß sich subtile Gold=Blätter in dem stärckesten Aqua Regis cum strepitu solviret; würden sie es alle mit Nein beantworten. Dann die Gold=Blätter sind so subtil / daß / ehe das Wasser recht hinab kommt / es dieselben schon solviret / und tergehen also die Blätter wegen ihrer Subtilität darinnen eben wie Eiß im warmen Wasser. Dieses haben mir etliche Chymische Prahler offt zeigen wollen / darbey ich mich denn auch jederzeit gestellet / als sähe ich es mit Verwunderung an / bin aber nie= [271] mahls so glücklich gewesen / daß ich dieses menstruum zu kosten oder zum wenigsten zu examiniren hätte überkommen können / sondern habe mir müssen an dem blossen Sehen genügen lassen / bis ich endlich meine Hände auch mit Fettigkeit beschmierte und mit einem starcken Aqua Regis Gold auch sine strepitu solviren konte / und also auch Meister in die ser Philosophischen Kunst wurde. Wann derohalben mein lieber Freund dir jemand dieses weisen will / so laß es dir selber in die Hand giessen / kriegest du dann keine Flecke / so ist es zu rühmen. Diese Leute aber suchen ihre glorie in dem / daß man von ihnen praesumiren soll / sie wissen mehr denn andere / da sie doch weniger denn andere verstehen: Etliche thun es darum / daß sie ehrliche Leute durch diß Mittel suchen hinters Licht zu führen und sie um ihr Geld zu bringen / wie ich denn anitzo den beliebten Leser mit einer Historie /wie es mir vor wenig Jahren mit einem ergangen / belustigen will. Und ob sich solche gleich hieher nicht allerdings schicket / so habe ich doch dieselbe / um sich vor dergleichen Leute=Betriegern und Prahlern desto besser zu hüten / hierbey fügen wollen. Nehmlich es kam einer von Wien nach Dreßden / weil er aber nicht so bald als ein Fremder eingelassen werden konte / ließ er mich begrüssen / ich möchte ihm als einem Liebhaber / dem es itzo nicht zugelassen wäre mir zuzusprechen / die Curtoisie erweisen zu ihm vors Thor in sein Wirths-Hauß zu kommen: Weil ich nun ohne Ruhm zu melden curios war / saumete ich nicht seinem Begehren ein Genügen zu thun / befand aber nach eingelassenem Discurs / daß er die Churfürstliche Schrifften und die nachgebliebene Vestigia gern sehen wolte Wie [272] ich nun bey mir gedachte / solch ein Narr wär wohl näher zu finden gewesen / er auch leichtlich merckte / daß sein Anschlag alles zurechte zu bringen nicht angehen wolte / brachte er dieses auff: er hätte einen Process, dessen Schartecke er mir nur von fern sehen ließ / nach laboriret / wie er es aber abgetrieben und zum ersten mahl die Warheit nicht gesehen / auch auf der Capellen nichts gefunden / hätte er den Process in den probir Ofen geworffen / da denn des andern Tages / als er wiedr zum Probir=Ofen gekommen / der Process unversehret / eben wie Johann Arnds Gebät=Buch / darin gelegen. Weil nun hierzu mehr als ein guter Lutherischer und recht Christlicher Glaube gehörte / sagte ich / der Ofen wäre vielleicht schon kalt gewesen / wiewohl er mit allen Heiligen bezeugen wolte / der Ofen wäre gantz glüend gewesen; derohalben hätte er diesen Process vorgenommen / welches ein gradier-Wasser seyn solte / und solche herrliche Proben darinnen gefunden / welche vor uns beydeb genug seyn würden / zog darauff ein Stücklein Bley heraus / welches von aussen halb Gold zu seyn schiene / dieses hätte er in das gradier-Wasser geleget / so hätte es das Bley / so weit ich sehen könte / in Gold gradiert, und ob gleich nicht durch und durch / so hätte es auch nicht lange darin gelegen / und wäre kein Gold im menstruo gewesen. Wiewohl ich nun allerhand argumenta hätte / wann das menstruum corrosivisch oder ein acidum wäre / so hätte es ja das Bley angreiffen müssen / welches ich nicht sähe / darum war eben auch das menstruum universale, auch zugleich ein gradier-Wasser / in Summa / es war eine gantz Philosophische Sache. Nun gestehe ich / daß ich mit [273] Verwunderung weggehen müssen / so bald nicht wissend / wie das Gold an das Bley so artig hinankommen wäre. Als ich aber gewohnt bin / daß / wann mir ein Ding / so ich nicht alsofort begreiffen kan / vorkommt / ich zum wenigsten die erste und andere Nacht / bis ich befinde / ob es zu penetriren oder nicht / gantz nicht schlaffen kan / so lag ich auch die gantze Nacht / und dachte / worin doch dieser Betrug / davor ich es hielte / stecken müste / bis ich es endlich fand. Kaum konte ich den Tag erwarten / da ich alsofort nach einem Goldschlager gieng / und mir etliche Gold=Blätter / womit die Schwerdfeger vergulden / geben ließ / wickelte darauff selbige um ein Stück Bley und schlug mit einem polierten Hammer das Gold so artig daran / daß es eine Lust war / darauff gieng ich wieder hin / und ließ mir wieder grosse Flecke vorschneiden / daß man Pferde darauff tummeln mögen / bis ich endlich mit meinem Bley hervor wischte / und fragte / wie ihm das gefiele / ich hätte das gradier-Wasser gefunden / wüste aber nicht / ob es philosophisch wäre? Hierauff ward er bestürtzt / so daß ihm auch alle seine Hoffnung / die er durch diesen Betrug zu erlangen gedachte / in ein schlecht gradier-Wasser verkehrt wurde / dannenhero ermahnete ich ihn freundlich / weil er von äusserlichem Ansehen noch ein feiner Mensch / er solte sich hinfüro solcher Discurse sonderlich von Verbrennung des Processes bey uns enthalten / denn was wahr wäre glaubten wir bald / doch nicht so leichte / wie er meynete / und ein würcklich Wunder zu thun würde schwer fallen. Hierauff zog er ab wie der blinde Pfeiffer / vom Tantz und begehrte nicht einmahl zu fragen / wie ich mein gradier-Wasser gemacht hätte / wel= [274] ches alles ich auch zu dem Ende hier erzehlen wollen / weil es zu obigem solvens in der Hand gehöret. Noch ein anderer vor weniger Zeit hatte bey jemanden in dieser Residentz vorgegeben/ er könne das Gold im Alcali solviren / und also potabel machen / auch andere Wunder damit thun. Dieses als etwas Neues ward mir durch ein Schreiben zu wisse gemacht / um meine Gedancken davon zu eröffnen / darauff borgete ich dem Fratri Ferrario seine Worte ab / die er fol. 25. an Jhr. Päbstliche Heiligkeit thut / da er spricht: Auf das ander argument, so ihre Päbstliche Heiligkeit machen / daß :c. / spreche ich mit Vergünstigung und aller Ehrerbietung / daß es nicht wahr sey. Sonst ist von dieser Persohn viel praesumiret / auch viel Geschrey davon gemacht / welche auch andere wacker verachten können / daß sie wie die Esel laborirten (weil sie die Leute vielleicht nicht so wie er verblenden können.) Jch zwar kenne diesen Menschen von Person nicht / doch weil er gesagt / man könne das Gold in Alkali solviren / durch schmeltzen oder sonsten / kan ich wohl schliessen / daß er ein recht Maulthier in der Chymie seyn müste; solte er vor etlichen Jahren unter meine zugeordnete Laboranten oder nur Jungen kommen seyn / würden sie ihn gefragt haben / ob er auch einen Unterscheid zu machen wüste unter einem acido und alcali; und wann er hierin nicht besser / als ich mercke / bestanden / würden sie ihn / wenn sie hoher zugeschriebener Authorität halber gedurfft hätten / ihn bey den Zopff gekriegt und gesagt haben: Lernet es Hr. / lernet es. Gewißlich wann ich wüste / daß einer bey mir umgegangen oder in Chur=Fürstl. Laboratorio bey mir auffgewart [275] hätte / und nicht eine bessere distinction unter einem Acido und alkali machen lernen / wolte ich ihn vor einen Ungeschliffenen halten und noch besser unterrichten.: Mir soll das kein Hoher noch Niedriger einbilden / daß es ohne acido geschicht / oder daß es das acidum nicht verrichte: Wann man denn zu solchen ungeräumten Händeln stillschweigen wolte oder sie billigen / solten sie nicht wissen wie sie einen schmähen und lästern wolten / als verstunde man es nicht / man hätte nicht studiret/ welches dann ihr letztes ist. Aber wann einer gleich alle sein Latein in ein Bündlein fassete / und nehme ein gantz Pfund recht alcali und 1. Loth Gold und schmeltzte es im Tiegel / würde er doch fürwahr damit nicht 1. gr. Gold solviren / welches ich mit etlichen Lothen Salis acidi auf Teutsch verrichten kan. Sehet solche Chymicos gibt es in der Welt. Von diesen und dergleichen Händeln könte ich mehr hieher setzen mag aber den günstigen Leser damit nicht nicht auffhalten. Darum wiederum auf die vorige Materie zu kommen / so brauchet oberwehnter Autor dieses argument zur Behauptung der Extraction des Schwefels und spricht / man könne ja der Lunae die Farbe beybringen und sie in Gold tingiren / warum denn auch nicht extrahiren. Traun ich wolte wünschen daß dieses nicht mein sehr liebwerther Freund geschrieben / so wüste ich wohl / wie ich es beantworten wolte; dann er ist ein ehrlicher Mann gewesen / welcher keine profession von Betriegerey gemacht / dieses auch als eine gute Meynung geschrieben / darüber wir uns leicht vertragen wolten / wann er noch im Leben wäre.

So ist aber nun ein anders beyzubringen / sonderlich was die Farbe betrifft /ein anderer scheiden man [276] bringet dem Kupffer leicht eine gelbe und Weisse by / wie etliche meynen / welches doch falsch ist; denn was die Gelbe betrifft / möchte ich gern einen sehen / der mir dieselbe wieder herausscheide: Denen / so das Messing machen / ist bekant / wie viel sie auf einen Centner überschuß von der Galmey bringen / gleichwohl kan mir diese Gelbe durch keine Extraction zuwege gebracht werden / welches eine Röthe seyn muste. Wer hat nicht gesehen / daß das Kupffer von der tutia schwerer und gelbe werde? Wer beweist mir ein Metall in der Tutia, und ob man zwar vermeynet / Tutia und Galmey wären voneinander nicht weit / so weiß ich doch wohl / wie weit eine rechte Tutia von der Galmey ist / und will mir anitzo nicht gebühren / es um des Mißbrauchs willen hieher zu setzen; inzwischen ob ich gleich von meinem scopo zu weit kommen möchte / kan ich doch nicht unberührt lassen / warum das Kupffer von der Galmey und Tutia schwerer werde / und man nicht meyne / daß diese ein würcklich Metall führen und dem Kupffer contribuiren. Das wird mir keiner erweisen. So wird von dem Arsenico das Kupffer auch schwerer: nun ist aus dem Arsenico nichts als ein argentum vivum zu demonstriren / und kein Metall / denn ob es gleich durch eine Brüchinge metallische Form durch die sublimation der Seiffe oder Sal alcali praesentiret / so ist es doch anders nichts als ein Mercurius cum Sulphure & terra alba Arcenici. Wann dann nun dieses Arsenicum ohne Metall in einen Tiegel gesetzt wird / fleucht es alle davon / weil aber das häuffige Sal acidum bey dem Kupffer ist / will es selbigen nicht fahren lassen / sondern schlucket ihn überflüssg in sich mit seinem Schweffel darvon [277] das Kupffer spröde wird / nehmlich von dem Schweffel und terra, von der Galmey und Tutia aber nimmt es zwar den Mercurium auch in sich / allein diese terra ist zu grob / hat auch einen solchen subtilen Schweffel / daß sie in dem Kupffer nicht wie beym Arsenico mit eingehen können / dannenhero das Acidum Veneris diesen Mercurium bey sich allein figiret und einschlucket auf gewisse masse (dann zum figiren gehöret mehr) weil nun keine Terra und Schweffel von diesen miteingehen können / so bleibt das Metall geschmeidig / und hat sich die Röthe von der Venere in Mercurium extendiret / und ist als wie in einem Wasser gelbe geworden; hat man also mit nichten dieser Venus eine Gelbe beygebracht / sondern es ist nur / wie gedacht / eine ausgebreitete Röthe / welche fast allemahl eine Gelbe machet / die schon in der Venus stecket und augenscheinlich ist. Daraus denn nun zu sehen / daß zwar der Venus eine Röthe / oder posito eine Gelbe beygebracht worden / allein wo ist der jenige der sie heraus ziehen kan? Wann aber diese rothe Terra Veneris von ihrem groben Schweffel und Saltze geschieden würde / und ein wenig der Lunae cum acido puro wieder flüßig einverleibet / dann möchte der Mercurius Lunae selbige so beständig annehmen / daß sie nimmer zu scheiden. Aber hiervon auf dieses mahl genug / und kan ich leicht erweisen / daß die Terra Lunae, wann ein acidum cum volatile ihr beygebracht wird / vor sich selber eine äusserliche Röthe praesentire: Und so ist es mit aller Terra, jedes nach seiner Art / beschaffen / die Luna wird auf solche Weise / wann ich sie in einer Röthe vorstelle / wie ein Terpentin / daß man sie um einen Finger winden kan / Blut=roth; Also ist es [278] kein Wunder / daß man sie in dem Golde / wo rinnen schon ein wenig Röthe ist / mit einem Acido und Volatile viel höher vorstellen könne / es ist aber / wie gedacht / ein lusus naturae; Und will ich ein Exempel geben von dem Bezoardico Solaris, welches ich nie so schön gesehen / als es vorerwehnter Hr. Georg Tutschki / in Dreßden gemacht / dessen Colör so schön / daß er auch von etlichen / welche es verdreust / daß sie es nicht nachmachen können / will getadelt werden als käme die Farbe nicht vom Golde. Nun will ich nicht thun / wie mancher / der ihm ein Ding 2. oder 3mahl weisen oder umständlich beschreiben läst / hernach aber vor seine neue invention ausgiebet / sondern will gedachtem Herrn George Tutschken diese Ehre lassen und gerne zugestehen /daß ich diesen Handgriff von ihm erlernet und gesehen: Und wann ich es gleich von mir selber nachgekünstelt und erfunden hätte / solte ihm doch die Ehre / als dem ersten Inventori, bleiben / und würde er mir auch das Nachsinnen nicht mißgönnen / gleichwie Hr.Balduinus nicht drüber zürnen würd / daß wir seinen Phosphorum ohn seine Anweisung nachgefunden / denn die Erfindung solcher Curiosität bleibet ihm dennoch. Der aber mich / als wäre es mir gegen einem Revers communiciret / beschuldigen /und dadurch mir solches entziehen will /(da doch dieses der ehrliche Hr. Balduin, als verhoffentlich mein guter Freund / selber nicht sagen kan noch wird / daß er es mir oder Hrn. Tutschken gelehret /) der sage ich der dieses spargiret / läugets / als kein ehrlicher Mann; Dieses zu schreiben haben mich die Calumnianten veranlasset / welche nicht wissen / wie sie mich hinterrücks verkleinern wollen. Dessen Ursache mir [279] zwar zum theil bekandt / und daher rühret / wenn ihm einer von der Chymie etas einbilden will / daß er von solcher Einbildung darüber bersten möchte / hernach aber den Priscianum deßfalls erschrecklich an die Ohren schläget. Wann man denn solche Narrenpossen nicht billigen will noch kan / so hat man das Kalb in die Augen geschlagen / solte ich deine bekandte vitia chymica beschreiben / so würde dein Respect ein ziemlich Loch bekommen / dißmahl will ichs so dahin gestellet seyn lassen / doch laß mich auf einer andern Gasterey daheime / oder rede die Warheit. Sonsten wolle keiner mit mir eyfern / so etwa dessen Krämerey mit dem gedachten Auro potabili irreducibili oder Spiritu mundi solte einen Anstoß lyden; Jch will nicht hoffen / daß ich wider die Christliche Billigkeit gehandelt / daß ich die Warheit so klar hievon bekandt / es thue mir einer die Freundschafft / und sende mir nur ein Loth / oder zum wenigsten einen Ducaten schwer solch weiß Gold / wovon ihr die Tinctur oder Sulphur, nach eurer Meynung geschieden habt / und daß er durch die quart fällt / so will ich euch allein gerne zween Ducaten darvor geben / und meinen Irrthum willig publicè bekennen / denn mit blossen Worten und authoritate bin ich nicht begnüget. Jch weiß das Gold in eine solche volatilität zu bringen daß es auf alle sonst bekandte Wege (wiewohl es doch zu thun müglich) nimmermehr in ein Corpus kan gebracht werden / welches ich dann in Beyseyn eines wohl=verständigen Medici zu demonstriren verhoffe / sintemahl ich wohl leyden kan / daß einer die Warheit siehet / der Geschmack aber stehet mir annoch im Wege / den ich doch nunmehro zu dämpf= [280] fen und zu ändern vermeyne. Dieses aber ist das gantze Corpus und nicht die anima. Bey diesem sulphur fällt mir noch ein / daß wenn einer gleich / wie doch nimmer geschehen wird / extrahiret würde / ob erdann auch solche Qualität haben solte / als wenn das Gold mit allen seinen Theilen volatilisch eingegeben würde. Dieses verursacht mir viel Zweiffel / und werden die Herren Medici mir hierinnen Beyfall geben / weiln bekandt / was für herrliche Medicamenta in dem gemeinen Mercurio seyn / wenn er wohl praepariret ist / was solte denn nicht in dem Mercurio solis seyn / massen das Gold mehrern theils in dem Mercurio bestehet / warum wolte man diesen Mercurium verwerffen / und dessen animam oder sulphur alleine suchen? Hiermit will auf dieses mahl schliessen / und die Warheit vom Auro potabili gesagt haben.

Das VIII. Capitel.

Von der Lunâ potabili.

Wie viel ich mich hin und wieder bey den Herren Medicis und Apotheckern bemühet / ihnen aus dem Sinn zu reden / daß sie niemals eine Tincturam Lunae in ihren Apothecken gehabt / so habens zwar etliche nach gegebener ration gebilliget / und mir Beyfall gegeben; bey andern aber / welche sonderlich das probiren nicht verstehen / hat es nichts verfangen wollen / sondern haben sich / wie der gemeine Gebrauch / auf gelehrte Authores beruffen / auch auf den Basilium selber. Nun macht mir aber keine Authorität einigen gelehrten Mannes ein Ding wahr / welches an sich selbst falsch und [281] anders befunden wird. Daß keine blaue Tinctura Lunae in rerum natura jemahls gewesen / oder noch ist / oder / daß der Lunae eine blaue Tinctur solte zugeeignet werden / habe ich auff nachfolgende Art erstlich erfunden: Jch habe ein abgetrieben Silber genommen / dasselbe cum Sulphure calciniret / und einen spiritum urinae darüber gegossen / so habe ich ein wenig blaulichter Tinctur bekommen / welche nicht so schön war / wie sie mir sonsten in den Apothecken gewiesen worden /derowegen nahm ich selbige Lunam, reducirte sie cum Alcali wieder / laminirte und calcinirte sie auffs neue mit sulphure,da kriegte ich nicht die geringste Blaue; derowegen ward ich bewogen / der sache nachzudencken / und befand also / daß der Luna so wohl an ihrer Qualität als Quantität abgangen war / nahm derowegen dieses Silber noch einmahl / trieb es wieder durchs Bley/ und calcinirte es / da befand ich / daß das Bley den Spiritum Veneris der Lunae wieder einverleibet hatte / daß ich also wiederum eine Tinctur, wiewohl sehr bleich ausziehen konte / und sahe also / daß das Bley den reinen Metallen wieder einige Unreinigkeit beybringen könte / wiewohl dieses nicht alle Bleye zu thun vermögen / sondern nur dieselbigen / die bey einer Kupffer=Art / und sonderlich die hier im Gebirge brechen. Wie ich nun zum andermahl die Lunam abgetrieben / und die blaue extrahirt / ließ ich sie wieder durchs Bley gehen / körnte und schmeltzte sie mit 2. Theil Salpeter / und einem Theil Borax vermischt im Tiegel / und bewahrte es wohl vor dem Einfallen der Kohlen / wie ich nun die Schlacken nach dem Ausgiessen besahe / waren sie blaulicht / nahm derowegen die Lunam gantz rein von ihren Schlacken / und schmeltzte sie wieder in einem [282] andern Tiegel mit Nitro und Borrax, da sahe ich die Schlacken grünlicht / dieses thät ich zum drittenmahl / da sahen die Schlacken / wie ein Chrystall / nahm darauff diese Lunam, laminirte und calcinirte sie mit Schwefel wiederum / da fand ich die geringste Blaue nicht / das aber befand ich /daß so viel das Sal acidum vor der Lunae solviren können / in den Spiritum Urinae mit gangen war / aber ihm die geringste Farbe nicht gegeben hätte. Diese Art mit dem salpeter und Borrax zu schmeltzen / practicire ich noch auff den heutigen Tag / wenn ich will eine feine Lunam haben / daß ich sie nach dem Abtreiben allemahl also schmeltze / und wird mir keiner vor übel auffnehmen / wenn ich sage / daß er wenig / oder gar kein Silber gesehen / wenn es gleich hundertmahl durchs Bley gehet / so bleibet doch die Anima des Kupffers darbey und ist das Bley durch dieses feine Silber zu probiren / ob es eine Kupffer Art hat / welches sonsten nicht geschehen kan; Das Medicament will ich hiemit nicht verworffen haben / massen ich Curen in Melancholischen= und Haupt=Kranckheiten damit verrichten sehen / daß es zu verwundern gewesen. Wer nun vermeynet / daß er mit dem blossen Spiritu Urinae nicht eben das ausrichten könne / der werffe ein gran Kupffer hinein / so wird er blau / und hat man also die vermeynte Tincturam Lunae. Jch habe vielerhand Wege gesuchet / um zu sehen / ob es war / daß die Luna eine Blaue führete / habe es aber nach allen Examinibus nicht finden können / sondern vielmehr / daß sie eine Röthe praesentiret; Jch habe sehr viel in der Lunâ gearbeitet / und feine Dinge darinn gesehen / unter andern mache ich ein Ertz wieder daraus auff unterschiedene Art / wie es in den Bergen wächset /(wie ich [283] denn aus allen Metallen / ausgenommen das Zinn / ihr Ertz wieder machen kan /) und hat Churfürst Augustus, Christ mildesten Andenckens / sein sonderlich Delictament darinne gehabt / bevoraus hat er das Wachsen des Silbers öffters gemachet / welches so artig und schön wächset / wie das Haar=Silber in den bergen / und mit dem Schwefel zugehet. Dieses habe ich schon vor 18.Jahren bey Hertzog Frantz Carln von Sachsen / erstmahls in einer Description gefunden / worbey gestanden / daß es aus dem Char=Sächsischen Laboratorio wäre. Es machte mir anfangs viel Mühe / massen es in einer ziemlichen genauen Observation bestehet; Wie ich es nun perfect machen konte / delectirte sich der seel. Herr dermassen daran / daß er mir deßhalben eine sonderliche Gnade thäte. Nachgebens habe ich es einigen Cavallieren gewiesen / welche mich denn gar mildiglich davor beschencket; Nachdem ich aber die Gnade gehabt / die Churfürstl. Schrifften unter Handen zu bekommen / habe ich befunden / daß es vor 100. Jahren gar gemein gewesen / wie ich denn auch bey meiner Zeit keinen Chymicum in Dreßden angetroffen / der es nicht gewust / und excelliret hierinnen offt erwehnter herr Trutzschky nebst andern / immassen e auch Unterschiedene von ihm erlernet. Weil es nun eine Sache / die dieses Orths so gemein ist / habe ich die völlige Beschreibung nicht anhero setzen wollen / ob es gleich eine feine Curiosität / sondern will es zur andern Zeit mit unter die Curiositäten bringen / dahin dem liebhabenden Leser sich zu gedulten bitte / ob ich aber gleich dieses nach obgedachter Description ohne jemandes Anleitung gefunden / will mir doch nicht gebühren solches / als meine Invention auszugeben / [284] weilen dieses hiesigen Ortes wohl bekannt / daß solches nicht meine Invention / und würde / da ich es mir zueignen wolte / vor die doch nichts zu schätzende vermeynte Ehre / nur Spott davon haben. Daß man aber die Lunam Blut=roth / und wie einen Terpentin vorstellen kan / das rühme ich vor meyne Invention zu seyn / unangesehen die meisten Sachen darzu von ohngefehr gefunden worden / doch weiß ich keinen / der es kan / als diejenigen / die es im Churfürstl. Laboratorio hie selbst bey mir gesehen haben. Ehe ich dieses Capitel beschliesse / muß ich dem geehrten Leser noch eines communiciren. Ein jeder / der in Chymischen Laboribus und mit der Luna umgangen / wird in Erfahrung gezogen haben / was er vor Ungelegenheiten und Schaden bey der Luna, die er mit Saltz praecipitiret befunden / und wird sich keiner rühmen /

daß er seine Lunam Netto habe wieder erlangen können; wann man sie in Bley träget / was giebt es nicht vor einen schrecklichen Rauch und überflüßigen Schlacke / der allen Zucker an Süßigkeit übertrifft / und das gehet der Lunae über dieser überflüßige Schlacke nicht abe / dahero ich offtmahls meine Gedancken gehabt / und solte mir nicht viel fehlen / daß ich demonstriren wolte / daß die Luna nicht alle im Bley wieder zu Luna, sondern das Bley von dieser Luna in Lunam figiret würde; dieses mag einem so wunderlich vorkommen / und er die Nase darüber rümpffen / wie er will / so wird es so ungereimt nicht seyn / von welchen ich etliche probirte Exempel und Experimenta herfür geben könte / will es aber einem jeden Liebhaber zu schärfferem Nachsinnen nur hier berühret haben. Diese Lunam nun auffs allerbeste / und ohne Abgang zu reduciren / mache es also: Nimm deine mit Saltz [285] praecipitirte Lunam / mache sie trocken / und drücke sie in einen reinen Tiegel / setze sie auff Kohlen / daß sie heiß wird / doch nicht schmeltze / wirff ein wenig Unschlitt oder andere Fettigkeit / als Baum=Oehl und dergleichen darüber / und blase alsdann zu / so fänget das Oehl oder Fett an zu brennen / und insinuiret sich mit dem Sale acido, welches bey der Luna geblieben / und macht selbiges Acidum zum Alcali, und du wirst sehen / daß deine Luna, die sonst in einer geringen Gluth / wie Wachs fliesset / hernach ohne Zusatz eines Flusses / mit der Gewalt des Feuers kaum fliessen wird. Durch diesen hand=Griff wirst du das Geringste an deiner Luna nicht verlieren; Wenn man befürchtet / es möchten zu viel Körner im Tiegel hencken bleiben / so wifft man geflossen Saltz darauff / so läßt sie sich so rein ausgiessen / daß auch das geringste Körnlein nicht daran hängen bleibet; Jch habe versprochen / eine ausführliche Explication zu geben / weilen die Luna nicht mehr / denn 4. Loth terrae albae in der Marck hat / womit das übrige Theil coaguliret sey; oder ob diese 4. Loth zu den übrigen Theilen genug / solches aber will ich zur andern Zeit sparen / sintemahl auch / womit das übrige figiret / ohne dem aus meinem bey dem Mercurio schon angeführten leicht zu finden. Daß ich aber nochmahl auff die Lunam potabilem komme / im Fall selbige von jemanden verlachet würde / der nehme meine fein gemachte Lunam, und calcinire sie mit Schwefel gantz gelinde / und übergiesse sie mit Spiritu Urinae, und lasse es wohl extrahiren / so nimmt der Spiritus Urinae, von der Luna, die im Acido solviret ist / so viel in sich / als er halten kan / denn die Natur nimmt nicht mehr an / als sie bedarff; dieses nun zu erfahren / so nimm ein [286] wenig von deinem Spiritu Urinae, geuß ein wenig Saltzwasser hinein / so praecipitiret sich die Luna heraus / und ist eben wie die / so mit Saltz aus dem aqua fort praecipitiret ist: Diese kan nun ohne Eckel besser / als die mit der Venus blau gefärbet ist / gebrauchet werden / und kan mit bessern Recht eine Luna potabilis heissen. Hierbey könte ich eine Veränderung oder Abwechselung der Farben abermahls anführen / will es aber auff eine andere Zeit verschoben haben. Den günstigen Leser nochmahls bittende / so ihm in dieser meiner Schrifft etwas irriges vorkommen möchte / er wolle mich freundlich und mit Experimentis ein anders unterrichten / massen ich mit keiner blossen Authorität oder Wort=Streit vergnüget bin / es sey denn Sache / daß ein Author warhaffte Experimenta, die ein ander sowohl / als er selber werckstellig machen kan / oder werckstellig gemacht habe; ich werde auff freundlichen Unterricht mich der Gebühr nach hinwieder bescheidenlich zu bezeigen wissen / und hinfüro befliessen seyn / unterschiedliche Experimenta den Liebhabern zu gute an den Tag zugeben / bey welchen ich mich allemahl solcher Circumstantien und Umstände gebrauchen werde / auff daß es nicht / wie es insgemein zu geschehen pfleget / heisse: Das beste ist barbey verschwiegen. Der aber das beste verschweiget / nutzet mit seinen Schriftten seinen Nächsten wenig; und wäre besser / man schriebe gar nichts / als solche Dinge / dadurch man den Nächsten in Unkosten führet. Dieses soll hoffentlich nicht von mir gesagt werden / was ich umsonst niemand lehren will / da will ich ihm auch keine nichtswürdige Processe hinschreiben / der ich über ein Rieß Papier voll könte zu wege bringen; dieses / wie gedacht / hat sich ein günstiger Liebhaber nicht zu mit zu versehen / sondern ich werde einem jeden hierinne mit Auffrichtigkeit zu begegnen wissen / und demselben beharrlich zugethan verbleiben bis an mein

ENDE.

[57] Abhandlung, wie man den Phosphorum aus dem Urin nicht allein leichte verfertigen sondern auch solchen sehr reine und geschwinde vermittelst des brennlichen Wesens und einem besondern Salze aus dem Urin darstellen könne.

§. 1.

Es ist zwar die Verferstigung dieses merkwürdigen chymischen Producti, das vielleicht in künftigen Zeiten noch mehr Nutzen schaffen kan, nicht so gar unbekannt, da verschiedene und nicht ohne Grund, allerley Wege zu deßen Verfertigung angewiesen haben; weil sie aber nur wenig Phosphori durch diese ihre Arbeiten erhalten haben, so haben sie sich nicht lange dabey aufgehalten, so daß der Herr Hanckwitz zu London in denen vorigen Zeiten der einzige gewesen, der solchen denen Liebhabern verkaufet, weil außer ihm niemand solchen in so großen Mengen verfertigen können.

§. 2.

Dieser Umstand hat mich bereits seit vielen Jahren, und vor der Zeit an, da ich diese Materie zuerst [58] gesehen, angetrieben, mich etwas länger dabey aufzuhalten, und zu versuchen, ob ich solchen nicht auch in größeren Mengen verfertigen könte, theils damit ich dergleichen vor mich zu denen damit anzustellenden Versuchen haben, theils daß ich andern Liebhabern um einen billigern Preiß damit dienen könte, die der hohe Preiß zeithero abgeschrecket hatte, dergleichen zu kau fen, oder zu verfertigen.

§. 3.

Schon 1725. ehe ich noch von meinem seel. Vater zu dem gelehrten und berühmten Herrn Hofrath Neumann war gethan worden, um die Chymie und Aporthekerkunst bey ihm zu lernen, habe ich den Phosphorum aus 3 Theilen groben Sandstein=Gruse und I Theil zur Dicke eines Extracti inspißirten Urins glücklich verfertiget. Da ich aber nachhero bey besagten Hofrath, bey Gelegenheit seiner Vorlesungen, die er von Phosphoro hielt, unter verschiedenen Proportionen und veränderten Mischungen, die ich auf seinen Befehl machen muste, dieser Sache weiter nachgieng, so ward ich gewahr, daß ich durch keinen andern als den vorbesagten Weg, damals zu meinem Zwecke gelangen konte. Da ich nun hierbey so viele Schwürigleiten fand, hiernachst sehr wenig erhielt, hauptsächlich aber einen ausnehmend starken Feuers=Grad 7 Stunden lang geben muste, so wird sich niemand wundern, daß ich damahls auf einige Zeit von allen dergleichen Versuchen, den Phosphorum zu machen, abgestanden, und bey obangeführter Methode geblieben bin.

[59] §. 4.

Um das Jahr 1734. war ich so glücklich in der Chymie und Metallurgie den Unterricht des berühmten und acuraten Herrn Bergrath Henckels in Freyburg zu genüßen, da wir dann unter andern Unterredungen auch auf den Phosphorum und deßen hohen Preiß zu sprechen kamen. Er versicherte mich hierbey, daß er solchen einsmahls ganz von ohngefehr bey Gelegenheit einer Mercurifications=Arbeit, mit leichter Mühe und wenigem Feuer gemacht hätte, welchen Weg er auch bereits in seiner Kieß=Historie angeführt habe. Ich schlug diese Stelle auf, und fand daselbst in der Nachlese auf der 1004 Seite (in der neueren Edit. aber auf der 900. S.) §.14. folgende Worte:"Bley=Kalk mit Salmiac, Weinstein= Salz und alten Urin digerirt, endlich destillirt, giebt einen arsenicalischen Geruch, ja endlich einen schönen Phosphorum." Nachdem ich mich nun bey diesem redlichen Manne ferner nach der Proportion und übrigen Umständen dieser Arbeit erkundiget; so erinnerte sich derselbe nicht nur der Bereitung des Bley=Kalkes, sondern auch der Proportionen, welches er mir nebst denen übrigen Umständen der Arbeit ausführlich erzehlte.

§. 5.

Jch machte demnach auf sein Anrathen zu dieser Arbeit folgenden Bley=Kalk. Jch nahm eine eiserne Pfanne (wiewohl es auch mit einer töpfernen aus gutem Thone bereiteten angehet) in solcher ließ ich ein Pfund Bley fließen und mäßig glühen, hiezu schüttete ich nach [60] und nach und unter beständigem Umrühren, Löffelweise 2 Pfund geschmolzenes und klar geriebnes Kochsalz, bis alles Bley zu einer gelben Asche geworden war. Diese Massam rieb ich ganz klar, verwusch solche, und süste sie mit warmen Waßer wohl aus, den Kalk aber, der mehr als ein Pfund wog, trocknete ich.

§. 6.

Ein Pfund dieses klar geriebenen Kalkes vermischte ich mit I Pfund Salmiac und eben soviel Sale Tartari, that es in ein gehöriges Evaporir=Glaß, und goß verfaulten Urin darauf, so daß er 4 Finger über das Gemenge gieng. Den Urin hatte ich 6 Wochen faulen laßen. Jch setzte dieses Gemenge in gelinde Digestion in warmen Sand, und schüttelte es alle Tage etliche mahl herum, und goß immer wieder so viel Urin nach als verdunstet war, und so continiurte ich 14 Tage, endlich ließ ich es eintrocknen, bis ich es mit denen Fingern zerreiben konte.

§. 7.

Diese trockne Massam, die sich leicht zerreiben ließ, that ich in eine Waldenburgische töpferne Retorte, in die ohngefehr ein Quart gieng, legte solche in einen von bloßen Mauer=Steinen gemaueten, und untern mit einem eisernen Roste versehenen Ofen, und abstrahirte also das Phlegma, den Spiritum urinosum, das Sal volatile und das Oehl. Hierauf legte ich einen neuen mit Waßer halb angefüllten Recipienten vor. Jch gab [61] oben und unten Feuer, so daß die Retorte durch und durch glühete. Auf diese Art erhielt ich nach einigen Stunden einen schönen Phosphorum, obgleich nicht viel.

§. 8.

Ob ich nun gleich auf diese Art das, was ich suchte, glücklich erhielt, so konte ich doch damit nicht zufrieden seyn, weil der Zusatz des Salmiacs und des Weinstein=Salzes etwas zu kostbar war. Jch machte daher noch allerhand Versuche, wobey ich allezeit gewahr ward, daß der Zusatz des Bleyes zu dem Urin allerdings seinen Nutzen hatte, und da ich zugleich gewahr ward, daß ich auf diese Art weder soviele Zeit, noch so heftiges Feuer nöthig hatte, so konte ich nicht anders, als unter verschiedenen Proben auch folgende vor die Hand zu nehmen.

§. 9.

Nachdem ich aus verschiedenen kleinen Versuchen wahrgenommen hatte, daß der Saturnus cornuus, oder der mit Kochsalz=Sauren verbundene Bley=Kalk zu dieser Arbeit beßer, als der obangeführte sey, obgleich nicht zu läugnen stehet, daß der Bley=Kalk auch durch diese Calcination mit Koch=Salz, etwas von deßen Sauren angenommen habe; Gleichwohl aber der nach der gewöhnlichen Art verfertigte Saturnus Cornuus wegen des dazu nöthigen Scheide=waßers kostbarer, auch wegen der langweiligen Arbeit verdrießlicher zu machen seyn würde; so bemühte mich das Kochsalz=Saure aus einem [62] damals etwas wohlfeilern Körper, an das Bley zu bringen. Jch nahm also 2 Pfund gestoßnen Salmiac, und vermischte ihn mit 4 Pfund Mennige, das Gemenge that ich in eine gläserne Retorte und destillirte per gradus einen sehr flüchtigen und starken Spiritum urinosum. Das Caput mortuum ließ sich leicht zerbrechen, sahe etwas roth und wog 4 Pfund 8 Unzen. Von diesem Spiritu urinoso will ich nur so viel sagen, daß er die Lunam cornuam im Kalten auflöset. Auf diese Art hatte ich nun ein schönes und mit Acido Salis wohlgesättigtes Bley, welches ich klar rieb, und zu fernern Gebrauch verwahrete.

§. 10.

Nun nahm ich eine gute Menge, ohngefehr anderhalb Eimer Urin, den ich acht Wochen lang hatte faulen laßen. Jch evaporirte ihn bis zur starken Honig=Dicke. Hievon nahm ich 9 bis 10 Pfund nach Kramer=Gewichte das Pfund zu 32 Lothen, und ließ es in einem eisernen Keßel über Kohlen warm werden, wobey ich nach und nach 3 Pfund des bemeldeten Saturni cornui §.9. zusezte, nebst einem halben Pfunde Kohlgestübe. Jch evaporirte dieses Gemenge unter beständigem Rühren, bis es ganz zu einem schwarzen Pulver ward.

§. 11.

Mit solchem füllete ich eine proportionirliche Gläserne Retorte, legte einen Recipienten vor, und destil= [63] lirte per gradus, bis die Retorte dunkel glühete. Hierbey gieng noch etwas weniges Spiritus urinosi, und einiger ammoniacalischer Sublimat in die Höhe, und es blieb ein reines leicht zerbrechliches, von allem überflüßigen Oehle und flüchtigen Salze befreytes Caput mortuum zurücke.

§. 12.

Dieses Caput mortuum rieb ich nochmahls klar, damit es wohl durch einander kam, ich streuete davon so viel, als ich zwischen zwey Fingern halten konte, auf glühende Kohlen, und es zeigte sich den Augenblick ein arsenicalischer Geruch und eine blaue schwebende Flamme.

§. 13.

Nun nahm ich 6 Kleine und mit Leim wohlbeschlagene töpferne Retortgen, in denen jede ohngefehr 18 Unzen Waßer giengen, dergleichen besonders die Waldenburgischen sind, wie auch diejenigen die in Schlieben bey Kirchhayn in Sachsen gemacht werden, ja auch zur Noth die Kirchhaynschen selbsten. Jch füllete solche 3/4 voll der schwarzen geriebenen Materie, legte solche in den Ofen A. Tab.2. An jede Retorte lutirte ich eine Vorlage, die ohngefehr ein Quart hielt, und füllete solche etwas mehr als halb voll mit Waßer, so daß das äuserste des Retorten=Halses beynahe an das Waßer reichte, der übrige Raum blieb leer. Jch verschmierte alles mit wohlgeschlemmten Leimen, und destillirte per gradus, [64] so daß erstlich eine Stunde lang die Retorten nur nach und nach warm wurden. Hierauf verstärkte ich das Feuer eine halbe Stunde lang, daß es bis an den Bauch der Letorten zu liegen kam. So fuhr ich fort, daß nach einer halben Stunde der halbe Bauch der Retorte im Feuer lag, und nach noch einer halben Stunde das Feuer der Retorte an Höhe ganz gleich war. Hier erschien nun der Phosphorus in Dämpfen, daher ich das Feuer soviel möglich auch obenher verstärkte, so daß alles durch und durch glühete. Jch schüttete den Ofen ganz voll Kohlen, wobey denn der Phosphorus Tropfenweise herüber gieng, und so hielt ich 1 1/2 Stunde an, während welcher Zeit der Phosphorus in kleinen Tropfen in das vorgeschlagene Waßer gieng. Es hat also diese Arbeit höchstens 4 1/2 Stunde gedauert, ja, wenn man mit der Verstärkung des Feuers etwas mehr eilet, kan man wohl in 4 Stunden fertig werden.

§. 14.

Nachdem alles erkaltet, nahm ich die Recipienten weg, goß das überflüßige Waßer ab, und erhielt aus dem übrigen einen schönen eißartigen Phosphorum.

§. 15.

Weil ich aber nur kleine Retortgen zu dieser Arbeit genommen hatte, so hatte ich in diesen Ofen auch nur deren dreye einlegen können. Wenn man diesen Ofen nach Proportion vergrößerte; so könte man das ganze Gemenge §.10.11. auf einmal abfeuern, da man es in [65] diesem Ofen auf zweymal thun muß. Die Ursache, warum ich in dieser Arbeit die kleinen Retortgen denen größern vorziehe, ist erstlich, daß wenn unglücklicher Weise eine springen solte, so bleiben doch die andern unbeschädigt, daher der Schade nicht so wichtig, als wenn alles beysammen in einer einzigen sich befindet, dann wenn diese reißet, so gehet alles auf einmal verlohren. Die zweyte Ursache ist, weil die kleinern Gefäße beßer von dem Feuer durchdrungen und durchglühet werden können, als die größern.

§. 16.

Hierauf legte ich die andern drey Retorten auch ein und verfuhr damit, wie §.13. und 14. gesagt worden, und erhielt einen ganz schönen Phosphorum, nur daß er nicht so rein war, sondern hier und da grau und schwärzlich aussahe. Um ihn nun vollkommen schön und reine zu bekommen, verfuhr ich folgender Gestalt, welchs ich die Rectification und Depuration nenne.

§. 17.

Jch nahm also eine reine gläserne Retorte, die ohngefehr 8 Unzen halten konte, und welche einen proportionirlichen weiten Halß hatte, der sonderlich am Ende, weder enge noch spitzig seyn darf. Jch füllete diese Retorte halb voll kaltes Waßer, brach den unreinen Phosphorum in kleine Stückgen, damit ich solche bequem in die Retorte thun konte, und nachdem solche alle insgesamt in solche gethan waren, so ließ ich das überflüßige [66] Waßer wieder herauslaufen, und legte einen gläsernen Recipienten vor, den ich so weit voll Waßer machte, daß das Ende des Retorten=Halses zwar ganz nahe über der Fläche des Waßers stand, doch so, daß das Waßer nicht in solchen steigen onte, wann der Phosphorus ganz herüber getrieben war. Diese Retorte legte ich in eine Sand=Kapelle Tab.II.fig.I, lutirte den Recipienten sorgfältig vermittelst ordinairen Kleisters aus Mehl und Wasser an, und trieb erst mit gelindem Feuer das übrige Wasser herüber. Sobald der Phosphorus warm wird, schmelzet er, und sinket unter das Waßer. Wann aber alles Waßer herüber gegangen ist, so folget auch der Phosphorus so, daß er erst in Gestalt kleiner Kügelchen in den Halß der Retorte steigt, die sich geschwinde und häufig anhängen. Hier verstärke ich das Feuer, und diese Tropfen des Phosphori laufen hiedurch zusammen, und fallen in ziemlicher Größe in das vorgeschlagene Waßer. Nun hält man mit dem Feuer so lange an, bis weiter keine Tropfen zum Vorschein kommen, und die Retorte durch und durch glühet. Auf diese Art habe ich den allerschönsten, reinsten weißen wie Eiß durchsichtigen Phosphorum erhalten.

§. 18.

Nachdem das Feuer ausgegangen und alles erkaltet, nahm ich die Vorlage weg, und weil ich in dem Halse der Retorte noch einige Körner Phosphori wahrnahm, so steckte denselben sogleich in kaltes Waßer, damit keine Luft darzu kommen konte. Jch schlug den hintern Theil der Retorte, gleich da, wo sich der Halß anfängt, ab, und goß gleich kaltes Waßer hinein. Jch [67] stieß die noch anhängenden Körner Phosphori mit einem starken Drathe ab, und that solche zu dem im Recipienten befindlichen Phosphoro.

§. 19.

Nachdem ich nun das überflüßige Waßer aus dem Recipienten abgegoßen hatte,so schüttete ich das übrige nebst dem Phosphoro in ein weithälsiges gläsernes Gefäße, in welchem etwas kaltes Waßer war, ich goß noch mehr kalt Waßer dazu, so daß es zwey Querfingen über den Phosphorum gieng. Dieses Gefäße sezte ich in lauliches Waßer, und goß nach und nach heißes waßer zu, bis alles Phosphorus geschmolzen war. Hier ließ ich es erkalten, welchs desto eher geschahe, weil ich kaltes Waßer zugoß, und so erhielt ich den schönsten Phosphorum, der nur kan gemacht werden,und er wog 2 1/2 Unze.

§.20.

Um nun dem Phosphoro eine bestimmte Gestalt zugeben, und solche in lange runde Stängelchen zu formiren, habe ich mir eine gläserne Röhre, welche oben wie ein Trichter gestaltet, machen laßen, Tab.I.Fig.4. ohngefehr 1 1/2 Fuß und darüber lang, und einen mäßigen Federkiel stark. Jch stopfte deßen untere Oefnung mit Gork zu, und stellte diese also vorgerichtete Röhre in warmes Waßer. Jch goß auch dergleichen in die Röhre selbst, und füllte sie fast ganz mit an. Hierauf trug ich den Phosphorum in kleinen Stückgen hinein, eines [68] nach dem andern, da er denn gleich schmolz und in der engen Röhre zusammen floß. Nachdem diese Röhre über die Helfte davon voll war, so nahm ich solche aus dem warmen Waßer, und hielt sie in kaltes. Da nun alles erkaltet war, so kehrte ich den obern Theil der Röhre nach unten, und hielt ihn in ein weites Gefäß mit kaltem Waßer, ich zog den unten vorgestopften Gorck heraus, und stieß mit einem eisernen Drathe den erhärteten Phosphorum heraus, welcher also in das kalte Waßer fiel. Jch nahm ihn heraus und verwahrte ihn in andern mit Waßer angefülleten Gläsern.

§. 21.

Auf diese Art erhielt ich also einen Phosphorum, der in der Welt nicht schöner und reiner seyn kan. Gleichwohl war ich aber auch damit nicht zufrieden, sondern ich versuchte noch mehrere und kostbarere Wege, die ich bald anführen werde. Doch muß ich gestehen, daß die itzterzehlte Methode unter allen meinen Versuchen, so weit ich solche bisher getrieben habe, noch die allerbeste ist.

§. 22.

Der Ofen, deßenich mich zur Destillation des Phosphori bedienet habe, ist von eisrnen Bleche gemacht, und bestehet aus drey Theilen. S.Tab.II. fig.2. deren jedes Theil in der Mitten mit eisernen Stangen versehen ist, auf welchen die übrigen Theile ruhen können. Der untere Theil, welches der Aschen=Herd [69] mit dem dazu gehörigen Aschen=Loche ist, hat 4 Zoll Höhe und 9 Zoll Weite, die Länge aber ist 1 1/2 Fuß, die Thür aber 4 Zoll hoch und breit. A.A.A. Der zweite Aufsatz B., welcher untenher etwas enger als oben ist, doch so, daß er sich auf A.A.A. schickt, ist 9=10 Zoll hoch, wovon 7=8 Zoll auf die Retorten gerechnet werden, die auf denen eisernen Traillen tuhen, welche eben die besagten 7=8 Zoll weit von dem Roste abliegen, und zwey Zoll beträgt das Loch, wo die Hälse der Retorten durchgehen. Der obere Theil, C. oder die Kuppel, bestehet auch aus eisernen Bleche, und ist so gemacht, daß sie auf den mittlern Theil paßet, ohne doch auf die Hälse der Retorten zu drücken. Dahero solcher ebenfalls mit denen gehörigen Einschnitten versehen seyn muß, welche nachhero, wenn man darinne arbeiten will, verlutirt werden. Er ist obenher gewölbet, und in der Mitten bis an die Zug=Röhre 7 Zoll hoch. Dieser Ofen wird inwendig mit luto aus 2 Theilen Leim und 1 Theil Sand verstrichen. Die Zug=Röhre D. ist Zoll hoch und 2 3/4 Zoll weit. Diese kan auch eine Stürze haben, welche man abheben kan, damit, wenn die Retorten beynahe glühen, und die kleine Oefnung F. zugemacht wird, das Feuer einen stärkeren Zug bekomme, welcher noch mehr verstärket wird, wenn man hernach die eiserne Röhre E. aussetzet, welche etliche Fuß hoch seyn kan. Bey der Zug=Röhre D. ist oben in der Kuppel eine Thür G. welche man eröfnet, wenn man Kohlen nachsetzen will. Die mittelste Thür I. in dem Ofen dienet um zu Anfange der Arbeit Kohlen aufgeben zu können. Hernach aber wird sie gebraucht, um zu sehen, ob die hineingeworfenen Kohlen auch überall [70] egal liegen. Man muß hauptsächlich dabey sehen, daß der Ofen immer voller Kohlen sey, und daß die Retorten immer mitten im Feuer liegen. F. zeiget eine kleine Oefnung zum Luft=Fange neben der Zug=Röhre D. Diese Oefnung wird, wenn die Retorten vollkommen glühen, mit einem eisernen Deckelgen vermacht, und an deßen Stelle der Zug D. erofnet. Tab.II. fig.1. zeiget einen Ofen an in welchem auf eisernen Stäben die Sand=Kapelle ruhet. Unter denen Steinen ist ein Rost. a. Aus dieser Kapelle wird der unreine Phosphorus durch die eingelegte Retorte in die mit Waßer halb angefüllte Vorlage getrieben. Dieser Anstalt bediene ich mich zur Rectification des Phosphori, ob man schon diese Arbeit auch mit einer eisernen eingemauerten Kapelle verrichten kan, und die Kohlen werden um und neben der Kapelle aufgegeben.

§. 23.

Jch habe oben im 20.§. gesagt, daß ich einen so schönen Phosphorum durch Hülfe des mit dem Acido Salis verbundenen Bley=Kalkes erhalten habe. Jndeßen kan ich nicht umhin, auch andere Zusätze anzuführen, welche, ob sie gleich nicht eben beßer sind, doch denen erst angeführ ten ziemlich gleich kommen.

Z.E. Der Ofenbruch, der sich als ein gelber Sublimat bey der Roharbeit zu Freyberg in denen hohen Oefen ansezt, und welcher, wenn man ihn im duncklen mit denen Nägeln kratzet, röthliche Funken von sich [71] giebt, wie solches der berühmte und erfahrne Herr Bergrath Henckel in seiner Kieß=Historie auf der 546. 547. 548. S. bereits angemerket hat. Dieser Ofenbruch macht nicht nur wie der Gallmay das Kupfer gelbe, sondern wenn man solchen so wie verschiedene andere dergleichen Ofenbrüche mit dem achten Theile Kohl=Gestübe vermischt, und aus einer töpfernen Retorte mit heftigem Feuer in eine mit Waßer gefüllete Vorlage treibet, so giebt er ein ansehnliches Theil Zink. Von diesem Ofen=Bruche vermischte ich vier Unzen zartgerieben mit acht Unzen inspißirten Urin, destillirte das Phlegme, flüchtige Salz und Oehl ab, und legte hernach einen andern mit Waßer gefüllten Recipienten vor, und trieb es mit dem stärksten Feuer, da ich denn nicht nur den schönsten Phosphorum erhielt, sondern es hiengen auch in dem Halse der Retorten rothe spisigte flores, so wie diejenigen sind, die ich in der vorhergehenden Abhandlung unter denen mit dem Phosphoro angestellten Experimentis angeführet habe.

§. 24.

Aus diesen bis anher angeführten Versuchen schloß ich, daß vielleicht das Acidum Salis concentratum viel zu der Entstehung des Phosphori beytrüge; Jch nahm zu dem Ende 1 Unze lunae cornuae, und von gefaulten und inspisirten Urin 1 1/2 Unze. Jch destillirte das Gemenge, und nachdem das Phlegma,

Sal volatile und das Oehl herüber gegangen war, legte ich eine andere mit Waßer gefüllte Vorlage vor, und erhielt durch ein anhaltendes gehöriges Feuer auch einen schönen Phos= [72] phorum. Da ich ferner erwog, daß der bloße Urin schon vor sich Phosphorum giebt, obgleich nicht so viel, als enn er mit denen angeführten Dingen vermischt wird, so habe versuchen wollen, ob man nicht auch Phosphorum aus andern Materien und ohne Urin machen konte. Jch habe zu dem Ende verschiedene Versuche angestellt, vornemlich, weil ich der Meynung war, daß das Acidum Salis concentratissimum sich eben so mit dem Phlogisto vereinigte, als das Acidum vitrioli bey der Entstehung des Schwefels.

§. 25.

Eine halbe Unze lunae cornuae mit eben so viel Kohlgestübe vermischt, und mit dem stärksten Feuer destillirt, gab nicht das geringste vom Phosphoro.

§. 26.

Jch mahn ferner von dem im 9ten Paragrapho beschriebenen Saturno cornuo 1/2 Pfund, nd vermischte solches mit 3 Unzen stinkenden Hirschhorn=Oehls, und zog es zur Trockenheit ab, das Caput mortuum vermischete ich mit einer halben Unze Kohlgestübe, und destillirte es mit heftigem Feuer aus einer thönernen Retorte in eine mit Waßer gefüllte Vorlage, es gieng auch in großer Menge herüber, aber es war kein Phosphorus, sondern etwas ganz neues, nemlich ein flüchtiges Bley, oder vielmehr ein verflüchtigter Saturnus cornuus.Hieraus erhellet, was das Phlogiston ausrichten könne, wenn es an Metalle gebracht wird, die vor= [73] her mit dem Acido Salis verbunden sind. Dieser Versuch ist mir zu wiederhohlten mahlen immer gelungen wenn ich auch nur bloßes Kohlgestübe mit dem Saturno cornuo vermischt, und mit starken Feuer destillirt habe. Dieser Versuch ist um desto merkwürdiger, da außerdem der Regulus Antimonii durch Zusatz von Phlogisto sowohl, als das gemeine Bley und Zinn in metallischer Gestalt in den Halß der Retorte eben so, wie der im 23sten Paragrapho angeführte Zink in die Höhe gestiegen sind.

§. 27.

Jch habe auch versucht, Phosphorum aus Oleo Cornu Cervi und aus tartari foetido, durch Zusatz von Sande und Kochsalz zu machen, aber auch nicht eine Spuhr davon erhalten.

§. 28.

Einige haben auch Menschen=Mist und Blut, als zum Phosphoro geschickte Materien, vorgeschlagen. Jch glaube aber daß solche nichts mehr thun werden, als was andere Kohlen ausrichten, denn alles angewendeten Fleißes ohngeachtet, habe ich weder aus dem Miste noch aus dem Blute nicht das geringste erhalten. Jndeßen zweifele ich nicht, daß sie bey der Verfertigung des Phosphori eben das ausrichten werden, was das zugesezte Kohle=Gestübe würket.

[74] §. 29.

Jch habe außer dem allerley Arten von Holz-Kohlen, Kochsalz und Sand miteinander vermischt; Jch habe Saturnum cornuum, Kochsalz und Kohlen, ferner getrocknetes Blut, Sand und Salz; getrocknetes Blut und Sand, getrocknetes Blut und Saturnum cornuum mit einander vermengt, und nach obangeführter Methode auf Phosphor bearbeitet. Eben so habe ich auch Sal ammoniacum fixum auf allerley Art und Weise bald mit Blut, bald mit Holz=Kohlen, bald mit andern Zusätzen vermischt, und destillirt, aber niemals nichts erhalten. Ein halbes Pfund weißer Thon und eben so viel eingedickter Urin haben durch die mehr erwehnte Bearbeitung kaum eine Spuhr des Phosphori gegeben.Aus 4 Unzen im verschloßenen Gefäße ausgeglüheten Kienruß,6 Unzen Salz,und eben soviel Sande habe ich auch nichts bekommen. Jch bin also noch zweifelhaft, ob das concentrirte Acidum Salis so vor sich, wenn es mit dem Phlogisto verbunden ist, zu einem solchen Acido werde, das alsdenn mit der vorgemeldeten brennlichen Erde den Phosphorum ausmacht, ob ich es gleich nicht so geradezu läugnen will, doch vielleicht nur in dem Falle, wenn es vorher mit einer zarten glaßachtigen Erde innig verbunden, und also fast ganz und gar verändert ist, wie solches aus folgenden erhellen wird. Ja es kann geschehen, daß, wenn Gott Leben und Gesundheit giebt, eben dieser Satz in der Folge nicht etwa mit bloßen Muthmaßungen, sondern mit hinlänglichen Versuchen erwiesen werden wird.

[75] §. 30.

Jch hatte bey verschiedenen Untersuchungen, die ich mit dem Urin in Absicht auf den Phosphorum angestel= hatte, wahrgenommen, daß wenn eine gewiße Art von Salze aus dem Urin geschieden war, der übrige Urin bey weitem nicht so viel Phosphorum gab, als wenn dieses Salz noch dabey war. Diese Art von Salz ist seit einiger Zeit nicht unbekannt, sie ist sehr merkwürdig und noch nicht vollkommen untersucht. Sie läst sich sehr leicht schmelzen, und unterscheidet sich deutlich von allen andern Arten von Salzen, deren der Urin verschiedene in sich hat. Man erhält dieses Salz, wenn man eine gute Menge Urin zum dünnen Syrup einkocht, und ihn hernach besonders im Winter im Keller, oder an einem kalten Orte crystallisiren läst, da dann ganz besondere Krystallen entstehen. Der berühmte Boerhave hat deßen Bereitung im 2ten Theil seiner Elemento. Chym. im 98sten Proceße auf der 317ten Seite deutlich gelehret. Jch ward daher veranlaßet, eine hinlängliche Menge dieses Salzes zu sammeln, vollkommen zu reinigen und zu folgenden Versuchen anzuwenden.

§. 31.

Jch nahm eine Unze dieses wohlgereinigten Salzes, welches mir viele Aehnlichkeit mit demjenigen Salze zu haben schiene, das ich in vorhergehender Abhandlung unter dem Tittel: Verhältniß des Acidi Phosphori gegen das flüchtig=alcalische Salz beschrieben habe. Zu dieser 1 Unze des Salzes sezte ich 1 Unze zartgeriebnen weißen Sandes und 2 Quentgen zartem im verschloßenen Gefäße wohl ausgeglüheten Kienrußes. [76] Dieses Gemenge that ich in eine proportionirliche thönerne Retorte, und mauerte solche so mit Mauer=Steinen in Ofen ein, daß ich ihr das stärkste Feuer geben konte. Jch zog erst den Spiritum urinosum davon herüber, hernach legte ich eine andere Vorlage mit Waßer vor, lutirte solche feste mit Leimen an, und gab starkes Feuer, so kamen erst leuchtende Dämpfe, in dem Halse der Retorte hiengen kleine Körnerchen, welche in Tropfen zusammen giengen, und in das vorgelegte Waßer fielen. Nachdem ich das Feuer also eine Stunde erhalten hatte, so ließ ich alles erkalten, und erhielt hernach ohngefehr ein halbes Quentgen des schönsten und reinsten Phosphori in dem Recipienten.

§. 32.

Dieser Versuch, welcher mir die Grund=Mischung des Phosphori so schön zeigte, konte mr nicht anders, als höchst angenehm seyn. Jch stellte demnach so gleich einen andern Versuch an, weil ich glaubte, daß der klare Sand sich mit denen erdigen Theilen des Urin=Salzes vereinigte,und also deßen Acidum losmachte. Jch nahm zu dem Ende eine halbe Unze dieses fixen Urin=Salzes, oder wie es Börhave nennet, dieses Salis urinae nativi, that zwey Quentgen wohl ausgeglüheten Kienruß darzu, und destillirte es, wie das vorige, und erhielt einen eben so schönen Tropfen herübergehenden Phosphorum. Jch verspahre meine Gedanken über diese schnelle Erzeugung des Feuers und Lichtes aus Waßer, einer zarten Erde und dem Phlogisto bis zu anderer Zeit, wenn ich mehr Erfahrungen werde angestellet haben. Jndeßen gebe ich einem jeden aufmerk= [77] samen Natur=Forscher dieses Experiment zum fernern Nachdenken, besonders weil ich in denen Pflanzen ein dergleichen Salzwesen vermuthe, da solche ebenfalls, obgleich nicht so häufig, dergleichen Phosphorum geben. Da wir nun täglich dergleichen so häufig genießen, so hat man Ursache zu vermuthen, daß eben von denenselben dieses merkwürdige Urin=Salz in uns seinen Ursprung habe. Jch muß hiebey noch eine Erfahrung anführen, welche ich angestellet habe, um zu wißen, ob ein häufiges Acidum Salis sowohl in seiner ordinairen, als in concentrirter Gestalt etwas darzu beytrüge, um destomehr

Phosphorum zu erlangen.

§. 33.

Jch nahm eine halbe Unze Lunam Cornuam, vermischte solche mit eben soviel dieses Salis urinae fusibilis, wie ich solches im 30.§. erwehnet habe, hiezu that ich noch eine halbe Unze wohl ausgeglüheten Kienruß, und zwar dieses lezteren deswegen so viel, damit ich das zusammensintern und das Reißen der Retorte verhindern möchte. Dieses Gemenge destillirte also, daß ich erst den Spiritum urinosum darvon schied. Bey dem heftigsten Feuer erhielt ich einen eben so schönen Phosphorum, doch weniger als ich §.31. und 32 angezeiget habe. Das zurückebleibende glühete ich gelinde aus, und schmolz s vor sich ohne Zusatz zusammen, da ich denn 2 Quentgen und 2 Scrupel eines schönen geschmeidigen Silbers erhielt. Jch wollte sehen, ob solches durch das Phlogiston und die zarte glaßachtige Erde etwas verändert worden wäre, und löste ein Theil desselben im Scheidewaßer auf, aber ich vermerkte nichts vom Golde darinne.

[78] §. 34.

Um aber auch durch Erfahrungen zu zeigen, daß auch die Vegetabilien, die wir theils täglich, theils nur dann und wann genießen, eben das in sich halten, was zur Erzeugung des Phosphori nöthig ist, so fand ich sowohl schon in des Albibi Dissertation de Phosphoro, als in des berühmten Hofmanns Anmerkungen zum Potero auf der 477. S. daß der schwarz und weiße Senf= und der Kreßen=Saamen Phosphorum gebe. Weil ich aber selbst noch keine Erfahrung davon hatte, gleichwohl aber in des Herrn Profeßor Potts Collegio Mscpto über die erste Auflage der Börhavischen Chymie fand, daß auch der Weitzen, der Rocken und andere dergleichen Früchte Phosphorum geben, so habe ich folgende Versuche gemacht:

§. 35.

Jch nahm zu meinen Versuchen den Saamen von weißen und schwarzen Senf, von Garten=Kreße, Pfeffer, Weizen, und dieses leztere als das gewöhnlichste, und das am meisten genoßen wird. Von jedem dieser Saamen that ich ein gutes Theil in verschiedene Retorten, und destillirte solche bis zum gelinden glühen. Nun nahm ich von jedem Capite mortuo 6 Unzen, rieb sie zu Pulver, und that jedes besonders in eine töpferne wohlbeschlagene Retorte, und destillirte mit dem heftigsten Feuer. Jch erhielt von allen einen schönen Phosphorum, außer aus dem Pfeffer nicht. Jch hatte auch keinen Sand zugesetzt, wie doch Herr Albinus haben will, weil ich es nicht vor nöthig halte, Jndeßen will ich doch [79] auch wegen des Pfeffers die Sache nicht vor ganz ausgemacht angeben, sondern ich gestehe, daß ich zu Erspahrung derer Kosten solchen Pfeffer zu meinem Versuche genommen hatte, von welchem vorher das Oleum essentiale abdestillirt, und welcher hernach wieder getrocknet war. Jch werde zu andrer Zeit mit denen Vegetabilien mehrere dergleichen Versuche anstellen.

§. 33.

Jch habe vor diesesmahl nichts weiter zu sagen, als daß ich noch eines berühmten Mannes mit allem Respect Erwehnung thue, der von Verfertigung des Phosphori, und wie man solchen in größerer Menge machen könne, ganz artige Versuche mitgetheilet hat. Es ist solches der Herr Hellot, welcher in denen Memoires der Pariser Academie von 1737. seine mit diesem Körper angestellte Arbeiten mitgetheilet hat. Er verdient damit sein billiges Lob wegen seines Fleißes, man wird aber, wenn man seine und meine Methoden gegen einander hält, gewahr werden, daß die meinige mehr Phosphori und mit wenigern Kosten, leichterer Arbeit, kleinern Gefäßen, weniger Feuer, und weit sicherer liefere.

Zum Schluß muß ich noch erinnern, daß wenn man das Acidum Phosphori mit frischen Kienruß vermischt und destillirt, von neuen ein Phosphorus daraus entstehe.

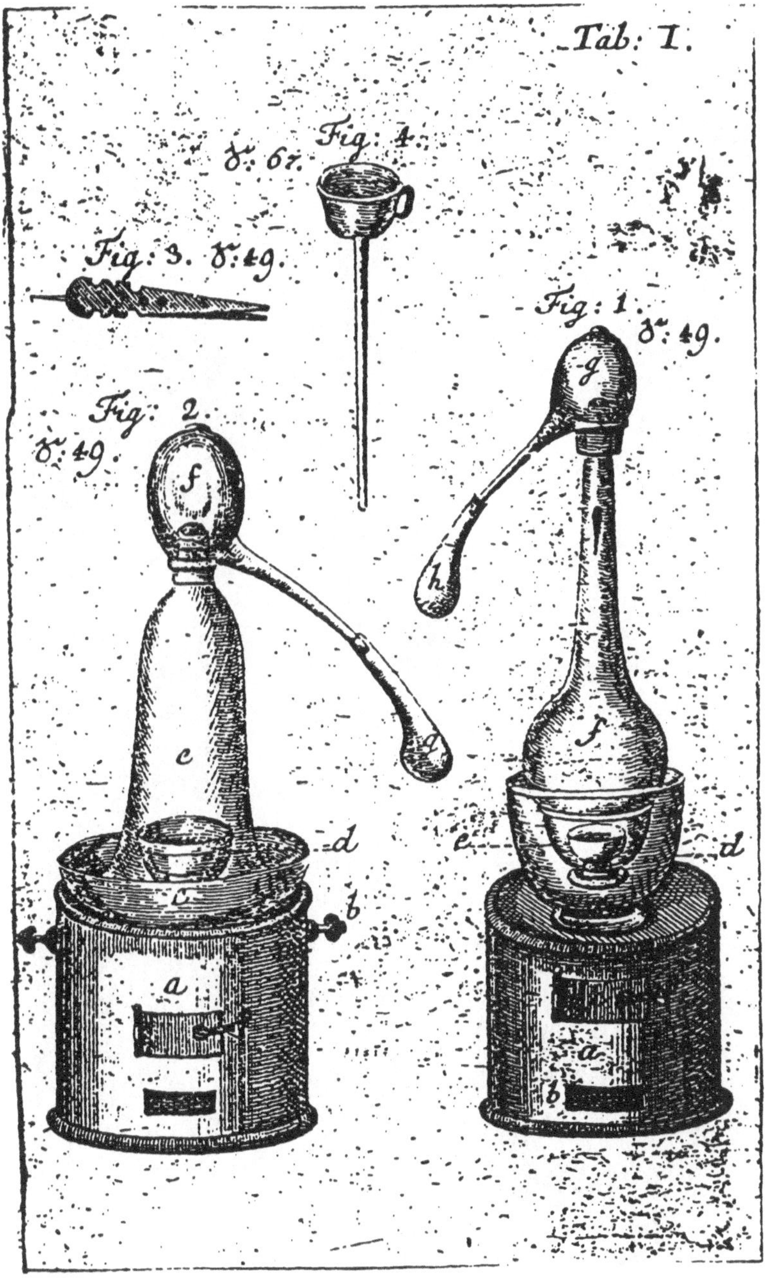

Abbildungen der Ausgabe 1761

Abbildungen der Ausgabe 1761

Fig. I.

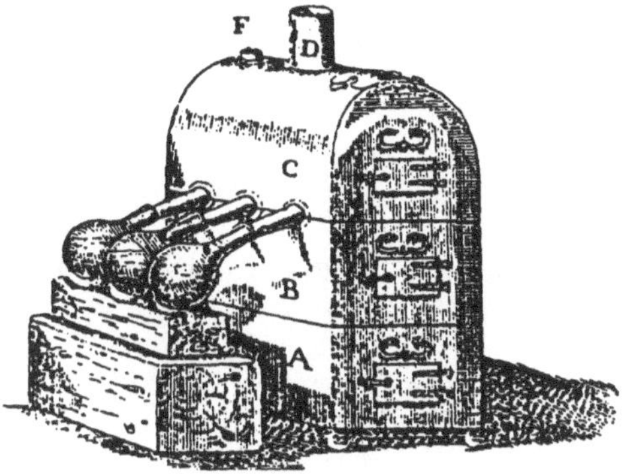

Fig. III.

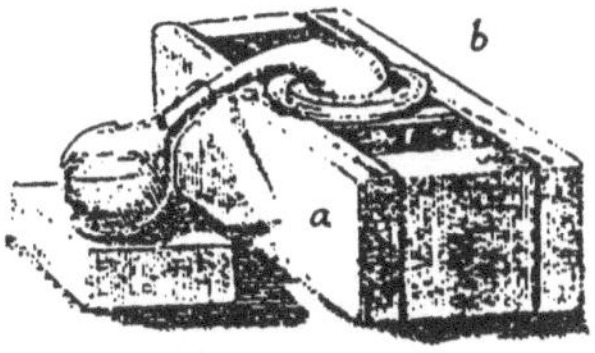

Fig. II.

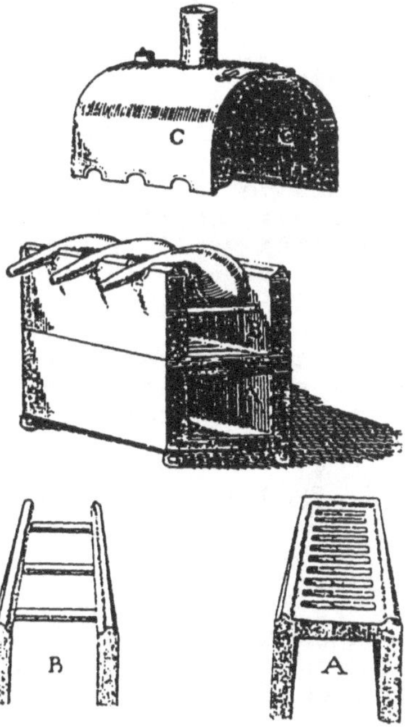

Fig. G.

Fig. E.

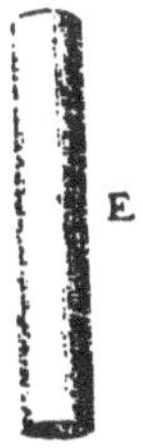

Abbildungen der Ausgabe 1743 (Nach Mielke 1913)

7. LITERATURVERZEICHNIS

7.1. Verzeichnis der eingesehenen alchemistischen und chemischen Literatur[1]

Alanus Philosophus
vergl.: Dicta Alani

Alchymia Vera
Das ist: Der waren und von Gott hochgebenedeyten/Natur gemessen Edlen Kunst wahre beschreibung ...
Jetzo aber zum andernmahl auffgeleget und mit vielen schönen Tractätlein vermehret und verbessert Duch I.P.S.H.M.S.
[Exemplar: LB. Hannover; Sign: N-A 92][2]

Arnoldus de Villa Nova
Chymische Schriften
übersetzt von J. Hippodamis [Teilw. dt.]
Frankfurt 1604 [Exemplar: HAB; Sign: Nd 14]

Balduin, C.A.
Aurum superius et inferius
aurae superioris et inferioris. hermeticum
Francofurti: Fromann 1675
[Exemplar Soest; Sign: V K.10.9]

Angeb.: ders.: Phosphorus hermeticus
sive magnes luminaris

Basilius Valentinus
Fr. Basilii Valentini
Benedictiner Ordens
Chymische Schriften (2Bde.)
Hamburg 1677 [Exemplar LB Hannover, Sign: 76/4717]

Vom uhralten Stein der Weisen
Zwoelff Schlüssel
1602
in: Alchemia Vera

------

[1] Verwendete Abkürzungen
HAB - Herzog August Bibliothek Wolfenbüttel
LB - Landesbibliothek
Soest - Archiv der Stadt Soest
UB - Universitätsbibliothek

[2] Laut Katalog: 1604; nach Duveen(1965), S.15: 1610-20

Becher, J.J.
Chymisches Laboratorium oder
Unter=erdische Naturkündigung
Franckfurt MDCLXXX
[Exemplar LB Hannover, Sign: N-A112]

Physica Subterranea 1738
Lat. Ausg., Hrsg.: Stahl, G.E.
[Exemplar UB Köln, Sign: N 1 110]

Chymischer Glücks=Hafen oder
Grosse Chymische Concordanz
FRanckfurt Anno MDCLXXXII (Nachdruck Hildesheim 1974)

Zugabe in Physicam Subterraneam oder
Die Unter=erdische Naturkündigung
in: Becher 1680

Oedipus Chymicus oder
Chymischer Rätseldeuter
in: Becher 1680
in: Roth-Scholtz, F. Deutsches Theatrum Chymicum
[Exemplar HAB; Sign: 29.1923 ; Soest: 5 J 14.21]

Bernhard von der Mark und Tervis
Bernhardus Trevisanus
Chymische Schriften von dem gebenedeiten
Stein der Weisen
Nürnberg 1747 [Exemplar HAB; Sign: ND 270]

Von der hermetischen Philosophia[3]
Strassburg 1574
[Exemplare HAB; Sign: 85 Med.(2) & NC 528
116.6 Med.(3) & 144.5 Med.(3)]

Des Hn Bernhardi, Grafen von der Marck und
Tervis chymische Schriften von dem gebene-
deiten Stein der Weisen,
A.d. Lat. übers. mit Joachim Tanckens u.a.
Gelehrten Anmerkungen an Liech gest. durch
Caspar Horn Nüernberg 1717
[Exemplar Soest; Sign: 2 an: V H.13.10]

Boerhave, H.
Elementa Chemiae 1732 [Exemplar UB Köln; Sign: N 6 68]

Chymisch-unterirdischer Sonnenglantz
Franckfurt, Leipzig 1723
[Exemplar Soest; Sign: V J. 13.3]

------

[3] Trotz des anderen Titels entspricht die Schrift der Ausgabe Nürnberg 1717 (Hr.C.Horn; Soest). Wie in der 1717er Ausgabe ist angeschlossen der Traktat Dicta Alani (vergl. dort).

De Alchimia
2 Vol.; Lat. Sammeldruck o.O.u.J.
[Exemplar Soest; Sign: V H.13.23]

Dicta Alani
[Exemplare HAB; Sign: 85 Med.
(Angeb. an Bernhardus Trevis)
Soest: an Sign: V H.13.10]

Drebbel, C.
De quitaessentia
Ed. J. Morsius
Acc. ejusdem epistula ad Brit. Monarchum
Jacobum de perpetui mobilis inventione
o.O. 1621 [Exemplar Soest; Sign: V H.12.4]
Angeb.: 1. Simplex de Nuda veritas 1660
2. Sendschreiben 1653
3. Mysterium occulte naturae 1657
4. Vier Außerlesene Teutsche
Chemische Büchlein
Gedruckt zu Cassel / bey Jacob Gentsch
In Verlegung Sebald Köhlers /
Im Jahre 1649 [4]
5. Hermetischer Rosenkranz 1659
Das ist vier chymische Tractätlein
6. Geber - Summa Perfectio 1625

Eller,J.T.
Physikalisch=Chymisch=Medicinische Abhandlungen
Hrsg.: Gerhard,C.A.
Berlin, Stettin, Leipzig 1764
[Exemplar UB Köln; Sign: GBI 415 d]

Espagnet,J.
Das geheime Werck der Hermetischen
Philosophie, worinnen die
Natürlichen und künstlichen Geheimnuesse
der Materie des Philosophischen Steins, wie
auch die Art und Weise zu arbeiten richtig

------

[4] Die vier Traktate sind:
1. Von den wesentlichen Anfängen der natur / und dero Nachfolgerin , der wahren Chemiae inceri autoris
2. Von dem philosophischen Wasser
3. Christopheri Parisiensis
Elucidarius Das ist
Ein edles Büchlein vom rechten Grund / Mittel vnd Ende der wahren uhralten philosophischen Universal Medicin für etlich hundert jahren von diesem authore geschrieben / jetzo aber in einer weit besseren Teutschen Version als fur 40. Jahren geschehen, in Truck verfertigt.
4. Alte Teutsche Reymen

Nach Ferguson wurde der Sammelband 1697 (Hamburg: Liebezeit) ein weiteres mal aufgelegt.

und ordentlich offenbahret sind
Nürnberg, bey Adam Jonathan Felßecker 1730
in: Roth-Scholtz,F. Deutsches Theatrum Chymicum
[Exemplar HAB; Sign: 29.1923]
[Dt. 1647 in: UB Erlangen]

Faust,J.M.
Lexicon alchemiae
Succinata et brevis artis chemiae instructio
de vera naturae scientia et practica
Das ist: Vollkommener Bericht der Alchymi
in Bereitung des Steins der Weisen
Hrsg. J.B.G.
Hamburg 1727 [Exemplar Soest; Sign: V H.13.17]

Fictuld,H.
Abhandlung von der Alchymia
Erlangen 1754 [Exemplar HAB; Sign: Nd 278]

Der längst gewünschte und versprochene
Chymisch-philosophische Probierstein
Franckfurt, leipzig: Blochberger 1740
[Exemplar Soest; Sign: V J. 14.8]

Gehler,J.S.T.
Physicalisches Wörterbuch
Theil 1-6; Leipzig 1787-96
[Exemplar LB Hannover; Sign: N=A 545]

Glauber,J.R.
Von den dreyen Anfangen der Metallen
Amsterdam 1666
[Exemplar LB Hannover; Sign.: N=A 1311]

Furni novi philosophici oder
Beschreibung einer neu-erfundenen
Destillirr-Kunst
Franckfurt 1652
[Exemplar Soest; Sign.: V H.12.17][5]
Des Teutschen-Wolfahrt
[Exemplar Soest; Sign.: V H.12.12]

Grummet, Chr.
Sol non sine veste, oder: Das unüberwundene Gold
1720 [Exemplar Soest; Sign.: V.J.14.3]

Das Blut der Natur.
Aus Eigener Erfahrung handgreifflich angewiesen
Franckfurt und Leipzig 1721
[Exemplar Soest; Sign.: 5.J.14.4]

------

[5] angeb.:
ders.: Miraculi mundi 1653
ders.: De auri tinctura 1652

Helwig,J.O.v.
Arcana maiora, oder curiöse u. nützliche Beschreibung vieler wahrhafter physical., medicin., chymischer Geheimnisse
Hrsg. von C. Helwig
Frankfurt Leipzig 1712
[Exemplar Soest; Sign.: 2 an: V J.14.1]

Jamsthaler,H.
Viatorium spagyricum {Handschrift}
[Exemplar Bodleian Lib.; Sign: Ms. Add.A. 287]

Franckfurt Lucas Jennis 1625 {Druck}[6]
[Exemplar SB Preuß. Kulturbesitz; Sign.: Yi 1 R]

Keren Happuch
Teutsches Fegfeuer der Scheide-Kunst ...
1702
in: Varia Chymica (N=A 1391)
Breßlau Leipzig 1723 [Exemplar Soest Sign.: V J.13.4]

Kunckel,J.
Collegium Physico-Chemicum Experimentale
Hamburg Leipzig 1716
(Nachdruck Hildesheim 1975)

V Curiose Chymische Tractätlein
Franckfurth und Leipzig 1721
[Exemplar Soest; Sign.: 5J. 14.4]
darin:
I Chymische Anmerkungen ... (1677)
[Exemplar LB Hannover Sign.: N=A 776
(zusammen mit II.)
HAB: QuN 677.1]
II Nuetzliche Observationes ... (1676)
III Epistula contra Spiritum Vini sine Acido
[Als MS in: LB Hannover Sign.: 342]
IV De Phosphoro Mirabili ... (1678)
[Exemplar HAB Sign.: Nd 294]
V Probier=Stein de Acido & Urinoso, Sale calido et Frigido ... (1684)

Lemery,N.
Cours de chymie oder Der vollkommene Chymist
Übers. a.d. Franz.
4.Aufl. T.1.2
Breßlau Leipzig 1734 [Exemplar Soest; Sign.: V H.14.5]

------
6 Auszüge bzw. gekürzte Version in:
Lexicon Alchemiae
D.Joh. Michaelsi Faustii
Hamburg 1727; S. 851-861

Manget, J.J.
Bibliotheca chemica curiosa
2 Bde Genf 1702 [Exemplar Soest; Sign.: II G. 4.10]

Marggraff,A.S.
Chymischer Schriften
1761 (Vol.I), 1767 (Vol.II) rev. Ed.: 1768
[Exemplare UB Düsseldorf; Sign: Dv 261
HAB: Nd 371

Morgenstern,Ph.
Turba Philosophorum
(Ars aurifera; dt.)
Basel 1613
[Exemplare LB Hannover; Sign.: N-A 1518]
Soest: V J. 14.11
Wien 1750 [Exemplar HAB; Sign.: MD 323]

Oraculum
Medicinisch-Chymisch- und Alchemistisches
Oraculum; Ulm und Memmingen 1755
in: Schneider, W. 1981^2

Parisiensis,C.
Elucidarius
Das ist
Ein edles Büchlein vom rechten Grund/
Mittel vnd Ende der wahren uhralten universal Medicin
1610-12 [Exemplar HAB; Sign.: 104.11 Phys. (1)]
1649 [Exemplar Soest; Sign.: V H.12.4 (4)]

Pott,J.H.
Chymische Untersuchungen welche fürnehmlich
Lithogeognosia oder Erkänntniß und Beurteil-
ung der gemeinen einfacheren Steine und Erden
Jngleichen von Feuer und Licht handeln
Potsdamm 1746 [Exemplar UB Köln; Sign.: N 6 702]

Ruland,M. 1612
Lexicon Alchemiae
Frankfurt 1612; Nachdr. Hildesheim 1964

RADIX CHIMIAE
oder Wurtzel des Universals (...)
Auffs klar= und deutlichste angewiesen durch
G.M.B.D.S. 1680
in: Varia Chymica (N=A 1392)

Roth-Scholtz,F.
Deutsches Theatrum Chemicum I-III
Nürnberg 1727-32
[Exemplare HAB; Sign.: 29.1923 (Nachdr.1976)
Soest: 5J. 14.4]

Bibliotheca Chemica
Nürnberg 1727
[Exemplar Soest; Sign.: 2 an: V J.13.3]

Stahl,G.E.
Chymia rationalis et experimentalis
oder Einleitung zur Chemie
(a.d.Lat. übers.)
Leipzig 1720 [Exemplar Soest; Sign.: V H.14.21]

Theatrum Chymicum[7]
Vol. 1-5 1613-1622
Vol. 6 1661 [Exemplar Soest; Sign.: IV J.13.8]

Zipffel,J.
Theoria Metallica ...
Aus den Schriften der wahren Philosophorumen
extrahiret von
Jona Zipffeln Medico und Churfürstl. Sächs.
Bergk-Rath
Dresden 1678
in: Varia Chymica
[Exemplar LB Hannover; Sign.: N=A 1390]

7.2. Verzeichnis der verwendeten Sekundär-Literatur

ABRAHAM, W. (Hrsg.)
Kasustheorie
Frankfurt/M. 1971

ders.
Zur Linguistik der Metapher
in: Poetics 4 (1975), S.133-172

ANDERSON,R.R. / GOEBEL,U. / REICHMANN,O.
Probeartikel zum Frühneuhochdeutschen Handbuch
in: Studien zur neuhochdeutschen Lexikographie I
Hrsg.v.H.E. Wiegand
Hildesheim/Zürich/New York 1981a
(GL 3-4/79) S. 11-52

dies.
Ein idealisiertes Graphemsystem des Frühneuhochdeutschen als Grundlage für die Lemmatisierung frühneuhochdeutscher Wörter
in: Studien zur neuhochdeutschen Lexikographie I
Hrsg.v.H.E. Wiegand
Hildesheim/Zürich/New York 1981b
(GL 3-4/79) S. 53-122

------

[7] In Vol.6, S. 195 ....: Parisiensis: Elucidarius artis transmutatione metallorum summae maior.
Dabei handelt es sich - wie der Titel des 6. Bandes anzeigt - um eine Rückübersetzung vom dt. ins Lat..

ASSION,P.
Altdeutsche Fachliteratur
Berlin 1973

AURNHAMMER, A.
Zum Hermaphroditen in der Sinnbildkunst der Alchemisten
in: Meinel (1986) 179-200

de BEAUGRANDE, R.-A./W.U.DRESSLER
Einführung in die Textlinguistik
Tübingen 1981

BENES, E:
Fachtext, Fachstil und Fachsprache
in: Sprache und Gesellschaft, Düsseldorf 1971
(=Sprache der Gegenwart Bd. 13) S. 118-192

ders.
Die formale Struktur der wissenschaftlichen Fachsprache in syntaktischer Hinsicht
in: Bungarten (1981), S. 185-212

BENES / VACHEK
Stilistik und Soziolinguistik
Berlin 1971

BOEHM-BEZING, G.v.
Stil und Syntax bei Paracelsus
Wiebaden 1966

BROSZINSKI, H.
Die Katalogisierung der Kasseler alchemistischen Handschriften.
Ein Bericht
in: Meinel (1986) 19-31

BUGGE, G. (Hrsg.)
Das Buch der grossen Chemiker
2 Bde.; Weinheim/Bergstr. 1929 (Nachdruck 1965)

BUNGARTEN, T. (Hrsg.)
Wissenschaftssprache
München 1981

ders.
Wissenschaft, Sprache und Gesellschaft
in: ders. 1981, S. 14-53

BUNTZ,H.
Deutsche alchimistische Traktate des 15. und 16. Jahrhunderts ; München 1968

ders.
Die europäische Alchimie vom 13. bis zum 18.Jahrhundert
in: Ploss, Roosen-Runge, Schipperges, Buntz (1970)

ders.
Das 'Buch der heiligen Dreifaltigkeit'.
Sein Autor und seine Überlieferung
in: Zeitschrift f. Altertumskunde u. Lit. (1971) S.150-160

ders.
Der Wortschatz der Alchimisten vor Paracelsus
in: Archiv f. d. Studium der neueren Sprachen und Literaturen ; 210 (1973), 322-327

BUTTERFILED, H.
The Origins of Modern Science
1300 - 1800
London 1965

CROSLAND, M.
Historical Studies in the Language of Chemistry
New York 1978

van DIJK, T.A.
Textwissenschaft.
Eine interdisziplinäre Einführung
München 1980

ders.
Formal Sematics of Metaphorical Discourse
in: Poetics 4(1975), S.173-198

DOBBS, B.J.T.
Alchemische Kosmogonie und arianische Theologie bei Isaac Newton
in: Meinel (1986) 137-150

DROZD / SEIBICKE
Deutsche Fach- und Wissenschaftssprache
Wiesbaden 1973

DUBS, H.H.
The origion of alchemy
in: Ambix Vol. IX (1961) S. 23-36

DUVEEN, D.I.
Bibliotheca alchemica et chemica
London 1965

EIS, G.
Vom Reden und Schweigen der Alchemisten
in: DVS 28/ 1951; S. 415-435

ders.
Vor und nach Paracelsus.
Untersuchungen zu Hohenheims Traditionsverbundenheit und Nachrichten über seine Anhänger
Stuttgart 1965

ELKANA, Y.
Anthropologie der Erkenntnis. Die Entwicklung des Wissens als episches Theater einer listigen Vernunft
Frankfurt 1986

ERMAN,
Die Religion der Ägypter
Berlin, Leipzig 1934

FERGUSON, J.
Bibliotheca Chemica
A Catalogue of the Alchemical, Chemical and Pharmaceutical Books in the Collection of the Late James Young of Kelly and Durris
2 Vols.; London 1905 (Reprint 1954)

FIGALA, K.
Newtons rationales System der Alchemie
in: Chemie in unserer Zeit
12. Jhg. Nr.4 (1978) S. 101-110

FILLMORE, CH.J.
Plädoyer für Kasus
in: Abraham, W. (1971) S. 1-118

ders.
Die Wiedereröffnung des Plädoyers für Kasus
in: Pleines (1981) S.13-43

FISCHER, H.
Der Stein der Weisen.
Ein unveröffentlichter Gedichtentwurf von Hans Folz
in: Zeitschrift für deutsche Philologie 86/ 1967
Sonderheft, S. 99-119

FLUCK, H.-R.
Fachsprachen
Tübingen 1985 (3.Auf.)

GANZENMÜLLER, W.
Das allegorische Titelbild von KUNCKELS "Ars Vitraria Experimentalis"
in: Glashütte 65. 295 (1935)
in: Beiträge, S. 46-51

ders.
Beiträge zur Geschichte des Rubinglases
in: Glastechn. Ber. 15, 346, 379, 417 (1937)
in: Beiträge, S. 85-128

ders.
Das Buch der heiligen Dreifaltigkeit. Eine Deutsche Alchemie aus dem Anfang des 15. Jahrhunderts
in: Archiv f. Kulturgesch. 29. 93 (1939)
in: Beiträge, S. 231-272

ders.
Ein unbekanntes Bruchstück der Mappae Clavicula aus dem Anfang des 9. Jahrhunderts
in: Mitteil. Gesch.Med.Naturwiss. Techn. 40,1 (1941 a)
in: Beiträge, S. 336-349

ders.
Das chemische Laboratorium der Universiät Marburg im Jahre 1615
in: Angew. Chem. 54, 215 (1941 b)
in: Beiträge, S. 314-322

ders.
Paracelsus und die Alchemie im Mittelalter
in: Angew. Chem. 54, 427 (1941 c)
in: Beiträge, S. 300-313

ders.
Quellen zur Geschichte der Chemie in süddeutschen und ostmärkischen Bibliotheken
in: Angew. Chem. 54, 30 (1941 d)

ders.
Johann Kunckel,
ein Glasmacher und -forscher zur Barockzeit
in: Glastechn. Ber. 19, 325 (1941 e)
in: Beiträge, S. 192-203

ders.
Alchemie und Religion im Mittelalter
in. dtsch. Erch. Gesch. d. Mittelalters 5, 329 (1942)
in: Beiträge, S. 322-335

ders.
Wandlungen in der geschichtlichen Betrachtung der Alchemie
in: Beiträge, S. 349-360

ders.
Beiträge zur Geschichte der Technologie und der Alchemie
Weinheim 1956

GNUTZMANN,C./J.TURNER (Hrsg.)
Fachsprachen und ihre Anwendung
Tübingen 1980

GÖTZE,A:
Frühneuhochdeutsches Glossar
Bonn 1920 (2.Aufl.)

GOLTZ; D.
Versuch einer Grenzziehung zwischen "Chemie" und "Alchemie"
in: Sudhoffs Atchiv Bd. 52 (1968) 30-47

dies.
Mineralnamen in Pharmazie, Chemie und Medizin
Von den Anfängen bis Paracelsus
Wiesbaden 1972

GOLTZ, D. / TELLE, J. / VERMEER, H.J.
Der alchemistische Traktat
"Von der Multiplikation" von
Pseudo-Thomas von Aquin ; Wiesbaden 1977

GRUBER,J.S.
Studies in Lexical Relations
Bloomington 1965

GÜLICH,E./W.RAIBLE
Linguistische Textmodelle
München 1977

HAAGE,B.
Germanistische Wortforschung auf dem Gebiet altdeutscher Fachliteratur der Artes
in: Keil / Assion (1974) S.124-139

HAHN, W.v.
Fachsprachen
in: LGL 1980, S.390-395

ders.
Fachkommunikation
Entwicklung Linguistische Konzepte
Betriebliche Beispiele
Berlin / New York 1983

HARTLAUB, G.F.
Sigma hermetis
in: Zeitschrift d. dt. Vereins f. Kunstwissenschaft
(1937) S. 93-112; 144-162

ders.
Der Stein der Weisen. Wesen und Bildwelt der Alchemie
München 1959

HARTMANN, D.
Über den Einfluß von Fachsprachen auf die
Gemeinsprache.
Semantische und variationstheoretische Überlegungen zu
einem wenig erforschten Zusammenhang.
in: Gnutzmann,C./J.Turner (Hrsg.) 1980, S, 27-48

HARWEG,R.
Stoffnamen und Gattungsnamen
in: Z. Phon. Sprachwiss. Kommunik.forsch.
40 (1987) 6. S. 792-804

HASSINGER, H.
Johann Joachim Becher. 1635-1682
Ein Beitrag zur Geschichte des Merkantilismus
Wien 1951

HAUSMANN,F.J.
Lexikographie
in: Schwarze.Ch./Wunderlich,D. (1985), S. 367-411

HAVRANEK, B.
Die Theorie der Schriftsprache
in: Benes/Vachek 1971, S.19-37

HOFFMANN, L.
Kommunikationsmittel Fachsprache. Eine Einführung
Tübingen 1985 (2.Aufl.)

ders.
Vom Fachwort zum Fachtext.
Tübingen 1988

HOHEISEL,K.
Christus und der philosophische Stein.
Alchemie als über- und nichtchristlicher Heilsweg
in: Meinel (1986) S. 61-84

HOLLEMAN - WIBERG
Lehrbuch der anorganischen Chemie
Berlin, New York 1976 (81.-91.Aufl.)

ISCHREYT, H.
Studien zum Verhältnis von Sprache und Technik
Düsseldorf 1965

JACKENDOFF,R.S.
Semantic Interpretation in Generative Grammar
MIT Press 1972

KALVERKÄMPER,H.
Der Begriff der Fachlichkeit in der Fachsprachenlinguistik.Tradition, Kritik und Methodenausblick.
in: Fachsprache, Sonderheft 1 (1979), S. 53-71

KEIL, G. (Hrsg.)
Fachprosa-Studien
Berlin 1982

KEIL,G. / ASSION,P. (Hrsg.)
Fachprosaforschung
Berlin 1974

KLEIN,W.
Argumentation und Argument
in: Zeitschrift für Literaturwissenschaft und Linguistik 38/39 (1980), S. 9-57

KOPP,H.
Geschichte der Chemie
4 Bde. Braunschweig 1843-47 (Reprint Hildesheim 1966)

ders.
Spezielle Geschichte der Alchemie
in: Geschichte der Chemie Bd. 2

ders.
Die Alchemie in älterer und neuerer Zeit.
Ein Beitrag zur Kulturgeschichte.
Heidelberg 1886 (Reprint Hildesheim 1971)

KUHN, T.S.
Die Struktur wissenschaftlicher Revolutionen
Frankfurt a.M. 1976 (2.Aufl.)

KURZ,G.
Metapher, Allegorie, Symbol
Göttingen 1982

LAKOFF,G. / JOHNSON,M.G.
Metaphors we live by
1980

LEISI,E.
Der Wortinhalt
Heidelberg 1961 (2.erw.Aufl.)

LENZ, H.G.
Johann Thoelde
Ein Paracelsist und "Chymicus" und seine Beziehungen zu
Landgraf Moritz von Hessen-Kassel
Marburg 1981

LIPPMANN, E.O.v.
Entstehung und Ausbreitung der Alchemie
Bd. I&II Berlin 1919-30; Bd. III Weinheim 1954

LÜDKE, J.
Klassifikatoren und wissenschaftliche Argumentation
in: Bungarten 1981, S.294-308

LYONS,J.
Introduction to theoretical linguistics
Cambridge 1968

ders.
Semantik
München 1980

LUTZEIER,P.R.
Wort und Feld
Tübingen 1981

ders.
Die semantische Struktur des Lexikons
in: Schwartze / Wunderlich (1985), S. 103-133

MAURACH, H.
Johann Kunckel (1630-1703)
in: Deutsches Museum. Abhandlungen und Berichte
5. Jahrgang (1933) Heft 2, S.31-63

MEINEL, C.
Theory or Practice? The Eighteenth-Century
Debate on the Scientific Status of Chemistry
in: Ambix Vol. 30 (1983) 121-132

ders. (Hrsg.)
Die Alchemie in der europäischen Kultur-
und Wissenschaftsgeschichte
(Wolfenbütteler Forschungen Bd. 32)
Wiesbaden 1986

MENTRUP, W. (Hrsg.)
Fachsprachen und Gemeinsprache
Jahrbuch 1978 des Instituts für deutsche Sprache
Düsseldorf 1979

Mielke, G. (Hrsg)
Einige neue Methoden, den Phosphor im festen Zustande sowohl leichter als bisher aus dem Urin darzustellen als auch denselben bequem und rein aus brennbarer Materie (Phlogiston) und einem eigentümlichen, aus dem Urin abzuscheidenden Salze zu gewinnen von Andreas Sigismund Marggraf
(Ostwalds Klassiker der exakten Wissenschaften Nr. 187)
Leipzig 1913

MÖHN, D.
Fach- und Gemeinsprache
in: Mitzka, W. (Hrsg.)
Wortgeographie und Gesellschaft
Berlin 1968, S. 315-348

ders.
Sprachliche Sozialisation und Kommunikation in der Industriegesellschaft. Objekte der fachsprachlichen Linguistik
in: Muttersprache 1975; Jhg. 85 S. 169-185

MÖHN, D./ R. PELKA
Fachsprachen. Eine Einführung
Tübingen 1984

MOSER,V.
Frühneuhochdeutsche Grammatik.
Bd. 1: Lautlehre
Heidelberg 1929 / 1951

MOSER,H./H.STOPP (Hrsg.)
Grammatik des Frühneuhochdeutschen
Erster Band, Teil 1-3
Heidelberg 1970, 1973, 1978

OBRIST, B.
Die Alchemie in der mittelalterlichen Gesellschaft
in: Meinel (1986) 33-59

PARTINGTON,J.R.
The Origin of the planetary Symbols for the Metals
in: Ambix 1 (1937) S. 61-64

ders.
A History of Chemistry
2 Vols. London 1961 (Reprint 1969)

ders / McKIE,D.
Historical Studies on the Phlogiston Theory
in: Annals of Science (1937-1938)
(Vol. 2, No.4; Vol. 3, No.1; Vol. 3, No.4)

PELKA, R.
Kommunikationsdifferenzierung in einem Industriebetrieb
in: Mentrup 1979, S. 59-83

PETÖFI, J.S.
Einige allgemeine Aspekte der Analyse und Beschreibung
wissenschaftssprachlicher Texte
in: Bungarten 1981, S. 140-168

PLEINES,J. (Hrsg.)
Handlung - Kausalität - Intention
Probleme der Beschreibung semantischer Relationen
Tübingen 1976

ders.
Beiträge zum Stand der Kasustheorie
Tübingen 1981

PLOSS, E.E.
Die Alchimie - Versuch einer Charakteristik
in: Ploss, Roosen-Runge, Schipperges, Buntz (1970)

PRIESNER, C.
Das deutsche Salinenwesen im frühen 17. Jahrhundert
in: Deutsches Museum. Abhandlungen und Berichte
48 (1980) Heft 3

ders.
Johann Christian Bernhardt und die Vitriolsäure.
Leben und Werk eines (fast) unbekannten Arzt-Chemikers
im 18. Jahrhundert
in: Chemie in unserer Zeit ; 16. Jahrg. 1982 Nr. 5
S. 149-159

ders.
Johann Thoelde und die Schriften des Basilius Valentinus
in: Meinel (1986) 107-118

PÜSCHEL,U.
Bedeutungserklärungen als Regel- und Sachbeschreibungen
in: Studien zur neuhochdeutschen Lexikographie I
Hrsg.v.H.E. Wiegand
Hildesheim/Zürich/New York 1981
(GL 1-4/82) S. 123-137

PUTSCHER, M.
Das 'Buch der heiligen Dreifaltigkeit' und seine Bilder in Handschriften des 15. Jahrhunderts
in: Meinel (1986) 151-178

REHBEIN,J.
Komplexes Handeln.
Elemente zur Handlungstheorie der Sprache
Stuttgart 1977

REMY,H.
Lehrbuch der anorganischen Chemie
Band I u.II; Leipzig 1973 (12.u.13.Aufl.)

ROCKE, A.J:
Agricola, Paracelsus and 'Chymia'
in: Ambix Vol. 32 (1985) 1-14

RUSKA,J.
Arabische Alchemisten Bd.I u. II
Heidelberger Akten der Von-Portheim-Stiftung 6 u. 10
Wiebaden 1967 (Nachdruck d. Ausg. Heidelberg 1924)

ders.
Tabula Smaragdina
Ein Beitrag zur Geschichte der hermetischen Literatur
Heidelberger Akten der Von-Portheim-Stiftung 16
Heidelberg 1926

ders.
Turba Philosophorum.
Ein Beitrag zur Geschichte der Alchemie
(Quellen und Studien zur Geschichte der Naturwissenschaften und Medizin)
Berlin 1931

SCHIPPERGES,H.
Strukturen und Prozesse alchimistischer Überlieferungen
in: Ploss, Roosen-Runge, Schipperges, Buntz (1970)

ders.
Das alchemistische Denken bei Alexander von Bernus
in: Heidelberger Jahrbuch 24 (1980) 107-124

ders.
Zum Topos von "ratio et experimentum"
in der älteren Wissenschaftsgeschichte
in: Keil, G. (1982)

SCHMAUDERER,E. (Hrsg.)
Der Chemiker im Wandel der Zeiten. Skizzen zur geschichtlichen Entwicklung des Berufsbildes
Weinheim 1973

SCHMIDT, R.
Brandenburgische Gläser
Berlin 1914

SCHMIDT, W.
Charakter und gesellschaftliche Bedeutung der Fachsprachen
in: Sprachpflege 1969 / 18 S. 10-20

SCHMIEDER,K.CH.
Geschichte der Alchemie
Halle 1832

SCHMITT,W.
Zur Literatur der Geheimwissenschaften im späten Mittelalter
in: Keil / Assion (1974) S.167-182

SCHMITZ,R. /WINKELMANN,A.
Über die alchemistischen Geheimschriften im Briefwechsel des Landgrafen Moritz von Hessen-Kassel (1592-1627)
in: Pharmazeutische Zeitung 196.Jhg. Nr.13 (1961)

SCHNEIDER, W.
Lexikon alchemistisch-pharmazeutischer Symbole
Weinheim 1981[2]

SCHWARZE,CH. / WUNDERLICH,D. (Hrsg.)
Handbuch der Lexikographie
Königstein/Ts. 1985

SCOTT, W. (Ed.)
Hermetica. The acient Greek and Latin writings which contain religious or philosophical teachings ascribed to HERMES TRISMEGISTUS ; Vol.I-III
Oxford 1924

SHEPPARD, H.J.
Alchemy. Origin or Origions?
in: AMBIX, Vol. XVII July 1970 No.2; S.61-84

ders.
European Alchemy in the context of a Universal Definition
in: Meinel (1986) S. 13-17

SPETER, M.
Margggraf
in: Bugge (1929) S.228-238

STAROSTA,S.
Die "1-Pro-Sent"-Lösung
in: Pleines (1981) S.45-147

STEGMÜLLER, W.
Rationale Rekonstruktion von Wissenschaft und ihrem Wandel
Stuttgart 1979

STEIN, G.
Johann Kunckels "Ars Vitraria" als Synthese internationalen Glaswissens im 17. Jahrhundert
in: Nova Acta Leopoldina
Abhandlungen der deutschen Akademie der Naturforscher (Leopoldina) zu Halle/Saale; Bd. 16 Nr.114 (1954) S. 479-489

STRÖKER,E:
Theoriewandel in der Wissenschaftsgeschichte
1982

STRUBE, W.
Die Chemie und ihre Geschichte
Berlin 1974

STRUBELL, W.
Johann Kunckel, ein sächsischer Chemiker aus der zweiten Hälfte des 17. Jahrhunderts
in: Sächsische Heimatblätter
Dresden; 17 (1971), S. 200-203

SUDHOFF, K. (Hrsg.)
Theophrast von Hohenheim gen. Paracelsus
Sämtliche Werke XIV Bde.
München, Berlin 1922-33

ders.
Die Schriften des sogenannten Basilius Valentinus. Ein Beitrag zur Bibliographie der Alchemie
in: Philobiblon 6 (1933) 163-170

TELLE,J.
Bemerkungen zum 'Viatorium Spagyricum' von Herbrandt Jamsthaler und seinen Quellen
in: Geist und Zeichen. Festschrift für Arthur Henckel
Heidelberg 1977

ders.
Alchemie II
in: Theologische Realenzyklopädie Bd.2
Berlin, New York 1978, S. 199-227

ders.
Sol und Luna. Literatur- und alchemiegeschichtliche Studien zu einem altdeutschen Bildgedicht
Hürtgenwald 1980

ders.
Die Schreibart des Paracelsus im Urteil deutscher Fachschriftsteller des 16. und 17. Jahrhunderts
in: Medizinhistorisches Journal Bd. 16 (1981) S.78-100

ders.
Manuscripta alchemica der Sammlung Mellon
in: Sudhoffs Archiv 65 (1981 a) 79-96

ders.
Paracelsus im Gedicht
in: Keil (1982), S. 552-573

THORNDIKE, L.
A History of Magic and Experimental Science
8 Vol. New York 1934-1958

TRENCZAK, E.
Lucas Jennis als Verleger alchimistischer Bildertraktate
in: Gutenberg Jahrbuch 1965; S.324-337

VIEHWEGER,D.
Makrostrukturen im Lexikon und deren Darstellung im allgemeinen einsprachigen Wörterbuch
in: Das Wörterbuch. Artikel und Verweisstrukturen
Jahrbuch 1987 des Instituts für Deutsche Sprache
Düsseldorf 1988, S. 121-143

WALDEN,P.
Paracelsus und seine Bedeutung für die Chemie
in: Angew. Chem. 54 Jhg. 39,40 (19 41) S. 421-427

WEIMANN, K.H.
Die deutsche medizinische Fachprosa des Paracelsus
Erlangen 1951

ders.
Paracelsus und der deutsche Wortschatz
in: Schmitt, L.E.(Hrsg.)
Deutsche Wortforschung in europäischen Bezügen
Bd. 2.; Gießen 1963 , S. 359-408

WEINRICH,H.
Semantik der kühnen Metapher
in: DVS 1963/37, S.325-344

ders.
Semantik der Metapher
in: Folia Linguistica 1967/1, S.3-17

WEYER, J.
Der Alchemist im lateinischen Mittelalter
(13. bis 15. Jahrhundert)
in: SCHMAUDERER, E. (1973) S. 11-42

ders.
Die Entwicklung der Chemie zu einer Wissenschaft
zwischen 1540 - 1740
in: Ber. Wiss.Gesch. 1; (1978) S. 113-121

WEISSENBORN,J. / STRALKA,R.
Das Verstehen von Mißverständnissen
Eine ontogenetische Studie
in: Zeitschrift für Literaturwissenschaft und
Linguistik 55 (1984), S. 113-134

WIEGAND, H. E.
Pragmatische Informationen in neuhochdeutschen Wörter-
büchern. Ein Beitrag zur praktischen Lexikologie
in:Studien zur neuhochdeutschen Lexikographie I
Hrsg.v.H.E. Wiegand
Hildesheim/Zürich/New York 1981
(GL 1-4/82) S. 139-269

ders.
Was ist eigentlich ein Lemma? Ein Beitrag zur Theorie
der lexikographischen Sprachbeschreibung.
in: Studien zur neuhochdeutschen Lexikographie III
Hrsg.v.H.E. Wiegand
Hildesheim/Zürich/New York 1983
(GL 1-4/82) S.401-474

ders.
Prinzipien und Methoden historischer Lexikographie
in: Besch,W. - Reichmann,O. - Sonderegger,S. (Hrsg.)
(1984) Bd. 1, S. 557-620

WITTEN L.C. / PACHELLA, R.
Alchemy and the Occult
A catalogue of books and manuscripts from the
collection of Paul and Mary Mellon given to
Yale University Library
New Haven 1977

WOTJAK,G.
Untersuchungen zur Struktur der Bedeutung
Ein Beitrag zu Gegenstand und Methode der modernen Be-
deutungsforschung unter besonderer Berücksichtigung der
semantischen Konstituentenanalyse
Berlin 1971

WOTJAK, G./W.KORENZ
Zum Verhältnis von Abbild und Bedeutung
Berlin 1977

Sachregister

Register der Namen

FSC
www.fsc.org
MIX
Papier | Fördert gute Waldnutzung
FSC® C083411

Kolibri 360 GmbH
Ferdinand-Jühlke-Straße 7
99095 Erfurt, Deutschland
produktsicherheit@kolibri360.de